黄精规范化生产

梁宗锁　赵　超　刘　峰　贾巧君　等　著

科学出版社

北　京

内 容 简 介

　　本书对我国黄精和多花黄精的资源特性、规范化生产和质量控制技术进行了总结，对黄精的药用与食用成分进行了分析，比较了不同区域黄精的指纹图谱，重点阐述了黄精栽培技术、加工技术和我国不同产区的黄精资源特征、生物学特性和产品研发。经过多年的研究与实践，黄精产业已实现由采挖野生资源到人工栽培，再到规范化生产的一系列技术突破，建立了生产基地技术规范和质量管理的技术体系。

　　本书可供药用植物、中药资源、林下药材生产等领域的广大科研工作者、高等院校师生和企业技术人员参考。

图书在版编目（CIP）数据

黄精规范化生产/梁宗锁等著. —北京：科学出版社，2023.10
ISBN 978-7-03-074069-4

Ⅰ. ①黄⋯　Ⅱ. ①梁⋯　Ⅲ. ①黄精–栽培技术 ②黄精–中药加工
Ⅳ. ①S567.21 ②R282.71

中国版本图书馆 CIP 数据核字(2022)第 229752 号

责任编辑：李　迪　田明霞 / 责任校对：郑金红
责任印制：赵　博 / 封面设计：无极书装

科学出版社 出版
北京东黄城根北街 16 号
邮政编码：100717
http://www.sciencep.com

北京中科印刷有限公司印刷
科学出版社发行　　各地新华书店经销
*
2023 年 10 月第　一　版　　开本：889×1194 1/16
2025 年 1 月第二次印刷　　印张：26
字数：800 000
定价：328.00 元

(如有印装质量问题，我社负责调换)

《黄精规范化生产》工作委员会

主　任：梁宗锁　赵　超

副主任：刘　峰　何伯伟

委　员（按照姓氏汉语拼音排序）：

陈伟民　陈西平　陈喜良　董　斌　韩　雄　贾巧君

金水丰　李　晔　梁智勇　林承雄　刘　峰　马存德

马永升　裴富才　童健全　王小勇　许智荣　张学敏

郑素花　邹　辉

序

黄精药食兼用，载于《名医别录》，具有补脾润肺、养阴生津等作用。现代药理研究表明，黄精有抗老防衰、轻身延年、降血压、防止动脉硬化以及抗菌消炎、增强免疫等功能。黄精被《神农本草经》列为"上品"，已有 2000 多年的食用历史。近年来，黄精产业发展迅猛，药农种植黄精积极性高涨，黄精已广泛应用于食品、药品和保健品等领域。相关企业视黄精为新宠，相关产品推陈出新；地方政府将黄精作为振兴中药产业、践行"两山"理论的样板。特别是 2019 年 4 月 15 日，习近平总书记在石柱土家族自治县中益乡华溪村了解该村通过种植中药材黄精带动村民脱贫情况后，黄精更是成为精准扶贫和实施乡村振兴战略的特色产业。

该书是作者对黄精和多花黄精及其近缘种多年系统研究的总结。2002 年开始，作者及其团队进行野生黄精变家种的驯化研究，以黄精 *Polygonatum sibiricum* Red.为对象，开展了黄精种质资源和生物学特性研究，以及野生抚育技术、田间规范化栽培技术优化、主要病虫害防治技术、采收加工技术等各环节关键技术的系统研究。同时开展了黄精的有性繁殖研究，通过沙藏、低温等种子处理方式，摸清了黄精种子的生理特性及其发育、发芽、成苗规律，建立了种子繁育苗圃，开展了种子有性繁殖与移栽试验。2015 年 12 月，略阳黄精规范化种植基地（简称 GAP 基地，GAP 指《中药材生产质量管理规范》），通过国家食品药品监督管理总局（现为国家市场监督管理总局）认证，这标志着药用植物黄精的规范化生产已经取得成功，较为完善的种植技术体系和标准操作规程（SOP）已经建立，药材批次合格率、质量已经显著提高，农药残留、重金属污染得到了全面控制。

GAP 基地建设实现了黄精由野生驯化、人工栽培到规范化生产，再到林下仿野生栽培，这对黄精的药材供应和野生黄精的保护起到了重要作用，GAP 基地建设也是近年来野生药材成功实现人工驯化的典范之一。虽然在完成黄精规范化生产与质量控制的过程中研究人员攻克了系列技术难题，但还有许多关键技术需要进一步完善与提升。

该书对黄精研究与药材基地建设进行了系统总结，做出了较全面、系统的论述，提供了大量的新资料，并进行了一些很有见地的探讨。这些研究成果将对指导黄精生产基地建设起到重要作用。全面评价该书，在整体结构上还可以改进，有些论述还有待进一步深入，但它提供的丰富资料将使读者受益匪浅，从多方面给予我们的启示更是它的价值所在。

黄璐琦

中国工程院院士

中国中医科学院院长

2023 年 3 月

前　言

　　为保证黄精供给和质量的稳定，我们团队自 2002 年开始与山东步长制药股份有限公司（以下简称步长制药）合作，开展黄精规范化栽培的大田试验，先后建立了浙江理工大学生命科学与医药学院和西北农林科技大学的研究团队。

　　本研究可以追溯到 2002 年黄精由野生变家种的驯化。以陕西道地药材黄精 *Polygonatum sibiricum* Red. 为对象，开展了陕西省略阳县黄精种质资源和生物学特性研究，以及野生抚育技术、田间规范化栽培技术优化、主要病虫害防治技术、采收加工技术等各环节关键技术的系统研究。同时开展了黄精的有性繁殖研究，通过多种种子处理方式，摸清了黄精种子的生理特性及其发育、发芽、成苗规律，建立了种子繁育苗圃，开展了种子有性繁殖与移栽试验。2008 年开始在全县黄精适生区开展规范化种植推广。自 2011 年开始，鉴于黄精大田种植成本高、推广缓慢的实际情况，结合黄精的生物学特性，黄精规范化生产基地（简称 GAP 基地）充分利用略阳丰富的山区林地资源开展了黄精野生抚育研究，通过补种补栽、封禁管理、采大留小等措施，恢复了种群群落，培育了野生资源，建立了野生抚育示范区域，让黄精种植回归自然，确保了黄精药材的安全、有效。基地采用大田种植和野生抚育相结合的发展方式，经过多年的积累和发展，到 2015 年，在略阳县五龙洞镇先后建成黄精规范化种植基地 1000 多亩（1 亩≈666.7m²）；以五龙洞镇、西淮坝镇、观音寺镇为核心发展林下半野生抚育面积 1.5 万多亩，辐射推广 4.5 万亩，大大缓解了步长制药黄精原料药材的紧缺局面。在略阳的近 20 年研究得到了略阳县委、县政府的长期支持。

　　2015 年 12 月，略阳黄精 GAP 基地通过国家食品药品监督管理总局（现为国家市场监督管理总局）认证，这标志着药用植物黄精的规范化生产已经取得成功，较为完善的种植技术体系和标准操作规程（SOP）已建立，药材批次合格率、质量已经显著提高，农药残留、重金属污染得到了全面控制。黄精 GAP 基地建设实现了野生驯化、人工栽培到规范化生产，再到林下仿野生栽培，这对黄精的药材供应和野生黄精的保护起到了重要作用，也是近年来野生药材成功实现人工驯化的典范之一。黄精规范化基地建设相关研究成果是多方共同努力的结果。首先，由于黄精原料的巨大需求，步长制药持续地投入与重视；其次，依赖于基地管理人员付出的心血和略阳县委、县政府的支持；最后，由于科技人员的不懈努力，取得基础理论和技术的众多突破，使得黄精基地建设顺利通过了国家 GAP 认证。虽然在完成黄精生产与质量控制的过程中已经攻克了许多技术难题，但还有许多关键技术要进一步完善与提升，为了总结我们的研究成果和借鉴其他科技人员的研究成果，我们组织科研和管理人员对过去 20 年的研究与基地建设管理进行总结，并对黄精研究和生产技术规范进行全面梳理，希望能对黄精生产基地的进一步发展起到指导作用。

　　在黄精研究过程中，浙江理工大学梁宗锁教授、贾巧君教授，步长制药总裁兼陕西国际商贸学院董事长赵超博士、步长制药科技管理中心总经理兼陕西国际商贸学院中药研究院院长刘峰博士、步长制药中药资源管理中心马存德主任、西北农林科技大学王冬梅教授、刘景玲高级实验师等共同合作，浙江理工大学浙江省植物次生代谢调控重点实验室、中国科学院水利部水土保持研究所流域生态研究室、步长制药科研部、浙江理工大学绍兴生物医药研究院有限公司、浙江理工大学留坝中药产业创新研究院、陕西国际商贸学院的研究人员也投入了大量精力，培养了一批博士研究生王冬梅、焦劼、刘景玲、刘爽、冯庭辉，以及硕士研究生徐晓蓝、张巧媚、贾向荣、王东辉、党康、刘佩等，他们已经成为黄精研究的重要骨干力量。2011 年开始在浙江、安徽等地开展多花黄精规范化生产技术与新产品研究期间，浙江省农业技术推广中心何伯伟研究员给予了大力支持。在黄精规范化栽培研究起步阶段，贵州大学赵致教授团队提供了珍贵的资源。

本研究得到了浙江省重点研发计划项目（2020C02039）、浙江省基础公益研究计划项目（LGN21C020008）、陕西省重大集群产业项目（2012KTCL02-07、2015KTTSSF01-05、2017TSCL-SF-11-2、2018SF-327、2019TSLSF02-02、2020ZDLSF05-02）、浙江省农业重大技术协同推广项目（2022XTTGZYC03）和陕西省中医药管理局科研项目（13-ZY053、17-ZYPT001）的长期支持，以及科技部科技惠民计划项目（2012GS610102）、工信部药材基地建设项目等的资助。

在本书完成之际，我到北京拜访黄璐琦院士，黄老师对我们的工作表示支持并欣然作序，同时提出了许多宝贵意见和建议，在此深表谢意。全书由贾巧君教授审校、统稿。在此感谢所有资助项目，以及所有参加研究的单位、所有参考书目与文献作者及科学出版社的帮助和支持。研究工作仍在不断完善中，书中可能有许多缺点和不足，敬请读者批评指正。

梁宗锁

2023 年 2 月

目　　录

第1章 概　　述

2020 年版《中华人民共和国药典》,(简称《中国药典》)中收载黄精 3 种,分别为黄精 *Polygonatum sibiricum* Red.、多花黄精 *Polygonatum cyrtonema* Hua 和滇黄精 *Polygonatum kingianum* Coll. et Hemsl.,根据其根部形状分别俗称"鸡头黄精""姜形黄精""大黄精"。黄精属植物分布广泛,我国有 79 种。

长期以来,黄精是"延年益寿之药",为补益之品,广泛应用于食品、药品、保健品的开发中。从现代药理作用的角度来看,黄精具有抗脂肪肝、抗糖尿病、保护肾脏、抗阿尔茨海默病、保护心脏及抗癌等作用。这些药理作用与黄精中的化学成分,如黄精多糖、生物碱、皂苷、黄酮、蒽醌类化合物、挥发性物质、植物甾醇、木脂素以及多种对人体有用的氨基酸等化合物密切相关(杨冰峰等,2021),其中,黄精多糖和皂苷是黄精中研究最广泛的化学成分。

1.1　黄精的药用历史

黄精药食兼用,载于《名医别录》,具有补脾润肺、养阴生津等作用。现代药理研究表明,黄精有抗老防衰、轻身延年、降血压、防止动脉硬化以及抗菌消炎、增强免疫等功能,已有 2000 多年的食用历史,广泛应用于食品、药品和保健品等领域。张华在《博物志》里写:"昔黄帝问天老曰:天地所生,岂有食之令人不死者乎? 天老曰:太阳之草,名曰黄精,饵而食之,可以长生。"黄精被《神农本草经》列为"上品"。黄精有着"常吃黄精不虚一生"的美誉。《本草纲目》记载:"气味:甘、平、无毒。主治:补气益肾,除风湿,安五脏。久服轻身延年不饥。补五牢七伤,助筋骨、耐寒暑、润心肺。"《丈人山》记载:"自为青城客,不唾青城地。为爱丈人山,丹梯近幽意。丈人祠西佳气浓,缘云拟住最高峰。扫除白发黄精在,君看他时冰雪容。"众多的古籍记载了黄精为余粮、救穷、救荒草。唐诗宋词中有众多含黄精的诗词,表明唐宋诗人熟知黄精,"有田多与种黄精""两亩黄精食有余"等描述证明黄精不仅是重要的保健食品、灾年可替代粮食,还可能在局部地区常年作为主要粮食作物广泛种植(斯金平和朱玉贤,2021)。"三春湿黄精""绕篱栽杏种黄精"等比《本草纲目》更早记载了黄精灌溉、遮阴等人工栽培的方法。唐诗宋词明确了浙江、安徽、江苏、湖南、甘肃、河南、陕西、山东、湖北、广东等地黄精的分布与广泛使用,比《本草纲目》更早、更翔实。

1.2　我国黄精产业发展

由于对黄精生物学特性认识不足,黄精产业发展存在一些制约因素。首先,野生黄精驯化效果不理想,目前市场上的黄精多为野生黄精,对野生黄精驯化种植的科研工作相对滞后,驯化效果还不理想,家种黄精与野生黄精的品质有一定的差距。其次,对黄精种植业重视程度依然不够,导致直接或间接投入不足,黄精种植业以农户分散种植为主,尚未形成体系,不能充分发挥其规模效益和资源优势。最后,由于市场缺乏深加工及综合利用,黄精产品的加工业档次低,规模小,产品附加值低。

近年来，情况大为改观，黄精产业发展迅猛，黄精已经成为药企、地方政府、农户喜欢种植的药材，特别是 2019 年 4 月 15 日，习近平总书记在石柱土家族自治县中益乡华溪村了解该村通过种植中药材黄精带动村民脱贫情况后，黄精更是成为精准扶贫、实施乡村振兴战略的特色产业。

黄精第一产业构建包括规范化基地建设、良种选育和种苗繁育。基地建设组建主体为政府+企业+科研人员+基地农户，政府出台引导与鼓励政策，科研人员提供技术支持，农户进行生产，企业提供种苗、收购黄精，形成产业发展的共同体，减少企业投入，增加农户收入。近年来在政府支持与鼓励下，黄精加工业快速发展，黄精食品、保健品、药材、饮片等系列产品不断涌现，品牌建设和营销方式推陈出新，在部分地区逐渐成为主导产业。

进一步研究表明，黄精的不同部位均有可以开发的价值。以多花黄精为例，其嫩芽中氨基酸总含量为 193.13～248.74mg/g，为根茎中氨基酸总含量的 4.16 倍，必需氨基酸含量占氨基酸总含量的 35.57%～39.44%，接近联合国粮食及农业组织（FAO）/世界卫生组织（WHO）提出的理想蛋白质的标准；谷氨酸、天冬氨酸和亮氨酸是嫩芽中最主要的氨基酸，是调节口感、发挥保健功能的重要成分（黄申等，2020）。黄精花中氨基酸总含量为 111.85～131.03mg/g，平均含量为 121.39mg/g，为根茎中氨基酸总含量的 2.3 倍；谷氨酸、天冬氨酸和酪氨酸是花中最主要的氨基酸，必需氨基酸含量占氨基酸总含量的 33.77%～35.71%，其中含量最高的是亮氨酸、缬氨酸和赖氨酸，其具有调节血糖、提高免疫力等保健功能（张泽锐等，2020）。嫩芽多糖含量为 2.34%～12.73%，为根茎的 1/3 左右；花的多糖含量为 6.09%～9.70%，约为根茎的 1/2；花的皂苷含量为 3.95%～4.95%，约为根茎的 4/5（黄申等，2020；张泽锐等，2020）。

历代本草类书籍均记载"黄精"为"主补"。黄精在中成药中应用不多，目前，有 218 个中成药中含有黄精。黄精在保健食品中应用十分广泛，据不完全统计，以黄精为主要原料的保健品有 300 多个，其中增强免疫力、缓解疲劳的有 209 个，辅助降血糖、辅助降血脂的有 47 个。

药食同源黄精口感好，适口性好，甘甜，无臭，且具独特的风味，质地湿润但不粗糙，我国民间广泛用其烹制黄精菜肴、黄精药膳，如黄精酒、黄精煨猪肘、黄精炖鸭、炖黄精、黄精馒头等，黄精在东南亚及日本、韩国等地也有广泛的应用。

1.2.1 我国黄精分布

黄精在我国蕴藏量较大，分布广泛。从南到北、由东到西，在海拔 200～2800m 的山上适宜其生长。黄精主要分布于东北地区、西北地区、河北、安徽东部、浙江等地。多花黄精主要分布于四川、安徽、贵州、江苏、浙江、江西、福建、湖南、湖北、广东（中部和北部）、广西（北部）等地。滇黄精主要分布于云南、四川南部、贵州西南部等地。

1.2.2 黄精市场需求

近年来，黄精市场需求逐年攀升。据报道，2014 年我国黄精行业需求量约为 14 594t；2015 年需求量约为 16 156t，同比增长 10.70%；2016 年需求量约为 18 288t，同比增长 13.20%；2017 年需求量约为 20 757t，同比增长 13.50%；2018 年需求量约为 23 658t，同比增长 13.98%（肖倩和姜程曦，2017）。

黄精根据外形可分为姜形黄精、鸡头黄精和大黄精三种。姜形黄精的基源为多花黄精，鸡头黄精的基源为黄精，而大黄精的基源为滇黄精。2018 年市场需求中，以鸡头黄精占比最大，为 58.2%，姜形黄精的占比为 35.5%，大黄精的占比为 6.3%。

1.2.3　黄精种植区域

随着黄精消费需求的增加，野生黄精资源逐渐减少，人工栽培面积开始逐年迅速增加。2014 年我国黄精种植面积约为 37 363 亩[①]；2015 年种植面积约为 40 833 亩，同比增长 9.29%；2016 年种植面积约为 45 572 亩，同比增长 11.61%；2017 年种植面积约为 51 314 亩，同比增长 12.60%；2018 年种植面积约为 58 181 亩，同比增长 13.38%。2019 年后，据不完全调查，山东泰安、湖南娄底、安徽黄山和池州、浙江丽水和杭州、陕西汉中、四川南充、贵州铜仁、云南红河等地每年发展过万亩，带动了黄精的种根、种苗、种子等价格快速上涨。

2014 年湖南黄精种植面积约为 6648 亩；2015 年种植面积约为 7305 亩，同比增长 9.88%；2016 年种植面积约为 8095 亩，同比增长 10.81%；2017 年种植面积约为 9212 亩，同比增长 13.80%；2018 年种植面积约为 10 587 亩，同比增长 14.93%。

2014 年安徽黄精种植面积约为 6592 亩；2015 年种植面积约为 7221 亩，同比增长 9.54%；2016 年种植面积约为 8075 亩，同比增长 10.83%；2017 年种植面积约为 9138 亩，同比增长 13.16%；2018 年种植面积约为 10 398 亩，同比增长 13.79%。2016 年安徽九华山地藏黄精获得国家地理标志产品，产品开发与企业发展态势良好。到 2020 年已经形成了 5 万余亩的种植面积。

2014 年浙江黄精种植面积约为 4819 亩；2015 年种植面积约为 5265 亩，同比增长 9.26%；2016 年种植面积约为 5887 亩，同比增长 11.81%；2017 年种植面积约为 6628 亩，同比增长 12.59%；2018 年种植面积约为 7513 亩，同比增长 13.35%。到 2020 年已经形成了大约 2.7 万亩的种植规模。

四川黄精种植面积由 2014 年的 3501 亩增加到 2018 年的 5386 亩，平均每年增加 10.77%。

湖北省黄精种植面积由 2014 年的 3215 亩增加到 2018 年的 5026 亩，平均每年增加 11.27%。

山东泰山黄精发展态势良好，泰山黄精作为泰山四大名药之一，当地政府高度重视。目前，泰山周边地区每年 5000~10 000 亩的基地建设，带动了一批企业的产品研发。2019 年泰安市岱岳区已经发展黄精种植 6000 余亩。到 2020 年底种植面积 2 万余亩。

陕西汉中黄精种植较早，特别是在略阳县黄精种植面积达到了近 5 万亩，以山林地林下发展为主，也有人工大田栽培，以及果园、玉米地套种等。

1.2.4　不同区域黄精质量差异

根据《中国药典》规定，黄精多糖是黄精质量的唯一评价指标。研究表明不同产地、不同品种的黄精多糖含量差异显著。钱枫等（2011）分析了安徽省 8 种黄精的多糖含量，发现《中国药典》收录的黄精和多花黄精多糖含量高于其他；皖南多花黄精多糖含量最高。焦劼等（2016a）分析了来自我国 33 个产地的 52 个黄精、多花黄精和滇黄精样品的多糖含量，结果表明不同产地黄精多糖含量差异显著，且呈正态分布；不同种间黄精多糖含量为：多花黄精>黄精>滇黄精；同一种内不同产地黄精多糖含量也存在显著差异，其中以广东韶关的多花黄精质量最优。进一步分析了 33 个产地黄精的薯蓣皂苷元、总酚和总黄酮含量，主成分分析，结果表明黄精的质量评价应以黄精多糖和薯蓣皂苷元的含量共同作为评价指标。

---

① 1 亩≈666.7m²。

1.2.5　黄精规范化栽培发展迅速

随着中药产业国际化发展趋势的增强，我国传统中药市场必然受到国际中药市场的冲击，为使我国中药产品走向国际并在国际中药市场占有一席之地，必须重视我国中药材产品的质量问题，提高我国中药材产品的有效药用价值，并降低其农药和重金属残留量，使其达到国际中药材产品质量标准。但我国传统的中药材栽培方法无法完成这一艰巨的任务，这就要求我们必须开展中药材的栽培技术研究，打破传统中药材生产习惯，形成新的中药材栽培技术理论，以新的理论指导生产，促进中药产业的发展。

据不完全统计，我国共有200余种中成药、300余种保健品以黄精为原料。其中以陕西步长制药股份有限公司生产的中成药对黄精原料的需求最大，年消耗黄精约2000t。加之其他药企、保健品企业与食品业消耗，目前黄精年需求量为2.3万吨，且以10%的幅度增长，因此国内市场黄精供需矛盾已异常突出。

随着人们保健意识的提高和黄精药用、营养保健等多功能价值不断被挖掘，黄精原料的需求量日益增加，仅依靠野生资源的采挖已远不能满足市场需求，而且掠夺式采挖易引起野生资源濒危。近年来，由于我国的生态保护与林业发展，虽然森林覆盖率和面积增加，但由于林分质量提高，郁闭度增加，植被盖度增加后，黄精在林下群落中密度大幅度降低，资源恢复困难，导致自然资源枯竭，给黄精产业的可持续发展造成重创。因此，黄精产业的发展首先要解决产业源头的供给问题。

1.2.6　黄精规范化生产技术体系研究

影响药材质量的因素很多，最为关键的有：①生产基地的适宜性选择，要做到道地产区生产道地药材，环境无污染；②种质的准确选择，根据《中国药典》的规定并结合基地的气候条件，确定种质品种；③药用成分是药用植物生理代谢的产物，其受到诸多因素的综合影响，包括遗传、环境、存储、制备、分析等各个环节；④栽培技术的优化，在了解黄精的生物学特性、生态因子与其生长和有效成分积累的关系等的基础上规范黄精栽培种植和田间管理；⑤采挖时间、加工方式、贮运过程的合理化，人员培训和严格规范的管理是高品质药材生产的保障。近年来，虽然科学技术研究者关注人数增加，各级政府投入增加，每年发表论文数量快速增长，但仍然有许多重要的基础问题尚未解决，技术落后仍然是制约产业发展的瓶颈问题。

略阳黄精规范化种植基地的建设，包括地址选择和确定，黄精种质资源鉴定，黄精生态环境质量监测，黄精种子质量检验，黄精种苗生产及移栽，黄精种苗质量检验，黄精田间管理，黄精规范化生产田间操作原始记录，黄精病虫害防治，黄精药材采收加工，黄精药材包装、运输、储藏，黄精药材质量检测，黄精规范化生产文件档案的建立与管理，黄精规范化生产作业人员技术培训作业计划，黄精合格产品控制等标准操作规程（SOP），以及基地运营严格按照《中药材生产质量管理规范》进行。

1.2.7　黄精产业发展趋势

我国已全面建成小康社会，人们对健康与长寿的追求日益突显，健康产业规模持续增长，以黄精为原料的具有养生保健功效的产品需求加大。黄精是百合科黄精属多年生草本，其味甘、性平，具有补气养阴、健脾润肺、补精益肾、提高免疫、降血糖和血脂、抗菌抗病毒、延缓衰老等功效。黄精根茎肉质肥厚，富含蛋白质、维生素、微量元素等多种营养成分，无明显毒性作用，使其成为天然药食两用资源。随着黄精药理研究的深入以及人们对养生保健意识的提升，黄精药食市场年需求量增长大于20%，其食品类占比（超过70%）远大于药材类（约30%）。因此，黄精这一传统中药产业已进入一个食用研发快速发展的新时期，预测未来 10 年仍是黄精产业发展的上升期。

1.3　黄精的药理作用

1.3.1　降血糖作用

目前，黄精中对糖尿病及其并发症有明显改善作用的活性成分为多糖、皂苷和总黄酮，其中，多糖研究最广泛。王艺（2019）发现滇黄精多糖（PKP）和黄精多糖（PSP）均对 α-葡萄糖苷酶有抑制作用，且 PSP 的抑制作用强于 PKP，随后作者利用 PSP 对链脲佐菌素（STZ）诱导的患病小鼠实施了体内降血糖实验，结果发现使用 PSP 后，小鼠饮水量、饮食量、血糖无变化，体重稍微升高，糖化血清蛋白含量降低，血清胰岛素水平升高。Shu 等（2012）发现黄精中的总黄酮（TFP）对 1 型糖尿病（T1DM）患者和 2 型糖尿病（T2DM）患者都有明显的降血糖作用，与对照组相比，100mg/kg 和 200mg/kg TFP 对 STZ 诱导的 T1DM 小鼠的降血糖作用与 20mg/kg 阿卡波糖相似。在四氧嘧啶和高脂饮食诱导的 T2DM 小鼠中，200mg/kg 的 TFP 具有与 15mg/kg 格列齐特相似的降血糖作用。

Wang 等（2017）发现黄精多糖可降低 STZ 诱导的糖尿病小鼠的空腹血糖和糖化血红蛋白水平，升高其血浆胰岛素和 C 肽水平，同时增加血浆中丙二醛含量及降低超氧化物歧化酶活性，因此黄精多糖可能通过降低血糖和抑制氧化应激反应来减轻视网膜血管病变。黄精多糖通过降低细胞凋亡蛋白 Bax、表皮生长因子（EGF）、血管内皮生长因子（VEGF）、转化生长因子-β（TGF-β）和 p38 MAPK 的信号转导作用，而对糖尿病视网膜病变具有保护作用。此外，还有研究发现黄精皂苷能够通过抑制 Wnt/β-联蛋白信号通路激活而保护肾脏。

1.3.2　降血脂作用

黄精中的某些活性成分可以调节与脂质代谢相关的基因和蛋白质的表达水平，对高脂血症、肥胖和脂肪肝的预防起到至关重要的作用。滇黄精多糖通过增加短链脂肪酸（SCFA）的产生来调控肠道微生物群落的相对丰度和多样性，促进肠道通透性屏障恢复，抑制脂多糖（LPS）进入循环系统，减轻炎症反应，最终预防脂质代谢紊乱（Gu et al., 2020）。

孔瑕等（2018）研究表明，与对照组相比，黄精多糖组小鼠体内血清总胆固醇（TC）、甘油三酯（TG）、低密度脂蛋白-胆固醇（LDL-C）的含量明显降低，高密度脂蛋白-胆固醇（HDL-C）的含量显著增加；肝脏中的过氧化物酶体增殖物激活受体-γ（PPAR-γ）、固醇调节元件结合蛋白-1c（SREBP-1c）、白介素-6（IL-6）和肿瘤坏死因子-α（TNF-α）的表达下调，过氧化物酶体增殖物激活受体-α（PPAR-α）的表达上调，因此多糖对脂类代谢相关因子具有调节作用，并能抑制肝脏脂质氧化，从而预防高脂血症。滇黄精可通过调节脂类代谢因子的表达、抑制氧化应激反应以及抑制细胞凋亡等发挥抗非酒精性脂肪肝的作用。

1.3.3　抗肿瘤

Li 等（2018）分离纯化得到 4 种多花黄精多糖，进一步研究了其是否抑制宫颈癌 HeLa 细胞的生长，结果表明 4 种多糖都具有诱导癌细胞凋亡、抑制癌细胞增殖的作用。Long 等（2018）发现黄精多糖可以激活 Toll 样受体 4（TLR4）信号通路，尤其是选择性上调 MyD88 依赖通路，引起肿瘤坏死因子受体相关蛋白 6（TRAF6）增加，并诱导下游促分裂原活化的蛋白激酶（MAPK）/核因子-κB（NF-κB）信号通路发挥其抗癌作用，在此过程中，IL-6、IL-1β、IL-12、p70 和 TNF-α 等细胞因子的分泌被强烈诱导。另外，多花黄精凝集素（PCL）诱导细胞凋亡和自噬的机理是通过调节 Bax 和 Bcl-2 蛋白，引起线粒体去极化、细胞色素 c 释放和胱天蛋白酶激活，随后 PCL 能够对抗谷胱甘肽抗氧化系统并诱导线粒体积累活性氧，从而导致 p38-p53 活化（Liu et al.，2006）。

1.3.4　抑菌抗炎作用

Debnath 等（2013）发现黄精水提物能够降低小鼠巨噬细胞系中的 NO 水平，并抑制诱导型一氧化氮合酶（iNOS）和 TNF-α 的表达，证实其具有抗炎作用。曹冠华等（2017）发现黄精多糖对金黄色葡萄球菌、大肠杆菌、枯草芽孢杆菌等都有明显的抑制作用。Li 等（2018）采用琼脂扩散法检测 4 种多花黄精多糖的抑菌活性，发现其对 4 种革兰氏阴性菌具有抑制作用，对枯草芽孢杆菌的抑制作用最强。

1.3.5　免疫调节

Yelithao 等（2019）利用 RAW264.7 细胞和自然杀伤细胞（NK 细胞）评估黄精多糖硫酸化和水解衍生物的免疫刺激作用，并发现 RAW264.7 细胞被甘露糖受体（MR）和 Toll 样受体 4（TLR4）介导的信号通路激活，CR3（β-葡聚糖受体）和 TRL2 在刺激 NK 细胞中起主要作用。雍潘（2019）通过二苯基四氮唑溴盐（MTT）实验分析了多花黄精多糖 PCP-1 的免疫调节作用，结果发现 PCP-1 浓度为 25～400μg/mL 时，不仅对巨噬细胞 RAW264.7 的生长无害，反而有利于它的生长；随后，通过中性红实验发现 PCP-1 能够明显加强细胞吞噬，PCP-1 还能使巨噬细胞 RAW264.7 产生 NO。

1.3.6　抗氧化及抗衰老

Li 等（2018）通过测定多花黄精多糖清除 2,2-联氮-二-3-乙基苯并噻唑-6-磺酸（ABTS）自由基和 1,1-二苯基-2-三硝基苯肼（DPPH）自由基及总还原力等的能力，结果表明多花黄精多糖具有一定的抗氧化作用。雍潘（2019）通过体外抗氧化实验证实多花黄精多糖 PCP-1 具有抗氧化和清除自由基的作用，PCP-1 清除 DPPH 自由基的能力随着 PCP-1 浓度的升高而增强。Jiang 等（2013）通过对黄精多糖进行动物实验验证，得知黄精粗多糖对 CCl_4 引发的大鼠肝氧化损伤具有一定的抑制作用。

1.3.7　抗阿尔茨海默病

学习记忆能力衰退是阿尔茨海默病（AD）的主要特征之一，黄精水煎剂可明显缩短 β-淀粉样蛋白诱导的 AD 模型大鼠的逃避潜伏期，并能通过降低 CA1 区在 Thr231 位点 tau 蛋白的磷酸化来改善海马病理损伤，增强大鼠学习记忆能力，最终预防阿尔茨海默病（王涛涛等，2013）。

1.3.8　抗动脉粥样硬化

Yang 等（2015）建立了兔子动脉粥样硬化模型，结果表明黄精多糖的抗动脉粥样硬化作用可能与其降血脂活性、改善大动脉形态、减少泡沫细胞数量和内皮细胞损伤有关。

1.3.9　心肌保护作用

安晏等（2021）研究黄精多糖（PSP）对急性心肌梗死（AMI）模型大鼠心肌损伤的改善作用，通过检测大鼠左室射血分数（LVEF）、左室短轴缩短率（LVFS）、心肌组织中氧化应激相关指标以及左心室前壁组织中凋亡相关蛋白和 Wnt/β-联蛋白通路相关蛋白的表达水平，观察大鼠心肌组织病理形态学变化，可知 PSP 可改善 AMI 模型大鼠的心肌损伤；其作用机制可能与升高心肌组织中 SOD 水平，降低 MDA、ROS 水平，调控凋亡相关蛋白和 Wnt/β-联蛋白通路相关蛋白的表达有关。

1.3.10 抗骨质疏松

研究表明黄精多糖在不影响骨形态发生蛋白（BMP）信号通路的情况下，可抑制骨质疏松；黄精多糖通过促进成骨细胞分化因子的表达或者提高碱性磷酸酶的活性来增加骨髓间充质干细胞（BMSC）的成骨分化（Du et al., 2016; Nakamura et al., 1995）。

1.3.11 其他作用

除上述作用外，黄精还具有促进睡眠、抗疲劳及抗人类免疫缺陷病毒（HIV）等多方面的药理活性。黄精根部的水提物促进睡眠的作用与非快速眼动睡眠(NREM 睡眠)的延伸以及 γ-氨基丁酸 A 型受体 RP2（GABAA-RP2）和 5-羟色胺受体 1A（5-HT1A）表达的上调相关（Nakamura et al., 1995）。而多花黄精鲜品可以通过增加肌糖原和肝糖原含量，降低乳酸含量，从而起到抗疲劳作用，延长小鼠游泳时间（荣小娟等，2020）。另外，多花黄精凝集素是一种新型抗 HIV 甘露糖结合凝集素（Ding et al., 2010）。

1.4 黄精产品应用

《食疗本草》曾记载："黄精根、叶、花、实，皆可食之。"黄精除了药用外，还可作为食物食用。此外黄精也被列入药食同源名录（阙灵等，2017）。随着人们对健康食品的要求提高，黄精被广泛地应用在保健食品的开发中，目前，黄精保健产品有 450 种，包括黄精酒、黄精糖、黄精茶、黄精固体饮料、黄精果脯、黄精豆腐等（衡银雪等，2017；张丽萍等，2019；杨紫玉等，2020）。黄精中还含有多种天然美容活性成分，具有抗氧化、防辐射、亮泽容颜、乌须黑发等美容功能，黄精保健化妆品有 10 种，包括洗发水、护发素、沐浴露、洗面奶等；此外，现代研发的黄精中成药处方 204 种；市场上黄精药品有 10 种（于纯淼等，2019）。

黄精作为我国传统中药材，具有非常高的药用价值和医疗保健功效。然而，化学成分和药理作用方面的研究主要集中在黄精和滇黄精，而对多花黄精的研究较少；黄精的化学成分研究也主要集中在多糖、皂苷和黄酮上，对其他微量成分的研究甚少；药理作用的研究只集中在药用部位和简单的药效验证上，并未进行深入的药理作用机制研究。因此，应该从黄精单个化学成分及其结构入手，深入研究其作用机制，寻找其作用靶点，阐明其药效基础，为黄精药品、保健食品、化妆品的进一步开发利用奠定基础。

第2章 黄精的本草考证

本草学是目前世界上保存较完整的药学体系之一，也是我国乃至世界不可或缺的瑰宝。"本草"一词始见于《汉书·平帝纪》，代指中药，亦指记载本草的书籍，自古相沿，一脉相承。自《神农本草经》始，本草及本草学历经约 2000 年的传承和发展，如松柏之茂，历久弥坚。本草及其药学体系因其系统性和科学性日益受到现代医药工作者的重视，而现代科学和技术也为本草学的发展注入了新的活力。

我国本草学的发展主要经历了 4 个历史时期：远古时期至秦汉时期，秦汉时期至隋唐时期，隋唐时期至清末，民国时期至今。远古至秦汉时期，随着生产工具的改进、生产力的解放和提高，先达们（伏羲氏、神农氏、轩辕氏等）在生产和生活实践过程中发现了一些早期的动物药、植物药和矿物药。秦汉至隋唐时期，"本草"一词出现，标志着本草及本草学的诞生，这一时期，各本草中记载了相当完备和详尽的药物名称、种类、资源、性、味等示例，然而，各本草所载药物均为文字记录，缺失相应的本草图谱。隋唐以降，官方组织修订编纂综合性的本草，形成了系统、科学的本草体系，如《新修本草》（唐）、《开宝本草》（宋）、《嘉祐本草》（宋）和《本草图经》（宋）等，这一时期，某些本草中开始增添相应的本草图谱，如《本草品汇精要》（明）中附录的本草图谱（现见于《金石昆虫草木状》），《植物名实图考》（清）中附录的具有最高可信度的本草图谱。民国时期至今，现代形态学、鉴定学、分类学和科学命名法的传入为我国本草学的发展提供了新的科学理论和方法论，尤其是《中华本草》（1999 年）的编纂与出版为我国现代本草学的研究和发展提供了翔实的资料，推动了我国中医药体系和中药产业的研究和发展，将我国的民族药学体系提升到了一个新的台阶。

本草考证是本草学研究的主要方法之一，其核心目的是正本清源，研究基础是历代本草、民间医学著作和文献记载等相关资料，理论依据为现代生物学、分类学、鉴定学和语言学等相关学科和科学理论，研究方法主要为考古法、实地调查、辩证法和综合考证法等，功能为辩证地继承和发扬我国的本草学和药学体系，为社会的发展和人类的进步服务（国家药典委员会，2015）。本章采用本草考证法，系统地整理和分析历代本草典籍、民间医学著作和文献记载等相关资料中关于黄精的记录和相应的本草图谱，研究黄精的药用历史、药源植物变迁、药物的炮制方法及相关的药方等内容，为黄精的起源、演化、药用实践和功能研究提供依据。

2.1 本草考证研究方法

本草考证研究方法主要是系统地查阅、整理和分析我国历代本草典籍及民间医书中对黄精的记载，包括黄精的名称、形态、药源植物、炮制方法、气味、主治及药方等，并运用现代生物学、鉴定学和科学命名法等，辨证、综合地研究黄精的药用基原、药源变迁、药用功能和药学实践等内容。

2.2　本草考证研究进展

2.2.1　释名

黄精，因其"得戊土之精"而得名。在我国约 2000 年的历史时期中，黄精也因时空差异而具有多个名称（附录 2.1）。唐之前，我国尚未有官方组织编纂的官修本草，本草均为民间修著。这些本草中，黄精又被称为白及、重楼、菟竹、鸡格、救穷、鹿竹等。我国第一部官修本草《新修本草》（唐）中，黄精名称与之前本草中所载一致。《食疗本草》中则首次提出了"正精"和"偏精"。两宋时期，官方集全国之力整理了翔实的资料并用于编纂本草，此间，黄精的名称增补了龙衔、太阳草、垂珠、葳蕤、苟格、马箭、笔菜和黄芝等。明清时期，黄精的名称又增补了笔管菜、生姜、野生姜、野仙姜、山生姜、玉竹黄精和白及黄精等。新中国成立后，黄精的名称则增补了黄鸡菜和山姜。现代植物学体系中，黄精则是专指百合科黄精属多年生草本植物 *Polygonatum sibiricum* Red.。而中药材黄精则被《中华本草》和《中国药典》（2015 年）确定为百合科黄精属植物多花黄精、黄精和滇黄精的干燥根茎。

综上所述，我国传统的本草学和药学体系中，黄精的名称繁多，既有官方的名称又有民间的别称。现代植物学体系中，黄精则成为某种植物的专称；现代药学体系中，黄精则特指上述三种植物的干燥根茎。因此，随着社会的发展和科技的进步，"黄精"这一名词逐渐被公认和固化。

2.2.2　黄精的原植物

我国历代本草和民间医书中对黄精均有记载（附录 2.1）。早期的生活实践中，《神农本草经》中将黄精列在白及条下，并认为白及为黄精的一个别称，但无具体形态描述。陶氏的《名医别录》首次将黄精单列为上品，并记其"二月始生，一枝多叶，叶状似竹而短，根似葳蕤"，但仅有文字描述而无相应的图谱。故，我们无法确定这一时期黄精的原植物。

汉以降，唐《新修本草》始，各本草中逐步增补本草图谱（图 2.1），但原书多已散佚，未能窥其原貌。宋之前，各本草对黄精的形态描述均与《名医别录》中一致，仅《食疗本草》中增补记载"但相对者是，不对者名偏精"。因此，我们初步断定黄精原植物为对生叶类群的"正精"和非对生叶类群的"偏精"。

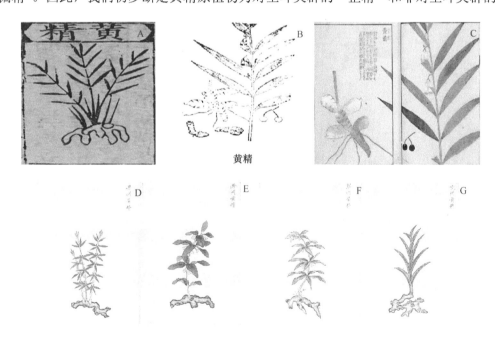

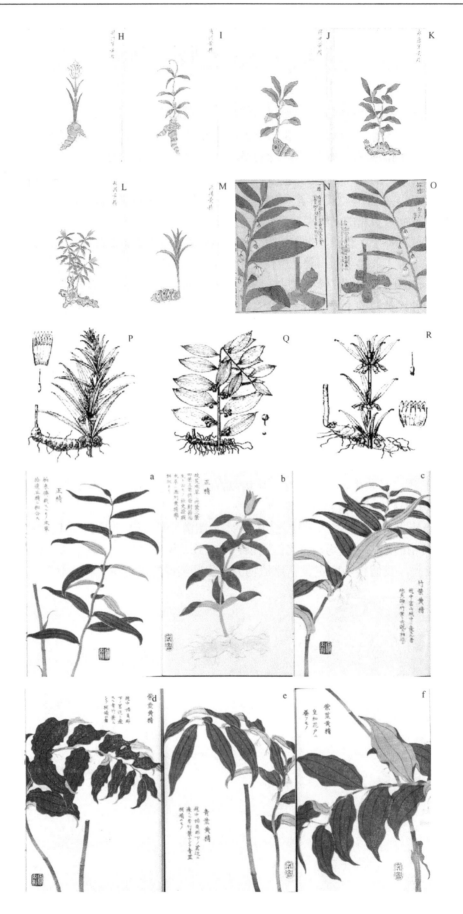

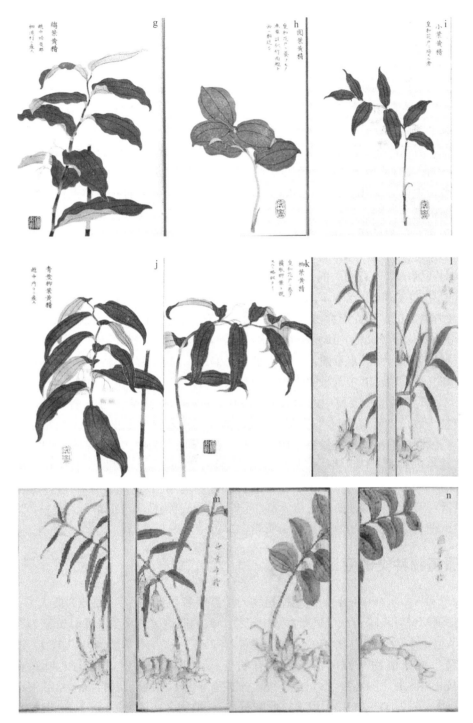

图 2.1　黄精的本草图谱

A.《太乙仙制本草药性大全》中的正精；　B.《本草便读》的正精；　C.《本草图谱》中的正精；D. 丹州黄精；E. 滁州黄精；F. 解州黄精；G. 兖州黄精；H. 荆门军黄精；I. 商州黄精；J. 鲜州黄精；K. 永康军黄精；L. 相州黄精；M. 洪州黄精；N、O.《本草图谱》中的偏精；P~R. 分别为《中华本草》中的黄精、多花黄精和滇黄精；a~k. 本草通串证图；l~n. 本草图汇

　　两宋时，官方调查和收集了大量的药材资源，对其品种进行确认，并以"丹青之笔"工笔绘制了相应的本草图谱，为我国本草学的研究积累了丰富的客观材料和辨药经验。我国现存最早的一批药图主要收录于《本草图经》（宋）。此时，黄精的形态描述也增补为"三月生苗，高一、二尺以来；叶如竹叶而短，两两相对；茎梗柔脆，颇似桃枝，本黄末赤；四月开细青白花，如小豆花状；子白如黍，亦有无子

者。根如嫩生姜，黄色；二月采根，蒸过曝干用。今通八月采，山中人九蒸九曝，作果卖，甚甘美，而黄黑色"。同时，也收录了十幅各州产黄精图谱（图 2.1）。其中，有 2 幅黄精本草图谱一致，其余的形态各异。因此，我们判定黄精并非一种而是一类植物的统称。

明清时期，黄精的形态描述增补了"或叶似竹叶，或两叶，或三叶，或四叶五叶，俱皆对节而生"。黄精的本草图谱也以《本草图经》中收录的为主，《四库全书》中收录的黄精图谱也与《本草图经》中的一致。另外，《太乙仙制本草药性大全》（明）和《本草便读》（清）中收录的黄精图谱则与各本草中黄精的形态描述相一致。清末，在整理了各本草的基础上，黄精的形态描述勘定完备。值得一提的是，《植物名实图考》（清）中收录的黄精图谱，经确认与滇产的多花黄精一致。

民国时期至今，中西方文化交流日益加深，现代植物学和分类学的科学体系传入我国，为我国本草学的发展注入了新的活力。新中国成立之后，国家组织编纂了具有划时代意义的《中华本草》。《中华本草》中认定黄精为百合科黄精属多年生草本多花黄精、黄精和滇黄精的干燥根茎，并采用现代植物学和分类学知识对其形态进行描述，详见《中国植物志》。此后，我国相关资料均以此为标准。

此外，日本对我国本草也有相关的记载和研究。《本草通串证图》（木村雅经、山下守胤、山下弌胤和松浦守美，富山县立图书馆）、《本草图说》（高木春山，东京帝室博物馆）、《本草图汇》（东京图书馆）和《本草图谱》（岩崎常正，国立国会图书馆）中均收录有黄精及相应的图谱（图 2.1）。《本草图说》和《本草图谱》中记录的黄精（汉种）和相应的图谱与我国本草中"正精"的描述相一致，且《本草图说》中只收录了"正精"一种；而《本草图谱》中收录的"偏精"则与多花黄精一致。《本草通串证图》收录了两种"正精"和 9 种黄精，其中一种"正精"的叶大部分对生（图 2.1a），而另一种"正精"叶则为轮生（图 2.1b），与《本草品汇精要》中的滁州黄精一致。《本草图汇》收录了三种黄精，其中汉种黄精与叶互生的多花黄精一致，竹叶黄精与"正精"一致，圆叶黄精未分布于我国。岩崎常正建立了药用植物资源圃，并按照药源圃中的植物形态绘制了图谱，故，《本草图谱》中关于黄精的记载或可信。

曩，本草典籍多已散佚。传世者，多为后人辑校编纂，难觅原貌，甚憾。我国传统药学体系中，黄精的原植物并非一种而为一类，分为具有"叶如竹叶而短，两两相对，或叶似竹叶，或两叶，或三叶，或四叶五叶，俱皆对节而生"特征的"正精"和"不对者"的"偏精"。"正精"为黄精，"偏精"则不是。现代药学体系中，药材黄精的原植物则勘定为黄精、滇黄精和多花黄精。

2.2.3　黄精原植物种类的变迁

我国历代本草和日本本草中记载的黄精原植物的种类繁多（图 2.1），主要分为两大类："正精"和"偏精"。依据可查阅到的资料和图谱，与早期本草中记载一致的图谱可查阅到 4 个，分别为《太乙仙制本草药性大全》（2.1A）、《本草便读》（2.1B）、《本草图说》（2.1C）和《本草图谱》（2.1C）。该种与唐代陈藏器认定为"正精"的原植物一致，但我国现有的资料中未发现该种，其与对叶黄精 *Polygonatum oppositifolium* (Wall.) Royle（图 2.2）不完全一致，分布范围也不相同。明时，《本草品汇精要》中收录了 10 幅黄精本草图谱（图 2.1D～M），后世多以此为蓝本。《植物名实图考》（清）中则认为，"山西产与救荒图同"，即山西地区（清）出产的黄精与《救荒本草》（《四库全书》）中所附黄精图一致，为四五叶对节而生（轮生）；"所列十图，丹州、相州细叶，四五同生一节，余皆竹叶，宽肥对生"，"宽叶为黄精，细叶四五同生一节者为葳蕤"，即轮生的细叶黄精实为葳蕤（玉竹），宽肥对生的为黄精；《植物名实图考》中所附黄精图可确认为多花黄精。

《中药材品种论述》（谢宗万编著）认为，黄精主要有两种类型：鸡头黄精和姜形黄精。其原植物主要为黄精、多花黄精、长叶黄精 *Polygonatum multiflorum* L. var. *longifolium* Merr.、卷叶黄精 *Polygonatum cirrhifolium* (Wall.) Royle、滇黄精 *Polygonatum kingianum* Coll. et Hemsl.。此外，同属植物热河黄精 *Polygonatum macropodium* Turcz.、甘肃黄精 *Polygonatum kansuense* Maxim.、长梗黄精 *Polygonatum filipes*

图 2.2　多花黄精（A）、对叶黄精（B）、黄精（C）、滇黄精（D）的图谱

Merrill ex C. Jeffrey et McEwan、狭叶黄精 *Polygonatum stenophyllum* Maxim.、玫瑰黄精 *Polygonatum roseum* (Ledeb.) Kunth、红果黄精 *Polygonatum erythroearpum* Hua、弯花柱黄精 *Polygonatum curvistylum* Hua、山姜花（湖北黄精）*Polygonatum zanlanscianense* Pamp.、老虎姜 *Polygonatum fargesii* Hua、深山黄精（庐山黄精）*Polygonatum lasianthum* Maxim.、广叶黄精 *Polygonatum latifolium* var. *commutatum* Baker、海南黄精（斑茎黄精）*Polygonatum marmoratum* Levl.等在其产地亦可作黄精用（谢宗万，1964）。《中华本草》和《中国药典》中则认定黄精的原植物为多花黄精、黄精和滇黄精。

　　窃以为，有史以来，南宋之前，我国的政治、经济和文化中心均位于北方。这一时期，本草中的记载均以北方所产药材为主。隋唐之前，黄精的根多似白及、鬼臼、黄连，大节而不平，此时，黄精原植物以"叶类竹叶而短"的黄精为主；唐时，黄精，即"正精"，以对生叶类群的黄精为黄精原植物。北宋时，《图经》和《证类本草》皆云："今南北皆有之，以嵩山、茅山者为佳"，据所附图谱可知，黄精原植物以轮生叶类群的黄精为主，兼有互生叶类群。南宋之后，我国南方的政治、经济和文化发展迅猛。南宋时，官方编纂本草还是以《证类本草》为模本，黄精种质与上述一致。明时，《本草品汇精要》《本草纲目》《救荒本草》《本草原始》和《本草汇言》均附有本草图，黄精种质主要为以滁州黄精为代表的轮生叶类群的黄精，兼有互生叶类群的黄精。清时，《植物名实图考》收录的为互生叶类群的黄精。至此，互生叶类群的黄精已逐渐成为主要的黄精原植物。新中国成立后，黄精原植物则为轮生叶类群与互生叶类群兼而有之。

　　综上所述，随着社会、政治、经济和文化的发展，黄精原植物（种质）种类也发生了显著的变化。从早期的对生叶类群到宋、元、明时的以轮叶系的黄精为主，再到清、民国时对互生叶类群的黄精为主，最后到现在轮叶系和互生叶类群兼而有之。目前，互生叶类群的多花黄精资源丰富、储量大，已逐渐成为市场上流通的主要药用种质之一。

2.2.4　黄精的食用部位、方法和功能

　　《本草纲目》记载，黄精，味甘，或曰微辛，性平，入脾、胃、肾经。除风湿，安五脏，久服轻身延

年不饥，补五劳七伤，助筋骨，耐寒暑，益脾胃，润心肺。单服九蒸九曝食之，驻颜断谷，补诸虚，止寒热，填精髓，下三尸虫。宋之前，唐本草中记载，黄精的根（根茎）、叶、花、果实皆可食，"采嫩叶炸熟，换水浸去苦味，淘洗净。油盐调食"，且"服其花胜其实，服其实胜其根"。但"花不易得，且服之十年，方可得益，故后世多不用此"。宋以后，黄精根和叶皆可食，但只以根入药。食用时，可生食，亦可炮制后食用。"初次生食时，只能吃一寸半，随后再逐渐增加，吃三百日后，可得奇效；亦可细锉阴干捣末，每日净水调服。炮制后可代粮，可作果卖"。具体方法为："可取瓷子去底，釜上安置令得，所盛黄精令满。密盖，蒸之。令气溜，即曝之。第二遍蒸之亦如此。九蒸九曝。凡生时有一硕，熟有三、四斗。蒸之若生，则刺人咽喉。曝使干，不尔朽坏"。抑或"细切一石，以水二石五斗，煮去苦味，漉出，囊中压取汁，澄清，再煎如膏乃止。以炒黑豆黄末相和，令得所，捏作饼子如钱许大。初服二枚，日益之，百日知。亦焙干筛末，水服，功与上等"。还可"煲鱼肉食"。《中华本草》所载黄精炮制方法主要有：生黄精、蒸黄精、炙黄精、酒黄精、黑豆制黄精和熟地制黄精等（国家中医药管理局《中华本草》编委会，1999）。

现代药理学研究表明，黄精具有提高免疫力和记忆力、降血脂、降血糖、抗病毒、抗肿瘤、抑菌和抗衰老等功能。利用现代中药技术可对黄精进行有效的利用，不仅保留了中医古方中的"黄精地黄丸、二精丸"等，还研制了各种复方制剂。

综上所述，随着社会的发展和人们生活水平的提高，黄精得到了更加广泛的应用。从传统的食用和药用方法，到现在多样的食用方法、保健品和功能食品的研发，食品添加剂的加工和新复方制剂的开发，这些为黄精的高效使用和合理利用开拓了更广阔的天地。

2.2.5 黄精的传说故事、诗词及相关记载

黄精在我国有2000多年的食用和药用历史，其凶年可代粮，并形成了其特有的黄精文化。《列仙传》中记载，战国时有一位叫修羊公的人，日只以黄精为食。西汉年间，景帝慕名邀其进宫讲道，只不语，后隐去。《稽神录》中亦记载，昔临川有人虐其婢，婢逃入山中，日以黄精为食，经年，身轻体健，腾跃如燕。

黄精是我国诗词中的常客。例如，唐代姚合的《赠丘郎中》："绕篱栽杏种黄精，晓侍炉烟暮出城。万事将身求总易，学君难得是长生。"说明在唐代，人们已经开始种植黄精。宋代苏轼的《又次前韵赠贾耘老》："闻道山中富奇药，往往灵芝杂葵薤。诗人空腹待黄精，生事只看长柄械。"元末明初•贾仲明的《杂剧•铁拐李度金童玉女》："你止不过掘黄精和土矷，砍青松带叶烧，蒸云腴煮藜藿，饮涧泉吃仙药。这两般可是那件儿好？"

黄精在我国的饮食文化中具有重要价值。元代贾铭《饮食须知》中记载"太阳之草名黄精，食之益人。勿同梅子食"，元代忽思慧《饮膳正要》中记载"神仙服黄精法：神仙服黄精成地仙"，清代顾景星《野菜赞》中记载"叶对生者曰正精，偏生者曰偏精。苗炸作菜，根阴干，九蒸九晒，忌铁器，可充粮。含一枚咽津，不饥"。

综上所述，黄精具有重要的药用价值、食用价值和文化价值。其食用和药用历史可追溯至战国时期，种植历史亦可追溯到唐代。因此，黄精在我国具有悠久的历史文化底蕴、良好的传承和广阔的发展前景。

2.3 黄精本草考证小结

黄精具有悠久的食用、药用和种植历史。我国传统的本草学和药学体系中，黄精是指"正精"（叶对生者）。"偏精"（叶偏生者）与"正精"相似，但药用价值低于"正精"。现代植物学体系中，黄精则是

指百合科黄精属多年生草本植物 *Polygonatum sibiricum* Red.；现代药学体系中，黄精则是指百合科黄精属多花黄精、黄精和滇黄精的干燥根茎。

由于早期的本草书籍和本草图谱散佚，我们难以窥其原貌。岩崎常正编著的《本草图谱》中为汉种的对生叶类群的"正精"，我国现行的本草学、植物学和文献中均未收录和报道。虽然"正精"与对叶黄精类似，分布区域却不一致。古人云，"正精"优于"偏精"，味甜者入药，味苦者有毒，不可入药，而现代药学认为，多花黄精优于黄精，滇黄精最次，民间也以味甜者入药。亦可为旁证。然，此种鲜于报道抑或在我国绝种，尚未可知。《中华本草》中收录了点花黄精、轮叶黄精（红果黄精、甘肃黄精）、新疆黄精（玫瑰红黄精）作它药用，未作黄精药用。目前，市场上流通的黄精药材以互叶系的多花黄精及轮叶系的黄精和滇黄精为主。但民间其他味甜的黄精属植物根茎亦作药用。

由于社会发展和种质变迁，我国传统的本草学和药学体系中，黄精的药用原植物也发生了大的变迁。由早期的对生叶类群的"正精"，到唐时的以轮生叶类群为主的"偏精"，再到宋时轮生叶类群和互生叶类群兼有的"偏精"，再到明清时以互生叶类群为主的"偏精"，最后到现代的轮生叶类群和互生叶类群兼有的黄精、多花黄精和滇黄精。由于多花黄精资源丰富，药用价值较黄精和滇黄精高，现已成为市场上流通的药用黄精的主要来源。

黄精具有重要的应用价值和广阔的应用前景，既可药用，又可食用，还可作为观赏植物。黄精可作为传统的方药，也可用于研发新药；可生食，可熟食，可用作膳食辅料，可用于研发保健品和功能食品，可作为食品添加剂，亦可用于研发零食和小食品；可作为景观植物用于绿化、美化和园艺设计；可结合现代农业技术，构建生态农业、循环农业和有机农业体系；可结合其他相关资源，构建集健康饮食、环保旅游和生态保护于一体的现代绿色经济体系。

第 3 章　黄精的植物资源特点

3.1　黄精的生境与产地

3.1.1　黄精的生境

黄精适宜阴湿气候条件，具有喜阴、怕旱、耐寒的特点。黄精属植物在我国分布虽广，但适应性较差，生境选择性强。喜生于土壤肥沃、表层水分充足、荫蔽但上层透光性充足的林缘、灌丛和草丛或林下开阔地带。在排水和保水性能良好的地带生长良好，土壤以肥沃砂质壤土或黏壤土较好，以土层深厚、质地疏松的黄壤为宜。土壤酸碱度要求适中，一般以中性和偏酸性为宜。在贫瘠干旱及黏重的地块不适宜植株生长，但黄精耐寒，幼苗能露地越冬。

野生黄精类药材的原植物由其生长结构特征决定，通常不形成优势种群，而以伴生或附生状态参与生物结构的组合，群落组成成分因种类和生境的不同而不同。

黄精主要分布于我国东北地区、西北地区、河北、安徽东部、浙江等地海拔 200～2800m 的林下、灌丛或山坡阴处。同时，朝鲜、蒙古国和俄罗斯西伯利亚东部地区也有分布。黄精属于中生森林草甸种，为我国北方温带地区落叶林中比较常见的伴生种。例如，在我国河北、河南、陕西等省，其常出现在槲栎林中。

多花黄精主要分布于我国四川、安徽、贵州、江苏、浙江、江西、福建、湖南、湖北、广东（中部和北部）、广西（北部）等地海拔 500～2100m 的林下、灌丛或山坡阴处。其在我国亚热带地区的低山丘陵常绿阔叶灌丛中较常见。例如，其常出现在辽东栎、乌饭树、映山红灌丛中，其土壤基质多为砂岩、花岗岩风化发育的 pH 4.5～5.5 的红壤和黄壤。

滇黄精主要分布于我国云南、四川南部、贵州西南部等地海拔 700～3600m 的林下、灌丛或阴湿草坡，有时生于岩石上。同时，越南、缅甸、尼泊尔等国家也有分布。其常见于我国西南地区常绿阔叶林的草本层和附生草本层，如元江栲、滇石栎、红花荷、傅氏木莲、红野生山茶和黄背栎、苍白花楸、珍珠菜、藜芦、野棉花。

3.1.2　黄精的产地

百合科黄精属 *Polygonatum* Miller 是苏格兰植物学家 Miller 于 1754 年建立的。该属植物分布于北温带，以亚洲东部较为集中，欧洲及北美洲次之。我国地处东亚，目前发现分布有 79 种，广布南北各地，为黄精属植物的世界分布中心。商品黄精原植物的分布，自东北平原向北沿大兴安岭南部、蒙古高原东部、阴山到贺兰山，向南分布到云贵高原西端，向西则以青藏高原东缘为界。

中药玉竹和黄精均为黄精属植物。黄精药材来源于黄精属多种植物的根茎。历版《中国药典》收载了使用历史较长、适用范围较广的三个种，即黄精 *Polygonatum sibiricum* Red.、多花黄精 *Polygonatum cyrtonema* Hua 和滇黄精 *Polygonatum kingianum* Coll. et Hemsl.。

在对汉中黄精野生资源调查时发现，地处秦岭南坡的汉中是黄精和多花黄精交叉生长区域，以汉江为界，汉江以北的秦岭山区以黄精分布较多，汉江以南的巴山山区以多花黄精分布较多。陕西汉中的略阳县、留坝县，甘肃陇南的康县、徽县、成县分布的主要是黄精，多花黄精几乎没有见到。2006 年步长制药的黄精科研工作者分别将从云南的盐津县、四川的南部县采挖的多花黄精根茎移栽到步长制药位于汉中略阳县西北部的九中金乡（现为五龙洞镇）黄精科研试验田中，多花黄精连续生长了 4 年，研究人员对其生物学特性进行了研究。移栽到试验田中的多花黄精的物候期较当地的黄精晚近一个月，而且到了元月初，植株不枯萎，果实没有成熟。整个植株在霜冻中死去。从资源分布的常见度和群集度来看，我国黄精资源形成南北两大类。南黄精以云南高原和江南丘陵地带为分布中心，其原植物为多花黄精 *P. cyrtonema* 和滇黄精 *P. kingianum*；北黄精以大兴安岭南部、东北平原、内蒙古高原和贺兰山以及南延到秦岭南麓为分布中心，其原植物为黄精 *P. sibiricum*。

3.2 黄精的种类与分类

3.2.1 黄精的种类

3.2.1.1 黄精的药材种类

历版《中国药典》均根据黄精药材形状不同，将黄精、多花黄精、滇黄精分别称为"鸡头黄精""姜形黄精""大黄精"。

鸡头黄精：结节略呈圆锥形，形似鸡头，常数个相连，呈分枝状，长 3～10cm，直径 0.5～1.5cm。茎痕较小。

姜形黄精：结节分枝短，较瘦，形似姜，长 2～18cm，宽 2～4cm，厚 1～2.5cm，表面粗糙，有明显疣状突起的须根痕。茎痕大而突出。

大黄精：呈肥厚肉质的结节块状，结节长可达 10cm 以上，宽 3～6cm，厚 2～3cm。表面淡黄色至黄棕色，具环节，有皱纹及须根痕，结节上侧茎痕呈圆盘状，周围凹入，中部突出。质硬而韧，不易折断，断面角质，淡黄色至黄棕色。气微，味甜，嚼之有黏性。

以块大、肥润、色黄、断面透明者为佳。味苦者不可药用。

北方习以"鸡头黄精"为优，南方习以"姜形黄精"为优。

在《常用中药材品种整理和质量研究》一书中，上海医科大学药学院（现为复旦大学药学院）施大方等对黄精的品种和质量进行了专题研究。研究结果如下。

1）研究结果显示黄精的来源十分复杂，而且此情况在历史上就已存在，分析其原因是黄精类植物形态和根茎形态都非常相似，难以区别。黄精类生药虽然来源不同，但所含成分尤其是糖类成分相近，几乎每一种黄精都有显著甜味。因而研究者认为黄精的植物来源还可扩大一些。

2）《中国药典》（1977 年版至 2015 年版）收载黄精 *P. sibiricum*、滇黄精 *P. kingianum*、囊丝黄精（多花黄精）*P. cyrtonema* 3 种，根据实际情况研究者建议尚可增加卷叶黄精 *P. cirrhifolium*、轮叶黄精 *P. verticillatum*、长梗黄精 *P. filipes*。

3）黄精的根茎形状相似，很难准确地鉴定，但在植物形态上还是较易区分的，因此，若将原植物形态与根茎形态结合起来更能准确鉴定。

4）一般将黄精 *P. sibiricum* 的根茎称为鸡头黄精，但研究者在调研中发现，轮叶黄精的根茎有时也很像鸡头，因此鸡头黄精的来源不止一种。

5）通过调研，研究者认为根据黄精根茎形状大致上可将其分为 3 种类型。

鸡头黄精：包括黄精 *P. sibiricum*、轮叶黄精 *P. verticillatum* 的根茎。

连珠状黄精：包括卷叶黄精 *P. cirrhifolium*、轮叶黄精 *P. verticillatum*、距药黄精 *P. franchetii*、湖北黄精 *P. zanlanscianense* 的根茎。

块状或姜形黄精：包括囊丝黄精（多花黄精）*P. cyrtonema*、长梗黄精 *P. filipes*、滇黄精 *P. kingianum* 的根茎。

6）习惯上将黄精味苦者不入药，如部分卷叶黄精的根茎及湖北黄精的根茎，但味苦者，亦含多糖类成分。目前尚不知苦味是何种成分所致，有待研究。将味苦者作为提取多糖的原料还是可以的。

3.2.1.2　黄精的植物种类

根据 1978 年出版的《中国植物志》第十五卷，百合科黄精属植物约有 40 种，我国有 31 种。其中，自 1977 年版以来的历版《中国药典》收载的黄精药材原植物有黄精 *P. sibiricum* Red.、多花黄精 *P. cyrtonema* Hua 和滇黄精 *P. kingianum* Coll. et Hemsl.；收载的玉竹药材原植物是玉竹 *P. odoratum* (Mill.) Druce。

由于黄精属植物种类多，在我国分布地域广，多种黄精的地下根茎形态相似，在市场黄精药材商品中，除了《中国药典》收载的以上三个种，还有同属多种黄精的根茎在某些省区或者全国作为黄精入药。现将现代主要中药学著作所收载的黄精药材植物来源的其他种黄精摘录如下。

《中药大全》：热河黄精 *P. macropodium* Turcz.、狭叶黄精 *P. stenophyllum* Maxim.、长叶黄精 *P. multiflorum* L. var *longifolium* Merr. 等的根茎。

《现代中药药理学》：热河黄精 *P. macropodium* Turcz.、卷叶黄精 *P. cirrhifolium* (Wall.) Royle 等的根茎。

《全国中草药汇编》：裸花黄精 *P. souliei* Hua、互卷黄精 *P. alternicirrhosum* Hand-Mzt.、棒丝黄精（对叶黄精）*P. cathcartii* Baker、斑茎黄精 *P. marmoratum* Levl.、紫花黄精 *P. roseum* (Ledeb.) Kunth 的根茎。

黄精有苦、甜之分，甜者入药，苦者不能入药，已知有苦味的黄精为湖北黄精 *P. zanlanscianense* Pamp.、垂叶黄精 *P. curvistylum* Hua、卷叶黄精 *P. cirrhifolium* (Wall.) Royle、轮叶黄精 *P. verticillatum* (L.) All. 等。它们都是轮生类型。

《中国常用中药材》：①对叶黄精 *P. cathcartii* Baker，分布于四川、云南。②长梗黄精 *P. filipes* Merrill ex C. Jeffrey et McEwan，分布于江苏、安徽、浙江、江西、福建、湖南、广东、广西。③热河黄精 *P. macropodium* Turcz.，分布于辽宁、河北。④轮叶黄精 *P. verticillatum* (L.) All.，分布于陕西、甘肃、青海、山西、四川、云南、西藏。⑤卷叶黄精 *P. cirrhifolium* (Wall.) Royle，分布于陕西、宁夏、甘肃、青海、四川、云南、西藏。⑥湖北黄精 *P. zanlanscianense* Pamp.，分布于河南、江西、湖北、湖南、陕西、甘肃、四川、贵州。

《中国中药资源志要》：根据根茎的形状分为 3 类。

1）黄精类（鸡头黄精）：五叶黄精 *P. acuminatifolium* Kom.。

2）多花黄精类（姜形黄精）：阿里黄精 *P. arisanense* Hay.、卷叶黄精 *P. cirrhifolium* (Wall.) Royle、长梗黄精 *P. filipes* Merrill ex C. Jeffrey & McEwan、距药黄精 *P. franchetii* Hua、庐山黄精 *P. lasianthum* Maxim.、广叶黄精 *P. lasianthum* Maxim. var. commutatum (A. Dietr) Baker、湖北黄精 *P. zanlanscianense* Pamp.。

3）滇黄精类（大黄精）：互卷黄精 *P. alternicirrhosum* Hand-Mzt.、棒丝黄精（对叶黄精）*P. cathcartii* Baker、垂叶黄精 *P. curvistylum* Hua、节根黄精 *P. nodosum* Hua、格脉黄精 *P. tessellatum* Wang et Yang、小黄精 *P. uncinatum* Diels。

另外，以"羊角参"入药的有：轮叶黄精 *P. verticillatum* (L.) All.、细根茎黄精 *P. gracile* P. Y. Li、二苞黄精 *P. involucratum* (Franch. et Sav.) Maxim.、大苞黄精 *P. megaphyllum* P. Y. Li、狭叶黄精 *P. stenophyllum* Maxim.。

以"树刁"入药的有：点花黄精 *P. punctatum* Royle ex Kunth。

以"玉竹"入药的有：玉竹 *P. odoratum* (Mill.) Druce、毛筒玉竹 *P. inflatum* Kom.、小玉竹 *P. humile* Fisch. ex Maxim.、热河黄精 *P. macropodium* Turcz.、新疆黄精 *P. roseum* (Ledeb.) Kunth、康定玉竹 *P. prattii* Baker。

《中药材品种论述》：根据药材的形状分为鸡头黄精和姜形黄精。鸡头黄精为黄精，姜形黄精除了多花黄精和滇黄精（德保黄精）外，还包括以下种：长叶黄精 *P. multiflorum* L. var *longifolium* Merr.、卷叶黄精 *P. cirrhifolium* (Wall.) Royle、热河黄精 *P. macropodium* Turcz.、甘肃黄精 *P. kansuensis* Maxim.、玫瑰黄精（新疆黄精） *P. roseum* (Ledeb.) Kunth、长梗黄精 *P. filipes* Merrill ex C. Jeffrey et McEwan、红果黄精 *P. ergthrocarpum* Hua、弯花柱黄精（垂叶黄精） *P. curvistylum* Hua、狭叶黄精 *P. stenophyllum* Maxim.、山姜花（湖北黄精） *P. zanlanscianense* Pamp.、老虎姜 *P. fargesii* Hua、海南黄精 *P. marmorathum* Levl.、深山黄精（庐山黄精） *P. lasianthum* Maxim.、广叶黄精 *P. lasianthum* Maxim. var. *commutatum* (A. Dietr) Baker。

《中国药材学》：卷叶黄精 *P. cirrhifolium* (Wall.) Royle、长梗黄精 *P. filipes* Merrill ex C. Jeffrey et McEwan、轮叶黄精 *P. verticillatum* (L.) All.。

《中华本草》：轮叶黄精 *P. verticillatum* (L.) All.、卷叶黄精 *P. cirrhifolium* (Wall.) Royle、互卷黄精 *P. alternicirrhosum* Hand-Mzt.、热河黄精 *P. macropodium* Turcz.、长梗黄精 *P. filipes* Merrill ex C. Jeffrey et McEwan、对叶黄精 *P. cathcartii* Baker。

《常用中药材品种整理和质量研究》：黄精属植物形态和根茎形状相似，均供药用，销全国，其中以黄精、滇黄精、囊丝黄精、长梗黄精、卷叶黄精等销量较大。黄精原植物的分布及数量如表 3.1 所示。

表 3.1　黄精原植物的分布及数量

省区	种类	分布量	省区	种类	分布量
辽宁	黄精 *P. sibiricum*	+	湖北	湖北黄精 *P. zanlanscianense*	++
吉林	黄精 *P. sibiricum*	+	湖南	长梗黄精 *P. filipes*	++
黑龙江	黄精 *P. sibiricum*	+		距药黄精 P. franchetii	+
云南	黄精 *P. sibiricum*	+		湖北黄精 *P. zanlanscianense*	++
	滇黄精 *P. kingianum*	+++	浙江	多花黄精 *P. cyrtonema*	+++
	轮叶黄精 *P. verticillatum*	++		长梗黄精 *P. filipes*	+++
	卷叶黄精 *P. cirrhifolium*	++		节根黄精 *P. nodosum*	+
	节根黄精 *P. nodosum*	+		湖北黄精 *P. zanlanscianense*	++
	棒丝黄精 *P. cathcartii*	+	安徽	多花黄精 *P. cyrtonema*	++
	点花黄精 *P. punctatum*	+		长梗黄精 *P. filipes*	+
四川	轮叶黄精 *P. verticillatum*	+++	广西	滇黄精 *P. kingianum*	+++
	卷叶黄精 *P. cirrhifolium*	++	河北	黄精 *P. sibiricum*	++
	多花黄精 *P. cyrtonema*	++	陕西	黄精 *P. sibiricum*	++
	节根黄精 *P. nodosum*	+	山东	黄精 *P. sibiricum*	+
	距药黄精 *P. franchetii*	+	江西	多花黄精 *P. cyrtonema*	+
	湖北黄精 *P. zanlanscianense*	++		长梗黄精 *P. filipes*	+
湖北	黄精 *P. sibiricum*	+	贵州	滇黄精 *P. kingianum*	+
	节根黄精 *P. nodosum*	+			

注："+"有分布，"++"较常见，"+++"很常见

《金世元中药材传统鉴别经验》：根据市场考察，药材市场上的黄精不仅仅是《中国药典》收载的三种，还有同属植物作黄精用，单纯从药材上有些很难鉴定到种。

《新编中药志》：据目前市场调查，主要流通商品是黄精，其次为滇黄精、多花黄精，或卷叶黄精与轮叶黄精，多花黄精常与长梗黄精相混，偶有湖北黄精等。

3.2.2　黄精的分类

黄精属植物最早由英国植物学家于 1875 年分为三个类群，即互叶类、轮叶类和对叶类。《中国植物志》将黄精属分为 8 个系。

系 1.苞叶系：叶互生；花序具叶状苞片，苞片大；花较大，花被筒较长于花被裂片。

系 2.互叶系：叶互生；花序具膜质或近草质的苞片，苞片微小；花较大，花被筒较长于花被裂片。

系 3.滇黄精系：叶轮生；先端拳卷；花较大，花被筒较长于花被裂片。

系 4.独花系：植株矮小，叶大多数为对生；全株仅具 1（2）朵花，花较大，花被筒较短于花被裂片。

系 5.点花系：叶互生；花较小，花被坛形，花被筒较长于花被裂片。

系 6.短筒系：叶互生；花较小，花被钟形，花被筒其短，仅长 1～2mm。

系 7.对叶系：叶大多数为对生，少数种类多少轮生；花较小，花被筒较长于花被裂片；花药长 3～4mm；子房短圆柱形，长 4～7mm。

系 8.轮叶系：叶大多数为轮生，少数为对生或互生，顶端拳卷或否；花较小，花被筒较长于花被裂片；花药长 1.2～2.5mm；子房卵形或椭圆形，长 2～3mm。

3.2.2.1　系 1.苞叶系

1. 二苞黄精 _Polygonatum involucratum_ (Franch. et Sav.) Maxim.

根茎细圆柱形，直径 3～5mm。茎高 20～50cm，具 4～7 叶。叶互生，卵形、卵状椭圆形至矩圆状椭圆形，长 5～10cm，先端短渐尖，下部的具短柄，上部的近无柄。花序具 2 花，总花梗长 1～2cm，顶端具 2 枚叶状苞片；苞片卵形至宽卵形，长 2～3.5cm，宽 1～3cm，宿存，具多脉；花梗极短，仅长 1～2mm；花被绿白色至淡黄绿色，全长 2.3～2.5cm，裂片长约 3mm；花丝长 2～3mm，向上略弯，两侧扁，具乳头状突起；花药长 4～5mm；子房长约 5mm，花柱长 18～20mm，等长或稍伸出花被之外。浆果直径约 1cm，具 7～8 颗种子。花期 5～6 月，果期 8～9 月。

分布于黑龙江（东南部）、吉林、辽宁、河北、山西、河南（西北部）。生林下或阴湿山坡，海拔 700～1400m。

2. 长苞黄精 _Polygonatum desoulayi_ Kom.

根茎细圆柱形，直径约 3mm。茎高 20～30cm。叶互生，矩圆状椭圆形，长 6～8cm，先端短渐尖。花序具 1～2 花，花梗上具 1 枚叶状苞片；苞片披针形至宽披针形，长达 2cm，宽 3～6mm；花被白色，全长约 2.3cm。

分布于黑龙江。生林下，海拔 600m。

3. 大苞黄精 _Polygonatum megaphyllum_ P. Y. Li

根茎通常具瘤状结节而呈不规则的连珠状或圆柱形，直径 3～6mm。茎高 15～30cm，除花和茎的下部外，其他部分疏生短柔毛。叶互生，狭卵形、卵形或卵状椭圆形，长 3.5～8cm。花序通常 2 花，总花梗长 4～6cm，顶端有 3～4 枚叶状苞片；花梗极短，长 1～2mm；苞片卵形或狭卵形，长 1～3cm；花被淡绿色，全长 11～19mm，裂片长约 3mm；花丝长约 4mm，两侧稍扁，近平滑，花药约与花丝等长；子房长 3～4mm，花柱长 6～11mm。花期 5～6 月。

分布于甘肃（东南部）、陕西（秦岭）、山西（西部）、河北（西南部）。生山坡或林下，海拔 1700～2500m。

3.2.2.2 系 2.互叶系

4. 毛筒玉竹 *Polygonatum inflatum* **Kom.**

根茎圆柱形，直径 6～10mm。茎高 50～80cm，具 6～9 叶。叶互生，卵形、卵状椭圆形或椭圆形，长 8～16cm，先端略尖至钝，叶柄长 5～15mm。花序具 2～3 花，总花梗长 2～4cm；花梗长 4～6mm，基部具苞片；苞片近草质，条状披针形，长 8～12mm，具 3～5 脉；花被绿白色，全长 18～23mm，筒直径 5～6mm，在口部稍缢缩，裂片长 2～3mm，筒内花丝贴生部分具短绵毛；花丝丝状，长约 4mm，具短绵毛；子房长约 5mm，花柱长约 15mm。浆果蓝黑色，直径 10～12mm，具 9～13 颗种子。

分布于黑龙江（南部）、吉林、辽宁。生林下或林边，海拔 1000m 以下。

5. 五叶黄精 *Polygonatum acuminatifolium* **Kom.**

根茎细圆柱形，直径 3～4mm。茎高 20～30cm，仅具 4～5 叶。叶互生，椭圆形至矩圆状椭圆形，长 7～9cm，叶柄长 5～15mm。花序具（1～）2 花，总花梗长 1～2cm；花梗长 2～6mm，中部以上具一膜质的微小苞片；花被白绿色，全长 2～2.7cm，裂片长 4～5mm，筒内花丝贴生部分具短绵毛；花丝长 3.5～4.5mm，两侧扁，具乳头状突起至具短绵毛，顶端有时膨大成囊状；花药长 4～4.5mm；子房长约 6mm，花柱长 15～20mm。花期 5～6 月。

分布于吉林、河北（北部）。生林下，海拔 1100～1400m。俄罗斯远东地区也有分布。

6. 小玉竹 *Polygonatum humile* **Fisch. ex Maxim.**

根茎细圆柱形，直径 3～5mm。茎高 25～50cm，具 7～9（～11）叶。叶互生，椭圆形、长椭圆形或卵状椭圆形，长 5.5～8.5cm，先端尖至略钝，下面具短糙毛。花序通常仅具 1 花，总花梗长 8～13cm，显著向下弯曲；花被白色，顶端带绿色，全长 15～17mm，裂片长约 2mm；花丝长约 3mm，两侧稍扁，粗糙；花药长约 3mm；子房长约 4mm，花柱长 11～13mm。浆果蓝黑色，直径约 1cm，具 5～6 颗种子。

分布于黑龙江、吉林、辽宁、河北、山西。生林下或山坡草地，海拔 800～2200m。

7. 玉竹 *Polygonatum odoratum* **(Mill.) Druce**

根茎圆柱形，直径 5～14mm。茎高 20～50cm，具 7～12 叶。叶互生，椭圆形至卵状矩圆形，长 5～12cm，宽 3～6cm，先端尖，下面脉上平滑至乳头状粗糙。花序具 1～4 花（在栽培情况下可多至 8 朵），总花梗（单花时为花梗）长 1～1.5cm，无苞片或有条状披针形苞片；花被黄绿色至白色，全长 13～20mm，花被筒较直，裂片长约 3mm；花丝丝状，近平滑至具乳头状突起；花药长约 4mm；子房长 3～4mm，花柱长 10～14mm。浆果蓝黑色，直径 7～10mm，具 7～9 颗种子。花期 5～6 月，果期 7～9 月。

分布于黑龙江、吉林、辽宁、河北、山西、内蒙古、甘肃、青海、山东、河南、湖北、湖南、安徽、江西、台湾。生林下或山野阴坡，海拔 500～3000m。

8. 热河黄精 *Polygonatum macropodium* **Turcz.**

根茎圆柱形，直径 1～2cm。茎高 30～100cm。叶互生，卵形至卵状椭圆形，少有卵状矩圆形，长 4～8（～10）cm，先端尖。花序具（～3）5～12（～17）花，近伞房状，总花梗长 3～5cm；花梗长 0.5～1.5cm；苞片无或极微小，位于花梗中部以下；花被白色或带红点，全长 15～20mm，裂片长 4～5mm；花丝长约 5mm，具 3 狭翅，呈皮屑状粗糙；花药长约 4mm；子房长 3～4mm，花柱长 10～13mm。浆果深蓝色，直径 7～11mm，具 7～8 颗种子。

分布于辽宁、河北、山西、山东。生林下或阴坡，海拔 400～1500m。

9. 距药黄精 *Polygonatum franchetii* Hua

根茎连珠状，直径 7～10mm。茎高 40～80cm。叶互生，矩圆状披针形，少有长矩圆形，长 6～12cm，先端渐尖。花序具 2（～3）花，总花梗长 2～6cm；花梗长约 5mm，基部具一与之等长的膜质苞片；苞片在花芽时特别明显，似两颖片包着花芽；花被淡绿色，全长约 20mm，裂片长约 2mm；花丝长约 3mm，略弯曲，两侧扁，具乳头状突起，顶端在药背处有长约 1.5mm 的距；花药长 2.5～3mm；子房长约 5mm，花柱长约 15mm。浆果紫色，直径 7～8mm，具 4～6 颗种子。花期 5～6 月，果期 9～10 月。

分布于陕西（秦岭以南）、四川（东部）、湖北（西部）、湖南（西北部）。生林下，海拔 1100～1900m。

10. 阿里黄精 *Polygonatum arisanense* Hay.

根茎多少呈连珠状，直径约 1cm。茎高达 1m，具 12～23 叶。叶互生，卵状披针形至披针形，长 8～20cm。花序具 2～4 花，多少伞形，总花梗长 1～2cm；花梗长 1～1.5cm；花被全长约 20mm，裂片长约 5mm；花丝长约 5mm，下部两侧扁，上部丝状，近平滑；子房长约 5mm，花柱长约 13mm。花期 5 月。

分布于台湾。海拔 1500m。

11. 长梗黄精 *Polygonatum filipes* Merrill ex C. Jeffrey et McEwan

根茎连珠状或有时节间稍长，直径 1～1.5cm。茎高 30～70cm。叶互生，矩圆状披针形至椭圆形，先端尖至渐尖，长 6～12cm，下面脉上有短毛。花序具 2～7 花，总花梗细丝状，长 3～8cm；花梗长 0.5～1.5cm；花被淡黄绿色，全长 15～20mm，裂片长约 4mm，筒内花丝贴生部分稍具短毛；花丝长约 4mm，具短绵毛，花药长 2.5～3mm；子房长约 4mm，花柱长 10～14mm。浆果直径约 8mm，具 2～5 颗种子。

分布于江苏、安徽、浙江、江西、湖南、福建、广东（北部）。生林下、灌丛或草坡，海拔 200～600m。

12. 多花黄精 *Polygonatum cyrtonema* Hua

根茎肥厚，通常连珠状或结节成块，少有近圆柱形，直径 1～2cm。茎高 50～100cm，通常具 10～15 叶。叶互生，椭圆形、卵状披针形至矩圆状披针形，少有稍作镰状弯曲，长 10～18cm，宽 2～7cm，先端尖至渐尖。花序具（1～）2～7（～14）花，伞形，总花梗长 1～4（～6）cm；花梗长 0.5～1.5（～3）cm；苞片微小，位于花梗中部以下，或不存在；花被黄绿色，全长 18～25mm，裂片长约 3mm；花丝长 3～4mm，两侧扁或稍扁，具乳头状突起至具短绵毛，顶端稍膨大乃至具囊状突起；花药长 3.5～4mm；子房长 3～6mm，花柱长 12～15mm。浆果黑色，直径约 1cm，具 3～9 颗种子。花期 5～6 月，果期 8～10 月。

分布于四川、贵州、湖南、湖北、江西、安徽、江苏、浙江、福建、广东（中部和北部）、广西（北部）。生林下、灌丛或山坡阴处，海拔 500～2100m。

13. 节根黄精 *Polygonatum nodosum* Hua

根茎较细，节结膨大成连珠状或多少呈连珠状，直径 5～7mm。茎高 15～40cm，具 5～9 叶。叶互生，卵状椭圆形或椭圆形，长 5～7cm，先端尖。花序具 1～2 花，总花梗长 1～2cm；花被淡黄绿色，全长 2～3cm，花被筒里面花丝贴生部分粗糙至具短绵毛，口部稍缢缩，裂片长约 3mm；花丝长 2～4mm，两侧扁，稍弯曲，具乳头状突起至具短绵毛；花药长约 4mm；子房长 4～5mm，花柱长 17～20mm。浆果直径约 7mm，具 4～7 颗种子。

分布于湖北（西部）、甘肃（南部）、四川、云南（东北部）。生林下、沟谷阴湿地或石岩上，海拔 1700～2000m。

3.2.2.3 系 3.滇黄精系

14. 滇黄精 *Polygonatum kingianum* Coll. et Hemsl.

根茎近圆柱形或近连珠状，结节有时不规则菱状，肥厚，直径 1～3cm。茎高 1～3m，顶端攀缘状。叶轮生，每轮 3～10 枚，条形、条状披针形或披针形，长 6～20（～25）cm，宽 3～30mm，先端拳卷。花序具（1～）2～4（～6）花，总花梗下垂，长 1～2cm；花梗长 0.5～1.5cm；苞片膜质，微小，通常位于花梗下部；花被粉红色，长 18～25mm，裂片长 3～5mm；花丝长 3～5mm，丝状或两侧扁；花药长 4～6mm；子房长 4～6mm，花柱长（8～）10～14mm。浆果红色，直径 1～1.5cm，具 7～12 颗种子。花期 3～5 月，果期 9～10 月。

分布于云南、四川南部、贵州西南部。生林下、灌丛或阴湿草坡，有时生岩石上，海拔 700～3600m。

3.2.2.4 系 4.独花系

15. 独花黄精 *Polygonatum hookeri* Baker

根茎圆柱形，结节处稍有增粗，节间长 2～3.5cm，直径 3～7mm。植株矮小，高不到 10cm。叶几枚至 10 余枚，常紧接在一起，当茎伸长时，显出下部的叶为互生，上部的叶为对生，条形、矩圆形或矩圆状披针形，长 2～4.5cm，宽 3～8mm，先端略尖。通常全株仅生 1 花，位于最下面的一个叶腋内，少有 2 花生于一总花梗上；花梗长 4～7mm；苞片微小，膜质，早落；花被紫色，全长 15～20（～25）mm，花被筒直径 3～4mm，裂片长 6～10mm；花丝极短，长约 0.5mm，花药长约 2mm；子房长 2～3mm，花柱长 1.5～2mm。浆果红色，直径 7～8mm，具 5～7 颗种子。花期 5～6 月，果期 9～10 月。

分布于西藏（南部和东南部）、云南（西北部）、四川、甘肃（东南部）和青海（南部）。生林下、山坡草地或冲积土上，海拔 3200～4300m。

3.2.2.5 系 5.点花系

16. 点花黄精 *Polygonatum punctatum* Royle ex Kunth

根茎多少呈连珠状，直径 1～1.5cm，密生肉质须根。茎高（10～）30～70cm，通常具紫红色斑点，有时上部生乳头状突起。叶互生，有时两叶可较接近，幼时稍肉质而横脉不显，老时厚纸质或近革质而横脉较显，常有光泽，卵形、卵状矩圆形至矩圆状披针形，长 6～14cm，宽 1.5～5cm，先端尖至渐尖，具短柄。花序具 2～6（～8）花，常呈总状，总花梗长 5～12mm，上举而花后平展；花梗长 2～10mm；苞片早落或不存在；花被白色，全长 7～9（～11）mm，花被筒在口部稍缢缩而略呈坛状，裂片长 1.5～2mm；花丝长 0.5～1mm；花药长 1.5～2mm；子房长 2～2.5（～4）mm，花柱长 1.5～2.5mm，柱头稍膨大。浆果红色，直径约 7mm，具 8～10 余颗种子。花期 4～6 月，果期 9～11 月。

分布于西藏（南部）、四川、云南、贵州、广西（西南部）、广东、海南。生林下岩石上或附生树上，海拔 1100～2700m。

3.2.2.6 系 6.短筒系

17. 短筒黄精 *Polygonatum alte-lobatum* Hay.

茎高达 40cm。叶互生，质地较厚，矩圆状披针形，长 11～12cm，宽 3～3.5cm。花单朵或成对生于叶腋；花被近钟形，长 7～8mm，仅基部合生成筒，筒长 1～2mm；花丝极短，长约 0.5mm，着生于花被片中部；花药长 1.5～2mm；子房长约 2.5mm，花柱长约 1.5mm。

分布于台湾。现分布于山西、辽宁、河北、山东等地。生林下及阴坡，海拔 400～1500m。

3.2.2.7　系 7.对叶系

18. 对叶黄精 *Polygonatum oppositifolium* (Wall.) Royle

根茎不规则圆柱形，多少有分枝，直径 1～1.5cm。茎高 40～60cm。叶对生，老叶近革质，有光泽，横脉显而易见，卵状矩圆形至卵状披针形，长 6～11cm，宽 1.5～3.5cm，先端渐尖，有长达 5mm 的短柄。花序具 3～5 花，总花梗长 5～8mm，俯垂；花梗长 5～12mm；苞片膜质，微小，位于花梗上，早落；花被白色或淡黄绿色，全长 11～13mm，裂片长约 2.5mm；花丝长 3.5～4mm，丝状，具乳头状突起；花药长约 4mm；子房长约 5mm，花柱长约 6mm。花期 5 月。

分布于西藏（南部）。生林下岩石上，海拔 1800～2200m。

19. 棒丝黄精 *Polygonatum cathcartii* Baker

根茎连珠状，结节不规则球形，直径约 1.5cm。茎高 0.6～2m。叶极大部分为对生，有时上部或下部有 1～2 叶散生，少有 3 叶轮生的，披针形或矩圆状披针形，长 7～15cm，宽 1.5～4cm，先端渐尖，近无柄或略具短柄，下面带灰白色。花序具（1～）2～3 花，总花梗长 1.5～3cm，俯垂；花梗长 5～10mm；苞片膜质，微小，位于花梗上，早落；花被圆筒状或多少钟形，淡黄色或白色，全长 11～15mm，裂片长 2～3mm；花丝长 2～3mm，向上弯曲，顶端膨大成囊状；花药长 3～4mm；子房长 5～7mm，花柱长约 4mm。浆果橘红色，直径约 7mm，具 2～4 颗种子。花期 6～7 月，果期 9～10 月。

分布于西藏（东部）、云南（西北部）、四川（西部）。生林下，海拔 2400～2900m。

20. 格脉黄精 *Polygonatum tessellatum* Wang et Tang

根茎粗壮，连珠状，直径约 1.5cm。茎高 50～80cm。叶轮生，每轮 3～5 枚，很少间有对生的，矩圆状披针形至披针形，有时略偏斜，先端渐尖，长 7～12cm，宽 15～25mm，革质，横脉明显。花轮生叶腋，每轮（1～）3～12 朵，不集成花序；花梗长 1.5～3.5cm，平展或稍俯垂，无苞片；花被淡黄色，全长 10～12mm，裂片长约 2.5mm；花丝长约 3mm；略扁平，呈乳头状粗糙；花药长 3～3.5mm；子房长约 4mm，具约与之等长的花柱。浆果红色，直径约 8mm，具 9～12 颗种子，果梗上举。花期 5 月，果期 9～11 月。

分布于云南（西部和西北部）。生林下石缝间或附生树上，海拔 1600～2200m。

3.2.2.8　系 8.轮叶系

21. 粗毛黄精 *Polygonatum hirtellum* Hand.-Mzt.

根茎连珠状，结节近卵状球形，直径 1～2cm。茎高 30～100cm，全株除花之外具短硬毛。叶全部为互生至兼有对生，或绝大多数为 3 叶轮生，矩圆状披针形至披针形，长 3～10cm，宽 7～15mm，先端尖，略弯至拳卷，边缘多少呈皱波状。花序具（1～）2～3 花，总花梗长 1～10mm；花梗长 2～4mm，俯垂，苞片不存在；花被白色，全长 7～8mm，裂片长 1.5～2mm；花丝极短，长约 0.5mm；花药长约 1.5mm；子房长约 2mm，花柱长约 1mm。花期 6 月。

分布于四川（西南部）、甘肃（南部）。生林下或向阳山坡，海拔 1000～2900m。

22. 互卷黄精 *Polygonatum alternicirrhosum* Hand.-Mzt.

根茎连珠状。茎高 80～170cm，上部呈"之"字形弯曲。叶互生，矩圆状披针形至披针形，长 5～10cm，宽 8～17mm，先端拳卷，边缘皆略呈皱波状。花序具 1～5 花，呈总状；总花梗长 1～1.5cm，上举而上端略俯垂；花梗长 3～8mm；苞片微小，位于花梗上或其基部；花被长 7～8mm，仅下部 2～3mm 合生成筒；花丝长不及 1mm；花药长约 1.2mm；子房长约 2.5mm，花柱长约 1.5mm。

产四川（西南部）。生林下或山坡草地，海拔 1900m 以下。

23. 轮叶黄精 *Polygonatum verticillatum* (L.) All.

根茎的节间长 2～3cm，一头粗，一头较细，粗的一头有短分枝，直径 7～15mm，少有根茎为连珠状。茎高（20～）40～80cm。叶通常为 3 叶轮生，或间有少数对生或互生的，少有全株为对生的，矩圆状披针形（长 6～10cm，宽 2～3cm）至条状披针形或条形（长达 10cm，宽仅 5mm），先端尖至渐尖。花单朵或 2（3～4）朵成花序，总花梗长 1～2cm；花梗长 3～10mm，俯垂；苞片不存在，或微小而生于花梗上；花被淡黄色或淡紫色，全长 8～12mm，裂片长 2～3mm；花丝长 0.5～1（～2）mm；花药长约 2.5mm；子房长约 3mm，具约与之等长或稍短的花柱。浆果红色，直径 6～9mm，具 6～12 颗种子。花期 5～6 月，果期 8～10 月。

分布于西藏（东部、南部）、云南（西北部）、四川（西部）、青海（东北部）、甘肃（东南部）、陕西（南部）、山西（西部）。生林下或山坡草地，海拔 2100～4000m。

24. 康定玉竹 *Polygonatum prattii* Baker

根茎细圆柱形，近等粗，直径 3～5mm。茎高 8～30cm。叶 4～15 枚，下部的为互生或间有对生，上部的以对生为多，顶端的常为 3 枚轮生，椭圆形至矩圆形，先端略钝或尖，长 2～6cm，宽 1～2cm。花序通常具 2（～3）朵花，总花梗长 2～6mm；花梗长（2～）5～6mm，俯垂；花被淡紫色，全长 6～8mm，筒里面平滑或呈乳头状粗糙，裂片长 1.5～2.5mm；花丝极短；花药长约 1.5mm；子房长约 1.5mm，具约与之等长或稍短的花柱。浆果紫红色至褐色，直径 5～7mm，具 1～2 颗种子。花期 5～6 月，果期 8～10 月。

分布于四川（西部）、云南（西北部）。生林下、灌丛或山坡草地，海拔 2500～3300m。

25. 垂叶黄精 *Polygonatum curvistylum* Hua

根茎圆柱状，常分出短枝，或短枝极短而呈连珠状，直径 5～10mm。茎高 15～35cm，具很多轮叶。叶极多数为 3～6 枚轮生，很少间有单生或对生的，条状披针形至条形，长 3～7cm，宽 1～5mm，先端渐尖，先上举，现花后向下俯垂。单花或 2 朵成花序，总花梗（连同花梗）稍短至稍长于花；花被淡紫色，全长 6～8mm，裂片长 1.5～2mm；花丝长约 0.7mm，稍粗糙；花药长约 1.5mm；子房长约 2mm，花柱约与子房等长。浆果红色，直径 6～8mm，有 3～7 颗种子。

分布于四川（西部）、云南（西北部）。生林下或草地，海拔 2700～3900m。

26. 细根茎黄精 *Polygonatum gracile* P. Y. Li

根茎细圆柱形，直径 2～3mm。茎细弱，高 10～30cm，具 2（1～3）轮叶，很少其间杂有一叶或两对生叶，下部 1 轮通常为 3 叶，顶生 1 轮为 3～6 叶。叶矩圆形至矩圆状披针形，先端尖，长 3～6cm。花序通常具 2 花，总花梗细长，长 1～2cm；花梗短，长 1～2mm；苞片膜质，比花梗稍长；花被淡黄色，全长 6～8mm，裂片长约 1.5mm；花丝极短，长约 0.5mm，花药长约 1.5mm；子房长约 1.5mm，花柱稍短于子房。浆果直径 5～7mm，具 2～4 颗种子。花期 6 月，果期 8 月。

分布于甘肃（东南部）、陕西（秦岭）、山西（南部）。生林下或山坡，海拔 2100～2400m。

27. 狭叶黄精 *Polygonatum stenophyllum* Maxim.

根茎圆柱状，结节稍膨大，直径 4～6mm。茎高达 1m，具很多轮叶，上部各轮较密集，每轮具 4～6 叶。叶条状披针形，长 6～10cm，宽 3～8mm，先端渐尖。花序从下部 3～4 轮叶腋间抽出，具 2 花，总花梗和花梗都极短，俯垂，前者长 2～5mm，后者长 1～2mm；苞片白色膜质，较花梗稍长或近等长；花被白色，全长 8～12mm，花被筒在喉部稍缢缩，裂片长 2～3mm；花丝丝状，长约 1mm，花药长约 2mm；子房长约 2.5mm，花柱长约 3.5mm。花期 6 月。

分布于黑龙江、吉林、辽宁。生林下或灌丛，但不多见。

28. 新疆黄精 *Polygonatum roseum* (Ledeb.) Kunth

根茎细圆柱形，粗细大致均匀，直径 3～5mm，节间长 3～5cm。茎高 40～80cm。叶大部分每 3～4 枚轮生，下部少数可互生或对生，披针形至条状披针形，先端尖，长 7～12cm，宽 9～16mm。总花梗平展或俯垂，长 1～1.5cm；花梗长 1～4mm，极少无花梗而两花并生；苞片极微小，位于花梗上；花被淡紫色，全长 10～12mm，裂片长 1.5～2mm；花丝极短，花药长 1.5～1.8mm；子房长约 2mm，花柱与子房近等长。浆果直径 7～11mm，具 2～7 颗种子。花期 5 月，果期 10 月。

分布于新疆（塔里木盆地以北）。生山坡阴处，海拔 1450～1900m。

29. 黄精 *Polygonatum sibiricum* Red.

根茎圆柱状，由于结节膨大，因此节间一头粗、一头细，在粗的一头有短分枝（《中药志》称这种根茎类型所制成的药材为鸡头黄精），直径 1～2cm。茎高 50～90cm，或可达 1m 以上，有时呈攀缘状。叶轮生，每轮 4～6 枚，条状披针形，长 8～15cm，宽（4～）6～16mm，先端拳卷或弯曲成钩。花序通常具 2～4 花，似呈伞形状，总花梗长 1～2cm；花梗长（2.5～）4～10mm，俯垂；苞片位于花梗基部，膜质，钻形或条状披针形，长 3～5mm，具 1 脉；花被乳白色至淡黄色，全长 9～12mm，花被筒中部稍缢缩，裂片长约 4mm；花丝长 0.5～1mm，花药长 2～3mm；子房长约 3mm，花柱长 5～7mm。浆果直径 7～10mm，黑色，具 4～7 颗种子。花期 5～6 月，果期 8～9 月。

分布于黑龙江、吉林、辽宁、河北、山西、陕西、内蒙古、宁夏、甘肃（东部）、河南、山东、安徽（东部）、浙江（西北部）。生林下、灌丛或山坡阴处，海拔 800～2800m。

30. 卷叶黄精 *Polygonatum cirrhifolium* (Wall.) Royle

根茎肥厚，圆柱状，直径 1～1.5cm，或根茎连珠状，结节直径 1～2cm。茎高 30～90cm。叶通常每 3～6 枚轮生，很少下部有散生的，细条形至条状披针形，少有矩圆状披针形，长 4～9（～12）cm，宽 2～8（～15）mm，先端拳卷或弯曲成钩状，边缘常外卷。花序轮生，通常具 2 花，总花梗长 3～10mm；花梗长 3～8mm，俯垂；苞片透明膜质，无脉，长 1～2mm，位于花梗上或基部，或苞片不存在；花被淡紫色，全长 8～11mm，花被筒中部稍缢缩，裂片长约 2mm；花丝长约 0.8mm，花药长 2～2.5mm；子房长约 2.5mm，花柱长约 2mm。浆果红色或紫红色，直径 8～9mm，具 4～9 颗种子。花期 5～7 月，果期 9～10 月。

分布于西藏（东部、南部）、云南（西北部）、四川、甘肃（东南部）、青海（东部、南部）、宁夏、陕西（南部）。生林下、山坡或草地，海拔 2000～4000m。

31. 湖北黄精 *Polygonatum zanlanscianense* Pamp.

根茎连珠状或姜块状，肥厚，直径 1～2.5cm。茎直立或上部多少有些攀缘，高可达 1m 以上。叶轮生，每轮 3～6 枚，叶形变异较大，椭圆形、矩圆状披针形、披针形至条形，长（5～8）～15cm，宽（4～）13～28（～35）mm，先端拳卷至稍弯曲。花序具 2～6（～11）花，近伞形，总花梗长 5～20（～40）mm；花梗长（2～）4～7（～10）mm；苞片位于花梗基部，膜质或中间略带草质，具 1 脉，长（1～）2～6mm；花被白色或淡黄绿色或淡紫色，全长 6～9mm，花被筒近喉部稍缢缩，裂片长约 1.5mm；花丝长 0.7～1mm，花药长 2～2.5mm；子房长约 2.5mm，花柱长 1.5～2mm。浆果直径 6～7mm，紫红色或黑色，具 2～4 颗种子。花期 6～7 月，果期 8～10 月。

分布于甘肃（东南部）、陕西（南部）、四川、贵州（东部）、湖北、湖南（西部）、河南、江西（西北部）、江苏（宜兴）。生林下或山坡阴湿处，海拔 800～2700m。

3.3　国内黄精种质资源的研究情况

国内外对黄精核型的研究结果差异很大。1953 年，Therman 报道缅甸滇黄精染色体核型为 $2n=64$。国外另有报道黄精核型为 $2n=20$、21、26（Darlington and Wylie，1955），$2n=38$（Kumar，1959）。自 20世纪 80 年代以来，国内研究者也做了相关研究。方永鑫等（1984）报道了江苏、浙江和安徽 3 省黄精属（Polygonatum）4 个种的核型，囊丝黄精 $2n=18$、20，核型属不对称型；长梗黄精 $2n=18$，核型属不对称型；湖北黄精 $2n=28$、30、32，核型属不对称型；黄精 $2n=24$，核型属不对称型。陈少风（1989）研究了四川黄精属 8 个种的染色体，发现其染色体数目和结构的变异类型多样，8 种黄精属植物的核型可以区分为 2B、3B、2C 三种类型，核型不对称性的加强与染色体数目的递增有相关性。他在滇黄精小孢子母细胞减数分裂中期 I 观察到 13 个二倍体（$2n=26$），与缅甸滇黄精不同（Therman，1953）。汪劲武等（1991）对玉竹和多花黄精变异类型进行了比较研究，初步探讨了其变异产生的机制、途径及两者之间的演化关系。邵建章等（1994）对安徽黄精属的 9 种植物染色体数目、核型进行了比较研究，发现它们可划分成三个类群，并首次报道了我国三种特有黄精属植物的染色体数目和核型，这些为分类提供了一定依据。孙叶根（1996）对安徽黄精属两种植物的核型进行了初步研究，分析了其与近缘种的进化关系，初步认为安徽黄精（P. anhuiense）较其近缘种黄精（P. sibiricum）进化或特化，琅琊黄精（P. langyaense）较其近缘种长苞黄精（P. desoulayi）原始。

黄精属植物做过染色体研究的有 20 种左右，已知其中 13 种具有不同的染色体数目，某些分布广而又研究得较多的种，如轮叶黄精[P. verticillatum (L.) All.]则有 10 个以上不同数目的报道。染色体数目极其多样，已报道的最低数为 $2n=16$，最高数为 $2n=91$。因此，由文献的报道可知：黄精属的染色体在数目和结构两个方面都是多变的。邵建章等（1993）通过研究安徽黄精属 5 种植物的核型发现，黄精属的种间和种内的染色体变异都很显著，主要表现为非整倍性变异，染色体数目和结构变异与形态变异相关。聂刘旺等（1999）亦发现长梗黄精的两居群间及多花黄精的两居群间也存在差异，居群间 POD（过氧化物酶）、EST（表达序列标签）同工酶具多型现象。暗示编码同工酶的基因在种内居群间存在差异，呈现遗传上的多样性，表明物种正在分化。吴世安等（2000）通过对百合科黄精族 6 属 23 种及铃兰族 1 属 1种的叶绿体 DNA 片段的限制性片段长度多态性（restriction fragment length polymorphism，RFLP）分析，发现 rpl16 基因在黄精属内表现出长度变异，并通过限制性酶切位点分析为探讨组内属间的系统演化关系提供了分子生物学方面的证据。

李水福和陈锦石（1992）对长梗黄精与黄精进行了生药学对比鉴别。施大文等（1993）对我国 9 种黄精的生药性状和组织结构进行了研究，并编制了生药性状、组织构造和粉末特征的检索表。林琳和林寿（1994）对黄精属 17 种药用植物进行了生药学对比、组织解剖学对比、有效成分含量对比及分类性状对比。郑艳等（1998）、高厚强（2003）研究发现，在光学显微镜下，几种黄精属植物的花粉粒各自形态特征比较稳定，且有差异。郑艳和王洋（1999）对安徽黄精属 9 种植物进行了光学显微镜、电子显微镜及扫描电镜观察，观察结果为黄精属的分类、生药鉴定及栽培管理等提供了可靠的形态解剖学依据。吕海亮和饶广远（2000）通过光学显微镜和电子显微镜对黄精族 7 属 79 种及相关类群 12 属 15 种的叶下表皮形态及种皮微形态进行了观察。李金花等（2007）对多花黄精 5 个居群的叶片进行了解剖学研究。孙哲（2009）对云南卷叶黄精物种鉴定及其分布进行了研究。马从容（2010）从植物形态、根茎显微结构、近红外无损分类鉴定方面对黄精属互叶系 5 种植物进行了鉴定研究。胡轶娟等（2011）通过性状鉴定和显微鉴定对浙江产的多花黄精和长梗黄精进行了鉴定研究。周培军等（2011）通过形状、显微、理化、薄层色谱等鉴定方法对云南产的垂叶黄精的生药特征进行了鉴定研究。此外，张为民等（1998）通过十二烷基硫酸钠-聚丙烯酰胺凝胶电泳（SDS-PAGE）分析黄精属 5 种植物的根茎和叶片中的蛋白质，发现它们的根茎均有 38.5kDa、28kDa、18.6kDa 的蛋白，同时也各有自己特有的蛋白。

丁永辉和赵汝能（1991）报道了西北地区黄精属 16 种药用植物和它们的分布、生境、变异及药用情况。张廷红（1998）对甘肃高寒阴湿地区黄精属植物资源分布进行了调查。邵建章等（1999）对安徽黄精属 11 种药用植物的分布、生境特点等进行了调查，并对各种植物的资源蕴藏量进行了评估。党康（2006）对陕西省汉中市略阳县的黄精种质资源及其生物学特性进行了研究。王世清等（2009）对贵州产的黄精资源进行了调查和品种鉴定。

刘代明和曾万章（1986）鉴定了两个四川黄精属新种，分别为卷叶玉竹和苦瘤黄精。卷叶玉竹与卷叶黄精 *P. cirrhifolium* (Wall.) Royle 相近，但其根茎长圆柱状，叶窄条形或条形，花被长通常大于 10mm。苦瘤黄精也与卷叶黄精相近，但其根茎密布小瘤状突起，鲜黄色，细胞内含黄色物质，味苦；叶上面脉和叶缘均具齿状凸起；花被管黄白色，裂片绿色。邵建章和张定成（1992）鉴定了两个安徽黄精属新种，其中一个与黄精 *Polygonatum sibiricum* Red 相似，但叶较短（5～8cm）、花稀（2～3 朵）、花梗较长（1.5～3cm），叶状苞（1～3 枚），苞片条状披针形（长 1.8～3.5cm，宽 4～8mm），先端卷曲，中脉背面明显凸起；另一个与长苞黄精 *Polygonatum desoulayi* Kom.相似，但植株高大（高 35～70cm），总状花序（3～5 朵），每朵花下有一叶状苞，苞片披针形（长 2～5cm，宽 5～10mm），花被筒较短（10～12mm），淡黄色。祝正银等（1992）鉴定了峨眉黄精 *P.omeiense* Z. Y. Zhu。刘朝禄和袁亚夫（2000）发现了瓦屋山异黄精 *Heteropolygonatum xui* W. K. Bao et M. N. Tamura。金孝峰等（2002）报道了浙江产黄精属植物一新变种——古田山黄精 *Polygonatum cyrtonema* var. *gutianshanicuym*，并对其与近似种在形态学和核型上进行了比较研究。

第 4 章　黄精的生物学特性

4.1　黄精种子形态、结构和吸水性

4.1.1　种子及胚形态

黄精种子外观有 2 个或 3 个棱，呈不规则卵圆形，鲜种子表面为淡黄白色，有光泽，种脐明显，呈深褐色圆点状（图 4.1A）。阴干后呈黄褐色，光泽消失，种皮质地坚硬，千粒重为 31.38g。胚位于种子中部，沿种子中轴呈棒状结构，占据种子小部分空间，平均胚长为（2.50±0.29）mm，胚率为 56.39%±6.11%，且胚结构简单，分化不明显，没有明显的胚芽、胚轴、胚根和子叶的分化。胚乳占据种子大部分空间，排列致密，细胞质浓厚（图 4.1B）。黄精种子及胚的形态特征见表 4.1。

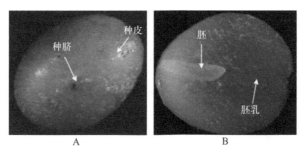

图 4.1　黄精种子外观及纵切面
A. 黄精种子外观；B. 黄精种子纵切面显示胚和胚乳

表 4.1　黄精种子及胚的形态特征

项目	均值	标准值	最小值	最大值
种子长度/mm	4.43	0.29	4.00	5.00
种子宽度/mm	4.13	0.25	3.54	4.90
种子厚度/mm	3.53	0.26	3.12	4.02
胚长/mm	2.50	0.29	1.98	3.14
胚乳长/mm	4.27	0.36	3.32	4.94
胚率/%	56.39	6.11	45.76	73.09

4.1.2　种皮透水性

黄精种子在 45℃、55℃浸种（图 4.2A）后，吸胀较快，浸种 8h 后吸水高峰结束，12h 后吸胀结束进入吸水饱和期，饱和吸水率分别为 34.75%±0.51%和 36.81%±1.48%；黄精种子在 15℃、25℃浸种（图 4.2B）后，缓慢吸胀，分别在 64h 和 48h 后吸胀结束进入吸水饱和期，饱和吸水率分别为 34.16%±1.11%和 35.58%±0.61%。结果证明，黄精种子透水性较好，其种皮虽然存在一定的机械阻力，但不是影响其种子萌发的主要原因。

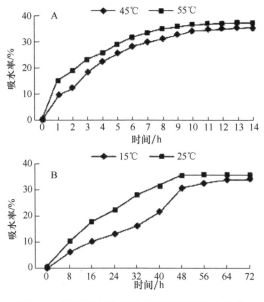

图 4.2　不同温度条件下黄精种子吸水率曲线
A. 45℃、55℃；B. 15℃、25℃

4.1.3　种子活力测定

将不同温度储存半年的黄精种子进行种子活力和发芽率对比，有活力的黄精种子与无活力的种子如图 4.3 所示。新鲜种子与不同储存种子的活力和发芽率见表 4.2。新鲜种子、4℃沙藏种子和 25℃干燥储存种子的活力和发芽率无显著差异。说明经过半年储存后黄精种子的活力没有下降，在 25℃条件下可以很好地萌发。

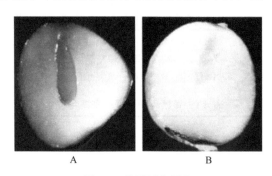

图 4.3　种子活力测定
A. 有活力种子的胚染成深色；B. 无活力种子的胚未染色

表 4.2　种子活力和发芽率对比

种子	种子活力/%	发芽率/%
新鲜种子	100	100
4℃沙藏种子	98.67 ± 0.57	96.67 ± 0.57
25℃干燥储存种子	96.67 ± 0.57	96.67 ± 0.57

4.2　黄精种子的营养成分

4.2.1　黄精种子的主要营养成分

自然风干黄精种子含水量为 6.82%，符合种子安全含水量要求。黄精种子主要营养成分分析表明，其以碳水化合物为主,粗淀粉含量为 73.7%,与主要粮食作物水稻、高粱、荞麦接近;粗脂肪含量为 10.7%,明显高于其他粮食作物;粗蛋白含量相对较低(表 4.3)。黄精种子具有作为食品、饲料的开发潜力。

表 4.3　黄精种子与其他粮食作物主要营养成分的比较(%)

主要营养成分	黄精	水稻	玉米	小麦	大麦	燕麦	高粱	荞麦	粟
粗蛋白	8.21	8.0	9.9	11.0	9.5	9.6	10.2	11.9	9.7
粗脂肪	10.7	1.4	4.4	1.9	2.1	7.2	3.0	2.4	1.7
粗淀粉	73.7	74.9	69.4	70.4	71.0	70.9	74.2	74.1	76.7

4.2.2　黄精种子的脂肪酸含量

采用气相色谱法分析发现黄精种子中主要含棕榈酸、硬脂酸、油酸和亚油酸 4 种脂肪酸,其中以不饱和脂肪酸为主,总含量达 89.52%(表 4.4)。人体必需的脂肪酸亚油酸占 49.77%,比常用食用油[油菜油中亚油酸含量为 23.71%,黑芝麻油中为 45.12%,花生油中为 34.76%(朱宜章和王建清,1995)]中的含量高。油脂中的不饱和脂肪酸,特别是多不饱和脂肪酸含量是评价油脂营养的一个重要指标,而黄精种子中不饱和脂肪酸和饱和脂肪酸的比值高达 8.54。说明黄精种子具有较高的营养开发与利用价值。

表 4.4　黄精种子脂肪酸含量

脂肪酸	含量/%
棕榈酸(C16:0)	8.67
硬脂酸(C18:0)	1.81
油酸(C18:1)	39.75
亚油酸(C18:2)	49.77
饱和脂肪酸(SFA)	10.48
不饱和脂肪酸(UFA)	89.52

4.2.3　黄精种子的可溶性有机成分

由表 4.5 可知,黄精种子中可溶性糖含量(8.05%)较高,占粗淀粉含量的 10.93%;还原糖含量为 2.09%,占可溶性糖含量的 25.96%;游离氨基酸含量(2.65%)也很高,占粗蛋白含量的 32.28%。可知成熟干燥的黄精种子可溶性有机成分含量很高,可随时为种子的生理活动所利用。

表 4.5　黄精种子可溶性有机成分含量

成分	含量/%
可溶性糖	8.05
还原糖	2.09
游离氨基酸	2.65

4.2.4　黄精种子的氨基酸组成

由表 4.6 可以看出,黄精种子中氨基酸种类齐全,必需氨基酸占氨基酸总量的 33.13%。所有氨基酸中,以谷氨酸含量最高,占氨基酸总量的 18.88%。与其他常见作物相比,在黄精种子必需氨基酸中,亮氨酸、赖氨酸、异亮氨酸含量相对较高，缬氨酸和苯丙氨酸含量相对较低，苏氨酸和甲硫氨酸含量适中，具有一定的营养价值，可考虑将其开发为食品添加剂和饲料。

表 4.6　黄精种子与其他作物氨基酸成分比较

氨基酸	黄精	苦荞麦	小麦	水稻	玉米
苏氨酸 Thr	0.324	0.224	0.328	0.288	0.347
缬氨酸 Val	0.277	0.586	0.454	0.403	0.444
甲硫氨酸 Met	0.305	0.183	0.151	0.141	0.161
亮氨酸 Leu	0.657	0.457	0.763	0.662	1.128
赖氨酸 Lys	0.401	0.340	0.262	0.277	0.251
色氨酸 Try	—	0.188	0.114	0.163	0.078
异亮氨酸 Ile	0.491	0.267	0.384	0.245	0.402
苯丙氨酸 Phe	0.239	0.258	0.487	0.343	0.395
必需氨基酸总量	2.694	2.503	2.943	2.522	3.206
精氨酸 Arg	1.024	—	0.550	—	—
组氨酸 His	0.254	—	0.280	—	—
丙氨酸 Ala	0.404	—	0.470	—	—
丝氨酸 Ser	0.332	—	0.550	—	—
甘氨酸 Gly	0.404	—	0.520	—	—
脯氨酸 Pro	0.369	—	1.140	—	—
谷氨酸 Glu	1.535	—	4.480	—	—
酪氨酸 Tyr	0.233	—	0.250	—	—
天冬氨酸 Asp	0.705	—	0.670	—	—
胱氨酸 Cyr	0.177	—	0.210	—	—
合计	8.131	2.503	12.063	2.522	3.206

4.3　黄精的生殖生物学特性

4.3.1　黄精花的外形特征

黄精花为腋生，下垂，单生或排成伞形花序，每节有 4～6 个花序，每个伞形花序着生 2～4 朵花；苞片小、膜质；花被筒状，长 9～12mm，花被淡黄色至乳白色，先端 6 齿裂，淡绿白色；雄蕊 6 个，着生于花被筒 1/2 以上处，花丝光滑；雌蕊 1 个，与雄蕊基本等长，子房上位，柱头上有白色毛，3 室，花柱不伸出花被，为自花授粉。

4.3.2　黄精的物候期

根据黄精生长发育过程中各器官生长量动态变化及出现时间，将黄精的物候期划分为出苗期、现蕾开花期、果实期、枯死期、秋发期、越冬期 7 个时期。在略阳黄精基地，3 月底黄精开始出苗，4 月中旬现蕾，4 月下旬盛蕾，终蕾在 5 月底。于 4 月底开始开花，盛花期为 5 月中下旬，且集中在每日上午 9 点至 11 点，6 月初结束花期。从 5 月中下旬开始结果至 6 月中旬结束，10 月中旬果实全部成熟。8 月中上旬至 9 月中下旬为枯死期，地上部分茎秆枯死。8 月底 9 月初为秋发期，地上部分枯死的黄精重新萌芽出苗，10 月中上旬达到出苗高峰。11 月中下旬，部分未长出地面的芽成为越冬芽，历经 4 个月左右的休眠时间，于来年 3 月越冬芽萌动并出苗。

黄精的花蕾和花是从基部向上按顺序生出和开放的。

不同环境条件下黄精的物候期不同步。野生黄精物候期与杉木林下人工种植黄精的物候期虽然大致相同，但由于林内气温、土温、光照等差异，野生黄精物候期比杉木林下种植的黄精提前 5d 左右。而竹林下人工种植的黄精则因光照强等而提早出苗、展叶、开花、结果。虽然黄精喜阴湿、较耐寒，但其适生环境也需要一定光照。

4.3.3　黄精花粉粒形态

在光学显微镜及扫描电子显微镜下，黄精花粉粒呈球形，偶见长圆球形，一般圆形花粉粒直径为 65～100μm，具一远极沟，沟较浅，达两端，壁表面有圆球形突起，分成 2 层壁，外层厚，有 3 个萌发孔，纹饰细网状。

多花黄精花粉粒呈扁球形，偶见椭圆形，大小平均为 62.3μm×41.3μm，具一远极沟，沟较浅，达两端，壁表面有瘤状突起，分成 2 层壁，外层厚，有 3 个萌发孔，纹饰细网状。

长梗黄精花粉粒呈扁球形，大小平均为 62.8μm×91.3μm，具一远极沟，沟较浅，壁表面分成 2 层壁，外层厚，壁表面未见突起，有 3 个萌发孔，纹饰粗网状。

黄精属植物花粉粒形态较为一致，均属两侧对称。

4.3.4　黄精花粉活力

花粉活力使用 0.5%TTC（2,3,5-氯化三苯基四氮唑）进行染色测定。TTC 是一种氧化还原染料，能在呼吸酶的作用下着色。花粉中呼吸酶的作用情况能较准确地反映其生活力的强弱，因此可根据着色情况来判断花粉活力。

用 0.5%TTC 对黄精花粉进行染色后在显微镜下观察发现，黄精开花前花粉活力已经很高，均为 80% 左右，开花后 1h 花粉活力逐渐降低，开花后 10h 花粉活力降至 36% 左右；遮阴黄精总平均花粉活力为 68.24%，不遮阴总平均花粉活力为 60.74%（表 4.7）。说明黄精开花前已经具有很高的花粉活力，开花后花粉活力慢慢降低，开花后 10h 时活力已经很低，总体上黄精的花粉活力很高。遮阴黄精花粉活力明显高于不遮阴黄精，可能是因为不遮阴黄精矮小萎蔫，枝叶枯黄，病虫害感染严重，花蕾与花都干枯，所以花粉活力相对较低。

表 4.7　不同花期遮阴与不遮阴黄精花粉活力

时间	遮阴花粉活力/%	不遮阴花粉活力/%
开花前 8h	88.15±3.77e	81.85±5.56f
开花前 5h	86.67±4.08e	78.89±4.71ef
开花前 2h	85.18±3.38e	76.67±3.33e
开花后 1h	83.70±4.23e	75.56±4.41e
开花后 4h	73.33±5.53d	66.67±2.89d
开花后 7h	62.96±5.64c	55.56±5.00c
开花后 10h	35.56±4.08b	28.52±3.38b
开花后 13h	30.37±4.23a	22.22±3.33a

注：表中不同小写字母代表差异显著（$P<0.05$）

黄精开花几小时内花粉活力均在 80% 左右，花粉活力很高，但是结实率非常低，由此可以判断黄精花粉活力与结实率不成正比。

4.3.5 黄精结实习性

在 5 月黄精盛花期，对田间黄精进行选株套袋试验，结果表明黄精为自花授粉。黄精花在自然授粉的情况下平均结实率为 36.33%，自发的自花授粉结实率为 33.67%，自然条件下异花授粉结实率为 2.23%，如表 4.8 所示。这可能与黄精花的形态结构密切相关。黄精花的雄蕊与雌蕊基本等长，且花柱一般不伸出花被，有利于自花授粉。

表 4.8 黄精不同授粉方式及结实率

授粉处理	套袋株数	试验花数	结果数	结实率/%
自然授粉	5	300	109	36.33
自发的自花授粉	5	300	101	33.67
同株异花授粉	10	300	23	7.67
异株异花授粉	10	300	19	6.33
自然条件下的异花传粉	5	300	7	2.23

黄精落花落果现象严重，落果主要集中在果初期和果熟期。栽培年限对植株的开花数和结实率的影响十分明显，呈正相关关系，低龄植株很少结实或不结实。但黄精植株的开花数量与结实率没有相关性。

4.4 黄精形态解剖特征及其组织化学定位

4.4.1 黄精叶形态结构特征

黄精叶无柄、轮生，呈线状披针形，长 8～15cm，宽 5～12mm，先端卷曲而缠绕他物，叶腋内无叶芽。叶片厚度为 125～260μm，由表皮、叶肉和叶脉组成。叶片外表皮有一层明显的角质层，上表皮无表皮毛和气孔器，下表皮除玉竹外，均无表皮毛，具气孔器。黄精属不同物种叶片上下表皮的角质层、表皮毛及气孔器等也有一定差异，见表 4.9。

表 4.9 黄精属植物叶片的解剖特征比较

种名	上表皮				下表皮				叶肉		叶片厚度/μm	针晶束分布密度	针晶束分布位置
	角质层	表皮毛	气孔器	厚度/μm	角质层	表皮毛	气孔器	厚度/μm	厚度/μm	构成			
轮叶黄精 P. verticillatum	++	−	−	25	−	−	+	20	130～150	−	170～190	0.8	叶肉
湖北黄精 P. zanlanscianense	+	−	−	20	−	−	+	18	120～130	+	150～170	0.3	叶肉
玉竹 P. odoratum	+	−	−	18	+	+	+	12	130～140	−	125～150	1.8	叶肉
琅琊黄精 P. langyaense	+	−	−	24	+	−	+	22	130～150	−	165～200	0.4	叶肉
多花黄精 P. cyrtonema	+	−	−	20	−	−	+	16	180～215	−	215～240	0.8	叶肉
安徽黄精 P. anhuiense	+	−	−	20	−	−	+	18	130～170	+	150～190	0.1	叶肉
金寨黄精 P. jinzhaiense	-	−	−	25	−	−	+	20	175～220	−	215～260	0.1	叶肉

注："+"表示有或明显，"+"的数目代表角质层的厚薄；"−"表示无或不明显

4.4.1.1 叶的显微结构

黄精叶表皮为单层细胞。上下表皮均由单层方形细胞紧密排列而成。上表皮细胞形状规则而整齐，

呈方形, 细胞外切向壁平滑, 无表皮毛和气孔器 (图 4.4A)。下表皮也由单层方形细胞紧密排列而成, 细胞外切向壁平滑, 除玉竹外, 均无表皮毛的分布, 具气孔器, 其针晶束分布密度为每两维管束之间有 0.1～1.8 个 (图 4.4B)。

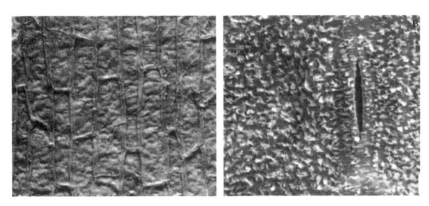

图 4.4　黄山产多花黄精上表皮 (A) 和下表皮 (B)

4.4.1.2　叶的内部结构

黄精叶表皮细胞呈方形, 细胞间嵌合紧密无间隙, 外覆角质层。叶表皮以内属于叶肉组织, 叶肉组织由栅栏组织和海绵组织组成。黄精为单子叶植物, 叶肉除湖北黄精和安徽黄精有不显著的栅栏组织和海绵组织的分化外, 其他均无明显的栅栏组织和海绵组织的分化。叶肉细胞较小, 排列紧密且含有大量叶绿体; 也有大量的异细胞分布, 内有晶体或无, 且均为针晶束 (图 4.5)。针晶束的分布密度为每两维管束之间有 0.1～1.8 个。

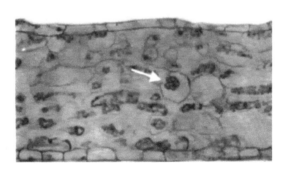

图 4.5　黄山产多花黄精的叶肉细胞 (白色箭头指示针晶束)

4.4.1.3　叶的气孔特征

黄精叶气孔主要分布于下表皮。气孔仅由保卫细胞构成, 无任何副卫细胞。表皮细胞呈长方形, 垂周壁平直或弓形, 彼此紧密嵌合, 无间隙。上下表皮均未见表皮毛的分布。

不同种黄精其气孔器的分布有差异。湖北黄精气孔器既有单个散布的也有 2 个或 3 个聚集后随机散布的, 其他黄精气孔器均为单个随机散布于下表皮中。

4.4.2　黄精根茎形态结构特征

4.4.2.1　黄精根茎的解剖结构

黄精根茎由表皮、皮层和维管束三部分组成 (图 4.6): 外侧为一层长方形的表皮细胞, 表皮外常有角质层；皮层较窄，且与中柱的界限不明显；黏液细胞散布于基本组织如中柱中，且常含有棱柱状的草酸钙针晶束；维管束散列，有外韧型、不完全周木型和周木型三种；髓明显或不明显。

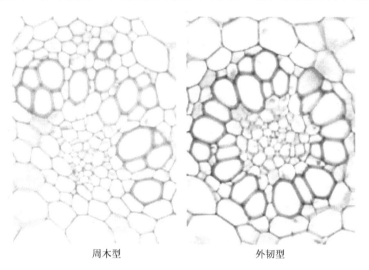

周木型　　　　　　　　　　外韧型

图 4.6　陕西产黄精根茎横切面，示周木型和外韧型维管束

多花黄精根茎横切面：表皮细胞 1 列，外被角质层。皮层较窄，与中柱分界不明显。中柱维管束散列，多为外韧型，偶见周木型。薄壁组织中有黏液细胞，黏液细胞长径 51～193（～323）μm，短径 22～136（～158）μm，内含草酸钙针晶束，针晶束长 60～156μm。

黄精根茎横切面：维管束多为外韧型，少数为周木型。外侧维管束较小，向内则渐大；黏液细胞长径 96～253μm，短径 44～187μm，草酸钙针晶束长 68～161μm。

滇黄精根茎横切面：维管束多为周木型，少为外韧型。黏液细胞长径 115～210μm，短径 81～160μm，草酸钙针晶束长 115～204μm。

黄精属植物根茎纵切面如图 4.7 所示。

图 4.7　黄精属植物根茎纵切面
A. 根茎纵切面；B. 根茎中的贮藏细胞

黄精属植物根茎特征与其他单子叶植物一样，维管束散布在基本组织中。其中长梗黄精多为外韧型和不完全周木型，导管排列稀疏；玉竹为外韧型，导管排列疏松；黄精和多花黄精多为不完全周木型，导管排列紧密，无明显间隙；湖北黄精多为周木型和不完全周木型，导管排列紧密。其中黄精根茎纵切面维管束的导管如图 4.8 所示。

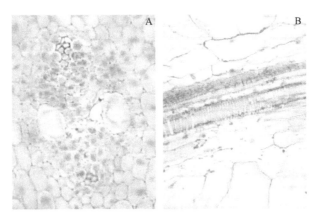

图 4.8　陕西产黄精根茎横切面（A）、纵切面（B，示维管束纵切面的导管部分）

4.4.2.2　黄精根茎的外部结构

黄精属植物地上茎直立不分枝，圆柱形，茎秆光滑无毛。5 月末完成茎的生长，顶部无芽。地下茎横生，肉质肥大，节明显膨大，表面黄色或黄棕色，呈圆柱状、鸡头状、连珠状或姜块状。每年的茎节上有鳞芽留下的环节，在结节处留有圆盘状的茎痕，茎上生少数须根（图 4.9）。

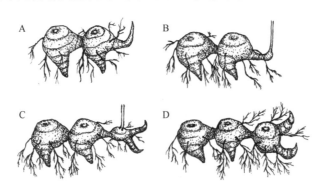

图 4.9　黄精根茎的形成

A 为无性繁殖秋季下种的根茎，具有一个顶芽；B 为春季顶芽萌发出土，基部开始膨大；C 为夏季随着生长的积累，新生的根茎继续膨大，并分化出顶芽和侧芽各一个；D 为秋冬季，地上部分枯萎后，根茎的膨大完成，新生成的根茎大小已和种用根茎相当

不同种黄精根茎结构差异较大，其外部性状也有所差异。

黄精（又名鸡头黄精）：根茎细柱形，略扁，长约 10cm，直径 0.5～1.5cm。一侧或两侧稍微膨大，形如鸡头，或有短分枝，宽 1.5～2cm；表面黄白色或灰黄色，有纵皱纹，茎痕圆形，直径 5～8mm，节间长 0.3～1.5cm。

多花黄精（又名姜形黄精、白及黄精）：根茎为扁长条，结节块状，肉质肥厚，完整者一般长约 10cm，厚 1～3cm，通常情况下，有 5 个膨大块状结节紧接，其两侧有短分枝，状如白及，宽 2.5～7.5cm，顶端结节较小；表面灰黄色或黄褐色，具有不规则皱纹，结节上侧有圆盘状茎痕，茎痕直径 0.8～1.5cm，可见多数维管束点痕，短枝顶端有芽痕；全体可见波状环形节纹，以下侧较明显，节间长 0.2～1cm，并散有细小圆形根痕；质坚实，角质样。

滇黄精（又名大黄精）：根茎块状或连珠状，长 10cm 以上，直径 2～6cm；表面黄色或黄棕色，有不规则皱纹；茎痕呈圆盘状，周围凹入中部。

4.4.3　黄精多糖类化合物组织化学定位及定性分析

黄精水溶性有效成分主要为黄精多糖（*Polygonatum sibiricum* polysaccharide，PSP）、黄精低聚糖和淀粉。杨明河和于德泉（1980）报道，黄精多糖和黄精低聚糖均可分为甲、乙、丙三种类型。三种黄精多糖均由葡萄糖、甘露醇、半乳糖醛酸按 6：26：1 的比例组成。而三种黄精低聚糖则由果糖和葡萄糖聚合而成，比例分别为 8：1、4：1 和 2：1。黄精不同部位所含成分不一样，不同产地其成分含量也不尽相同。根据化合物的理化性质，与相应显色剂发生反应，利用光学显微镜观察染色部位，分析其在黄精根茎中的组织化学定位。

黄精属植物根茎中的多糖类化合物能与多糖显色剂［过碘酸希夫（PAS）试剂］发生反应，呈现红色。组织化学实验表明，黄精属根茎中多糖类化合物仅分布于黏液细胞内，而维管束和其他薄壁细胞内不含多糖。但是，不同黄精属植物的根茎中的黏液细胞数目不等，玉竹（图 4.10A）较多，多花黄精（图 4.10B）次之。

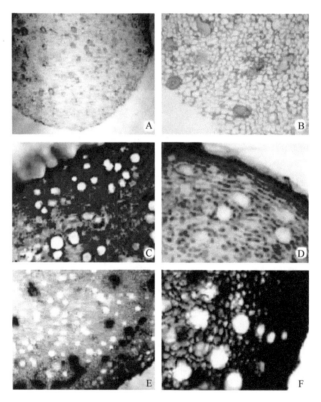

图 4.10　黄精次生代谢物的组织化学定位

A. 玉竹过碘酸希夫（PAS）反应（25×）；B. 多花黄精 PAS 反应（50×）；C. 玉竹皂苷反应（50×）；D. 多花黄精皂苷反应（100×）；E. 玉竹苏丹Ⅲ反应（50×）；F. 玉竹苏丹黑反应（100×）

4.4.4　黄精脂溶性次生代谢物的组织化学定位及定性分析

黄精脂溶性成分主要为脂溶性甾体皂苷类化合物，如黄精皂苷 A 和黄精皂苷 B 等；黄酮蒽醌类化合物，如牡荆素木糖苷、5,4-二羟基黄酮糖苷和吖啶-2-羧酸等。黄精不同部位所含成分不一样，不同产地其成分含量也不尽相同。根据化合物的理化性质，与相应显色剂发生反应，利用光学显微镜观察染色部位，分析其在黄精根茎中的组织化学定位。

4.4.4.1　皂苷类化合物在黄精根茎中的组织化学定位

黄精属植物根茎中的皂苷类化合物能与皂苷显色剂发生反应，呈现出淡红-红-紫红的颜色变化（图4.11C，图 4.11D）。除黏液细胞和维管束不被染色外，其余细胞皆被染色。组织化学定位显示，黄精属植物根茎中的皂苷分布在除黏液细胞以外的基本组织中。

4.4.4.2　挥发油类化合物在黄精根茎中的组织化学定位

挥发油在植物中常分布于油细胞，而黄精属植物根茎中无油细胞。黄精属植物根茎中的挥发油类化合物能与挥发油显色剂发生反应，与苏丹Ⅲ反应呈现出淡黄-橙黄-棕黄的颜色变化（图4.11E）；与苏丹黑反应呈现黑色（图 4.11F）。结果表明黄精根茎中除黏液细胞不被染色外，其余细胞皆被染色，故挥发油分布在除黏液细胞以外的基本组织中。

第5章 环境因子对黄精生长及有效成分积累的影响

光在植物的生长发育中发挥着重要作用,主要包括以下几方面:光为植物光合作用提供能量,而光合作用中的一系列高能反应将光能转化成化学能,为植物提供能量;光作为信号分子,实现植物的光形态建成。此外,光周期可对植物开花、结果、落叶和休眠等进行调节。光质、光照强度和光照时间对植物的生长发育影响显著。

在影响植物生长的环境因子中,除光之外,温度的作用也十分关键。大气温度和土壤温度会影响酶的活性,从而对植物光合作用、呼吸作用,以及物质的吸收、合成与运输产生影响。

对于中药材来说,光、温、气、水、肥等因子影响其生理代谢,从而影响次生代谢产物的含量,所以研究这些环境因子对其作用有助于提高中药材的产量和品质。例如,黄精喜生于土壤肥沃、土层深厚、表层水分充足、荫蔽,但上层透光性好的林缘、灌丛和草丛或林下开阔地带。在排水和保水性能良好的地带生长良好,土壤以肥沃砂质壤土或黏壤土较好。在干燥地区生长不良,但黄精能耐寒冻,幼苗能露地越冬。

5.1 环境温度和光照强度对黄精生长和生理指标的影响

立地条件是植物生长环境因素的一种。其中,坡向性的差异主要来自接受日照时间的差异,这种差异常常导致太阳辐射强度、温度、土壤湿度等生态因子的变化,进而对植物产生影响。阴坡接受太阳直接辐射的时间短,太阳辐射强度较小,气温较低;而阳坡接受的太阳辐射相对时间较长,太阳辐射强度较大,气温较高。

另外,海拔 900~999m 和 1000~1099m 地表 1m 高度内的植被覆盖率最高,随着海拔的升高,植被覆盖率锐减,黄精多生长于遮光率较高的地方。高海拔条件下,光照强度大,黄精多生于比较荫蔽的地方以躲避过强的光照。

本章通过对略阳县野生黄精的调查来研究环境温度和光照强度对黄精生长和生理指标的影响。

5.1.1 略阳县气候环境特点

略阳县地处陕西省汉中市西北的秦岭腹地,西北接陇南康县、徽县、成县,东邻本市勉县,南接宁强县。地处陕、甘、川三角地带,地理坐标为北纬 33°07′~33°38′,东经 105°42′~106°31′。境内群山林立,沟壑纵横,土地垂直差异大,农林牧各种用地互相交替,使土地具有多种适用性。该地区属北亚热带边缘山地湿润季风气候,夏无酷暑,冬无严寒,气候湿润,雨量充沛,山地森林资源茂盛,是黄精生长的良好地域。

5.1.2 调查时间、材料和仪器

调查时间:2004 年 7 月 28 日至 8 月 17 日初次调查,2005 年 10 月 22 日至 11 月 12 日第二次调查。

材料:调查采样材料经西北农林科技大学生命科学学院药用植物组鉴定为黄精的药源植物之一——

黄精 *Polygonatum sibiricum* Red.。

　　仪器和试剂：紫外可见分光光度计，电子分析天平，可控调温水浴锅。所用乙醇、蒽酮、硫酸等试剂均为分析纯。

　　目的：了解黄精的野生环境，分析不同环境下黄精的生长状况。

5.1.3　实验方法

5.1.3.1　根茎及地上生物量测定方法

　　初次调查：在略阳县境内黄精主分布区域内根据不同的地理形态分成 7 个测量区域，每个区域每个坡向选择两个测量小区，每小区内取三个 1m² 样方。测量各样方内黄精的株高、根茎和茎叶鲜重与干重。同时测量海拔、坡度，记录土壤特点。分析此环境下黄精的长势和黄精资源在当地的蕴藏量。测定不同立地条件下黄精的株高、地径等指标，分别计算其平均值，根据平均值选择挖取根茎的植株，每个坡向选择 15 株，在 2005 年的生长末期进行测定。

　　挖取根茎前测定被选植株的株高、地上茎叶的鲜重与干重，挖取后去掉须根和土壤，洗净后分别称量当年生和最近三年的根茎鲜重，切成厚度为 3mm 左右的薄片烘干，称重。

5.1.3.2　黄精多糖的测定

　　黄精总多糖的测定方法参照《中国药典》，黄精总多糖含量以无水葡萄糖计。

1. 对照液的制备

　　精密称取 105℃干燥至恒重的无水葡萄糖 0.0337g，溶于蒸馏水中，定容至 100mL，即为 0.337mg/mL 葡萄糖标准液。

2. 供试液的制备

　　取不同坡向、不同年份黄精根茎的细粉，60℃干燥至恒重，精密称取约 0.1000g，置 100mL 圆底烧瓶中，加 80%乙醇 60mL，置水浴中回流 1h，趁热过滤，残渣用 80%热乙醇洗涤 3 次，每次 10mL，将残渣和滤纸放置于烧瓶中，加超纯水 60mL，置沸水浴中加热回流 1h，趁热过滤，残渣及烧瓶用热水洗涤 6 次，每次 5mL，合并滤液和洗液，放冷转移至 100mL 的量瓶中，加超纯水至刻度，摇匀，每个样品重复 3 次。

3. 蒽酮试剂的制备

　　称取 0.6000g 蒽酮于烧杯中，缓缓加入 300mL 浓硫酸，搅拌溶解。

4. 标准曲线的绘制

　　分别量取葡萄糖标准液 0mL、0.1mL、0.2mL、0.3mL、0.4mL、0.5mL、0.6mL，分别置于 10mL 具塞刻度试管中，加超纯水至 2mL，各试管在冰水浴中分别缓慢滴加蒽酮试剂至刻度，摇匀，于沸水浴中保温 10min，迅速置冰水浴中冷却，取出，于波长 582nm 处，以首管作空白，测定吸光度。得回归方程 $y=0.0414x+0.0014$，$R^2=0.9976$，线性范围在 3.37～20.22μg/mL。

5. 供试品的测定

　　精密量取 1mL 供试液转移至 10mL 具塞干燥试管中，照"标准曲线的绘制"项下的方法，自"加超纯水至 2.0mL"起，测定吸光度，从标准曲线上读出样品溶液中无水葡萄糖的含量，计算可得每个样品的含糖率。

5.1.4 实验结果

5.1.4.1 温度和光照强度对黄精生长及产量的影响

不同坡向导致的环境温度和光照强度差异对黄精生物量和形态的影响如表 5.1 所示。

表 5.1 不同坡向黄精的生物量指标

坡向	平均株高/cm	茎叶干重/g	新根茎干重/g	二三年生根茎干重/g	地下部分和地上部分干重之比
阳坡	277.06	18.01	14.12	20.22	1.91
半阳坡	273.50	20.71	14.96	26.45	2.00
半阴坡	258.26	11.78	12.06	15.11	2.31
阴坡	234.90	13.88	13.88	23.35	2.68

地下部分与地上部分干重之比排序为阴坡>半阴坡>半阳坡>阳坡,说明阴坡比阳坡生物产量高,阴坡更适合种植黄精。黄精的平均株高排序为阳坡>半阳坡>半阴坡>阴坡,这可能与不同坡向植被的分布有关:阳坡多为乔木,导致黄精照光不足,特别是蓝紫光,所以黄精的地上部分茎叶徒长;阴坡多为灌木和草本,部分黄精的顶端茎叶长在灌木丛或草本植物的表面,接受低强度的阳光直射,所以黄精地上部分茎叶生长受到抑制。说明坡向性导致的环境温度和光照强度差异对黄精形态建成有显著影响。

5.1.4.2 温度和光照强度对黄精根茎中多糖含量的影响

不同坡向性导致的环境温度和光照强度差异对黄精根茎中多糖含量的影响如图 5.1 所示。

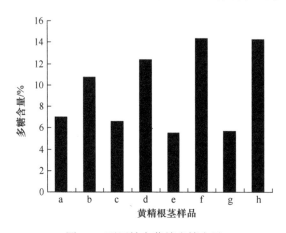

图 5.1 不同坡向黄精多糖含量

a. 阳坡新根茎;b. 阳坡老根茎;c. 半阳坡新根茎;d. 半阳坡老根茎;e. 半阴坡新根茎;f. 半阴坡老根茎;g. 阴坡新根茎;h. 阴坡老根茎

老根茎中,阴坡和半阴坡的多糖含量比阳坡和半阳坡高将近 2.6%,其中阳坡多糖含量为 10.69%,含量最低,半阴坡黄精多糖含量为 14.38%,含量最高。若以多糖含量作为黄精质量评价标准的指标,则阴坡和半阴坡产黄精的质量更佳。同时,从温度和光照强度方面考虑,黄精为喜阴耐寒的植物,强光照、高温、干燥等环境条件对其生长不利。

5.1.5 讨论

近年来化学分析和药理药效研究表明,黄精的主要有效成分是多糖。因此,在生产应用中如何有效利用环境因素提高黄精根茎中多糖的含量和产量就显得尤为重要。立地条件是植物生长环境因素的一种，坡向的差异主要是接受日照时间的差异。这种差异常常导致太阳辐射强度、温度、土壤湿度等生态因子的变化，进而对植物产生影响。阴坡接受太阳直接辐射的时间短，太阳辐射强度较小，气温较低，而阳坡接受的太阳辐射相对时间较长，太阳辐射强度较大，气温较高（唐永金和董玉飞，2000）。

其他产地如安徽九华山、贵州、湖南、河南周口、云南、河南济源、河北等地黄精的多糖含量分别为 17.79%、13.19%、8.25%、11.27%、10.99%、4.47%、9.91%（黄赵刚等，2003），略阳产野生黄精平均多糖含量为 9.55%，仅比湖南、河南济源高，处于偏低位置，但仍符合《中国药典》的规定，可以作为药材使用。

在国家退耕还林政策的倡导下，可以将黄精作为森林的伴生种推广栽培，充分利用秦岭大部分为山区的特点，在不破坏环境的前提下提高农民收入。

5.2　遮阴处理对黄精生长和生理指标的影响

黄精多生于林缘地带，对光照要求比较特殊。遮阴不仅可以降低光照强度，而且可以改变透过光的成分。遮阴条件下，棚内的光合有效辐射（PAR）、紫外光和蓝绿光的光谱能量百分比高于露天栽培处理，而红橙光和红外光的光谱能量百分比则低于露天栽培处理。在透光率为 30%，即 70% 的遮阴处理下黄精的最大荧光较高，光抑制水平较低。

遮阴不仅可以改变光环境，温度、湿度等也会随光环境的改变而改变。遮阴还可以减弱水分蒸发，相对增加土壤含水量，降低土壤温度，产生低地温效应，也可以增强土壤的保水保肥能力。

5.2.1　遮阴处理对黄精生长量的影响

遮阴处理对黄精生长量的影响如表 5.2 所示。

表 5.2　不同遮阴处理条件下黄精在不同时期的主要生物指标

处理	测定日期 （年.月.日）	株高/cm	新生根茎长/mm	须根数/个	新生根茎 鲜重/g	新老根茎 总鲜重/g	新根茎直径/mm	新增产量占总产量 的百分比/%
露天栽培	2005.7.6	64.4	40.6	8.6	5.6	60.6	18.3	9.2
	2005.8.1	52.5	47.1	9.1	8.3	77.8	20.1	10.7
	2005.9.4	67.7	52.4	12.8	9.4	65.7	19.8	14.3
	2005.10.8	60.5	53.7	16.1	13.6	79.6	21.2	17.1
	2005.12.2	—	67.5	17.4	14.2	125.2	23.1	11.3
苹果林套种	2005.7.6	71.4	31.4	6.8	2.2	43.6	12.6	5.0
	2005.8.1	30.5	40.3	8.7	3.9	31.7	14.5	12.3
	2005.9.4	54.3	44.5	11.8	7.8	71.8	18	10.9
	2005.10.8	70.6	50.7	14.9	12.1	50.1	20.3	24.2
	2005.12.2	—	42.6	16.7	13.3	63.1	19.2	21.1
70%遮阳网遮阴	2005.7.6	43.3	46.7	8.8	4.2	28.2	13.4	14.9
	2005.8.1	30.9	53.5	10	5.4	23.1	14.4	23.4
	2005.9.4	55.8	51.9	12.3	8.9	39.6	19.7	22.5
	2005.10.8	38.7	55.2	15.3	12.5	45.6	21.4	27.4
	2005.12.2	—	57.9	17.2	13.8	111.4	19.8	12.4
玉米套种	2005.7.6	59.9	41.6	9.7	5.4	33.9	14.6	15.9
	2005.8.1	51.6	40.8	10.4	6.1	45.2	16.5	13.5
	2005.9.4	61.8	61.1	13.1	9.4	38.7	20.1	24.3
	2005.10.8	45.2	65.4	17.4	13.4	42.3	19.9	31.7
	2005.12.2	—	70.3	19.8	19.1	142.7	25.8	13.4

新生根茎鲜重占新老根茎总鲜重的百分比可以表示新增产量占总产量的百分比。在生长末期（12月2日）采收时，苹果林套种下的新增产量占总产量的百分比达到21.1%，比值最高；露地栽培下新增产量占总产量的百分比仅有11.3%，比值最低，说明该处理下黄精的地上部分矮小；70%遮阳网遮阴和玉米套种下新增产量占总产量的百分比分别为12.4%和13.4%。结果表明，苹果林套种下黄精增产量最高，露地栽培下增产量最低，说明黄精不适合露地栽培。

5.2.2 遮阴处理下不同生育期生物指标的相关性分析

灰色关联分析表明，不同生育期内，各种生物指标与新生根茎鲜重的灰色相关程度不一样。其中，株高与新生根茎鲜重的灰色相关系数为0.6046，显著相关；种茎重与新生根茎鲜重的灰色相关系数为0.3999，须根数与新生根茎鲜重的灰色相关系数为0.6039。

露天栽培、苹果林套种、70%遮阳网遮阴和玉米套种4种处理下，种茎重与新生根茎鲜重的灰色相关系数分别为0.463、0.807、0.742、0.625。结果表明，苹果林套种下种茎重对新生根茎鲜重的影响极显著，从而影响其产量；露天栽培下种茎重对新生根茎鲜重的影响较小；70%遮阳网遮阴和玉米套种下种茎重与新生根茎鲜重的灰色相关系数介于另两种处理之间。

5.2.3 遮阴处理对黄精多糖含量的影响

遮阴处理对黄精多糖含量的影响如表5.3所示。

表5.3 不同遮阴处理下黄精多糖含量（%）

根茎	露天栽培	苹果林套种	70%遮阳网遮阴	玉米套种
新根茎	17.60	21.60	12.20	14.00
老根茎	10.40	16.80	14.40	22.90

苹果林套种处理的黄精新根茎多糖含量达到21.60%，含量最高，说明苹果林套种产出的黄精品质较好；70%遮阳网遮阴处理的新根茎多糖含量为12.20%，含量最低，说明70%遮阳网遮阴处理产出的黄精品质较差，4种处理的黄精根茎多糖含量均大于7%，符合《中国药典》标准。新根茎与老根茎的多糖含量之间没有明显的关系。

综上，黄精较好的遮阴方式是苹果林套种，在此种遮阴方式下黄精产量高，而且根茎多糖含量较高，黄精第一年生长旺盛。但采收苹果会对黄精地上部分造成踩踏，使土壤变硬，所以，多年生黄精不适合与果树林套种，相比之下，黄精更适合与玉米套种。

5.2.4 遮阴处理对黄精叶片光合色素含量的影响

不同遮阴处理对黄精叶片光合色素含量的影响如表5.4所示。

表5.4 不同遮阴条件下黄精光合色素含量

处理	叶绿素a含量/(mg/g FW)	叶绿素b含量/(mg/g FW)	叶绿素（a+b）/(mg/g FW)	叶绿素a/b	类胡萝卜素含量/(mg/g FW)
透光率100%	1.61±0.28b	0.56±0.13b	2.17±0.41b	2.87±0.13a	0.47±0.05a
透光率75%±5%	2.67±0.23a	1.34±0.39a	4.00±0.62a	1.99±0.40b	0.23±0.07b
透光率45%±5%	2.66±0.19a	1.41±0.47a	4.07±0.66a	1.88±0.45b	0.42±0.04a
透光率15%±5%	2.43±0.32a	1.06±0.27a	3.50±0.59a	2.29±0.27a	0.43±0.06a

注：同一列数据后的不同小写字母表示差异显著（$P<0.05$）

随着遮阴面积的增加，叶绿素 a、叶绿素 b 和叶绿素（a＋b）含量呈先升高后降低的变化趋势，遮阴处理显著高于透光率 100%（$P<0.05$），透光率 75%±5%、45%±5% 和 15%±5% 的处理间均无显著差异（$P>0.05$）；叶绿素 a/b 和类胡萝卜素含量则呈先降低后升高的变化趋势，遮阴处理低于透光率 100%，其中，叶绿素 a/b 在透光率 100% 和 15%±5% 处理间无显著差异（$P>0.05$），且显著高于差异不显著的透光率 75%±5%、45%±5% 处理（$P<0.05$）；类胡萝卜素含量在透光率 100%、45%±5% 和 15%±5% 处理间无显著差异（$P>0.05$），均显著高于透光率 75%±5% 处理（$P<0.05$）（李迎春，2014）。

5.2.5　遮阴处理对黄精光合特性和蒸腾速率的影响

露天栽培下，黄精的净光合速率呈明显的双峰曲线，即存在午休现象（图 5.2）。露天栽培下，午后 14:00 出现最大蒸腾速率，最大值为 3.10mmol/（$m^2 \cdot s$）；遮阴处理下，黄精的蒸腾速率在 10:00～14:00 基本持平，维持在 1.75mmol/（$m^2 \cdot s$）左右，平均蒸腾速率是露天栽培处理下的 81.4%（图 5.3），说明遮阳网遮阴处理可有效抑制黄精的蒸腾作用，提高叶片的水分利用率。所以，遮阴处理下黄精生长得更好。

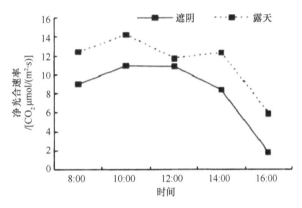

图 5.2　黄精净光合速率日变化

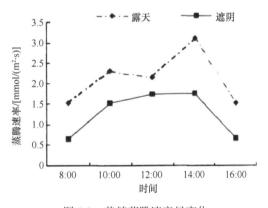

图 5.3　黄精蒸腾速率日变化

5.2.6　遮阴处理对黄精地上部叶斑病的影响

如图 5.4 所示，露天栽培光照强，尤其是夏天，黄精地上部叶片容易受到灼伤，病菌从伤口侵入；遮阳网遮阴处理，避免了太阳的直接照射，黄精生长势增强，其抗病能力有所提高，有效地减轻了黄精叶斑病的出现（毕研文等，2008）。

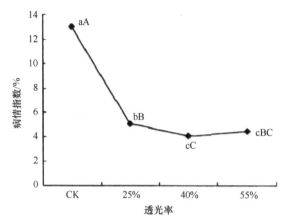

图 5.4　遮阴对黄精斑叶病病情指数的影响

CK. 露地栽培（不遮光）

小写字母表示在 0.05 水平差异显著，大写字母表示在 0.01 水平差异显著

5.3　水分胁迫对黄精生长及有效成分积累的影响

随着水分胁迫的增强，黄精株高、茎粗、叶长、叶宽和新生根直径及地上、地下各部分鲜重与干重变化规律相似，均呈现逐渐降低的趋势，表现为 75%θf>50%θf>35%θf（θf 为最大土壤含水量），三者之间差异显著；在黄精的整个生长期内，新生根长表现为 75%θf>35%θf>50%θf，须根长为 35%θf>50%θf>75%θf；黄精整个生长期内单株干物质积累量不断增加，生长末期，适宜水分（75%θf）、中度水分胁迫（50%θf）和重度水分胁迫（35%θf）单株干物质积累量分别达到 0.74g、1.39g 和 1.16g，比生长初期分别增长了 262.50、363.33% 和 544.44%，中度水分胁迫则比适宜水分处理更有利于黄精干物质积累，二者差异显著。折干率表现为 75%θf>50%θf>35%θf，根冠比表现为 35%θf>75%θf >50%θf。黄精根茎中可溶性多糖的积累呈现出先缓慢增加后快速积累再略有下降的趋势，表现为 75%θf>50%θf>35%θf，生长末期，多糖含量>7%，符合《中国药典》规定。10 月下旬，适宜水分下多糖含量的减少幅度大于其他两个水分处理，生长末期，其与中度水分胁迫处理无显著差异。在大田生产中，可以通过人为控制 9 月中下旬土壤水分供给，形成土壤适度水分，促进黄精多糖的积累。建议在黄精生长期控制水分在 50%θf～75%θf，有利于黄精质量和产量的提高。

5.3.1　水分胁迫对黄精生长及生理特性的影响

5.3.1.1　水分胁迫对黄精生长的影响

1. 水分胁迫对黄精茎生长动态的影响

由图 5.5 可见，黄精在 5 月下旬至 7 月下旬近直线状快速生长，不同土壤水分条件对黄精株高和茎粗的影响不同。虽然在 3 种水分处理下，黄精株高的变化在整个生长过程呈现相似的规律，但是适宜水分（75%θf）处理在黄精各个生长时期内株高都要大于中度水分胁迫（50%θf）和重度水分胁迫（35%θf），平均高出中度水分胁迫 16.47%，比重度水分胁迫高出 28.18%，三者间差异极显著。

由于实验所用黄精为 2 年生种子育苗，黄精茎粗生长缓慢，在整个生长过程中，涨幅不大，呈平稳状态。从图 5.5 中可以看出，适宜水分处理与中度水分胁迫下茎粗无显著差异，但二者均与重度水分胁迫差异极显著，适宜水分处理比重度水分胁迫茎粗高 34.46%。

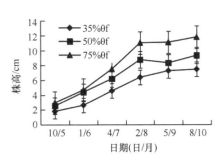 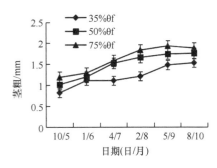

图 5.5　水分胁迫对黄精茎生长动态的影响

2. 水分胁迫对黄精叶生长动态的影响

由图 5.6 可见，三种水分处理下，在整个生长过程中，适宜水分处理、中度水分胁迫与重度水分胁迫黄精叶长和叶宽的生长变化规律相似，生长量表现为适宜水分处理>中度水分胁迫>重度水分胁迫。在黄精生长末期，适宜水分下的黄精叶长和叶宽较重度水分胁迫下分别高 36.93%和 28.33%，三种水分处理之间差异达极显著水平。

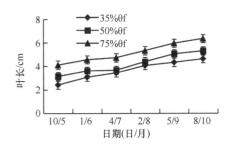 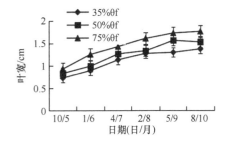

图 5.6　水分胁迫对黄精叶生长动态的影响

3. 水分胁迫对黄精根茎生长动态的影响

由图 5.7 可见，在黄精地上部分生长旺盛期的 5 月下旬至 7 月下旬黄精新生根茎直径增长快速，8 月上旬至 9 月下旬，新生根茎直径增长缓慢，9 月下旬适宜水分和中度水分胁迫下新生根茎直径分别达到 9.31cm 和 8.04cm，比 7 月下旬分别提高了 24.20%和 26.81%，进入 10 月后，黄精的新生根茎直径增加缓慢。适宜水分处理下新生根茎直径增加的幅度大于中度水分胁迫与重度水分胁迫，在整个生长周期内新生根茎直径始终高于其他两个处理，并且与其达到极显著差异，中度水分胁迫与重度水分胁迫在生长末期达到显著差异。黄精新生根茎长随生长发育逐渐增加，各时期适宜水分处理的新生根茎长均略高于重度水分胁迫，远高于中度水分胁迫。在黄精整个生长期内，重度水分胁迫下的须根长均高于其他两个处理，在黄精生长末期，分别高出适宜水分处理和中度水分胁迫下须根长 35.49%和 24.18%，并与其存在极显著差异。由以上分析可知，重度水分胁迫不利于根直径的增加，但可促进新生根茎长和须根长的增长。

4. 水分胁迫对黄精地上、地下部分鲜重与干重的影响

由图 5.8 可知，黄精生长期内不同时间三种水分处理下地上及地下各部位鲜重与干重存在显著差异。在黄精整个生育期内，适宜水分下的黄精地上部分长势旺盛，干重与鲜重总体上呈不断增加的趋势，9 月 5 日以后，各处理下黄精茎叶开始枯萎、脱落，其鲜重明显下降，其中尤以重度水分胁迫下降最快，10 月 8 日适宜水分、中度水分胁迫和重度水分胁迫地上部分鲜重分别比 9 月 5 日降低了 23.59%、20.00%和 40.00%。黄精新生根茎各个生长时期的鲜重与干重在三种水分处理下差异均达极显著水平，而种茎干重在适宜水分和中度水分胁迫下无显著差异，但二者与重度水分胁迫存在极显著差异，表明重度水分胁迫不利于黄精地上及地下部分物质的积累，并且对地下部分根茎的影响超过了对地上部分茎叶的影响，也反映出中度水分胁迫对地上部分的影响大于对地下部分根茎的影响，且对植株的影响整体小于重度水分胁迫。

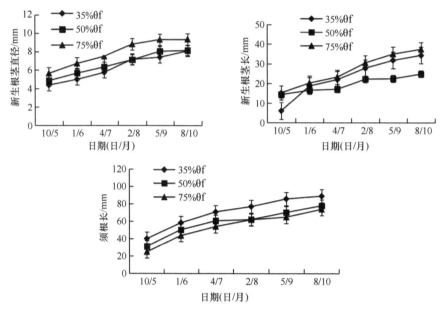

图 5.7　水分胁迫对黄精根茎生长动态的影响

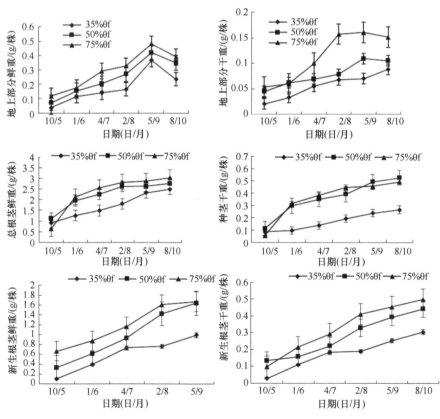

图 5.8　水分胁迫对黄精地上、地下部分鲜重与干重的影响

2 年生黄精无开花期和结果期，不进行生殖生长，地上部分的生长旨在进行光合作用，积累有机物，并向根部输送同化物，所以地下部分种茎及新生根茎的鲜重与干重呈持续增长的趋势，其生长量具体表现为：适宜水分>中度水分胁迫>重度水分胁迫。

由表 5.5 可见，不同土壤水分条件下，在黄精整个生长期内单株干物质积累量不断增加，自 8 月上旬后，黄精单株干物质积累量迅速增加，在生长末期，适宜水分、中度水分胁迫和重度水分胁迫单株干物质积累量分别达到 0.74g、1.39g 和 1.16g，比生长初期分别增长了 362.50%、363.33% 和 544.44%，随着胁迫时间的延长，重度水分胁迫黄精地上与地下部分折干率呈降低趋势，但变化不显著，且总体低于中度水分胁迫与适宜水分。适宜水分与中度水分胁迫下，根冠比不断增加，在 5 月上旬至 7 月上旬增长趋势平缓，8 月上旬后，地上部分停止生长，地下部分持续增长，根冠比呈快速增长趋势，在生长末期，适宜水分和中度水分胁迫下地下部分折干率及根冠比分别达到 0.39、13.75 和 0.47、10.06，与 7 月下旬相比，分别增加了 56.00%、45.35% 和 113.63%、76.89%，表明中度水分胁迫对根茎的影响幅度低于对地上部分茎叶的影响，所以中度水分胁迫比适宜水分具有更高的根冠比，这两种水分处理之间差异达到显著水平。

表 5.5　水分胁迫对黄精不同时期主要生物指标的影响

处理	测定日期（年.月.日）	单株干物质积累量/g	折干率	根冠比
35%θf	2015.5.10	0.16	0.63	2.53
	2015.6.1	0.27	0.16	3.29
	2015.7.4	0.39	0.22	4.91
	2015.8.2	0.46	0.24	4.84
	2015.9.5	0.60	0.28	4.84
	2015.10.8	0.74	0.34	3.45
50%θf	2015.5.10	0.30	0.41	5.06
	2015.6.1	0.54	0.39	5.44
	2015.7.4	0.78	0.22	5.69
	2015.8.2	1.01	0.48	7.09
	2015.9.5	1.07	0.46	7.89
	2015.10.8	1.39	0.47	10.06
75%θf	2015.5.10	0.18	0.55	7.40
	2015.6.1	0.50	0.29	9.09
	2015.7.4	0.43	0.25	9.46
	2015.8.2	0.69	0.69	12.05
	2015.9.5	0.92	0.3	12.09
	2015.10.8	1.16	0.39	13.75

5.3.1.2　水分胁迫对黄精光合特性的影响

光合作用是植物体内非常重要的代谢过程，植物通过光合作用为其生长提供代谢同化物和能量。由图 5.9 可见，不同水分胁迫胁迫下黄精净光合速率（Pn）呈明显的双峰曲线，存在午休现象。在 10:30 和 16:00 分别有一个高峰，下午比上午峰值略高，适宜水分下 Pn 峰值分别为 12.55μmol/（m²·s）和 13.05μmol/（m²·s），并且高于中度水分胁迫和重度水分胁迫，在 11:30 出现低谷，Pn 降至 4.54μmol/（m²·s），19:00 出现全天最低值 0.32μmol/（m²·s）。Pn 在适宜水分与中度和重度水分胁迫下存在显著差异，在整个日变化进程中适宜水分下的 Pn 高于其他两个处理。

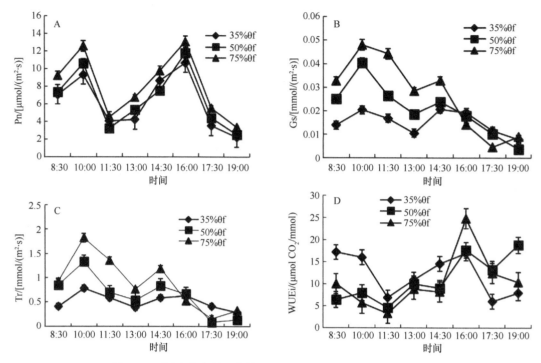

图 5.9 不同水分含量对黄精 Pn、Tr、Gs、WUEi 日变化的影响

气孔导度（Gs）和蒸腾速率（Tr）的日变化进程与 Pn 相似，也呈现出双峰曲线，与 Pn 不同的是，Gs 与 Tr 上午比下午峰值高，适宜水分和中度水分胁迫下 Gs 最高峰值比重度水分胁迫分别高出 135.29% 和 98.04%。各处理间 Gs 与 Tr 在光合日变化进程中差异显著。

水分利用效率是评价植物对环境适应能力的综合性生理生态指标，也是确定植物生长发育所需水分的重要指标之一（曹生奎等，2009；Surabhi et al.，2009）。从整个光合日变化来看，重度水分胁迫处理下瞬时水分利用率（WUEi）整体高于适宜水分处理和中度水分胁迫，在 11:30 各个水分处理全天 WUEi 值最低，适宜水分处理 WUEi 值最低，降至 3.35μmol CO_2/mmol，但在 16:00 适宜水分处理 WUEi 值高于其他两个处理。随着时间的推移，18:30～19:00 中度水分胁迫处理 WUEi 值比适宜水分处理高出 82.36%。适当的水分胁迫能提高 WUEi。

5.3.1.3 水分胁迫对黄精叶绿体色素含量的影响

叶片叶绿素含量是反映植物生长状况和光合能力的重要指标之一（Oh et al.，1997）。由图 5.10 可见，三种水分胁迫下，随胁迫程度的增加，叶绿素含量有所降低。重度水分胁迫和中度水分胁迫下叶绿素含量与适宜水分处理相比，分别降低了 61.20% 和 50.09%。虽然黄精在受到水分胁迫时，叶片的生长受到抑制，叶面积增加，单位叶面积的叶绿素含量相对较高，叶色较深，但当黄精进入快速生长时期，适宜水分下叶绿素含量升高快，高于其他两个胁迫处理，同时，由于水分能够加速叶绿素的分解，因此，叶绿素含量表现为：重度水分胁迫<中度水分胁迫<适宜水分。由此可知，重度水分胁迫在黄精生长后期不利于叶绿素的积累。叶绿素含量的多少在一定程度上能够反映出植株的光合同化能力，所以重度水分胁迫不利于光合同化物的积累。

类胡萝卜素是存在于所有光合细胞的黄色或橙黄色色素，与叶绿素、蛋白质一起构成捕光复合物和反应中心复合体，其吸收光谱与叶绿素正好互补，所以是植物光合作用吸收光能的重要辅助色素（Bartley and Scolnik，1995）。从图 5.10 还可以看出，各处理下类胡萝卜素（Car）含量表现为中度水分胁迫>重度水分胁迫>适宜水分处理，三者之间差异显著。重度水分胁迫和中度水分胁迫 Car 含量比适宜水分处理分别高出 21.16%和 54.29%。

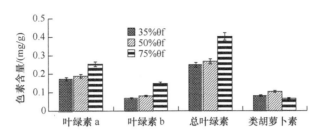

图 5.10　水分胁迫对黄精叶绿体色素含量的影响

5.3.2　水分胁迫对黄精有效成分积累的影响

黄精多糖是黄精的主要有效成分之一（国家中医药管理局《中华本草》编委会，1999；郭怀忠等，2011）。《中国药典》2015 年版一部规定，将黄精多糖含量作为黄精的质量控制指标，以无水葡萄糖计，黄精多糖含量不低于 7%。图 5.11 表明，中度和重度水分条件下黄精根茎中可溶性多糖含量呈现出先缓慢增加后快速增加再略有下降的趋势。适宜水分条件下，黄精根茎中可溶性多糖含量呈现出先快速增加，后缓慢增加再略有下降趋势。地上部分生长旺盛期 5～7 月，黄精根茎中的可溶性多糖含量变化较为平稳，地上部分停止生长后，多糖含量快速上升，在入冬前植株会将部分多糖转化为保护性物质，度过越冬期，所以 10 月下旬，多糖含量有所降低。虽然在黄精的整个生长期内适宜水分处理下多糖含量始终高于其他两个处理，但在 9 月下旬后，适宜水分处理下多糖积累速度低于中度水分胁迫，且 10 月下旬，入冬前，多糖含量的减少幅度大于其他两个处理，生长末期，其与中度水分胁迫无显著差异。在大田生产中，可以通过人为控制 9 月中下旬土壤水分供给，形成土壤适度水分，促进黄精多糖的积累。

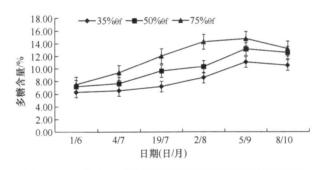

图 5.11　水分胁迫对黄精根茎不同时期多糖含量的影响

5.4　栽培基质对黄精生长及开花数和坐果率的影响

有关栽培基质的研究主要集中在无土栽培基质方面，涉及的植物材料种类少，且多应用于室内盆花和切花栽培，对野生花卉的研究较少。泥炭是一种很好的栽培基质，其含丰富的有机质和腐殖酸，具有较强的持水性和较大的孔隙度。但泥炭为短期内不可再生资源，且价格昂贵。因此，减少泥炭的用量，寻找适宜的材料替代泥炭尤为必要。土壤作为最廉价且最容易获得的天然栽培基质往往被忽略，大量研究表明，向土壤中添加一定量的有机基质和无机基质其可成为良好的栽培基质。Dawson 和 Probert（2007）研究表明，大部分园林绿化废弃物通过生物降解可用作堆肥，对植物生长具有一定的促进作用。孔德政等（2005）认为将落叶掺入其他有机垃圾中堆肥处理后可用作苗木、果树、花草栽培的底肥，且效果较好。梁志卿等（2011）提出珍珠岩的介入能增大混合基质的孔隙度，增强其通气、保水、保肥性能。沙砾具有很好的透气性和透水性，是最早被植物营养学家和植物生理学家用来栽培作物的基质。

二苞黄精主要利用其发达的根茎进行分茎繁殖，栽培基质对其植株的生长发育有很大影响。本实验选用园土、腐叶土、河沙三种常用基质，并按不同配比形成 8 种栽培基质进行实验，对试材在各栽培基质下的株高、叶片数、叶面积、开花数、坐果率等生长发育指标进行分析，以探索适宜的栽培基质，为二苞黄精的大面积推广栽培提供依据。

5.4.1 栽培基质对黄精生长的影响

二苞黄精的株高在不同的栽培基质中均表现为 7 月之前快速增长，7～8 月增长平缓，8 月后株高不再增长的趋势；叶片数在不同的栽培基质中均表现为定植早期迅速增加，在 3 周之内基本完成展叶，之后增长趋于平缓，不同的栽培基质对二苞黄精叶片数没有显著影响，但对其叶面积影响较大。

5.4.2 栽培基质对黄精开花数和坐果率的影响

二苞黄精于 5 月 6 日开始开花，5 月 9 日达盛花期，5 月 12 日以后花朵开始迅速凋零，到 5 月 18 日只少量开花，表明二苞黄精花期短暂，只有 2 周左右。不同栽培基质对二苞黄精的开花数没有极显著的影响，对坐果率的影响也不显著。

5.5 多年生黄精根茎有效成分积累规律研究

黄精为百合科多年生植物，人工栽培一般 3 年以后采收，野生黄精生长年限更长。黄精在不同生长时期的干物质及有效成分含量差异大，测定不同时期的根茎化学成分含量是确定黄精最佳采收时期的重要依据。其根茎每年生长一节，而每节的干物质及有效成分分布并不均衡，因此在确定根茎有效成分的积累规律时确定每节的有效成分含量是了解黄精有效成分积累的重要方面，能为黄精的适宜采收年限提供依据。本节测定了 3 年生和 6 年生栽培黄精不同生长时期根茎的有效成分含量、6 年生栽培黄精和多年生野生黄精不同龄节根茎的生物量及有效成分含量，可为确定黄精的最佳采收时期及采收年限提供依据。

5.5.1 材料与方法

7～11 月，每隔 20 天采取 3 年生和 6 年生栽培黄精各 5 株，测定不同生长时期根茎的多糖含量和薯蓣皂苷元含量；9 月初采集多年生野生黄精和 6 年生栽培黄精，测定不同龄节根茎的鲜重、干重，计算折干率，并测定有效成分含量。

将黄精根茎洗净晾干后称鲜重，之后切成 3～5mm 厚的薄片，于 105℃杀青 30min，60℃烘干 24h 后称干重计算折干率。

5.5.2 结果与分析

5.5.2.1 栽培黄精不同生长时期根茎有效成分含量差异

3 年生栽培黄精多糖含量在 9 月底之前一直呈快速增长趋势，之后稍有下降；而 6 年生栽培黄精则在 8 月底时多糖含量最高，此后含量略微下降至不再变化。分析原因，3 年生栽培黄精生长的土壤肥力足，病虫害少，10 月之前地上部分进行光合作用积累有机物，根茎多糖含量缓慢上升；而 6 年生栽培黄精生长的土壤肥力差，病虫害增多，8 月底地上部分已经基本枯萎，不再进行光合作用，故 8 月底 9 月初是其多糖含量最高的时期；3 年生、6 年生栽培黄精在多糖含量达到最高峰后又明显下降，可能是因为地上部分枯萎后根茎长出越冬芽，消耗了黄精根茎的养分而导致多糖含量的下降。

从不同生长时期 3 年生、6 年生栽培黄精根茎薯蓣皂苷元含量的测定结果可以看出，3 年生、6 年生栽培黄精薯蓣皂苷元含量总体较低，在 0.02%左右；3 年生栽培黄精根茎薯蓣皂苷元含量在 10 月中旬之前一直呈上升趋势，之后略有下降；而 6 年生栽培黄精根茎薯蓣皂苷元含量在 9 月之前快速增加，9 月初达到高峰，9 月后期略微下降，10 月下旬开始不再变化。3 年生栽培黄精根茎薯蓣皂苷元含量 9 月底之前低于 6 年生栽培黄精，9 月后期 3 年生栽培黄精继续增长，薯蓣皂苷元含量超过 6 年生栽培黄精。说明 3 年生栽培黄精根茎薯蓣皂苷元的积累在 10 月中旬前，而 6 年生栽培黄精在 9 月前。这与植株地上部分的生长规律有关，9 月底 3 年生栽培黄精还属于旺盛生长时期，地上部分光合作用积累有机物，而同时期 6 年生栽培黄精由于土壤肥力差、病虫害严重等而地上部分枯萎，有机物的积累停止。

5.5.2.2　多年生黄精不同龄节间生物量及有效成分差异

6 年生栽培黄精根茎不同龄节的鲜重、干重、折干率、薯蓣皂苷元含量、多糖含量的测定结果如表 5.6 所示，可以看出，随着黄精生长发育，根茎不同龄节间的生物量及有效成分含量差异较大。1～6 龄节根茎鲜重依次下降，说明低龄生长旺盛，有机物积累快。前 3 龄节干重相对较重，占总干重的 77.7%，4～6 龄节干重持续下降，生长年限越长的节干重越小。对折干率的测定结果表明，随着龄节的增大，折干率呈缓慢增长的趋势，说明低龄节水分含量高，代谢活跃。不同龄节间有效成分含量差异大，薯蓣皂苷元含量的测定结果表明，2 龄节的含量最高，其次是 3 龄节，1 龄节含量明显低于其他；而多糖含量的测定结果表明，随着生长年限的增加，各龄节的多糖含量呈依次降低的趋势，1、2 龄节多糖含量保持高水平，之后迅速下降，4～6 节的多糖含量低于《中国药典》规定的最低标准，说明生长年限越长，节的品质越差。

表 5.6　6 年生栽培黄精根茎不同龄节各指标差异

龄节	鲜重/g	干重/g	折干率/%	薯蓣皂苷元含量/%	多糖含量/%
1	85.7	19.4	22.6	0.0084	9.51A
2	74.2	20.3	27.4	0.0242	9.14AB
3	60.1	16.5	27.5	0.0173	7.40B
4	36.8	9.8	26.6	0.0172	4.96C
5	17.2	4.8	27.9	0.0158	3.82C
6	5.3	1.5	28.3	0.0152	3.67C

注：同列数据后标不同字母表示差异显著（$P<0.05$）

对多年生野生黄精不同龄节的生物量及有效成分的测定结果如表 5.7 所示。1、2 龄节鲜重高，之后各龄节鲜重依次下降；对干重的测定结果表明，前 4 节干重较多，占总干重的 80.4%，2～10 龄节间干重依次下降；2～4 龄节折干率较高，其他节间差异不大，折干率可以从侧面反映各节的水分含量和当前干物质状况，前 4 龄节折干率高表明生长代谢活跃，干物质积累多，而后面各节折干率低，说明代谢缓慢，趋于老化。4、5 龄节薯蓣皂苷元含量最高，其次是 1～3 龄节，说明低龄节随着生长年限的增加，薯蓣皂苷元的积累增多，而高龄节薯蓣皂苷元流失大于积累。多年生野生黄精的根茎多糖含量总体低于栽培黄精；3～5 龄节多糖含量相对较高，1、6 龄节和 8～10 龄节的含量均很低，这和栽培黄精各龄节间多糖含量差异大，高龄节含量低可能是由于生长年限长，根茎趋于衰老和枯萎，组织结构松散，大量活性成分流失。

表 5.7 多年生野生黄精根茎不同龄节各指标差异

龄节	鲜重/g	干重/g	折干率/%	薯蓣皂苷元含量/%	多糖含量/%
1	97.4	24.4	25.0	0.0141	4.63DE
2	120.5	34.6	28.7	0.0084	5.79C
3	89.8	24.4	27.2	0.0162	7.83B
4	64.4	18.2	28.3	0.0229	9.90A
5	39.6	9.4	23.7	0.0279	6.60BC
6	26.4	6.0	22.8	0.0085	4.25E
7	12.8	3.2	25.0	0.0093	5.86CD
8	10.0	2.4	24.0	0.0087	3.83E
9	9.3	2.2	23.7	0.0087	4.37DE
10	6.3	1.5	23.8	0.0079	4.07DE

注：同列数据后标不同字母表示差异显著（$P<0.05$）

5.5.3 小结与讨论

对不同生长时期的 3 年生、6 年生栽培黄精根茎多糖和薯蓣皂苷元含量的测定结果均表明，3 年生栽培黄精在 10 月之前一直进行有效成分的积累，而 6 年生栽培黄精在 8 月底完成有效成分的积累，之后多糖和薯蓣皂苷元含量均有所下降。结合田间观察到的地上部分的情况，6 年生黄精 8 月底地上部分已基本枯萎，而 3 年生栽培黄精地上部分依然进行光合作用制造有机物，8 月后多糖和薯蓣皂苷元含量仍然增加。6 年生栽培黄精由于生长时间长、土壤肥力低、病虫害严重，地上部分枯萎早，而 3 年生栽培黄精则生长旺盛，光合作用时间长，故根茎肥大、有效成分积累多。因此，建议生产上黄精移栽后 3 年且在多糖及薯蓣皂苷元的含量高峰期 10 月底采收以提高经济效益。

对 6 年生栽培黄精各龄节鲜重、干重、有效成分的测定结果表明，节龄较小的根茎肥大，重量大，多糖和薯蓣皂苷元含量高，说明低龄节代谢活跃，有机物积累多；节龄越大，单节重量越低，多糖含量越低。这可能是由于随着生长年限增长，根茎衰老枯萎，组织结构松散，大量活性成分流失；也可能是由于随着生长年限的增加，老根茎的营养物质向新生根茎输送而导致干重及有效成分含量降低（张普照，2006）。综合干物质积累及基地建设中的资金、人力等的投入，结合黄精价格，确定栽培黄精的最佳采收年限为 3 年。

对多年生野生黄精各龄节根茎干物质的测定结果显示，各龄节的生物量及有效成分含量差异明显，鲜重和干重随着龄节的增大而依次减小，2~4 龄节的折干率较其他龄节的大。3~5 龄节根茎的薯蓣皂苷元含量明显高于其他龄节，可能是因为随时间的增加，大龄节所遭受逆境的时间延长，导致次生代谢物的积累，而大于 5 龄的节生长时间太久导致根茎的衰老，使得大量活性成分流失。野生黄精的多糖含量总体低于大田栽培黄精，前两个龄节的多糖含量也低于《中国药典》规定的 7%，5~7 龄节根茎多糖含量相对较高，8~10 龄节又变低，这和大田栽培黄精根茎各龄节的多糖含量变化差异大，这可能和土壤肥力、光照强度及生长年限等有一定关系。

第6章 黄精属植物的化学成分研究进展

黄精属（*Polygonatum*）植物为百合科（Liliaceae）多年生草本，以根茎入药。全世界有 79 种，分布于北温带。我国有 31 种，分布于全国各地（毕研文等，2010）。其中，西北地区有 18 种，有药用价值的有 11 种，主要分布于甘肃和陕西，特别是在秦岭蕴藏量极大（蔡达夫和周忠清，1983）。黄精是我国的传统中药，其药用历史已有 2000 多年，在古代常被视为延年益寿药。黄精首见于《雷公炮炙论》，《名医别录》将其列为上品。《本草纲目》认为其"得坤土之精，为补养中宫之胜品"，如古方的黄精饼、黄精膏、黄精丸等是传统的延缓衰老中药（蔡青，1996）。近年来，黄精药用研究取得了很大进展，临床上用黄精或配伍它药治疗的疾病逐渐增多，如黄精多糖可增强哮喘患儿的红细胞免疫功能（蔡友林和樊亚鸣，1991）；黄精可治疗呼吸道疾病继发霉菌感染（曾高峰等，2011）；黄精枯草膏加抗痨药可治疗肺结核（曾庆华等，1988）；加味黄精汤对慢性肝炎有治疗作用（曾再新，1996）；等等。

黄精的药理作用与其多种活性成分及结构密切相关，为了进一步研究和合理开发黄精属植物资源，本章对其化学成分和药理作用及存在于百合科植物中的活性成分高异黄烷酮类化合物的国内外研究进展进行了综述。

6.1 黄精属植物的主要化学成分

黄精属植物的化学成分研究最早始于 1920 年，中尾万三氏发现黄精乙醚浸膏有生物碱反应，1943 年楼之岑从深山黄精的醚溶性浸出物中获得了 1 种针晶状生物碱，迄今已从该属植物中获得了甾体皂苷、黄酮、木脂素、苯醌、生物碱及多糖等成分。

6.1.1 甾体皂苷

目前，国内外已对黄精属的 12 种植物进行了化学成分研究，分离得到了 78 种甾体皂苷，其中有 40 多种新甾体皂苷，其中螺甾烷醇型苷最多，其次是呋甾烷醇型苷，胆甾烷醇型苷最少，只发现了 1 种（陈辰，2009）。本节对黄精属植物中甾体皂苷的皂苷元及其糖基的种类进行了统计，发现从该属植物中分离到的甾体皂苷在 5（6）位都有双键，有 25*R* 和 25*S* 两种构型，其中一部分为 25*R/S* 的差向异构混合体。有些甾体皂苷在 12、14、17、23 或 27 位碳上有羟基，12 位碳上的羟基有 α 或 β 两种取向，23 位碳上的羟基都是 α 取向。另外，有些甾体皂苷在 12 位碳上有羰基。糖基主要有 D-半乳糖（D-galactose，D-Gal）、D-葡萄糖（D-glucose，D-Glc）、D-木糖（D-xylose，D-Xyl）、L-鼠李糖（L-rhamnose，L-Rha）、L-岩藻糖（L-fucose，L-Fuc）、L-阿拉伯糖（L-arabinose，L-Ara）、D-葡糖醛酸（D-glucuronic acid）、海藻糖（trehalose，Tre）及石蒜四糖（lycotetraose，Lyc）等（陈辰等，2009）。黄精属植物中甾体皂苷的皂苷元类型见图 6.1。表 6.1 列出了从该属植物中分离到的部分新甾体皂苷的结构及其相应的植物来源。

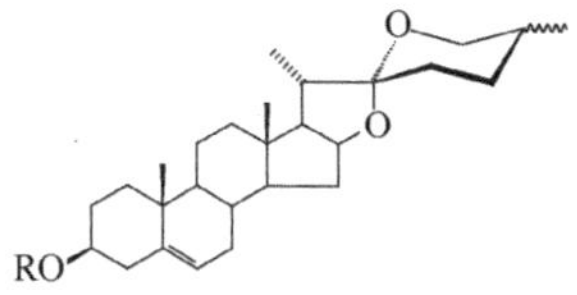

neoprazerigenin A
新巴拉次薯蓣皂苷元 A

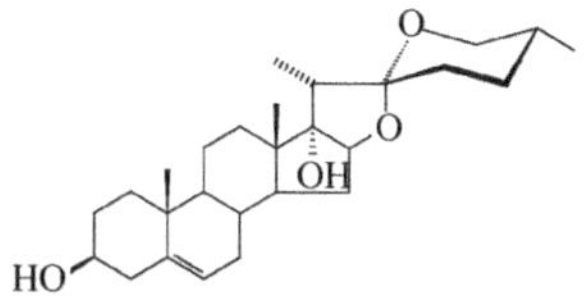

pennogenin
偏诺皂苷元

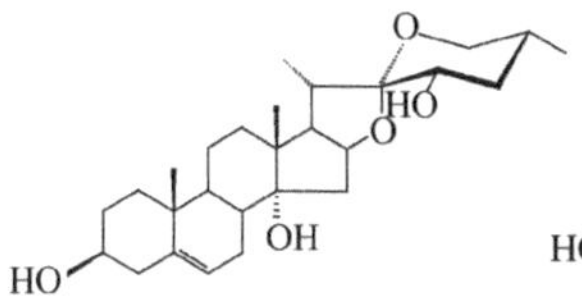

sibiricogenin

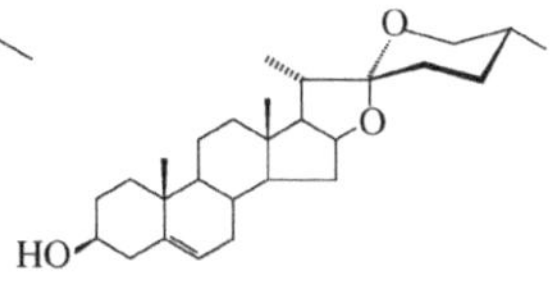

disogenin
薯蓣皂苷元

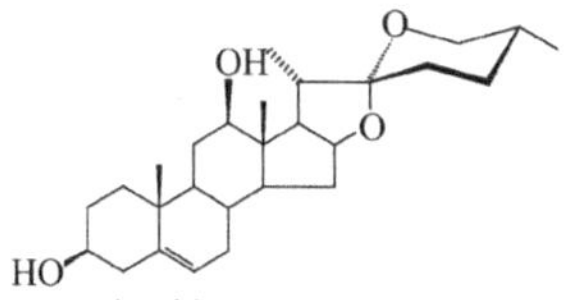

isochiapagenin
异查帕皂苷元

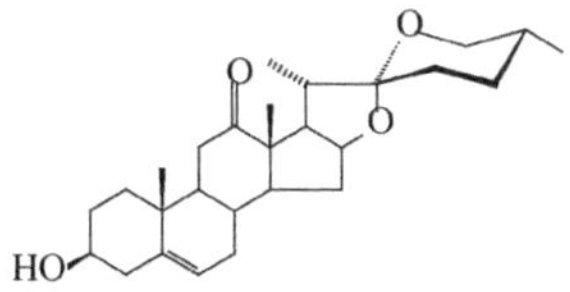

gentrogenin
静特诺皂苷元

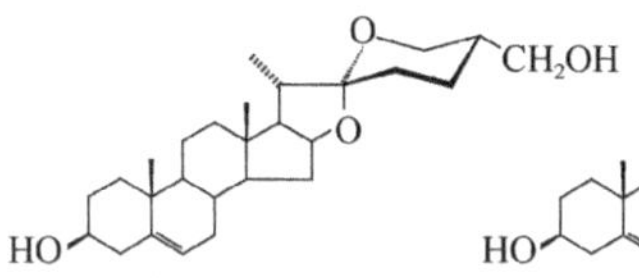

isonarthogenin
异纳尔索皂苷元

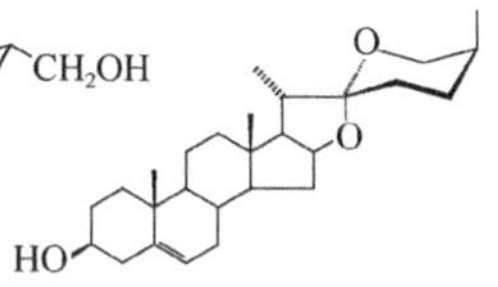

yamogenin
雅姆皂苷元

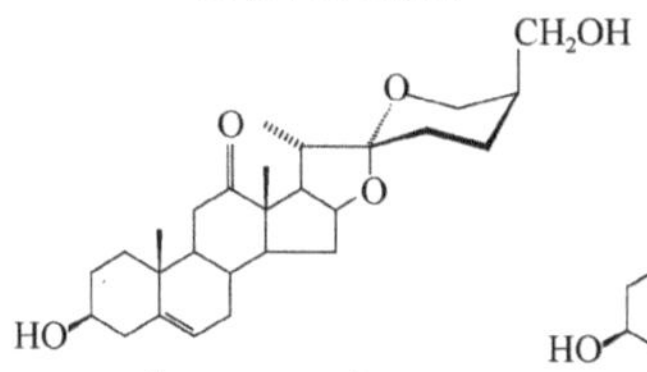

polyogonatogenin

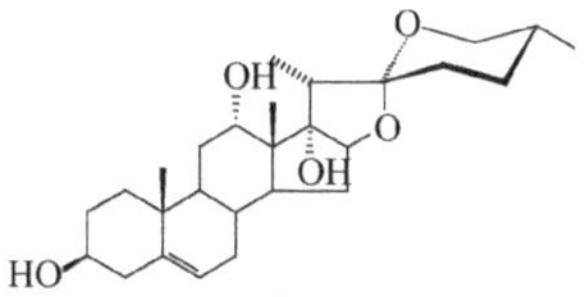

prosapogenin
次皂苷元

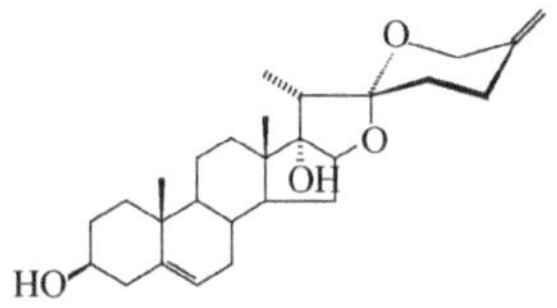

sceptrumgenin
十字花素

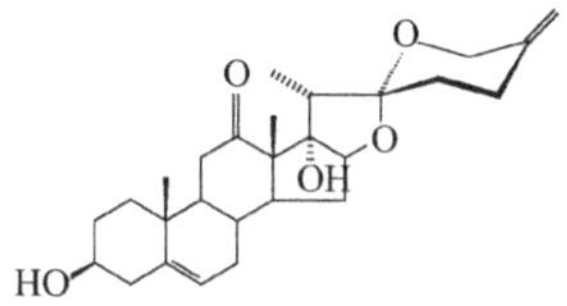

akyrogenin
芹菜素

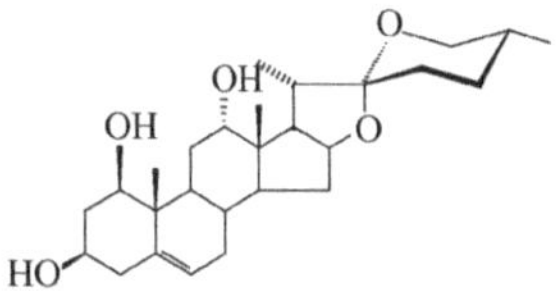

huangjingenin
黄精皂苷元

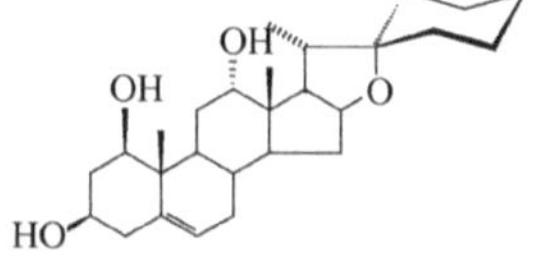

A:螺甾烷-5,25(27)-二烯-1β,3β,12α-三醇

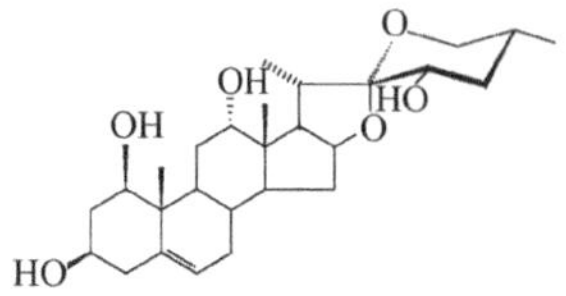

B:(25R)-螺甾烷-5-烯-1β,3β,12α,23α-四醇

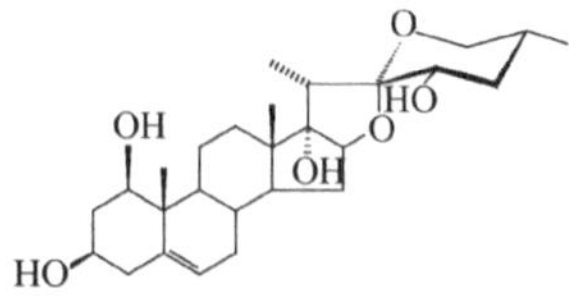

C:(25R)-螺甾烷-5-烯-1β,3β,17α,23α-四醇

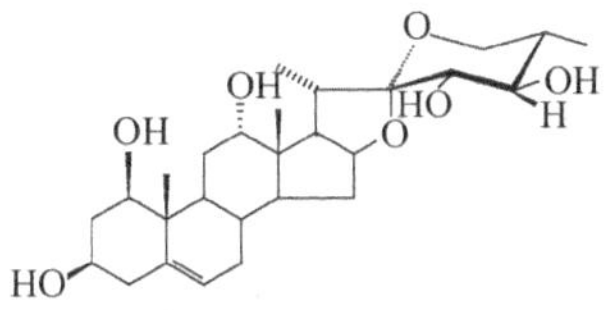

D:(25R)-螺甾烷-5-烯-1β,3β,12α,23α,24β-五醇

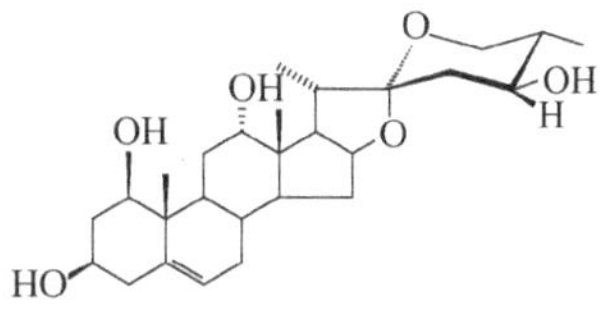

E:(25R)-螺甾烷-5-烯-1β,3β,12α,24β-四醇

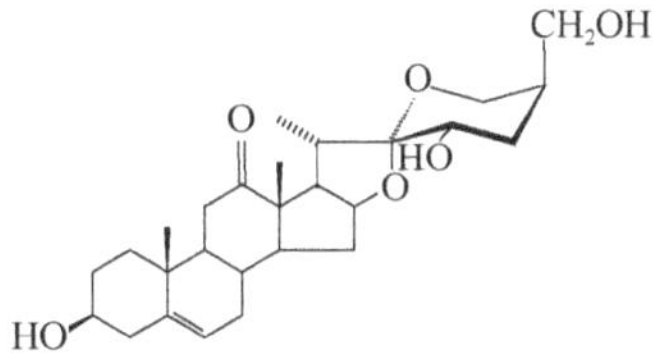

F:(25S)-螺甾烷-5-烯-3β,23α,27-三醇-12-酮

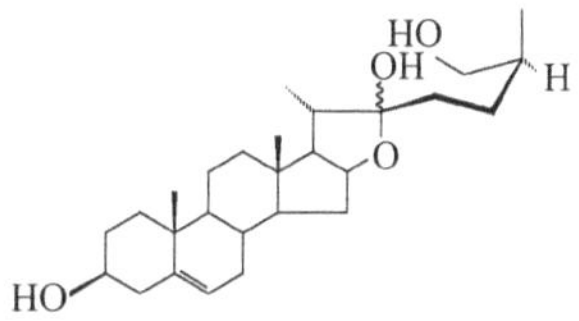

G:(25R)-呋甾烷-5-烯-3β,17α,22,26-四醇

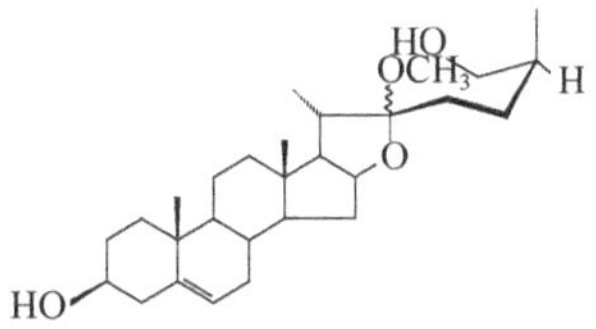

H:(25S)-22-甲氧基呋喃甾烷-5-烯-3β,26-二醇

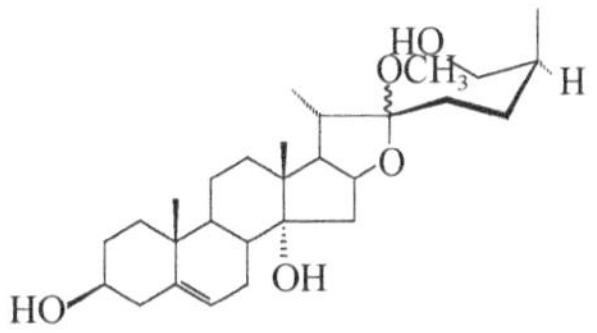

I:(25S)-22-甲氧基呋喃甾烷-5-烯-3β,14α,26-三醇

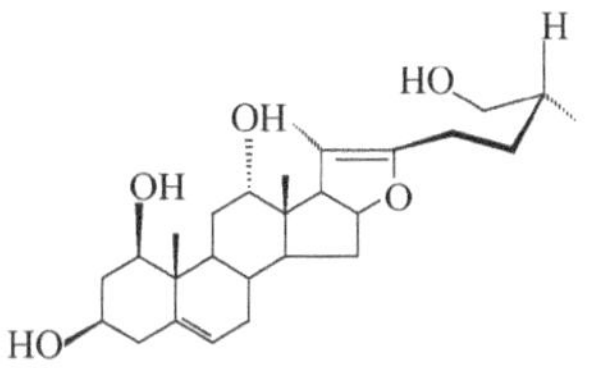

J:(25R)-呋甾烷-5,20(22)-二烯-1β,3β,12α,26-四醇

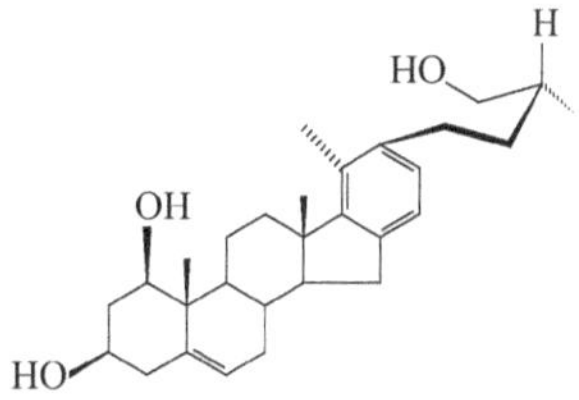

K:The steroidala glycon of huangjinoside R
黄精皂苷R的甾体皂苷元

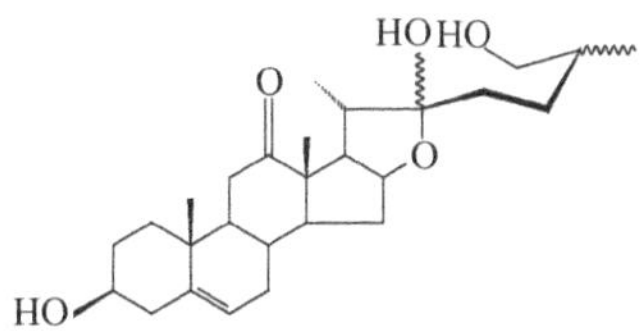

L:(25R/S)-3β,22,26-三羟基-呋甾烷-5-烯-12-酮

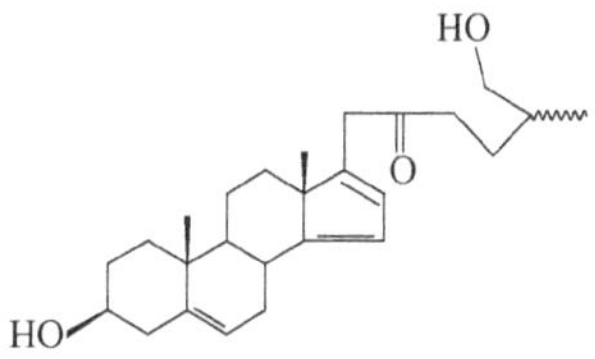

M:(25R/S)-3β,26-四羟基-胆甾醇-5,14,16-三烯-22-酮

图 6.1　黄精属植物中甾体皂苷的皂苷元类型

表 6.1　黄精属植物中的新甾体皂苷

序号	名称	糖苷配基	部分糖	物种	参考文献
		螺甾烷醇型苷			
1	polysceptroside	塞普屈姆苷元 sceptrumgenin	3-O-D-lycotetraosyl	P. orientale	陈翠等，2012；Yestlada and Peter, 1991
2	spiroakyroside	akyrogenin	3-O-D-Glc-(1→3)-[D-Glc-(1→2)]-D-Glc-(1→4)-D-Gal	P. orientale	陈翠等，2012；Yestlada and Peter, 1991
3	pratioside A	偏诺皂苷元 pennogenin	3-O-D-Glc-(1→2)-D-Glc-(1→4)-D-Gal	康定黄精 P. prattii	陈存武和周守标，2006；Li et al., 1993
4	pratioside C	异纳尔索皂苷元 isonarthogenin	3-O-D-Glc-(1→2)-D-Glc-(1→4)-D-Gal	康定黄精 P. prattii	陈存武和周守标，2006；Li et al., 1993

序号	名称	糖苷配基	部分糖	物种	参考文献
			螺甾烷醇型苷		
5	pratioside D₁	gentrogenin	3-O-D-Glc-(1→2)-D-Glc-(1→4)-D-Gal	康定黄精 *P. prattii*	陈存武和周守标，2006；Li et al., 1993
6	pratioside E₁	异查帕皂苷元 isochiapagenin	3-O-D-Glc-(1→2)-D-Glc-(1→4)-D-Gal	康定黄精 *P. prattii*	陈存武和周守标，2006；Li et al., 1993
7	pratioside F₁	次皂苷元 prosapogenin	3-O-D-Glc-(1→2)-D-Glc-(1→4)-D-Gal	康定黄精 *P. pratti*	陈存武和周守标，2006；Li et al., 1993
8	西伯利亚廖苷 B sibircoside B	sibiricogenin	3-O-D-Xyl-(1→3)-[D-Glc-(1→2)]-D-Glc-(1→4)-D-Gal	鸡头黄精 *P. sibiricum*	陈存武等，2006；Son and Do, 1990
9	PS-III	新巴拉次薯蓣皂苷元 A (25R/S) neoprazerigenin A (25R/S)	3-O-D-Xyl-(1→3)-[D-Glc-(1→2)]-D-Glc-(1→4)-D-Gal	鸡头黄精 *P. sibiricum*	陈存武等，2006；Son and Do, 1990
10	polygonatoside C₁	偏诺皂苷元 pennogenin	3-O-L-Rha-(1→2)-L-Ara-(1→4)-D-Glc	狭叶黄精 *P. stenophyllum*	陈芳软，2013；陈昊等，2015；Strigina et al., 1977；Strigina and Isakov, 1980
11	polygonatoside C₂	偏诺皂苷元 pennogenin	3-O-L-Rha-(1→2)-L-Rha-(1→4)-D-Glc	狭叶黄精 *P. stenophyllum*	陈芳软，2013；陈昊等，2015；Strigina et al., 1977；Strigina and Isakov, 1980
12	polygonatoside B₃	偏诺皂苷元 pennogenin	3-O-L-Rha-(1→2)-D-Glc	狭叶黄精 *P. stenophyllum*	陈吉飞，2002；Strijina, 1983
13	progenin II	偏诺皂苷元 pennogenin	3-O-L-Rha-(1→4)-D-Glc	狭叶黄精 *P. stenophyllum*	陈金水等，2003；Strigina and Isakov, 1980
14	polygonatoside E'	薯蓣皂苷元 disogenin	3-O-D-Glc-(1→3)-[D-Glc-(1→4)]-D-Gal-(1→3)-D-Glc	波叶黄精 *P. latifolium*	陈立娜等，2006b；Kintya and Stamova, 1978a
15	saponoside A	薯蓣皂苷元 disogenin	3-O-D-Glc-(1→4)-[D-Xyl-(1→2)]-D-Glc-(1→4)-D-Gal	长叶黄精 *P. multiflorum*	陈立娜等，2006b；Janeczko, 1980b
16	saponoside Dₓ	薯蓣皂苷元 disogenin	3-O-L-Rha-(1→2)-L-Rha-(1→4)-D-Glc	轮叶黄精 *P. verticillatum*	陈立娜等，2016b；Janeczko and Sibiga, 1982
17	odospiroside	薯蓣皂苷元 disogenin	3-O-D-Glc-(1→2)-[D-Glcl-(1→3)]-D-Glc-(1→4)-D-Gal	*P. officinale*	陈利军等，2006；Janeczko et al., 1987
18	kingianoside A	静特诺皂苷元 gentrogenin	3-O-D-Glc-(1→4)-D-Gal	滇黄精 *P. kingianum*	陈利军等，2006；Li and Yang,1992
19	kingianoside B	静特诺皂苷元 gentrogenin	3-O-D-Glc-(1→4)-D-Fuc	滇黄精 *P. kingianum*	陈婷婷等，2015；Li and Yang, 1992
20	polygonatoside A	polyogonatogenin	3-O-D-Glc-(1→4)-D-Fuc、27-O-D-Glc	湖北黄精 *P. zanlanscianense*	陈晔和孙晓生，2010；Jin et al., 2004
21	polygonatoside B	polyogonatogenin	3-O-D-Glc-(1→4)-D-Gal、27-O-D-Glc	湖北黄精 *P. zanlanscianense*	陈晔和孙晓生，2010；Jin et al., 2004
22	polygonatoside C	图 6.1 中的 F 图	3-O-D-Glc-(1→4)-D-Fuc	湖北黄精 *P. zanlanscianense*	Jin et al., 2004
23	polygonatoside D	异纳尔索皂苷元（25S） isonarthogenin (25S)	3-O-L-Rha-(1→4)-D-Glc、27-O-D-Glc	湖北黄精 *P. zanlanscianense*	Jin et al., 2004
24	POD II	新巴拉次薯蓣皂苷元 A (25S) neoprazerigenin A (25R)	3-O-D-Xyl-(1→3)-[D-Glc-(1→2)]-D-Glc-(1→4)-D-Gal	玉竹 *P. odoratum*	林厚文等，1994
25	黄精皂苷 A huangjinoside A	A	3-O-L-Ara	鸡头黄精 *P. sibiricum*	孙隆儒，1999
26	黄精皂苷 B huangjinoside B	A	3-O-D-Glc-(1→4)-D-Gal	鸡头黄精 *P. sibiricum*	孙隆儒，1999
27	黄精皂苷 C huangjinoside C	黄精皂苷元 hangjingenin	3-O-L-Ara	鸡头黄精 *P. sibiricum*	孙隆儒，1999

序号	名称	糖苷配基	部分糖	物种	参考文献
			螺甾烷醇型苷		
28	黄精皂苷 D huangjinoside D	黄精皂苷元 hangjingenin	3-O-D-Fuc	鸡头黄精 P. sibiricum	孙隆儒，1999
29	黄精皂苷 E huangjinoside E	黄精皂苷元 hangjingenin	3-O-D-Glc-(1→4)-D-Fuc	鸡头黄精 P. sibiricum	孙隆儒，1999
30	黄精皂苷 F huangjinoside F	黄精皂苷元 hangjingenin	3-O-D-Glc-(1→4)-D-Gal	鸡头黄精 P. sibiricum	孙隆儒，1999
31	黄精皂苷 G huangjinoside G	黄精皂苷元 hangjingenin	3-O-D-Glc-(1→2)-D-Glc-(1→4)-D-Fuc	鸡头黄精 P. sibiricum	孙隆儒，1999
32	黄精皂苷 H huangjinoside H	黄精皂苷元 hangjingenin	3-O-D-Glc-(1→2)-D-Glc-(1→4)-D-Gal	鸡头黄精 P. sibiricum	孙隆儒，1999
33	黄精皂苷 I huangjinoside I	B	3-O-D-Glc-(1→4)-L-Ara	鸡头黄精 P. sibiricum	孙隆儒，1999
34	黄精皂苷 J huangjinoside J	B	3-O-D-Glc-(1→4)-D-Fuc	鸡头黄精 P. sibiricum	孙隆儒，1999
35	黄精皂苷 K huangjinoside K	B	3-O-D-Glc-(1→4)-D-Gal	鸡头黄精 P. sibiricum	孙隆儒，1999
36	黄精皂苷 L huangjinoside L	C	3-O-D-Glc-(1→4)-D-Gal	鸡头黄精 P. sibiricum	孙隆儒，1999
37	黄精皂苷 M huangjinoside M	D	3-O-D-Glc-(1→4)-D-Fuc	鸡头黄精 P. sibiricum	孙隆儒，1999
38	黄精皂苷 N huangjinoside N	D	3-O-D-Glc-(1→4)-D-Fuc、24-O-D-Glc	鸡头黄精 P. sibiricum	孙隆儒，1999
39	黄精皂苷 O huangjinoside O	E	3-O-D-Glc-(1→4)-D-Fuc、24-O-D-Glc	鸡头黄精 P. sibiricum	孙隆儒，1999
40	静特诺皂苷元葡萄糖苷 gentrogenin glycoside	静特诺皂苷元 gentrogenin	3-O-D-Xyl-(1→3)-[D-Glc-(1→2)]-D-Glc-(1→4)-D-Gal	短筒黄精 P. aite-lobatum	Huang et al.，1997
			呋甾烷醇型苷		
41	pratioside B	G	3-O-D-Glc-(1→2)-D-Glc-(1→4)-D-Gal、26-O-D-Glc	康定黄精 P. prattii	Li et al.，1993
42	sibircoside A	H	3-O-D-Xyl-(1→3)-[D-Glc-(1→2)]-D-Glc-(1→4)-D-Gal、26-O-D-Glc	鸡头黄精 P. sibiricum	Son et al.，1990，
43	PS-Ⅱ	I	3-O-D-Xyl-(1→3)-[D-Glc-(1→2)]-D-Glc-(1→4)-D-Gal、26-O-D-Glc	鸡头黄精 P. sibiricum	Son et al.，1990
44	黄精皂苷 P huangjinoside P	J	3-O-D-Glc-(1→4)-D-Fuc、26-O-D-Glc	鸡头黄精 P. sibiricum	Qin,et al.，2003
45	黄精皂苷 R huangjinoside R	K	3-O-D-Glc-(1→4)-D-Ara、26-O-D-Glc	鸡头黄精 P. sibiricum	孙隆儒，1997
46	复合物 compound	L	26-O-D-Glc	玉竹 P. odoratum	Qin et al.，2003
			胆甾烷醇型苷		
47	黄精皂苷 Q huangjinoside Q	M	3-O-D-Xyl-(1→3)-[D-Glc-(1→2)]-D-Glc-(1→4)-D-Gal、26-O-D-Glc	鸡头黄精 P. sibiricum	孙隆儒，1997

此外，马百平等（2007）从滇黄精（*P. kingianum*）中还分离出一种三萜皂苷——拟人参皂苷 F11。徐德平等（2006）从黄精（*P. sibiricum*）中分离出 2 种乌苏酸型和 4 种齐墩果烷型三萜皂苷，分别为：2β，3β-二羟基-（28→1）葡萄糖基-（6→1）葡萄糖基-（4→1）鼠李糖基乌苏酸、2β，3β，6β-三羟基-（28→1）葡萄糖基-（6→1）葡萄糖基-（4→1）鼠李糖基乌苏酸、3β羟基-（3→1）葡萄糖基-（4→1）葡萄糖基-（4→1）葡萄糖基齐墩果烷、3β羟基-（3→1）葡萄糖基-（2→1）葡萄糖基齐墩果酸、3β，30β-二羟基-（3→1）

葡萄糖基-（2→1）葡萄糖基齐墩果烷、3β（OH）-（3→1）葡萄糖-（4→1）葡萄糖-（28→1）阿拉伯糖-（2→1）阿拉伯糖-齐墩果酸。

6.1.2 黄酮类化合物

日本的 Morita 等（1976）从黄精属植物玉竹（*P. odoratum*）的叶片中分离得到了牡荆素（**1**）、2'-*O*-槐糖苷牡荆素（**2**）、大波斯菊苷（**3**）和皂草黄苷（**4**），其中 2'-*O*-槐糖苷牡荆素为新的黄酮类化合物。Chopin 等（1977）从多花黄精（*P. multiflorum*）中分离到 2 种黄酮碳苷化合物：芹菜苷元-8-C-半乳糖苷（**5**）和芹菜苷元-6-C-半乳糖苷-8-C-阿拉伯糖苷（**6**）。Huang 等（1997）和孙隆儒等（2001）均从短筒黄精（*P. alte-lobatum*）和黄精中分离出一种新的高异黄烷酮化合物——4',5,7-三羟基-6,8-二甲基高异黄烷酮（**7**）。王易芬等（2003）从滇黄精中首次分离出 4 种黄酮类化合物，分别为甘草素（**8**）、异甘草素（**9**）、4',7-二羟基-3'-甲氧基异黄酮（**10**）和（6aR, 11aR）-3-羟基-9,10-二甲氧基紫檀烷（**11**）。张普照（2006）从陕西汉中产黄精中分离出一种异黄酮类鸢尾苷（**12**）。黄精属植物中部分黄酮类化合物的结构见图 6.2。

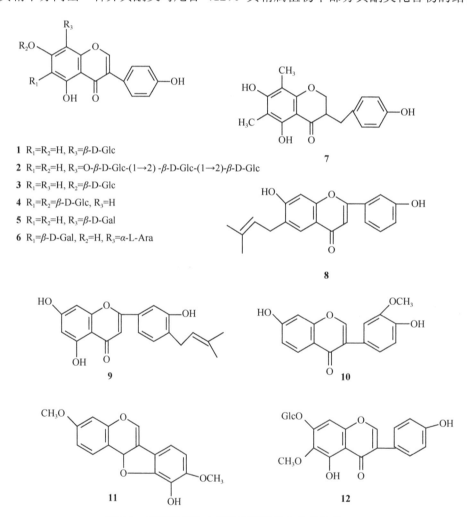

1 R₁=R₂=H, R₃=β-D-Glc

2 R₁=R₂=H, R₃=O-β-D-Glc-(1→2) -β-D-Glc-(1→2)-β-D-Glc

3 R₁=R₃=H, R₂=β-D-Glc

4 R₁=R₂=β-D-Glc, R₃=H

5 R₁=R₂=H, R₃=β-D-Gal

6 R₁=β-D-Gal, R₂=H, R₃=α-L-Ara

图 6.2 黄精属植物中部分黄酮类化合物的结构

6.1.3 生物碱

黄精属植物中所含生物碱种类较少，共报道了 3 种。Lin 等（1997）首先从短筒黄精（*P. alte-lobatum*）

中分离得到一种新生物碱 polygonapholine。Sun 等（2005）从黄精中分离得到两种新生物碱——黄精碱 A（polygonatine A）和黄精碱 B（polygonatine B）。黄精属植物中的生物碱结构见图 6.3。

polygonapholine

黄精碱 A

黄精碱 B

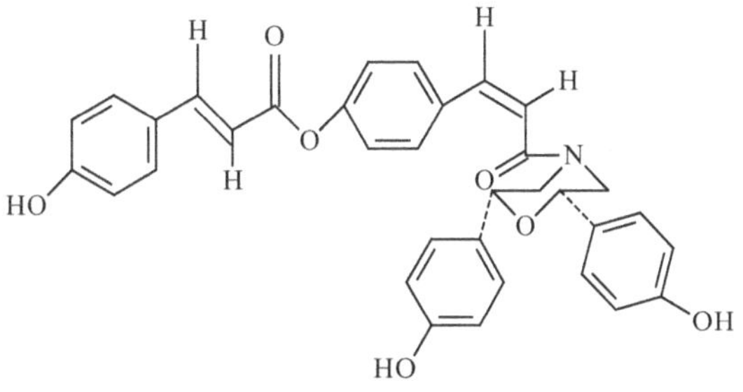

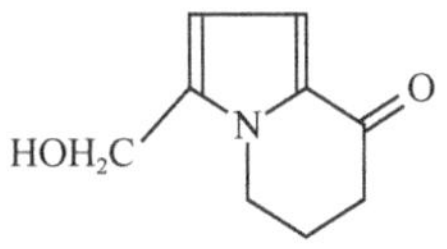

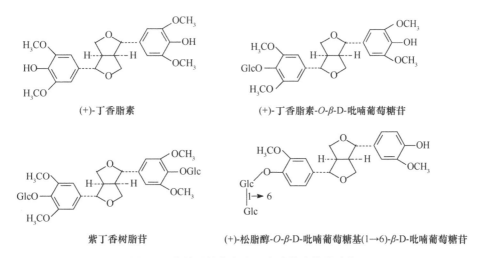

图 6.3　黄精属植物中生物碱的结构

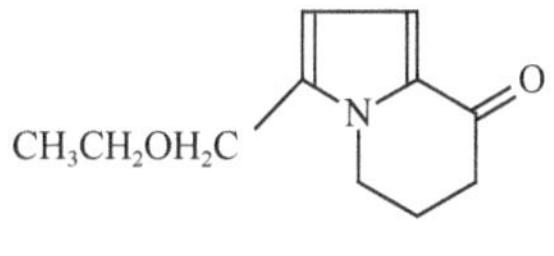

6.1.4　木脂素类化合物

木脂素（lignan）由苯丙素氧化聚合而成，通常指其二聚物，少数为三聚物和四聚物。孙隆儒和李铣（2001）首次从黄精中分离得到 4 种木脂素类成分：（+）-丁香树脂醇、（+）-丁香树脂醇-*O*-*β*-D-吡喃葡萄糖苷、鹅掌楸苦素、（+）-松脂醇-*O*-*β*-D-吡喃葡萄糖基（1→6）- *β*-D-吡喃葡萄糖苷。黄精属植物中的木脂素结构见图 6.4。

(+)-丁香脂素

(+)-丁香脂素-*O*-*β*-D-吡喃葡萄糖苷

紫丁香树脂苷

(+)-松脂醇-*O*-*β*-D-吡喃葡萄糖基(1→6)-*β*-D-吡喃葡萄糖苷

图 6.4　黄精属植物中木脂素类化合物的结构

6.1.5　蒽醌类化合物

黄精中含有多种醌类化合物（王裕生，1988；庞玉新等，2003），均未确定其结构。Huang 等（1997）从短筒黄精（*P. alte-lobatum*）中分离得到两种新的 1,4 苯醌同系物，一种是黄精醌 A（polygonaquinone A），另一种是黄精醌 B（polygonaquinone B）。黄精属植物中醌类化合物的结构见图 6.5。

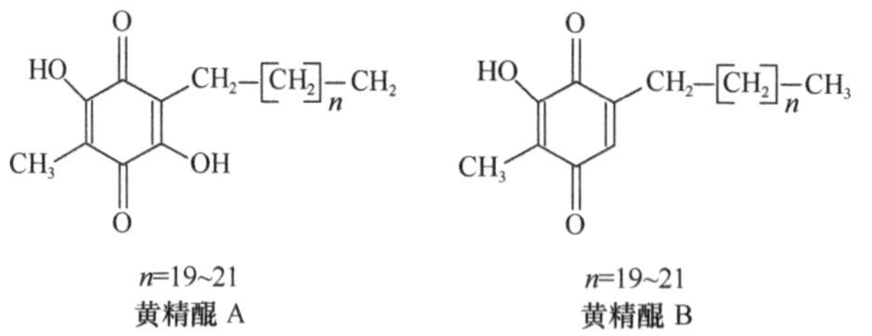

$n=19\sim21$　　　　　　　　$n=19\sim21$
黄精醌 A　　　　　　　　　黄精醌 B

图 6.5　黄精属植物中醌类化合物的结构

6.1.6　糖苷及黄精多糖

黄精多糖是黄精化学组成的重要部分，是黄精主要活性成分之一。孙隆儒和李铣（2001）首次从黄精中分离得到正丁基-β-D-吡喃果糖苷，王易芬等（2003）也从滇黄精中分离得到了正丁基-β-D-吡喃果糖苷，并得到了正丁基-β-D-呋喃果糖苷和正丁基-α-D-呋喃果糖苷。杨明河和于德泉（1980）分离得到了黄精低聚糖甲：相对分子质量为1630，由8分子果糖和1分子葡萄糖聚合而成；黄精低聚糖乙：相对分子质量为862，由4分子果糖和1分子葡萄糖聚合而成；黄精低聚糖丙：相对分子质量为474，由2分子果糖和1分子葡萄糖聚合而成。这3种黄精低聚糖均由果糖和葡萄糖组成，物质的量比分别为8:1、4:1和2:1。对黄精多糖的制备和含量测定已有一些报道，黄精中总多糖含量为11.74%（徐世忱等，1993）。由于生境差异，各地产黄精的多糖含量有波动，如宁夏六盘山黄精多糖含量高达21.34%，河北产黄精为13.52%（杨文远等，1997），南京产黄精为12.85%（王曙东等，1995）。表6.2列出了从该属植物中分离得到的多糖。

表6.2　黄精属植物中的多糖

化合物名称	结构特征	物种	参考文献
1.多糖 A、B 和 C Polysaccharides A,B and C	不同分子量的葡萄糖、甘露糖、半乳糖，比例为 6:26:1 Glc,Man,Gal,in a ratio of 6:26:1,with different molecular weights	鸡头黄精 *P. sibiricum*	杨明河和于德泉，1980
2.Seweran	以 15.4:1 的比例通过 β-1,4 连接的甘露糖和葡萄糖 Man and Glc moieties by β-1,4 linkage in a 15.4:1 ratio	*P. sewerzowii*	Rakhimov, 1978
3.半纤维素 A Hemicellulose A		新疆黄精 *P. roseum*	Arifkhodzhaev and Rakhimov, 1980
4.Seweran	通过 β-1,4 连接的 D-葡萄糖和 D-甘露糖 D-Glc and D-Man by β-1,4 linkage	*P. sewerzowii*	Rakhmanberdyeva, 1982a
5.多糖 B$_1$ Polysaccharide B$_1$	阿拉伯糖，木糖，甘露糖，半乳糖，微量鼠李糖和葡萄糖 Ara,Xyl,Man,Gal,traces of Rha and Glc	多花黄精 *P. polyanthemum*	Rakhmanberdyeva, 1982b
6.多糖 B$_2$ Polysaccharide B$_2$	以 1:10.2 的比例通过 β-1,4 连接的葡萄糖和甘露糖，微量 D-甘露糖 Glc and Man by β-1,4 linkage in a 1:10.2 ratio, trace D-Man	多花黄精 *P. polyanthemum*	Rakhmanberdyeva, 1982b
7.多糖 B$_3$ Polysaccharide B$_3$	以 1:6.6 的比例连接的葡萄糖和甘露糖 Glc and Man linkage in a 1:6.6 ratio	多花黄精 *P. polyanthemum*	Rakhmanberdyeva, 1982b
8.Psewerin	葡萄糖果聚糖，由 2→1 和 2→6 连接的果糖组成的线性结构 Glucofructan, linear structure of 2→1 and 2→6 linked Fru	*P. sewerzowii*	Rakhmanberdyeva and Rakhimov, 1986
9.多糖 I Polysaccharide I	葡萄糖果聚糖，葡萄糖 1→2 果糖-[→2 果糖-]$_n$→[2 果糖 6-]$_m$→2 果糖 6；$n+m=13.7$ Glucofructan,Glc1→2Fru-[→2Fru-]$_n$→[2Fru 6-]$_m$→2Fru 6; $n+m=13.7$	新疆黄精 *P. roseum*	Rakhmanberdyeva and Rakhimov, 1986
10.多糖 II Polysaccharide II	乙酰化葡甘露糖，通过 β-1,4 连接的 β-D-葡萄糖和甘露糖 acetylated glucomannan, β-D-Glc and Man by β-1,4 linkage	新疆黄精 *P. roseum*	Rakhmanberdyeva and Rakhimov, 1986
11.多糖III Polysaccharide III	乙酰化葡甘露糖，线性链，1,4-连接的 D-甘露糖:D-葡萄糖:乙酰基=8:1:3.5，两种单糖的 C-6 或甘露糖的 C-2 上都有乙酰基 Acetylated glucomannan, linear chain,l,4- linked D-Man:D-Glc:acetyl groups= 8:1:3.5, Acetyl groups at C-6 of both monosaccharides or C-2 of Man	*P. glaberrimum*	Barbakadze et al., 1993
12.多糖IV Polysaccharide IV	果糖 fructosans	鸡头黄精 *P. sibiricum*	陈存武和周守标，2006

6.1.7　氨基酸和矿质元素

黄精含有多种氨基酸，主要有天冬氨酸、苏氨酸、丝氨酸、谷氨酸、酪氨酸、甘氨酸、丙氨酸、组氨酸、精氨酸等 16 种氨基酸，其中色氨酸、甲硫氨酸、苯丙氨酸、异亮氨酸、亮氨酸、赖氨酸为人体必需氨基酸，而谷氨酸含量特别高，提示黄精具有安神健脑作用（王曙东等，1995）。黄精氨基酸总量为 1626.67μg/g，游离氨基酸总量为 256.67μg/g，游离氨基酸中苏氨酸和丙氨酸较为丰富，多花黄精中含有天冬氨酸、高丝氨酸和二氨基丁酸（王曙东等，2001）。

黄精中含有多种矿质元素，王曙东等（2001）报道，多花黄精的根茎中含有 Fe、Ba、Cu、Mn、Bi、Al、Ge、Zn、Sr、As、Hg、Pb、Cd 等 13 种矿质元素，其中 Mn、Sr、Ge 的含量较高，与黄精抗衰老作用有关，P 的含量较高与黄精根茎安神健脑的作用有关，而 Zn、Cu 的含量及比例则与黄精健脾胃、治疗虚证有关。蔡友林和樊亚鸣（1991）对黄精根茎中微量元素的测定结果表明，黄精至少含有人体必需的 8 种微量元素。

6.1.8　其他成分

对黄精属植物中的蛋白质和凝集素也有较多研究。例如，郑硕和李格娥（1993）将玉竹中的蛋白质分离纯化，得到4种玉竹素。黎勇等（1996）对玉竹的挥发油进行了鉴定，共检出40种成分，确定了32种化合物，检出率88.84%，其主要成分为不饱和烯烃（成分为不饱和烯烃的化合物占已检出的32种化合物37.05%），确定的化合物还含有一些醇、醛、酸、酯及烷烃。秦海林等（2004）从玉竹中首次分离出一种二肽类成分。鲍锦库等（1996）从多花黄精中分离出黄精凝集素Ⅱ（PCLⅡ）。孙隆儒和王素贤（1997）还从黄精根茎中分离得到了5-羟甲基糠醛、琥珀酸及高级脂肪酸混合物。孙隆儒和李铣（2001）从黄精中分离得到了混合物Ⅶ，其为几种黄精神经鞘苷混合物。Wang 等（2003）从滇黄精中分离出了两种吲哚嗪酮类（indolizinone）化合物和一种异短尖剑豆酚（isomucronulatol）化合物。部分化合物结构见图6.6。

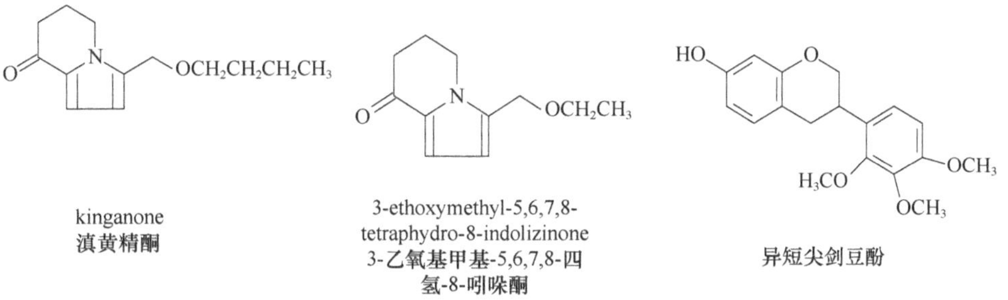

kinganone
滇黄精酮

3-ethoxymethyl-5,6,7,8-tetraphydro-8-indolizinone
3-乙氧基甲基-5,6,7,8-四氢-8-吲哚酮

异短尖剑豆酚

图 6.6　黄精属植物中的其他化合物结构

6.2　高异黄烷酮化合物研究进展

高异黄烷酮化合物普遍存在于百合科植物中，具有很强的抗菌、抗病毒和抑制微生物孢子形成的活性（Sup et al.，2004；Bangani et al.，1999）。而碳甲基化的高异黄烷酮骨架结构非常罕见，仅在百合科的几种植物中发现过，截至目前已鉴定出 24 种高异黄烷酮化合物（图 6.7）。Huang 等（1997）与孙隆儒和李铣（2001）分别从百合科黄精属植物短筒黄精 *P. alte- lobatum* 和黄精中分离出一种新的高异黄烷酮化合物—— 4′,5,7-三羟基-6,8-二甲基高异黄烷酮（**1**）。Bangani 等（1999）从百合科绵枣儿属植物 *Scilla nervosa* 中分离出 3 种新的碳甲基化高异黄烷酮和一种已知的碳甲基化高异黄烷酮，分别为 4′,5,7-三甲氧基高异黄

烷酮（**2**）、3′,5 –二羟基-4′,7-二甲氧基高异黄烷酮（**3**）、4′-羟基-5,7-二甲氧基高异黄烷酮（**4**）和 5-羟基-4′,7-二甲氧基高异黄烷酮（**5**）。Crouch 等（1999）从南非绵枣儿属 3 种植物中分离得到一种新的高异黄烷酮和 2 种已知的碳甲基化高异黄烷酮，分别为 5,7-二羟基-3′,6-二甲氧基高异黄烷酮（**6**）、4′,5,7-三羟基-6-甲氧基高异黄烷酮（**7**）和 3′,5,7-三羟基-4′-甲氧基高异黄烷酮（**8**）。Camarda 等（1983）从百合科龙血树属植物龙血树（*Dracaena draco*），Nguyen 等（2006）从百合科竹根七属散斑竹根七（*Disporopsis aspera*）中发现了 3 种碳甲基化高异黄烷酮，分别为化合物 1、化合物 7 和 6-甲基-4′,5,7-三羟基-8-甲氧基高异黄烷酮（**9**）。Tada 等（1980a，1980b）先从百合科沿阶草属植物麦冬（*Ophiopogon japonicus*）中分离出了一种新的高异黄烷酮，为 6-甲基-5-羟基-4′,7-二甲氧基高异黄烷酮（**10**）；接着又从 *Ophiopogonis tuber* 中分离出了 2 种高异黄烷酮，分别为 6-甲基-4′,5,7-三甲氧基高异黄烷酮（**11**）和 8-甲基-5-羟基-4′,7-二甲氧基高异黄烷酮（**12**）。Alfonse 等（1999）从百合科绵枣儿属植物 *Scilla nervosa* 中分离出 13 种碳甲基化高异黄烷酮，其中有 9 种新的碳甲基化高异黄烷酮，分别为 4′,5,7-三甲氧基高异黄烷酮（**13**）、4′,5-二羟基-3′,7-二甲氧基高异黄烷酮（**14**）、5,7-二羟基-4′,6-二甲氧基高异黄烷酮（**15**）、4′,5-二羟基-7-甲氧基高异黄烷酮（**16**）、4′,5-二羟基-3′,6,7-三甲氧基高异黄烷酮（**17**）、5,7-二羟基-3′,4′-二甲氧基高异黄烷酮（**18**）、6-羟基-4′,5,7-三甲氧基高异黄烷酮（**19**）、4′-羟基-5,6,7-三甲氧基高异黄烷酮（**20**）、8-羟基-4′,5,7-三甲氧基高异黄烷酮（**21**）。程志红等（2005）从中药麦冬（*Ophiopogon japonicus*）中还分离出了 2 种高异黄烷酮，分别为甲基麦冬黄烷酮 A 和甲基麦冬黄烷酮 B。Tang 等（2002）从百合科虎眼万年青（*Ornithogalum caudatum*）中得到了 3 种新的高异黄烷酮，分别为（-）-7-*O*-甲基丙醇-5-*O*-β-D-吡喃葡萄糖苷（**22**）、（-）-7-*O*-甲基丙醇-5-*O*-β-D-芸香苷（**23**）和（-）-7-*O*-甲基丙醇-5-*O*-β-D-新橙皮苷（**24**）。对上述碳甲基化的高异黄烷酮化合物的药理活性研究不多，Nguyen 等（2006）对从竹根七属散斑竹根七中分离得到的 3 种碳甲基化高异黄烷酮进行了细胞毒性研究，发现这些碳甲基化的高异黄烷酮具有很强的抗癌活性，且随着 C-6 或 C-8 位甲基化或烷基化导致的化合物极性的降低而活性增强。

序号	R₁	R₂	R₃	R₄	R₅	R₆
1	CH₃	OH	CH₃	OH	OH	H
2	H	OCH₃	H	OCH₃	OCH₃	H
3	H	OCH₃	H	OH	OCH₃	OH
4	H	OCH₃	H	OCH₃	OH	H
5	H	OCH₃	H	OH	OCH₃	H
6	H	OH	OCH₃	OH	H	OCH₃
7	H	OH	OCH₃	OH	OH	H
8	H	OH	H	OH	OCH₃	OH
9	OCH₃	OH	CH₃	OH	OH	H
10	H	OCH₃	CH₃	OH	OCH₃	H
11	H	OCH₃	CH₃	OCH₃	OCH₃	H
12	CH₃	OCH₃	H	OH	OCH₃	H
13	H	OCH₃	H	OCH₃	OCH₃	H
14	H	OCH₃	H	OH	OH	OCH₃

序号	R_1	R_2	R_3	R_4	R_5	R_6
15	H	OH	OCH_3	OH	OCH_3	H
16	H	OCH_3	H	OH	OH	H
17	H	OCH_3	OCH_3	OH	OH	OCH_3
18	H	OH	H	OH	OCH_3	OCH_3
19	H	OCH_3	OH	OCH_3	OCH_3	H
20	H	OCH_3	OCH_3	OCH_3	OH	H
21	OH	OCH_3	H	OCH_3	OCH_3	H

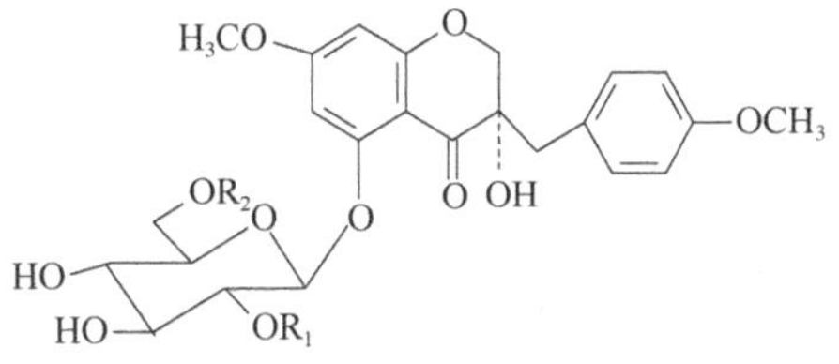

22 $R_1=R_2=H$
23 $R_1=H, R_2=\alpha\text{-L-Rha}$
24 $R_1=\alpha\text{-L-Rha}, R_2=H$

图 6.7 高异黄烷酮化合物结构

6.3 黄精化学指纹图谱研究

随着社会的发展，中药以其天然无副作用等优点而被越来越多的人接受，但土壤、气候、运输、储存和加工工艺等方面的各种因素都会影响到中药材及其制剂中有效成分的含量，进而影响到中药的质量。另外，同属植物的混用状况也有待规范化。所以中药及其制剂的质量标准和质量控制的研究显得愈发重要。

目前，我国中药材的质量标准体系还多数依赖于表观性状观察、显微观察、理化性质分析等手段进行质量评价，而现在较为先进的色谱技术（气相色谱和液相色谱）应用较少，基于现代分析仪器技术的中药化学指纹图谱及其在中药质量控制中的作用研究还处于起步阶段。

中药指纹图谱因其整体、宏观和模糊分析的特点，能准确地反映出中药及其制剂真实的质量情况，故近些年被广泛应用到中药品种鉴定和质量评价的研究中，并将中药质量标准研究推向崭新的阶段。中药指纹图谱的定义分为广义和狭义两种，广义上是指具有相关指纹特性的中药的所有化学特征和生物学特征的图谱，同时可对其进行表征并加以描述；而狭义的概念则是某种或者某个产地的中药及其制剂等经过适当的前处理后，运用一定的研究分析手段，得到的可以标示中药及其制剂特征成分的共有峰图谱。按照测定方法可以分为薄层色谱法（TLC）指纹图谱、微乳薄层色谱法（ME-TLC）指纹图谱、气相色谱法（GC）指纹图谱、高效液相色谱法（HPLC）指纹图谱、紫外光谱法（UV）指纹图谱、核磁共振（NMR）指纹图谱、X 射线衍射（XRD）指纹图谱、红外光谱法（IR）指纹图谱、高速逆流色谱法（HSCCC）指纹图谱、高效毛细管电泳（HPCE）指纹图谱、DNA 指纹图谱等，近年来两种或多种方法联用进行指纹图谱的研究也逐渐被广泛应用，但 HPLC 和 GC 较为常用。

6.3.1 黄精 HPLC 指纹图谱方法学研究

中药指纹图谱的研究方法有很多种，其中 HPLC 因灵敏度较高、稳定性强、选择性好、分离性能好、分析速度快、适用范围广、样品用量少、安全、可搭配多种检测器进行测定，同时设备普及度高等优点而被广泛应用。应用 HPLC 建立黄精 70%乙醇提取物的指纹图谱，首先依照《中药注射剂色谱指纹图谱实验研究技术指南（暂行）》对黄精供试品溶液的进样精密度实验、方法重现性实验和稳定性实验进行方法学考察，检验仪器设备、提取方法和色谱条件等是否合适，结果证明陕西杨凌黄精 HPLC 指纹图谱可作为标准图谱。

（1）精密度实验

进样精密度主要考察供试品溶液进样和仪器的精密度。取同一黄精药材（陕西杨凌）供试样品溶液，先后连续进样 5 次。结果表明（表 6.3）：黄精各主要峰的相对保留时间（Rt）和相对保留峰面积（Ra）都比较一致。对黄精 HPLC 指纹图谱的各共有峰的相对保留时间与相对保留峰面积进行计算，相对标准偏差（RSD）均在 3%[参照《中药注射剂色谱指纹图谱实验研究技术指南（试行）》中的标准]以下，符合其中相应的规定，表明仪器与进样的精密度良好，并且对实验结果的影响也较小。

表 6.3　黄精方法学实验中各主要峰的相对保留时间和相对保留峰面积

峰号	精密度		方法重现性		稳定性	
	Rt/%	Ra/%	Rt/%	Ra/%	RSD（t）/%	RSD（a）/%
1	0.142	0.795	0.172	0.627	0.185	0.533
2	0.106	0.506	0.095	1.537	0.306	1.679
6	0.088	0.367	0.028	0.543	0.104	0.758
7	0.075	0.211	0.296	0.288	0.077	0.163
10	0.037	0.400	0.087	1.321	0.045	0.238
11	0.081	0.105	0.222	0.966	0.078	1.074
13	0.053	0.765	0.067	0.546	0.051	0.514
14	0.000	0.000	0.000	0.000	0.000	0.000
15	0.084	0.495	0.104	0.477	0.044	0.366
16	0.054	1.536	0.052	0.618	0.042	0.102

（2）方法重现性实验

方法重现性主要考察实验方法的重现性。取同一产地黄精药材（陕西杨凌）样品溶液 5 份，分别进行检测，计算其中 16 个共有峰相对于内参照峰（14）的相对保留时间和相对保留峰面积。结果显示（表 6.3）：各共有峰的相对保留时间和相对保留峰面积的 RSD 均在 3%以下，符合《中药注射剂色谱指纹图谱实验研究技术指南（暂行）》中的规定。同一样品每次提取的结果比较一致，说明该提取方法重复性较好。

（3）稳定性实验

稳定性实验主要考察供试品溶液的稳定性，取同一黄精药材（陕西杨凌）供试样品溶液，分别于 0h、2h、4h、8h、12h、24h 依次进样测定，计算其中 16 个共有峰相对于内参照峰（14）的相对保留时间和相对保留峰面积，结果显示（表 6.3）：各共有峰的相对保留时间和相对保留峰面积的 RSD 均小于 3%，符合《中药注射剂色谱指纹图谱实验研究技术指南（暂行）》中的规定，说明供试品溶液 24h 内较稳定，成分及其含量不会发生较大变化。

6.3.2　陕西杨凌黄精 HPLC 指纹图谱

对其他地区黄精的指纹图谱研究表明，同一产地黄精指纹图谱较为相似，而不同产地的黄精药材有效成分均一致，但其含量不同，指纹图谱略有不同。因此，建立陕西杨凌黄精的标准指纹图谱，指纹图谱相似性好的相应品系药材可以归为同一类。本节比较不同产地的黄精指纹图谱，对不同等级和质量的黄精进行评价，并对不同来源黄精及其真伪准确鉴别。

陕西杨凌黄精为《中国药典》规定的黄精 *Polygonatum sibiricum* Red.，针对8个不同时期采挖于陕西杨凌西北农林科技大学生命科学学院药用植物园的黄精，建立了70%乙醇提取成分标准指纹图谱，为药源基地黄精药材的质量控制提供了可靠的方法。同时，对陕西杨凌8批黄精的 HPLC 指纹图谱各个共有峰的相对保留峰面积进行了相似性评价，相关系数和夹角余弦值均大于0.99，符合《中药注射剂色谱指纹图谱实验研究技术指南（暂行）》中的规定。所以，用该法建立的8批不同时间采挖于陕西杨凌的黄精的 HPLC 指纹图谱比较准确、全面。

6.3.2.1　陕西杨凌黄精有效成分的 HPLC 指纹图谱

1. 参照峰的选择

参照峰的选择直接影响到标准指纹图谱参数和相似性评价的可靠性，其选择的原则为：主要有效成分之一，每批样品中都含有这种成分。相对保留时间和相对保留峰面积较为稳定，相对保留时间的相对标准偏差≤1%，相对保留峰面积的相对标准偏差≤30%。单峰面积占总峰面积的 10%以上，若没有 10%以上的单峰，则选较大的峰。例如，下文中的 14 号峰符合以上原则，因此可作为黄精有效成分的参照峰。

2. 共有峰的确定

选用同一时间采挖于陕西杨凌的黄精 *Polygonatum sibiricum* Red.样品，对 8 批不同采挖时间的黄精进行了 HPLC 指纹图谱的测定，比较 8 批样品的色谱图（图 6.8），按照保留时间及各峰光谱图的一致性，确定了 16 个共有峰，各峰光谱图见图 6.9～图 6.11。经标准品确认 15 号峰为薯蓣皂苷元。以 14 号峰为参照峰，运用共有模式生成法中的平均矢量算法确定了陕西产黄精 HPLC 指纹图谱的相对保留时间分别为 0.416、0.443、0.465、0.500、0.584、0.678、0.705、0.838、0.869、0.873、0.953、0.961、0.966、1.000、1.076、1.083。计算其他各指纹峰的相对保留时间和相对保留峰面积的相对标准偏差（RSD），结果均小于 3%，符合要求，说明这 8 批陕西杨凌产黄精样品无异常样本。而且这 8 批黄精样品各共有峰的光谱图基本一致，说明 16 个共有峰确认结果较为可靠，可用于建立陕西杨凌黄精药材有效成分的标准指纹图谱。

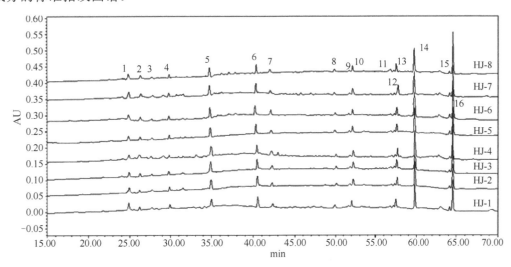

图 6.8　8 批陕西杨凌黄精 HPLC 指纹图谱比较

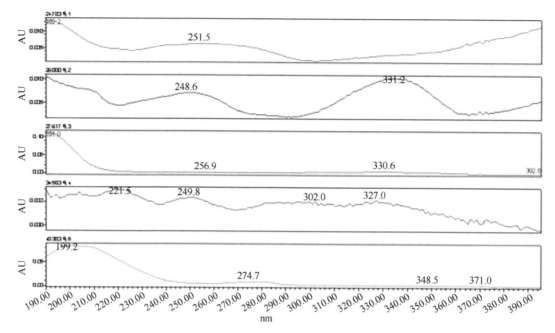

图 6.9　陕西杨凌产黄精 HPLC 指纹图谱波长（190～400nm）扫描图（前 5 个主要共有峰）

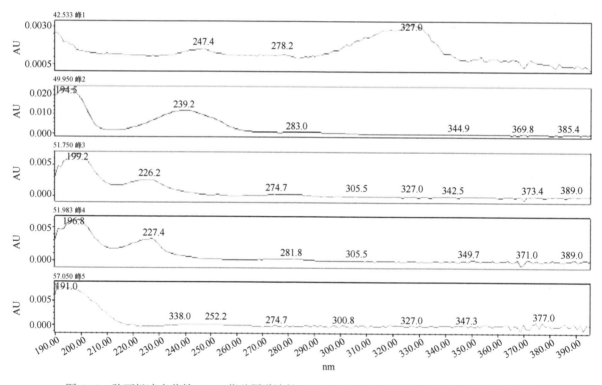

图 6.10　陕西杨凌产黄精 HPLC 指纹图谱波长（190～400nm）扫描图（中间 5 个主要共有峰）

3. 相似性评价

以共有模式生成法中的平均矢量算法生成标准指纹图谱，运用相关系数和夹角余弦值两种计算方法对这 8 批样品色谱图的 16 个共有峰的相对保留面积进行相似性评价，结果表明，陕西杨凌 8 批黄精药材标准指纹图谱各批次间的相关系数与夹角余弦值均在 0.99 以上（表 6.4），符合《中药注射剂色谱指纹图谱实验研究技术指南（暂行）》中的规定，表明这 8 批陕西杨凌黄精药材各批次间的一致性较好，没有异常样本，说明利用共有模式生成法中的平均矢量算法建立的黄精 HPLC 指纹图谱比较合适，可以比较真实地反映陕西杨凌黄精的质量。

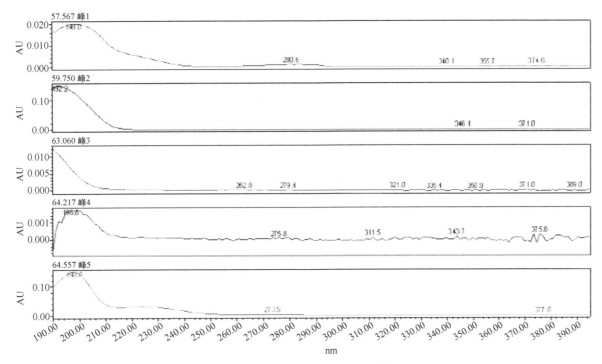

图 6.11 陕西杨凌产黄精 HPLC 指纹图谱波长（190～400nm）扫描图（后 5 个主要共有峰）

表 6.4 8 批陕西杨凌黄精的相似性评价结果

批次		HJ-2	HJ-3	HJ-4	HJ-5	HJ-6	HJ-7	HJ-8
HJ-1	夹角余弦值	0.996	0.993	0.996	0.997	0.998	0.999	0.993
	相关系数	0.996	0.994	0.996	0.998	0.999	0.998	0.995
HJ-2	夹角余弦值		0.997	0.996	0.995	0.995	0.996	0.995
	相关系数		0.997	0.995	0.993	0.992	0.995	0.995
HJ-3	夹角余弦值			0.997	0.995	0.994	0.994	0.998
	相关系数			0.996	0.993	0.994	0.994	0.997
HJ-4	夹角余弦值				0.996	0.997	0.997	0.997
	相关系数				0.995	0.997	0.997	0.996
HJ-5	夹角余弦值					0.992	0.998	0.996
	相关系数					0.996	0.998	0.994
HJ-6	夹角余弦值						0.992	0.991
	相关系数						0.998	0.991
HJ-7	夹角余弦值							0.994
	相关系数							0.995

6.3.2.2 不同地区黄精的 HPLC 指纹图谱比较及品质评价

黄精主要成分有甾体皂苷和多糖类，另外还含有蒽醌类、生物碱、强心苷等化合物。其中甾体皂苷类化合物可能是其降血糖、降血脂、增强免疫力、抗肿瘤和改善学习记忆等作用的活性成分。然而这些活性成分，受产地、气候等多方面因素的影响，所以同一品种不同产地、同一产地不同品种间黄精质量都会有差异。收集 8 个不同地区的黄精样品（表 6.5），建立 8 个不同地区采挖的黄精 HPLC 指纹图谱，比较 8 个不同产地黄精的质量，找出黄精相对最适合生长的区域。

表 6.5　黄精样品来源

样品号	产地	采集日期
1	陕西汉中略阳黄精基地	2009 年 10 月
2	陕西杨凌药用植物园	2009 年 10 月
3	湖南长沙	2009 年 11 月
4	云南普洱	2009 年 10 月中旬
5	贵州遵义	2009 年 10 月下旬
6	河北安国	2009 年 11 月
7	四川成都	2010 年 3 月
8	河南新乡	2010 年 3 月

1. 有效成分的相似性与差异

在 8 个不同产地黄精的 HPLC 指纹图谱中，16 个共有峰均可以检测到，但是不同产地黄精间各种成分含量有差异（图 6.12）。汉中黄精药材 1 号和 2 号峰峰面积高于其他产地，成都和长沙 5 号峰峰面积高于其他产地，汉中、杨凌和新乡的 6 号峰峰面积高于其他产地，每个产地 14 号和 16 号峰峰面积都很大，二者峰面积之和占到了 16 个共有峰峰面积总和的 46%。成分含量差异可能是由于地理环境对黄精药材质量的影响。另外，人工种植过程中很多因素也会影响药材的质量。

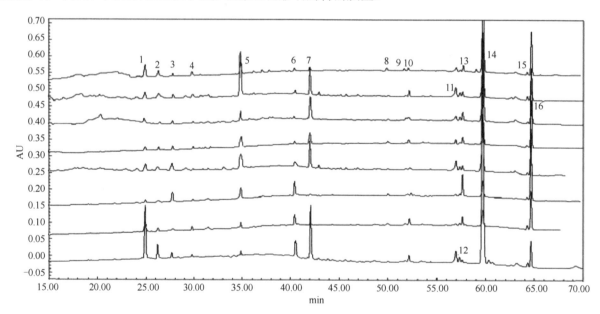

图 6.12　不同产地黄精 HPLC 指纹图谱的比较

谱图中从上到下产地依次为：云南普洱、湖南长沙、河北安国、贵州遵义、四川成都、河南新乡、陕西杨凌、陕西汉中

2. 相似性评价

以 16 个共有峰的峰面积为基本参数，以相关系数和夹角余弦值为相似性测度指标，对 8 个产地黄精的相似性进行评价，结果表明，四川和河南产黄精间相关系数和夹角余弦值均在 0.9 以下，四川和贵州、贵州和湖南产黄精的相似系数在 0.9 以下，夹角余弦值在 0.9 以上，其他各地黄精间相似性均在 0.9 以上，说明其余各产地间黄精的相似性良好，其 70%乙醇提取物中各成分的相对含量较为接近（表 6.6）。

表 6.6　不同产地黄精 HPLC 指纹图谱相似性评价

产　地		陕西汉中	云南普洱	湖南长沙	贵州遵义	河北安国	河南新乡	四川成都
陕西杨凌	夹角余弦值	0.947	0.974	0.932	0.997	0.976	0.941	0.935
	相关系数	0.930	0.967	0.909	0.996	0.968	0.937	0.919
陕西汉中	夹角余弦值		0.956	0.943	0.938	0.953	0.953	0.950
	相关系数		0.943	0.924	0.920	0.952	0.952	0.941
云南普洱	夹角余弦值			0.974	0.973	0.967	0.970	0.946
	相关系数			0.969	0.965	0.957	0.969	0.942
湖南长沙	夹角余弦值				0.923	0.958	0.929	0.972
	相关系数				0.899	0.945	0.930	0.964
贵州遵义	夹角余弦值					0.967	0.942	0.918
	相关系数					0.957	0.937	0.899
河北安国	夹角余弦值						0.939	0.969
	相关系数						0.934	0.969
河南新乡	夹角余弦值							0.876
	相关系数							0.880

6.3.3　不同产地黄精指标成分含量分析

按照《中国药典》（2015 年版）中黄精项下的各个规定对黄精的薯蓣皂苷元、多糖、灰分、浸出物、水分含量进行了测定。

6.3.3.1　薯蓣皂苷元的含量分析

运用 HPLC 法和梯度洗脱的方式测定 8 个不同产地黄精中薯蓣皂苷元的含量，结果表明，河北安国薯蓣皂苷元含量最高（表 6.7），说明这个地区的黄精皂苷含量相对较高，陕西汉中和陕西杨凌黄精中薯蓣皂苷元的含量也相对较高，说明即使以皂苷含量作为黄精质量评价标准，两地的黄精质量也相对较好。

表 6.7　不同产地黄精薯蓣皂苷元含量比较

产地	薯蓣皂苷元含量/%
云南普洱	0.0098
陕西汉中	0.0337
陕西杨凌	0.0261
湖南长沙	0.0235
河北安国	0.0373
四川成都	0.0142
河南新乡	0.0089
贵州遵义	0.0245

薯蓣皂苷元含量分析结果表明，河北安国产黄精中未水解的薯蓣皂苷元含量最高，陕西汉中、陕西杨凌和贵州遵义产其次，河南新乡产黄精中薯蓣皂苷元含量最少。分析总峰面积，结果表明，河北安国

产黄精总峰面积最大，陕西汉中、陕西杨凌和贵州遵义产黄精其次，河南新乡产黄精总峰面积最小，造成这些差异的原因可能是不同黄精产地气候和所采样品等级不同。薯蓣皂苷元是皂苷的前体，皂苷是黄精重要的药理成分，所以，测定薯蓣皂苷元含量能够说明黄精的品质问题。

6.3.3.2 多糖的含量分析

以吸光度为纵坐标，多糖浓度为横坐标绘制标准曲线，得回归方程 $Y=30.368X+0.0813$，$R^2=0.991$，在多糖浓度 0.0033～0.0198mg/mL 内二者呈良好的线性关系。从表 6.8 可以看出，云南普洱产黄精的多糖含量为 10.248%，含量最低，陕西汉中产黄精的多糖含量为 19.405%，含量最高，可能是由于当地气候湿润，适合黄精生长和次生代谢物积累，此外，科学的人工管理也积极地影响了黄精的多糖含量。

表 6.8　不同产地黄精多糖含量比较

产地	多糖含量/%
云南普洱	10.248
陕西汉中	19.405
陕西杨凌	14.331
湖南长沙	13.076
河北安国	15.526
四川成都	12.856
河南新乡	11.479
贵州遵义	13.066

6.3.3.3 灰分的含量分析

表 6.9 显示 8 个不同产地黄精总灰分均低于 4%，符合《中国药典》（2015 年版）要求。总灰分含量为：河南新乡>四川成都>云南普洱>湖南长沙>河北安国>陕西杨凌>陕西汉中>贵州遵义。其中，河南新乡产黄精总灰分含量最高，达到 3.492%；贵州遵义产黄精的总灰分含量最低，仅为 2.703%；陕西汉中产黄精总灰分含量也相对较低。这些差异可能与其产地、运输、清理根茎上泥土、晾制方法和周围环境有关，灰分含量直接影响到药材的质量。除了河北安国和贵州遵义产黄精中未检出酸不溶性灰分，其余产地酸不溶性灰分含量均低于 1%，具体结果为：河南新乡>云南普洱>湖南长沙=四川成都>陕西杨凌>陕西汉中，符合《中国药典》（2015 年版）规定的标准，河南新乡酸不溶性灰分含量为 0.873%，含量最高，陕西汉中酸不溶性灰分含量为 0.746%，含量最低。

表 6.9　不同产地黄精灰分含量比较

产地	总灰分含量/%	酸不溶性灰分含量/%
云南普洱	3.342	0.860
陕西汉中	2.761	0.746
陕西杨凌	2.857	0.778
湖南长沙	3.037	0.840
河北安国	2.864	—
四川成都	3.387	0.840
河南新乡	3.492	0.873
贵州遵义	2.703	—

6.3.3.4　浸出物的含量分析

河北安国产黄精浸出物含量为 61.527%，相对最高，河南新乡产黄精浸出物含量为 48.979%，相对最低（表 6.10）。具体顺序为：河北安国>陕西汉中>陕西杨凌>湖南长沙>贵州遵义>四川成都>云南普洱>河南新乡。各产地黄精浸出物含量均高于《中国药典》（2015 年版）规定，符合标准，即总有机物含量合格。因为黄精中已知的药理成分大多数是有机成分，所以总有机物含量合格可以代表总活性成分含量合格。

表 6.10　不同产地黄精浸出物含量比较

产地	浸出物含量/%
云南普洱	52.167
陕西汉中	60.633
陕西杨凌	59.733
湖南长沙	57.987
河北安国	61.527
四川成都	54.452
河南新乡	48.979
贵州遵义	57.713

6.3.3.5　水分的含量分析

8 个产地黄精的水分含量均小于 15%，低于《中国药典》（2015 年版）规定的上限，属于水分含量合格的黄精药材样品。8 个产地黄精样品水分含量相比较：河北安国 >河南新乡>云南普洱>陕西汉中>贵州遵义>湖南长沙>四川成都>陕西杨凌（表 6.11）。

表 6.11　不同产地黄精水分含量比较

产地	水分含量/%
云南普洱	11.927
陕西汉中	11.345
陕西杨凌	10.532
湖南长沙	10.759
河北安国	13.059
四川成都	10.646
河南新乡	12.667
贵州遵义	11.344

6.3.4　不同产地黄精品质评价标准

7 个评价指标为：水分含量（X_1）、总灰分含量（X_2）、浸出物含量（X_3）、薯蓣皂苷元含量（X_4）、多糖含量（X_5）、相似性评价中的相关系数（X_6）、相似性评价中的夹角余弦值（X_7）。8 个不同产地黄精的 7 个评价标准值见表 6.12。使用 DPS v7.55 软件对表 6.12 中的数据进行方差分析，结果如表 6.13 所示。

表 6.12 不同产地黄精样品及 7 个评价指标

评价指标	云南普洱	陕西杨凌	陕西汉中	贵州遵义	河北安国	湖南长沙	河南新乡	四川成都
X_1/%	11.927	10.532	11.345	11.344	13.059	10.759	12.667	10.646
X_2/%	3.342	2.857	2.761	2.703	2.864	3.037	3.492	3.387
X_3/%	52.167	59.733	60.663	57.713	61.527	57.987	48.979	54.452
X_4/%	0.0098	0.0261	0.0337	0.0245	0.0373	0.0235	0.0089	0.0142
X_5/%	10.248	14.331	19.405	13.066	15.526	13.076	11.479	12.856
X_6	0.948	0.971	0.977	0.963	0.990	0.970	0.964	0.969
X_7	0.987	0.978	0.983	0.971	0.992	0.978	0.960	0.973

表 6.13 黄精样品方差分析

因子	均值	差值	T 值	P 值
X_1	11.5349	−0.2646	0.6939	0.5137
X_2	3.0553	−0.3277	2.7971	0.0313
X_3	56.6526	4.7650	2.4364	0.0507
X_4	0.0223	0.0146	3.7855	0.0091[*]
X_5	13.7484	3.7787	3.8208	0.0088[*]
X_6	0.9690	0.0303	2.9235	0.0265
X_7	0.9778	−0.0097	2.6429	0.0384

*表示差异极显著（$P<0.01$）

由表 6.12 可见，不同产地的黄精成分之间存在着较大差异，不同的质量评价指标在不同产地的黄精样品中表现出有差异的多样性。由表 6.13 得出：薯蓣皂苷元含量 X_4 和多糖含量 X_5 的 P 值小于 0.01，说明不同产地间差异达到极显著水平。黄精多糖已经作为评价黄精质量标准的指标，有必要将薯蓣皂苷元也列为黄精质量标准评价指标，二者与 HPLC 指纹图谱和相似性评价共同作为黄精的质量评价标准。

6.4 黄精的挥发油成分

黄精中的主要挥发油成分为 1,2-邻苯二甲酸二异辛酯，该挥发油具有抑菌和抗肿瘤活性，并测得其对大肠杆菌、金黄色葡萄球菌、红酵母有较强的抑制能力；对人非小细胞肺癌（NCI-H460）并无明显的抑制作用。β-石竹烯、α-芹子烯、β-芹子烯等具有较强的解热、抗炎、祛痰、抗菌作用。醇类、酯类及菲类化合物均为很好的天然活性抑菌成分。

潘德芳（2011）从黄精根挥发油成分中鉴定出 26 种化合物，占挥发油相对含量的 90.87%（以峰面积计）；从黄精茎挥发油成分中共鉴定出 37 种化合物，占挥发油相对含量的 94.58%（以峰面积计）。其中，有 13 种化合物同时存在于黄精根和茎中，但只有 2 种化合物的相对含量相差不大，均小于 5.0%，另外 11 种化合物的相对含量相差均大于 5.0%。

由表 6.14 可知，在鲜黄精根的挥发油成分中已鉴定的化合物包括芳烃、烷烃、烯烃、醇、酯、醛、醚、酸、酚 9 类化合物，其中芳烃类占总色谱流出峰面积的 53.43%、烷烃占 7.70%、烯烃占 6.08%、醇类占 14.48%、酯类占 1.71%、醛类占 2.17%、醚类占 1.40%、酸类占 0.35%、酚类占 3.55%。其中，有 20 种化合物的相对含量大于 1%，β-乙烯基苯乙醇占 12.26%，是相对含量最高的化合物。

表 6.14　黄精根挥发油中可鉴别的化学成分

序号	保留时间/s	化合物名称	分子式	相对含量/%
1	5.188	丙酸环己甲酯	$C_{10}H_{18}O_2$	1.45
2	5.223	3,反-(1,1-二甲基乙基)-4,反-甲氧基环己醇	$C_{11}H_{22}O_2$	2.22
3	5.284	3,3-二甲基辛烷	$C_{10}H_{22}$	4.54
4	5.334	1,2,3-三甲基苯	C_9H_{12}	11.67
5	5.554	β-乙烯基苯乙醇	$C_{10}H_{12}O$	12.26
6	5.699	1,3-二乙基苯	$C_{10}H_{14}$	2.51
7	5.749	1-甲基-3-丙基苯	$C_{10}H_{14}$	4.78
8	5.834	1,4-二乙基苯	$C_{10}H_{14}$	9.99
9	5.974	α-甲基乙醛	$C_9H_{10}O$	2.17
10	6.124	1-乙基-2,3-二甲基苯	$C_{10}H_{14}$	2.93
11	6.174	1-甲基-3-(1-甲基乙基)苯	$C_{10}H_{14}$	2.91
12	6.264	4-乙基-1,2-二甲基苯	$C_{11}H_{24}$	6.13
13	6.459	2,2,6-三甲基辛烷	$C_{11}H_{24}$	3.16
14	6.564	1-乙基-2,4-二甲基苯	$C_{10}H_{14}$	1.01
15	6.744	2-烯丙基苯酚	$C_9H_{10}O$	3.55
16	6.804	1-乙基-3,5-二甲基苯	$C_{10}H_{14}$	5.41
17	6.859	1-(1,1-二甲基乙氧基)-2,2-二甲基丙烷	$C_9H_{20}O$	0.80
18	7.119	1-甲基-2-(2-丙烯基)苯	$C_{10}H_{12}$	1.51
19	7.269	2-乙基-1,4-二甲基苯	$C_{10}H_{14}$	3.72
20	7.835	蓝烃	$C_{10}H_8$	3.85
21	7.930	1,3-二乙基-5-甲基苯	$C_{11}H_{16}$	0.86
22	9.125	对丙烯基茴香醚	$C_{10}H_{12}O$	0.60
23	9.410	二环[4,4,1]十一碳-1,3,5,7,9-五烯	$C_{11}H_{10}$	1.45
24	9.630	苯并环庚三烯	$C_{11}H_{10}$	0.78
25	16.868	棕榈酸	$C_{16}H_{32}O_2$	0.35
26	18.459	十八碳二烯酸甲酯	$C_{19}H_{34}O_2$	0.26

潘德芳(2011)还从鲜黄精茎的挥发油成分中鉴定出 37 种化合物(表6.15),占挥发油相对含量的 94.58%(以峰面积计),包括芳烃、烷烃、烯烃、醇、酯、醛、酸 7 类化合物,其中芳烃类占总色谱流出峰面积的 52.11%、烷烃占 12.98%、烯烃占 6.24%、醇类占 15.15%、酯类占 2.09%、醛类占 4.17%、酸类占 1.84%。其中,有 24 种化合物的相对含量大于 1%,1-乙基-4-甲苯占 12.11%,是相对含量最高的化合物。

表 6.15　黄精茎挥发油中可鉴别的化学成分

序号	保留时间/s	化合物名称	分子式	相对含量/%
1	5.098	2,2-二甲基丙酸、辛-3-烯-2-基酯	$C_{13}H_{24}O_2$	0.80
2	5.163	顺-β,4-二甲基环己醇	$C_{10}H_{20}O$	1.64
3	5.239	3,3-二甲基辛烷	$C_{10}H_{22}$	3.71
4	5.299	1-乙基-4-甲基苯	C_9H_{12}	12.11
5	5.494	β-乙烯基苯乙醇	$C_{10}H_{12}O$	9.86
6	5.644	1,3-二乙基苯	$C_{10}H_{14}$	2.01
7	5.699	4-甲基苯乙醛	$C_9H_{10}O$	4.17
8	5.739	2,3-二甲基环己醇	$C_8H_{16}O$	0.28
9	5.789	1,4-二乙基苯	$C_{10}H_{14}$	8.70
10	5.869	2,2,4,4,6,8,8-七甲基壬烷	$C_{16}H_{34}$	0.54

序号	保留时间/s	化合物名称	分子式	相对含量/%
11	5.924	1-甲基-2-丙基苯	$C_{10}H_{14}$	1.86
12	5.964	5-丙基壬烷	$C_{12}H_{26}$	0.63
13	6.069	2-乙基-1,4-二甲基苯	$C_{10}H_{14}$	2.69
14	6.119	2-乙基-1,3-二甲基苯	$C_{10}H_{14}$	2.48
15	6.214	1-甲基-3-（1-甲基乙基）苯	$C_{10}H_{14}$	5.66
16	6.259	1-乙烯基-4-乙基苯	$C_{10}H_{12}$	1.44
17	6.399	5-甲基-2-（1-甲基乙基）1-己醇	$C_{10}H_{22}O$	2.72
18	6.464	α-1-丙烯基苯甲醇	$C_{10}H_{12}O$	0.41
19	6.514	4-乙基-1,2-二甲基苯	$C_{10}H_{14}$	1.11
20	6.699	1,2,3,4-四甲基苯	$C_{10}H_{14}$	3.39
21	6.749	1-乙基-3,5-二甲基苯	$C_{10}H_{14}$	5.30
22	6.804	2-甲基丙基-2,2-二甲基丙酸酯	$C_9H_{18}O_2$	0.67
23	7.064	4-乙烯基-1,2-二甲基苯	$C_{10}H_{12}$	1.46
24	7.210	1-甲基-2-（丙烯基）苯	$C_{10}H_{12}$	3.31
25	7.405	二螺[2,2,2,2]癸-4,9-二烯	$C_{10}H_{12}$	0.76
26	7.780	蓝烃	$C_{10}H_8$	3.67
27	7.880	3,8-二甲基十烷	$C_{12}H_{26}$	2.32
28	8.030	1-甲基-1-钢烷醇	$C_{10}H_{12}O$	0.24
29	9.075	5-甲基苯	$C_{11}H_{16}$	0.59
30	9.355	二环[4,4,1]十一碳-1,3,5,7,9-五烯	$C_{11}H_{10}$	1.17
31	9.575	苯并环庚三烯	$C_{11}H_{10}$	0.64
32	10.636	2,6,10,15-四甲基庚癸烷	$C_{21}H_{44}$	1.22
33	13.072	二十烷	$C_{20}H_{42}$	0.54
34	15.263	二十一烷	$C_{21}H_{44}$	0.34
35	15.883	邻苯二甲酸二异丁酯	$C_{16}H_{22}O_4$	0.62
36	16.833	棕榈酸	$C_{16}H_{32}O_2$	1.84
37	19.900	三十一烷	$C_{31}H_{64}$	3.68

第7章 黄精近缘种化学成分研究

黄精的药理作用与其多种活性成分及结构密切相关。甾体皂苷类化合物和多糖是该属植物中报道最多的成分，目前，国内外已对黄精属的 12 种植物进行了化学成分的研究，分离得到了 78 种甾体皂苷，其中有 40 多种新甾体皂苷，说明黄精属不同植物中化学成分差异较大。但迄今为止，所研究的 12 种黄精属植物均分布在云南、湖北、湖南、江苏等地，而对分布在西北地区的黄精属植物的次生代谢物的有关研究尚未见报道。由于有效成分是中药材次生代谢的产物，其代谢、积累除与自身的种质和遗传因素有关外，在很大程度上还受生长环境、气候、土壤等因素的直接或间接影响。产地不同，其海拔、光照、温度、湿度、土壤等生态因素会发生较大变化，导致同一基源药用植物的有效成分在种类和含量上存在差异。所以，有必要阐明西北地区药用黄精植物的化学成分结构及生物活性，从中寻找新的天然药物，造福人类。

秦岭—淮河是我国暖温带与亚热带的分界线，且秦岭是我国温带植物区系最丰富的地区之一，其复杂多样的自然条件，为众多药用植物的生长发育提供了有利条件。因此，本章以在秦岭分布较多的玉竹和卷叶黄精为原料，对其根茎的化学成分及其生物活性进行研究；同时，对分离得到的化学成分进行结构鉴定和生物活性测试，并在此基础上初步探讨构效关系；另外，还对玉竹和卷叶黄精多糖的提取分离工艺进行研究，确定最佳提取分离工艺参数。本研究可以为寻找和筛选新型天然药物做一些基础工作，为高效利用和深度开发玉竹和卷叶黄精这一传统中药资源提供借鉴。

7.1 玉竹化学成分及其生物活性研究

玉竹（*P. odoratum*）是百合科黄精属多年生草本，又名尾参、玉参、葳蕤、铃铛菜、地管子、甜草根。植株光滑无毛，茎似小竹竿，叶光莹如竹叶，地下根茎长而多节，故有玉竹之称。

中国玉竹资源丰富，广布于我国大部分省区。经调查黑龙江、吉林、陕西、山西、河北、宁夏、湖北、湖南、四川、浙江、安徽、江西、广东等地都有玉竹的生长或种植。玉竹喜生于林下、林缘、山地草甸及灌木丛等阴湿处，比较耐阴，也可生于向阳山坡。

玉竹是我国的传统中草药，且可药食两用。该药味甘，性微寒，能养阴润肺、益胃生津，可用于治疗燥热、伤阴、热伤胃阴之症。近年来药理研究表明，玉竹能增强免疫力，煎剂有扩张血管、抗急性心肌缺血、降血压、抗衰老、抗菌作用，注射液有降血脂、抗动脉粥样硬化、抗肿瘤等作用。此外，玉竹作为一种优良的滋养、防燥、降压、祛暑的营养滋补品越来越受到人们的喜爱，其作为保健食品的需求量远远高于其在医药行业的需求量。

近年来，随着对玉竹研究的不断深入，从玉竹中分离出了一些化合物，如林厚文等（1994）从江苏海门产玉竹的乙醇提取物中分离到 4 种甾体皂苷类化合物，其中有 1 种化合物为首次分离得到的 25*R* 构型单体化合物，其他 3 种均是 25*R/S* 差向异构体。秦海林等（2004）对购于河南药材市场的玉竹中的次生代谢物进行了研究，从中分离到一种二肽类成分和一种新的 C-26 位被糖基化的单糖链呋甾烷醇苷。黎勇等（1996）则对产自黑龙江的玉竹的挥发油成分进行了研究，确定了 32 种化合物，认为其中的主要成分为不饱和烯烃（占 37.05%）。此外，玉竹中还有多糖、氨基酸、挥发油、蛋白质、维生素、矿质元素等。

玉竹的药理作用与其多种活性成分有密切的关系，通过对玉竹根茎活性成分提取分离和结构鉴定，可以为寻找和筛选新型天然抗菌药物做一些基础工作，为科学开发和高效利用玉竹这一传统中药资源提供一定的理论依据。

7.1.1 玉竹根茎不同溶剂萃取物的抑菌活性研究

7.1.1.1 玉竹根茎不同溶剂萃取物对细菌的抑制活性

玉竹根茎不同溶剂萃取物对细菌的抑制活性测定结果见表7.1。由表7.1可知，在供试细菌中，所有样品均对普通变形杆菌没有抑制能力。其中，乙酸乙酯萃取物（样品B）对供试细菌中的巨大芽孢杆菌、蜡状芽孢杆菌、枯草芽孢杆菌、大肠杆菌、灵杆菌有较强的抑制能力，抑菌圈直径都在8mm以上。正丁醇萃取物（样品C）仅对蜡状芽孢杆菌、大肠杆菌、灵杆菌有一定的抑制能力，抑菌圈直径在6~10mm。另外，一般石油醚萃取物作为无活性成分而被弃去，但玉竹中的石油醚萃取物（样品A）却对蜡状芽孢杆菌、大肠杆菌、灵杆菌、马铃薯棒状杆菌有一定的抑制能力，抑菌圈直径均在4mm以上，说明玉竹的脂溶性部位可能含有活性成分。水相浓缩物（样品D）对供试细菌均无抑制活性。

表7.1　玉竹根茎不同溶剂萃取物对细菌的抑制活性

样品	抑菌圈直径/mm							
	金黄色葡萄球菌	巨大芽孢杆菌	蜡状芽孢杆菌	枯草芽孢杆菌	普通变形杆菌	大肠杆菌	灵杆菌	马铃薯棒状杆菌
A	0.00	0.00	5.64	1.26	0.00	5.84	5.24	4.26
B	4.21	10.10	8.94	8.83	0.00	8.26	8.93	4.06
C	3.24	2.64	7.25	2.14	0.00	6.52	9.21	3.24
D	0.00	0.00	0.00	0.00	0.00	0.00	0.00	0.00

注：样品（玉竹根茎不同溶剂萃取物，下同）浓度为1000μg/mL

7.1.1.2 玉竹根茎不同溶剂萃取物对植物病原菌的抑制活性初筛

玉竹根茎不同溶剂萃取物对植物病原菌抑制活性初筛结果见表7.2。由表7.2可知，玉竹根茎提取物对所选14种植物病原菌呈现不同程度的抑制活性，但各样品均对油松猝倒A病原菌和核桃根腐烂病原菌没有抑制活性，未找到目录项。各样品的抑菌菌种各不相同，其中乙酸乙酯萃取物（样品B）对棉黄萎病原菌、辣椒晚疫PT病原菌、黄瓜炭疽病原菌、苹果果腐病原菌和三倍体毛白杨溃疡病原菌表现出一定的抑制效果，抑制率均在50%以上。正丁醇萃取物（样品C）对玉米大斑病原菌有较强的抑制效果，抑制率为56.60%。石油醚萃取物（样品A）对玉米大斑病原菌、黄瓜炭疽病原菌、白菜黑斑病原菌和棉黄萎病原菌表现出一定的抑制活性，抑制率达35%以上。水相浓缩物（样品D）除了对小麦赤霉病原菌有一定的抑制效果（抑制率为34.70%）外，对其他病原菌的抑制效果均不明显。

表7.2　玉竹根茎不同溶剂萃取物对植物病原菌的抑制活性初筛试验结果

样品	抑制率/%													
	Z_1	Z_2	Z_3	Z_4	Z_5	Z_6	Z_7	Z_8	Z_9	Z_{10}	Z_{11}	Z_{12}	Z_{13}	Z_{14}
A	38.60	0.00	1.32	52.84	0.00	35.89	0.00	42.64	0.00	0.00	0.00	0.00	0.00	0.00
B	47.50	52.40	24.80	57.60	44.30	42.50	0.00	60.50	0.00	60.00	0.00	0.00	41.00	53.80
C	56.60	20.40	6.40	24.80	28.50	35.29	0.00	32.68	9.40	0.00	0.00	0.00	0.00	47.10
D	0.00	0.00	0.00	0.00	0.00	0.00	34.70	0.00	0.00	0.00	0.00	0.00	0.00	0.00

注：样品浓度为1000μg/mL

Z_1. 玉米大斑病原菌（*Exserohilum turcicum*），Z_2. 辣椒晚疫PT病原菌（*Phytophthora capsici* PT），Z_3. 辣椒晚疫pH病原菌（*Phytophthora capsici* pH），Z_4. 黄瓜炭疽病原菌（*Colletotrichum lagenarium*），Z_5. 苹果腐烂病原菌（*Valsa mali*），Z_6. 白菜黑斑病原菌（*Alternaria brassicae*），Z_7. 小麦赤霉病原菌（*Fusarium graminearum*），Z_8. 棉黄萎病原菌（*Verticillium dahliae*），Z_9. 杨树烂皮病原菌（*Cytospora chrysosperma*），Z_{10}. 苹果果腐病原菌（*Trichothecium roseum*），Z_{11}. 油松猝倒A病原菌（*Fusarium oxysporum*），Z_{12}. 核桃根腐烂病原菌（*Colletotrichum coffeanum*），Z_{13}. 油松猝倒B病原菌（*Rhizoctonia solani*），Z_{14}. 三倍体毛白杨溃疡病原菌（*Botryosphaeria ribis*）

7.1.1.3　玉竹根茎不同溶剂萃取物对植物病原菌的毒力测定

通过活性初筛试验可知，乙酸乙酯萃取物对 5 种植物病原菌、正丁醇萃取物对 1 种病原菌有明显的抑制活性（表 7.2），而且各样品的抑菌菌种各不相同。

为了考察各样品对相关病原菌的抑制活性，对其进行了毒力测定（表 7.3）。乙酸乙酯萃取物对黄瓜炭疽病原菌、苹果果腐病原菌和棉黄萎病原菌的抑制作用较强，EC_{50} 分别为 151.77μg/mL、114.24μg/mL 和 284.12μg/mL，而对辣椒晚疫 PT 病原菌的抑制作用相对较弱，EC_{50} 为 1196.74μg/mL。正丁醇萃取物对玉米大斑病原菌的抑制作用较强，EC_{50} 为 137.05μg/mL。此外，从毒力回归方程和 r 值可以看出，不同浓度的样品对植物病原菌的抑制活性差异显著，而且和浓度呈正相关性，即各样品对植物病原菌的毒力随着浓度的增大而增强。

表 7.3　玉竹根茎不同溶剂萃取物对植物病原菌菌丝生长的毒力测定结果

样品	菌种	毒力回归方程	r	EC_{50}/（μg/mL）
B	辣椒晚疫 PT 病原菌	$y=0.1198x+0.131$	0.9958*	1196.74
	黄瓜炭疽病原菌	$y=0.1181x+0.242$	0.9686*	151.77
	棉黄萎病原菌	$y=0.1356x+0.167$	0.9846*	284.12
	苹果果腐病原菌	$y=0.0882x+0.318$	0.9972*	114.24
	三倍体毛白杨溃疡病原菌	$y=0.0541x+0.348$	0.9903*	636.80
C	玉米大斑病原菌	$y=0.0599x+0.372$	0.9990*	137.05

注：样品浓度分别为 2000μg/mL、1000μg/mL、500μg/mL、250μg/mL、125μg/mL
*表示差异性显著（$P<0.05$）；EC50 表示最大效应浓度

7.1.1.4　小结

1）玉竹根茎不同溶剂萃取物对所选 8 种细菌均表现出不同程度的抑制活性，而且各萃取物的抑菌菌种各不相同。其中，乙酸乙酯萃取物（样品 B）对供试细菌中的巨大芽孢杆菌、蜡状芽孢杆菌、枯草芽孢杆菌、大肠杆菌、灵杆菌有较强的抑制能力，抑菌圈直径都在 8mm 以上。正丁醇萃取物（样品 C）仅对蜡状芽孢杆菌、大肠杆菌、灵杆菌有一定的抑制能力，抑菌圈直径在 6～10mm。石油醚萃取物（样品 A）对蜡状芽孢杆菌、大肠杆菌、灵杆菌、马铃薯棒状杆菌有一定的抑制能力，抑菌圈直径均在 4mm 以上。说明玉竹的脂溶性部位可能含有活性成分。水相浓缩物（样品 D）对供试细菌均无抑制活性。

2）玉竹根茎不同溶剂萃取物对所选 14 种植物病原菌呈现不同程度的抑制活性，而且各萃取物的抑菌菌种各不相同，其中乙酸乙酯萃取物（样品 B）对 5 种植物病原菌表现出一定的抑制效果，抑制率均在 50%以上；正丁醇萃取物（样品 C）仅对玉米大斑病原菌有较强的抑制效果；而石油醚萃取物（样品 A）对 4 种植物病原菌表现出一定的抑制活性，抑制率达 35%以上。水相浓缩物（样品 D）除了对小麦赤霉病原菌有一定的抑制效果，对其他病原菌的抑制效果均不明显。说明石油醚萃取物、乙酸乙酯萃取物和正丁醇萃取物含有不同的活性成分。

3）乙酸乙酯萃取物对黄瓜炭疽病原菌、苹果果腐病原菌和棉黄萎病原菌的抑制作用较强，EC_{50} 为 151.77μg/mL、114.24μg/mL 和 284.12μg/mL，正丁醇萃取物对玉米大斑病原菌的抑制作用较强，EC_{50} 为 137.05μg/mL。各样品对植物病原菌的毒力随着浓度的增大而增强。

7.1.2　玉竹根茎不同溶剂萃取物的化感作用研究

化感作用是植物通过淋溶、挥发、残茬降解和根系分泌向环境中释放化学物质，从而对自身或周围其他植物的生长产生影响的现象。化感作用普遍存在于自然界，对其深入研究将有利于复合系统中植物配置、耕作制度和栽培措施的科学化，在植物间加强促进作用，降低抑制作用，促进生物多样性和农业可持续发展。

目前全世界已对 100 多种植物的化感作用进行了研究，主要集中在化感作用的现象、机理、生态意义，活体植物及其残体对其他植物生长的影响，以及化感物质的分离与鉴定等方面。所涉及的植物主要有大豆（*Glycine max*）、水稻（*Oryza sativa*）、小麦（*Triticum aestivum*）、豌豆（*Pisum sativum*）、豚草（*Ambrosia artemisiifolia*）、牛鞭草（*Hemarthria altissima*）、鬼针草（*Bidens bipinnata*）、胜红蓟（*Ageratum conyzoides*）、苹果（*Malus pumila*）等，但对药用植物的化感作用研究不多。药用植物往往含有特定的生理活性物质，而这些活性物质分布在药用植物的各个器官，这一特点与植物能产生化感作用是一致的，所以药用植物更易产生化感物质，从而发生化感作用，如地黄连作引起严重病毒病，使药材减产；人参栽种到 5～6 年后发病率急剧增加等。近年来，随着药用植物栽培面积的不断扩大及良好农业规范（GAP）的推行，药用植物之间、药用植物与其他作物之间的合理种群格局至关重要，而植物的化感作用会对其产生相当大的影响。

7.1.2.1　玉竹根茎不同溶剂萃取物对小麦、黄瓜、萝卜种子萌发的影响

玉竹根茎不同溶剂萃取物对小麦、黄瓜、萝卜种子萌发影响的测定结果见表 7.4。由表 7.4 可知，玉竹不同溶剂萃取物对受体植物的种子萌发均表现为抑制作用，且抑制程度各不相同。各萃取物对种子的化感作用均与浓度表现出一定的相关性，其化感作用均随着浓度的增大而增强，而且抑制效果差异显著或极显著。另外还可以看出，对于小麦、黄瓜和萝卜 3 种受体植物来说，均是乙酸乙酯萃取物的抑制作用最强，平均 R_I 值分别 0.76、0.60 和 0.38，说明 3 种受体植物的种子萌发对乙酸乙酯萃取物化感作用的敏感程度不同，小麦最敏感，其次是黄瓜和萝卜。同一萃取物对不同受体植物种子萌发的抑制作用也不同，其中乙酸乙酯萃取物、正丁醇萃取物和水相浓缩物均对小麦的抑制作用最强，平均 R_I 值分别为 0.76、0.49 和 0.47；石油醚萃取物则对黄瓜的抑制作用最强，平均 R_I 值为 0.34。总体来说，各萃取物对所有受体植物种子萌发的平均抑制强度表现为：乙酸乙酯萃取物＞正丁醇萃取物＞水相浓缩物＞石油醚萃取物；3 种受体植物的种子萌发对所有萃取物化感作用的敏感程度为小麦最敏感（平均 R_I 值为 0.46），其次是黄瓜（平均 R_I 值为 0.40）和萝卜（平均 R_I 值为 0.25）。

表 7.4　不同浓度的 4 种萃取物对受体植物种子萌发的影响

萃取物	R_I									F 值
	小麦			黄瓜			萝卜			
	C_3	C_2	C_1	C_3	C_2	C_1	C_3	C_2	C_1	
A	−0.16 abcAB	−0.08 aA	−0.06 abA	−0.41 dC	−0.41 cdABC	−0.21 abA	−0.29 bcdABC	−0.42 dAB	−0.18 abcAB	4.38**
B	−0.83 eDE	−0.81 eE	−0.64 dCDE	−0.64 cdBC	−0.60 dBCD	−0.56 cdBC	−0.47 abAB	−0.43 bcABC	−0.25 aA	12.17**
C	−0.55 fgEF	−0.47 efDE	−0.44 gF	−0.40 deCDE	−0.32 cdCD	−0.36 deCD	−0.24 bcBC	−0.14 abAB	−0.05 aA	23.34**
D	−0.54 bcBCD	−0.50 cD	−0.38 cD	−0.45 abABC	−0.24 abABC	−0.22 cCD	−0.25 aA	−0.18 aAB	−0.09 abABC	7.23*

注："萃取物"列 A、B、C、D 分别代表石油醚萃取物、乙酸乙酯萃取物、正丁醇萃取物和水相浓缩物；C_1、C_2、C_3 代表各萃取物的浓度，分别为 2mg/mL、15mg/mL 和 30mg/mL；试验数据为 3 次重复化感作用效应指数（R_I）的平均值；$F_{0.05}(8, 18)=2.51$，$F_{0.01}(8, 18)=3.71$，*表示差异显著；**表示差异极显著；采用最小显著差数（LSD）法进行多重比较；数据后标相同小写字母者表示差异不显著（$P>0.05$），标不同小写字母者表示差异显著（$P<0.05$）；标不同大写字母者表示差异极显著（$P>0.01$）

7.1.2.2　玉竹根茎不同溶剂萃取物对小麦、黄瓜、萝卜幼苗根长生长的影响

玉竹根茎不同溶剂萃取物对小麦、黄瓜、萝卜幼苗根长生长影响的测定结果见表 7.5。由表 7.5 可知，玉竹不同溶剂萃取物对受体幼苗根长生长的化感作用差异极显著，且化感作用各不相同。除了石油醚萃取物对受体植物的根长生长总体表现为高浓度抑制、低浓度促进的现象以外，其他各萃取物对幼苗根长生长的化感作用均表现为抑制，而且与浓度表现出一定的相关性，都随浓度的增大而抑制作用增强。从表 7.5 还可以看出，不同萃取物对同一受体植物幼苗根长生长的平均化感作用不同，对于小麦、黄瓜来说，均是乙酸乙酯萃取物的抑制作用最强，平均 R_I 值分别为 0.92、0.82；对萝卜来说，水相浓缩物的化感作用最强，平均 R_I 值为 0.45。说明 3 种受体植物的幼苗根长生长对乙酸乙酯萃取物化感作用的敏感程度不同，小麦最敏感，其次是黄瓜和萝卜。此外，石油醚萃取物、乙酸乙酯萃取物、正丁醇萃取物和水相浓缩物均对小麦的平均化感作用最强，其平均 R_I 值分别为 0.57、0.92、0.80 和 0.86。总体而言，各萃取物对幼苗根长生长的平均化感作用为：乙酸乙酯萃取物>水相浓缩物>正丁醇萃取物>石油醚萃取物；不同受体植物的根长生长对各萃取物化感作用的敏感程度不同，小麦最敏感，其次是黄瓜和萝卜。

表 7.5　不同浓度的 4 种萃取物对受体植物幼苗根长生长的影响

萃取物	R_I									F 值
	小麦			黄瓜			萝卜			
	C_3	C_2	C_1	C_3	C_2	C_1	C_3	C_2	C_1	
A	−0.79 gE	−0.68 fE	0.24 bB	−0.56 eD	−0.42 dD	0.28 cC	−0.56 deD	−0.32 cC	0.08 aA	63.23**
B	−0.99 eD	−0.86 deD	−0.90 deD	−0.93 deD	−0.67 cC	−0.87 deCD	−0.80 cdCD	−0.37 bB	−0.07 aA	44.18**
C	−0.80 dDE	−0.77 dDE	−0.84 dE	−0.51 cBC	−0.40 bcABC	−0.57 cCD	−0.32 abAB	−0.18 aA	−0.31 abAB	17.68**
D	−0.89 dE	−0.89 cdE	−0.80 cdE	−0.76 cdDE	−0.73 bABC	−0.53 cCDE	−0.57 bBCD	−0.45 Aa	−0.34 ABab	13.83**

注："萃取物"列 A、B、C、D 分别代表石油醚萃取物、乙酸乙酯萃取物、正丁醇萃取物和水相浓缩物；C_1、C_2、C_3 代表各萃取物的浓度，分别为 2mg/mL、15mg/mL 和 30mg/mL；试验数据为 3 次重复化感作用效应指数（R_I）的平均值；$F_{0.05}$（8，18）=2.51，$F_{0.01}$（8，18）=3.71，*表示差异显著；**表示差异极显著；采用最小显著差数（LSD）法进行多重比较；数据后标相同小写字母者表示差异不显著（$P>0.05$），标不同小写字母者表示差异显著（$P<0.05$）；标不同大写字母者表示差异极显著（$P>0.01$）

7.1.2.3　玉竹根茎不同溶剂萃取物对小麦、黄瓜、萝卜幼苗苗高生长的影响

玉竹根茎不同溶剂萃取物对小麦、黄瓜、萝卜幼苗苗高生长影响的测定结果见表 7.6。由表 7.6 可知，各萃取物对受体植物幼苗苗高生长均表现出较强的抑制作用，而且差异极显著。各萃取物对幼苗苗高生长的抑制作用均与浓度表现出一定的相关性，都随浓度的增大而抑制作用增强。其中石油醚萃取物在 30mg/mL 时，对黄瓜幼苗苗高的生长抑制作用很强，R_I 值达 1.00；乙酸乙酯萃取物在 15mg/mL、30mg/mL，水相浓缩物在 30mg/mL 时，均对小麦幼苗苗高生长的抑制作用最强，R_I 值达 1.00。另外还可以看出，不同萃取物对同一受体植物幼苗苗高生长的平均化感作用不同，对小麦和萝卜来说，乙酸乙酯萃取物的抑制作用最强，R_I 值分别为 0.93 和 0.57；对黄瓜来说，石油醚萃取物的抑制作用最强，R_I 值为 0.78。同一萃取物对不同受体植物幼苗苗高生长的化感作用也不同，其中乙酸乙酯萃取物、正丁醇萃取物和水相浓缩物均对小麦的抑制作用最强，平均 R_I 值分别为 0.93、0.73 和 0.85；石油醚萃取物则对黄瓜的抑制作用最强，平均 R_I 值为 0.78。总体而言，各萃取物对幼苗苗高生长的化感作用为抑制，其平均抑制强度依次为乙酸乙酯萃取物>水相浓缩物>正丁醇萃取物>石油醚萃取物。不同受体植物的苗高生长对各萃取物化感作用的敏感程度不同，小麦最敏感，其次是黄瓜和萝卜。

表7.6 不同浓度的4种萃取物对受体植物幼苗苗高生长的影响

萃取物	R_I									F 值
	小麦			黄瓜			萝卜			
	C_3	C_2	C_1	C_3	C_2	C_1	C_3	C_2	C_1	
A	−0.64 deCD	−0.32 bcAB	−0.26 aA	−1.00 fE	−0.85 eD	−0.48 cdBC	−0.32 bcAB	−0.28 abA	−0.18 aA	20.90**
B	−1.00 eE	−1.00 eE	−0.78 cdCD	−0.84 dDE	−0.82 dDE	−0.55 abAB	−0.66 bcBCD	−0.61 bABC	−0.43 aA	17.25**
C	−0.78 dDE	−0.75 eE	−0.65 deE	−0.52 cC	−0.47 cC	−0.43 cCD	−0.28 aA	−0.26 bB	−0.22 bB	89.62**
D	−1.00 eD	−0.82 fE	−0.73 eDE	−0.72 dC	−0.53 eD	−0.44 cdC	−0.36 bB	−0.23 cBC	−0.15 aA	36.73**

注："萃取物"列A、B、C、D分别代表石油醚萃取物、乙酸乙酯萃取物、正丁醇萃取物和水相浓缩物；C_1、C_2、C_3代表各萃取物的浓度，分别为2mg/mL、15mg/mL和30mg/mL；试验数据为3次重复化感作用效应指数（R_I）的平均值；$F_{0.05}$（8，18）=2.51，$F_{0.01}$（8，18）=3.71，*表示差异显著；**表示差异极显著；采用最小显著差数（LSD）法进行多重比较；数据后标相同小写字母者表示差异不显著（$P > 0.05$），标不同小写字母者表示差异显著（$P < 0.05$）；标不同大写字母者表示差异极显著（$P > 0.01$）

7.1.2.4 小结

1）玉竹不同溶剂萃取物对不同受体植物或同一受体植物的不同部位均表现出不同的化感作用，而且差异极显著，抑制强度均与样品浓度表现出一定的相关性，都随浓度的增大而抑制作用增强。

2）不同受体植物对各萃取物化感作用的敏感程度不同，小麦最敏感，其次是黄瓜和萝卜。

3）除了石油醚萃取物对受体植物的根长生长总体表现为高浓度抑制、低浓度促进的现象以外，其他各萃取物在不同浓度下均对种子萌发和幼苗苗高生长表现为抑制作用。总体来说，各萃取物对幼苗苗高生长的抑制作用最强，对种子萌发的抑制作用最弱。

4）各萃取物对所有受体植物的平均化感作用为：乙酸乙酯萃取物>水相浓缩物>正丁醇萃取物>石油醚萃取物，其中乙酸乙酯萃取物对种子萌发、幼苗苗高和根长生长的化感作用均最强。

5）玉竹中的化感物质具有较强的极性，主要集中在乙酸乙酯和水溶部位。

7.1.3 玉竹根茎的化学成分研究

7.1.3.1 玉竹化学成分分离和鉴定

抑菌活性结果显示，玉竹的不同溶剂萃取物中都存在着不同的活性物质，而且活性成分的种类不同。

采用硅胶、RP-18和Sephadex LH-20等色谱分离手段对玉竹根茎的石油醚萃取物、乙酸乙酯萃取物和正丁醇萃取物进行化学成分的分离和纯化，从中得到了19种化合物，通过核磁共振氢谱（^{1}H-NMR）、碳-13核磁共振（^{13}C-NMR）、无畸变极化转移增强（DEPT）、异核多量子相关谱（HMQC）、异核多键相关谱（HMBC）、二维核欧沃豪斯效应谱（NOESY）、基质辅助激光解吸电离质谱（MALDI-MS）、电子电离质谱（EI-MS）、电喷雾电离质谱（ESI-MS）、高分辨基质辅助激光解吸电离质谱（HR-MALDI-MS）、高分辨电子电离质谱（HR-EI-MS）等波谱技术以及与文献对照，鉴定了16种化合物的结构。其中有3种新化合物，分别为玉竹黄烷酮 A（6-甲基-5,7-二羟基-4′,8-二甲氧基高异黄烷酮，Ⅰ-2）、(25S)-螺甾-5-烯-3β,12β-二醇-3-O-{β-D-吡喃葡萄糖基-(1→2)-[β-D-吡喃木糖基-(1→3)]-β-D-吡喃葡萄糖基-(1→4)}-β-D-吡喃半乳糖苷（Ⅰ-8）、(25S)-螺甾-5,14-二烯-3β-醇-3-O-{β-D-吡喃葡萄糖基-(1→2)-[β-D-吡喃木糖基-(1→3)]-β-D-吡喃葡萄糖基-(1→4)}-β-D-吡喃半乳糖苷（Ⅰ-9），化合物Ⅰ-8和Ⅰ-9的皂苷元为新苷元。首次从该属植物中分离得到的8种化合物分别为(24R/S)-9,19-环阿尔廷-25-烯-3β,24-二醇（Ⅰ-1）、甲基麦冬黄烷酮 B（6,8-二甲基-5,7-二羟基-4′-甲氧基高异黄烷酮）（Ⅰ-3）、6-甲基-4′,5,7-三羟基-8-甲氧基高异黄烷酮（Ⅰ-5）、6-甲基-4′,5,7-三羟基高异黄烷酮（Ⅰ-6）、α-软脂酸甘油酯（Ⅰ-10）、(Z)-6-十九碳烯酸（Ⅰ-14）、棕榈酸甲酯（Ⅰ-15）和二十八碳酸（Ⅰ-16）。另外，还首次从该植物中分离得到 1 种 25S 构型的甾体皂苷单体化合物和 1 种碳甲基化的高异黄烷酮类化合物，分别为(25S)-螺甾-5-烯-3β,14α-二醇-3-O-{β-D-吡喃葡萄糖基-(1→2)-[β-D-吡喃木糖基-(1→3)]-β-D-吡喃葡萄糖基-(1→4)}-β-D-吡喃半乳糖苷（Ⅰ-7）和 6,8-二甲基-4′,5,7-三羟基高异黄烷酮（Ⅰ-4）。此外，还有 β-谷甾醇（Ⅰ-11）、胡萝卜苷（Ⅰ-12）和水杨酸（Ⅰ-13）等，详见表 7.7。

表 7.7　从玉竹中分离的化合物

编号	名称	结构类型	特性
Ⅰ-1	(24R/S)-9,19-环阿尔廷-25-烯-3β,24-二醇	四环三萜	首次从该属植物中得到
Ⅰ-2	玉竹黄烷酮 A（6-甲基-5,7-二羟基-4′,8-二甲氧基高异黄烷酮）	高异黄烷酮	新化合物
Ⅰ-3	6,8-二甲基-5,7-二羟基-4′-甲氧基高异黄烷酮	高异黄烷酮	首次从该属植物中得到
Ⅰ-4	6,8-二甲基-4′,5,7-三羟基高异黄烷酮	高异黄烷酮	首次从该植物中得到
Ⅰ-5	6-甲基-4′,5,7-三羟基-8-甲氧基高异黄烷酮	高异黄烷酮	首次从该属植物中得到
Ⅰ-6	6-甲基-4′,5,7-三羟基高异黄烷酮	高异黄烷酮	首次从该属植物中得到
Ⅰ-7	(25S)-螺甾-5-烯-3β,14α-二醇-3-O-{β-D-吡喃葡萄糖基-(1→2)-[β-D-吡喃木糖基-(1→3)]-β-D-吡喃葡萄糖基-(1→4)}-β-D-吡喃半乳糖苷	甾体皂苷	首次从该植物中得到的单体化合物
Ⅰ-8	(25S)-螺甾-5-烯-3β,12β-二醇-3-O-{β-D-吡喃葡萄糖基-(1→2)-[β-D-吡喃木糖基-(1→3)]-β-D-吡喃葡萄糖基-(1→4)}-β-D-吡喃半乳糖苷	甾体皂苷	新化合物
Ⅰ-9	(25S)-螺甾-5,14-二烯-3β-醇-3-O-{β-D-吡喃葡萄糖基-(1→2)-[β-D-吡喃木糖基-(1→3)]-β-D-吡喃葡萄糖基-(1→4)}-β-D-吡喃半乳糖苷	甾体皂苷	新化合物
Ⅰ-10	α-软脂酸甘油酯	甘油酯	首次从该属植物中得到
Ⅰ-11	β-谷甾醇	甾醇	
Ⅰ-12	胡萝卜苷	甾体皂苷	首次从该植物中得到
Ⅰ-13	水杨酸	有机酸	首次从该植物中得到
Ⅰ-14	(Z)-6-十九碳烯酸	脂肪酸	首次从该属植物中得到
Ⅰ-15	棕榈酸甲酯	脂肪酸酯	首次从该属植物中得到
Ⅰ-16	二十八碳酸	脂肪酸	首次从该属植物中得到
Ⅰ-17	白色针状结晶	无机物	首次从该植物中得到
Ⅰ-18	黄色粉末	黄酮苷	首次从该植物中得到
Ⅰ-19	黄色粉末	黄酮苷	首次从该植物中得到

值得一提的是，从玉竹中所分离到的高异黄烷酮类化合物均是母核结构碳甲基化和氧甲基化的，和取代基均为羟基的高异黄烷酮类化合物相比，这种结构的高异黄烷酮类化合物非常稀有，仅在百合科黄精属的黄精、短筒黄精，竹根七属的散斑竹根七，龙血树属的 Dracaena draco、沿阶草属的麦冬中发现过（Tada et al.，1980a，1980b；Alfonse et al.，1999；Nguyen et al.，2006）。由于甾体皂苷元 25R 构型较稳定，25S 构型极易转化为 25R 构型，因此，在天然产物中，25S 构型的甾体皂苷非常少见。从玉竹中分离到的 3 种 14α-OH、12β-OH 和 14（15）双键的 25S 构型的甾体皂苷类化合物，在自然界中更不多见。

（1）化合物Ⅰ-2：玉竹黄烷酮 A（6-甲基-5,7-二羟基-4′,8-二甲氧基高异黄烷酮）

化合物Ⅰ-2 为淡黄色油状物，与三氯化铁-铁氰化钾试剂反应呈蓝色，与三氯化铝试剂反应呈黄色荧光，提示该化合物为黄酮类化合物。$[\alpha]_D^{22}$：–58.6°（c 0.012，CHCl$_3$）。HR-EI-MS 谱显示分子离子峰：m/z 344.1261[M]$^+$（计算值为 344.1260），由此确定分子式为 C$_{19}$H$_{20}$O$_6$。

IR 谱显示有羟基（3447cm^{-1}），一个与芳香环共轭、并与羟基形成氢键的羰基（1632cm^{-1}）和苯环（1512cm^{-1}、1474cm^{-1}、1450cm^{-1}）的吸收峰信号。

EI-MS 谱显示分子离子峰：m/z 344[M]$^+$，碎片离子峰：m/z 121[-CH$_2$-C$_6$H$_4$-OCH$_3$]$^+$为基峰，提示该化

合物中存在高异黄烷酮结构片段 A（图 7.1）。^{1}H-NMR 谱（CDCl$_3$，300MHz）中，共有 20 个质子。显示有 1 个甲基、2 个甲氧基、2 个羟基和 4 个芳质子。^{13}C-NMR 谱（CDCl$_3$，300MHz）中共有 19 个碳，其中有一个羰基碳信号 198.532 和多个芳碳信号。据此推断该化合物为高异黄烷酮类化合物。

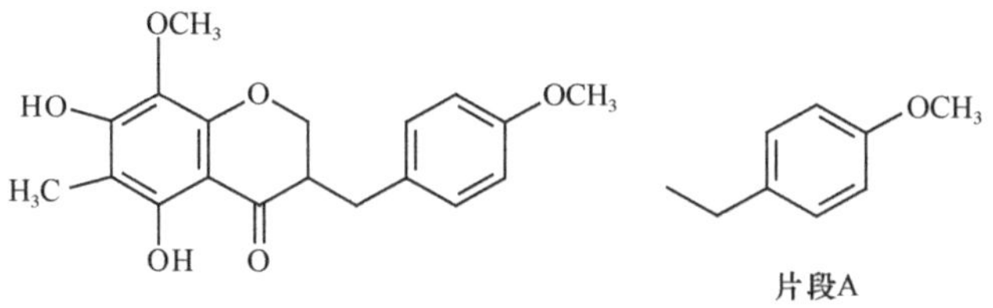

图 7.1　化合物Ⅰ-2 的结构和片段 A

^{1}H-NMR 谱中（δ/ppm），一个甲基质子信号 2.07（3 H，s）处于高场，两个甲氧基质子信号 3.80（3 H，s）和 3.85（3 H，s）处于较高场，说明一个甲基和两个甲氧基连于苯环上；12.26（1 H，s）处于低场，加 D$_2$O 后，信号消失，为 5 位羟基质子的信号；加 D$_2$O 后，6.55（1 H，s）信号消失，为 7 位羟基质子的信号；质子信号 4.34（1 H，dd，J=11.1，4.2Hz）、4.18（1 H，dd，J=11.1，6.9Hz）为 2 位的两个质子，除了同碳偶合外（J=11.1Hz），还与 3 位的质子相偶合（J=6.9，4.2Hz）；质子信号 3.20（1 H，dd，J=13.5，3.9Hz）、2.72（1 H，dd，J=13.5，10.2Hz）为与苯环相连的 9 位亚甲基的两个质子信号，除了同碳偶合外（J=13.5Hz），还与 3 位的质子相偶合（J=10.2，3.9Hz）；质子信号 2.82（1 H，m）为 3 位上的质子，与 2 位和 9 位上的质子均有偶合，说明该化合物的 2、3 位双键氢化，且在 3 位上连有亚甲基。芳质子则遵循 AA′BB′ 系统，即 7.15（2H，d，J=8.7Hz）和 6.87（2 H，d，J=8.7Hz）分别为 2′、6′位和 3′、5′位的质子信号。

HMQC 谱（CDCl$_3$，300MHz）中（δ/ppm），H-2 位的两个同碳质子（4.34、4.18）与信号为 70.00 的碳直接相关；H-2′、H-6′位质子（7.15）分别与信号为 130.78 的碳直接相关；H-3′、H-5′位质子（6.87）分别与信号为 114.80 的碳直接相关；两个甲氧基质子（3.85、3.80）分别与信号为 62.17 和 56.00 的碳直接相关；一个甲基质子（2.07）与信号为 7.72 的碳直接相关。

HMBC 谱（CDCl$_3$，300MHz）中（δ/ppm），H-2 位质子分别与 C-4 位（198.53）、C-8a 位（151.13）及 C-9 位（32.69）相关；H-3 位质子分别与 C-1′位（130.49）、C-2′位（130.78）相关；　H-9 位质子分别与 C-1′位（130.49）、C-2′位（130.78）及 C-3 位（47.63）相关，表明该化合物在 3 位和 1′位之间存在一个亚甲基，进一步确证分子中存在高异黄烷酮结构片段。甲基质子（2.07）分别与 C-5 位（158.66）、C-6 位（104.84）及 C-7 位（156.57）相关，说明甲基只能连在 C-6 位上。一个甲氧基质子（3.85）仅与 C-8 位（127.55）相关，说明该甲氧基只能连在 C-8 位上；另一个甲氧基质子（3.80）仅与 C-4′位（159.12）相关，说明此甲氧基只能连在 C-4′位上。一个羟基质子（12.26）分别与 C-5 位（158.66）、C-6 位（104.84）及 C-4a 位（102.47）相关，说明该羟基连在 C-5 位上；另一个羟基质子（6.55）分别与 C-6 位（104.84）、C-7 位（156.57）及 C-8 位（127.55）相关，说明该羟基连在 C-7 位上，其关键 ^{1}H -^{13}C HMBC 相关见图 7.2。

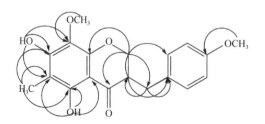

图 7.2　化合物Ⅰ-2 的关键 ^{1}H -^{13}C HMBC 相关

将该化合物与文献中的甲基麦冬黄烷酮 B 比较，其波谱数据有很多相似之处，差别在 C-8 位的取代基上，甲基麦冬黄烷酮 B 的 C-8 位为甲基，而化合物 I-2 的 C-8 位为甲氧基。

综上所述，确定化合物 I-2 为 6-甲基-5,7-二羟基-4′,8-二甲氧基高异黄烷酮，为一未见文献报道的新化合物，定名为玉竹黄烷酮 A。其结构式见图 7.1，^{1}H-NMR 和 ^{13}C-NMR 波谱数据见表 7.8。

表 7.8　化合物 I-2 的 ^{1}H-NMR 和 ^{13}C-NMR 波谱数据

碳位置	测定值（CDCl₃）	
	δ_C/ppm	δ_H/ppm
2	70.00	4.18（1 H, dd, J=11.1, 6.9Hz）、4.34（1 H, dd, J=11.1, 4.2Hz）
3	47.63	2.82（1 H, m）
4	198.53	
4a	102.47	
5	158.66	12.26（1 H, s, 加 D₂O 后消失）
6	104.84	
7	156.57	6.55（1 H, s, 加 D₂O 后消失）
8	127.55	
8a	151.13	
9	32.69	2.72（1 H, dd, J=13.5, 10.2Hz）、3.20（1 H, dd, J=13.5, 3.9Hz）
1′	130.49	
2′	130.78	7.15（1H, d, J=8.7Hz）
3′	114.80	6.87（1H, d, J=8.7Hz）
4′	159.12	
5′	114.80	6.87（1H, d, J=8.7Hz）
6′	130.78	7.15（1H, d, J=8.7Hz）
4′-OCH₃	56.00	3.80（3H, s）
6-CH₃	7.72	2.07（3H, s）
8- OCH₃	62.17	3.85（3H, s）

（2）化合物 I-8：(25S)-螺甾-5-烯-3β,12β-二醇-3-O-{β-D-吡喃葡萄糖基-(1→2)-[β-D-吡喃木糖基-(1→3)]-β-D-吡喃葡萄糖基-(1→4)}-β-D-吡喃半乳糖苷

化合物 I-8 为白色粉末。[α]$^{22}_D$: −24.5°（c 0.215, EtOH）。Liebermann-Burchard 反应阳性，与 Ehrlich 试剂不显红色，提示 I-8 属甾体皂苷类化合物。MALDI-MS 谱中：m/z 1071.6 [M+Na]$^+$，1055.6[M+Na-H₂O+2H]$^+$，923.5[M +Na-Xyl-H₂O+2H]$^+$，表明该化合物相对分子质量为 1048。

^{1}H-NMR 谱（Pyridine-d₅，400MHz）中（δ/ppm），高场区给出 4 个甲基质子信号，低场区给出 4 个糖的端基质子信号。^{13}C-NMR 谱（Pyridine-d₅，400MHz）中（δ/ppm），共有 50 个碳信号，其中有 23 个糖的碳信号、27 个苷元碳信号和 109.86 的螺碳原子特征信号，据此判断，该化合物为具有螺环的甾体皂苷。其中苷元的相对分子质量为 430（EI-MS）。分子中可能含有 3 个六碳糖和一个五碳糖，且五碳糖基为端基木糖（MALDI-MS 碎片离子峰：m/z 923.5[M +Na-Xyl-H₂O+2H]$^+$）。

^{1}H-NMR 谱中（δ/ppm），1.16（3 H, d, J=6.99Hz）为 27-CH₃ 的质子信号，说明 27-CH₃ 为直立键（与平伏键相比，化学位移向低场移动），因此 C-25 为 S 构型；1.23（3 H, d, J=6.9Hz）、0.90（3 H, s）和 0.96（3 H, s）分别为 21-CH₃、18-CH₃ 和 19-CH₃ 的质子信号。此外，C-26 两个质子的化学位移差别较大，分别为 4.17（1 H, m）和 3.43（1 H, d, J=12.00Hz），进一步说明此化合物为 25S 构型的甾体皂苷。另外，5.37（1H, brs）为 C-6 烯质子信号，与 ^{13}C-NMR 谱（δ/ppm，DEPT）中的 C-6（121.73，CH）相对应。

HMBC 谱（Pyridine-d₅，400MHz）中（δ/ppm，DEPT），27-CH₃ 质子信号分别与 C-26（65.22，CH₂）、

C-25（27.67，CH）和 C-24（26.33，CH$_2$）相关；21-CH$_3$ 质子信号分别与 109.86（C）、62.85（CH）、42.59（CH）的碳相关，其中 62.85 又与 18-CH$_3$ 质子相关，表明 62.85 为 C-17 信号，另 2 个碳分别为 C-22（109.86，C）和 C-20（42.59，CH）。19-CH$_3$ 质子信号分别与 C-5（141.16，C）、C-10（37.16，C）、C-9（50.41，CH）和 C-1（37.60，CH$_2$）相关；18-CH$_3$ 质子信号分别与 C-17（62.85，CH）、C-14（56.76，CH）和 C-13（40.56，C）相关。C-6 烯质子信号（5.37）分别与 C-4（39.99，CH$_2$）、C-8（31.77，CH）及 C-10（37.16，C）相关。其关键 ^{1}H -^{13}C HMBC 相关见图 7.3。

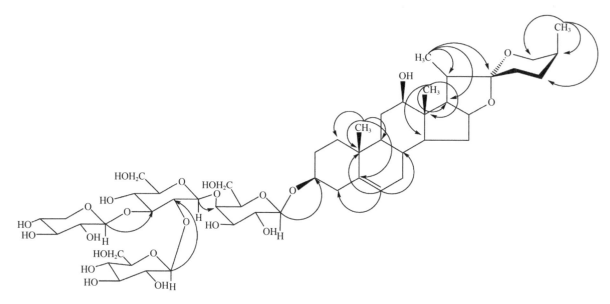

图 7.3　化合物 I -8 的关键 ^{1}H -^{13}C HMBC 相关

将化合物 I -8 与从 *P. prattii* 中得到的康定玉竹 E$_1$ 苷元（异苗香素）波谱数据进行对照，二者的 NMR 波谱数据几乎一致，差别仅在 C-25 位甲基取代的构型上（Li et al., 1993）。康定玉竹 E$_1$ 苷元的 C-25 位构型为 *R*，而化合物 I -8 的构型为 *S*。另外，将化合物 I -8 与从江苏产玉竹中得到的化合物 POD-II（25*R*）的波谱数据对照（林厚文等，1994），其相对分子质量一致，均为 1048，差别在另一个羟基取代的位置上（Lin et al., 1994）。POD-II 在 C-3（78.4，CH）和 C-14（86.2，C）各有一个羟基，而化合物 I -8 的 HMBC 谱中，18-CH$_3$ 质子分别与 C-17（62.85，CH）和 C-14（56.76，CH）相关，19-CH$_3$ 质子与 C-9（50.41，CH）相关，说明该化合物的 C-14 位没有被羟基取代。这在化合物 I -8 的 ^{13}C-NMR 谱和 HMBC 谱中可以得到进一步证实。HMBC 谱中，18-CH$_3$ 质子分别与 C-17（62.85，CH）和 C-14（56.76，CH）相关，19-CH$_3$ 质子与 C-9（50.41，CH）相关，说明该化合物的 C-14 位没有被羟基取代。如果连有羟基的碳为伯碳或仲碳，则其化学位移在更高场，而 ^{13}C-NMR 谱中，除去糖上 C″-3（86.93）的峰外，再也没有化学位移与它相近的峰，因此，可以断定该化合物的羟基只能在伯碳和仲碳上。所以，该羟基的取代位置可能在 C-1、C-2、C-4、C-7、C-11、C-12、C-23、C-24、C-26 或 18-CH$_3$、19-CH$_3$、27-CH$_3$、21-CH$_3$ 上。通过 ^{1}H-NMR 谱和 HMBC 谱可知，4 个甲基质子的化学位移没有向低场移动，说明羟基不可能连在伯碳上。HMBC 谱中，C-1（37.60，CH$_2$）与 19-CH$_3$ 质子相关，说明羟基不可能连在 C-1 位上。据此，可以推断羟基也不可能连在 C-2 位或 C-4 位上。同样以此推断，羟基也不可能连在 C-7、C-23、C-24 和 C-26 位上（与薯蓣皂苷元相比，其化学位移变化不大）。因此，羟基有可能连在 C-11 位或 C-12 位上。据报道，与 C-12 位上无取代的化合物相比，C-12 位连有羟基会对 α-位碳和 γ-位碳的化学位移影响很大，也就是对 C-12 位、C-17 位、C-9 位和 C-14 位化学位移影响较大（Coll et al., 1983；徐任生，1993）（表 7.9）。从表 7.9 可以看出，若为 12α-羟基，则其 C-12、C-9、C-17 和 C-14 的化学位移分别为 72.08Hz、45.30Hz、

54.04Hz 和 48.49Hz；若为 12β 羟基，则其 C-12、C-9、C-17 和 C-14 的化学位移分别为 79.60Hz、49.70Hz、61.90Hz 和 55.10Hz。在该化合物的 HMBC 和 ^{13}C-NMR 谱中，可知 C-9（50.41，CH）、C-17（62.85，CH）及 C-14（56.76，CH）与 12β 羟基的化合物类似。由此，可推断其分子中的另一个羟基连在 C-12 位上，且为 β 取向。以上分析进一步证实了化合物 I-8 的苷元为 25(S)-异菖香素。

^{1}H-NMR 谱中（δ/ppm）出现的 4 个糖的端基质子信号：5.65（1 H，d，J=7.38Hz）、5.45（1 H，s）、5.31（1 H，d，J=7.72Hz）、5.26（1 H，d，J=7.94Hz），以及 ^{13}C-NMR 谱中（δ/ppm，DEPT）出现的 4 个糖的端基碳信号：105.26（CH）、105.08（CH）、104.96（CH）、102.88（CH），证实该化合物分子中有 4 个糖基，且糖基之间均以 β 糖苷键连接。其糖基部分 NMR 波谱数据与文献报道的 POD-II 基本一致（Lin et al.，1994），结合文献，可初步确定 4 个糖基分别是一个 D-木糖、一个半乳糖和两个葡萄糖，糖链结构为：3-O-{β-D-吡喃葡萄糖基-(1→2)-[β-D-吡喃木糖基-(1→3)]-β-D-吡喃葡萄糖基-(1→4)}-β-D-吡喃半乳糖苷（林厚文等，1994）。

表 7.9 化合物 I-8 与其他化合物的部分 ^{13}C-NMR 波谱数据比较（Pyridine-d₅）

化合物	C-9	C-12	C-14	C-17
I-8	50.41	79.98	56.76	62.85
I-a	45.30	72.08	48.49	54.04
I-b	49.70	79.60	55.10	61.90
异菖香素	50.10	79.00	55.50	62.80
蒿丝塔皂苷	53.70	79.10	55.00	62.90

注：I-a 为 12-α 羟基；I-b 为 12β 羟基；蒿丝塔皂苷为 12-β 羟基

HMBC 谱中（δ/ppm），一个糖的端基质子 5.26（1 H，d，J=7.94Hz）与 C-3（79.98）相关，说明该糖连接在苷元的 3 位上；糖的端基质子 5.65（1 H，d，J=7.38Hz）与 C″-2（81.45）糖上的碳相关；糖的端基质子 5.31（1 H，d，J=7.72Hz）与 C″-3（86.93）糖上的碳相关；糖的端基质子 5.45（1 H，s）与 C′-4（77.74）糖上的碳相关（图 7.3）。从而进一步证实了化合物 I-8 的糖链结构。

综上所述，确定化合物 I-8 为 (25S)-螺甾-5-烯-3β,12β-二醇-3-O-{β-D-吡喃葡萄糖基-(1→2)-[β-D-吡喃木糖基-(1→3)]-β-D-吡喃葡萄糖基-(1→4)}-β-D-吡喃半乳糖苷（分子式为 $C_{50}H_{80}O_{23}$），为一未见文献报道的新化合物，该化合物的苷元也为新结构。其结构式见图 7.4，^{13}C-NMR 波谱数据见表 7.10。

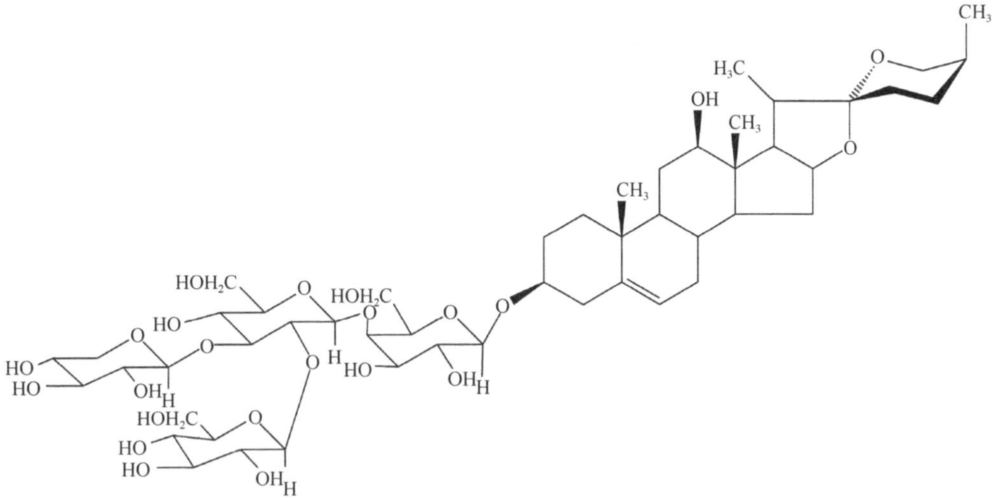

图 7.4 化合物 I-8 的结构

表 7.10　化合物 I-8 的 ^{13}C-NMR 波谱数据

I-8（Pyridine-d$_5$）测定值						POD-II（Pyridine-d$_5$，25R）文献值			
碳位置	δ$_C$/ppm	DEPT	碳位置	δ$_C$/ppm	DEPT	碳位置	δ$_C$/ppm	碳位置	δ$_C$/ppm
1	37.60	CH$_2$	1'	102.88	CH	1	37.4	1'	102.4
2	32.29	CH$_2$	2'	73.30	CH	2	31.7	2'	72.9
3	79.98	CH	3'	75.21	CH	3	78.4	3'	74.8
4	39.99	CH$_2$	4'	77.74	CH	4	42.3	4'	79.6
5	141.16	C	5'	75.69	CH	5	140.2	5'	75.9
6	121.73	CH	6'	60.69	CH$_2$	6	122.0	6'	60.3
7	30.10	CH$_2$	1''	104.96	CH	7	29.7	1''	104.5
8	31.77	CH	2''	81.45	CH	8	35.3	2''	81.0
9	50.41	CH	3''	86.93	CH	9	43.3	3''	86.5
10	37.16	C	4''	70.60	CH	10	37.1	4''	70.5
11	32.40	CH$_2$	5''	77.88	CH	11	20.1	5''	78.3
12	78.34	CH	6''	62.62	CH$_2$	12	31.7	6''	62.1
13	40.56	C	1'''	105.08	CH	13	44.8	1'''	104.7
14	56.76	CH$_2$	2'''	75.45	CH	14	86.2	2'''	75.0
15	39.37	CH$_2$	3'''	78.78	CH	15	39.0	3'''	78.0
16	81.30	CH	4'''	70.87	CH	16	81.7	4'''	70.7
17	62.85	CH	5'''	76.34	CH	17	59.6	5'''	77.5
18	19.51	CH$_3$	6'''	63.11	CH$_2$	18	19.8	6'''	62.7
19	16.47	CH$_3$	1''''	105.26	CH	19	19.0	1''''	104.8
20	42.59	CH	2''''	75.21	CH	20	41.8	2''''	75.2
21	14.99	CH$_3$	3''''	78.86	CH	21	15.1	3''''	77.3
22	109.86	C	4''''	71.18	CH	22	109.4	4''''	70.1
23	26.52	CH$_2$	5''''	67.47	CH	23	29.9	5''''	67.0
24	26.33	CH$_2$				24	29.1		
25	27.67	CH				25	30.3		
26	65.22	CH$_2$				26	66.6		
27	16.43	CH$_3$				27	17.1		

（3）化合物 I-9：(25S)-螺甾-5,14-二烯-3β 醇-3-O-{β-D-吡喃葡萄糖基-(1→2)-[β-D-吡喃木糖基-(1→3)]-β-D-吡喃葡萄糖基-(1→4)}-β-D-吡喃半乳糖苷

化合物 I-9 为白色粉末。[α]$_D^{22}$：−53°（c 0.037，EtOH）。Liebermann-Burchard 反应阳性，与 Ehrlich 试剂不显红色，提示化合物 I-9 属甾体皂苷类化合物。HR-MALDI-MS 显示分子离子峰：m/z 1053.487 70 [M+Na]$^+$，得出相对分子质量：1030.497 93，计算值为 1030.498 49。由此确定分子式为 C$_{50}$H$_{78}$O$_{22}$。

MALDI-MS 谱显示分子离子峰：m/z 1053.3 [M+Na]$^+$。^{1}H-NMR 谱（Pyridine-d$_5$，400MHz）中，高场区给出 4 个甲基质子信号，低场区给出 4 个糖的端基质子信号。^{13}C-NMR 谱（Pyridine-d$_5$，400MHz）和 DEPT 谱显示 4 组糖的碳信号、27 个苷元碳信号和 δ107.40ppm 的螺碳原子特征信号，据此判断，该化合物为具有螺环的甾体皂苷。

^{1}H-NMR 谱中（δ/ppm），甲基质子信号 1.16（3 H，d，J=7.1Hz）为 27-CH$_3$ 的质子信号，说明 27-CH$_3$ 为直立键（与平伏键相比，化学位移向低场移动），因此 C-25 为 S 构型。1.25（3 H，d，J=6.7Hz）、1.14（3 H，s）和 0.98（3 H，s）分别为 21-CH$_3$、18-CH$_3$ 和 19-CH$_3$ 的质子信号。此外，C-26 两个质子的化学位移差别较大，分别为 4.15（1 H，m）和 3.48（1 H，d，J=9.18Hz），进一步说明此化合物为 25S 构型的甾体皂苷。另外，5.53（1H，brs）为 C-15 烯质子信号，5.41（1H，brs）为 C-6 烯质子信号，分别与 ^{13}C-NMR 谱（δ/ppm，DEPT）中的 C-15（119.04，CH）和 C-6（121.45，CH）相对应。

HMBC 谱（Pyridine-d$_5$，400MHz）中（δ/ppm，DEPT），27-CH$_3$ 质子信号分别与 C-26（65.51，CH$_2$）、

C-25（27.67，CH）和 C-24（26.31，CH_2）相关。21-CH_3 质子信号分别与 107.40（C）、59.72（CH）、45.58（CH）的碳相关，其中 59.72 又与 18-CH_3 质子相关，表明 59.72 为 C-17 信号，则另 2 个碳分别为 C-22（107.40）和 C-20（45.58）。19-CH_3 质子信号分别与 C-5（140.55，C）、C-9（52.56，CH）和 C-1（37.36，CH_2）相关。18-CH_3 质子信号分别与 C-17（59.72，CH）、C-14（158.41，C）、C-13（46.81，C）和 C-12（43.56，CH_2）相关。C-15 烯质子信号（5.53）分别与 C-13（46.81，C）、C-16（85.01，CH）和 C-17（59.72，CH）相关。C-6 烯质子信号（5.41）分别与 C-4（39.29，CH_2）、C-8（31.51，CH）及 C-10（37.89，C）相关。其关键 ^{1}H -^{13}C HMBC 相关见图 7.5。

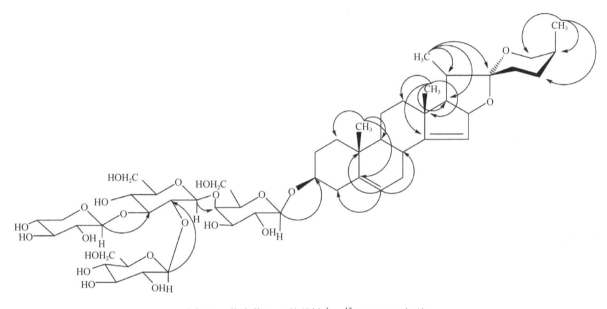

图 7.5　化合物 I -9 的关键 ^{1}H -^{13}C HMBC 相关

将化合物 I -9 与从江苏产玉竹中得到的化合物 POD-II（25S）的波谱数据对照（Lin et al.，1994），差别在双键的个数（表 7.11）（林厚文等，1994）。POD-II 的相对分子质量为 1032。而化合物 I -9 的相对分子质量为 1030.497 93，提示化合物 I -9 比化合物 POD-II 多了一个双键。POD-II 在 C-5（6）位有一个双键，而化合物 I -9 的 HMBC 谱中，19-CH_3 质子信号与 C-5（140.55，C）相关，说明一个双键的位置在 C-5（6）；18-CH_3 质子信号与 C-14（158.41，C）相关，说明另一个双键的位置在 C-14（15）位上。根据孙隆儒（1997）报道，对于甾体化合物来说，$\Delta^{14(15)}$ 的 ^{13}C-NMR 化学位移分别为 159.85ppm 和 119.47ppm 左右。因此，可以确定化合物 I -9 的两个双键分别在 C-5（6）和 C-14（15）位上。

表 7.11　化合物 I -9 的 ^{13}C-NMR 波谱数据

| I -9（Pyridine-d_5）测定值 | | | | | | POD- I （25S） | | | |
碳位置	δ_C/ppm	DEPT	碳位置	δ_C/ppm	DEPT	碳位置	δ_C/ppm	碳位置	δ_C/ppm
1	37.36	CH_2	1'	102.94	CH	1	37.3	1'	102.5
2	29.56	CH_2	2'	73.32	CH	2	29.9	2'	73.0
3	79.98	CH	3'	75.21	CH	3	78.5	3'	75.1
4	39.29	CH_2	4'	77.88	CH	4	39.0	4'	79.7
5	140.55	C	5'	76.36	CH	5	140.8	5'	76.0
6	121.45	CH	6'	60.66	CH_2	6	121.5	6'	60.4
7	30.19	CH_2	1''	104.98	CH	7	32.1	1''	104.6
8	31.51	CH	2''	81.46	CH	8	31.4	2''	81.1
9	52.56	CH	3''	86.91	CH	9	50.1	3''	86.5
10	37.89	C	4''	70.87	CH	10	36.8	4''	70.6

续表

I-9（Pyridine-d₅）测定值						POD-I（25S）			
碳位置	δ_C/ppm	DEPT	碳位置	δ_C/ppm	DEPT	碳位置	δ_C/ppm	碳位置	δ_C/ppm
11	21.53	CH₂	5″	78.35	CH	11	20.9	5″	78.0
12	43.56	CH₂	6″	62.63	CH₂	12	39.7	6″	62.2
13	46.81	C	1‴	105.09	CH	13	40.2	1‴	104.7
14	158.41	C	2‴	75.68	CH	14	56.4	2‴	74.9
15	119.04	CH	3‴	78.80	CH	15	32.0	3‴	78.4
16	85.01	CH	4‴	71.18	CH	16	80.9	4‴	70.8
17	59.72	CH	5‴	77.75	CH	17	62.5	5‴	77.4
18	19.32	CH₃	6‴	63.10	CH₂	18	16.2	6‴	62.7
19	18.83	CH₃	1⁗	105.29	CH	19	19.2	1⁗	104.9
20	45.58	CH	2⁗	75.44	CH	20	42.3	2⁗	75.3
21	14.59	CH₃	3⁗	78.80	CH	21	14.7	3⁗	77.5
22	107.40	C	4⁗	70.61	CH	22	109.7	4⁗	70.3
23	29.55	CH₂	5⁗	67.48	CH₂	23	26.2	5⁗	64.9
24	26.31	CH₂				24	26.0		
25	27.76	CH				25	27.3		
26	65.51	CH₂				26	66.7		
27	16.43	CH₃				27	16.2		

¹H-NMR 谱中（δ/ppm）出现的 4 个糖基的端基质子信号：5.66（1 H，d，J=7.18Hz）、5.45（1 H，s）、5.32（1 H，d，J=7.76Hz）、5.26（1 H，d，J=7.83Hz），以及 ¹³C-NMR 谱中（δ/ppm，DEPT）出现的 4 个糖基的端基碳信号：105.29（CH）、105.09（CH）、104.98（CH）、102.94（CH），证实该化合物分子中有 4 个糖基，且糖基之间均以 β 糖苷键连接。其糖基部分 NMR 波谱数据与文献报道的 POD-I 基本一致（Lin et al.，1994），结合文献，可初步确定 4 个糖基分别是一个 D-木糖、一个半乳糖和两个葡萄糖，糖链结构为：3-O-{β-D-吡喃葡萄糖基-(1→2)-[β-D-吡喃木糖基-(1→3)]-β-D-吡喃葡萄糖基-(1→4)}-β-D-吡喃半乳糖苷（Lin et al.，1994）。

HMBC 谱中（δ/ppm），一个糖的端基质子 5.26（1 H，d，J=7.83Hz）与 C-3（79.98）相关，说明该糖连接在苷元的 3 位上；5.32（1 H，d，J=7.76Hz）与 C″-3（86.91）糖上的碳相关；5.66（1 H，d，J=7.18Hz）与 C″-2（81.46）糖上的碳相关。从而进一步证实了化合物 I-9 的糖链结构（图 7.5）。

综上所述，确定化合物 I-9 为(25S)-螺甾-5,14-二烯-3β-醇-3-O-{β-D-吡喃葡萄糖基-(1→2)-[β-D-吡喃木糖基-(1→3)]-β-D-吡喃葡萄糖基-(1→4)}-β-D-吡喃半乳糖苷，为一未见文献报道的新化合物，该化合物的苷元也为新骨架的苷元，其结构式见图 7.6，¹³C-NMR 波谱数据见表 7.11。

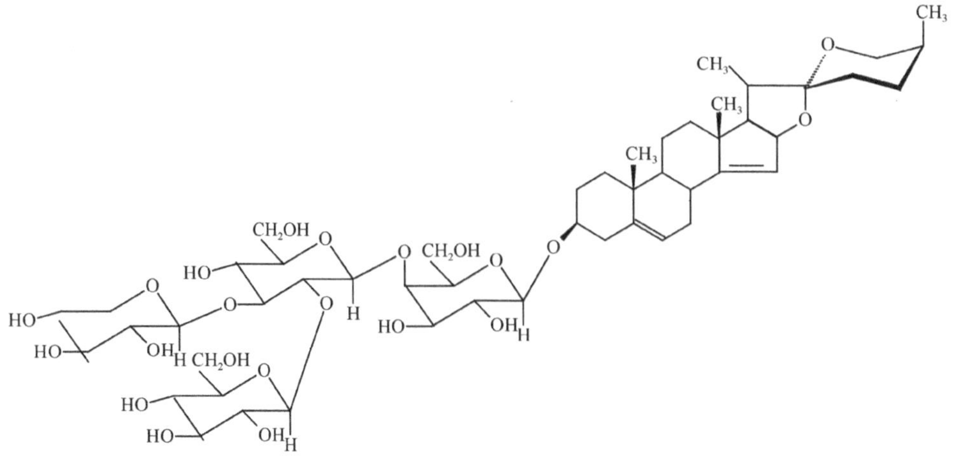

图 7.6 化合物 I-9 的结构

7.1.3.2　部分单体化合物的抑菌活性测定

（1）对植物病原菌的抑制效果

采用菌丝生长速率法，测定了供试单体化合物在 10μg/mL 浓度下对 7 种常见植物病原菌的抑制效果，其结果见表 7.12。从表 7.12 可以看出，供试的化合物均对苹果腐烂病原菌没有抑制作用，而对其他病原菌不但表现出一定的抑制活性，而且抑菌菌种各不相同。其中，化合物 I-1 对黄瓜炭疽病原菌的抑制效果最好，抑制率达到 100%，而对其他植物病原菌几乎没有抑制作用。化合物 I-2 和 I-5 均对黄瓜炭疽病原菌、白菜黑斑病原菌、棉黄萎病原菌和玉米大斑病原菌有较强的抑制效果。而化合物 I-4 和 I-6 则对黄瓜炭疽病原菌、白菜黑斑病原菌、棉黄萎病原菌和玉米大斑病原菌有较弱的抑制效果。值得注意的是，对于同一类高异黄烷酮化合物来说，其活性强弱还呈现一定的规律，即化合物 I-2 的活性最强，其次分别是化合物 I-5、I-4 和 I-6，这可能与它们的取代基种类和数目有一定的关系。化合物 I-7～I-9 为甾体皂苷类化合物，它们只对玉米大斑病原菌表现出较强的抑制效果，对其他植物病原菌的抑制效果均较弱。

表 7.12　玉竹根茎提取物中部分单体化合物对植物病原菌的抑制效果

| 化合物 | 抑制率/% | | | | | | |
	玉米大斑病原菌 Exserohilum turcicum	白菜黑斑病原菌 Alternaria brassicae	棉黄萎病原菌 Verticillium dahliae	苹果腐烂病原菌 Valsa mali	葡萄灰霉病原菌 Botrytis cinerea	黄瓜炭疽病原菌 Colletotrichum lagenarium	小麦赤霉病原菌 Fusarium graminearum
I-1	0.00	0.00	4.76	0.00	1.64	100	30.59
I-2	54.36	63.56	58.24	0.00	48.64	72.12	42.40
I-4	28.64	15.06	19.52	0.00	19.26	30.83	12.35
I-5	48.24	41.67	34.92	0.00	24.80	40.00	20.64
I-6	21.20	11.67	16.67	0.00	18.40	28.00	8.82
I-7	68.24	0.00	4.76	0.00	5.68	0.00	0.00
I-8	74.36	2.56	6.35	0.00	21.64	27.50	0.00
I-9	70.28	0.00	9.56	0.00	1.00	23.33	0.00

注：化合物浓度为 10μg/mL

（2）对细菌的抑制效果

采用滤纸片扩散法，测定了供试单体化合物在 100μg/mL 浓度下对 4 种常见细菌的抑制效果，其结果见表 7.13。可以看出，供试的单体化合物对大肠杆菌的抑制效果均比红霉素强，其中高异黄烷酮类化合物 I-2 和 I-5 的抑菌圈直径较大，达 12mm 及以上。甾体皂苷类化合物 I-7 对大肠杆菌有较强的抑制效果，而对其他菌抑制效果很弱。对于蜡状芽孢杆菌来说，化合物 I-1、I-2 的抑制能力最强，抑菌圈直径高达 12mm 及以上；化合物 I-5、I-8 和 I-9 的抑制作用也较强，抑菌圈直径达 8mm 以上，但所有的供试化合物对蜡状芽孢杆菌的抑制能力都没有红霉素强。对于灵杆菌来说，化合物 I-1 的抑制能力最强，其活性与红霉素相当，而其他化合物的抑制作用都较弱。对于马铃薯棒状杆菌来说，化合物 I-9 的抑制能力最强，其次是化合物 I-2、I-5 和 I-8。总体来说，化合物 I-1 对灵杆菌和蜡状芽孢杆菌有较强的抑制能力；化合物 I-2 对大肠杆菌、蜡状芽孢杆菌和马铃薯棒状杆菌表现出广谱的抑菌活性；化合物 I-5 对大肠杆菌、蜡状芽孢杆菌和马铃薯棒状杆菌表现出一定的抑制活性；化合物 I-7 仅对大肠杆菌具有抑制作用；化合物 I-8 和 I-9 对蜡状芽孢杆菌和马铃薯棒状杆菌具有较强的抑制活性。

表7.13 部分单体化合物对细菌的抑制效果

化合物	抑菌圈直径/mm			
	大肠杆菌 *E. coli*	蜡状芽孢杆菌 *Bacillus cereus*	灵杆菌 *Bacillus prodigious*	马铃薯棒状杆菌 *Corynebacterium sepedonium*
Ⅰ-1	4.00	12.00	12.63	3.28
Ⅰ-2	15.00	12.64	8.78	11.26
Ⅰ-4	6.00	5.80	4.00	8.64
Ⅰ-5	12.00	8.24	5.64	9.50
Ⅰ-6	4.00	5.56	3.24	1.56
Ⅰ-7	9.00	3.36	2.58	4.82
Ⅰ-8	2.00	9.68	3.28	8.84
Ⅰ-9	2.00	9.36	2.98	12.36
红霉素	0.00	24.20	12.00	16.00

注：化合物浓度为100μg/mL。

7.1.3.3 部分单体化合物的化感作用测定

由于化感作用测定需要的样品量大，而且皂苷类化合物没有化感作用。因此，采用培养皿-滤纸片法测定了Ⅰ-4和Ⅰ-5两种高异黄烷酮类化合物对小麦、黄瓜和萝卜种子萌发、幼苗苗高和根长生长的影响，其结果见表7.14。从表7.14可以看出，2种化合物在不同浓度下，均对受体作物的发芽没有影响，对3种受体作物的根长生长抑制能力最强，

表7.14 部分单体化合物的化感作用测定

化合物	样品浓度/ （mg/mL）	对发芽的抑制率/%			对生长的抑制率/%					
					萝卜		黄瓜		小麦	
		萝卜	黄瓜	小麦	根长	苗高	根长	苗高	根长	苗高
Ⅰ-4	0.50	0.00	0.00	0.00	84.67	38.43	30.70	+2.6	88.18	75.35
Ⅰ-5	0.50	0.00	0.00	0.00	87.85	53.76	68.71	48.65	90.87	76.93
Ⅰ-5	0.10	0.00	0.00	0.00	53.65	18.65	+38.46	0.00	25.52	13.39
Ⅰ-5	0.02	0.00	0.00	0.00	33.58	4.48	+7.60	0.00	15.20	15.63

注："+"表示促进。

对苗高的生长则表现出不同程度的抑制或促进作用。总体来说，化合物Ⅰ-5的化感作用要比化合物Ⅰ-4强，而且对黄瓜的生长表现出"高抑低促"效应，对萝卜和小麦的生长则均表现出抑制作用。化合物Ⅰ-4除了对黄瓜的幼苗苗高生长表现出轻微的促进作用外，对其他两种受体作物的生长均表现出抑制作用。3种受体作物对各化合物化感作用的敏感程度也不同，小麦最敏感，其次是萝卜和黄瓜。

7.1.3.4 小结

1）利用硅胶、RP-18和Sephadex LH-20等色谱分离手段从玉竹根茎中分离得到19种化合物，通过各种波谱技术并与文献对照，鉴定了16种化合物的结构。其中有3种新化合物，分别为玉竹黄烷酮A（6-甲基-5,7-二羟基-4′,8-二甲氧基高异黄烷酮，Ⅰ-2）、(25*S*)-螺甾-5-烯-3β,12β-二醇-3-O-{β-D-吡喃葡萄糖基-(1→2)-[β-D-吡喃木糖基-(1→3)]-β-D-吡喃葡萄糖基-(1→4)}-β-D-吡喃半乳糖苷（Ⅰ-8）、(25*S*)-螺甾-5,14-二烯-3β-醇-3-O-{β-D-吡喃葡萄糖基-(1→2)-[β-D-吡喃木糖基-(1→3)]-β-D-吡喃葡萄糖基-(1→4)}-β-D-吡喃半乳糖苷（Ⅰ-9），化合物Ⅰ-8和Ⅰ-9的皂苷元为新苷元。首次从该植物中分离得到的8种化合物分别为

(24*R*/*S*)-9,19-环阿尔廷-25-烯-3β,24-二醇（Ⅰ-1）、甲基麦冬黄烷酮 B（Ⅰ-3）、6-甲基-4′,5,7-三羟基-8-甲氧基高异黄烷酮（Ⅰ-5）、6-甲基-4′,5,7-三羟基高异黄烷酮（Ⅰ-6）、α-软脂酸甘油酯（Ⅰ-10）、(*Z*)-6-十九碳烯酸（Ⅰ-14）、棕榈酸甲酯（Ⅰ-15）和二十八碳酸（Ⅰ-16）。另外，还首次从该植物中分离得到 1 种 25*S* 构型的甾体皂苷单体化合物和 1 种碳甲基化的高异黄烷酮类化合物，分别为(25*S*)-螺甾-5-烯-3β,14α-二醇-3-*O*-{β-D-吡喃葡萄糖基-(1→2)-[β-D-吡喃木糖基-(1→3)]-β-D-吡喃葡萄糖基-(1→4)}-β-D-吡喃半乳糖苷（Ⅰ-7）和 6,8-二甲基-4′,5,7-三羟基高异黄烷酮（Ⅰ-4）。此外，还有 β-谷甾醇（Ⅰ-11）、胡萝卜苷（Ⅰ-12）和水杨酸（Ⅰ-13）。

2）从玉竹中分离到的 9,19-环阿尔廷醇三萜化合物和 5 种碳甲基化的高异黄烷酮是迄今为止从黄精属植物中得到的仅有的 1 种 9,19-环阿尔廷醇三萜化合物和 5 种高异黄烷酮类化合物，为从化学分类方面对黄精属植物进行分类订正及进一步探讨其种与种之间乃至与百合科其他属的亲缘关系提供了基础资料。

3）在天然产物中，25*S* 构型的甾体皂苷非常少见，本节从玉竹中分离到了两种新的 12β-羟基和 14(15)烯的 25*S* 构型甾体皂苷，丰富了该类天然产物化学内容，并为其化学结构研究提供了一定的依据。

4）抑菌活性试验结果表明，所有的供试化合物均表现出自己特有的生理活性。化合物 Ⅰ-1 对黄瓜炭疽病原菌的抑制率达到 100%，对灵杆菌的抑制能力与红霉素相当。化合物 Ⅰ-2 和 Ⅰ-5 均对黄瓜炭疽病原菌、白菜黑斑病原菌、棉黄萎病原菌、玉米大斑病原菌、大肠杆菌、蜡状芽孢杆菌和马铃薯棒状杆菌有较强的抑制效果；甾体皂苷类化合物Ⅰ-7～Ⅰ-9 均对玉米大斑病原菌表现出较强的抑制效果，对其他植物病原菌的抑制效果均较弱；此外，化合物Ⅰ-7 仅对供试细菌中的大肠杆菌具有抑制作用，而化合物Ⅰ-8 和Ⅰ-9 则对蜡状芽孢杆菌和马铃薯棒状杆菌具有较强的抑制活性。

5）化感作用试验结果表明，化合物Ⅰ-4 和化合物Ⅰ-5 在不同浓度下均对受体作物的发芽没有影响，对 3 种受体作物的根长生长抑制能力最强，对苗高的生长则表现出不同程度的抑制或促进作用。总体来说，化合物Ⅰ-5 的化感作用要比化合物Ⅰ-4 强，而且对黄瓜的生长表现出"高抑低促"作用，对萝卜和小麦的生长则均表现出抑制作用。化合物Ⅰ-4 除了对黄瓜的幼苗苗高生长表现出轻微的促进作用外，对其他 2 种受体作物的生长均表现出抑制作用。3 种受体作物对各化合物化感作用的敏感程度也不同，小麦最敏感，其次是萝卜和黄瓜。

7.2　卷叶黄精化学成分及其生物活性研究

卷叶黄精（*P. cirrhifolium*），俗名老虎姜，为百合科黄精属植物，是秦岭山区一种普通的民间食疗中药。其根茎肥大，呈不规则结节块状，形似生姜。主要分布在秦岭的南北坡，在海拔 800～1500m 均有分布。有关其化学成分和生物活性的研究较少。

7.2.1　卷叶黄精根茎不同溶剂萃取物的抑菌活性研究

黄精作为一种抗霉菌中药早已应用于中医临床（Cai et al.，2002）。研究表明，黄精根茎提取物具有增强免疫、抗病毒和抑制脂质过氧化等多种功能。虽然黄精在医药、食品工业等领域已显示出良好的应用前景，但在抗植物病原菌活性及应用方面的研究鲜见报道。

7.2.1.1　卷叶黄精根茎不同溶剂萃取物对植物病原菌的抑制活性初筛试验

卷叶黄精根茎不同溶剂萃取物对植物病原菌的抑制活性初筛试验结果见表 7.15。卷叶黄精根茎提取物对所选 10 种植物病原菌的抑制活性存在显著差异（*F*=2.87），各样品对 7 种植物病原菌呈现不同程度的抑制活性，均对葡萄白腐病原菌、棉枯萎病原菌和黄瓜炭疽病原菌没有抑制活性。对各样品的平均抑菌率进行多重比较，发现乙酸乙酯萃取物（样品 B）、正丁醇萃取物（样品 C）和水相浓缩物（样品 D）对植物病原菌的抑制活性较明显，差异不显著。而且各样品的抑菌菌种各不相同，其中正丁醇萃取物对玉米大斑病原菌、棉黄萎病原菌、苹果褐腐病原菌和辣椒晚疫病原菌表现出一定的抑制效果，抑制率分别为 70.28%、71.60%、88.80% 和 49.43%。乙酸乙酯萃取物对苹果腐烂病原菌、番茄黑霉病原菌、葡萄灰霉病原菌的抑制率分别为 78.95%、52.29% 和 41.86%。水相浓缩物除了对玉米大斑病原菌有一定的抑制效果（抑制率为 66.50%）外，对其他病原菌的抑制效果均不明显。石油醚萃取物（样品 A）对供试植物病原菌均无明显抑制活性。

表 7.15　卷叶黄精根茎不同溶剂萃取物对植物病原菌的抑制活性初筛试验结果

样品	抑制率/%										平均抑制率/%
	Z_1	Z_2	Z_3	Z_4	Z_5	Z_6	Z_7	Z_8	Z_9	Z_{10}	
A	0.00	5.64	6.24	0.00	0.00	0.00	0.00	0.00	8.72	2.95	2.36a
B	10.30	41.86	52.29	0.00	13.21	0.00	25.00	0.00	78.95	24.80	24.64b
C	70.28	12.36	8.72	0.00	49.43	0.00	71.60	0.00	20.01	88.80	32.12b
D	66.50	0.00	0.00	0.00	9.86	0.00	20.50	0.00	9.85	32.48	13.92b
F 值	2.87*										

注：$F_{0.05}(3,36)=2.87$。样品浓度为 1000μg/mL。数据后标相同小写字母者表示差异不显著（$P>0.05$），标不同小写字母者表示差异显著（$P<0.05$）。Z_1. 玉米大斑病原菌（*Exserohilum turcicum*）；Z_2. 葡萄灰霉病原菌（*Botrytis cinerea*）；Z_3. 番茄黑霉病原菌（*Phytophthora infestans*）；Z_4. 葡萄白腐病原菌（*Coniothyrium diplodiella*）；Z_5. 辣椒晚疫病原菌（*Phytophorm capsici*）；Z_6. 黄瓜炭疽病原菌（*Colletotrichum lagenarium*）；Z_7. 棉黄萎病原菌（*Verticillium dahliae*）；Z_8. 棉枯萎病原菌（*Fusarium oxysporum*）；Z_9. 苹果腐烂病原菌（*Valsa mali*）；Z_{10}. 苹果褐腐病原菌（*Monilia frugtigena*）

7.2.1.2　卷叶黄精根茎不同溶剂萃取物对植物病原菌的毒力测定

通过活性初筛试验可知，正丁醇萃取物（样品 C）对 4 种病原菌、乙酸乙酯萃取物（样品 B）对 3 种病原菌、水相浓缩物（样品 D）对 1 种病原菌有明显的抑制活性，而且各样品的抑菌菌种各不相同。为了考察各样品对相关病原菌的抑制活性，进行了毒力测定，结果见表 7.16。

表 7.16　卷叶黄精根茎不同溶剂萃取物对植物病原菌菌丝生长的毒力测定结果

样品	菌种	毒力回归方程	r	EC_{50}/（μg/mL）
B	葡萄灰霉病原菌 *B. cinerea*	$y=-0.75542+0.395642x$	0.9675*	1489.77
	苹果腐烂病原菌 *V. mali*	$y=-1.16178+0.642461x$	0.9752*	386.00
	番茄黑霉病原菌 *P. infestans*	$y=-1.11882+0.551108x$	0.9913*	865.75
C	苹果褐腐病原菌 *M. frugtigena*	$y=-1.01594+0.62718x$	0.9843*	261.26
	辣椒晚疫病原菌 *P. capsi*	$y=-0.49344+0.326213x$	0.9956*	1110.13
	玉米大斑病原菌 *E. turcicum*	$y=-0.70279+0.467063x$	0.9971*	376.03
	棉黄萎病原菌 *V. dahliae*	$y=-1.04496+0.586653x$	0.9980*	430.05
D	玉米大斑病原菌 *E. turcicum*	$y=-0.70873+0.463409x$	0.9873*	405.83

注：$r_{0.01}$（3）=0.9587。样品浓度分别为 2000μg/mL、1000μg/mL、500μg/mL、250μg/mL、125μg/mL；*表示差异显著

由表 7.16 可知，乙酸乙酯萃取物对苹果腐烂病原菌、番茄黑霉病原菌抑制作用较强，EC_{50} 分别为 386.00μg/mL、865.75μg/mL，而对葡萄灰霉病原菌的抑制作用相对较弱，EC_{50} 为 1489.77μg/mL。正丁醇萃取物对苹果褐腐病原菌、玉米大斑病原菌、棉黄萎病原菌的抑制作用较强，EC_{50} 分别为 261.26μg/mL、376.03μg/mL 和 430.05μg/mL，对辣椒晚疫病原菌的抑制作用相对较弱，EC_{50} 为 1110.13μg/mL。水相浓缩物对玉米大斑病原菌的抑制作用较正丁醇萃取物弱，EC_{50} 为 405.83μg/mL。此外，从毒力回归方程和 r 值可以看出，不同浓度的各样品对植物病原菌的抑制活性差异显著，而且和浓度呈正相关性，即各样品对植物病原菌的毒力随着浓度的增大而增强。

7.2.1.3　卷叶黄精根茎不同溶剂萃取物对植物病原菌的抑制效果

卷叶黄精根茎不同溶剂萃取物对植物病原菌的抑制效果见表 7.17。由表 7.17 可知，卷叶黄精各样品随着作用时间的延长，除了对苹果腐烂病原菌的抑制活性没有影响之外（$F=0.37$），对其他植物病原菌的抑制活性影响均显著，而且均呈现不同程度的下降趋势。多重比较结果表明，正丁醇萃取物（样品 C）对辣椒晚疫病原菌的抑制活性在作用 72h 后，持效性较好，下降幅度不大。水相浓缩物（样品 D）对玉米大斑病原菌的抑制活性在 48～72h 内比较稳定，随后呈下降趋势。乙酸乙酯萃取物（样品 B）对葡萄灰霉病原菌和番茄黑霉病原菌的抑制率随着作用时间的延长，下降幅度较大，在 48～96h 分别下降了 52.28%和 44.62%。正丁醇萃取物对苹果褐腐病原菌、玉米大斑病原菌、棉黄萎病原菌和辣椒晚疫病原菌的抑制率分别下降了 10.24%、27.22%、30.99%和 19.38%。综上所述，卷叶黄精根茎萃取物对苹果腐烂病原菌抑制作用的持效性最好，其次是苹果褐腐病原菌、玉米大斑病原菌和辣椒晚疫病原菌。

表 7.17　卷叶黄精根茎不同溶剂萃取物样品作用时间对植物病原菌抑制率的影响

样品	菌种	抑制率/%			F 值
		2d	3d	4d	
B	葡萄灰霉病原菌 B. cinerea	59.20a	41.86b	28.25c	239.39*
	番茄黑霉病原菌 P. infestans	68.91a	52.29b	38.16c	214.83*
	苹果腐烂病原菌 V. mali	80.05	78.95	78.71	0.37
C	苹果褐腐病原菌 M. frugtigena	94.81a	88.80b	85.10c	196.13*
	辣椒晚疫病原菌 P. capsi	56.34a	49.43b	45.42b	60.56*
	玉米大斑病原菌 E. turcicum	80.01a	70.28b	58.23c	61.01*
	棉黄萎病原菌 V. dahliae	84.70a	71.60b	58.45c	395.19*
D	玉米大斑病原菌 E. turcicum	72.13a	66.50a	53.60b	92.73*

注：$F_{0.01}$（2，3）=30.82。浓度为 1000μg/mL；同一列不同英文字母表示差异显著（$P<0.05$）；*表示差异显著

7.2.1.4　小结

本部分采用菌丝生长速率法研究了卷叶黄精根茎提取物对植物病原菌的抑制活性，结果如下。

（1）卷叶黄精对所选 10 种植物病原菌中的 7 种呈现不同程度的抑制活性，而且各萃取物的抑菌菌种各不相同，其中正丁醇萃取物对 4 种病原菌、乙酸乙酯萃取物对 3 种病原菌有明显的抑制活性，水相浓缩物仅对 1 种病原菌有抑制活性，而石油醚萃取物对供试植物病原菌没有抑制活性。

（2）正丁醇萃取物对苹果褐腐病原菌、玉米大斑病原菌、棉黄萎病原菌的抑制作用较强，EC_{50} 分别为 261.26μg/mL、376.03μg/mL 和 430.05μg/mL；乙酸乙酯萃取物对苹果腐烂病原菌、番茄黑霉病原菌的抑制作用较强，EC_{50} 分别为 386.00μg/mL 和 865.75μg/mL，各样品对植物病原菌的毒力随着浓度的增大而增强。

（3）卷叶黄精对植物病原菌的抑制活性随着作用时间的延长，均呈现不同的下降趋势。

7.2.2　卷叶黄精根茎的化学成分研究

7.2.2.1　卷叶黄精化学成分分离和鉴定

抑菌活性结果显示，卷叶黄精的 4 种萃取物中都存在着不同活性物质，而且活性成分的种类和药效均不同。

利用硅胶、RP-18 和 Sephadex LH-20 等色谱分离手段从卷叶黄精的根茎中分离得到 10 种化合物，通

过 ^{1}H-NMR、^{13}C-NMR、DEPT、EI-MS、快速原子轰击质谱（FAB-MS）等波谱技术以及与文献对照，鉴定了9种化合物的结构，其中有1种新的酰胺类化合物，为黄精酰胺 A [N,N-二(2,5-二羟基苯甲酰基)-2,5-二羟基苯甲酰胺，II-1]；8种首次从该植物中分离得到的化合物，分别为薯蓣皂素（II-2）、(25R/S)-螺甾-5-烯-3β-醇-3-O-α-L-鼠李糖(1→2)-[α-L-鼠李糖(1→4)]-β-D-葡萄糖苷（II-3）、(25R)-螺甾-5-烯-3β-醇-3-O-α-L-鼠李糖(1→4)-β-D-葡萄糖苷（II-4）、正丁基-β-D-吡喃果糖苷（II-5）、β-谷甾醇（II-6）、胡萝卜苷（II-7）、(Z)-6-十九碳烯酸（II-8）和(Z)-6-十八碳烯酸（II-9）。详见表 7.18。

表 7.18　从卷叶黄精中分离的化合物

编号	名称	结构	特性
II-1	黄精酰胺 A[N,N-二(2,5-二羟基苯甲酰基)-2,5-二羟基苯甲酰胺]	酰胺	新化合物
II-2	薯蓣皂素	甾体皂苷元	首次从该植物得到
II-3	(25R/S)-螺甾-5-烯-3β-醇-3-O-α-L-鼠李糖(1→2)-[α-L-鼠李糖(1→4)]-β-D-葡萄糖苷	甾体皂苷	首次从该植物得到
II-4	(25R)-螺甾-5-烯-3β-醇-3-O-α-L-鼠李糖(1→4)-β-D-葡萄糖苷	甾体皂苷	首次从该植物得到
II-5	正丁基-β-D-吡喃果糖苷	糖苷	首次从该植物得到
II-6	β-谷甾醇	甾醇	首次从该植物得到
II-7	胡萝卜苷	甾体皂苷	首次从该植物得到
II-8	(Z)-6-十九碳烯酸	脂肪酸	首次从该植物得到
II-9	(Z)-6-十八碳烯酸	脂肪酸	首次从该植物得到
II-10	白色膜状物	神经酰胺	首次从该植物得到

7.2.2.2　部分单体化合物的抑菌活性测定

（1）对细菌的抑制效果

部分单体化合物对细菌的抑制效果见表 7.19。由表 7.19 可知，在供试细菌中，卷叶黄精总甾体皂苷 R、化合物 II-3 及化合物 II-4 对细菌的抑制活性总体上没有 II-2 的作用强。4个供试样品均对大肠杆菌没有抑制活性。总甾体皂苷 R 除了对巨大芽孢杆菌、蜡状芽孢杆菌、普通变形杆菌有较弱的抑制活性外，对其他细菌几乎无抑制作用；化合物 II-3 及化合物 II-4 对枯草芽孢杆菌、普通变形杆菌有一定的抑制活性，而对其他细菌均无抑制活性；而其皂苷元（化合物 II-2）对产气杆菌有较弱的抑制作用，对普通变形杆菌、蜡状芽孢杆菌、枯草芽孢杆菌的抑制作用较强。

表 7.19　卷叶黄精根茎提取物中部分单体化合物对细菌的抑制效果

样品	抑菌圈直径/mm						
	金黄色葡萄球菌 *Staphylococcus aureus*	巨大芽孢杆菌 *Bacillus megaterium*	蜡状芽孢杆菌 *Bacillus cereus*	枯草芽孢杆菌 *Bacillus subtilis*	普通变形杆菌 *Proteus vulgaris*	大肠杆菌 *Escherichia coli*	产气杆菌 *Enterobacter aerogenes*
R	—	6.24	5.68	—	6.98	—	—
II-2	—	—	11.06	12.87	15.96	—	9.85
II-3	—	—	—	12.37	8.57	—	—
II-4	—	—	—	12.60	10.60	—	—

注：R 的浓度为 1000μg/mL，其他化合物的浓度均为 400μg/mL

（2）对植物病原菌的抑制效果

部分单体化合物对 14 种植物病原菌的抑制效果见表 7.20。由表 7.20 可知，4个样品均对小麦赤霉病原菌和油松猝倒 B 病原菌没有抑制活性。除了油松猝倒 A 病原菌外，总甾体皂苷 R、化合物 II-3 及化合物 II-4 对植物病原菌的抑制效果较明显，均比化合物 II-2 的作用强，且对各菌种的抑制效果各不相同，其中总甾体皂苷 R 对玉米大斑病原菌、棉黄萎病原菌、三倍体毛白杨溃疡病原菌的抑制效果较好，抑制率分别高达 69.0%、71.6%、84.1%，对杨树烂皮病原菌也表现出专属的抑制效果，抑制率为 36.4%。化合物 II-3 及化合 II-4 对玉米大斑病原菌、三倍体毛白杨溃疡病原菌的抑制效果较好，抑制率均达 70% 以上，对油松猝倒 A 病原菌、核桃根腐烂病原菌也表现出一定的抑制效果，抑制率均为 35% 以上。化合物 II-2 除了对油松猝倒 A 病原菌的抑制效果明显（抑制率为 52.4%）外，对其他病原菌的抑制效果均不明显。

表 7.20 卷叶黄精根茎提取物中部分单体化合物对植物病原菌的抑制效果

样品	抑制率/%													
	Z_1	Z_2	Z_3	Z_4	Z_5	Z_6	Z_7	Z_8	Z_9	Z_{10}	Z_{11}	Z_{12}	Z_{13}	Z_{14}
R	69.0	19.6	0	20.8	28.9	4.0	0	71.6	36.4	4.9	0	2.7	0	84.1
II-2	13.4	6.3	0	18.6	14.2	6.0	0	19.9	0	3.9	52.4	7.4	0	7.6
II-3	76.0	16.5	22.5	21.4	15.3	13.6	0	20.7	0	0	40.1	35.2	0	73.7
II-4	74.3	10.5	19.3	20.6	14.2	15.6	0	21.8	0	0	39.6	41.7	0	72.8

注：R 的浓度为 1000μg/mL，其他化合物的浓度均为 400μg/mL

Z_1. 玉米大斑病原菌（*Exserohilum turcicum*）、Z_2. 辣椒晚疫 PT 病原菌（*Phytophthora capsici* PT）、Z_3. 辣椒晚疫 pH 病原菌（*Phytophthora capsici* pH）、Z_4. 黄瓜炭疽病原菌（*Colletotrichum lagenarium*）、Z_5. 苹果腐烂病原菌（*Valsa mali*）、Z_6. 白菜黑斑病原菌（*Alternaria brassicae*）、Z_7. 小麦赤霉病原菌（*Fusarium graminearum*）、Z_8. 棉黄萎病原菌（*Verticillium dahliae*）、Z_9. 杨树烂皮病原菌（*Cytospora chrysosperma*）、Z_{10}. 苹果果腐病原菌（*Trichothecium roseum*）、Z_{11}. 油松猝倒 A 病原菌（*Fusarium oxysporum*）、Z_{12}. 核桃根腐烂病原菌（*Colletotrichum coffearum*）、Z_{13}. 油松猝倒 B 病原菌（*Rhizoctonia solani*）、Z_{14}. 三倍体毛白杨溃疡病原菌（*Botryosphaeria ribis*）

（3）对植物病原菌菌丝生长的毒力测定结果

通过活性初筛试验可知，卷叶黄精总甾体皂苷 R 对玉米大斑病原菌、棉黄萎病原菌、三倍体毛白杨溃疡病原菌，化合物 II-3 及 II-4 对玉米大斑病原菌、三倍体毛白杨溃疡病原菌，化合物 II-2 对油松猝倒 A 病原菌有明显的抑制效果。为了进一步考察各样品对相关病原菌的抑制活性的大小，进行了毒力测定，结果见表 7.21。由表 7.21 可知，总甾体皂苷 R 对玉米大斑病原菌、棉黄萎病原菌、三倍体毛白杨溃疡病原菌的 EC_{50} 分别为 376.03μg/mL、430.05μg/mL、194.85μg/mL；化合物 II-3 对玉米大斑病原菌、三倍体毛白杨溃疡病原菌的抑制作用较强，EC_{50} 分别为 46.77μg/mL、57.54μg/mL；化合物 II-4 对玉米大斑病原菌、三倍体毛白杨溃疡病原菌的 EC_{50} 分别为 60.50μg/mL、57.65μg/mL；化合物 II-2 对油松猝倒病 A 病原菌的抑制作用相对较弱，EC_{50} 为 288.40μg/mL。从毒力回归方程可以看出，各样品对植物病原菌菌丝生长的毒力随着浓度的增大而增强，即浓度的对数与抑制率呈正相关性。

表 7.21 卷叶黄精根茎提取物中部分单体化合物对植物病原菌菌丝生长的毒力测定结果

样品	菌种	毒力回归方程	r	EC_{50}/（μg/mL）
R	玉米大斑病原菌 *E. turcicum*	$y=0.4671x-0.703$	0.9971[*]	376.03
	棉黄萎病原菌 *V. dahliae*	$y=0.5866x-1.045$	0.9980[*]	430.05
	三倍体毛白杨溃疡病原菌 *B. ribis*	$y=0.3237x-0.241$	0.9853[*]	194.85
II-2	油松猝倒病 A 病原菌 *F. oxysporum*	$y=0.2375x-0.086$	0.9907[*]	288.40
II-3	玉米大斑病原菌 *E. turcicum*	$y=0.2882x+0.018$	0.9939[*]	46.77
	三倍体毛白杨溃疡病 *B. ribis*	$Y=0.2624x+0.038$	0.9702[*]	57.54
II-4	玉米大斑病原菌 *E. turcicum*	$y=0.3755x-0.169$	0.9808[*]	60.50
	三倍体毛白杨溃疡病 *B. ribis*	$y=0.4875x-0.358$	0.9788[*]	57.65

*表示差异显著

7.2.2.3 小结

1）利用硅胶、RP-18 和 Sephadex LH-20 等色谱分离手段从卷叶黄精的根茎中分离得到 11 种化合物，

通过 ^{1}H-NMR、^{13}C-NMR、DEPT、EI-MS、FAB-MS 等波谱技术以及与文献对照，鉴定了 9 种化合物的结构，其中有 1 种新的酰胺类化合物，为黄精酰胺 A [*N,N*-二(2,5-二羟基苯甲酰基)-2,5-二羟基苯甲酰胺，Ⅱ-1]；8 种首次从该植物中分离得到的化合物，分别为薯蓣皂素（Ⅱ-2）、(25*R/S*)-螺甾-5-烯-3*β*-醇-3-*O*-*α*-L-鼠李糖(1→2)-[*α*-L-鼠李糖(1→4)]-*β*-D-葡萄糖苷（Ⅱ-3）、(25*R*)-螺甾-5-烯-3*β*-醇-3-*O*-*α*-L-鼠李糖(1→4)-*β*-D-葡萄糖苷（Ⅱ-4）、正丁基-*β*-D-吡喃果糖苷（Ⅱ-5）、*β*-谷甾醇（Ⅱ-6）、胡萝卜苷（Ⅱ-7）、(*Z*)-6-十九碳烯酸（Ⅱ-8）和(*Z*)-6-十八碳烯酸（Ⅱ-9）。

2）卷叶黄精总甾体皂苷 R、化合物Ⅱ-3 及化合物Ⅱ-4 对细菌的抑制活性总体上没有Ⅱ-2 的作用强。4 个样品均对大肠杆菌没有活性。总甾体皂苷 R 除了对巨大芽孢杆菌、蜡状芽孢杆菌、普通变形杆菌有较弱的抑制活性外，对其他细菌几乎无抑制作用；化合物Ⅱ-3 及Ⅱ-4 对枯草芽孢杆菌、普通变形杆菌有一定的抑制活性，而对其他细菌均无抑制活性；而其皂苷元（化合物Ⅱ-2）对产气杆菌有较弱的抑制作用，对普通变形杆菌、蜡状芽孢杆菌、枯草芽孢杆菌抑制作用较强。

3）卷叶黄精总甾体皂苷 R、化合物Ⅱ-3 及化合物Ⅱ-4 对植物病原菌的抑制活性均比化合物Ⅱ-2 的作用强，其中总甾体皂苷 R 对玉米大斑病原菌、棉黄萎病原菌、三倍体毛白杨溃疡病原菌的 EC_{50} 分别为 376.03μg/mL、430.05μg/mL、194.85μg/mL，对杨树烂皮病原菌也表现出专属的抑制效果，抑制率为 36.4%。化合物Ⅱ-3 对玉米大斑病原菌、三倍体毛白杨溃疡病的抑制作用较强，EC_{50} 分别为 46.77μg/mL、57.54μg/mL。化合物Ⅱ-4 对玉米大斑病原菌、三倍体毛白杨溃疡病的 EC_{50} 分别为 60.50μg/mL、57.65μg/mL。化合物Ⅱ-2 除了对油松猝倒 A 病原菌的抑制效果明显外，EC_{50} 为 288.40μg/mL，对其他病原菌的抑制效果均不明显。

7.3 玉竹多糖提取分离工艺研究

玉竹多糖是玉竹的主要有效成分，其组成为 D-果糖、D-甘露糖、D-葡萄糖和 D-半乳糖醛酸，物质的量比为 6∶3∶1∶1.5，玉竹中还含有玉竹果聚糖 A、B、C、D，其组成为葡萄糖和果糖（彭秋锡，2006）。研究发现，玉竹多糖对小鼠肉瘤 180 和艾氏腹水瘤（EAC）的肿瘤有明显抑制作用（许金波和陈正玉，1996）。玉竹多糖不但能够降低糖尿病小鼠的血糖、血脂水平，还可能对由血脂升高所造成的糖尿病的各种并发症具有一定的治疗作用。此外，玉竹多糖还具有抗肿瘤及提高人体免疫力的作用（周晔等，2005）。玉竹作为一种药食同源植物，具有广泛的市场及巨大的开发潜力，随着人们对玉竹多糖功能认识的深入，市场对玉竹多糖提取分离技术的需求也将逐步增多。因此有必要优化玉竹多糖提取和纯化的工艺。

7.3.1 醇沉条件对玉竹多糖提取的影响

7.3.1.1 乙醇浓度对玉竹多糖提取的影响

水提醇沉是多糖提取中较常用的方法，乙醇浓度对多糖的得率影响很大。一般情况下，多糖的相对分子质量越大，被沉淀下来所需的乙醇浓度越小。乙醇浓度对玉竹多糖提取效果的影响见表 7.22。从表 7.22 可以看出，乙醇浓度对玉竹多糖提取的影响非常显著，当醇沉乙醇浓度为 50%～70%时，根本就无沉淀产生，当乙醇浓度达到 80%时，在瓶壁上才有黏状物出现，但过滤也没有固形物沉出，乙醇浓度达到 90%时，才产生白色沉淀物，醇沉乙醇浓度为 95%时粗多糖得率和多糖含量达最高。多重比较结果表明，90%和 95%的乙醇浓度下醇析物多糖含量差异不显著，但多糖得率差异显著。虽然蛋白质沉淀量也是乙醇浓度为 95%时偏高，但由于蛋白质含量很少，仅为毫克级，所以可不予考虑。因此，一次沉淀的乙醇浓度以 95%为宜。另外，从不同乙醇沉淀所得玉竹多糖的得率可以看出，玉竹中的多糖相对分子质量偏小，主要是低聚糖。

表 7.22　乙醇浓度对玉竹多糖提取的影响（一次沉淀法）

乙醇浓度/%	醇析物		多糖		蛋白质	
	质量/g	得率/%	含量/%	得率/%	含量/%	得率/%
50	0	0	0	0	0	0
60	0	0	0	0	0	0
70	0	0	0	0	0	0
80	0	0	0	0	0	0
90	0.91	36.40	80.75	29.20	0.25	0.09
95	1.05	42.00	81.49	34.40	0.26	0.11
F 值			645.5^{**}	1036.01^{**}	141.7^{**}	81.16^{**}

注：$F(5, 6)_{0.05} = 4.39$，$F(5, 6)_{0.01} = 8.75$。**表示差异极显著

7.3.1.2　醇沉时间对玉竹多糖提取的影响

醇沉时间对玉竹多糖提取的影响见表 7.23。醇沉时间在 1~5h 时，醇析物和多糖的得率均随着沉淀时间的延长而增加，在 5h 达到最大值。5h 后，又随静置时间的延长而降低。这可能是由于多糖是多羟基化合物，静置时间越长，多糖中的羟基与乙醇中的羟基接触越充分，从而形成互溶体系，使多糖的醇析物质量有所减少。方差分析结果表明，醇沉时间对多糖含量、得率及蛋白质含量的影响差异显著，而对蛋白质得率的影响差异不显著。多重比较结果显示，3h 醇沉与 5h 醇沉的多糖含量差异不显著，而多糖得率差异显著。因此综合多糖含量和得率两因素，醇沉时间为 5h 最佳。由于醇沉时间对蛋白质得率没有影响，因此，醇沉时间为 5h，既可以兼顾到多糖得率又不至于使蛋白质较多地溶出。

表 7.23　醇沉时间对玉竹多糖提取的影响（一次沉淀法）

时间/h	醇析物		多糖		蛋白质	
	质量/g	得率/%	含量/%	得率/%	含量/%	得率/%
1	0.98	39.20	77.12	30.40	0.22	0.08
3	0.99	39.60	80.00	31.60	0.22	0.09
5	1.05	42.00	81.49	34.40	0.24	0.10
7	1.03	41.20	73.74	30.40	0.24	0.09
9	1.01	40.40	70.54	28.40	0.25	0.10
11	0.96	38.40	66.19	25.60	0.26	0.10
F 值			4.80^{*}	5.09^{*}	6.87^{*}	2.00

注：$F(5, 6)_{0.05} = 4.39$，$F(5, 6)_{0.01} = 8.75$。*表示差异显著

7.3.1.3　溶液 pH 对玉竹多糖提取的影响

玉竹多糖粗提液中加入无水乙醇使其体积分数达到 95% 时，测定溶液 pH 为 5，说明玉竹多糖为酸性多糖。溶液 pH 对玉竹多糖提取的影响见表 7.24。由表 7.24 可知，溶液不同的 pH 对醇沉的影响是非常大的，差异均显著。醇析物的质量和得率均随着溶液 pH 的增大而增加，相反多糖的含量却呈下降趋势，由 82.22% 降到 53.07%。这说明在碱性条件下，随着多糖沉淀量的增多，也有更多的杂质被沉淀下来，从而导致多糖含量的降低。但多糖得率随着溶液 pH 的增大而增加。多重比较结果显示，pH 为 7 时的多糖得率与 pH 为 9、11 的多糖得率差异不显著，而与 pH 为 5 的多糖得率差异显著。因此综合多糖含量和得率两因素，醇沉的溶液 pH 选择 7 比较合适。对于蛋白质来说，溶液的 pH 为 7 时，蛋白质的含量最低，仅为 0.13%，而蛋白质得率与 pH 为 5 时差异不显著。因此，更进一步证实了溶液 pH 为 7 时，醇沉效果最佳。

表 7.24　溶液 pH 对玉竹多糖提取的影响（一次沉淀法）

溶液 pH	醇析物		多糖		蛋白质	
	质量/g	得率/%	含量/%	得率/%	含量/%	得率/%
3	0.89	35.60	82.22	29.20	0.22	0.07
5	1.05	42.00	80.20	33.60	0.24	0.10
7	2.02	80.80	55.02	44.40	0.13	0.11
9	2.17	86.80	53.62	46.40	0.16	0.14
11	2.25	90.00	53.07	47.60	0.18	0.16
F 值			65.38**	68.36**	114.17**	156.75**

注：$F_{(4, 5)0.05} = 5.19$，$F_{(4, 5)0.01} = 11.40$。**表示差异极显著

7.3.1.4　醇沉次数对玉竹多糖提取的影响

醇沉次数对玉竹多糖提取的影响见表 7.25。由表 7.25 可知，醇沉次数对玉竹多糖含量和得率的影响非常显著，特别是对多糖得率的影响最大。经过 3 次醇沉，可以使玉竹多糖的纯度从 50.84% 提高到 75.80%。但醇沉次数的增加，却使多糖的损失率由 52.41% 提高到 84.84%，这可能是醇沉得不完全及操作过程中转移损失造成的。考虑到后续要进行脱蛋白、脱色素多步处理，才能得到精制多糖，为了减少多糖损失率，本实验选择醇沉 1 次。

表 7.25　醇沉次数对玉竹多糖提取的影响（一次沉淀法）

醇沉次数/次	醇析物		多糖		蛋白质	
	质量/g	得率/%	含量/%	得率/%	含量/%	得率/%
1	2.34	93.60	50.84	47.59	0.16	0.15
2	1.08	43.20	62.33	26.93	0.12	0.05
3	0.50	20.00	75.80	15.16	0.19	0.03
F 值			77.25**	842.21**	9.07	123.94**

注：$F_{(2, 3)0.05} = 9.55$，$F_{(2, 3)0.01} = 30.80$。**表示差异极显著

综上所述，优化的玉竹多糖醇沉工艺为：乙醇浓度为 95%，醇沉时间为 5h，溶液的 pH 为 7，醇沉次数在考虑后续多步处理的基础上，选择 1 次。

7.3.2　脱蛋白方法对玉竹多糖提取的影响

7.3.2.1　酶法脱蛋白对玉竹多糖提取的影响

酶具有高效性和专一性，可将绝大部分游离蛋白质及部分与多糖结合的蛋白质水解，从而达到脱除蛋白质的效果。酶法脱蛋白对玉竹多糖提取的影响见表 7.26。从表 7.26 可以看出，酶法不仅脱蛋白效果好，多糖损失率也低。随着酶用量的增加，蛋白质脱除率有所增长，当酶用量为 0.8% 时，蛋白质脱除率增长缓慢，酶用量达 1% 以上，蛋白质脱除率几乎持平，所以再增加酶用量毫无意义。方差分析结果表明，不同酶用量对多糖含量和多糖损失率的影响差异不显著。当酶用量为 0.8% 时，多糖的含量最高，多糖的损失率最低，蛋白质脱除率也能达到 73.79%。因此，综合多糖损失率、蛋白质脱除率及酶用量因素，酶法脱蛋白的最佳用量为玉竹多糖样液体积的 0.8%（m/V）。

表 7.26　酶加入量对玉竹多糖蛋白质脱除效果的影响（一次沉淀法）

酶用量/%	多糖				蛋白质		
	脱蛋白后粗多糖质量/g	含量/%	质量/g	损失率%	含量/%	质量/mg	脱除率/%
0.4	0.74	79.49	0.59	4.84	0.09	0.67	67.47
0.6	0.71	81.78	0.58	6.45	0.08	0.59	71.36
0.8	0.68	86.20	0.59	4.84	0.08	0.54	73.79
1.0	0.71	81.42	0.58	6.45	0.07	0.50	75.73
2.0	0.71	81.32	0.58	6.45	0.07	0.50	75.73
F 值		2.18		2.63	9.00*		17.81**

注：$F_{(4, 5)0.05}=5.19$，$F_{(4, 5)0.01}=11.40$。*表示差异显著；**表示差异极显著

7.3.2.2　TCA 法脱蛋白对玉竹多糖提取的影响

三氯乙酸（TCA）作为一种有机酸，可以使样品中的蛋白质因为有机酸的作用而变性沉淀。TCA 法脱蛋白对玉竹多糖提取的影响见表 7.27。由表 7.27 可知，不同 TCA 用量脱蛋白对多糖含量、多糖损失率及蛋白质含量、蛋白质脱除率影响的差异显著或极显著，对蛋白质脱除率的影响最大。在 TCA 用量为样液体积的 1%～5%（V/V）时，多糖含量和多糖损失率均随着 TCA 用量的增加而升高，当 TCA 用量为样液体积的 4% 时，多糖含量增长缓慢，与 TCA 用量为样液体积的 5% 时差异不显著。多糖损失率却比 TCA 用量为样液体积的 5% 时低 1.62%。另外，多糖中的蛋白质含量随着 TCA 用量的增多而逐渐降低，脱蛋白效果明显增强，但当 TCA 用量超过样液体积的 4% 时，脱蛋白效果变化不明显。因此，综合多糖含量、多糖损失率、蛋白质脱除率及 TCA 用量等因素，TCA 的合理用量应为样液体积的 4%。

表 7.27　TCA 用量对玉竹多糖蛋白质脱除效果的影响（一次沉淀法）

TCA 用量/%	多糖				蛋白质		
	脱蛋白后粗多糖质量/g	含量/%	质量/g	损失率/%	含量/%	质量/mg	脱除率/%
1	0.79	73.82	0.58	6.45	0.17	1.34	34.95
2	0.77	75.69	0.58	6.45	0.16	1.23	40.29
3	0.74	77.45	0.57	8.06	0.14	1.04	49.51
4	0.72	79.55	0.57	8.06	0.12	0.86	58.25
5	0.70	80.24	0.56	9.68	0.12	0.85	58.73
F 值		8.76*		12.96**	13.21**		187.26**

注：$F_{(4, 5)0.05}=5.19$，$F_{(4, 5)0.01}=11.40$。*表示差异显著；**表示差异极显著

7.3.2.3　不同脱蛋白法对玉竹多糖提取影响的比较

TCA 法脱蛋白与酶法脱蛋白相比，效果不太理想，蛋白质脱除率仅为 30%～60%，而且 TCA 用量过大，酸度过高，可能导致多糖水解，造成多糖的损失且浪费试剂；Sevag 法脱蛋白必须重复多次，并且要采用合适的 Sevag 试剂与样液体积配比，Sevag 试剂用量不够，脱蛋白效果不佳。因此，本实验对 Sevag 法、酶法、酶与 Sevag 结合法、酶与 TCA 结合法进行对比，以确定合适的脱蛋白方法，其测定结果见表 7.28。

表 7.28　几种脱蛋白方法对玉竹多糖蛋白质脱除效果的影响（一次沉淀法）

方法	多糖				蛋白质		
	脱蛋白后粗多糖质量/g	含量/%	质量/g	损失率/%	含量/%	质量/mg	脱除率/%
1	1.22	71.66	0.87	29.84	0.07	0.85	79.37
2	1.23	75.70	0.93	25.00	0.04	0.49	88.11
3	1.14	92.58	1.06	14.52	0.07	0.80	80.58
4	1.32	86.20	1.14	8.06	0.08	1.01	75.48
F 值		5.89		54.74**	6.00		24.54**

注：$F(3, 4)_{0.05} = 6.59$，$F(3, 4)_{0.01} = 16.70$。**表示差异极显著
1. Sevag 法；2. 酶与 Sevag 结合法；3. 酶与 TCA 结合法；4. 酶法
酶的用量均为多糖样液体积的 0.8%（m/V）；TCA 的用量为样液体积的 4%（V/V）；Sevag 试剂（氯仿∶正丁醇=4∶1）∶样液体积=1∶4（V/V）

由表 7.28 可知，4 种方法中，Sevag 法脱蛋白多糖含量最低，多糖的损失率最高，而蛋白质脱除率仅比酶法稍高，而且每次使用 Sevag 试剂除去蛋白质的变性胶状物时，都会不可避免溶有少量多糖；另外，少量与蛋白质结合的蛋白聚糖和糖蛋白在处理时会沉淀下来，造成多糖损失。单纯用酶法脱蛋白，虽然多糖的损失率最低，但多糖含量和蛋白质脱除率均不高。酶与 Sevag 试剂协同作用后，与单纯的 Sevag 法相比，多糖含量有所提高，多糖损失率也有所降低，蛋白质脱除率的效果最好。这是由于酶的作用，减少了利用 Sevag 试剂萃取的次数，从而达到上述效果。酶与 TCA 结合后，多糖含量高达 92.58%，多糖损失率仅为 14.52%，而蛋白质脱除率比单纯用 TCA 法高出 22.33%，比单纯用酶法高出 5.1%。这可能是因为木瓜蛋白酶的加入可以将绝大部分游离蛋白质及部分与多糖结合的蛋白质水解，有助于 TCA 的凝聚作用，进而增强了脱蛋白效果。综合考虑，酶法与 TCA 法相结合，既可以保证多糖含量最高，多糖损失率较低，又可以达到较好的蛋白质脱除效果，是一种值得采纳的植物多糖的脱蛋白方法。

7.3.3　小结

本实验以多糖得率、多糖含量、蛋白质含量、多糖损失率为考察指标，对玉竹多糖的醇沉工艺、脱蛋白工艺进行了研究，确定了最佳精制条件，结果如下。

1）醇沉工艺为：乙醇醇沉浓度为 95%，醇沉时间为 5h，溶液的 pH 为 7，醇沉次数在考虑后续多步处理的基础上，选择 1 次。

2）脱蛋白工艺为：采用酶法与 TCA 法相结合脱蛋白，即酶的用量为多糖样液体积的 0.8%（m/V）与 TCA 的用量为样液体积的 4%（V/V）相结合脱蛋白，既可以保证多糖损失率低，又可以达到较好的蛋白质脱除效果。

7.4　卷叶黄精多糖提取分离工艺研究

目前，有关卷叶黄精多糖的研究还属空白，因此有必要对卷叶黄精多糖的最佳提取工艺、醇沉分离工艺、脱蛋白和脱色素工艺进行研究，以期为进一步的开发利用和工业化生产奠定基础。

7.4.1　卷叶黄精多糖提取工艺优化

7.4.1.1　不同提取溶剂对卷叶黄精多糖提取效果的影响

在其他条件一致的情况下，蒸馏水、3%HCl 溶液、3%NaOH 溶液、3%Na$_2$CO$_3$ 溶液对卷叶黄精多糖

提取效果的影响见表 7.29。由表 7.29 可知，以稀碱、稀酸溶液提取得到的粗多糖比水提取的多，但多糖含量却明显低于水提取物。而且碱液提取物浓稠，不易过滤。可能是因为稀酸、稀碱易使多糖发生糖苷键的断裂，使部分多糖发生水解。采用蒸馏水作为提取溶剂，操作简单，成本低，方便且实用，故以蒸馏水作为提取溶剂。

表 7.29　不同提取溶剂对卷叶黄精多糖提取效果的影响

提取溶剂	提取物/mg	多糖含量/%	总多糖/mg
蒸馏水	1223	41.72	510.24
3%HCl 溶液	1431	19.64	281.05
3% Na$_2$CO$_3$ 溶液	1556	31.41	488.74
3%NaOH 溶液	1714	23.12	396.28

7.4.1.2　提取条件的优化

在提取溶剂确定的基础上，选用 L$_9$(3^3) 正交实验进行优化，结果见表 7.30。根据极差分析结果，各因素对提取的影响程度依次为提取温度>料液比>提取时间。直观分析表明，多糖含量最高的工艺为 A$_3$B$_2$C$_3$，即料液比 1∶25，提取温度 80℃，提取时间 3h。但考虑到时间对提取的影响最小，而且时间过长，会影响生产周期，故确定最佳提取工艺为 A$_3$B$_2$C$_2$，即料液比 1∶25，提取温度 80℃，提取时间 2h。

表 7.30　卷叶黄精多糖提取工艺正交实验

试验号	A 料液比	B 提取温度/℃	C 提取时间/h	多糖含量/%
1	1∶15	60	1	31.24
2	1∶15	80	2	36.45
3	1∶15	100	3	35.89
4	1∶20	60	3	34.76
5	1∶20	80	1	38.34
6	1∶20	100	2	40.96
7	1∶25	60	2	35.48
8	1∶25	80	3	42.30
9	1∶25	100	1	41.86
K_1	103.58	101.48	111.44	
K_2	114.06	117.09	112.89	因素主次
K_3	119.64	118.71	112.95	B→A→C
R	16.06	17.23	1.51	

7.4.2　卷叶黄精多糖醇沉工艺优化

7.4.2.1　醇沉浓度的确定

不同乙醇浓度对卷叶黄精多糖醇沉效果影响的测定结果见表 7.31。从表 7.31 可以看出，一次沉淀中，虽然多糖的含量和得率随着乙醇浓度的增大而呈升高趋势，但当提取液中乙醇浓度为 80%时，黄精多糖的含量增加较缓慢，达 77.64%，和 90%乙醇沉淀所得黄精多糖含量差异不显著，但得率却高达 50.52%，而且与其他处理差异极显著。因此，一次醇沉的乙醇浓度以 80%为宜。另外，从不同乙醇沉淀所得黄精多糖的得率可以看出，卷叶黄精中的多糖相对分子质量要比玉竹中的大，但也以中等偏小为主。

表7.31　不同乙醇浓度对黄精多糖醇沉效果的影响（一次沉淀法）

乙醇浓度/%	多糖含量/%	多糖得率/%
30	49.52a	5.13a
40	60.00a	6.84a
50	62.34a	8.24a
60	70.68b	38.40b
70	73.45bc	40.42b
80	77.64c	50.52c
90	78.92c	41.54b
F 值	36.76**	212.18**

注：$F_{0.01}$（6，7）=7.19，**表示差异极显著

7.4.2.2　醇沉工艺优化

由玉竹多糖的醇沉工艺可知，醇沉时间对多糖醇沉的效果影响不大。醇沉次数往往要依据需求而定。因此，对醇沉的乙醇浓度、提取液浓缩程度及提取液 pH 进行了正交实验。结果见表7.32。各因素对醇沉效果的影响程度依次为乙醇浓度>提取液浓缩程度>提取液 pH。最佳醇沉工艺应为 $A_1B_1C_1$，即醇沉时乙醇浓度为 80%，提取液浓缩至 1mL/g，提取液 pH 为 8。但考虑到提取液 pH 对醇沉效果影响最小，而且提取液本身 pH 为 6，所以确定最佳醇沉工艺为 $A_1B_1C_2$，即醇沉时乙醇浓度为 80%，提取液浓缩至 1mL/g，提取液 pH 为 6，用该方法所得的多糖得率为 55.49%，含量达 78.03%，蛋白质含量为 2.29%。

表7.32　黄精多糖醇沉分离工艺正交实验

试验号	A 乙醇浓度/%	B 提取液浓缩程度/（mL/g）	C 提取液 pH	多糖含量/%
1	80	1	8	77.45
2	80	2	6	76.92
3	80	3	4	74.28
4	70	1	4	70.29
5	70	2	8	69.58
6	70	3	6	63.84
7	60	1	6	68.96
8	60	2	8	64.82
9	60	3	4	61.45
K_1	228.65	216.70	211.85	
K_2	203.71	211.32	209.72	因素主次
K_3	195.23	199.57	206.02	A→B→C
R	33.42	17.13	5.83	

7.4.3　卷叶黄精多糖脱蛋白工艺优化

Sevag 法、TCA 法和酶法是多糖精制最常用的脱蛋白方法，其用量对蛋白质脱除率的影响很大。玉竹多糖脱蛋白实验结果表明，酶法结合 TCA 法脱蛋白效果比较理想。因此，采用 9 种处理方法对卷叶黄精多糖脱蛋白的工艺进行了研究，结果见表7.33。由表7.33可知，这 9 种处理方法对卷叶黄精多糖中蛋白质脱除率的影响差异极显著，而对多糖含量的影响无显著差异。多重比较结果表明，处理 8 的蛋白质脱除率与各处理间差异均显著，其蛋白质脱除率最大，高达 90.34%。而从多糖含量上看，它与各处理间

差异虽然不显著，但其多糖含量也达到最大，为 88.48%。综合考虑，应采用处理 8，即酶的用量为多糖样液体积的 0.8%（m/V）、TCA 的用量为样液体积的 4%（V/V）和 1/5 糖液体积的 Sevag 试剂相结合脱蛋白，既可以保证多糖含量最高，多糖损失率较低，又可以达到较好的蛋白质脱除效果，是一种值得采纳的植物多糖的脱蛋白方法。

表 7.33　卷叶黄精多糖脱蛋白工艺试验结果

处理	多糖含量/%	蛋白质脱除率/%
1	84.95	77.01
2	85.68	81.78
3	86.42	84.11
4	84.01	51.40
5	83.47	56.07
6	82.98	58.41
7	87.26	85.28
8	88.48	90.34
9	86.80	86.42
F 值	0.595	75.817**

注：$F_{0.01}(8, 9)=5.47$；**表示差异极显著

处理 1：TCA 用量 8%；处理 2：TCA 用量 4%；处理 3：TCA 用量 4%，样品：Sevag=5∶1；处理 4：样品：Sevag=5∶1；处理 5：样品：Sevag=4∶1；处理 6：样品：Sevag=3∶1；处理 7：TCA 用量 4%，酶用量 0.8%；处理 8：TCA 用量 4%，样品：Sevag=5∶1，酶用量 0.8%；处理 9：TCA 用量 4%，样品：Sevag=4∶1，酶用量 0.8%

7.4.4　卷叶黄精多糖脱色树脂选择

7.4.4.1　静态吸附初筛脱色树脂

选用 8 种型号的树脂进行脱色，结果见表 7.34。可以看出，所选用的 8 种树脂对多糖脱色率的影响差异极显著（F=148.375）。多重比较结果表明，LSD208 树脂脱色效果最好，脱色率高达 83.42%，与其他 6 种型号树脂脱色率差异显著。其脱色效果依次为 LSD208>LSI296>LSD958>LSA-21>D101>XDA-6>LSD296>LSD006。从树脂种类分析，大孔阴离子交换树脂 LSD208、LSI296、LSD958、LSD296 和大孔吸附树脂 LSA-21、D101、XDA-6 脱色效果普遍较好，而大孔阳离子交换树脂 LSD006 的脱色效果最差，脱色率仅为 17.79%。由于初筛试验采用的是静态法吸附脱色，只考虑了色素的吸附容量，没有考虑多糖含量和多糖得率，因此很难确定最佳的脱色树脂。故选出脱色效果较好的前 4 种树脂（LSD208、LSI296、LSD958、LSA-21）进一步做动态吸附脱色，从而优选出适合卷叶黄精多糖脱色的最佳树脂。

表 7.34　卷叶黄精多糖树脂脱色初筛试验结果

树脂型号	D101	LSD958	XDA-6	LSD296	LSA-21	LSD006	LSD208	LSI296
脱色率/%	69.63	70.79	61.32	58.03	70.64	17.79	83.42	78.64
F 值				148.375**				

注：$F_{0.01}(7, 8)=6.18$，**表示差异极显著

7.4.4.2　动态吸附优选脱色树脂

动态吸附优选脱色树脂试验结果见表 7.35。由表 7.35 可知，对于同一型号的树脂来说，动态脱色效

果均好于其静态脱色的效果。对于 LSD208 树脂来说，其动态脱色率比静态脱色率高出 4.77%。各树脂对脱色效果的影响程度依次为多糖得率>脱色率>多糖含量。多重比较结果表明，就脱色率而言，LSD208 脱色率最高，为 88.19%，与其他 3 种树脂差异均极显著，而多糖得率却与 LSA-21 差异不显著。从多糖含量上看，LSD208 虽然与 LSD958 差异不显著，但 LSD958 的脱色率和多糖得率均不高。因此，综合考虑，采用 LSD208 树脂脱色，脱色率最大为 88.19%，多糖含量高达 92.32%，而且其多糖得率也达到了 60% 以上，不会造成多糖的太大损失，可以达到脱色的效果，所以优选出 LSD208 树脂作为卷叶黄精多糖脱色的最佳树脂。

表 7.35　卷叶黄精多糖动态优选脱色树脂试验结果

树脂型号	多糖得率/%	多糖含量/%	脱色率/%
LSA-21	68.36	89.68	72.68
LSD958	42.36	91.83	75.58
LSI296	62.42	90.24	80.50
LSD208	64.16	92.32	88.19
F 值	46.583**	11.417*	37.552**

注：$F_{0.05}$（3，4）=6.59，$F_{0.01}$（3，4）=16.69；*表示差异显著，**表示差异极显著

7.4.5　小结

1）卷叶黄精多糖的最佳提取溶剂为蒸馏水。各因素对卷叶黄精多糖提取率的影响是不均等的，影响程度依次为提取温度>料液比>提取时间。最佳提取工艺为：在温度 80℃下，用水提取 2～3 次，每次 2h，料液比为 1∶25。

2）各因素对醇沉分离效果的影响程度依次为乙醇浓度>提取液浓缩程度>提取液 pH。醇沉分离工艺为：醇沉时乙醇浓度为 80%，提取液浓缩至 1mL/g，提取液 pH 为 6。

3）所采用的 9 种脱蛋白方法对卷叶黄精多糖蛋白质脱除率的影响差异显著，对多糖含量的影响无显著差异。最佳脱蛋白工艺为：酶的用量为多糖样液体积的 0.8%（m/V）、TCA 的用量为样液体积的 4%（V/V）和 1/5 糖液体积的 Sevag 试剂相结合脱蛋白，既可以保证多糖含量较高，多糖损失率较低，又可以达到较好的蛋白质脱除效果。

4）对 8 种树脂的脱色效果进行了比较研究，结果为：卷叶黄精多糖的脱色宜采用大孔阴离子交换树脂，即 LSD208 树脂，用该树脂脱色，其脱色率、多糖含量、多糖得率分别达 88.19%、92.32%、64.16%。

第8章 黄精栽培技术研究

8.1 黄精栽培技术研究进展

黄精分布于黑龙江、吉林、辽宁、河北、山西、陕西、内蒙古、宁夏、甘肃（东部）、河南、山东、安徽（东部）、浙江（西北部）均为野生。近年来，由于野生黄精资源逐渐减少，药用需求量增多，因此黄精成为市场的畅销货。目前药用黄精仍为野生黄精，不过近几年黄精的人工栽培发展很快，人们看到了发展黄精栽培的广阔前景。

黄精栽培技术的研究经历了野生变家种研究阶段、丰产栽培技术研究体系构建和规范化生产技术建立阶段，在不断揭示其生物学和生态学特性的基础上，形成了规模化的大田栽培、林下生产基地。野生变家种阶段，主要是把野生零散分布的黄精移栽至农田中，进行人工培育，逐渐发展成为大田规模化生产，这在黄精栽培技术研究中处于基础地位。丰产栽培技术主要是通过对黄精生长、生产过程中的各因子，如施肥模式、灌溉水量、遮阴等的控制，达到黄精高产、稳产且品质稳定的目的。

李世等（1997）在河北省承德市对黄精和热河黄精野生变家种的研究表明，人工栽培黄精应选择至少2节的具有顶芽的根茎段，根茎长度以8～10cm为佳，行株距组合以27cm×13cm和27cm×10cm适宜，有机肥用量以3000kg/hm² 最适，和中晚熟玉米间作可以给黄精一定的遮阴度，以上组合黄精种栽用量少，出苗全，苗齐，苗壮，能达到高产、高效的目标。邓颖连（2011）对内蒙古乌兰察布蛮汉山地区野生黄精进行引种驯化，取得了成功，试验结果表明，野外采集的黄精种子经低温沙藏处理可打破休眠，最适发芽温度为25℃，发芽率达到94%。黄精根茎繁殖，自然过冬好过贮存于菜窖中，移栽前挖取，选用带2～3个芽的小段，于10月上旬移栽，黄精生长期保持田间湿润，注意中耕除草，及时摘去多余花芽，并结合中耕进行追肥，施入优质农家肥，并结合施磷、钾肥。

杨子龙等（2002）总结了黄精高产栽培技术，认为黄精栽培应选择阴湿的林下或山地林缘或有荫蔽条件的平地，栽培地应为土层深厚，土质疏松、肥沃，排水良好的砂质壤土或轻壤土。田启建等（2007）对贵州绥阳基地栽培黄精套作不同密度玉米的模式进行了研究，得出黄精30 000株/hm² 套种玉米30 000株/hm² 为当地黄精与玉米套作的最佳方式。田启建等（2011）对贵州省凤冈县西山黄精 GAP 试验示范基地的黄精种植密度进行了研究，发现净作黄精密度为 6.0 万株/hm² 时，黄精的产量最高。袁名安等（2012）研究了浙江省甜玉米和黄精的套种模式，发现黄精密度为 3.75 万株/hm²、甜玉米密度为 4.5 万株/hm² 时，年度经济效益最高。

田启建等（2011）研究发现，施肥对黄精产量有较大影响，当以每年每公顷一次施入农家肥30 000kg作基肥、分3次施入农家肥15 000kg及专用复合肥750kg为追肥时效果最好。王占红（2012）进行了杨凌地区黄精施肥模式的研究，得出黄精高产优质栽培的氮、磷、钾最佳施肥配比，结果表明，氮肥、磷肥、钾肥对黄精产量的增产作用大小不同，具体效果为磷肥>钾肥>氮肥；对多糖含量增高的作用大小依次为钾肥>氮肥>磷肥，其中磷肥为负效应，氮肥、钾肥为正效应；得到黄精高产、优质、高效栽培的优化施肥量为 N 103.91～136.18kg/hm²，P_2O_5 121.39～124.27kg/hm²，K_2O 68.16～92.63kg/hm²，N、P_2O_5、K_2O 的最佳比例为 1：（0.89～0.91）：（0.5～0.68）。罗长浩（2017）根据氮、磷、钾三因素二次 D-饱和最优设计，得出鸡头黄精花椒林下高产优质施肥模式寻优结果为：N 91.33～189.11kg/hm²，P_2O_5 112.40～

195.35kg/hm²，K₂O 39.31～50.68kg/hm²，即 N、P₂O₅、K₂O 的最佳比例为 1∶（0.80～1.39）∶（0.28～0.36），有机肥料（猪粪）最佳施用量为 4500kg/hm²。上述两个优化的黄精最佳施肥比例中钾肥比例完全不同，可能是由于种植模式不同而导致施肥量区间差异较大。郭妮（2019）进行了多花黄精林下仿生种植试验，结果表明，重庆地区 N、P₂O₅、K₂O 的最佳经济施肥量分别为 179.23kg/hm²、127.875kg/hm²、88.601kg/hm²，外加 50%～75%猪粪配施可以维持土壤肥力、提高多花黄精的产量和品质。李峻安等（2022）通过研究氮肥、磷肥、钾肥减施对多花黄精地上部分、根茎产量、根茎多糖和皂苷含量的影响，发现氮肥、磷肥、钾肥单量减施 33%（氮、磷、钾施肥量分别为 180kg/hm²、120kg/hm²、90kg/hm²）能明显提高根茎中干物质分配比例，最利于多花黄精中多糖和皂苷的积累，有利于提高多花黄精的品质。

田启建等（2007）研究发现，黄精与玉米套种不仅可以提高黄精的质量和产量，而且这种粮食和药材间、套作种植方式遵循了高产、高效、优质的立体种植模式的基本要求。毕研文等（2008）研究发现，不同遮阴处理对泰山黄精的产量和多糖含量影响较大，其中以苹果林套种黄精产量高，并且新根茎多糖含量最高；此外，遮阴处理还可有效减轻黄精叶斑病的发生，增强植株的抗病性，40%透光度栽培叶斑病最轻，增产效果最好。袁名安等（2012）研究了浙中山区不同种植密度的鲜食玉米与黄精间、套作种植技术，发现鲜食玉米与黄精套种栽培的最合理搭配密度为 4.5 万株/hm²，年度种植效益可达 52 093 元/hm²。这些都说明了黄精栽培中应遮阴以达到高产量、高品质的目的。

黄精喜湿润、怕干旱，田间应经常保持湿润状态。夏季应注意浇水，雨季注意排水防止烂根。夏季忌强光暴晒，平地栽培时可在畦的两边适当种植玉米等作物或者搭遮阳网遮阴，有助于避免强光暴晒（田启建等，2007；毕胜等，2003）。杨子龙等（2002）提出了每年 4 月、6 月、9 月、11 月各进行 1 次中耕的具体方案，并特别强调宜浅锄，避免伤根，影响生长。邓颖连（2011）认为种子出苗后，为有利于根的生长，可进行划锄，保持畦面无杂草。刘殿辉等（2004）对泰山黄精的研究表明疏花摘蕾后黄精产量可提高 20%～50%。毕研文等（2008）对黄精不同叶位净光合速率和蒸腾速率进行了测定，试验表明，叶位高于 20 片叶时叶片净光合速率显著下降。这说明生产上应摘蕾、打顶以利于黄精地下部分生长。

黄精的病害主要是叶斑病、黑斑病和根腐病。叶斑病和黑斑病都是由真菌引起，病情严重时都会导致植株叶片脱落枯萎。叶斑病由基部开始出现褐色病斑，病斑中间淡白，边缘褐色黑斑病由叶尖部开始出现黄褐色病斑，边缘为紫红色。根腐病主要侵染根部，发病初期根部产生水渍状褐色坏死斑，严重时整个根内部腐烂，仅残留纤维状维管束，病部呈褐色或红褐色。叶斑病和黑斑病防治方法相似，发病前和发病初期喷 1∶1∶100 波尔多液，或 50%退特菌 1000 倍液，7～10d 喷 1 次，连喷 3～4 次。根腐病采用每亩 1.5～2.5kg 50%多菌灵 800~1000 倍液，浇灌病株，每周 1 次，连续 2～3 次。地下害虫主要是蛴螬和地老虎，蛴螬经常咬食根茎，地老虎常咬食幼苗近地面的茎部，使植株死亡。防治方法：农业防治法通过加强田间管理以减少田间越冬幼虫或蛹等控制翌年虫量；另外，还可采用人工捕捉和诱杀等方法诱杀害虫；药剂防治可用 50%辛硫磷乳油 0.5kg 拌成毒饵诱杀（杨子龙等，2002；毕胜等，2003；田启建等，2007）。

8.2 黄精组织培养研究进展

8.2.1 外植体灭菌

黄精植物组织培养大多数选择黄精根茎作为外植体，也有用种子和嫩芽作为外植体的。由于根茎表面附着泥土，可以先用软毛刷刷去表面泥土，用多菌灵预处理后，在 70%～75%乙醇溶液浸泡 20～30s，再用 0.1%～0.2% HgCl₂ 溶液浸泡 10～30min（万学锋和陈菁瑛，2013；孙骏威等，2017；程强强等，2018；许丽萍等，2018；吕煜梦等，2019；陆静等，2019），也可采用 HgCl₂ 溶液重复浸泡方式降低外植体长时间与消毒剂接触造成的伤害，使污染可得到有效控制（陆静等，2019）。黄精种子表面光滑且种皮较厚，灭菌相对较容易。用 2% NaClO 消毒 15min 后，再用 0.1% HgCl$_2$ 消毒 14min，是降低污染率、提高发芽率的最佳消毒灭菌方式（饶宝蓉等，2018）。黄精顶芽采用 75%乙醇溶液浸泡 15s，再用 10% NaClO 浸泡 5min 的方式消毒，污染率仅为 4%左右。黄精根茎污染率一般在 20%以上，可能受外植体致密度、携带病原微生物数量的影响（沈宝明等，2018）。

8.2.2　诱导

8.2.2.1　根茎诱导

多花黄精根茎为外植体，常用的不定芽诱导基本培养基为 MS 或 1/2 MS 培养基，一般采用细胞分裂素和生长素组合可诱导不定芽，生长素以萘乙酸(NAA)为主。1/2 MS 培养基添加 1.0mg/L ZT（玉米素）和 0.2mg/L NAA，不定芽诱导率可达 87.9%，不定芽数为 2.99 个（孙骏威等，2017）。MS+1.0mg/L 噻苯隆（TDZ）+0.5mg/L NAA 的不定芽诱导率为 43.3%，不定芽数为 4.62 个（程强强等，2018）。MS+2.0mg/L 6-BA+0.2mg/L NAA 平均能诱导 5.5 个不定芽，诱导过程中也会出现不定根（谢敏等，2019）。三明野生黄精不定芽诱导培养基为 MS+4.0mg/L 6-BA+0.2mg/L NAA，不定芽诱导率高达 88.0%（吕煜梦等，2019）。刘红美等（2010）则认为诱导培养基添加 2,4-D 比 NAA 更有利于多花黄精的不定芽诱导。鸡头黄精不定芽诱导培养基为 MS+4.0mg/L 6-BA，不定芽诱导率为 43%，且芽苗健壮（牟小翎等，2010）。滇黄精变种大叶黄精根茎不定芽诱导最适宜的初代培养基为 MS+0.5mg/L 6-BA+0.5mg/L NAA，不定芽诱导率达 35%，长势健壮（陆静等，2019）。

8.2.2.2　种子诱导

多花黄精种子萌发建议使用成熟度 70%的种子，此时种子内抑制胚萌发的脱落酸（ABA）含量最低（周建金等，2013），有利于解除种子休眠。MS 培养基添加 0.5mg/L 6-BA，种子萌发率可达 61.33%（吴宇函等，2019）。MS 培养基添加 1.5mg/L 6-BA、0.2mg/L NAA 和 0.5mg/L GA$_3$，种子萌发率为 73%。此外，6-BA、GA$_3$ 浓度对种子萌发率的影响不大，但会将萌发时间由 15d 缩短到 10d（莫勇生等，2018）。滇黄精种子在不添加激素的 1/2MS 培养基上萌发率即可达到 78%，且生长正常，叶色浓绿（张智慧等，2018）。

8.2.2.3　其他外植体诱导

沈宝明等（2018）以多花黄精顶芽为外植体，研究发现其愈伤组织诱导及不定芽分化的最佳培养基为 1/2 MS+3mg/L 6-BA+0.5mg/L TDZ+0.2mg/L NAA，可诱导产生(6.5±0.07)个不定芽。

以叶片为外植体建立的多花黄精组织培养快速繁殖技术体系，首先需要诱导愈伤组织，使用培养基为 MS 培养基添加 20g/L 蔗糖、3.0mg/L 6-BA 和 4.0mg/L NAA，诱导率最高为 53.89%（陈松树等，2018）。愈伤组织增殖培养的最佳培养基为 MS+2.0mg/L 6-BA+3.0mg/L NAA+20g/L 蔗糖，增殖系数为 7.87，生长情况相对最好；不定芽诱导培养的最佳培养基为 MS+2.0mg/L 6-BA+4.0mg/L NAA，不定芽诱导率最高为86.11%，生长情况最好，芽高最大为 1.70cm（陈松树等，2018）。

8.2.3　不定芽增殖

黄精不定芽增殖培养常用激素为 6-BA、KT、NAA、2,4-D 等，其中细胞分裂素 6-BA 普遍添加并起重要作用（万学峰等，2013），添加浓度为 1.0～4.0mg/L。一般情况下，6-BA 浓度不超过 2.0mg/L，超过该浓度继代苗长势弱小，不利于生根壮苗培养（刘芳源等，2017；莫勇生等，2018）。另有研究报道，MS 培养基中添加 4.0mg/L 6-BA 和 0.2mg/L NAA，不定芽增殖系数达 3.85，叶色浓绿（张智慧等，2018）。

其他激素 IAA、KT、NAA、2,4-D 等，使用浓度在 0.5mg/L 以内，一般选 1～2 种与 6-BA 组合使用（杨寻，2021；黄碧华，2022）。

多花黄精不定芽的增殖系数为 2.5～10（刘红美等，2010；莫勇生等，2018），在 MS 培养基中添加 4.0mg/L 6-BA 和 0.2mg/L 2,4-D，多花黄精增殖系数可达 10。6-BA、2,4-D 和 GA_3 组合更加有利于形成粗壮无根苗（刘红美等，2010）。莫勇生等（2018）认为 6-BA 浓度超过 2.0mg/L，继代苗长势弱小，不利于生根壮苗培养，达不到优质种苗要求。孙骏威等（2017）发现细胞分裂素对不定芽的增殖有促进作用，其中 6-BA 的效果好于 KT，以 1/2MS+6-BA 4.0mg/L+IAA 1.0mg/L 的增殖效果最佳，增殖系数为 4.74。刘芳源等（2017）优化获得的多花黄精不定芽增殖最佳培养基为 MS+1.0mg/L 6-BA+0.5mg/L NAA+0.3mg/L IAA，增殖系数为 3.2。

滇黄精不定芽增殖培养基为 MS+1.5mg/L 6-BA+0.5mg/L NAA，健壮不定芽数 3 个以上，6-BA 用量达到 2mg/L 以上时芽体较多、较细小（许丽萍等，2018）。相反，在 MS+4.0mg/L 6-BA+0.2mg/L NAA 的培养基上，不定芽增殖系数达到 3.85，叶色浓绿（张智慧等，2018）。滇黄精变种大叶黄精，不定芽增殖培养基为 MS+3.0mg/L 6-BA+0.2mg/L NAA，平均不定芽数为 4.33 个（陆静等，2019）。

鸡头黄精不定芽增殖培养基为 MS+2.0mg/L 6-BA+0.5mg/L NAA，不定芽数达 5.5 个（朱强等，2020）。田怀和侯娜（2020）筛选出黄精不定芽增殖最佳培养基为 MS+2.0mg/L 6-BA+0.2mg/L NAA+0.2mg/L TDZ，芽点分化系数为 10～12，芽生长状况良好，伸长较大，叶色绿，苗壮。

8.2.4 组培苗生根培养

生根培养基多用 1/2MS 培养基，少数用 MS 培养基（张智慧等，2018）或 1/4MS 培养基（孙骏威等，2017），碳源一般为 20～30g/L 蔗糖，激素大多添加 NAA，含量为 0.4mg/L（沈宝明等，2018）、0.5mg/L（孙骏威等，2017；程强强等，2018；张智慧等，2018）、0.8mg/L（谢敏等，2019）或 1.0mg/L（李文金等，2010；周新华等，2015；陈松树等，2017），也有添加 IBA（刘红美等，2010）或 NAA 和 IBA 组合的（莫勇生等，2018）。生根培养基中添加活性炭能够使根更加粗壮，苗更加健壮（周建金等，2012；许丽萍等，2018；陆静等，2019）。丛生芽生根培养前经 MS+1.0mg/L 6-BA+0.5mg/L TDZ+0.5mg/L NAA 增殖培养一个周期，更有利于后期生根（程强强等，2018）。

8.2.5 组培苗移栽炼苗

炼苗成功与否直接关系到组培苗能否进行大规模产业化生产，是非常重要的环节。炼苗之前应将根部培养基洗净，以防止营养过度造成微生物繁殖过快对植株造成影响，初期还要喷洒多菌灵进一步防治微生物。常用的栽培基质主要有河沙、蛭石、珍珠岩、椰糠、草炭等。沙土松软利于根系向下生长，是炼苗时固定植株的首选载体，但沙土缺乏营养，在基质中还应搭配椰糠、腐殖质等有机类物质以提高植株成活率，必要时还应注意添加肥料。王海洋等（2022）研究发现滇黄精组培苗生长最适基质配比是腐殖土：红泥土：珍珠岩=1:1:1，其成活率可达 100%。邓少华等（2023）将组培苗移栽到黄心土：泥炭土=1:1 的基质中，成活率达到了 90% 以上。

另外，炼苗还与组培操作、瓶苗选择及种植管理有关。继代培养的次数通过影响芽体生根及根系长势而可能影响炼苗成活率（周新华等，2016b）；田怀等（2019）研究发现根数过少或过多均不利于炼苗。出新芽快、生长健壮的瓶苗更易成活（钟灿等，2020）。种植深度以基质表层为好，有利于提高多花黄精组培苗根茎的成活率（饶宝蓉等，2018）。因此，炼苗需要逐步进行，陆静等（2019）对组培苗设置了按天驯化的步骤，分 5d 逐步移至树荫下。

8.3　黄精栽培中的问题

目前由于黄精的野生种质资源丰富，分布很广，全国各地均有生长，许多报道对黄精的生长发育动态过程过于以偏概全（曾再新，1996；张贵君，2000；谢凤勋，2001；楼枝春，2002；郑云峰和李松涛，2002；张平，2002；毕胜等，2003）。黄精在 5 月下旬开花，6 月上旬开花结束，七八月结果，9 月下旬地上植株枯萎。也有研究者对黄精栽培的选地整地、田间管理、病虫害防治、采收加工等做了简单的描述（庞玉新等，2004；陆善旦等，2000；杨子龙等，2002；郑云峰和李松涛，2002）。总的来说，黄精处于由野生到家种的研究阶段，栽培过程中存在的问题较多，可分为以下几类。

8.3.1　种子种苗生产良莠不齐

处于野生变家种阶段的黄精栽培，当前最需要进行的工作是野生资源的收集，然后挑选适合栽培、产量较高、品质比较好的种类，进行推广栽培。

目前，对黄精种子繁殖的研究不多，生产上黄精繁殖主要采用根茎繁殖（无性繁殖），在黄精采挖时药农自行留种根茎、引种，没有进行有效的人工选择，致使后代群体良莠混杂，植株性状参差不齐，出现多种变异类型，造成黄精生长缓慢，产量和质量不稳定。长期无性繁殖很容易引起黄精的品种退化。

8.3.2　播种期混乱

由于黄精分布较广，跨越不同的气候区，不同气候区的黄精生长习性不同，因此其播种期较混乱。

8.3.3　适合黄精的遮阴密度不清楚

黄精的光合特性研究不详，因此适宜其生长的光强、光质尚不清楚，适合的遮阴密度也无法确定。

8.3.4　黄精的适合栽培密度存在争论

李世等（1997）认为黄精的栽培株行距在 27cm×13cm 和 27cm×10cm 较为合适，即每亩为 1.9 万～2.5 万株；而赵致等（2005a）认为移栽株行距为（28～35）cm×（48～60）cm，即每亩 3200～5000 株为宜。

8.3.5　根茎繁殖的方法不够明确

已报道的根茎繁殖方法值得商榷，黄精的根茎每年只生长一节，一二年生的黄精植株只能有 3～4 节（假设种茎有两节）根茎，不可能在切成数段后每段有 2～3 节（楼枝春，2002；张平，2002；杨子龙等，2002；郑云峰和李松涛，2002）。邵建章和张定成（1992）报道，根茎繁殖的方法很难实现，选择 4 年生新鲜饱满、具顶芽的根茎，长 8～10cm、50.0g 左右的种茎不是很多，规模化栽培不易找到大量如此规格的根茎。

8.3.6　黄精的组培方法尚待研究

黄精根茎繁殖系数较低、污染率较高，而种子繁殖又比较烦琐，有必要进一步开展黄精组织培养研究。

8.4 播种期对黄精生长发育及有效成分的影响

8.4.1 田间试验区自然状况

基地位于陕西省略阳县城以北37km的九中金乡中川村，地处八渡河上游，平均海拔970m，气候温和湿润，年平均气温11℃，最冷月1月温度-5℃，最热月7月温度35℃，≥10℃年平均有效积温3215℃，无霜期236d，降雨量850mm，雨热同季；土质为砂壤土，pH 5.5～6.2（略阳县志编纂委员会，1992）。经检测，该区域的空气、水质及土壤指标均符合《中药材生产质量管理规范》（GAP）要求的国家标准。

8.4.2 试验方法

黄精根茎的播种试验在略阳黄精基地进行，分为春播和秋播，均采用两节有顶芽的根茎平畦种植，70%的塑料遮阳网遮阴，株行距为25cm×14cm。小区面积30m²，3个重复。每个小区随机抽取1m²作为统计小区，测定不同时期的株数和叶展开株数。定期采样，测定黄精根茎的多糖含量。

试验共进行了5个处理：①2004年11月14～20日种植，②2004年12月5日种植，③2004年12月5日种植（冬季地膜覆盖），④2005年3月11日种植，⑤2005年3月25日种植。

8.4.3 不同播种期处理的黄精发芽、生物指标及多糖含量结果分析

由图8.1可以看出，不同的播种期处理发芽高峰出现的时间不一样，其中冬季的地膜处理可以使黄精发芽较早，但到后期（2005年4月21日后）没有2004年11月中旬种植的黄精出苗数高，秋季种植普遍比春季种植发芽早，出苗数高。秋季种植的黄精在4月21日后叶片普遍展开，而春季种植的黄精在5月下旬6月初才展开（图8.2），秋季种植的黄精光合作用进行得较早，合成的有机物也较多，所以黄精秋播比较好。③处理是冬季进行的地膜覆盖处理，与②处理同一天（2004年12月5日）播种，比②处理出苗早10d左右，但与①处理（2004年11月中旬种植）相比出苗早，但后期没有①处理出苗数高。我们曾挖开③处理的黄精与①处理的比较，③处理的腐烂现象比较严重。所以秋季种植以11月中旬最好。

每种处理黄精发芽时间也不一致，秋播黄精从3月20日到6月3日都有出土，春播黄精从播种后一个月到6月23日都有出土，这可能与黄精种茎来源于略阳不同的乡镇有关。

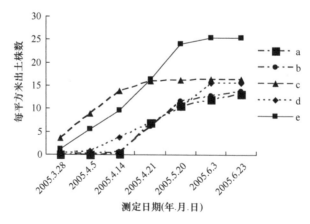

图8.1 不同播种期处理的发芽情况
a. 处理⑤；b. 处理④；c. 处理③；d. 处理②；e. 处理①

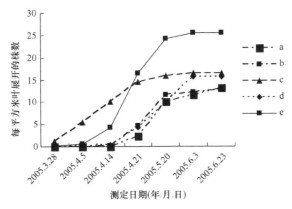

图 8.2　不同播种期处理的叶展开情况

a. 处理⑤；b. 处理④；c. 处理③；d. 处理②；e. 处理①

秋季栽种的黄精新生根茎发育较早，8～10 月黄精的根茎发育较快，也表明黄精秋播较好（表 8.1）。不同时期黄精总多糖含量的测定结果表明，最高值是处理①的 2005 年 9 月 4 日采样，达 25.67%，最低值是处理④的 2005 年 12 月 2 日采样，为 11.82%（表 8.2）。在生长末期（12 月初），11 月中旬播种的黄精总多糖含量最高，同样说明黄精秋季播种最好。

表 8.1　不同时期黄精新生根茎鲜重　　　　　　　　　　　　　　　　　　（单位：g）

处理	2005.6.24	2005.7.6	2005.8.1	2005.6.4	2005.10.8	2005.12.4
①	18.7/223.9	23.9/187.4	23.5/339.8	42.7/350.2	80.7/432.5	104.1/548.5
②	14.7/130.6	24.0/128.3	51.5/353.0	50.9/155.2	65.7/198.6	86.4/379.9
③	20.4/182.3	24.7/124.8	26.5/101.8	59.4/223.2	73.4/254.8	104.5/432.2
④	5.9/242.1	23.2/357.3	21.9/400.6	52.6/463.5	45.6/289.7	43.2/301.3
⑤	5.3/240.3	8.9/405.5	51.5/353.0	47.1/602.9	39.2/370.2	34.0/271.6

注：表中数据为新根茎鲜重/根茎鲜重

表 8.2　不同处理的黄精根茎不同时期黄精总多糖含量（%）

处理	2005.7.6	2005.8.1	2005.9.4	2005.10.8	2005.12.2
①	19.67	19.88	25.67	19.07	19.72
②	19.13	19.32	24.24	13.25	14.97
③	19.73	20.00	21.21	23.29	16.57
④	21.93	13.79	18.77	17.17	11.82
⑤	17.03	20.06	17.29	20.14	12.71

8.5　2 年生黄精发芽状况调查研究

8.5.1　调查时间、目的和地点

时间：2005 年 3 月 21 日至 4 月 29 日。

目的：了解 2 年生黄精发芽状况。

地点：陕西省略阳县九中金乡中川村吴家院。

8.5.2　调查材料简介

黄精地面积 50m² 左右，当地药农从山上采挖的野生黄精根茎作种，株行距为 25cm×20cm，于 2003

年秋季平畦种植，2004 年与玉米套种。玉米 9 月采收后，黄精单独生长，11 月底地上部分枯萎。冬季土表加盖干粪和粗沙。

8.5.3　调查方法

选择 2004 年黄精长势比较好的地块，随机选择 1m×2m 的小区 3 个，测定不同时期黄精出土的株数和叶展开的株数。

8.5.4　分析与讨论

不同时期 1m^2 黄精出土株数和叶展开株数如图 8.3 所示。由图 8.3 可以看出，2 年生黄精发芽很不整齐：从黄精芽出土情况来看，从 3 月 21 日到 4 月 29 日陆续有新芽出土，时间长达 40 天；从 3 月 31 日到 4 月 14 日黄精共有 132 株出土，占总数 153 的 86.3%，是黄精出土旺盛期。从 3 月 31 日到 4 月 19 日有 144 株叶展开，占总数的 94.1%，是叶展开的高峰期。黄精从出土到叶展开大概需要 5d，出土芽越粗，叶展开时间越晚。略阳当地农民认为，野生黄精出土比家种黄精早大概 15d。如何使黄精出土时间一致，尚待研究。

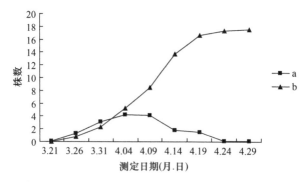

图 8.3　2 年生黄精发芽状况
a. 出土株数（叶未展开）；b. 叶展开株数

8.5.5　小结

通过研究可以发现，黄精秋季种植比春季种植发芽早，叶展开早，新生根茎膨胀快，最终出土的株数多，生长末期黄精总多糖的含量也较高。因此黄精的最佳播种期为 11 月中旬。

冬季地膜覆盖可以使黄精萌发提前 10d 左右，但到后期（4 月 21 日后）由于根茎腐烂比同期播种的黄精严重，最终出土的单位面积株数比不加地膜覆盖的低 30% 左右。

2 年生黄精的出土状况很不一致，从 3 月 21 日到 4 月 29 日都有黄精出土；出土旺盛期为 3 月 31 日到 4 月 14 日，叶展开高峰期为 3 月 31 日到 4 月 19 日；出土越晚，叶展开得越快。

8.6　田间管理对黄精生长发育的影响

8.6.1　不同叶位净光合速率与蒸腾速率比较

8.6.1.1　试验方法

2006 年 5 月下旬一晴天上午 9:00～10:30，材料为 5 株 3 年生株高在 2～2.5m 内长势较好的生殖苗，从下数第二轮叶开始，每三轮叶测定一枚，测定不同叶位的净光合速率和蒸腾速率，为减小误差，共测定 5 株，等叶位净光合速率和蒸腾速率取平均值，用 Excel 软件绘图，分析净光合速率和蒸腾速率与叶位之间的关系。

8.6.1.2　结果分析与讨论

由图 8.4 可以看出，不同叶位的净光合速率呈单峰曲线，从第 5 轮叶到 11 轮叶叶片净光合速率逐渐上升，从 11 轮叶向上净光合速率逐渐下降，从 11 轮的 9.75μmol CO_2/（m^2·s）下降到 20 轮的 6.48μmol CO_2/（m^2·s），差异显著。图 8.5 表明，不同叶位除第 20 轮叶外，蒸腾速率变化并不明显，在 1.43～1.63mmol/（m^2·s），而第 20 轮叶蒸腾速率迅速下降，说明该轮叶片已经出现供水不足，影响了叶片的光合作用。

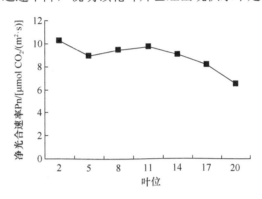

图 8.4　不同叶位的净光合速率

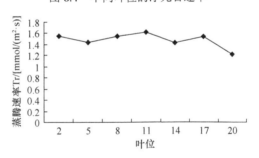

图 8.5　不同叶位的蒸腾速率

黄精不同叶位净光合速率曲线表明，叶位超过 11 轮时，净光合速率开始下降，大于 17 轮时下降比较迅速。这说明黄精在生长到 17 轮叶时应当去顶，减少营养消耗，促进地下部分生长。

8.6.2　土质对黄精生长发育的影响

8.6.2.1　试验方法

不同土壤对黄精生长发育的影响实验在略阳黄精基地进行，分为腐殖土、河沙土和当地砂壤土 3 种处理，盆栽和大田栽培同时进行，采用 70% 的遮阳网遮阴。大田处理小区面积为 $2m^2$，挖 0.5m 深的坑进行人工换土，根茎繁殖，平畦种植，种植密度为 25cm×14cm。每处理设 3 个重复。盆栽设 6 个重复。

8.6.2.2　土壤性质分析

腐殖土：来源于当地山地阔叶林中，土质疏松，有机质含量高，透气性良好，微生物比较丰富。

河沙土：来源于当地河滩，土质疏松，有机质含量低，透气性良好，微生物贫乏，矿物质含量高。

当地砂壤土：来源于当地农田，曾栽种过天麻，透气性较差，有机质含量较高，速效营养成分充足，微生物丰富。

8.6.2.3　主要生物指标测定和分析

由于土壤收集较晚，错过了黄精的种植时间，当年出土苗很少，不够采样分析。在生长末期（12月初）每个处理挖取两盆对黄精地下部分生长状况进行观察。黄精的地下部分生长良好，差别明显，如图8.6所示。其中腐殖土中的黄精根茎生有大量须根，并且比较粗壮；河沙土中的黄精须根较少，并且很细；

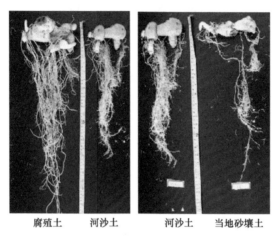

腐殖土　河沙土　　　河沙土　当地砂壤土

图8.6　不同土壤中栽培的黄精须根比较

当地的砂壤土中，黄精须根最短，但比河沙土组的黄精须根粗。黄精2005年全年未出土，新生根茎很小。有实验表明，黄精的须根数与次年生长量呈正相关关系，所以黄精在腐殖土中种植最好。

8.6.2.4　小结

黄精较好的遮阴方式是苹果林套种，这种方式下产量高，而且黄精多糖含量较高，对黄精的第一年生长有利，但采收苹果会对黄精地上部分造成踩踏，使土壤变硬，所以黄精不适合与果树林套种，可在与果树林相似的林间种植。玉米遮阴比遮阳网遮阴适合黄精生长。

遮阳网遮阴和露天栽培两种处理净光合速率和蒸腾速率测定试验表明，70%遮阳网遮阴可提高黄精光能利用效率1.5倍，提高水分利用效率19.5%，遮阳网下栽培比露天栽培适合黄精生长。

不同叶位净光合速率和蒸腾速率测定试验表明，黄精叶片的净光合速率随叶位的变化呈单峰曲线，11轮叶片净光合速率最高，叶位高于17轮时叶片净光合速率显著下降，应当去顶以利于黄精地下部分生长。

黄精在腐殖土中种植明显比在河沙土和当地砂壤土中好，更有利于黄精生长；在略阳当地的砂壤土种植比在河沙土中好。

8.7　黄精与微生物研究

8.7.1　多花黄精叶枯病病原菌的分离和鉴定

多花黄精为黄精属植物，肥厚的地下根茎为药效最佳部分，具有益肾、健脾的功效，广为人们食用。目前人工栽培的黄精已成为市场供应的主体，但在黄精栽培过程中常受到多种病害侵害，叶斑病、炭疽病发生严重，发病率达到70%以上，严重影响药材的产量和品质，其病原菌有链格孢属 *Alternaria*、壳针

孢属 *Septoria*、刺盘孢属 *Colletotrichum* 等，在浙江省黄精种植基地中，发现部分植株的发病症状为在叶片顶端先形成病斑，后不断扩大，最终整个植株叶片枯死，病叶枯死后，不脱落，悬挂于茎秆，将此种症状称为多花黄精叶枯病，该病害严重影响多花黄精根茎的生长和产量。

通过采集浙江省江山市多花黄精生产基地的感病植株，并对病样进行病原菌的分离、致病性测定，明确多花黄精叶枯病的病原菌，以期找到高效的防治措施，促进多花黄精产业的持续发展，解决当前市场多花黄精供不应求的问题。

8.7.1.1　材料与实验器具

1. 研究材料

多花黄精叶枯病病原菌研究材料由浙江省江山市保安乡多花黄精种植基地提供。

2. 培养基配制

马铃薯葡萄糖水（PDB）培养基：取马铃薯 200g，切成小块煮 30min，过滤取清液，加入葡萄糖 20g，补充蒸馏水到 1000mL，调 pH 到 7.0 左右，121℃高压灭菌 20min。

马铃薯葡萄糖琼脂（PDA）培养基：在 PDB 培养基中加入琼脂 15g/L。

LB 固体培养基：酵母粉 5g，蛋白胨 10g，NaCl 10g，pH 6.8，琼脂 15g，定容至 1L。

3. 仪器设备

培养箱、数显酸度计、医用净化工作台、精密电子天平、双列二孔电热恒温水浴锅、不锈钢立式电热蒸汽压力消毒锅、电热真空干燥箱、PCR 仪、凝胶成像仪、高速冷冻离心机、恒温摇床、生化培养箱、紫外可见分光光度计、光学显微镜、台式扫描电镜、透射电镜等。

8.7.1.2　实验方法

1. 病原菌的组织分离、培养和纯化

病原菌分离方法参照《植病研究方法》（方中达，1998）和张亚惠（2016）的研究，对其部分步骤进行改良，将接种的病叶组织在 PDA 培养基上于 28℃条件下培养，待菌丝从植物组织长出后，挑取前缘菌丝，接种于新的 PDA 培养基上，进行多次回接，直至获得纯培养；将纯化好的菌种接种到斜面 PDA 培养基上，4℃冰箱中保存，备用。

2. 病原菌的致病性测定

（1）孢子悬浮液的制备

制备方法参考吴李芳（2017）：将分离得到的菌株接种到 PDA 培养基，在 28℃条件下培养 5d；用打孔器切取在菌落边缘直径为 5mm 的菌丝块，转接 5 块至 PDB 培养基中，28℃、180r/min 培养 3d；发酵液经无菌脱脂棉过滤，并用无菌水冲洗 2～3 次，进行离心，将孢子悬浮液浓度调至 10^7CFU/mL，备用。

（2）致病性测定

按照科赫法则，采用针刺法测试分离菌的致病性。选择长势一致的多花黄精盆栽苗进行病原菌接种，具体方法为沿叶片主脉两侧用灭菌的缝衣针蘸取孢子悬浮液（10^7CFU/mL）针刺形成小伤口，以清水为对照组，用清水喷雾植株后，塑料袋保湿 48h。光照强度 8000lx，12h/d，培养条件为 25℃。每种分离物接种 5 盆，每个处理接种 12 片叶子，重复 3 次，观察分析分离物的致病能力。

病原菌的再分离和纯化：取接种后的发病叶片，参考本节"病原菌的组织分离、培养和纯化"进行病原菌分离纯化培养，比较分离物与用来接种的病原菌的形态、DNA 序列。

（3）病原菌的形态特征观察

将单孢分离获得的菌株接种于 PDA 培养基上，28℃培养，观察菌落的大小、颜色，以及菌落边缘菌丝稀疏程度、菌丝形状等形态学特征。用光学显微镜、扫描电镜观察菌体细胞的大小、形状，以及产孢结构、孢子的形态。

（4）病原菌的分子生物学鉴定

1）利用真菌基因组提取试剂盒提取分离菌株的基因组，采用通用引物 ITS4（5′-TCCTCCGC TTATTGATATGC-3′）和 ITS6（5′-GAAGGTGAAGTCGTAACAAGG-3′）对真菌核糖体基因转录间隔区序列进行扩增。反应体系如下。

PCR 反应体系为 25μL，每 25μL 体系中含有以下试剂或溶液：

Taq DNA 聚合酶	0.5μL
10× PCR Buffer+MgCl$_2$	2.5μL
DNA 模板	0.5μL
dNTP（10mmol/L）	0.5μL
引物 1（10μmol/L）	0.5μL
引物 2（10μmol/L）	0.5μL
ddH$_2$O	20μL

总体积 25μL

PCR 反应条件：94℃预变性 5min；94℃变性 1min，50℃退火 40s，72℃延伸 1min，30 个循环；最后一轮循环 72℃延伸 10min，4℃保存。经 1.0%琼脂糖凝胶电泳检测，得到特异性片段，样品送生工生物工程（上海）股份有限公司测序。将所测得的序列在 NCBI 网站进行 BLAST 比对，分析序列相似程度。

2）采用特异性引物 EF1-986R（5′-TACTTGAAGGAACCCTTACC-3′）和 EF1-728F（5′-CATCGAGAAG TTCGAGAAGG-3′）对翻译延伸因子（TEF-1α）序列进行扩增。

PCR 反应体系同上。

PCR 反应条件：94℃预变性 5min；94℃变性 30s，52℃退火 30s，72℃延伸 1min，33 个循环；最后一轮循环 72℃延伸 10min，4℃保存。取 PCR 产物 3μL 经 1.0%琼脂糖凝胶电泳检测后，得到特异性片段，样品送生工生物工程（上海）股份有限公司测序。将所测得的序列在 NCBI 网站进行 BLAST 比对，分析序列相似程度。

3. 不同因素对菌落生长的影响

（1）温度对菌落生长的影响

将直径 5mm 的 PC-4 菌块接种于 PDA 平板中央，分别置于 10℃、20℃、25℃、30℃生化培养箱中，在 12h 光暗交替的条件下培养，每个处理 3 皿，重复 3 次。每 3 天测定菌落直径，观察记录菌落生长状况，计算菌落生长的速率。

$$菌落生长速率（cm/d）=（菌落直径-0.5）/T$$

式中，T 为第 T 天。

（2）光照条件对菌落生长的影响

将直径 5mm 的 PC-4 菌块接种于 PDA 平板中央，分别置于光暗交替（12h 光照、12h 黑暗）、连续光照、连续黑暗条件下，25℃培养，每处理 3 皿，重复 3 次。每 3 天测定菌落直径，观察记录菌丝生长状况，计算菌落生长的速率。

（3）pH 对菌丝生长的影响

用 2mol/L NaOH 和 6mol/L HCl 将 PDA 培养基调成 pH 为 5.0、6.0、7.0、8.0、9.0 共 5 个处理。将

5mm 的 PC-4 菌块接种于不同 pH 的 PDA 平板中央，在 25℃、12h 光暗交替的条件下培养，每处理 3 皿，重复 3 次，观察记录菌丝生长状况。

（4）不同碳源对菌落生长的影响

以 PDA 培养基为基础培养基，用等量的不同碳源替换基础培养基中的葡萄糖。将直径 5mm 的 PC-4 菌块接种于不同碳源的培养基平板上，在 25℃、12h 光暗交替的条件下培养，每处理 3 皿，重复 3 次。每 3 天测定菌落直径，观察记录菌落生长状况，计算菌落生长的速率。

采用 SPSS 20.0 统计分析软件对实验数据进行单因素方差分析，应用最小显著差数（LSD）法检验差异显著性。

4. 温度对孢子萌发的影响

在生长 5d 的菌落上刮取分生孢子，用无菌水配制孢子悬浮液，用悬滴法培养，将其放在有两层湿滤纸的一次性培养皿中，保湿培养，分别置于 25℃、30℃下，分别于 4h、8h、12h、16h 观察，共观察 4 次，记录孢子萌发率以及芽管的长度（芽管的萌发标准：芽管长度大于孢子长度的一半）。

8.7.1.3　结果与分析

1. 多花黄精病害调查结果

对浙江省江山市多花黄精种植地发病情况进行调查统计：多花黄精叶枯病 5 月底开始在老植株叶上发生，7 月初在新生植株叶上出现，八九月发生较严重。发病前期，在叶片顶端先形成病斑，后不断扩大，在叶部形成椭圆形或不规则的水浸状病斑，叶片边缘变成黄褐色，最终整个叶片枯死，病叶枯死后，不脱落，悬挂于茎秆，如图 8.7 所示。该症状与周先治等（2017）报道的黄精枯萎病症状相似，但是其报道中病原菌只鉴定到镰刀菌属，尚未进一步鉴定到种。

图 8.7　多花黄精感病植株症状

2. 病原菌分离

以感病的多花黄精叶片作为材料，根据菌落外观形态、颜色，去除表观上相同的菌株，得到 5 株真菌（PC-1～PC-5）（图 8.8，表 8.3）。

3. 病原菌的致病性测定

将每种分离物接种 5 盆长势一致的多花黄精盆栽苗，每个处理接种 12 片叶子，重复 3 次，发现 PC-4 致病（图 8.9），接种 10d 后，叶片接种位置出现圆形黑褐色病斑，不断向叶片边缘扩散，培养 3 周后，接种 PC-4 的植株叶片干枯，挂于枝干上。

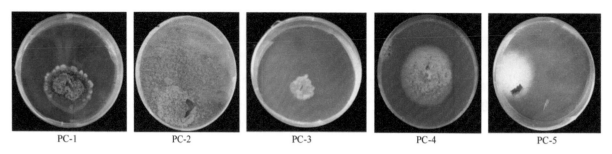

PC-1　　　　　　PC-2　　　　　　PC-3　　　　　　PC-4　　　　　　PC-5

图 8.8　分离得到的不同菌株的形态

表 8.3　多花黄精叶枯病分离菌株形态描述

菌株编号	菌落特征
PC-1	菌落初白色，后为灰白色，有黑色颗粒
PC-2	菌落灰黑色，表面形成黑色球形粒点
PC-3	菌落初白色，后为灰白色，表面干燥，菌落不规则
PC-4	菌落初期呈淡红色或白色，后期出现淡紫色色素
PC-5	菌落呈白色绒毛状，干燥，不透明

图 8.9　分离菌株 PC-4 的致病性

A. 清水对照组；B. 接种 PC-4 的处理组

　　取接种后的发病叶片，利用组织分离培养方法进行病原菌分离纯化培养，比较分离物与用来接种的病原菌的形态（图 8.10），发现接种后再次分离的菌株与接种菌株的菌落形态一致，并提取接种分离菌株的基因组进行 PCR 扩增、测序，将所测得的序列在 NCBI 网站进行 BLAST 比对，确定该分离菌株为接种菌株，按照科赫法则，可以认定 PC-4 为多花黄精叶枯病的致病菌。

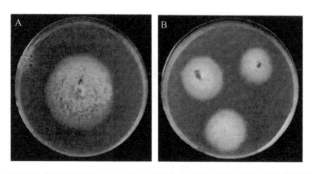

图 8.10　菌株 PC-4 的初次分离菌落形态（A）与接种后发病叶片再次分离菌株菌落形态（B）对比

4. 菌株 PC-4 的形态特征

（1）菌落特征

菌落初期呈淡红色或白色，后期颜色加深，出现淡紫色色素。气生菌丝丰富且呈绒毛状。培养皿反面观察，菌落初期呈白色且色泽均匀，后期呈淡红色至紫色（图8.11）。多次纯化后，部分纯化菌落会出现颜色变化。

（2）光学显微镜及扫描电镜观察结果

通过光学显微镜和扫描电镜观察，菌丝为有隔菌丝，该菌株的分生孢子有两种类型：一种比较大，孢子呈纺锤形或镰刀形，大小为（15～25）μm×（3～5）μm，有多个分隔；另一种比较小，孢子呈肾形或卵形，单孢。产孢细胞为单瓶梗。根据菌落形态学观察，以及菌丝、分生孢子的光学显微镜和电镜观察（图8.12），结合传统的真菌分类方法（方中达，1979），初步判定此种病原菌属于镰刀菌属。

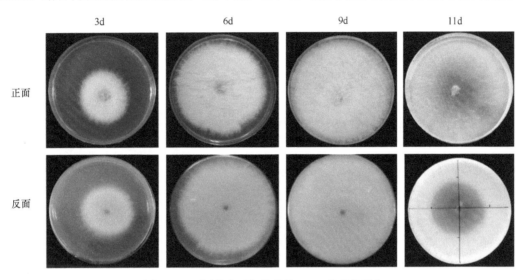

图 8.11　不同培养时间的菌株 PC-4 的菌落形态

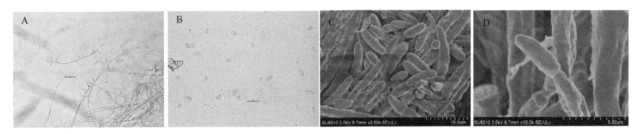

图 8.12　菌株 PC-4 的菌丝及分生孢子形态

A. 分生孢子梗；B. 分生孢子；C. 分生孢子；D. 产孢结构

5. 菌株 PC-4 的分子生物学鉴定

以菌株 PC-4 的 DNA 为模板，利用通用引物 ITS4 和 ITS6 进行 PCR 扩增，菌株 PC-4 ITS 序列扩增后得到大小为 540bp 的序列，将测序结果在 NCBI 网站上进行 BLAST 比对分析。ITS 序列分析结果与尖孢镰刀菌 *Fusarium oxysporum*（MH290454.1）的相似度达 100%（图8.13）。

利用特异性引物 EFl-728F/EFl-986R 对翻译延伸因子（TEF-1α）进行序列扩增，菌株 PC-4 序列扩增后得到大小为 271bp 的序列，将得到的序列在 NCBI 网站上进行 BLAST 比对分析。TEF-1α 序列分析结果与 *F. oxysporum*（MF442438.1）的相似度达 99%（图8.14）。

Alignments	Download	GenBank	Graphics	Distance tree of results						⚙
Description					Max score	Total score	Query cover	E value	Ident	Accession
Fusarium oxysporum strain gss143 small subunit ribosomal RNA gene, partial sequence; internal transcribed spacer 1, 5.8S r					998	998	100%	0.0	100%	MH290454.1
Fusarium oxysporum strain gss142 small subunit ribosomal RNA gene, partial sequence; internal transcribed spacer 1, 5.8S r					998	998	100%	0.0	100%	MH290453.1
Fusarium oxysporum strain D951 small subunit ribosomal RNA gene, partial sequence; internal transcribed spacer 1, 5.8S rib					998	998	100%	0.0	100%	MH266052.1
Fusarium oxysporum strain CRM-DLRZ5 18S ribosomal RNA gene, partial sequence; internal transcribed spacer 1, 5.8S ribos					998	998	100%	0.0	100%	MF993437.1
Fusarium oxysporum strain JG278 18S ribosomal RNA gene, partial sequence; internal transcribed spacer 1, 5.8S ribosomal					998	998	100%	0.0	100%	KY922957.1
Fusarium oxysporum strain JG276 18S ribosomal RNA gene, partial sequence; internal transcribed spacer 1, 5.8S ribosomal					998	998	100%	0.0	100%	KY922956.1
Fusarium oxysporum strain JG274 18S ribosomal RNA gene, partial sequence; internal transcribed spacer 1, 5.8S ribosomal					998	998	100%	0.0	100%	KY922955.1
Fusarium oxysporum strain JG268 18S ribosomal RNA gene, partial sequence; internal transcribed spacer 1, 5.8S ribosomal					998	998	100%	0.0	100%	KY922954.1
Fusarium oxysporum isolate C1558 small subunit ribosomal RNA gene, partial sequence; internal transcribed spacer 1, 5.8S r					998	998	100%	0.0	100%	KY910858.1
Fusarium oxysporum isolate W1185 small subunit ribosomal RNA gene, partial sequence; internal transcribed spacer 1, 5.8S					998	998	100%	0.0	100%	KY910857.1

图 8.13　与菌株 PC-4 的 ITS 序列相似 100% 的菌株

Description	Max score	Total score	Query cover	E value	Ident	Accession
Fusarium oxysporum f. sp. medicaginis isolate FW16B translation elongation factor 1-alpha gene, partial cds	496	496	100%	2e-136	99%	MF442438.1
Fusarium oxysporum f. sp. medicaginis isolate 31F3 translation elongation factor 1-alpha gene, partial cds	496	496	100%	2e-136	99%	MF442437.1
Fusarium oxysporum f. sp. medicaginis isolate 7F3 translation elongation factor 1-alpha gene, partial cds	496	496	100%	2e-136	99%	MF442436.1
Fusarium oxysporum f. sp. cepae isolate Fox260_pc translation elongation factor 1-alpha (TEF) gene, partial cds	496	496	100%	2e-136	99%	KT239472.1
Fusarium oxysporum partial tef1a gene for translation elongation factor 1 alpha, strain CPC 27702	496	496	100%	2e-136	99%	LT746205.1
Fusarium oxysporum strain dH 21772/602 elongation factor 1a (tef1) gene, partial cds	496	496	100%	2e-136	99%	KU711714.1
Fusarium oxysporum isolate FPOST-162 translation elongation factor 1-alpha (tef1) gene, partial cds	496	496	100%	2e-136	99%	KX215043.1
Fusarium oxysporum strain ZJU-1 translation elongation factor 1-alpha gene, partial cds	496	496	100%	2e-136	99%	KY078211.1
Fusarium oxysporum clone 251-2 translation elongation factor 1-alpha gene, partial cds	496	496	100%	2e-136	99%	KX619183.1
Fusarium oxysporum clone 241-1A translation elongation factor 1-alpha gene, partial cds	496	496	100%	2e-136	99%	KX619148.1
Fusarium oxysporum clone 239-A translation elongation factor 1-alpha gene, partial cds	496	496	100%	2e-136	99%	KX619144.1
Fusarium oxysporum clone 238-B translation elongation factor 1-alpha gene, partial cds	496	496	100%	2e-136	99%	KX619143.1

图 8.14　与菌株 PC-4 的 TEF-1α 序列相似 99% 的菌株

　　根据菌株 PC-4 的 ITS 序列和 TEF-1α 序列分析结果，结合其形态学鉴定结果，最终确定导致多花黄精叶枯病的菌株 PC-4 为尖孢镰刀菌 *Fusarium oxysporum*，并在 NCBI 站登录（序列登录号：MK185003）。

8.7.2　多花黄精内生贝莱斯芽孢杆菌的分离鉴定及其抗菌与促生作用分析

　　Hallmann 等（1997）首次完整地将植物内生菌（endophyte）定义为能够在健康植物活组织内生存而不引起明显寄主植物病变的一大类微生物，主要包括细菌、真菌和放线菌，其中内生细菌主要包括芽孢杆菌属 *Bacillus*、假单胞菌属 *Pseudomonas*、肠杆菌属 *Enterobacter* 和土壤杆菌属 *Agrobacterium* 等。人们对植物内生菌的研究主要涉及内生菌的生物学作用，如可促进宿主植物的生长、可促进植株对营养元素的吸收（Ahmad et al.，2008；Mnasri et al.，2017；Hassan，2017）、可产生抗菌物质提高植物对恶劣环境的适应性（Egamberdieva et al.，2017）、可诱导植物自身产生系统抗性等（Han et al.，2015；Egamberdieva et al.，2017）。

　　多花黄精作为集药用、食用、观赏和保健于一身的中药材黄精的原生药，近年来，随着药用植物的分类、化学药理和栽培方式等方面的深入研究，其内生菌的多样性也已成为当今研究的热点。然而，目前仅有少量文献报道黄精内生菌的研究，如李艳玲等（2013）报道了泰山黄精的根、茎、叶和果实中分布最广的类群是镰刀菌属 *Fusarium*，并对这些内生真菌的抑菌活性进行了研究。汪滢等（2010）报道了浙江多花黄精内生真菌变灰青霉 *Penicillium canescens* 产生了 3 种抗菌物质——乙基氧苯氨基亚胺乙酸、灰黄霉素和呋喃-2-甲基-3-羧甲基-4-羟基-5-甲氧基萘，这些物质对多种植物病原菌具有抑制活性。柏晓辉等（2018）从黄山地区健康的野生黄精根茎中分离得到 1 株对绿脓杆菌 *Pseudomonas aeruginosa*、鼠伤寒沙门氏菌 *Salmonella typhi* 和苏云金芽孢杆菌 *Bacillus thuringiensis* 均具有显著抑制作用的内生菌 HJ-1。

我们针对浙江省江山市多花黄精的内生菌展开了研究，从中分离、筛选到一株对尖孢镰刀菌 *F. oxysporum* 具有拮抗作用的菌株。在此基础上，开展了该菌株的生理生化和分子鉴定；对该菌株产生的抗菌物质成分和植物激素种类进行了分析，并测定了其对尖孢镰刀菌的抑制作用和对植物的促生作用。

8.7.2.1　材料与方法

1. 材料

植株：多花黄精由浙江省江山市保安乡技术推广站提供。

供试菌株：多花黄精病原菌尖孢镰刀菌 *F. oxysporum*，保存于浙江大学农业与生物技术学院生物技术研究所。

培养基与试剂：LB、PDA 和 PDB 培养基参照《植病研究方法》（方中达，1998）配制，分别用于细菌和真菌的培养。PCR 引物、*Taq* DNA 聚合酶、dNTP 等试剂从生物公司购买，其他试剂为国产分析纯。

仪器设备：PCR 仪、凝胶成像仪、高速冷冻离心机、恒温摇床、高效液相色谱仪和三重串联四级杆质谱仪、基质辅助激光解吸飞行时间质谱（MALDI-TOF-MS）仪、扫描电镜、透射电镜、旋转蒸发仪等。

2. 内生菌株的分离与拮抗作用测定

（1）内生菌株的分离

采集多花黄精样品后，用自来水冲洗 10min，风干，然后依次用 75%乙醇浸泡 1min，无菌水冲洗 3 次和 5% NaClO 浸泡 6min 进行表面消毒处理，无菌水冲洗 5 次后，将根、茎、叶用无菌剪刀剪开，茎切成 1cm 左右的小段，放置于 LB 培养基平板和 PDA 平板上；根、叶加无菌水研磨至糊状，静置 10min，用无菌水按梯度 $10^2 \sim 10^6$ 稀释，取 20μL 分别涂布于 LB 平板和 PDA 平板；最后一次洗涤水 20μL 涂布于 LB 平板和 PDA 平板上，作为对照组以验证消毒是否彻底。每个处理 3 次重复，在 28℃条件下培养 48h。选取不同形态特征的单菌落反复平板画线纯化后，将不同细菌菌悬液与 20%甘油按照 1：1 比例混合，保存于–70℃。

（2）内生菌株拮抗作用测定

采用平板对峙培养法筛选出对尖孢镰刀菌 *F. oxysporum* 具有抑制作用的菌株。首先将尖孢镰刀菌在 PDA 平板上于 28℃培养 5d，用直径为 5mm 的打孔器在平板上打取圆形病原菌菌饼，将其接入新的 PDA 平板中央，然后在病原菌菌饼两侧等距离（2.5cm）处点接分离得到的细菌菌株，于 28℃培养 3d 后观察记录抑菌圈。每个处理重复 3 次，有抑菌圈的菌株即为拮抗菌。

3. 内生拮抗菌的鉴定

（1）形态学观察

将分离菌株画线接种于 LB 培养基，28℃培养 24h 后观察菌落形态特征。进行革兰氏染色，并利用扫描电镜、透射电镜观察菌体和芽孢形态及大小。

（2）生理生化特征分析

将分离菌株画线接种于 LB 培养基，37℃培养 24～48h 后，依据《常见细菌系统鉴定手册》（东秀珠和蔡妙英，2001）对该菌株的生理生化特征进行分析。

（3）16S rDNA 序列测定、*gyrB* 基因序列测定及同源性分析

利用细菌基因组提取试剂盒提取拮抗菌株全基因组 DNA，采用细菌 16S rDNA 的通用引物 27F（5'-AGAGTTTGATCCTGGCTCAG-3'）、1492R（5'-TACGGCTACCTTGTTACGACTT-3'），以上面筛选到的拮抗菌基因组为模板进行 PCR 扩增。PCR 运行程序：94℃预变性 5min；94℃变性 30s，53℃退火 30s，72℃延伸 1min，共 35 个循环；72℃延伸 10min。

gyrB 基因序列的 PCR 扩增：根据文献报道，选用引物 UP1 和 UP2r（Yamamoto and Harayama，1995）扩增 *gyrB* 基因。反应条件：95℃预变性 4min；98℃变性 10s，62℃退火 1min，72℃延伸 3min，30 个循环；72℃延伸 10min。经 1%琼脂糖凝胶电泳检测，得到特异性片段，将样品送生工生物工程（上海）股份有限公司测序。

将所测得的序列在 NCBI 网站，与 GenBank 中的所有细菌 16S rDNA 序列进行 BLAST 比对，选取同源性 98%以上的序列，再结合其模式菌株序列，利用 MEGA 5.0 用邻接法（neighbor-joining，NJ）构建系统发育树，进行同源性分析。

4. 菌株脂肽类化合物分析与抗菌检测

（1）MALDI-TOF-MS 检测与分析

将上述筛选到的拮抗菌进行活化后按 1%接种于 LB 液体培养基中，37℃、200r/min 振荡培养 12h。然后以无菌水稀释后涂布于 LB 固体培养基 37℃恒温培养 48h。挑取 2 个单菌落于目标板孔靶上，与 1μL 辅助基质混匀，自然风干后进行基质辅助激光解吸电离飞行时间质谱（MALDI-TOF-MS）检测（李兴玉等，2014）。仪器参数为：反射操作模式，正离子检测，检测范围 100～2000Da，激光点击数每图谱 50，激光频率 30.0Hz，离子源加速电压 20kV，反射电压 23.5kV 脉冲离子。

（2）脂肽粗提物的制备

拮抗菌株培养：LB 培养基，100mL 三角瓶（250mL 规格）装量，28℃、180r/min 恒温摇床振荡培养 72h。发酵液经 8000r/min 离心 20min，取上清发酵液用孔径为 0.22μm 的无菌过滤器过滤，获得无菌发酵液。采取盐酸沉淀和甲醇抽提法从无菌发酵液中获得脂肽粗提物（吕倩等，2014）。

（3）脂肽粗提物对尖孢镰刀菌菌丝生长的抑制

采用菌丝生长速率法测定脂肽粗提物的生物活性。用甲醇将脂肽粗提液依次稀释为 440μg/mL、220μg/mL、110μg/mL、55μg/mL，将其加入到融化的 PDA 培养基中制成脂肽平板，以加等体积甲醇的 PDA 平板为对照，在平板中央接种直径为 5mm 的尖孢镰刀菌菌块，每个处理重复 3 次，28℃培养 4d。采用十字交义法测量菌落直径，计算相对抑制率（魏新燕等，2018）。相对抑制率=［（对照菌落直径-脂肽粗提物处理菌落直径）/对照菌落直径］×100%。

5. 菌株对多花黄精的促生作用

（1）菌株发酵液中激素种类分析

将上述筛选到的拮抗菌株接种至 LB 固体培养基上，28℃培养 24h 后，转接入 LB 液体培养基内，37℃ 200r/min 振荡培养 12h，制成种子发酵液。取种子发酵液按照 1%接种量接种至 100mL 的 LB 液体培养基中，180r/min 振荡培养 72h，之后用乙酸乙酯对发酵液进行萃取，旋转蒸发浓缩，经过 0.22μm 滤膜过滤，于 4℃保存，用高效液相色谱仪和三重串联四级杆质谱仪（LC-MS）测定吲哚乙酸（IAA）、激动素（KT）、赤霉素（GA_3）和玉米素（ZT）的含量（Wang et al.，2016a）。质谱条件如下：采用电喷雾负/正离子模式，毛细管电压 3.0kV，雾化气压力 0.31MPa，干燥气体（N_2）流速 5L/min，干燥气体温度 325℃，鞘气温度 350℃，鞘气流速 11L/min。采用质谱多反应监测（MRM）模式进行检测，收集 LC-MS 如下数据：样品名称、保留时间、碰撞解离电压、母离子（*m/z*）、子离子（*m/z*）、碰撞

能量和扫描模式。

（2）盆栽促生试验

将 3 年生多花黄精块茎用 0.5%次氯酸钠进行表面消毒 15min，无菌水漂洗 3～4 次，播种于基质（草炭：蛭石：珍珠岩=2：1：1）中，进行如下 3 种处理。A：LB 液体培养基进行灌根。B：用拮抗菌液（OD_{600}=0.5，$1×10^8$CFU/mL）进行灌根。C：用拮抗菌液（OD_{600}=0.05，$1×10^7$CFU/mL）进行灌根。每处理 3 盆，3 个重复，培养条件：25℃，16h 光照、8h 黑暗培养，观察多花黄精的生长情况，两个月后记录各个生物量的变化。

6. 数据分析

采用 SPSS 20.0 统计分析软件对实验数据进行单因素方差分析，应用最小显著差数（LSD）法检验差异显著性。

8.7.2.2　结果与分析

1. 内生菌的分离及拮抗菌鉴定

从根、茎、叶中共分离出 11 株内生菌，分别记作 ZJU-1～ZJU-11（表 8.4），采用对峙培养法获得对尖孢镰刀菌 *F. oxysporum* 有较强抑制作用的菌株 ZJU-3（图 8.15），对尖孢镰刀菌菌落边缘的菌丝进行观察，发现处理组的菌丝明显变粗，菌丝出现断裂、消融现象，表面出现褶皱，该菌株对尖孢镰刀菌菌丝的生长有一定的抑制作用。

2. 菌株 ZJU-3 的鉴定

（1）菌株 ZJU-3 的菌落形态和生理生化特性

在 LB 培养基上，于 28℃下培养 24h，单菌落类似圆形，边缘不规则，皱褶状凸起，表面粗糙不透明，干燥，菌落呈浅黄色（图 8.16A）。扫描电镜观察结果显示，菌体呈杆状，大小为（0.5～0.7）μm ×（1～3）μm（图 8.16B），芽孢椭圆形，中生或端生，长 0.6～1μm（图 8.19C、D）。菌株 ZJU-3 的硫化氢试验、接触酶试验等多项生理生化特征见表 8.5。该菌株能在 20～40℃的温度下生长，最适生长温度为 37℃；在含 1%～7% NaCl 的 LB 培养基上均能生长；生长 pH 为 5.0～9.0。

表 8.4　不同菌株对尖孢镰刀菌的抑制效果

来源	菌株序号	拮抗效果
根	ZJU-1	−
	ZJU-2	−
	ZJU-3	+++
	ZJU-4	−
	ZJU-5	−
茎	ZJU-6	+
	ZJU-7	−
	ZJU-8	−
叶	ZJU-9	−
	ZJU-10	−
	ZJU-11	+

注："+++"表示差异显著；"−"表示不显著

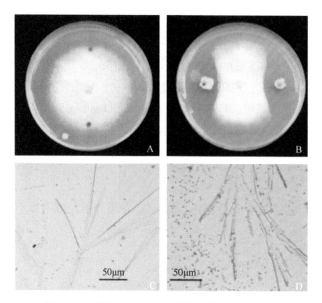

图 8.15　菌株 ZJU-3 对尖孢镰刀菌的抑制效果

A. 对照组；B. 菌株 ZJU-3 的抑菌活性；C. 正常生长的尖孢镰刀菌菌丝；D. 受抑制的尖孢镰刀菌菌丝

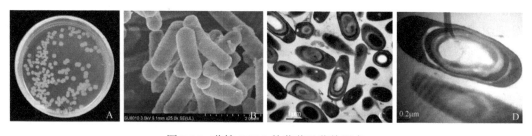

图 8.16　菌株 ZJU-3 的菌落及菌体形态

A. 菌株 ZJU-3 的菌落形态；B. 菌株 ZJU-3 的菌体；C、D. 不同时期的芽孢形态

表 8.5　菌株 ZJU-3 的生理生化特征

生理生化测试项目	结果	生理生化测试项目	结果
V-P 试验	+	蔗糖发酵	+
甲基红测定试验	−	卵磷脂酶试验	+
硝酸盐还原试验	+	淀粉水解	+
过氧化氢酶试验	+		

注："+" 代表阳性；"−" 代表阴性

（2）菌株 ZJU-3 的分子生物学鉴定

菌株 ZJU-3 的 16S rDNA 经 PCR 扩增后，得到 1 条 1400bp 左右的条带，胶回收后测序获得长度为 1425bp 的 DNA 序列，并在 NCBI 网站登录（序列登录号：MH298776）。将菌株 ZJU-3 的 16S rDNA 序列与 GenBank 中的序列进行比对，与 ZJU-3 最为相近的 3 株菌分别为贝莱斯芽孢杆菌 *Bacillus velezensis* CR-502（GenBank 登录号：AY603658，同源性为 99.85%）、暹罗芽孢杆菌 *Bacillus siamensis* KCTC 13613（GenBank 登录号：AJVF01000043，同源性为 99.72%）和解淀粉芽孢杆菌 *Bacillus amyloliquefaciens* DSM 7（GenBank 登录号：FN597644，同源性为 99.58%）。通过 MEGA 5.0 软件构建该菌株的 16S rDNA 序列系统发育树（图 8.17），结果显示该菌株与 *Bacillus siamensis* KCTC 13613、*Bacillus amyloliquefaciens* DSM7 和 *Bacillus velezensis* CR-502 在一个分支上，无法确定该菌株的分类地位。

菌株 ZJU-3 的 *gyrB* 基因序列经 PCR 扩增后，得到 1 条 1147bp 的条带，将该序列与 GenBank 中的序列进行比对，与 *B. velezensis* KACC 13105（GenBank 登录号：NZ_JTKJ02000014.1）、*B. siamensis* XY18

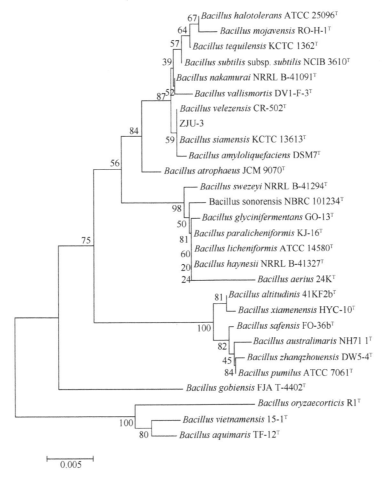

图 8.17 菌株 ZJU-3 的 16S rDNA 系统发育树
T 表示模式菌株

（GenBank 登录号：LAGT01000009.1）、*B. amyloliquefaciens* DSM7（GenBank 登录号：FN597644）同源性为 99%，通过 MEGA 5.0 软件构建该菌株的 *gyrB* 基因序列系统发育树，显示该菌株与 *B. velezensis* KACC 13105 在一个分支上（图 8.18）。同时参照《常见细菌系统鉴定手册》（东秀珠和蔡妙英，2001），

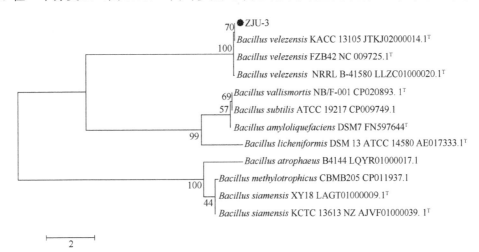

图 8.18 菌株 ZJU-3 的 *gyrB* 基因序列系统发育树
T 表示模式菌株

根据枯草芽孢杆菌 *B. subtilis* 和解淀粉芽孢杆菌 *B. amyloliquefaciens* 不能产生卵磷脂酶，排除菌株 ZJU-3 为枯草芽孢杆菌和解淀粉芽孢杆菌的可能性。结合形态学及其他生理生化特征，将菌株 ZJU-3 鉴定为贝莱斯芽孢杆菌（于中国典型培养物保藏中心保藏，保藏编号：M 2018311）。

3. 菌株 ZJU-3 脂肽类化合物分析

（1）MALDI-TOF-MS 检测与分析

图 8.19A 为贝莱斯芽孢杆菌经 MALDI-TOF-MS 检测所得的脂肽类次生代谢物的质谱图（m/z 700～1500），结果显示：表面活性肽和伊枯草菌素的离子峰集中于 m/z 1000～1100；m/z 1400～1500 属于泛革素化合物。菌株 ZJU-3 在 m/z 值为 1053.655、1069.693、1066.710、1083.727、1081.696、1097.728、1095.719、1111.744、1099.733（图 8.19B）处有离子峰出现，这 9 个离子峰对应于杆菌抗霉素的质量；在 m/z 值为 1066.710、1082.732、1080.743、1094.763、1098.730（图 8.22B）处有离子峰出现，这 5 个峰对应于伊枯草菌素的质量；在 m/z 值为 1436.001、1450.023、1464.050、1478.065、1492.079、1506.097（图 8.19C）处有离子峰出现，这 6 个峰对应于泛革素的质量；在 m/z 值为 1044.746、1059.765、1058.759、1074.761（图 8.19B）处有离子峰出现，这 4 个峰对应于表面活性肽的质量（表 8.6）。

（2）脂肽粗提物对尖孢镰刀菌菌丝生长的抑制效果

采用酸沉淀和甲醇抽提法从 ZJU-3 发酵液中提取脂肽物质，进行冷冻干燥后确定该脂肽粗提物的得率为 20mg/mL。尖孢镰刀菌菌块在含不同浓度脂肽粗提物的 PDA 培养基上 23℃培养 4d 后，与对照相比，实验浓度的 ZJU-3 脂肽物质均对尖孢镰刀菌菌丝扩展表现出抑制作用，而且随着脂肽浓度的增加，菌丝生长受到的抑制作用增强，其中 440μg/mL 脂肽物质对尖孢镰刀菌的抑制率为 51.6%（图 8.20）。

4. 菌株 ZJU-3 对多花黄精的促生作用

（1）菌株 ZJU-3 发酵液中的 IAA、KT、GA₃ 和 ZT 的含量测定

通过 LC-MS 分析，定量测定菌株 ZJU-3 中 IAA、KT、GA$_3$ 和 ZT 的含量。在同样的色谱条件下，GA$_3$ 标样在 3.28min 有一个色谱峰（图 8.21A-1），发酵液在保留时间 3.88min 有一个色谱峰（图 8.21A-2），

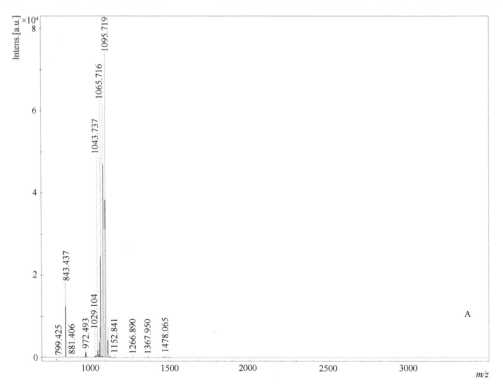

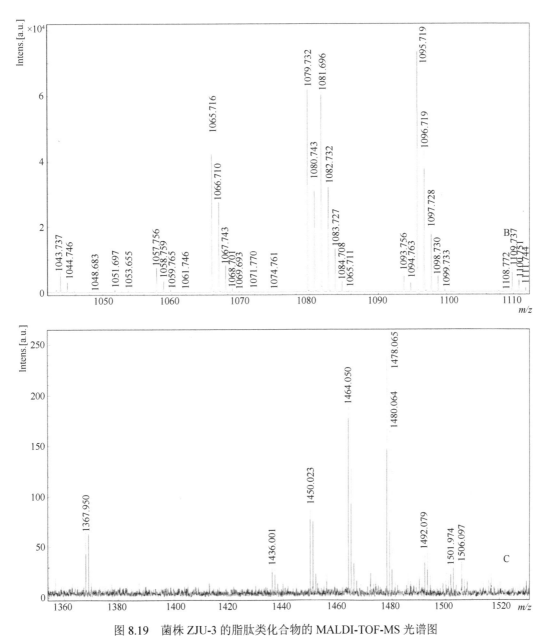

图 8.19　菌株 ZJU-3 的脂肽类化合物的 MALDI-TOF-MS 光谱图

A. 质荷比为 700～1500 的 MALDI-TOF-MS 光谱图；B. 质荷比为 1000～1200 的 MALDI-TOF-MS 光谱图；C. 质荷比为 1400～1600 的
MALDI-TOF-MS 光谱图

它们的保留时间基本一致，可以确定发酵液中产生了 GA_3，进一步计算得到 GA_3 的含量为 0.07ng/mL。

在同样的色谱条件下，标样 KT 在保留时间 2.48min 有一个色谱峰（图 8.21B-1），发酵液在保留时间 2.48min 有一个色谱峰（图 8.21B-2），它们的保留时间基本一致，可以确定发酵液中产生了 KT，进一步计算得到 KT 的含量为 21.34ng/mL。

在同样的色谱条件下，标样 ZT 在保留时间 1.59min 有一个色谱峰（图 8.21C-1），发酵液在保留时间 1.74min 有一个色谱峰（图 8.21C-2），保留时间基本一致，可以确定发酵液中产生了 ZT，经过计算，ZT 含量为 0.02ng/mL。

在同样的色谱条件下，标样 IAA 在保留时间 5.94min 有一个色谱峰（图 8.21D-1），发酵液在保留时间 5.48min 有一个色谱峰（图 8.21D-2），它们的保留时间基本一致，可以确定发酵液中产生了 IAA，进一步计算得到 IAA 的含量为 8.29ng/mL。

表 8.6　贝莱斯芽孢杆菌 ZJU-3 产生的脂肽类化合物

质荷比 m/z	离子类型	化合物	菌株 ZJU-3
杆菌抗霉素（bacillomycin）(Ongena and Jacques，2008；Chen et al.，2009)			
1053.5、1069.5	[M + Na]⁺、[M + K]⁺	杆菌抗霉素 D（C11）	+
1067.5、1083.5	[M+Na]⁺、[M+K]⁺	杆菌抗霉素 D（C12）	+
1081.5、1097.5	[M+Na]⁺、[M+K]⁺	杆菌抗霉素 D（C13）	+
1095.5、1111.6	[M+Na]⁺、[M+K]⁺	杆菌抗霉素 D（C14）	+
1099.6	[M + Na]⁺	杆菌抗霉素 LC（C15）	+
伊枯草菌素（itutin）(Ongena and Jacques，2008；Chen et al.，2009)			
1066.7、1082.6	[M+Na]⁺、[M+K]⁺	伊枯草菌素 C（C11）	+
1080.7	[M+Na]⁺	伊枯草菌素 C（C12）	+
1094.6	[M + Na]⁺	伊枯草菌素 C（C13）	+
1098.6	[M + H]⁺	伊枯草菌素（C15，含一个双键）	+
泛革素（fengycin）(Ongena and Jacques，2008；Chen et al.，2009；Li et al.，2013)			
1435.8	[M + H]⁺	泛革素 A（C14）	+
1449.8	[M + H]⁺	泛革素 A（C15）	+
1463.8	[M + H]⁺	泛革素 A（C16）	+
1477.8	[M + H]⁺	泛革素 A（C17）	+
1491.9	[M + H]⁺	泛革素 A（C18）	+
1505.8	[M + H]⁺	泛革素 A（C19）	+
表面活性肽（surfactin）(Ongena and Jacques，2008；Li et al.，2013)			
1044.6、1060.6	[M +Na]⁺、[M +K]⁺	表面活性肽（C12）	+
1058.7、1074.6	[M +Na]⁺、[M +K]⁺	表面活性肽（C13）	+

注："+"表明检测到此化合物

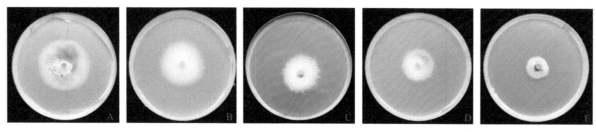

图 8.20　不同浓度的脂肽粗提物对 *Fusarium oxysporum* 菌丝生长的抗真菌活性

A. 对照（甲醇）；B. 脂肽粗提物 55μg/mL；C. 脂肽粗提物 110μg/mL；D. 脂肽粗提物 220μg/mL；E. 脂肽粗提物 440μg/mL

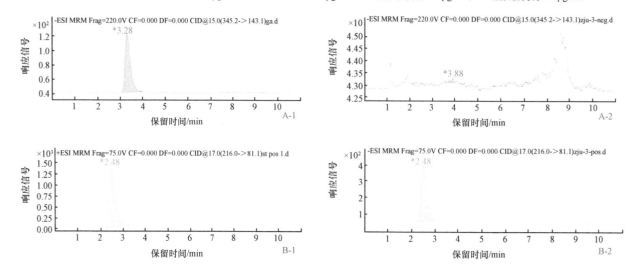

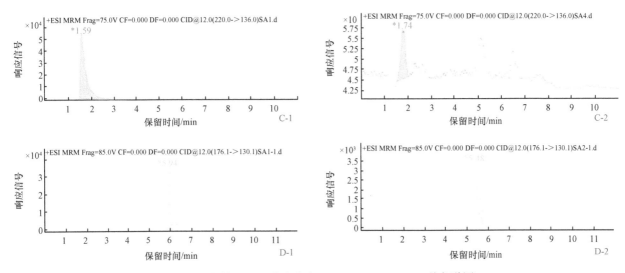

图 8.21 菌株 ZJU-3 发酵液中 GA_3、KT、ZT、IAA 的色谱图

A-1. 赤霉素（GA_3）标准溶液的色谱图；A-2. 从发酵液中提取赤霉素（GA_3）的色谱图；B-1. 激动素（KT）标准溶液的色谱图；B-2. 从发酵液中提取激动素（KT）的色谱图；C-1. 玉米素（ZT）标准溶液的色谱图；C-2. 从发酵液中提取玉米素（ZT）的色谱图；D-1. 吲哚乙酸（IAA）标准溶液的色谱图；D-2. 从发酵液中提取吲哚乙酸（IAA）的色谱图

（2）盆栽促生试验

菌液处理后，多花黄精芽长差异不明显，但根长、根数和芽数差异明显，菌液处理后如图 8.22 所示，根长、根数都明显增加，OD_{600}=0.5 处理组的多花黄精平均根长、平均根数相比于对照组分别增长了 44.6%、102.4%，OD_{600}=0.05 处理组的多花黄精平均根长、平均根数相比于对照组分别增长了 20.7%、64.6%，而处理组根茎上的芽长明显小于对照组（表 8.7），表明菌株 ZJU-3 对多花黄精地下部分有更明显的促生长作用，推测与菌体自身产生的内源激素有着密切的联系。

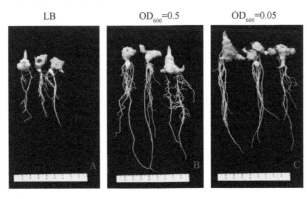

图 8.22 菌株 ZJU-3 对多花黄精生长的影响

表 8.7 菌株 ZJU-3 对多花黄精生长的影响

处理组	平均根数	平均根长/cm	芽数	芽长/cm
LB	2.06±0.56b	5.85±0.77b	3.00±1.00b	0.21±0.18a
OD_{600}=0.05	3.39±0.75a	7.06±0.45a	3.67±1.33b	0.16±0.06a
OD_{600}=0.5	4.17±0.48a	8.46±0.33a	5.33±0.67a	0.10±0.08a

注：不同的小写字母表示在 0.05 水平差异显著

8.7.2.3 讨论

1993 年美国学者 Stierle 等从短叶红豆杉 *Taxus brevifolia* Nutt.中分离到内生真菌，其可以产生抗癌药

物紫杉醇，这一发现掀起了从药用植物中分离内生菌的热潮，人们逐渐开始研究具有重要经济价值的药用植物与自身内生菌的关联。国内有学者表明，内生菌对药用植物生长发育有着巨大影响，植物内生菌自身能够产生次生代谢物，使植物对病虫害产生一定程度的抵抗力（Faheem et al.，2015）。Wen 等（2011）在药用植物樟脑中发现枯草芽孢杆菌 *B. subtilis* EBS05 对小麦纹枯病菌 *Rhizoctonia cerealis* 的防治效果高达 91.2%，并在该拮抗菌株所产生的抗菌物质中分离得到表面活性肽 A，研究了该物质对根茎生长的作用。邓建良等（2010）发现解淀粉芽孢杆菌 YN-1 发酵液对棉花枯萎病有抑制作用，质谱分析 YN-1 发酵液含有 C14-伊枯草菌素 A～C16-伊枯草菌素 A、C14-泛革素 A～C17-泛革素 A、C16-泛革素 B 和 C17-泛革素 B 9 种脂肽类抗生素。本实验采用提取效率更高的酸沉淀法，研究发现 *B. velezensis* ZJU-3 能够产生表面活性肽、杆菌抗霉素、伊枯草菌素、泛革素多种脂肽类化合物，且这些化合物的稳定性不受温度、pH、紫外线的影响。440μg/mL 浓度的脂肽粗提液对尖孢镰刀菌菌丝生长的抑制率达到 51.6%，可抑制病原真菌菌丝生长，或许在一定程度上破坏了膜结构，后期将针对脂肽粗提液对孢子的影响展开研究。

同时，研究表明固氮螺菌 *Azospirillum brasilense*、假单胞菌 *Pseudomonas* spp.、芽孢杆菌 *Bacillus* spp.、微杆菌 *Microbacterium* spp. 以及根瘤菌 *Rhizobium* spp. 等多种内生菌可产生植物生长激素吲哚乙酸（IAA）（喻江等，2015），促进植物的生长。Lu 等（2000）发现黄花蒿内生菌在体外培养时，能产生对小麦和黄瓜幼苗生长具有抑制或促进作用的次生代谢物，对其发酵产物进行深入分析，发现该菌能产生 IAA。本研究发现，*B. velezensis* ZJU-3 可产生多种植物内源激素如 IAA、KT、ZT，用菌株的发酵液对多花黄精植株进行定期浇灌，发现植株的侧根明显增多，根长相比对照组明显增加，植株自身营养代谢加快。

已有资料表明，在内生菌与植物长期协同进化的过程中，内生菌可能因与植物之间发生基因横向转移或受植物内生环境的影响，具有产生与药用植物相似结构或相似功效的天然产物，甚至新结构或新活性的天然活性产物的潜力（谭小明等，2015）。我国学者已从蛇足石杉 *Huperzia serrata* 和柳杉叶马尾杉 *Phlegmariurus cryptomerianus* 中分离到 6 种以上产石杉碱甲的内生真菌，其中一株编号为 Slf14 的竹黄属 *Shiraia* 属菌株石杉碱甲产量较高，达到了 327.8μg/L（袁亚菲等，2011）。分离自黄花蒿的青霉属（*Penicillium*）内生真菌能有效促进黄花蒿组培苗生长及青蒿素合成。有关内生菌与多花黄精药用成分的相关性还需进一步深入研究。

综上所述，本研究获得的多花黄精内生贝莱斯芽孢杆菌菌株 ZJU-3，不但能产生多种抗菌的脂肽类化合物，而且能产生多种植物内源激素，这些物质对多花黄精具有良好的促生长效果，尤其可促进植株生根。以上研究为未来该菌株的开发利用及研制生物防治药剂提供了理论依据。

第9章　黄精良种选育与繁育技术

9.1　黄精种质资源

我国黄精属植物共有 79 种，广泛分布于我国 31 个省级行政区域。据不完全的数据统计，黑龙江省有 8 种，吉林省有 7 种，辽宁省有 10 种，内蒙古自治区有 7 种，新疆维吾尔自治区有 1 种，青海省有 5 种，甘肃省有 6 种，宁夏回族自治区有 6 种，陕西省有 18 种，山西省有 9 种，河北省有 9 种，北京市有 10 种，天津市有 2 种，河南省有 12 种，山东省有 4 种，安徽省有 11 种，江苏省有 4 种，湖北省有 10 种，湖南省有 6 种，重庆市有 11 种，四川省有 23 种，贵州省有 7 种，西藏自治区有 7 种，云南省有 10 种，广西壮族自治区有 6 种，江西省有 4 种，浙江省有 6 种，福建省有 3 种，广东省有 4 种，海南省有 1 种，台湾省有 3 种。上海市、香港特别行政区、澳门特别行政区等地尚未见报道。

我国的黄精属植物中，除玉竹的根茎作为玉竹药材外，毛筒玉竹、五叶黄精、小玉竹、二苞黄精、长苞黄精、热河黄精、狭叶黄精、新疆黄精、卷叶黄精、多花玉竹和康定玉竹等植物的根茎亦常混作玉竹使用。剩余的 67 种同属植物的根茎原则上均可作药材黄精使用，但是，只有味甜的同属植物的根茎可以药用，味苦者不可入药。

9.1.1　黄精种质资源的收集及形态特征

自 2013 年以来，共收集黄精种质资源 50 份，其中甘肃省 1 份，陕西省 4 份，河南省 7 份，安徽省 5 份，四川省 2 份、重庆市 2 份、湖北省 2 份、湖南省 1 份，浙江省 6 份、江西省 3 份、福建省 1 份、广东省 2 份、广西壮族自治区 4 份、贵州省 4 份、云南省 6 份。黄精种质资源收集的编码、地区、根茎形态指标和初步鉴定种名等具体信息见表 9.1。

表 9.1　黄精种质资源

编码	地区	根茎长/mm	根茎直径/mm	结节直径/mm	根茎形状	形态预鉴定	DNA 条形码鉴定
S1	安徽池州	12.63 ± 8.85	11.54 ± 5.45	11.89 ± 3.60	连珠状	多花黄精	多花黄精
S2	安徽六安	15.44 ± 6.94	10.96 ± 2.83	16.18 ± 7.58	连珠状	多花黄精	多花黄精
S3	安徽青阳	17.23 ± 2.73	14.57 ± 2.37	20.00 ± 4.70	连珠状	多花黄精	多花黄精
S4	安徽泾县	35.58 ± 7.56	30.96 ± 2.18	27.87 ± 2.01	连珠状	多花黄精	多花黄精
S5	安徽黄山	32.27 ± 11.44	21.06 ± 4.00	23.37 ± 5.18	连珠状	多花黄精	多花黄精
S6	重庆武隆	21.44 ± 11.17	15.39 ± 8.27	19.78 ± 10.29	连珠状	多花黄精	滇黄精
S7	重庆綦江	7.28 ± 1.83	12.34 ± 3.24	18.05 ± 4.67	连珠状	多花黄精	滇黄精
S8	福建政和	11.96 ± 3.26	15.01 ± 7.38	19.08 ± 5.40	连珠状	多花黄精	点花黄精
S9	广东韶关	15.55 ± 1.88	18.74 ± 3.77	17.74 ± 1.85	连珠状	多花黄精	点花黄精
S10	广东清远	10.08 ± 5.43	9.47 ± 3.38	10.34 ± 1.12	连珠状	多花黄精	点花黄精
S11	广西崇左	29.04 ± 14.43	6.01 ± 2.31	9.09 ± 1.79	连珠状	多花黄精	长叶竹七
S12	广西贺州	21.82 ± 5.76	13.53 ± 3.89	16.22 ± 8.48	连珠状	多花黄精	多花黄精
S13	广西宜州	16.55 ± 4.98	11.51 ± 1.88	11.95 ± 3.66	连珠状	多花黄精	多花黄精

续表

编码	地区	根茎长/mm	根茎直径/mm	结节直径/mm	根茎形状	形态预鉴定	DNA 条形码鉴定
S14	广西百色	40.80 ± 8.11	27.82 ± 4.68	23.91 ± 4.03	近连珠状	滇黄精	滇黄精
S15	贵州铜仁	3.76 ± 1.34	9.19 ± 4.59	12.35 ± 4.01	连珠状	多花黄精	滇黄精
S16	贵州镇远	30.52 ± 6.66	12.13 ± 2.94	13.51 ± 1.93	连珠状	多花黄精	多花黄精
S17	贵州德江	7.32 ± 5.18	5.64 ± 1.17	9.16 ± 2.44	连珠状	多花黄精	滇黄精
S18	贵州贵阳	16.06 ± 7.05	11.52 ± 1.36	13.10 ± 5.49	连珠状	多花黄精	多花黄精
S19	河南卢氏	28.36 ± 17.86	9.96 ± 1.20	12.19 ± 2.45	圆柱状	黄精	黄精
S20	河南南召	9.76 ± 0.24	8.58 ± 2.97	19.19 ± 1.47	圆柱状	黄精	黄精
S21	河南灵宝寺河村	58.36 ± 15.34	8.82 ± 0.79	19.43 ± 4.74	圆柱状	黄精	黄精
S22	河南嵩县车村镇	42.73 ± 15.95	9.93 ± 2.25	15.55 ± 3.23	圆柱状	黄精	—
S23	河南嵩县	60.10 ± 20.21	23.74 ± 5.24	26.12 ± 8.05	圆柱状	黄精	多花黄精
S24	河南鲁山	27.59 ± 10.32	15.49 ± 6.98	16.01 ± 6.33	圆柱状	黄精	—
S25	河南灵宝苏村	114.73 ± 29.23	16.21 ± 5.42	22.50 ± 3.67	圆柱状	黄精	黄精
S26	湖北咸宁	9.85 ± 5.10	8.09 ± 1.33	9.76 ± 5.15	连珠状	多花黄精	—
S27	湖北英山	16.22 ± 3.69	7.69 ± 1.75	7.51 ± 1.56	连珠状	多花黄精	—
S28	湖南娄底	9.45 ± 7.14	7.87 ± 1.13	14.97 ± 3.62	连珠状	多花黄精	—
S29	江西修水	18.82 ± 5.33	14.11 ± 0.40	16.31 ± 1.54	连珠状	多花黄精	—
S30	江西南昌	31.75 ± 9.61	28.08 ± 8.10	29.62 ± 5.31	连珠状	多花黄精	—
S31	江西信丰	28.43 ± 7.92	25.95 ± 5.11	26.86 ± 7.14	连珠状	多花黄精	—
S32	陕西略阳	59.48 ± 24.64	8.59 ± 2.66	9.72 ± 5.62	圆柱状	黄精	黄精
S33	陕西安康	21.67 ± 9.47	6.96 ± 1.01	9.62 ± 3.24	圆柱状	黄精	黄精
S34	四川南充	7.31 ± 3.72	6.70 ± 2.53	15.22 ± 5.06	连珠状	多花黄精	多花黄精
S35	四川雅安	6.29 ± 1.10	4.02 ± 0.46	5.81 ± 0.02	连珠状	多花黄精	—
S36	云南保山	21.56 ± 5.07	19.53 ± 2.62	15.63 ± 1.36	近连珠状	滇黄精	滇黄精
S37	云南红河	25.37 ± 6.56	12.47 ± 5.79	21.97 ± 3.08	近连珠状	滇黄精	滇黄精
S38	云南大理	6.18 ± 2.27	6.99 ± 1.91	9.81 ± 1.41	连珠状	多花黄精	多花黄精
S39	云南蒙自	22.71 ± 3.36	22.14 ± 1.87	31.64 ± 2.86	近连珠状	滇黄精	滇黄精
S40	云南蒙自	21.36 ± 3.33	15.88 ± 2.73	15.21 ± 2.95	连珠状	多花黄精	多花黄精
S41	云南易门	15.28 ± 5.27	4.89 ± 0.17	6.52 ± 0.89	近连珠状	滇黄精	滇黄精
S42	浙江黄岩	23.67 ± 7.60	14.51 ± 8.06	21.58 ± 11.60	连珠状	多花黄精	多花黄精
S43	浙江仙居	9.81 ± 4.41	8.69 ± 2.34	13.59 ± 7.35	连珠状	多花黄精	—
S44	浙江开化	7.82 ± 2.46	11.36 ± 6.55	12.05 ± 5.18	连珠状	多花黄精	—
S45	浙江桐乡	12.27 ± 6.55	4.93 ± 1.06	8.66 ± 1.49	连珠状	多花黄精	—
S46	浙江丽水	10.81 ± 5.06	11.85 ± 5.26	11.82 ± 2.43	连珠状	多花黄精	—
S47	浙江天台	11.74 ± 6.24	8.43 ± 0.85	11.11 ± 0.05	圆柱状	黄精	黄精
S48	陕西城固	9.45 ± 3.26	8.86 ± 3.35	15.68 ± 3.96	圆柱状	湖北黄精	—
S49	陕西宁强	58.36 ± 4.48	9.92 ± 4.45	8.58 ± 2.29	圆柱状	黄精	—
S50	甘肃陇南	54.43 ± 6.62	8.48 ± 2.26	9.12 ± 3.36	圆柱状	黄精	—

9.1.2 黄精种质资源的鉴定

种质资源鉴定在生物种质资源研究中具有重要的作用，是种质保存和管理的基础，也是种质资源合理利用及后续相关研究的基础，如良种选育、杂交育种、诱变育种和新品种选育等。种质资源鉴定既能去伪存真，保留所需的正确的种质材料，也能在种质的保存和管理过程中，去除冗余种质，减少种质耗费，提高种质保存价值和效率。

中药材种质的准确度和质量的优劣对中药的质量和药效具有决定性的作用和积极的意义。药用植物种质资源的鉴定是正确认定药用原植物、保障用药准确性和药效稳定性、保护药材道地产区、有效利用现有种质、合理保存和管理种质材料、探寻药用替代品和开发新的药用植物等研究工作的基础，也是提高药材产量和质量、供给优质生药不可或缺的科学过程。

目前，种质资源的鉴定方法主要有形态分类学鉴定方法、细胞学鉴定方法、孢粉学鉴定方法、生物化学鉴定方法和分子标记技术鉴定方法等。其中，形态分类学方法是最简单、最直接，也是最经济和有效的鉴定方法；分子标记技术鉴定方法因其具有快速、高效、精准等特点而日益受到大家的喜爱和重视。

本节主要采用形态分类学鉴定方法和分子标记技术鉴定方法对收集的黄精种质资源进行鉴定。

9.1.2.1　材料、仪器与试剂

材料：陕西省略阳县步长集团黄精 GAP 基地黄精种质资源圃中黄精种质资源。

仪器：超微量分光光度计、梯度 PCR 仪、电泳仪、紫外凝胶成像系统、高速冷冻离心机、恒温水浴锅等。

试剂：超纯水（ddH$_2$O）、2 × *Taq* MasterMix（含染料）、琼脂糖、核糖核酸酶（RNase）、十六烷基三甲基溴化铵（CTAB）、聚乙烯吡咯烷酮（PVP）、巯基乙醇、苯酚、氯仿、异戊醇、异丙醇、乙酸钠、乙醇等，试剂均为化学分析级。

9.1.2.2　实验方法

9.1.2.2.1　分子标记技术

1. DNA 的提取

取 0.5g 干净无霉变的根茎新鲜组织，做好标记后迅速放入液氮中，储存于-80℃冰箱中，备用。样品基因组 DNA 采用 CTAB 法提取并稍做修改。具体方法如下。

1）研钵用液氮预冷，CTAB 提取液于 65℃预热，灭菌的 2mL 离心管置于冰上，备用。

2）将样品放于研钵内，加 0.01g PVP 后，加液氮研磨至粉末，边研磨边加入液氮。

3）将粉末转入 2mL 离心管内，离心管内预加入 800μL 预热的 CTAB 提取液、1μL 巯基乙醇（2‰），于 65℃水浴 1h，每隔 10min 轻摇一次，使其混合。

4）水浴后加入相同体积的苯酚/氯仿/异戊醇（25∶24∶1）混合液，轻颠倒使其充分反应 10min 后，于 4℃、12 000r/min 离心 15min。

5）离心后取上清液，加入 2.5μL 的核糖核酸酶（10mg/mL），37℃保温 1h，加入等体积氯仿/异戊醇（24∶1），轻摇混匀 10min，4℃、12 000r/min 离心 15min。重复洗脱 1 次。

6）离心后取上清液，置入新的 2mL 离心管，加入 2/3 上清液体积的于-20℃预冷的异丙醇，以及 1/10 上清液体积的 3mol/L 乙酸钠（pH= 5.2），混匀，-20℃放置 1h 或者过夜。

7）取出放于冰上 10min，4℃、12 000r/min 离心 10min，弃上清液。

8）沉淀物用 70%的乙醇（200μL）漂洗，12 000r/min 离心 5min，漂洗 3 次后，置于超净台晾干 30min，用 ddH$_2$O 溶解。

提取好的样品 DNA 用 NanoDrop 2000 检测，并稀释为 30ng/μL，储存于-20℃冰箱中，备用。

2. DNA 条形码技术鉴定

（1）DNA 条形码序列扩增引物的筛选

ITS2 和 *psbA-trnH* 的通用引物（表 9.2）由生工生物工程（上海）股份有限公司合成。

表 9.2 *ITS2* 和 *psbA-trnH* 的通用引物

扩增序列	引物名称	引物序列（5'→3'）
ITS2	F	ATGCGATACTTGGTGTGAAT
	R	GACGCTTCTCCAGACTACAAT
psbA-trnH	F	GTTATGCATGAACGTAATGCTC
	R	CGCGCATGGTGGATTCACAATCC

配制 20μL 的 PCR 反应混合物（表 9.3）。混匀后放入 PCR 仪中。

表 9.3 DNA 条形码反应体系

扩增序列	成分	用量/μL
ITS2	2 × *Taq* MasterMix（含染料）	10
	ITS2 2F（10μmol/L）	1
	ITS2 3R（10μmol/L）	1
psbA-trnH	PsbA-trnHF（10μmol/L）	1
	PsbA-trnHR（10μmol/L）	1
	模板 DNA	1
	ddH₂O	7

PCR 循环反应条件设置如下：94℃，5min；30 个循环（94℃ 1min，55℃ 1min，72℃ 1.5min）；72℃，7min。

PCR 扩增产物经琼脂糖凝胶电泳检测后，在紫外凝胶成像系统下观察扩增结果。

（2）DNA 条形码序列 PCR 反应体系的优化

依据表 9.4 对 PCR 反应体系进行优化。

表 9.4 DNA 浓度与引物浓度筛选

序号	DNA 浓度/（ng/μL）	引物浓度/（μmol/L）	序号	DNA 浓度/（ng/μL）	引物浓度/（μmol/L）
1	10	0.4	14	30	1.0
2	10	0.6	15	30	1.2
3	10	0.8	16	40	0.4
4	10	1.0	17	40	0.6
5	10	1.2	18	40	0.8
6	20	0.4	19	40	1.0
7	20	0.6	20	40	1.2
8	20	0.8	21	50	0.4
9	20	1.0	22	50	0.6
10	20	1.2	23	50	0.8
11	30	0.4	24	50	1.0
12	30	0.6	25	50	1.2
13	30	0.8			

（3）DNA 条形码序列的扩增

依据筛选的引物、引物浓度、模板 DNA 的波度、上述反应体系和条件进行 PCR 扩增。

（4）DNA 条形码鉴定结果分析

扩增结果直接送上海桑尼生物科技有限公司进行测序。测序后的 DNA 条形码序列用软件 DNAMAN 5.0 校对拼接，部分位点进行人工校正。

采用"最佳匹配"（best close match）和"最近距离"（the nearest distance）的方法对种质资源进行鉴定，同时结合进化树分析、拓扑树分析和"基于字符的测试"（character-based tests）等方法对鉴定结果进行确认。样品的 DNA 条形码序列经 NCBI BLAST 程序进行搜索，选择一致性最高的序列作为参照序列。采用软件 MEGA 7.0 对各样品序列进行比对后用寻找最佳 DNA/蛋白质模型（find best DNA/protein models）程序确定计算遗传距离时所需的模型，然后用计算成对距离（compute pairwise distances）程序计算样品的序列与对照序列间的遗传距离。依据遗传距离采用系统发育学（phylogeny）模块分别构建 NJ 树和 ML 树，设置自展值（bootstrap）为 1000 来检验各分支的支持率。从 NCBI 下载黄精属植物的 DNA 条形码序列作为参照序列，并选择异黄精属植物、天门冬属植物和玉米的 DNA 条形码序列作为种外参照序列。用样品序列和上述参照序列构建 NJ 树和 ML 树，并对其拓扑结构进行分析；挑选样品序列和参照序列的变异位点组成特征属性（characteristic attributes），并依此对物种进行鉴定。

3. 内在简单序列重复（ISSR）分子标记技术

配制 20μL 的 PCR 反应混合物，从 100 条 ISSR 通用引物（Akbari et al.，2018）［生工生物工程（上海）股份有限公司，UBC 大学公布］中筛选出扩增引物，并按照表 9.4 进行 DNA 浓度与引物浓度筛选。

在 1.5mL 离心管中分别加入 10μL 2 × Taq MasterMix（含染料），1μL 引物（10μmol/L），1μL 模板 DNA，8μL ddH₂O，混匀。PCR 循环反应条件设置如下：94℃，5min；35 个循环（94℃ 45s，55℃ 1min，72℃ 1.5min）；72℃，7min。

PCR 扩增产物经琼脂糖凝胶电泳检测后，在紫外凝胶成像系统下观察扩增结果。

4. 目标起始密码子多态性（SCoT）分子标记技术

配制 20μL 的 PCR 反应混合物，从 85 条 SCoT 通用引物（Sorkheh et al.，2017）［生工生物工程（上海）股份有限公司］中筛选引物，并按照表 9.4 进行 DNA 浓度与引物浓度筛选。

在 1.5mL 离心管中分别加入 10μL 2 × Taq MasterMix（含染料），2μL 引物（10μmol/L），1μL 模板 DNA，7 μL ddH₂O，混匀。PCR 循环反应条件设置如下：94℃，5min；35 个循环（94℃ 30s，50℃ 1min，72℃ 1.5min）；72℃，7min。

PCR 扩增产物经琼脂糖凝胶电泳检测后，在紫外凝胶成像系统下观察扩增结果。

5. 分子标记数据处理

采用 Quantity One 软件分析、采集和整理数据。通过 ISSR 和 SCoT 系统扩增获得的条带，依据迁移度和条带的存在状态统计数据，"0"为无条带，"1"为有条带，仅统计重现性好的扩增条带。采用 NTSYSpc 2.1 软件分析实验数据，遗传相似性系数采用 DICE 系数，聚类分析采用非加权组平均法，遗传距离根据 Nei 和 Li（1979）研究中的方法计算。此外，依据遗传距离，采用软件 SPSS 20.0 进行多维标度（MDS）分析来验证聚类结果。

9.1.2.2.2　形态分类学方法

试验田中黄精出苗后，采用五点取样法，选择生长良好、长势一致的植株，定点观测。每 20 天左右，统计幼苗的株高、茎粗、茎颜色、叶长、叶宽、叶片先端状态、叶片形状、叶序、叶鞘颜色等形态指标，并依据表 9.5 进行数据统计。

需测量的数量性状指标均采用实时观测的方法，其余质量性状指标均采用群体观测的方法记录并统计数据。用 SPSS 20.0 对数据进行处理和层次聚类分析。数据标准化采用 Z-score（标准分数）标准化方法，相关系数通过欧氏距离相关系数进行计算，采用 Ward 最小方差法进行系统聚类分析。

表 9.5　形态指标统计性状及数据统计方法

性状	统计方法	性状	统计方法
株高	直接观测	叶片先端状态	拳卷：0；尖：1
茎粗	直接观测	叶片形状	披针形：0；卵圆形：1
茎颜色	紫色：0；绿色：1	叶序	轮生：0；互生：1
叶长	直接观测	叶鞘颜色	红色：0；绿色：1
叶宽	直接观测		

9.1.2.3　实验结果

9.1.2.3.1　DNA 条形码鉴定

1. 引物的筛选

由图 9.1 可以看出，*ITS2* 引物无法扩增出单一条带进行后续的测序，故筛选出通用引物 *psbA-trnH* 序列扩增引物作为 DNA 条形码扩增的引物。

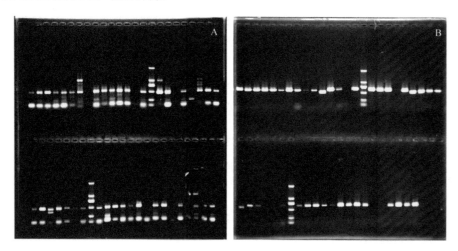

图 9.1　*ITS2* 引物（A）与 *psbA-trnH* 引物（B）扩增结果

2. *psbA-trnH* 序列信息

黄精种质资源由 *psbA-trnH* 序列引物经过 PCR 反应体系扩增获得的序列长度为 650bp 左右。整理 PCR 扩增成功的 DNA 样品交由上海桑尼生物科技有限公司进行测序。测序结果利用 DNAMAN5.0 软件对测序峰图进行校对拼接，去除低质量区和引物区，通过参考序列 *Polygonatum sibiricum*（GenBank 登录号：KJ745889.1）、*Polygonatum cyrtonema*（GenBank 登录号：KJ745888.1）、*Polygonatum kingianum*（GenBank 登录号：KJ745832.1）进行注释，从而获得 *psbA-trnH* 序列。种质资源扩增获得的 *psbA-trnH* 序列长度为 529～603bp，G+C 含量为 34.8%～35.6%，A+T 含量为 64.4%～65.2%（表 9.6）。用 MEGA 7.0 软件进行多序列比对，样品间 *psbA-trnH* 序列的碱基变异位点有 13 个（图 9.2）。

3. *psbA-trnH* 序列鉴定

基于 *psbA-trnH* 序列的 DNA 条形码鉴定体系能够高效、精准地在物种一级的水平鉴定所采集的样品。依据"最佳匹配"的方法，样品被鉴定为 5 个大类：Ⅰ，多花黄精，分别为 S1～S5、S12、S13、S16、S18、S23、S34、S38、S40、S42～S47 等；Ⅱ，黄精，分别为 S19、S20、S21、S22、S25、S32 和 S33 等；Ⅲ，滇黄精，S6、S7、S14、S15、S17、S36、S37、S39 和 S41 等；Ⅳ，长叶竹根七，S11；Ⅴ，暂时未确定，S8～S10 等。

表 9.6 黄精种质资源 *psbA-trnH* 序列长度及碱基含量

地区	T/%	C/%	A/%	G/%	序列长度/bp	地区	T/%	C/%	A/%	G/%	序列长度/bp
S1	34.7	16.9	30.1	18.3	602	S21	35.0	16.8	30.2	18.0	529
S2	34.7	16.9	30.1	18.3	602	S22	35.0	17.0	30.1	18.0	529
S3	34.7	16.9	30.1	18.3	602	S23	34.7	16.9	30.1	18.3	602
S4	34.7	16.9	30.1	18.3	602	S25	35.0	16.8	30.2	18.0	529
S5	34.7	16.9	30.1	18.3	602	S32	35.0	16.8	30.2	18.0	529
S6	34.0	17.2	30.5	18.2	603	S33	35.0	16.8	30.2	18.0	529
S7	34.0	17.2	30.5	18.2	603	S34	34.7	16.9	30.1	18.3	602
S8	34.4	17.1	30.1	18.4	602	S36	34.0	17.2	30.5	18.2	603
S9	34.7	17.1	30.0	18.2	603	S37	34.0	17.2	30.5	18.2	603
S10	34.4	17.1	30.1	18.4	602	S38	34.6	17.1	30.1	18.3	602
S11	34.5	17.1	29.9	18.5	595	S39	34.0	17.2	30.5	18.2	603
S12	34.5	17.1	29.9	18.5	595	S40	34.7	16.9	30.1	18.3	602
S13	34.5	17.1	29.9	18.5	595	S41	34.0	17.2	30.5	18.2	603
S14	34.5	17.1	29.9	18.5	595	S42	34.7	16.9	30.1	18.3	602
S15	34.7	16.9	30.1	18.3	602	S43	34.7	16.9	30.1	18.3	602
S16	34.7	16.9	30.1	18.3	602	S44	34.7	16.9	30.1	18.3	602
S17	34.7	16.9	30.1	18.3	602	S45	34.7	16.9	30.1	18.3	602
S18	34.7	16.9	30.1	18.3	602	S46	34.7	16.9	30.1	18.3	602
S19	35.0	16.8	30.2	18.0	529	S47	34.7	16.9	30.1	18.3	602
S20	35.0	16.8	30.2	18.0	529						

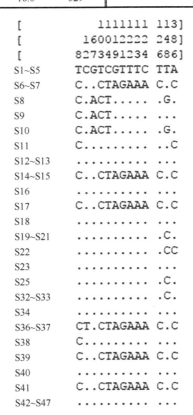

图 9.2 黄精种质资源 *psbA-trnH* 序列的变异位点

采用 MEGA 7.0 软件中 Tamura 3-parameter 模型计算遗传距离。样品间的遗传距离为 0.000～0.023，其中种内的遗传距离为 0.000，种间的遗传距离为 0.002～0.023；黄精和多花黄精之间的遗传距离为 0.002，黄精和滇黄精之间的遗传距离为0.021~0.023，多花黄精和滇黄精之间的遗传距离为0.019（附表2）。依据"最近距离"的方法，样品也被鉴定为5个大类，与"最佳匹配"方法的鉴定结果基本一致，除了S38外（其余多花黄精和长叶竹根七有相同的最近遗传距离）。虽然上述方法无法准确鉴定S8~S10，但是依据它们的地理分布，并结合上述方法，确定其为点花黄精。

因此，结合"最近距离"和"最佳匹配"的方法，样品可以被鉴定为5个种：Ⅰ，多花黄精 *Polygonatum cyrtonema*（21）；Ⅱ，黄精 *Polygonatum sibiricum*（8）；Ⅲ，滇黄精 *Polygonatum kingianum*（4）；Ⅳ，长叶竹根七 *Disporopsis longifolia*（1）；Ⅴ，点花黄精 *Polygonatum punctatum*（3）（表9.7）。

表9.7 黄精种质的条形码序列鉴定结果

编号	预测物种	NCBI 物种（最高相似度）	GenBank 登录号
S1	*Polygonatum cyrtonema*	*Polygonatum cyrtonema*（100）	KJ745884.1
S2	*Polygonatum cyrtonema*	*Polygonatum cyrtonema*（100）	KJ745884.1
S3	*Polygonatum cyrtonema*	*Polygonatum cyrtonema*（100）	KJ745884.1
S4	*Polygonatum cyrtonema*	*Polygonatum cyrtonema*（100）	KJ745884.1
S5	*Polygonatum cyrtonema*	*Polygonatum cyrtonema*（100）	KJ745884.1
S6	*Polygonatum cyrtonema*	*Polygonatum kingianum*（100）	KJ745828.1
S7	*Polygonatum cyrtonema*	*Polygonatum kingianum*（100）	KJ745828.1
S8	*Polygonatum cyrtonema*	*Polygonatum curvistylum*（99） *Polygonatum cirrhifolium*（99） *Polygonatum franchetii*（99） *Polygonatum prattii*（99）	KJ745774.1 KJ745802.1 KJ745833.1 KJ745837.1
S9	*Polygonatum cyrtonema*	*Polygonatum curvistylum*（100） *Polygonatum cirrhifolium*（100）	KJ745774.1 KJ745802.1
S10	*Polygonatum cyrtonema*	*Polygonatum curvistylum*（99） *Polygonatum cirrhifolium*（99） *Polygonatum franchetii*（99） *Polygonatum prattii*（99）	KJ745774.1 KJ745802.1 KJ745833.1 KJ745837.1
S11	*Polygonatum cyrtonema*	*Disporopsis longifolia*（100）	KJ745836.1
S12	*Polygonatum cyrtonema*	*Polygonatum cyrtonema*（100）	KJ745884.1
S13	*Polygonatum cyrtonema*	*Polygonatum cyrtonema*（100）	KJ745884.1
S14	*Polygonatum cyrtonema*	*Polygonatum kingianum*（100）	KJ745828.1
S15	*Polygonatum cyrtonema*	*Polygonatum kingianum*（100）	KJ745828.1
S16	*Polygonatum cyrtonema*	*Polygonatum cyrtonema*（100）	KJ745884.1
S17	*Polygonatum cyrtonema*	*Polygonatum kingianum*（100）	KJ745828.1
S18	*Polygonatum cyrtonema*	*Polygonatum cyrtonema*（100）	KJ745884.1
S19	*Polygonatum sibiricum*	*Polygonatum sibiricum*（100）	KJ745880.1
S20	*Polygonatum sibiricum*	*Polygonatum sibiricum*（100）	KJ745880.1
S21	*Polygonatum sibiricum*	*Polygonatum sibiricum*（100）	KJ745880.1
S22	*Polygonatum sibiricum*	*Polygonatum sibiricum*（99）	KJ745880.1
S23	*Polygonatum sibiricum*	*Polygonatum cyrtonema*（100）	KJ745884.1
S25	*Polygonatum sibiricum*	*Polygonatum sibiricum*（100）	KJ745880.1
S32	*Polygonatum sibiricum*	*Polygonatum sibiricum*（100）	KJ745880.1
S33	*Polygonatum sibiricum*	*Polygonatum sibiricum*（100）	KJ745880.1

续表

编号	预测物种	NCBI 物种（最高相似度）	GenBank 登录号
S34	*Polygonatum cyrtonema*	*Polygonatum cyrtonema*（100）	KJ745884.1
S36	*Polygonatum kingianum*	*Polygonatum kingianum*（99）	KJ745828.1
S37	*Polygonatum kingianum*	*Polygonatum kingianum*（100）	KJ745828.1
S38	*Polygonatum cyrtonema*	*Polygonatum cyrtonema*（99）	KJ745884.1
S39	*Polygonatum kingianum*	*Polygonatum kingianum*（100）	KJ745828.1
S40	*Polygonatum cyrtonema*	*Polygonatum cyrtonema*（100）	KJ745884.1
S41	*Polygonatum kingianum*	*Polygonatum kingianum*（100）	KJ745828.1

　　基于 *psbA-trnH* 序列构建的进化树见图 9.3。邻接法构建的进化树（NJ 进化树）聚类结果显示，黄精种质资源可被分为两大分支。与滇黄精 *Polygonatum kingianum* 聚为一类的 S6、S7、S14、S15、S17、S36、S37、S39 和 S41 等 9 个地区的为一个大分支，剩余的 30 个地区为另一个大分支，其分类支持率均为 100%。第二个大分支中，S19、S20、S21、S25、S32 和 S33 等 6 个地区与黄精 *Polygonatum sibiricum* 聚为一类，然后与 S22 聚为一小分支；S1、S2、S3、S4、S5、S12、S13、S16、S18、S23、S34、S40、S42、S43、S44、S45、S46 和 S47 等 18 个地区与多花黄精 *Polygonatum cyrtonema* 聚为一类，分类支持率为 43%；S38 与多花黄精和黄精聚为一类，分类支持率为 33%；S11 与长叶竹根七 *Disporopsis longifolia* 聚为一类，分类支持率为 58%；S9 与垂叶黄精 *Polygonatum curvistylum*、卷叶黄精 *Polygonatum cirrhifolium* 和康定玉竹 *Polygonatum prattii* 聚为一类（分类支持率为 45%），后与 S8 和 S10 聚为另一个分支，其分类支持率为 65%。用最大似然法构建进化树（ML 进化树），结果显示，黄精种质资源亦可被分为两大分支，其分类支持率均为 100%。该结果与邻接法构建的进化树基本一致。

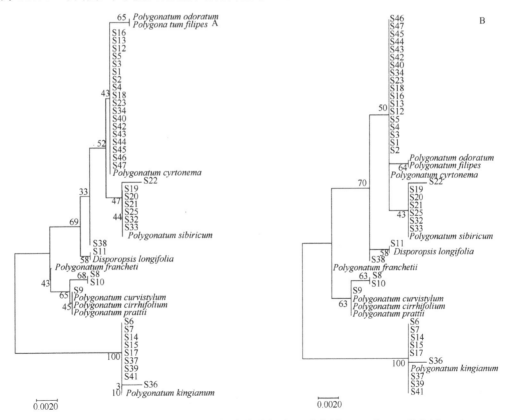

图 9.3　基于 *psbA-trnH* 序列构建的黄精种质资源 NJ 进化树（A）和 ML 进化树（B）

4. 进化树分析

GenBank 中黄精属植物的 *psbA-trnH* 序列共有 207 条，删除重复序列后，共有 32 条（表 9.8），其中多花黄精和玉竹有多条 *psbA-trnH* 序列。我们选择 32 条 *psbA-trnH* 序列作为参考序列，并与样品序列和 4 个外类群序列（长叶竹根七，GenBank 登录号：KJ745836.1；异黄精，GenBank 登录号：J745790.1；雉隐天冬，GenBank 登录号：KC704269.1；姜，GenBank 登录号：EU552521.1）构建 ML 进化树。ML 进化树（图 9.4A）的结果显示，样品可以分为六大类，具体分类与图 9.3 中的分类一致。ML 进化树

表 9.8　黄精属植物和外类群的参考序列

编号	物种	GenBank 登录号
F1	五叶黄精 *Polygonatum acuminatifolium*	KX375112.1
F2	卷叶黄精 *Polygonatum cirrhifolium*	KJ745788.1
F3	卷叶黄精 *Polygonatum cirrhifolium*	KJ745801.1
F4	卷叶黄精 *Polygonatum cirrhifolium*	KJ745804.1
F5	卷叶黄精 *Polygonatum cirrhifolium*	KJ745834.1
F6	垂叶黄精 *Polygonatum curvistylum*	KJ745802.1
F7	多花黄精 *Polygonatum cyrtonema*	KJ745878.1
F8	多花黄精 *Polygonatum cyrtonema*	KJ745879.1
F9	多花黄精 *Polygonatum cyrtonema*	KJ745884.1
F10	多花黄精 *Polygonatum cyrtonema*	KJ745888.1
F11	长梗黄精 *Polygonatum filipes*	KX375113.1
F12	距药黄精 *Polygonatum franchetii*	KJ745833.1
F13	三脉黄精 *Polygonatum griffithii*	KJ745781.1
F14	粗毛黄精 *Polygonatum hirtellum*	KJ745822.1
F15	独花黄精 *Polygonatum hookeri*	KJ745811.1
F16	小玉竹 *Polygonatum humile*	KJ745854.1
F17	毛筒玉竹 *Polygonatum inflatum*	KJ745853.1
F18	二苞黄精 *Polygonatum involucratum*	KC704429.1
F19	二苞黄精 *Polygonatum involucratum*	KJ745845.1
F20	滇黄精 *Polygonatum kingianum*	KJ745832.1
F21	玉竹 *Polygonatum odoratum*	KJ745858.1
F22	玉竹 *Polygonatum odoratum*	KJ745865.1
F23	萎蕤 *Polygonatum odoratum* var. *pluriflorum*	KC704436.1
F24	对叶黄精 *Polygonatum oppositifolium*	KJ745842.1
F25	康定黄精 *Polygonatum prattii*	KJ745827.1
F26	康定黄精 *Polygonatum prattii*	KJ745837.1
F27	点花黄精 *Polygonatum punctatum*	KJ745798.1
F28	点花黄精 *Polygonatum punctatum*	KJ745800.1
F29	新疆黄精 *Polygonatum roseum*	KJ745825.1
F30	黄精 *Polygonatum sibiricum*	KJ745880.1
F31	轮叶黄精 *Polygonatum verticillatum*	KJ745841.1
F32	湖北黄精 *Polygonatum zanlanscianense*	KJ745820.1
F33	长叶竹根七 *Disporopsis longifolia*	KJ745836.1
F34	雉隐天冬 *Asparagus schoberioides*	KC704269.1
F35	异黄精 *Heteropolygonatum roseolum*	KJ745790.1
F36	姜 *Zingiber officinale*	EU552521.1

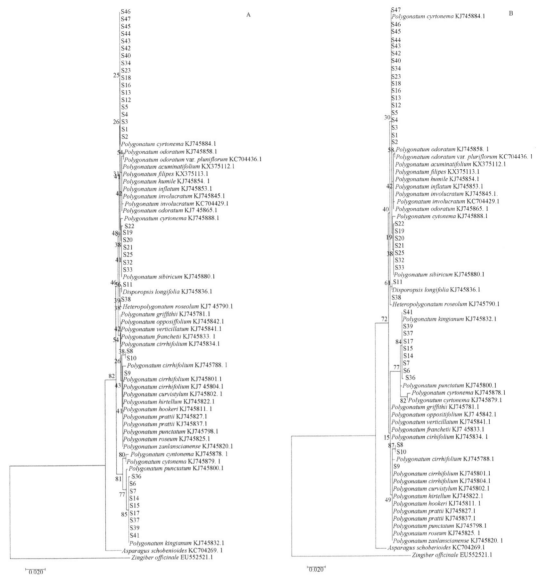

图 9.4　基于 *psbA-trnH* 序列构建的黄精属植物 ML 进化树（A）和 NJ 进化树（B）

（图 9.5A）的拓扑结构验证了进化树的准确性。为了进一步验证 ML 进化树的真实性和准确度，我们采用相同的方法构建了 NJ 进化树（图 9.4B）。NJ 进化树及其拓扑结构（图 9.5B）与 ML 进化树一致。因此，我们构建的 ML 进化树有较高的可信度，并且可以用于鉴别黄精种质。

5. 基于特征位点分析

特征位点序列主要由黄精属植物共同的 14 个特征位点组成，分别为 22、27、65、67、103、104、125、127、128、129、130、132、172 和 429（表 9.9）。14 个特征位点组成了 11 个混合特征位点，除了多花黄精（3）、卷叶黄精（2）、玉竹（2）、点花黄精（2）和二苞黄精（2）具有多条特征位点外，其余的黄精属植物均只有一个特征位点。11 个特征位点序列中，只有 7 个序列对自身的物种是唯一的，分别是滇黄精（B17）、黄精（B26）、多花黄精（B5、B6 和 B7）、二苞黄精（B15）和点花黄精（B24）。特征位点鉴定结果（表 9.10）与最近距离法的鉴定结果一致。S11 和 S22 的特征位点序列在表 9.9 中未找到，但是，通过最近距离法，我们可以确定其分别为长叶竹根七和多花黄精；S8～S10 的特征位点显示，它们与多个物种一致，但是，最终根据地理分布信息，我们确定其为点花黄精。因此，该方法能够

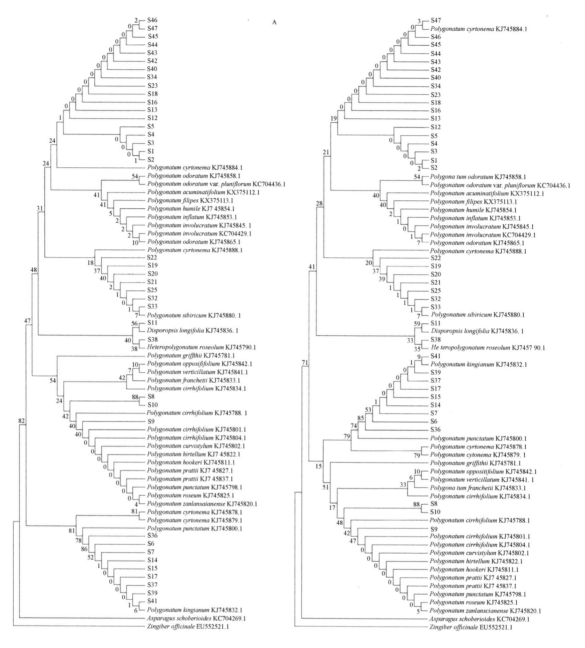

图 9.5　ML 进化树（A）和 NJ 进化树（B）的拓扑结构

表 9.9　黄精属植物 *psbA-trnH* 序列构建的特征序列

编号	特征位点 （22、27、65、67、103、104、125、127、128、129、130、132、172、429）	物种
B1	CCCGTCGTTTCTAA	五叶黄精 *Polygonatum acuminatifolium*
B2	CGCACTGTTTCTTA	卷叶黄精 *Polygonatum cirrhifolium*
B3	CGCGCTGTTTCTTA	卷叶黄精 *Polygonatum cirrhifolium*
B4	CGCACTGTTTCTTA	垂叶黄精 *Polygonatum curvistylum*
B5	CGAGTCAGAAACTC	多花黄精 *Polygonatum cyrtonema*
B6	CGCGTCAGAAACTA	多花黄精 *Polygonatum cyrtonema*
B7	CGCGTCGTTTCTTA	多花黄精 *Polygonatum cyrtonema*
B8	CCCGTCGTTTCTAA	长梗黄精 *Polygonatum filipes*

编号	特征位点 （22、27、65、67、103、104、125、127、128、129、130、132、172、429）	物种
B9	CGCGCTGTTTCTTA	距药黄精 *Polygonatum franchetii*
B10	CGCGCTGTTTCTTA	三脉黄精 *Polygonatum griffithii*
B11	CGCACTGTTTCTTA	粗毛黄精 *Polygonatum hirtellum*
B12	CGCACTGTTTCTTA	独花黄精 *Polygonatum hookeri*
B13	CCCGTCGTTTCTAA	小玉竹 *Polygonatum humile*
B14	CCCGTCGTTTCTAA	毛筒玉竹 *Polygonatum inflatum*
B15	GCCGTCGTTTCTAA	二苞黄精 *Polygonatum involucratum*
B16	CCCGTCGTTTCTAA	二苞黄精 *Polygonatum involucratum*
B17	CGCGCTAGAAACTC	滇黄精 *Polygonatum kingianum*
B18	CCCGTCGTTTCTAC	玉竹 *Polygonatum odoratum*
B19	CCCGTCGTTTCTAA	玉竹 *Polygonatum odoratum*
B20	CCCGTCGTTTCTAC	菱莛 *Polygonatum odoratum* var. *pluriflorum*
B21	CGCGCTGTTTCTTA	对叶黄精 *Polygonatum oppositifolium*
B22	CGCACTGTTTCTTA	康定黄精 *Polygonatum prattii*
B23	CGCACTGTTTCTTA	点花黄精 *Polygonatum punctatum*
B24	CGCACTAGAAACTA	点花黄精 *Polygonatum punctatum*
B25	CGCACTGTTTCTTA	新疆黄精 *Polygonatum roseum*
B26	CGCGTCGTTTCTCA	黄精 *Polygonatum sibiricum*
B27	CGCGCTGTTTCTTA	轮叶黄精 *Polygonatum verticillatum*
B28	CGCACTGTTTCTTA	湖北黄精 *Polygonatum zanlanscianense*

表 9.10　样品的特征位点鉴定结果

编号	特征位点 （22、27、65、67、103、104、125、127、128、129、130、132、172、429）	物种
S1	CGCGTCGTTTCTTA	多花黄精 *Polygonatum cyrtonema*
S2	CGCGTCGTTTCTTA	多花黄精 *Polygonatum cyrtonema*
S3	CGCGTCGTTTCTTA	多花黄精 *Polygonatum cyrtonema*
S4	CGCGTCGTTTCTTA	多花黄精 *Polygonatum cyrtonema*
S5	CGCGTCGTTTCTTA	多花黄精 *Polygonatum cyrtonema*
S6	CGCGCTAGAAACTC	滇黄精 *Polygonatum kingianum*
S7	CGCGCTAGAAACTC	滇黄精 *Polygonatum kingianum*
S8	CGCACTGTTTCTTA	无法确定
S9	CGCACTGTTTCTTA	无法确定
S10	CGCACTGTTTCTTA	无法确定
S11	CGCGTCGTTTCTTC	未检索到
S12	CGCGTCGTTTCTTA	多花黄精 *Polygonatum cyrtonema*
S13	CGCGTCGTTTCTTA	多花黄精 *Polygonatum cyrtonema*
S14	CGCGCTAGAAACTC	滇黄精 *Polygonatum kingianum*
S15	CGCGCTAGAAACTC	滇黄精 *Polygonatum kingianum*
S16	CGCGTCGTTTCTTA	多花黄精 *Polygonatum cyrtonema*
S17	CGCGCTAGAAACTC	滇黄精 *Polygonatum kingianum*
S18	CGCGTCGTTTCTTA	多花黄精 *Polygonatum cyrtonema*
S19	CGCGTCGTTTCTCA	黄精 *Polygonatum sibiricum*

续表

编号	特征位点 （22、27、65、67、103、104、125、127、128、129、130、132、172、429）	物种
S20	CGCGTCGTTTCTCA	黄精 *Polygonatum sibiricum*
S21	CGCGTCGTTTCTTA	多花黄精 *Polygonatum cyrtonema*
S22	CGCGTCGTTTCTCC	未检索到
S23	CGCGTCGTTTCTTA	多花黄精 *Polygonatum cyrtonema*
S25	CGCGTCGTTTCTCA	黄精 *Polygonatum sibiricum*
S32	CGCGTCGTTTCTCA	黄精 *Polygonatum sibiricum*
S33	CGCGTCGTTTCTCA	黄精 *Polygonatum sibiricum*
S34	CGCGTCGTTTCTTA	多花黄精 *Polygonatum cyrtonema*
S36	CGCGCTAGAAACTC	滇黄精 *Polygonatum kingianum*
S37	CGCGCTAGAAACTC	滇黄精 *Polygonatum kingianum*
S38	CGCGTCGTTTCTTA	多花黄精 *Polygonatum cyrtonema*
S39	CGCGCTAGAAACTC	滇黄精 *Polygonatum kingianum*
S40	CGCGTCGTTTCTTA	多花黄精 *Polygonatum cyrtonema*
S41	CGCGCTAGAAACTC	滇黄精 *Polygonatum kingianum*
S42	CGCGTCGTTTCTTA	多花黄精 *Polygonatum cyrtonema*
S43	CGCGTCGTTTCTTA	多花黄精 *Polygonatum cyrtonema*
S44	CGCGTCGTTTCTTA	多花黄精 *Polygonatum cyrtonema*
S45	CGCGTCGTTTCTTA	多花黄精 *Polygonatum cyrtonema*
S46	CGCGTCGTTTCTTA	多花黄精 *Polygonatum cyrtonema*
S47	CGCGTCGTTTCTTA	多花黄精 *Polygonatum cyrtonema*

准确、高效地鉴定出黄精及其混淆品。综上所述，*psbA-trnH* 序列对同属不同种的黄精种质有较佳的鉴别能力。

9.1.2.3.2　ISSR 和 SCoT 分子标记鉴定

1. ISSR 分子标记引物和退火温度的筛选

依据 ISSR 分子标记体系扩增条带的多样性和可重复性，从 100 条引物中共筛选出 15 条引物用于种质资源的分子标记实验。利用优化后的反应体系对引物的退火温度进行筛选，温度梯度为 $T_m \pm 5℃$，最终确定引物的退火温度。实验用引物及其退火温度见表 9.11。

表 9.11　ISSR 分子标记引物及其退火温度

编号	序列（5′→3′）	退火温度/℃	编号	序列（5′→3′）	退火温度/℃
UBC807	AGAGAGAGAGAGAGAGT	51.2	UBC842	GAGAGAGAGAGAGAGAYG	56.2
UBC808	AGAGAGAGAGAGAGAGC	49.6	UBC855	ACACACACACACACACYT	48.9
UBC810	GAGAGAGAGAGAGAGAT	48.0	UBC866	CTCCTCCTCCTCCTCCTC	58.1
UBC811	GAGAGAGAGAGAGAGAC	49.6	UBC868	GAAGAAGAAGAAGAAGAA	44.8
UBC834	AGAGAGAGAGAGAGAGYT	50.6	UBC873	GACAGACAGACAGACA	47.8
UBC835	AGAGAGAGAGAGAGAGYC	52.3	UBC880	GGAGAGGAGAGGAGA	51.4
UBC836	AGAGAGAGAGAGAGAGYA	53.9	UBC881	GGGTGGGGTGGGGTG	55.8
UBC841	GAGAGAGAGAGAGAGAYC	51.2			

2. SCoT 分子标记引物的筛选

依据 SCoT 分子标记体系扩增条带的多样性与可重复性，从 85 条引物中共筛选出 10 条引物用于种质资源的分子标记实验。筛选出的引物见表 9.12。

表 9.12　SCoT 分子标记引物及其退火温度

编号	序列（5′→3′）	退火温度/℃	编号	序列（5′→3′）	退火温度/℃
SCoT 15	AAAATGGCTACCACTGCG	50	SCoT 39	ACCATGGCTACCACCGAC	50
SCoT 21	CCATGGCTACCACCGCCT	50	SCoT 48	ACCATGGCTACCACCGTG	50
SCoT 24	CATGGCTACCACCGGCCC	50	SCoT 63	ACAATGGCTACCACTGCA	50
SCoT 32	CCATGGCTACCACTACCC	50	SCoT 72	ACCATGGCTACCACGGGC	50
SCoT 38	ACGACATGGCGACCAACG	50	SCoT 73	ACCATGGCTACCACGGTC	50

3. 基于 ISSR 分子标记的黄精种质进化树的构建

基于 ISSR 分子标记系统构建的 UPGMA 进化树见图 9.6A。种质资源间的相似性系数为 0.74～0.95。在相似性系数为 0.74 时，进化树将黄精种质资源分为了两大类群。S19、S20、S21、S22、S23、S24、S25、S32 和 S33 聚成了一个主要分支，在相似性系数为 0.805 时，该分支又可以分为三个亚分支：Ⅰ——S20 和 S23，Ⅱ——S19、S21、S22、S24、S25 和 S32，Ⅲ——S33。在这个主要分支中，S21 和 S22 以一个相对较高的相似性系数"0.947"聚在一起。剩余的种质聚成了另一个主要分支。在相似性系数为 0.795 时，该分支又可以分为 7 个亚分支：Ⅰ——S14 和 S18，Ⅱ——S11，Ⅲ——S8、S17、S40 和 S42，Ⅳ——S34 和 S35，Ⅴ——S36、S37、S39 和 S41，Ⅵ——S12、S13 和 S26，Ⅶ——剩余的种质。在这个主要分支中，S36 和 S37 以一个最高的相似性系数"0.95"聚在一起。

4. 基于 SCoT 分子标记的黄精种质进化树的构建

基于 SCoT 分子标记系统构建的 UPGMA 进化树见图 9.6B。种质资源间的相似性系数为 0.67～0.93。在相似性系数为 0.67 时，进化树将黄精种质资源分为了两大类群。S6、S7 和 S17 聚成了一个主要分支，在相似性系数为 0.751 时，该分支又可以分为三个亚分支：Ⅰ——S8，Ⅱ——S17，Ⅲ——S6 和 S7。在这个主要分支中，S6 和 S7 以一个相对较高的相似性系数"0.898"聚在一起。剩余的种质聚成了另一个主要分支。在相似性系数为 0.745 时，该分支又可以分为 8 个亚分支：Ⅰ——S35，Ⅱ——S26，Ⅲ——S15，Ⅳ——S18 和 S34，Ⅴ——S29、S30 和 S31，Ⅵ——S12，Ⅶ——S19、S20、S21、S22、S23、S24、S25、S32 和 S33，Ⅷ——剩余的种质。在这个主要分支中，S27 和 S45 以一个最高的相似性系数"0.93"聚在一起。

综上所述，通过对基于 ISSR 和 SCoT 分子标记构建的进化树进行比较，结果发现，两种聚类方式均能对黄精种质进行分类鉴定，但两种方法得到的结果差异较大。

5. 黄精种质分子标记结果的 MDS 分析

基于黄精种质遗传距离获得的多维标度（MDS）分析能够用于植物的分类鉴定，也能在一定程度上验证分子标记鉴定结果。基于 ISSR 数据的 MDS 分析结果表明，依据种间遗传距离的远近，黄精种质可以分为 6 个类群（图 9.6C）。在二维 MDS 分析图中，Ⅰ 类群在维度 1 上的范围为 0.93～2.71，在维度 2 上的范围为 -0.25～0.72；Ⅱ 类群在维度 1 上的范围为 -1.282～0.528，在维度 2 上的范围为 1.000～1.697，Ⅲ 类群在维度 1 上的范围为 -1.760～-1.034，在维度 2 上的范围为 -0.268～0.618；Ⅳ类群在维度 1 上的范围为 -0.624～0.235，在维度 2 上的范围为 -0.274～0.442；Ⅴ类群在维度 1 上的范围为 -0.632～0.459，在维度 2 上的范围为 -1.547～-0.797；Ⅵ 类群在维度 1 上的范围为 -0.716～-0.612，在维度 2 上的范围为−2.162～−1.825。

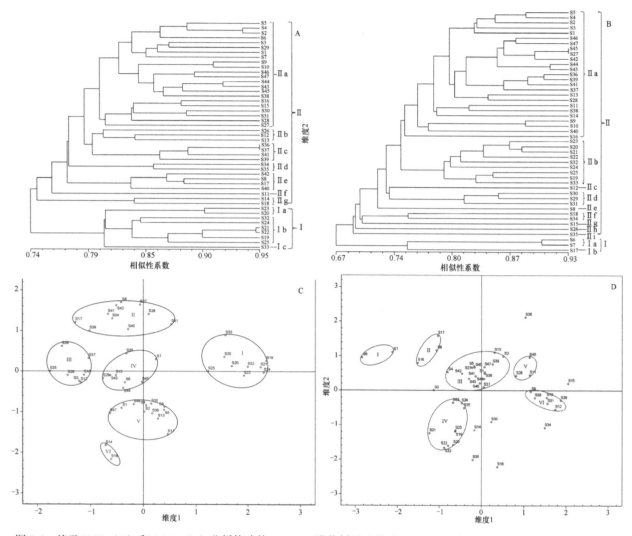

图9.6　基于 ISSR（A）和 SCoT（B）分析构建的 UPGMA 进化树以及基于 ISSR（C）和 SCoT（D）数据的 MDS 分析

基于 SCoT 数据的 MDS 分析结果表明，依据种间遗传距离的远近，黄精种质亦可分为 6 个类群（图 9.6D）。在二维 MDS 分析图中，I 类群在维度 1 上的范围为−2.840～−2.117，在维度 2 上的范围为 0.947～1.105；II 类群在维度 1 上的范围为−1.514～−1.034，在维度 2 上的范围为 0.794～1.580，III 类群在维度 1 上的范围为−0.806～0.516，在维度 2 上的范围为 0.091～1.099；IV 类群在维度 1 上的范围为−1.233～−0.416，在维度 2 上的范围为−1.662～−0.352；V 类群在维度 1 上的范围为 0.810～1.135，在维度 2 上的范围为 0.423～0.952；VI 类群在维度 1 上的范围为 1.157～1.869，在维度 2 上的范围为−0.548～−0.035。

综上所述，MDS 分析为种质资源的鉴定和分类提供了理论支持，也为利用分子标记方法鉴定种质资源提供了支持依据。

9.1.2.3.3　形态学鉴定

1. 黄精种质资源的形态学观测结果

黄精种质资源圃中共种植有 50 个地区的黄精原植物的根茎，但是其中有 7 个地区（S5、S14、S19、S30、S36、S39 和 S40）的黄精原植物没有出苗。这可能是因为收集的黄精原植物的根茎质量较劣或其不适应当地的环境,当地的栽培实践表明,滇黄精在当地移栽成活率不高。

依据《中国植物志》中的分类,黄精种质资源圃中的植物可以分为两大类群(轮生叶类群和互生叶类群)和三大系(轮叶系、互叶系和滇黄精系)。种植后,成功出苗的 43 个地区的黄精原植物中,13 个地区的植株叶片为轮生或大部分轮生,分别为 S20、S21、S22、S23、S24、S25、S32、S33、S37、S41、S48、S49 和 S50。S37 和 S41 的根茎近连珠状(表 9.13),叶为长披针形,叶鞘为红色,可判定其为滇黄精系的滇黄精(图 9.7A);S24 的根茎圆柱状(表 9.1),叶大部分为轮生,少数有散生,条状披针形,先端拳卷,可判定其为轮叶系的卷叶黄精(图 9.7B);S48 的根茎圆柱形(表 9.13),叶为轮生、长条披针形,先端拳卷,花被白色,花被筒近喉部稍缢缩,可判定其为轮叶系的湖北黄精;S35 的根茎连珠状(表 9.13),叶为大部分轮生,先端尖或稍有弯曲,可判定其为粗毛黄精;S20、S21、S22、S23、S25、S32、S33、S49 和 S50,它们的根茎圆柱状,叶轮生、条状披针形、先端拳卷,可判定其为轮叶系的黄精(图 9.7C)。

剩余 29 个地区的植物叶片为互生或大部分互生。其中 S6、S7、S15、S17 和 S34,它们的叶为互生,但叶片的先端拳卷或弯曲成钩状,可据此判定其为轮叶系的互卷黄精(图 9.7D);剩下 24 个地区的植株根茎肥厚,连珠状或结节成块(表 9.1),叶为卵状披针形或椭圆形,据此可认定其为互叶系的多花黄精(图 9.7E)。

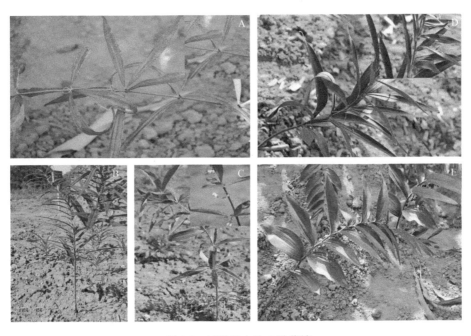

图 9.7　试验田中的 5 种黄精
A. 滇黄精;B. 卷叶黄精;C. 黄精;D. 互卷黄精;E. 多花黄精

2. 形态学指标聚类分析

依据表 9.13 中的数据,用软件 SPSS 20.0 进行聚类分析。黄精种质资源形态数据聚类分析(图 9.8)表明,黄精种质资源的遗传距离为 0~25,在欧氏平方距离为 9 时,黄精种质资源可以分为 2 个大类群,第 1 个大类群有 28 份,第 2 个大类群有 19 份。在欧氏平方距离为 2 时,第 1 大类群又分为 4 个亚类,第 1 亚类有 10 份,第 2 亚类有 8 份。在欧氏平方距离为 6 时,第 2 个大类群分为 3 个亚类,第 1 亚类有 4 份,第 2 亚类有 5 份,第 3 亚类有 10 份。由表 9.14 可以看出,第 1 大类的 28 份资源主要为互叶系,其叶片为卵圆形、互生,为互叶系的多花黄精。第 2 类的 19 份资源叶片先端拳卷,叶轮生或互生,第 1

表 9.13 黄精种质资源形态指标

编码	株高/cm	茎		叶							花		单株果实数
		茎粗/mm	颜色	叶长/cm	叶宽/mm	单株叶片数	先端	形状	叶序	叶鞘颜色	单株花序数	单株小花数	
S1	37.25±8.98	4.28±0.99	1	15.90±3.54	42.02±4.38	8	1	1	1	1	2	4	4
S2	55.40±27.76	6.01±2.90	1	10.68±2.64	42.46±11.59	15	1	1	1	1	17	34	9
S3	57.08±8.18	6.21±0.79	1	15.98±2.16	46.57±7.23	13	1	1	1	1	7	17	14
S4	63.78±19.64	6.23±1.89	1	14.58±1.94	49.24±11.28	16	1	1	1	1	8	16	14
S5	56.95±9.28	6.47±1.14	1	16.40±1.52	46.61±6.62	—	1	0	1	1	—	—	49
S6	76.27±36.65	7.41±1.30	1	17.67±7.37	19.20±4.89	24	0	0	1	1	26	78	5
S7	44.30±7.16	6.23±1.26	1	18.25±3.07	40.70±2.59	9	0	1	1	1	3	2	30
S8	55.36±43.58	6.24±5.17	1	11.98±4.51	38.53±17.27	14	1	1	1	1	10	35	8
S9	22.40±9.84	4.09±2.00	1	15.83±4.06	37.85±5.93	5	1	1	1	1	5	10	6
S10	36.60±18.59	4.21±1.52	1	16.73±1.94	39.57±4.94	9	1	1	1	1	4	8	—
S11	22.16±6.91	4.39±0.66	1	15.96±1.39	41.45±6.08	7	1	1	1	1	—	—	42
S12	42.20±22.02	5.59±2.52	1	13.70±1.67	42.69±17.27	10	1	1	1	1	21	50	10
S13	40.90±3.56	6.72±0.35	1	18.37±0.83	69.79±1.60	6	1	1	1	1	7	14	—
S14	47.50±22.25	6.47±2.38	1	14.00±1.43	51.37±3.49	—	1	1	1	1	—	—	7
S15	23.62±13.93	3.14±0.79	1	12.70±2.35	26.73±18.98	5	0	0	1	1	—	—	—
S16	20.93±14.02	2.70±1.21	1	11.08±3.54	25.07±11.56	8	1	0	1	1	13	41	6
S17	33.80±6.22	4.46±0.46	1	17.97±2.71	16.96±4.71	16	0	1	1	1	—	—	—
S18	35.06±14.16	5.23±2.02	1	17.04±2.67	42.88±8.28	9	1	1	1	1	4	8	6
S19	32.50±10.90	3.91±0.41	1	12.45±2.02	25.07±5.48	—	1	1	0	1	—	—	6
S20	50.40±24.33	5.32±2.22	1	9.63±1.29	18.27±5.89	30	0	1	0	1	9	18	62
S21	23.78±31.63	3.21±1.92	1	8.04±1.42	12.93±3.16	20	0	0	0	1	32	61	12
S22	23.95±20.00	3.77±1.47	1	8.38±1.28	16.01±3.12	26	0	1	0	1	10	20	10
S23	23.10±15.63	2.99±1.15	1	9.43±2.64	16.15±3.03	26	0	0	0	1	15	24	—
S24	17.58±7.71	2.99±0.62	1	14.55±1.64	10.98±2.16	18	0	0	0	1	—	—	15
S25	32.73±17.43	3.87±1.47	1	8.73±1.29	13.79±1.51	24	0	0	0	1	20	26	—
S26	25.33±9.50	3.89±0.81	1	10.05±2.12	26.18±7.52	13	1	1	0	1	—	—	7
S27	14.22±7.56	3.09±0.40	1	11.14±0.98	41.03±3.63	6	1	1	1	1	5	10	7
S28	20.30±9.42	4.10±1.07	1	15.16±2.84	36.07±9.89	6	1	0	1	1	6	10	—
S29	22.55±15.10	3.48±1.71	1	11.55±4.06	35.33±13.62	7	1	1	1	1	—	—	—
S30	21.77±7.82	3.10±0.58	1	11.10±0.26	34.19±2.56	—	1	1	1	1	—	—	—

续表

编码	茎			叶							花		单株果实数
	株高/cm	茎粗/mm	颜色	叶长/cm	叶宽/mm	单株叶片数	先端	形状	叶序	叶鞘颜色	单株花序数	单株小花数	
S31	24.68±7.85	2.78±0.73	1	12.35±1.48	36.04±4.13	6	1	1	1	1	13	20	15
S32	77.96±61.36	4.64±2.03	1	11.54±2.76	21.42±9.61	37	0	0	0	1	34	204	133
S33	21.55±9.16	2.96±0.68	1	9.95±0.87	22.09±8.81	20	0	0	0	1	65	180	120
S34	22.08±6.73	4.91±0.92	1	15.50±1.53	26.23±5.99	10	0	0	1	1	—	—	—
S35	20.80±1.41	2.45±0.37	1	6.15±0.78	11.97±4.71	23	0	0	1	1	—	—	—
S36	15.70±4.45	8.48±0.27	1	13.90±0.35	26.74±3.48	—	0	0	0	0	—	—	—
S37	30.20±5.78	3.31±0.44	1	17.30±1.06	25.26±4.32	15	0	0	0	0	—	—	—
S38	16.50±7.68	3.49±0.59	1	12.70±2.69	40.24±6.49	5	1	1	1	1	5	8	2
S39	78.2±7.71	5.24±0.55	1	18.80±1.35	18.20±3.38	—	0	0	0	0	—	—	—
S40	66.30±1.05	6.46±0.24	1	10.90±1.46	34.07±3.42	—	1	1	1	1	—	—	—
S41	13.40±3.96	2.77±0.11	1	12.50±1.70	25.52±1.07	18	0	0	0	0	—	—	—
S42	33.50±16.85	3.99±1.78	1	13.70±2.09	36.71±5.08	9	1	1	1	1	9	19	12
S43	22.12±2.80	3.47±0.76	1	12.46±1.85	39.25±6.22	5	1	1	1	1	2	4	4
S44	16.30±4.26	2.36±0.47	1	7.63±2.37	27.89±9.64	7	1	1	1	1	5	10	3
S45	18.65±8.46	2.76±0.65	1	7.13±1.27	32.88±3.87	10	1	1	1	1	5	3	3
S46	26.57±7.48	4.04±0.78	1	16.53±1.03	48.27±12.38	6	1	1	1	1	5	8	5
S47	23.35±7.85	3.38±0.68	1	11.88±3.30	34.43±9.32	10	1	1	1	1	3	4	3
S48	168.63±35.12	7.78±1.66	1	19.30±2.91	21.05±1.97	101	0	0	0	1	25	105	96
S49	28.87±8.79	4.08±0.95	1	12.80±2.28	26.08±6.60	26	0	0	0	1	6	20	14
S50	57.97±17.77	6.52±2.27	1	12.27±2.16	24.03±4.15	63	0	0	0	1	31	165	72
平均值	36.21	4.20	—	13.66	33.42	17	—	—	—	—	10	29	19
极差	154.40	5.88	—	16.40	62.48	96	—	—	—	—	65	204	133
标准差	26.28	1.50	—	4.08	14.02	17.10	—	—	—	—	12.75	48.23	31.76
变异系数	0.73	0.36	—	0.30	0.42	1.02	—	—	—	—	1.27	1.68	1.70

注："—"表示无结果

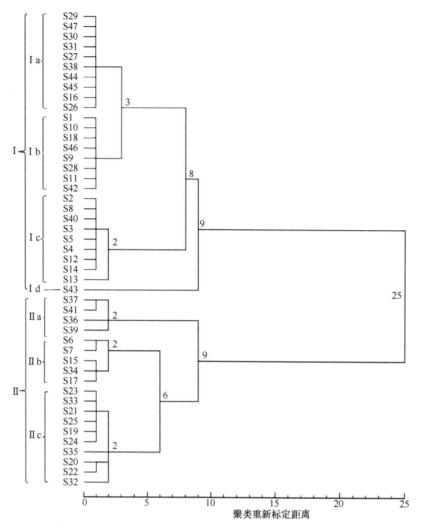

图 9.8　黄精种质资源形态数据聚类分析

表 9.14　种质资源的类群及性状特征

种质数及性状	第 1 类		第 2 类		
	第 1 亚类	第 2 亚类	第 1 亚类	第 2 亚类	第 3 亚类
种质数	27	1	4	5	10
株高/cm	34.21	22.12	34.38	40.01	32.44
茎粗/mm	4.51	3.47	4.95	5.23	3.61
叶长/cm	13.34	12.46	15.63	16.42	9.89
叶宽/mm	39.98	39.25	23.93	25.96	16.87
茎颜色	绿色	绿色	绿色	绿色	绿色
叶先端	尖	尖	拳卷	拳卷	拳卷
叶片形状	卵圆形	卵圆形	披针形	披针形、卵圆形（仅 S17）	披针形、卵圆形（仅 S20、S22）
叶序	互生	互生	轮生	互生	互生（仅 S35）、轮生
叶鞘颜色	绿色	绿色	红色	绿色	绿色

亚类有 4 份，其叶为轮生，叶鞘红色，为滇黄精系的滇黄精；第 2 亚类叶为互生，第 3 亚类（除 S35 为粗毛黄精）叶多为轮生，叶先端拳卷，为轮叶系的黄精。

9.1.2.4　讨论

种质资源鉴定是种质资源研究的重中之重，是辨明真源、去伪存真、保证种质质量的基础。我国传统中药材的伪品和混淆品众多，因此，中药材药源植物的鉴定是必不可少的研究内容。

黄精为我国传统的药食同源植物，其药源种质的鉴定是确保黄精质量的前提。由于黄精的生物学特性（根茎休眠和种子休眠），需要 3～6 个月的时间才能对其进行形态学鉴定。因此，首先采用低耗时的分子标记鉴定方法（中药材 DNA 条形码体系和分子标记体系）对其进行鉴定。中药材 DNA 条形码体系是由陈士林教授建立的，它以 *ITS2* 序列为主，以 *psbA-trnH* 序列为辅，基于特定的 DNA 碱基序列对植物进行鉴定。该方法体系已广泛应用于菊科、芍药属、香根菊属和石斛属等植物的鉴定。本研究表明，中药材 DNA 条形码体系也能够准确地鉴定黄精的药源植物。分子标记的方法如限制性片段长度多态性（RFLP）、随机扩增多态性 DNA（RAPD）、简单重复序列（SSR，又称微卫星）、内在简单序列重复（ISSR）、扩增片段长度多态性（AFLP）和目标起始密码子多态性（SCoT）等也已经广泛应用到植物的鉴定中，成为一种常用的鉴定方法。本研究采用了成熟的 ISSR 和 SCoT 分子标记方法对黄精种质资源进行鉴定，研究结果表明，ISSR 和 SCoT 分子标记对黄精种质具有较强的鉴定能力。与分子标记鉴定方法相比，形态学鉴定是最直接、最简单实用和最经典的鉴定方法。但是，该方法存在着许多缺陷，如形态特征改变、鉴定效率低、不确定性高、耗时费力。本研究也采用了形态学鉴定方法对黄精种质资源进行鉴定，与《中国植物志》中的记载一一对应，确定了黄精种质的种类。

黄精种质资源鉴定具有重大、积极的意义，可辨明真源、去伪存真，为保证黄精的质量、人工种植和科学管理奠定了重要的基础。因此，结合形态学和分子鉴定体系，构建黄精种质的管理系统，可为高效、准确地鉴定黄精和科学地人工管理提供理论依据。

9.1.3　黄精 DNA 指纹图谱构建

9.1.3.1　材料、试剂与仪器

试剂：100mmol/L Tris-HCl、液氮、CTAB 裂解液、氯仿-异戊醇（24∶1）溶液、聚乙烯吡咯烷酮（polyvinyl pyrrolidone，PVP）、Plant DNAzol、异丙醇（−20℃）、4-羟乙基哌嗪乙磺酸（HEPES）、NaOH、柠檬酸、抗坏血酸、无水乙醇、超纯水（ddH$_2$O）、表达序列标签-简单序列重复（EST-SSR）引物、相关序列扩增多态性（SRAP）引物、丙烯酰胺-甲叉丙烯酰胺（Arc-Bis）、5×硼酸电泳缓冲液（TBE）、10%过硫酸铵（APS）、四甲基乙二胺（TEMED）、0.5mol/L 乙二胺四乙酸（EDTA）（pH = 8）、无水碳酸钠、Ex *Taq* DNA 聚合酶、DL500 DNA。

仪器：数控超声波清洗器、电子天平、高速冷冻离心机、水浴锅、400g 摇摆式高速中药粉碎机、精密可编程热风循环烘箱、纯水仪、垂直电泳槽、凝胶成像仪和 PCR 仪。

材料：收集了 50 份黄精属植物种质资源，如表 9.15 所示。

9.1.3.2　实验方法

9.1.3.2.1　DNA 提取

1）配制清洗液（wash buffer）：称取 11.9g HEPES 粉末放入 400mL 蒸馏水中充分溶解，使用 5mol/L 的 NaOH 溶液调 pH 至 8.0，用蒸馏水定容至 500mL。清洗液需要现用现配。HEPES buffer 配制：100mL HEPES buffer 加入 0.9g 柠檬酸、0.9g 抗坏血酸及 1g PVP 充分溶解。

表 9.15　黄精属植物样品信息

种群	样品编号	样品来源	种名
P1	D-1-HN	河南鲁山*	滇黄精
	D-2-SX	陕西略阳*	滇黄精
	D-3-GZ	贵州德江*	滇黄精
P2	DH-1-GD	广东韶关*	点花黄精
	DH-2-FJ	福建政和*	点花黄精
	DH-3-GD	广东清远*	点花黄精
P3	DUOH-1-ZJ	浙江丽水*	多花黄精
	DUOH-2-ZJ	浙江天台*	多花黄精
	DUOH-3-JX	江西修水*	多花黄精
P3	DUOH-4-HB	湖北咸宁*	多花黄精
	DUOH-5-GS	甘肃陇南*	多花黄精
	DUOH-6-AH	安徽池州*	多花黄精
	DUOH-7-SC	四川南充*	多花黄精
	DUOH-8-ZJ	浙江桐乡*	多花黄精
	DUOH-9-ZJ	浙江杭州*	多花黄精
	DUOH-10-AH	安徽六安*	多花黄精
	DUOH-11-AH	安徽泾县*	多花黄精
	DUOH-12-HN	湖南娄底*	多花黄精
	DUOH-13-GX	广西贺州*	多花黄精
	DUOH-14-AH	安徽青阳*	多花黄精
	DUOH-15-AH	安徽池州*	多花黄精
	DUOH-16-GX	广西宜州*	多花黄精
	DUOH-17-HB	湖北英山*	多花黄精
	DUOH-18-ZJ	浙江景宁*	多花黄精
	DUOH-19-GZ	贵州镇远*	多花黄精
	DUOH-20-GX	广西资源	多花黄精
	DUOH-21-JX	广东星子	多花黄精
	DUOH-22-SX	陕西略阳*	多花黄精
	DUOH-23-YN	云南大理*	多花黄精
	DUOH-24-GS	甘肃陇南*	多花黄精
	DUOH-25-HB	湖北黄冈	多花黄精
	DUOH-26-AH	安徽青阳	多花黄精
	DUOH-27-AH	安徽青阳	多花黄精
	DUOH-28-JX	江西宜春	多花黄精
	DUOH-29-GD	广东南瑶	多花黄精
P4	HJ-1-HN	河南灵宝*	黄精
	HJ-2-HB	湖北武汉*	黄精
	HJ-3-JX	江西信丰*	黄精
	HJ-4-SX	陕西略阳*	黄精
	HJ-5-SC	四川雅安*	黄精
	HJ-6-AH	安徽青阳*	黄精
	HJ-7-SX	陕西宁强*	黄精
	HJ-8-HN	河南嵩县*	黄精
	HJ-9-HN	河南左村镇*	黄精
	HJ-10-HN	河南南召*	黄精
	HJ-11-SX	陕西安康*	黄精

续表

种群	样品编号	样品来源	种名
P5	K-1-ZJ	浙江仙居*	苦黄精
	K-2-SX	陕西略阳*	苦黄精
P6	YZ-1-AH	安徽池州	玉竹
P7	CG-1-ZJ	浙江杭州	长梗黄精

注：*代表从陕西省略阳县步长黄精 GAP 基地黄精种质资源圃采集；P1. 滇黄精种群；P2. 点花黄精种群；P3. 多花黄精种群；P4. 黄精种群；P5. 苦黄精种群；P6. 玉竹种群；P7. 长梗黄精种群

2）取 25mg 叶片放入灭过菌的研钵中，加入少量 PVP（去除多酚和多糖）和液氮后进行充分研磨。转移至 1.5mL 离心管中，加入 1mL 清洗液，充分振荡混匀，经 12 000r/min 离心 5min，弃上清液，重复清洗一次。

3）清洗后的组织沉淀中加入 1mL Plant DNAzol 混匀，65℃水浴 1h，其间每 15min 取出颠倒混匀。

4）水浴后冷却至室温，将冷却后的液体转移至 2mL 离心管中，加入 1mL 氯仿-异戊醇（24：1）溶液，颠倒混匀至液体呈乳状，12 000r/min 离心 5min，取上清液至 2mL 离心管；再加入 800μL 氯仿-异戊醇（24：1）溶液，重复上步操作；取上清液至 1.5mL 离心管，加入 0.7 倍体积的异丙醇，放入−20℃冰箱冷冻 1h 以上。

5）取出冷冻后的离心管，12 000r/min 离心 10min 后弃去上清液，加入 1mL 75%乙醇清洗，重复一次；最后再用无水乙醇清洗一次，晾干。加入 50μL ddH₂O，放置到 4℃冰箱溶解 24h 以上。

6）DNA 溶液使用 1.5%琼脂糖凝胶电泳检测质量，在凝胶成像仪上显像，主要观察条带亮度以及片段长度；同时使用 NanoDrop 2000 检测 DNA 浓度及纯度。将样品稀释至 10ng/μL 并储存在−20℃。

9.1.3.2.2 PCR 扩增

EST-SSR 引物是由诺禾致源公司通过 Microsatellite perl 脚本在转录组分析中检测到的潜在的微卫星重复序列。然后使用 Primer 3 软件设计 SSR 特异性引物（Zhou et al.，2016）。随机筛选出碱基重复片段短且重复次数多的 EST-SSR 引物 53 对。SRAP 引物来自 Li 和 Quiros（2001）的研究（表 9.16）。用 53 对 EST-SSR 引物和 88 对 SRAP 引物组合对 10 个样品（DUOH-14-AH、DUOH-20-GX、DUOH-15-AH、DUOH-28-JX、DUOH-25-HB、HJ-4-SX、HJ-6-AH、HJ-10-HN、YZ-1-AH 和 D-2-SX）进行三次 PCR 扩增，筛选出具有多态性的 EST-SSR 和 SRAP 引物，并对黄精属植物进行遗传多样性分析。

表 9.16　SRAP 引物信息

引物	上游引物序列（5′→3′）	引物	下游引物序列（5′→3′）
ME1	TGAGTCCAAACCGGATA	EM1	GACTGCGTACGAATTAAT
ME2	TGAGTCCAAACCGGAGC	EM2	GACTGCGTACGAATTTGC
ME3	TGAGTCCAAACCGGAAT	EM3	GACTGCGTACGAATTGAC
ME4	TGAGTCCAAACCGGACC	EM4	GACTGCGTACGAATTTGA
ME5	TGAGTCCAAACCGGAAG	EM5	GACTGCGTACGAATTAAC
ME6	TGAGTCCAAACCGGTAA	EM6	GACTGCGTACGAATTGCA
ME7	TGAGTCCAAACCGGTCC	EM7	GACTGCGTACGAATTCAA
ME8	TGAGTCCAAACCGGTGC	EM8	GACTGCGTACGAATTCTG
		EM9	GACTGCGTACGAATTCGA
		EM10	GACTGCGTACGAATTCAG
		EM11	GACTGCGTACGAATTCCA

聚合酶链反应体系（20μL）为：10μL *Taq* DNA 聚合酶引物混合物，0.4μL 正向引物（20μmol/L），0.4μL 反向引物（20μmol/L），0.4μL DNA（10ng/μL）和 8.8μL ddH$_2$O。PCR 在 PCR 仪上进行。PCR 程序为：94℃预变性 5min；94℃ 1min，60℃ 30s，72℃ 1min，45 个循环；72℃延伸 10min。扩增产物用 8%非变性聚丙烯酰胺凝胶电泳分离。电泳缓冲液为 1×TBE，电泳时使用 200V 电压，电泳 2～3h，Maker 为 DL500 DNA。电泳凝胶用红色核酸凝胶染料（red nucleic acid gel stain）染色。

9.1.3.2.3　数据分析

根据 PCR 扩增的电泳结果，人工读取条带，在凝胶的某个相同迁移率位置上有条带的记为"1"，无条带的记为"0"，获得每对引物的 0-1 矩阵数据。同时，参照 DNA Marker 估测扩增片段大小并记录。使用 POPGENE 1.31 软件评估种群的遗传参数，包括观察到的等位基因数（Na）、有效等位基因数（Ne）、香农信息指数（*I*）。利用 CERVUS v3.0 软件计算期望杂合度（He）和多态性信息量（PIC）。标记指数（MI）=多态性条带数（NPB）×位点平均多态性信息量（PICav）；PICav = $\sum$PIC$_i$/NPB，PIC$_i$ 为第 *i* 个标记的 PIC 值。

利用 NTSYS-pc 2.0 版软件计算遗传距离矩阵，并构建了一个非加权算术平均值（UPGMA）进化树。为了评估进化树的可信度，WINBOOT 通过 1000 次分析获得自展法（bootstrap，BS）值，在进化树中显示了大于 50%的 BS 值。

通过 Chen 等（2011）报道的改良方法，利用较少有效的标记构建 DNA 指纹数据库，可以降低成本并提高识别效率。再筛选出具有高多态性并且重复性好的引物，根据每对引物对不同种质扩增的特异性条带分子量大小，按从小到大依次编码为 1～7，当引物对某一品种扩增有 2 个等位基因时，按等位基因碱基数较小的条带编码进行赋值，将未扩增的等位基因位点记录为 0，利用这套编码对所有 DNA 条带数据库进行串行编码，建立黄精属植物的 DNA 指纹图谱数据库。

9.1.3.3　遗传多样性实验结果

9.1.3.3.1　多态性 EST-SSR 和 SRAP 引物筛选

对 10 个不同品种与产地的黄精属植物进行 PCR 扩增，筛选出 14 对具有高多态性和高扩增效率的 EST-SSR 引物（核心重复序列、上下游引物和产物大小见表 9.17）及 7 对 SRAP 引物组合（ME2-EM7、ME2-EM11、ME3-EM10、ME3-EM11、ME5-EM11、ME6-EM6 和 ME6-EM11）。

9.1.3.3.2　引物扩增效率和多态性

利用 14 对 EST-SSR 引物对 50 个黄精属样品进行扩增，共产生 190 个条带，其中 173 个（91.05%）为多态性条带。多态性百分比（PPB）为 74.19%～100.00%，平均值为 90.34%。期望杂合度（He）为 0.754～0.958，平均值为 0.887，PIC 为 0.711～0.945，平均值为 0.842。利用 7 对 SRAP 引物对 50 个黄精属样品进行扩增，总共产生 121 个条带，其中有 113 个（93.39%）为多态性条带。PPB 为 87.50%～95.45%，平均值为 92.67%。期望杂合度（He）为 0.659～0.817，平均值为 0.758。PIC 为 0.508～0.714，平均值为 0.647。同时，与 EST-SSR（MI = 10.405）相似，SRAP 的标记指数（MI）为 10.444（表 9.18）。

9.1.3.3.3　黄精属种群遗传变异

利用 EST-SSR 分子标记对 5 个种群进行遗传多样性分析（表 9.19）。Nei's 基因多样性（*H*）为 0.1263～0.2501，平均值为 0.1943。香农信息指数（*I*）为 0.1844～0.3993，平均值为 0.2993。多态性位点数（*A*）平均值为 52.2。多态性位点百分比（*P*）平均值为 67.68%。等位基因数（Na）为 1.3049～2.0000，平均

表 9.17 多态性 EST-SSR 标记信息

分子标记名称	核心重复序列	上游引物（5'→3'）	下游引物（5'→3'）	产物大小/bp
PSESSR001	（TCG）$_5$	CCTCCGCTACCACTTCCATT	ACCCCAATCCCTAACCCTGA	158
PSESSR002	（CAG）$_5$	TGCCTTTCTCGTCTGGGTTC	TGAATTGTGACCAGGCAGCT	270
PSESSR003	（CGT）$_5$ caacgccgtctcccttccattcttgtctatcttactattattattatcgtcaccatctt gtgagctgacggactcctctgaggaggcccagtctctgtcg（TCC）$_5$	AGCTCATAAGATCCGCCAGC	AGAGATGGGAAACTGCGTCG	278
PSESSR004	（GGA）$_7$ gatgaggttgaggacgagctgtggacgtcgagggaggtggaagtggatgta ggagtggtggtcatattcttcgca（TTG）$_5$	GCCTGTGTCAGCTCGTTACT	AGCCTCCTCTGTGAGATCCG	269
PSESSR005	（AG）$_{11}$（GA）$_{24}$	AAATTGTTCACCGCCACAGC	GCAGTTAGAGAATGGGCTGC	247
PSESSR006	（GCT）$_7$gcc（TCA）$_5$acgtcatcatc（TCA）$_5$	CCCCTTCTCCAACCACCAAA	AATTCTGTGCTGAGGACGCA	280
PSESSR007	（GAT）$_5$ggacacatagga（GAG）$_9$	ACCTACGGATACCCCTCTCG	TGGGACGGTCACTTTTGGAG	234
PSESSR008	（AGG）$_{15}$	TGGGAGCCCATCTTCAGAGA	CCACCGCCTACTTCCACTTT	195
PSESSR009	（GGCGGA）$_7$	GGGCGAGGATCTCTTCGTTC	TTCGTTGAACCCGTAGCTCC	280
PSESSR010	（CCGATC）$_6$	GAAGGGATACGGCACTCAGG	AACCAAACAAACAGCTCCGA	241
PSESSR011	（TGC）$_{10}$	AGGCAACGAACCAGTATGGG	AAAAGCCCATTCATCTGCGC	141
PSESSR012	（TCCCAC）$_5$	TGGCGTGGAGGAAAGTTCAG	CCACTCTCGTTCTGCCCTTT	231
PSESSR013	（GAGGCG）$_5$	CGGAGATGTGGTCGAGATCG	AGCCCACAACCCGAATAAGG	201
PSESSR014	（TCA）$_9$	TTCTTCTGCGTCACTCCCAG	CACAGGTGAACAGGGAGGTC	212

表 9.18 EST-SSR 和 SRAP 分子标记的扩增结果和多态性信息

分子标记类型	分子标记名称	TNB	NPB	PPB/%	He	PIC	MI
EST-SSR	PSESSR001	12	11	93.18	0.867	0.844	9.262
	PSESSR002	5	5	100.00	0.929	0.908	4.210
	PSESSR003	14	11	81.37	0.942	0.925	9.262
	PSESSR004	18	17	93.28	0.909	0.855	14.314
	PSESSR005	27	22	81.03	0.899	0.860	18.524
	PSESSR006	21	20	94.77	0.945	0.931	16.840
	PSESSR007	9	9	97.01	0.791	0.723	7.578
	PSESSR008	20	19	97.20	0.906	0.711	15.998
	PSESSR009	6	5	76.09	0.924	0.905	4.210
	PSESSR010	10	10	92.10	0.947	0.934	8.420
	PSESSR011	9	6	74.19	0.808	0.718	5.052
	PSESSR012	20	19	97.90	0.835	0.804	15.998
	PSESSR013	7	7	88.89	0.958	0.945	5.894
	PSESSR014	12	12	97.70	0.754	0.723	10.104
	平均	14	12	90.34	0.887	0.842	10.405
SRAP	ME2-EM7	18	17	94.44	0.659	0.508	10.999
	ME2-EM11	21	20	95.24	0.674	0.529	12.940
	ME3-EM10	8	7	87.50	0.768	0.676	4.529
	ME3-EM11	16	14	87.50	0.817	0.681	9.058
	ME5-EM11	22	21	95.45	0.802	0.708	13.587
	ME6-EM6	15	14	93.33	0.794	0.710	9.058
	ME6-EM11	21	20	95.24	0.795	0.714	12.940
	平均	17	16	92.67	0.758	0.647	10.444

注：TNB（total number of generated bands），条带数；NPB（number of polymorphic bands），多态性条带数；PPB（percentage of polymorphic bands），多态性百分比；He（expected heterozygosity），期望杂合度；PIC（polymorphism information content），多态性信息量；MI（maker index），标记指数

表 9.19　利用 EST-SSR 和 SRAP 分子标记对黄精属种群进行遗传多样性分析

分子标记类型	种群编号	H	I	A	$P/\%$	Na	Ne	He
EST-SSR	P1	0.1701	0.2566	39	47. 56	1.4756	1.2804	0.3535
	P2	0.1962	0.2923	43	52.44	1.5244	1.3333	0.3051
	P3	0.2501	0.3993	82	100	2.0000	1.3926	0.8448
	P4	0.2290	0.3639	72	87.80	1.8780	1.3599	0.6394
	P5	0.1263	0.1844	25	30.49	1.3049	1.2156	0.1970
	平均	0.1943	0.2993	52.2	67.68	1.6366	1.3164	0.4680
SRAP	P1	0.1264	0.1935	42	37.17	1.3717	1.2009	0.2842
	P2	0.1184	0.1808	39	34.51	1.3451	1.1895	0.0424
	P3	0.1625	0.2783	107	94.69	1.9469	1.2318	0.6155
	P4	0.1407	0.2297	69	61.06	1.6106	1.2138	0.2861
	P5	0.0916	0.1338	25	22.12	1.2212	1.1564	0.0339
	平均	0.1279	0.2032	56.4	49.91	1.4991	1.1985	0.2524

值为 1.6366。有效等位基因数（Ne）的平均值为 1.3164。期望杂合度（He）为 0.1970～0.8448，平均值为 0.4680。根据 Nei's 基因多样性（H），在 5 个种群中，多花黄精的遗传多样性最高，而苦黄精的遗传多样性最低。

利用 SRAP 分子标记对黄精属 5 个植物种群进行遗传多样性分析（表 9.19）。Nei's 基因多样性（H）为 0.0916～0.1625，平均值为 0.1279。香农信息指数（I）为 0.1338～0.2783，平均值为 0.2032。多态性位点数（A）为 25～107，平均值为 56.4。等位基因数（Na）为 1.2212～1.9469，平均值为 1.4991。有效等位基因数（Ne）的平均值为 1.1985。期望杂合度（He）为 0.0339～0.6155，平均值为 0.2524。结果显示，多花黄精和苦黄精分别表现出最高和最低的遗传多样性。

9.1.3.3.4　Nei's 遗传距离分析

根据 EST-SSR 分子标记分析结果，Nei's 遗传距离为 0.0101～0.4555，平均值为 0.1637。而根据 SRAP 分子标记分析结果，Nei's 遗传距离为 0.0060～0.4130，平均值为 0.1409（表 9.20）。这两个结果都表明，P3（多花黄精）和 P4（黄精）之间的 Nei's 遗传距离最小，表明这两个种群之间的遗传关系最近。相反，P6（玉竹）和 P7（长梗黄精）之间的 Nei's 遗传距离较大，表明这两个种群之间的遗传关系较远。

表 9.20　EST-SSR 和 SRAP 分子标记分析的 Nei's 遗传距离

	P1	P2	P3	P4	P5	P6	P7
P1		0.0561	0.0456	0.0468	0.1288	0.1817	0.2905
P2	0.4130		0.0395	0.0387	0.0896	0.211	0.2655
P3	0.0229	0.0330		0.0101	0.0918	0.2079	0.2205
P4	0.0264	0.0391	0.0060		0.0989	0.1986	0.2459
P5	0.0713	0.0761	0.0656	0.0632		0.2796	0.236
P6	0.2015	0.2417	0.1919	0.1838	0.2393		0.4555
P7	0.1473	0.1551	0.1307	0.1245	0.1820	0.3454	

注：P1～P7 代表的种群如表 9.15 所示。利用 SRAP 分子标记分析的 Nei's 遗传距离位于左下角，利用 EST-SSR 分子标记分析的 Nei's 遗传距离位于右上角

EST-SSR 分子标记的聚类结果显示，在遗传相似系数 0.76 处可将种质聚集成 7 组（图 9.9）。多花黄精主要聚集在 I、II、III组，黄精聚集在IV、V、VI组，长梗黄精自成第VII组。第 I 组中滇黄精和点花黄精分别聚集在一起。

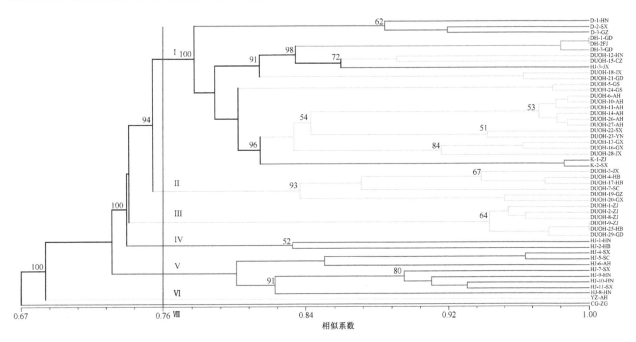

图 9.9 EST-SSR 分子标记基于 Nei's 遗传距离构建的树状图

　　SRAP 分子标记的聚类结果显示，在遗传相似性系数 0.787 处种质资源可分为 8 组（图 9.10）。第 I 组中，所有滇黄精和苦黄精聚集在一起，可能是由于它们各自种内密切的遗传关系。同时，两个种质间的高置信度表明这两个种质亲缘关系较远。第 II 组主要由黄精构成，第 III 组主要由点花黄精构成。第 IV、V、VI 组由多花黄精组成。最后，长梗黄精自身形成第 VIII 组，这表明长梗黄精与其他种群遗传距离较远。

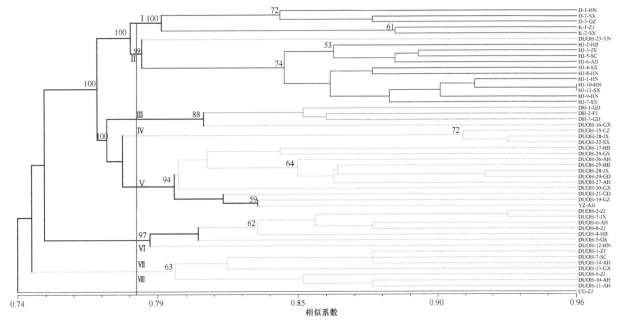

图 9.10 SRAP 分子标记基于 Nei's 遗传距离构建的树状图

9.1.3.3.5 DNA 指纹图谱构建

　　选择具有高水平多态性位点和有效等位基因数的三对 EST-SSR 引物（PSESSR010、PSESSR013、PSESSR014）和两对 SRAP 引物（ME6-EM6、ME6-EM11）来构建黄精属植物的 DNA 指纹图谱。确定每个引物的稳定且唯一的等位基因位点后，根据等位基因分配标准（表 9.21）对等位基因座进行编码，并且每个指纹编码对应一个长字符串。最后，构成了黄精属植物 DNA 指纹图谱（表 9.22）。

表 9.21 等位基因位点的选择和编码标准

分子标记	条带/bp							
	0	1	2	3	4	5	6	7
PSESSR010	—	210	240	300	335	362	435	468
PSESSR013	—	150	170	200	230	250		
PSESSR014	—	150	200	233				
ME6-EM6	—	160	250	300	335	365	420	
ME6-EM11	—	230	282	350	450	520		

表 9.22 黄精属植物 DNA 指纹图谱

样品编号	PSESSR010	PSESSR013	PSESSR014	ME6-EM6	ME6-EM11
D-1-HN	23	1	123	125	34
D-2-SX	15	2	123	24	0
D-3-GZ	135	123	12	1235	234
DH-1-GD	134	1234	123	345	1234
DH-2-FJ	1367	12345	13	2	12345
DH-3-GD	1	1	123	23	3
DUOH-1-ZJ	2	123	12	235	24
DUOH-2-ZJ	24	2	123	2345	345
DUOH-3-JX	357	12	13	134	5
DUOH-4-HB	245	2345	123	345	0
DUOH-5-GS	235	235	123	345	23
DUOH-6-AH	123	2345	1	12345	25
DUOH-7-SC	235	0	0	123	1235
DUOH-8-ZJ	35	1345	123	1235	15
DUOH-9-ZJ	2467	1	123	1235	2345
DUOH-10-AH	13	1	1	1235	4
DUOH-11-AH	13	13	12	0	13
DUOH-12-HN	3	0	123	345	135
DUOH-13-GX	13	1234	123	135	14
DUOH-14-AH	13	2	123	1235	234
DUOH-15-AH	13	1234	2	24	24
DUOH-16-GX	13	1234	23	2	1234
DUOH-17-HB	135	1234	123	0	34
DUOH-18-ZJ	1367	1	123	0	34
DUOH-19-GZ	1236	123	12	135	135
DUOH-20-GX	13	1234	12	4	345
DUOH-21-JX	13	124	12	13	0
DUOH-22-SX	1346	1	1	4	34
DUOH-23-YN	1345	1	1	1235	35
DUOH-24-GS	134	1	123	3	4
DUOH-25-HB	1	0	12	5	2345

续表

样品编号	PSESSR10	PSESSR13	PSESSR14	ME6-EM6	ME6-EM11
DUOH-26-AH	2	1	1	245	45
DUOH-27-AH	1	124	12	4	25
DUOH-28-JX	13	2	123	4	235
DUOH-29-GD	25	2	12	34	235
HJ-1-HN	245	235	123	235	12
HJ-2-HB	23567	24	123	1345	5
HJ-3-JX	13	1234	123	235	4
HJ-4-SX	235	1234	123	3	2345
HJ-5-SC	13	1	123	24	35
HJ-6-AH	13	1345	123	1245	235
HJ-7-SX	136	2	1	235	12345
HJ-8-HN	0	1	123	1245	234
HJ-9-HN	1	2	1	135	234
HJ-10-HN	134	2	13	135	15
HJ-11-SX	0	2	12	135	134
K-1-ZJ	2	1345	1	2345	23
K-2-SX	13	1	123	13	234
YZ-1-AH	1345	1	123	1345	1245
CG-1-ZJ	1245	1345	1	1235	25

9.1.3.4 讨论

近年来，各种分子标记（SSR、ISSR、SCoT、RAPD）已被用于研究黄精的遗传多样性，但仍有一些种质无法鉴定。例如，Jiao 等（2018a）通过形态学鉴定法将重庆武隆、綦江等地的黄精种质确定为多花黄精，但其无法利用 ISSR、SCoT 分子标记鉴定，这可能是由于这些分子标记是基于叶绿体基因组设计的，不适合鉴定黄精属植物。Yang 等（2015）也研究了黄精属药用植物的 DNA 条形码，结果显示 *psbA-trnH*、*matK* 和 *rbcL* 条形码不适用于黄精属药用植物的鉴定。SRAP 是一种简单有效的分子标记，已被用于分析多种植物的遗传多样性，如枸橼、柑橘、木槿、棕榈等。但是，EST-SSR 和 SRAP 分子标记从未用于鉴定黄精属植物。在本研究中，有 14 个 EST-SSR 分子标记和 7 个 SRAP 分子标记被用于扩增 50 个黄精属植物种质，分别产生了 173 个（91.05）和 113 个（93.39%）多态性片段，每个分子标记平均 12.35 个和 14.13 个片段，高于用 SSR 分子标记对黄精进行扩增时产生的多态性片段（Wang et al.，2018）。多态性信息量（PIC）取决于检测的等位基因数和它们的分布频率。因此，PIC 揭示了分子标记的区分能力，并且 PIC 值通常分为低（PIC < 0.25）、中（0.5 > PIC > 0.25）和高（PIC > 0.5）。在本研究中，EST-SSR 和 SRAP 的 PIC 平均值比 Wang 等（2018）的研究中所提及的 PIC 值高。具有较高标记指数（MI）的引物通常具有较高的多态性。本研究中两种分子标记均显示出较高的标记指数，这意味着它们可以有效地鉴定黄精属种质。综上所述，EST-SSR 和 SRAP 分子标记具有较高的扩增效率和丰富的多态性，可以有效地分析黄精属植物的遗传多样性。

Nei's 基因多样性（*H*）可用于评估植物物种的遗传多样性水平。本研究中，利用 EST-SSR 和 SRAP 分子标记揭示黄精属植物遗传多样性时，*H* 平均值分别为 0.1943 和 0.1279（表 9.19）。这证明了黄精属植物具有广泛的遗传多样性。EST-SSR 和 SRAP 分子标记对遗传多样性研究的差异是由这两种分子标记类型的特性引起的。与 EST-SSR 分析所得的 PIC 相比，由 SRAP 检测到的 PIC 值较小（表 9.18）。因为本研究所设计的 EST-SSR 由黄精转录组开发而来，序列特异性较高；而 SRAP 属于通用引物，物种特异性不高。因此，基于 EST-SSR 和 SRAP 的遗传多样性有细微差异是合理的，也有前人报道了相似状况，如陈倩倩等利用 EST-SSR 和 SRAP 分子标记研究香椿的遗传多样性时结果存在差异（Xing et al., 2016; Chen et al., 2018）。此外，利用 EST-SSR 和 SRAP 分子标记进行遗传多样性分析时结果均表明，多花黄精具有最高的遗传多样性，其次是黄精，而苦黄精则具有最低的遗传多样性。然而，种质的数量对遗传多样性结果也有影响。与我们的研究相似，张恒庆等（2018）研究显示，基于 ISSR 分子标记，多花黄精的遗传多样性高于黄精。同时，本研究中依据 EST-SSR 和 SRAP 分子标记分析得出的遗传多样性均高于 Wookjin 等（2014）和朱巧等（2018）用 SSR 分子标记揭示的黄精属植物遗传多样性，这可能是由于分子标记的不同和黄精属植物广泛的遗传背景。

通过 EST-SSR 和 SRAP 两种分子标记分别进行的 UPGMA 聚类分析结果均显示滇黄精、点花黄精和苦黄精分别单独聚在一起，可能由于它们与其他黄精属植物遗传距离较远，并且种内遗传距离较近（图 9.9，图 9.10）。这也表明两种分子标记类型都适合鉴定黄精属植物。长梗黄精与黄精属植物中其他种群的遗传距离较远，这与朱艳等（2011）的报道一致。在树状图（EST-SSR 分子标记）中，来自安徽和浙江的多花黄精聚在一起，表明安徽和浙江两个省内多花黄精的亲缘关系近。Jiao 等（2018b）利用 ISSR 和 SCoT 分子标记对黄精进行聚类分析时发现，黄精种质根据省份聚集在一起。这可能是由于黄精属植物在相同地理位置上具有相似的起源，同时黄精属植物分布广泛，因而呈现出根据地理位置聚集在一起的情况。同时，其他研究也表明了植物会根据地理分布进行聚类（Xiong et al., 2016）。

在属的水平上，黄精属的鉴定相对比较清晰，但是，在种的水平上，由于黄精属植物分布广泛，加之可能存在变异或人为移栽种质，物种的边界比较模糊，很难根据根茎的形态来区分不同种质。因此，利用分子标记构建 DNA 指纹图谱在鉴定植物种质中起着越来越重要的作用。同时，也有越来越多的中药材建立了 DNA 指纹图谱，如薯蓣、草珊瑚、蓖麻等（Wei et al., 2014; Xue et al., 2015）。在本研究中，EST-SSR 和 SRAP 分子标记都是首次用于构建黄精属植物 DNA 指纹图谱，为黄精属植物的分类鉴定研究提供了技术支持。

9.1.4　黄精种质资源的评价

9.1.4.1　黄精种质资源的化学成分评价

1. 种质资源黄精多糖含量的比较

依据《中国药典》中的规定，黄精的主要成分为黄精多糖。故依据黄精多糖的含量对种质资源进行降序排列，排序结果如图 9.11 所示。依据排序结果可知，排名前 10 位的依次是 S9、S45、S23、S47、S42、S8、S10、S43、S20、S4。

不同产地黄精多糖含量呈正态分布，均值为 7% 时达到最高峰，这与《中国药典》中的规定一致。不同产地不同种间的黄精多糖含量之间差异显著。广东省韶关市多花黄精的黄精多糖含量最高，为 14.094%，含量最低的为江西省信丰县的多花黄精，为 2.234%（表 9.23）。不同种间黄精多糖含量：多花黄精>黄精>滇黄精，浙江省多花黄精的黄精多糖含量明显相对较高，达到了 9.47%。对比实验结果发现，同一种内不同产地黄精多糖含量亦存在显著性差异。黄精中黄精多糖含量最高 12.358% 约是含量最低 4.068% 的 3 倍，多花黄精中黄精多糖含量最高 14.094% 约为最低 2.234% 的 6 倍，滇黄精中黄精多糖含量最高 7.265% 约为最低 3.124% 的 2 倍（表 9.23）。

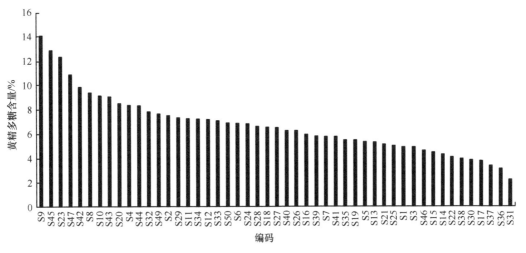

图 9.11　黄精多糖含量排序

表 9.23　不同地区黄精主要化学成分含量（$\bar{X} \pm \text{SE}$，$n = 3$）

编码	黄精多糖/%	薯蓣皂苷元/（mg/g）	总酚/（mg/g）	总黄酮/（mg/g）
S1	4.905 ± 0.227	0.987 ± 0.012	0.022 ± 0.001	0.016 ± 0.002
S2	7.505 ± 0.146	3.354 ± 0.101	0.012 ± 0.001	0.007 ± 0.001
S3	4.896 ± 0.172	0.849 ± 0.011	0.013 ± 0.001	0.010 ± 0.001
S4	8.360 ± 0.293	1.957 ± 0.047	0.011 ± 0.002	0.023 ± 0.002
S5	5.315 ± 0.285	1.415 ± 0.026	0.020 ± 0.001	0.017 ± 0.001
S6	6.846 ± 0.106	0.269 ± 0.008	0.014 ± 0.002	0.006 ± 0.001
S7	5.754 ± 0.273	0.332 ± 0.014	0.012 ± 0.001	0.010 ± 0.001
S8	9.393 ± 0.367	4.288 ± 0.207	0.016 ± 0.001	0.026 ± 0.002
S9	14.094 ± 0.101	1.019 ± 0.024	0.021 ± 0.002	0.022 ± 0.003
S10	9.147 ± 0.024	0.987 ± 0.016	0.019 ± 0.002	0.020 ± 0.002
S11	7.265 ± 0.265	1.303 ± 0.026	0.007 ± 0.001	0.015 ± 0.001
S12	7.167 ± 0.337	6.588 ± 0.137	0.014 ± 0.001	0.012 ± 0.001
S13	5.279 ± 0.206	4.197 ± 0.128	0.021 ± 0.002	0.015 ± 0.001
S14	4.291 ± 0.124	2.931 ± 0.043	0.016 ± 0.001	0.009 ± 0.001
S15	4.455 ± 0.107	1.083 ± 0.022	0.012 ± 0.001	0.012 ± 0.001
S16	5.929 ± 0.206	0.785 ± 0.013	0.015 ± 0.001	0.016 ± 0.002
S17	3.774 ± 0.062	0.517 ± 0.016	0.025 ± 0.001	0.020 ± 0.001
S18	6.543 ± 0.187	3.103 ± 0.125	0.017 ± 0.001	0.031 ± 0.004
S19	5.466 ± 0.203	2.017 ± 0.057	0.045 ± 0.003	0.034 ± 0.004
S20	8.489 ± 0.023	1.866 ± 0.034	0.032 ± 0.002	0.028 ± 0.002
S21	5.124 ± 0.105	0.365 ± 0.004	0.014 ± 0.001	0.030 ± 0.002
S22	4.068 ± 0.181	0.289 ± 0.006	0.021 ± 0.002	0.033 ± 0.002
S23	12.358 ± 0.315	0.959 ± 0.023	0.013 ± 0.001	0.018 ± 0.002
S24	6.828 ± 0.346	0.597 ± 0.019	0.026 ± 0.001	0.035 ± 0.001
S25	5.012 ± 0.262	0.974 ± 0.032	0.019 ± 0.002	0.019 ± 0.002
S26	6.241 ± 0.207	8.920 ± 0.267	0.030 ± 0.001	0.022 ± 0.001
S27	6.487 ± 0.114	2.064 ± 0.138	0.036 ± 0.001	0.020 ± 0.001
S28	6.624 ± 0.245	1.063 ± 0.033	0.038 ± 0.001	0.023 ± 0.002
S29	7.336 ± 0.290	1.291 ± 0.018	0.019 ± 0.001	0.025 ± 0.001

编码	黄精多糖/%	薯蓣皂苷元/（mg/g）	总酚/（mg/g）	总黄酮/（mg/g）
S30	3.824 ± 0.028	0.868 ± 0.012	0.014 ± 0.001	0.025 ± 0.001
S31	2.234 ± 0.083	0.032 ± 0.001	0.007 ± 0.001	0.028 ± 0.002
S32	7.816 ± 0.088	0.343 ± 0.013	0.021 ± 0.001	0.028 ± 0.001
S33	7.089 ± 0.012	0.325 ± 0.015	0.023 ± 0.001	0.030 ± 0.002
S34	7.229 ± 0.292	1.104 ± 0.027	0.031 ± 0.001	0.033 ± 0.002
S35	5.467 ± 0.050	1.544 ± 0.016	0.025 ± 0.001	0.025 ± 0.003
S36	3.124 ± 0.070	2.355 ± 0.045	0.020 ± 0.001	0.023 ± 0.002
S37	3.348 ± 0.028	0.102 ± 0.038	0.016 ± 0.001	0.020 ± 0.001
S38	3.931 ± 0.041	0.143 ± 0.022	0.018 ± 0.001	0.022 ± 0.002
S39	5.787 ± 0.264	2.845 ± 0.033	0.029 ± 0.002	0.030 ± 0.001
S40	6.259 ± 0.241	1.751 ± 0.049	0.018 ± 0.002	0.030 ± 0.002
S41	5.739 ± 0.088	1.368 ± 0.033	0.024 ± 0.002	0.018 ± 0.002
S42	9.847 ± 0.335	0.740 ± 0.011	0.028 ± 0.001	0.013 ± 0.001
S43	9.081 ± 0.181	0.030 ± 0.001	0.016 ± 0.001	0.034 ± 0.002
S44	8.337 ± 0.088	2.068 ± 0.035	0.015 ± 0.001	0.015 ± 0.002
S45	12.883 ± 0.326	3.893 ± 0.079	0.023 ± 0.002	0.004 ± 0.001
S46	4.629 ± 0.134	6.874 ± 0.147	0.015 ± 0.001	0.017 ± 0.002
S47	10.889 ± 0.338	5.764 ± 0.128	0.015 ± 0.001	0.019 ± 0.002
S49	7.642 ± 0.086	0.357 ± 0.006	0.020 ± 0.002	0.016 ± 0.001
S50	6.884 ± 0.135	0.342 ± 0.012	0.015 ± 0.001	0.014 ± 0.001

2. 种质资源薯蓣皂苷元含量的比较

不同产地黄精的薯蓣皂苷元含量同样呈正态分布，均值在2.3mg/g时达到最高峰。不同产地不同种间黄精中薯蓣皂苷元含量之间存在显著差异，湖北省咸宁市的多花黄精中薯蓣皂苷元含量最高，为8.920mg/g，浙江省仙居县的多花黄精中薯蓣皂苷元含量最低，为0.030mg/g（表9.23）。不同种间黄精中薯蓣皂苷元含量：多花黄精>滇黄精>黄精。同一种内不同产地黄精中薯蓣皂苷元含量存在显著性差异。黄精中薯蓣皂苷元含量最高2.017mg/g约是含量最低0.289mg/g的7倍，多花黄精中薯蓣皂苷元含量最高8.920mg/g约为最低0.030mg/g的297倍，滇黄精中薯蓣皂苷元含量最高2.845mg/g约为最低1.303mg/g的2倍（表9.23）。

3. 种质资源总酚含量的比较

不同产地黄精中总酚含量呈正态分布，均数在0.013mg/g时达到最高峰。不同产地不同种间黄精中总酚含量存在显著差异，其中含量最高的为河南省卢氏县的黄精，为0.045mg/g，含量最低的为广西壮族自治区崇左市的滇黄精，只有0.007mg/g（表9.23）。不同种间黄精中总酚含量：黄精>多花黄精≈滇黄精。同一种内不同产地黄精中总酚含量存在显著性差异。黄精中总酚含量最高0.045mg/g约是含量最低0.013mg/g的3倍，多花黄精中总酚含量最高0.030mg/g约为最低0.007mg/g的4倍，滇黄精中总酚含量最高0.028mg/g约为最低0.007mg/g的4倍（表9.23）。

4. 种质资源中总黄酮含量的比较

不同产地黄精中总黄酮含量呈正态分布，均数在0.022mg/g时达到最高峰。不同地区不同种间黄精中总黄酮含量存在显著差异，其中含量最高的为河南鲁山的多花黄精，达到 0.035mg/g，含量最低的是浙江省桐乡市的多花黄精，为 0.004mg/g（表 9.23）。不同种间黄精中总黄酮含量：黄精>滇黄精>多花黄精。同一种内不同产地黄精中总黄酮含量差异显著。黄精中总黄酮含量最高 0.035mg/g 约是含量最低 0.018mg/g 的 2 倍，多花黄精中总黄酮含量最高 0.034mg/g 约为最低 0.004mg/g 的 8 倍，滇黄精中总黄酮含量最高 0.030mg/g 约为最低 0.015mg/g 的 2 倍（表 9.23）。

5. 黄精种质资源的主成分分析

利用 SPSS22.0 软件进行主成分分析。结果表明，黄精的主要成分为黄精多糖与薯蓣皂苷元，这两种成分的方差累加占到总方差的 62.19%，其中黄精多糖的方差为 1.407，薯蓣皂苷元的方差为 1.178；各地区的综合得分计算公式为：$Y = 0.544 \times$ 黄精多糖得分 $+ 0.456 \times$ 薯蓣皂苷元得分；依据综合得分从高到低依次排名，排名前 10 位的依次是 S19、S34、S28、S20、S26、S39、S24、S27、S33、S9。

9.1.4.2　黄精种质资源的形态指标评价

基于种质资源评价的需要，选择株高、茎粗、叶长、叶宽、单株叶片数、单株花序数、单株小花数、单株果实数等数量性状作为形态指标，采用实时测定的方法进行测定和数据统计。

黄精种质资源的株高、茎粗、叶长、叶宽、单株叶片数、单株花序数、单株小花数和单株果实数等形态指标间存在显著差异。种质间各形态指标的变异系数分别为 73%、36%、30%、42%、102%、127%、168%、170%，均大于 15%，这表明选取的数量性状在种质间具有丰富的变异。黄精种质的株高最大值为 168.63cm，最小值为 10.40cm，二者相差了近 16 倍；茎粗的最大值为 8.48mm，最小值为 2.70mm，二者相差了近 3 倍；叶长的最大值为 19.30cm，最小值为 6.15cm，前者为后者的 3.4 倍；叶宽的最大值为 69.79mm，最小值为 10.98mm，前者为后者的 6.6 倍；单株叶片数最大值为 101，最小值为 5，前者是后者的 20 倍左右；单株花序数最大值为 65，最小值为 2；单株小花数最大值为 204，最小值为 2；单株果实数最大值为 133，最小值为 2。

轮生叶类群的黄精种质的株高、单株叶片数、单株花序数、单株小花数和单株果实数等形态指标均大于互生叶类群的黄精种质，轮生叶类群的黄精种质上述指标的均数分别为 43.00cm、32、18、59 和 39，互生叶类群的黄精种质上述指标的均数分别为 33.21cm、9、7、15 和 9。轮生叶类群的黄精种质的茎粗、叶长和叶宽等形态指标均小于互生叶类群的黄精种质。轮生叶类群黄精种质上述指标的均数分别为 4.04mm、12.10cm、19.22mm，而互生叶类群的黄精种质上述指标的均数分别为 4.24mm、14.35cm 和 40.60mm。

8 个形态性状分布情况表明茎粗、叶长和叶宽 3 个性状遵从正态分布，其余 5 个性状均为偏态分布。用 SPSS 20.0 软件对数据进行非参数检验分析，结果显示，茎粗、叶长和叶宽的数据分别遵从 $N[4.20(1.50)^2]$、$N[13.66(4.08)^2]$、$N[33.42(14.02)^2]$ 的正态分布。

计算上述 3 个性状的 5 级概率分级的分点值。5 个偏态分布的数量性状按照 10%、20%、40%、20%、10% 的比例确定等级分布的分点值。依据概率分级方法对黄精种质进行级别分类。株高排在等级 5 的有 S48、S12、S20、S50，茎粗排在等级 5 的有 S13、S48、S42、S7、S6、S3，叶长排在等级 5 的有 S48、S7、S17，叶宽排在等级 5 的有 S13、S15、S3、S4，单株叶片数排在等级 5 的有 S48、S50、S32、S20，单株花序数排在等级 5 的有 S33、S32、S21、S50，单株小花数排在等级 5 的有 S32、S33、S50、S48，单株果实数排在等级 5 的有 S32、S33、S48、S50。

采用模糊数学的隶属函数值法对上述形态指标进行综合评价。对各种质的各指标隶属函数值进行计算，相加后计算其平均值，并依据平均值对各种质进行排序，均值越大，种质越优，形态指标综合评价排序见图 9.12，排名前 10 位的依次是 S48、S50、S33、S32、S6、S13、S12、S42、S3、S7。

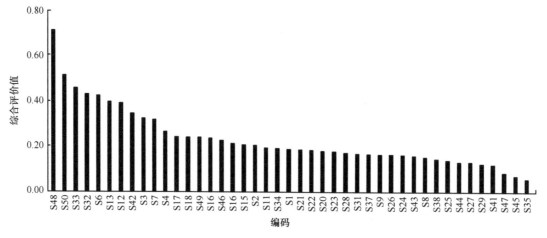

图9.12 黄精种质资源的形态指标评价排序

9.1.4.3 黄精种质资源的农艺性状指标评价

1. 生育期

来自陕西、浙江、河南、安徽、湖南和甘肃等地区的黄精种质具有完整的生育期。开花期为13～48d，平均为34d，其中开花期最短的为S6，最长的为S17、S42、S43和S48，二者相差35d。盛果期为20～66d，平均为32d，其中盛果期最短的为S2和S50，最长的为S38，二者相差46d。果实成熟期为22～126d，平均为75d，其中果实成熟期最短的为S2，最长的为S43，二者相差104d。

来自云南、广东、广西、福建、贵州、江西、重庆等地的黄精种质，虽然也有开花期和盛果期，但果实一直未能成熟，这可能是由于对于上述地区的黄精种质来说，试验基地的积温不够，故未观测到果实成熟。

部分来自云南、广西、湖北、江西、四川的黄精种质生育期并不完整，整个生育期未观测到植株开花。

2. 花形态指标

黄精种质的花序为伞形花序。总花梗长8.07～52.57mm，平均为17.12mm，黄精的总花梗最短，多花黄精的总花梗最长；小花梗长3.84～18.63mm，平均为8.98mm，黄精的小花梗最短，多花黄精的小花梗最长；花被筒长6.18～24.65mm，平均为14.00mm，黄精的花被筒最短，多花黄精的花被筒最长；花被筒宽2.62～6.36mm，平均为4.25mm，黄精的花被筒最窄，多花黄精的花被筒最宽；裂片长1.96～4.09mm，平均为3.17mm，多花黄精的裂片最短，黄精的裂片最长。

3. 果实形态指标

果实纵径为7.48～18.14mm，平均为9.63mm，果实横径为6.1～13.87mm，平均为9.71mm，果形指数（纵径/横径）为0.888～1.096，平均为1.011。通常情况下，果形指数为0.8～0.9的为圆形或近圆形，果形指数为0.9～1.0的为椭圆形或圆锥形，果形指数为1.0以上的为长圆形。故黄精种质资源的果实为圆形、椭圆形、圆锥形和长圆形。

综上所述，黄精种质资源花和果实的性状指标间存在显著差异。黄精的总花梗长、小花梗长、花筒长和花筒宽等形态指标均小于多花黄精的相应指标，但黄精花的裂片长大于多花黄精花的裂片长。黄精的果实纵径和横径的指标也小于多花黄精的果实纵径和横径。故多花黄精的果实体积大于黄精的果实体积。

4. 单株产量、小区产量和估算的亩产

黄精种质的单株产量和小区产量存在显著性差异，其变异系数均超过 35%（表 9.24）。黄精种质的单株产量为 6.46~77.32g，平均为 38.50g，极差为 70.86g，其中单株产量最高的为 S22，单株产量最低的为

表 9.24　黄精种质资源单株产量、小区产量和估算的亩产

编码	单株产量/g	小区产量/kg	估算的亩产/kg
S1	26.71	2.564	285.322
S2	10.96	1.052	117.067
S3	72.76	6.984	777.180
S4	68.86	6.610	735.561
S6	31.77	3.050	339.404
S7	39.38	3.980	442.894
S8	33.09	3.178	353.648
S9	32.77	3.146	350.087
S10	28.52	2.738	304.685
S11	17.33	1.865	207.537
S12	67.28	6.459	718.758
S13	58.62	5.628	626.284
S15	53.23	5.010	557.513
S16	23.57	2.264	251.938
S17	6.66	0.539	59.980
S18	52.84	5.075	564.746
S20	59.92	5.453	606.810
S21	46.23	4.438	493.861
S22	77.32	7.424	826.143
S23	55.02	5.283	587.892
S24	50.68	4.865	541.377
S25	36.10	3.467	385.808
S26	37.63	3.612	401.943
S27	32.91	3.559	396.046
S28	35.75	3.832	426.425
S29	61.72	5.925	659.334
S31	39.76	4.016	446.900
S32	68.27	7.553	840.498
S33	29.72	3.053	339.738
S34	9.40	0.902	100.375
S35	6.46	0.620	68.994
S37	12.25	1.876	208.761
S38	10.91	1.747	194.406
S41	11.84	1.636	182.054
S42	44.29	4.553	506.658
S43	24.06	2.712	301.791
S44	35.64	3.521	391.817

编码	单株产量/g	小区产量/kg	估算的亩产/kg
S45	7.02	0.676	75.225
S46	18.42	1.568	174.487
S47	17.75	1.804	200.749
S48	66.98	6.932	771.393
S49	65.48	6.886	766.274
S50	69.70	6.905	768.388
均值	38.50	3.836	426.901
极差	70.86	7.014	780.518
标准差	21.36	2.067	230.044
变异系数/%	55.47	53.89	53.89

S35。小区产量为 0.539～7.553kg，平均为 3.836kg，极差为 7.014kg，其中小区产量最高的为 S32，小区产量最低的为 S17。估算的亩产为 59.980～840.498kg，平均为 426.901kg，极差为 780.518kg，其中亩产最高的为 S32，亩产最低的为 S17。

5. 经济价值估算

黄精具有良好的经济价值，既可食用，又可入药。依据当地的收购价格，鲜根茎每千克 12 元，估算亩产黄精根茎的经济价值；同时，黄精果实作为黄精有性繁殖的材料，亦可买卖交易，故亦具有经济价值，依据每亩产 10 000 个果实，每 100 个果实 0.2 元来估算黄精果实的经济价值。

估算的黄精经济价值间存在显著性差异（表 9.25）。估算的黄精根茎的经济价值为 719.76～10 085.98 元/亩，平均经济价值为 5122.81 元/亩，其中黄精根茎的经济价值最高的为 S32，经济价值最低的为 S17，二者相差 9366.22 元/亩。估算的黄精果实的经济价值为 294.60～2442.00 元/亩，平均经济价值为 614.84 元/亩，其中黄精果实的经济价值最高的为 S7，经济价值最低的为 S23，二者相差 2147.40 元/亩。估算的黄精总经济价值为 827.93～10 542.38 元/亩，平均经济价值为 5737.66 元/亩，其中黄精的经济价值最高的为 S32，经济价值最低的为 S35，二者相差 9714.45 元/亩。

表 9.25　黄精种质资源经济价值估算

编码	根茎经济价值估算（元/亩）	果实经济价值估算（元/亩）	总经济价值估算（元/亩）
S1	3 423.86	570.00	3 993.86
S2	1 404.80	812.60	2 217.40
S3	9 326.16	819.40	10 145.56
S4	8 826.73	1 001.20	9 827.93
S6	4 072.85	1 607.20	5 680.05
S7	5 314.73	2 442.00	7 756.73
S8	4 243.78	1 159.40	5 403.18
S9	4 201.04	703.60	4 904.64
S10	3 656.22	665.00	4 321.22
S11	2 490.44	0.00	2 490.44
S12	8 625.10	751.00	9 376.10
S13	7 515.41	813.40	8 328.81
S15	6 690.16	0.00	6 690.16
S16	3 023.26	944.00	3 967.26
S17	719.76	991.60	1 711.36

续表

编码	根茎经济价值估算（元/亩）	果实经济价值估算（元/亩）	总经济价值估算（元/亩）
S18	6 776.95	1 488.80	8 265.75
S20	7 281.72	626.40	7 908.12
S21	5 926.33	780.40	6 706.73
S22	9 913.72	564.60	10 478.32
S23	7 054.70	294.60	7 349.30
S24	6 496.52	0.00	6 496.52
S25	4 629.70	777.20	5 406.90
S26	4 823.32	0.00	4 823.32
S27	4 752.55	0.00	4 752.55
S28	5 117.10	374.60	5 491.70
S29	7 912.01	307.00	8 219.01
S31	5 362.80	0.00	5 362.80
S32	10 085.98	456.40	10 542.38
S33	4 076.86	525.80	4 602.66
S34	1 204.50	0.00	1 204.50
S35	827.93	0.00	827.93
S37	2 505.13	0.00	2 505.13
S38	2 332.87	1 146.40	3 479.27
S41	2 184.65	0.00	2 184.65
S42	6 079.90	813.20	6 893.10
S43	3 621.49	469.40	4 090.89
S44	4 701.80	696.00	5 397.80
S45	902.70	441.40	1 344.10
S46	2 093.84	1 246.60	3 340.44
S47	2 408.99	385.40	2 794.39
S48	9 256.72	492.80	9 749.52
S49	9 195.29	470.00	9 665.29
S50	9 220.66	800.80	10 021.46

注："0.00"表示没有相应的经济价值

综上所述，黄精具有较好的经济价值，每亩最高的经济价值可达万元以上，最低的经济价值亦可达千元左右。

6. 黄精种质资源农艺性状的评价

采用模糊数学的隶属函数值法对生育期、总花梗长、小花梗长、花被筒长、花被筒宽、裂片长、果实横径、果实纵径、亩产量、百果重和经济产量等指标进行黄精种质农艺性状的评价，其评价结果见图 9.13，排名前 10 位的依次是 S7、S6、S4、S18、S13、S3、S12、S8、S50、S42。

9.1.4.4　种质资源的耐阴性生理指标评价

叶绿素 a/b 值是衡量植物耐阴性的重要指标之一。有学者认为阴生植物的叶绿素 a/b 值在 3 以下，Lichtenthaler 等（1981）、Hoflacher 和 Bauer（1982）分别对欧洲水青冈和洋常春藤两种植物的阴生叶和阳生叶进行了研究，结果表明，阳生叶的叶绿素 a/b 值在 3 以上，阴生叶则为 3 或更低。

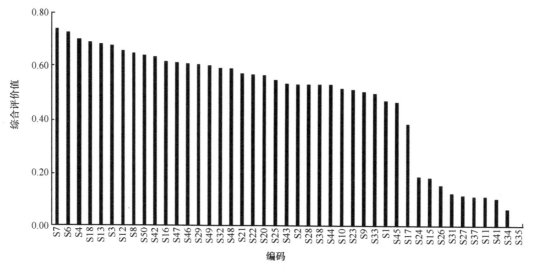

图 9.13　黄精种质资源的农艺性状评价排序

本研究测定了未遮阴和玉米遮阴时黄精种质叶片的叶绿素 a、叶绿素 b 和总叶绿素的含量,并计算了叶绿素 a/b 值,研究结果表明,未遮阴时,黄精种质叶绿素 a 的含量为 0.69～2.27mg/g,平均为 1.53mg/g,叶绿素 b 的含量为 0.27～1.28mg/g,平均为 0.60mg/g,总叶绿素的含量为 0.96～3.27mg/g,平均为 2.14mg/g,叶绿素 a/b 值为 1.51～3.30,平均为 2.63。玉米遮阴后,黄精种质叶绿素 a 的含量为 0.79～2.89mg/g,平均为 1.73mg/g,叶绿素 b 的含量为 0.28～1.18mg/g,平均为 0.59mg/g,总叶绿素的含量为 1.13～3.93mg/g,平均为 2.31mg/g,叶绿素 a/b 值为 2.23～3.43,平均为 2.98。未遮阴和玉米遮阴后的黄精种质间的叶绿素 a、叶绿素 b、总叶绿素和叶绿素 a/b 值等指标均存在显著性差异,其变异系数分别为 42.13%、48.02%、42.64%、38.06%、29.88%、35.69%、30.44%、9.09%(表 9.26)。

表 9.26　黄精种质资源的耐阴性指标

编码	未遮阴				遮阴			
	叶绿素 a/ (mg/g)	叶绿素 b / (mg/g)	总叶绿素 / (mg/g)	叶绿素 a/b	叶绿素 a / (mg/g)	叶绿素 b / (mg/g)	总叶绿素 / (mg/g)	叶绿素 a/b
S1	0.79	0.33	1.12	2.39	2.32	0.79	3.11	2.94
S2	1.34	0.49	1.83	2.73	1.74	0.55	2.29	3.16
S3	1.48	0.45	1.93	3.29	2.35	0.92	3.27	2.55
S4	1.45	0.50	1.95	2.90	2.89	1.04	3.93	2.78
S6	—	—	—	—	2.03	0.75	2.78	2.71
S7	—	—	—	—	1.61	0.57	2.18	2.82
S8	1.14	0.53	1.67	2.15	1.07	0.33	1.40	3.24
S9	1.93	1.28	3.21	1.51	2.31	0.83	3.14	2.78
S10	1.16	0.43	1.59	2.70	1.55	0.48	2.03	3.23
S11	—	—	—	—	1.14	0.42	1.56	2.71
S12	1.92	0.67	2.59	2.87	1.47	0.51	1.98	2.88
S13	1.72	0.71	2.43	2.42	2.74	1.02	3.76	2.69
S15	1.47	0.66	2.13	2.23	1.82	0.62	2.44	2.94
S16	1.45	0.52	1.97	2.79	1.93	0.69	2.62	2.80
S17	—	—	—	—	1.47	0.44	1.91	3.34
S18	2.11	1.16	3.27	1.82	2.63	1.18	3.81	2.23
S20	1.88	0.59	2.47	3.19	1.26	0.40	1.66	3.15

续表

编码	未遮阴				遮阴			
	叶绿素 a / （mg/g）	叶绿素 b / （mg/g）	总叶绿素 / （mg/g）	叶绿素 a/b	叶绿素 a / （mg/g）	叶绿素 b / （mg/g）	总叶绿素 / （mg/g）	叶绿素 a/b
S21	2.07	0.74	2.81	2.80	2.46	0.81	3.27	3.04
S22	1.54	0.60	2.14	2.57	1.38	0.45	1.83	3.07
S23	1.78	0.54	2.32	3.30	2.02	0.63	2.65	3.21
S24	1.55	0.53	2.08	2.92	1.64	0.51	2.15	3.22
S25	2.27	0.74	3.01	3.07	2.30	0.81	3.11	2.84
S26	1.49	0.52	2.01	2.87	1.64	0.49	2.13	3.35
S27	1.43	0.51	1.94	2.80	1.65	0.54	2.19	3.06
S28	1.53	0.58	2.11	2.64	1.59	0.52	2.11	3.06
S29	1.03	0.33	1.36	3.12	0.79	0.34	1.13	2.32
S31	1.57	0.53	2.10	2.96	1.76	0.58	2.34	3.03
S32	1.74	0.74	2.48	2.35	2.22	0.72	2.94	3.08
S33	2.13	0.72	2.85	2.96	1.75	0.52	2.27	3.37
S35	1.62	0.83	2.45	1.95	1.27	0.48	1.75	2.65
S37	—	—	—	—	1.79	0.60	2.39	2.98
S38	2.13	0.77	2.91	2.77	1.98	0.67	2.65	2.96
S41	—	—	—	—	1.37	0.40	1.77	3.43
S42	1.13	0.45	1.58	2.51	1.12	0.34	1.46	3.29
S43	1.20	0.63	1.83	1.90	0.94	0.28	1.22	3.36
S44	0.69	0.27	0.96	2.56	1.01	0.31	1.32	3.26
S45	1.30	0.50	1.80	2.60	1.34	0.43	1.77	3.12
S46	1.47	0.96	2.43	1.53	1.07	0.36	1.43	2.97
S47	1.22	0.38	1.60	3.21	1.22	0.42	1.64	2.90
S48	1.37	0.46	1.83	2.98	1.85	0.65	2.50	2.85
S49	1.20	0.45	1.65	2.67	2.32	0.79	3.11	2.94
S50	1.87	0.67	2.54	2.79	1.97	0.66	2.63	2.98

注："—"表示没有观测到相应的指标

通过对遮阴前和遮阴后的总叶绿素含量和叶绿素 a/b 值的数据对比发现，遮阴后，S3、S4、S25、S29、S47 和 S48 等地区的黄精种质耐阴性增大，S1、S2、S8、S9、S10、S13、S15、S18、S21、S22、S23、S24、S26、S27、S28、S33、S35、S38、S42、S43、S44、S45、S46、S49 和 S50 等地区的黄精种质耐阴性有所降低，S12、S16、S20 和 S31 等地区的黄精种质耐阴性基本不变。因此不同地区的黄精种质的耐阴性之间有显著性差异，秦岭——淮河一线的黄精种质耐阴性最好。

采用模糊数学的隶属函数值法对耐阴性的生理指标进行综合评价，其评价结果见图 9.14，排名前 10 位的依次是 S18、S13、S4、S3、S9、S25、S6、S49、S1、S21（图 9.14）。

黄精种质资源评价是黄精种质资源研究的中心环节，是黄精种质资源合理利用和科学管理的基础。探寻和构建科学、合理的评价体系是黄精种质资源研究的主要内容。植物具有多重属性和特征，而单个属性和特征不足以对种质资源进行正确的评价。因此，结合黄精的生物学、形态学、农艺学、生理学和化学成分等的特征综合对其进行评价，并通过多属性的评价结果对其进行评价和定性，筛选优良种质，可为合理利用和保护、人工种植和科学管理提供理论依据。

不同的评价指标对黄精种质资源的评价结果不同，因此单纯地依据某一指标或某些指标进行种质资源评价并不能客观公正地评价黄精种质资源的优劣。黄精种质资源的综合评价势在必行。

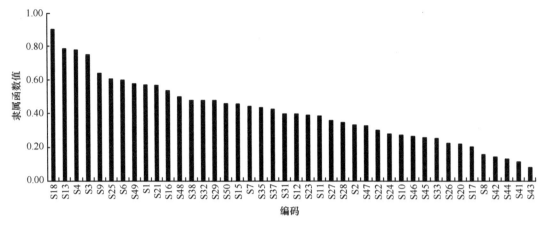

图 9.14   黄精种质资源的耐阴性指标评价排序

9.2   黄精的良种选育

9.2.1   黄精良种选育现状

黄精药材以野生资源为主,栽培的黄精品种主要通过采挖野生根茎进行人工驯化栽培。目前,略阳县步长集团黄精 GAP 基地的黄精种质为略阳县当地山中普遍生长的野生黄精 *Polygonatum sibiricum* Red.,用其根茎野生变家种驯化栽培而产生。

近年来,黄精需求量的日益增加和长期掠夺式地采挖野生资源造成了黄精野生资源的濒危,引起了相关部门对黄精品种选育的重视。例如,云南省农业科学院选育了多花黄精'农慧轮生''慧农互生''多花黄精 1 号'以及滇黄精'滇黄 1 号'。安徽省科技成果转化促进中心(安徽省科学技术研究院)选育了尚红黄精和祁源黄精。皖西学院也于近期从来自大别山区天堂寨以及湖南雪峰山的两个野生多花黄精品系中选育了'皖黄精 1 号''皖黄精 2 号',其特征是黄精总皂苷、黄精多糖等中药有效成分含量高、适应性强、生物学性状稳定。

9.2.2   黄精良种选育方法

黄精育种首先应确定不同地区的适生栽培品种,然后结合功效物质评价,开展种内品种选育和收集全国主产区黄精野生种质栽培品种、地方品种、农家品种等种质资源;建立以黄精多糖、甾体皂苷等标志性成分含量为首选指标,综合产量、光照适应能力、抗病能力等农艺性状指标的质量评价体系;利用转录组学、蛋白质组学、代谢组学等多重组学手段,从大数据中挖掘参与调控黄精多糖、甾体皂苷等标志性成分优良性状的功能基因,开展种内聚合杂交技术,选育优良品种;突破黄精组织培养技术与种子繁殖技术,加快良种的繁育,保证优质种苗的供应,杜绝非药典基原物种的盲目使用。

(1)资源收集、检测与评价

收集不同产地黄精资源,比较黄精资源圃中黄精的特性并进行综合评价,以此来鉴定和筛选优良的黄精种质资源。

(2)优选优良株系繁育

在对不同黄精种质资源评价的基础上,以黄精种子和根茎为材料,研究有性繁殖、无性繁殖及组培快繁技术,培育黄精的优良株系。

选育过程如下。

第一年　系统选育：对现有资源做好亲本情况调查，对不同阶段的表现特性进行分析与评价，寻找优良亲本表现特征的相关性。杂交选育：进行开花习性与特征分析。

第二年　系统选育：对好的单株育苗、种植、观察。杂交选育：选择杂交组合进行杂交。

第三年　系统选育：对第二年表现进行观察，并收获第二年种子。重新选好的单株再进行种植。杂交选育：观察杂交后代苗期（第一年）表现。

第四年　系统选育：种植第二年种子，观察苗期表现。观察第三年植株表现，选出好的单株。杂交选育：观察第二年表现，收获 1 代种子。

第五年　系统选育：观察第三年表现，收获种子。观察选出的第二代单株苗期表现。杂交选育：观察第三年表现，收获 1 代种子。观察第二代苗期表现，观察分离情况。

第六年　系统选育：种植第二代，观察苗期表现。观察第二代第二年表现。杂交选育：观察第二代苗期表现，观察分离情况。观察第二代第二年表现，收获 1 代种子。对分离情况进行分析。

第七年　系统选育：观察第二代第三年表现。经过 2 代的种植，选出一个好的株系种植观察，再做一个周期（需 3 年）的观察，保留好种子，为区域试验做好准备。同时继续做好其他代数的表现观察。杂交选育：观察第二代第三年表现，收获 2 代种子。观察第二代第一年表现。以后均采取循环观察种植方式进行选择。

9.3　黄精繁殖方式研究进展

黄精的常规繁殖可采用无性繁殖（根茎繁殖）和有性繁殖（种子繁殖）两种方式进行，目前以根茎繁殖在各地使用更加普遍，许多学者也进行了黄精生物技术繁殖方式的研究，取得了一些成果。长期的无性繁殖很容易引起黄精品种退化，影响药材产量和质量。

杨子龙等（2002）报道了黄精根茎繁殖时一般生长健壮、无病虫害的 1～2 年生植株，在收获时挖取根茎。选取先端幼嫩部分，截成数段，每段 2～3 节，待切口处晾干收浆后栽种。春栽一般在 3 月下旬进行，秋栽在 9～10 月上旬进行，行距 25～30cm，株距 10～15cm，沟深 7～9cm。将种根芽眼向上，覆盖5～7cm 拌有火土灰的细肥土，再盖上细土与畦面齐平。栽种初期 3～5d 浇 1 次水，以利成活。秋栽，于土壤封冻前在畦面覆盖 1 层堆肥。毕胜等（2003）研究认为根茎繁殖一般在 10 月上旬或 3 月下旬前后进行，先将根茎挖出，选择先端幼嫩部分，截成数段，每段带有 2～3 节，根茎长度 8～12cm，伤口晾干后栽到整好的畦内；行距 20～27cm，株距 10～17cm，开 7cm 深沟，将种根茎平放在沟内，覆土 5～7cm，稍加镇压，过 3～5d 后浇水 1 次，15d 左右即可长出幼苗，要注意保持土壤的湿润状态；秋末栽植的，于上冻前盖一些牲畜粪、圈肥或稻草，以保暖越冬，翌年解冻后、出苗前应将粪块打碎、搂平或撒掉稻草，保持土壤湿润，利于出苗。田启建等（2010b）进行了栽培黄精根茎繁殖种苗的分级及移栽时期的研究，根据芽长及有无芽把黄精种苗分为 4 级，试验表明第 4 级即无芽的种苗为无用苗，不能用于移栽；研究还发现黄精 1 年生种苗最佳移栽时间应为育苗第 2 年的 12 月，即大田成熟黄精采收时。

杨子龙等（2002）报道黄精种子繁殖处理步骤烦琐，出苗时间较长，出苗率不高，且成本较高，不利于黄精的大面积繁殖。研究证明黄精种子存在综合休眠，主要原因有种胚存在生理后熟；黄精种子的细胞质浓厚、胚乳细胞小、胞间隙小、排列致密，影响物质的共质体运输；种皮不透性强，致使种子吸水困难；以及果实及种子中有不同含量的发芽抑制物质等（张跃进等，2010；张玉翠等，2011）。朱伍凤等（2013）针对黄精种子休眠原因，探寻出了有效打破黄精种子休眠的途径：0℃ 低温沙藏 120d 最有利于种子萌发；黑暗条件比光照条件下更适于种子萌发；40℃ 温水浸种 24～30h 可有效促进黄精种子萌发；适宜浓度的赤霉素（GA_3）、6-节基腺嘌呤（6-BA）、水杨酸可促进黄精种子的萌发，缩短萌发时间。赵致等（2005b）研究了揉搓漂洗和发酵漂洗黄精果实对种子性状的影响、不同采收期黄精果实发酵漂洗获得种子的千粒重和发芽特性与种子分级、不同贮藏方式对黄精种子萌发特性的影响。结果表明：黄精果实采收时间一般在 11 月中旬，多花黄精和滇黄精采收时间在 10 月下旬时出苗率较高。采用发酵漂洗法处理黄精果实获得种子，建议采用低温沙藏或冷冻沙藏保存黄精种子。毕胜等（2003）研究发现，生长健壮和无病虫害植株于夏季增施磷、钾肥后植株发育良好，这样秋季植株结种籽粒饱满，出苗率较高。吴维春和罗海潮（1995）经试验证明，黄精种子拌湿沙在 1～7℃低温下贮藏，可打破种子休眠，提高发芽率，并发现萌发的小根茎经过 45～60d、0～2℃低温处理，当年可出苗。杨子龙等（2002）认为应选择无病虫害、生长健壮的 2 年生植株于夏季增施磷、钾肥以促进植株生长发育，所结籽粒饱满；当 8 月浆果变黑成熟时采集种子，立即进行湿沙层积处理。待第二年春季 3 月筛出种子进行条播。按行距 12～15cm，将催芽种子均匀地播入沟内，覆细土 1.5cm，稍加压紧后浇 1 次透水，畦面盖草。出苗后及时揭去盖草，再进行中耕除草和追肥，当苗生长到 7～10cm 高时间苗，去弱留强，最后按株距 6～7cm 定苗，幼苗培育 1 年即可出圃移栽。赵致等（2005a）对种子繁殖以及种子育苗移栽技术进行了研究，建议采用低温沙藏或冷冻沙藏保存种子，并总结出了黄精种子育苗技术操作规程。

冉懋雄（2004）对多花黄精的实验研究表明，以多花黄精根茎形成的不定芽为外植体，可用 MS+6-BA 1.0mg/L+2,4-D 0.5mg/L、MS+6-BA 2.0mg/L+NAA 1.0mg/L、MS+TDZ 1.5mg/L +2,4-D 1.0mg/L 等培养基，诱导和培养出颗粒状愈伤组织，从而诱导芽的再生，之后发生根，形成叶，最后形成再生植株，通过炼苗 1～2d，即可移栽。Zhao 等（2003）研究发现多花黄精植株再生的最佳培养基为 MS+6-BA 4.44μmol/L+2,4-D 2.26μmol/L，生根培养基为 1/2MS+NAA 4.57μmol/L。徐红梅和赵东利（2003）研究了植物生长调节剂对多花黄精芽体外发生过程中性状的影响，认为激素组合 TDZ 1.5mg/L+2,4-D 1.0mg/L 对黄精根茎芽增殖最有利，6-BA 2.0mg/L+NAA 1.0mg/L 则有利于根的生成。徐忠传等（2006b）研究认为激素组合 6-BA 4.0mg/L+ NAA 0.2mg/L 不仅能使不定芽快速增殖，而且不定芽增殖的综合质量较好，无畸形叶片产生，并且成功繁殖出实生苗。Zhao 等（2009）研究发现多花黄精根茎在 MS+6-BA 1.0mg/L+2,4-D 2mg/L 培养基组合上可达到很高的分化率，其中愈伤组织分化率为 72.5%，不定芽分化率为 83.7%。尹宏等（2009）以黄精的萌动芽为材料，进行了生长点生长、不定芽分化、试管苗生根及移栽的研究，成功建立起黄精无性系。杨玉红（2011）考察了不同培养基和多种植物生长调节剂对诱导黄精愈伤组织生长的作用，结果均表明，6-BA 对诱导黄精愈伤组织生长效果显著，2,4-D、NAA 和 KT 效果不显著。

9.3.1　黄精的繁殖

9.3.1.1　根茎繁殖

选 1～2 年生健壮、无病虫害的植株，在收获时挖取根茎，选先端幼嫩部分，截成数段，每段需具 2～3 节，待切口稍晾干收浆后，立即栽种。春栽以 3 月下旬为宜，亦可在 9～10 月秋植，如栽植时间推迟，可将小根茎经过 45～60d、0～2℃低温处理后再栽，当年也可出苗，否则当年不发芽。栽时，在整好的畦床上按行距 23～25cm 顺垄开沟，沟深 6～8cm，将种根芽眼向上，每隔 20cm 平放一段，覆盖拌有草木灰的细土，土厚 5～6cm，再盖细土与畦面齐平，栽后 3～4d 浇一次水，以利成活。秋栽的土壤封冻前，畦面覆盖一层农家肥，以利保暖越冬（郑云峰和李松涛，2002；张平，2002；王强和徐国钧，2003；杨子龙等，2002）。

表 9.27 表明，选择具有顶芽的根茎段做种栽，是实现黄精苗全、苗齐、苗壮，夺取高产、高效的关键。

黄精根茎育苗：取 4 年生黄精地下新鲜根茎，选择具有顶芽的根茎段做种栽，根茎段长度为 8～10cm，重约 50.0g，播种前一年 10～12 月，选择长势较好的同一种根茎留种育苗，用湿润细土或细沙集中排种于避风、湿润、荫蔽地块越冬。次年 2～3 月翻开表土，选择健壮萌芽根茎，将根茎切削成段后，用草木灰涂切口，于阳光下暴晒 1～2d 播种。移栽时间为春季 3 月上旬或秋季 10 月下旬，移栽株行距为（28～35）cm×（48～60）cm，即每亩 3200～5000 株为宜，若地力较差可采用高密度，即 5000 株/亩左右，土壤肥沃则以

表 9.27　黄精不同类型根茎对生长及产量的影响（李世等，1997）

品种	处理	出苗率/%	株高/cm	叶数	顶芽/个	腐烂段数/个	根茎鲜重/g	较处理①减产/%
黄精	①具顶芽的前段	55.75	25.6	31.3	50.7	3.0	835.3	——
	②具不定芽的中段	4.25	11.0	16.0	25.7	2.3	566.3	322.2
	③无不定芽的中段	0	0	0	37.7	10.7	431.8	48.3
	④具不定芽的基段	3.25	7.7	13.7	104.0	2.3	323.9	61.2
	⑤无不定芽的基段	0	0	0	47.0	7.3	237.2	71.6
热河黄精	①具顶芽的前段	90.00	26.9	20.8	64.0	5.3	839.3	——
	②具不定芽的中段	60.00	16.6	10.3	52.3	10.0	348.5	58.5
	③无不定芽的中段	3.25	5.0	1.5	20.7	21.0	151.0	82.0
	④具不定芽的基段	9.25	8.7	3.1	21.0	19.3	80.4	90.4
	⑤无不定芽的基段	0	0	0	10.7	28.0	48.0	94.3

注：前 3 个项目为第一年出苗后的情况，后 4 个项目为生长两年后的情况

4000 株/亩为宜，间作其他高秆作物可采用低密度，即 3200 株/亩左右（邵建章和张定成，1992）。而李世等（1997）认为，黄精定苗的株行距以 27cm×13cm 和 27cm×10cm 较为适宜，密度以 1.9 万～2.5 万株/亩为宜。

9.3.1.2　种子繁殖

室温干藏的种子发芽率低，低温沙藏和冷冻沙藏的种子发芽率高。种子拌湿沙低温或冷冻贮藏，可以防止种子失去内部水分，有利于种胚发育，缩短发芽时间，使发芽整齐。室内干燥贮藏的种子，由于种子内部失水而发芽率下降（庞玉新等，2005；吴维春和罗海潮，1995）。

选择生长健壮、无病虫害的植株，在 8 月浆果变黑时采集，立即进行湿沙层积处理。其做法是，在背阴向阳处挖一深宽各 30cm 的坑，长度视种子多少而定；将 1 份种子与 3 份细沙充分混拌均匀，沙的湿度以手握成团、松开即散、指间不滴水为度；然后将混沙种子放入坑内，中央插一草以利通气，顶上用细沙土覆盖，经常检查，保持一定湿润；待第二年 3 月筛出种子进行条播。按行距 12～15cm 将催芽种子均匀地播入沟内，覆细土 1.5～2.0cm，稍镇压，浇 1 次透水，畦面盖草，当气温上升至 18℃时，15～20d 出苗。出苗后，及时揭去盖草，进行中耕除草和追肥，苗高 7～10cm 时间苗，去弱留强，最后按株距 6～7cm 定苗，幼苗培育 1 年，即可出圃移到大田种植（楼枝春，2002；张平，2002；杨子龙等，2002）。

黄精种子是中温型种子，适宜的发芽温度为 25～27℃，低于 25℃时不萌发。在种子萌发及生长过程中，在 25～27℃条件下培养 16～18d 开始萌发长根。出根后 6～10d，在根的基部 2～4mm 处开始膨大，慢慢形成圆球形的小根茎（初生根茎）。随着根的继续生长，小根茎逐渐加粗，20d 左右与种子同样大，60～70d 后小根茎完全形成，直径 0.5～0.7cm，并在根茎先端出现顶芽，但顶芽不出土，以后全部生长停止，进入休眠阶段。次年春季幼苗出土，生长 60～70d 后幼苗开始枯萎，地下的初生根茎再分化，形成次生根茎。为了缩短栽培时间，使幼苗提前出土，对初生的小根茎进行 45～60d 0～2℃低温处理，小根茎经过低温处理后，当年可以出苗，出苗多少与低温处理的时间长短正相关，处理 60d 幼苗基本全部出土，而且能正常生长，枯萎前地下的初生根茎均分化出正常的次生根茎（吴维春和罗海潮，1995）。

黄精种子育苗时间在 12 月中下旬。先用变温水浸种法对黄精种子消毒，即干燥种子放入 50℃温水中浸泡 10min 后，再转入 55℃温水中浸泡 5min，然后转入冷水中降温，最后用低温沙藏法进行处理，即将经过消毒的黄精种子拌 3 倍体积的湿沙，放在（5±2）℃的温控箱内贮藏，贮藏约 100d 取出。在塑料大棚环境下，选用粗细均匀的砂质壤土铺垫发芽床，按行距 15cm 划深 2cm 细沟，育苗肥按尿素 50～60kg/亩、普钙 85～100kg/亩、硫酸钾 15～20kg/亩均匀拌土施入细沟内。将吸胀 12h 的供试种子用清水冲洗后均匀植

入发芽床细沟内，覆平细沟旁侧细土，用木耙轻排压实，浇 1 次透水，上覆盖一薄层碎小秸秆，将温度控制在（25±2）℃内，白天可适当通风，保持充足光照，若逢阴雨天，可打开大棚内日光灯。约 20d 出苗，出苗后，小心揭去秸秆，锄草，待黄精苗高 5～8cm 时间苗，去弱留强，定株留用（庞玉新等，2004，2005）。

9.3.2　移栽技术

（1）种苗筛选和起苗

用于移栽的黄精种苗苗龄一般在 3 年以上，具 3 节，无机械损伤，无病虫害，无失水。按黄精种苗分级标准（见 11.2.2 节）分为 3 级。起苗一般在移栽前进行，随起随栽，用自制竹条或木棍削尖后从床面一边向另一边顺序采挖。如果土壤过于干燥板结，应浇一次透水后隔 3d 再挖。起挖时应避免损伤种苗。受损伤的种苗和受病虫危害的种苗在采挖时应清除并单独存放。

（2）种苗保管与运输

临时存放的种苗应放在阴凉避风处，不要堆垛以防发热，损坏种苗。运输时要用干净的筐或透气的袋子包装，用洁净卫生的车辆运输，最长运输时间不超过 24h，以防烧苗。

（3）种苗移栽

大田准备、土壤处理及大田清理同种子繁殖。移栽时间一般为 3 月中下旬至 5 月中下旬。移栽时，用 58%瑞毒霉锰锌 500～800 倍液，或 1.5%多抗霉素 200ppm[①]或《三七农药使用准则》（DB53/T 055.8—2020）允许使用的农药浸种 30～50min，带药液取出移栽。

按行距 30cm、株距 15cm 挖穴，穴深 15cm，穴底挖松整平，施入基肥 3000kg/亩。然后将育成苗栽入穴内，每穴 2 株，覆土压紧。种植密度为 1.5 万～2.0 万株/亩。根据种苗大小、气候条件，土壤质地等不同情况可相应调整。栽种结束后，应立即浇一次透水再次进行封穴，确保成活率。

9.3.3　生长期间的管理

9.3.3.1　田间管理

一是中耕除草。黄精为草本，植株的地上部分长度可达 1.5m 左右，倒伏现象比较严重，每年 4 月、6 月、9 月、11 月应分别进行 1 次定期除草，浅锄且适当培土（门桂荣，2018）。二是追肥。黄精追肥应根据生长发育规律进行。在 3 月下旬至 4 月上旬黄精苗长齐时追施苗肥，苗肥以尿素（N：46%）为主，下雨前撒施 10～15kg/亩。5 月多花黄精摘蕾后，追施摘蕾肥；7 月进入根茎膨大期，结合中耕除草及时补壮根肥（宋荣等，2018）。三是排水与灌水。黄精喜湿怕干，田间要经常保持湿润，遇干旱天气，要及时灌水。雨季要注意清沟排水，以防积水烂根（杨子龙等，2002）。四是遮阴处理。黄精性喜阴凉，4 月上旬，光照增强，大田种植需进行人工遮阴，用透光率在 30%～40%的遮阳网搭建荫棚遮阴，荫棚高 2m，四周通风（宋荣等，2018）。光照减弱、天气转凉后拆除遮阳网；也可利用早播玉米与黄精进行行间套种，行距约 40cm，利用玉米为其遮阴，不仅能提高土地利用效率，还能省去部分人工遮阴用工。

9.3.3.2　打顶疏蕾

黄精的花果期持续时间较长，并且每一节腋生多朵伞形花序和果实会消耗大量营养成分，影响根茎生长。因此若非留种育苗或者花果另有他用之必要，应尽早在花蕾形成前将其除去。王声淼等（2019）表示浙江省庆元县林下套种的多花黄精一般在 4 月下旬至 5 月上旬开花，打顶疏蕾可在这一时段进行。

---

① 1ppm=1×10⁻⁶。

尚虎山等（2019）提出甘肃省漳县多花黄精与山茶树间作时，可在4月剪去多花黄精开花初期植株顶部，5～6月多花黄精花蕾形成初期人工摘除花蕾，进一步促进地下块茎的生长。高秋美等（2020）提出山东省邹城市猪牙皂林下套种多花黄精时，可在4月初多花黄精开始现蕾、开花前分批进行摘除，同时把植株顶芽摘除，使株高保持在1m以下，促使地下根茎养分积累，进而提高根茎产量。杨清平等（2021）研究了摘花和打顶措施对多花黄精地下根茎生长的影响，结果表明在4月对1年生多花黄精块茎进行摘花、打顶和摘花打顶能显著提高根茎生物量积累与干物质分配比例，其中以摘花打顶措施增产效果最好，可以在生产中应用。以上研究表明可在4月对多花黄精进行摘花和打顶，而不同地域种植的多花黄精疏蕾时间不一，这是由于各地域的地理差异、气候差异造成疏花时间不一。

9.3.3.3 病虫害预防与治理

随着种植规模的扩大和种植年限的增加，黄精栽培生产过程中病虫害问题也日益显现，并有逐渐加重的趋势。规模化生产一旦暴发病虫害，就会造成重大的经济损失，严重影响黄精产业的健康、可持续发展（蒋燕锋等，2021）。黄精病虫害防治宜早不宜迟，化学防治在晴天进行，确保用药后6～8d无雨。黄精的病害主要是叶斑病、黑斑病和根腐病。叶斑病和黑斑病都是由真菌引起，病情严重时都会导致植株叶片脱落枯萎。叶斑病由基部开始出现褐色病斑，病斑中间淡白、边缘褐色黑斑病由叶尖部开始出现黄褐色病斑，边缘为紫红色。根腐病主要侵染根部，发病初期根部产生水渍状褐色坏死斑，严重时整个根内部腐烂，仅残留纤维状维管束，病部呈褐色或红褐色。叶斑病和黑斑病防治方法相似，发病前和发病初期喷1∶1∶100波尔多液，或50%退特菌1000倍液，7～10d喷1次，连喷3～4次。根腐病采用每亩1.5～2.5kg 50%多菌灵800～1000倍液，浇灌病株，每周1次，连续2～3次。地下害虫主要是蛴螬和地老虎，蛴螬经常咬食根茎，地老虎常咬食幼苗近地面的茎部，使植株死亡。防治方法：农业防治法通过加强田间管理以减少田间越冬幼虫或蛹等控制翌年虫量；另外，还可采用人工捕捉和诱杀等方法诱杀害虫；药剂防治可用50%辛硫磷乳油0.5kg拌成毒饵诱杀（杨子龙等，2002；毕胜等，2003；田启建等，2007）。

9.4 有性繁殖黄精幼苗生长发育动态研究

国内外对黄精的研究大多集中在化学成分、药理作用和临床试验等方面，近年来对黄精栽培技术的报道也有很多，很多单位和学者对黄精进行了种质资源、生物学特性、配方施肥、水分调节、病虫害防治、田间管理、采收加工等方面的研究，积累了大量的经验。而黄精栽培中最突出的问题是繁殖方式问题，目前黄精繁殖方式仍以无性繁殖为主，但长期的无性繁殖已经引起黄精品种退化，导致药材产量和质量受到影响。对黄精有性繁殖（即种子繁殖）技术的研究甚少，目前还没有成功实践应用的经验，因此，研究黄精有性繁殖技术也是加快黄精优质种苗应用于生产的有效途径。步长集团略阳黄精基地的工作人员已经开始黄精有性繁殖的技术研究，本研究在育苗的基础上进行有性繁殖黄精幼苗的生长发育动态及根茎生长规律的研究，摸清了有性繁殖黄精幼苗的生长规律。

9.4.1 材料与方法

9.4.1.1 试验区概况

试验基地位于陕西省略阳县城以北37km的九中金乡中川村，地处八渡河上游，平均海拔970m，气候温和湿润，年平均温度11℃，最冷月1月温度−5℃，最热月7月温度35℃，≥10℃年平均有效积温3215℃，无霜期236d，年降雨量850mm，雨热同季；土质为砂壤土，pH 5.5～6.2。经检测，该区域的空气、水质及土壤指标均符合《中药材生产质量管理规范》（GAP）要求的国家标准。

9.4.1.2　试验用品

材料：试验采用黄精种子繁殖的 1 年生、2 年生幼苗，材料来源于步长集团陕西略阳黄精基地。

器具：紫外可见分光光度计、二元高效液相色谱仪、二极管阵列检测器、紫外检测器、色谱柱（250mm×4.6mm，5μm）、色谱分析软件、超纯水机、旋转蒸发器、游标卡尺、直尺、叶面积仪、超声波清洗器、电热恒温鼓风干燥箱、电子天平、多功能粉碎机等。

试剂：薯蓣皂苷元标准品，葡萄糖标准品。色谱级乙腈，其他试剂均为分析纯。

9.4.1.3　试验内容

分别对基地有性繁殖第一年、第二年、第三年的黄精种子出苗与否、叶数、生长时长、根茎形状及生长动态进行了调查研究，并测定了不同生长年限根茎有效成分的含量。

1. 黄精幼苗生长发育情况的观察

于 2013 年 4~7 月对不同育苗年限黄精种苗的出苗时间及持续时长、叶数、生长时长进行观察、统计。

2. 黄精种苗根茎指标的测定

分别于 2013 年 7 月 12 日、8 月 1 日、9 月 2 日、9 月 24 日、10 月 14 日、11 月 5 日 6 个时间点随机采取育苗后 2 年生和 3 年生黄精幼苗，每次 5 株，所取部分为地上部分和地下部分两部分，称取鲜重，测量根茎直径和根茎长。

3. 黄精多糖含量的测定

黄精多糖的测定采用《中华人民共和国药典（2010 年版一部）》（国家药典委员会，2010）中的方法，具体如下。

（1）黄精多糖的提取

将采集到的新鲜黄精根茎洗净切片，60℃干燥 24h，粉碎后过 80 目筛，再于 60℃干燥至恒重。精密称取不同处理黄精根茎粉末 250mg，置于三角瓶中，加 150mL 80%乙醇，置沸水浴中回流 1h，抽滤，残渣用 80%乙醇洗涤 3 次，再将残渣及滤纸置于烧瓶中，加蒸馏水 150mL，在沸水浴中回流 1h，趁热过滤，再用蒸馏水洗涤 4 次，合并滤液，放冷后转移至 250mL 容量瓶中，定容，摇匀，得待测多糖溶液。

（2）对照品溶液的制备

精密称取无水葡萄糖标准品 34mg，置于 100mL 容量瓶中，加蒸馏水溶解并稀释至刻度，摇匀，即得（1mL 中含无水葡萄糖 0.34mg）。

（3）标准曲线的绘制

精密量取对照品溶液 0.1mL、0.2mL、0.3mL、0.4mL、0.5mL、0.6mL，分别加入 10mL 具塞刻度试管中，加蒸馏水至 2.0mL，摇匀，在冰水浴中沿试管壁缓缓加入 6.5mL 0.2%蒽酮硫酸溶液，混匀，放冷后置冷水浴中保温 10min，取出，再置冰水浴中冷却 10min，取出，以相应试剂为空白。采用紫外可见分光光度计在 582nm 波长下测定吸光度。以葡萄糖浓度为横坐标，吸光度为纵坐标，绘制葡萄糖标准曲线。

（4）黄精多糖含量测定

精密量取 1mL 黄精待测溶液，加入 10mL 具塞干燥试管中，按照"标准曲线的绘制"项下的方法，测定吸光度，从标准曲线上读出供试品溶液中无水葡萄糖的质量（mg），计算，即得。

4. 薯蓣皂苷元含量的测定

黄精中薯蓣皂苷元含量的测定参照陈立娜等（2006b）和钟凌云等（2009）的研究。

（1）色谱条件

二元高效液相色谱仪，色谱柱（250mm×4.6mm，5μm），紫外检测器，以乙腈（A）和水（B）为流动相，采用 94∶6 等度洗脱，流速 1mL/min，柱温 30℃，检测波长 203nm，进样量 20μL。

（2）标准溶液的配制

精密称取薯蓣皂苷元 3.2mg，置于 10mL 容量瓶中，加甲醇定容，摇匀。

（3）标准曲线的绘制

精密量取标准溶液 0.05mL、0.1mL、0.2mL、0.4mL、0.6mL、0.8mL、1.0mL，分别加入 10mL 容量瓶中，再加甲醇定容，摇匀，分别吸取不同浓度标准溶液 20μL，按色谱条件进样测定。以峰面积为纵坐标，标准溶液浓度为横坐标，绘制薯蓣皂苷元标准曲线。

（4）样品溶液制备

精密称取干燥粉碎后的黄精药材粉末 2g，置于三角烧瓶内，加入乙醇 50mL，摇匀，加热回流 4h，放冷，蒸干乙醇，残渣加 80mL 3mol/L 的盐酸溶液溶解，沸水回流水解 4h，冷却，移至分液漏斗中，加氯仿 40mL（20mL、10mL、10mL）萃取 3 次，合并氯仿液，用蒸馏水洗涤 2 次，每次 20mL，减压回收氯仿至干，残渣加甲醇使溶解，移至 1mL 量瓶中，加甲醇稀释至刻度，摇匀。进样前用 0.45μm 的微孔滤膜过滤，作为供试样品溶液。

9.4.2　结果与分析

9.4.2.1　育苗后生长情况的观察

播种后在种子萌发后 40d 左右开始形成初生小球茎，第一年不出土。第二年 4～6 月，第一年形成的小球茎经分化后出土，同时地下部分开始再分化形成次生根茎，7 月下旬地上部分开始枯萎，9 月全部枯萎。从第三年开始，以胚芽为生长主轴的生长点开始抽茎，长出幼苗，9 月地上部分枯萎后留下茎痕。2 年生种苗和 3 年生种苗的形态见图 9.15。

图 9.15　黄精种苗形态

A. 2 年生种苗；B. 3 年生种苗

经田间观察，育苗第二年黄精种苗均生长一叶，种苗出土后紧贴地面，不再伸长，育苗第三年幼苗多为四叶，少数为三叶，出土后长到离地 1cm 左右不再长高。种苗生长的年限不同，根茎的形态差异明显，长度变化大，1 年生、2 年生、3 年生种苗的根茎形态如图 9.16 所示。

9.4.2.2　2 年生、3 年生种苗根茎变化规律

从图 9.17 可以看出，2 年生和 3 年生黄精种苗根茎直径在 9 月之前呈快速增加趋势；9 月后 2 年生根茎直径缓慢变化，3 年生根茎直径基本保持不变，说明黄精种苗的根茎增粗阶段主要在 9 月之前，根茎直

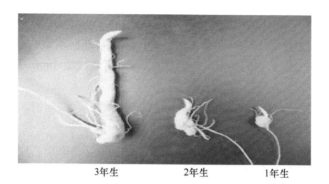

图 9.16 不同生长年限黄精种苗的根茎形态

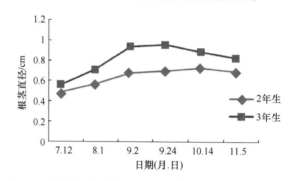

图 9.17 不同生长时期 2 年生、3 年生黄精种苗根茎直径

径的变化可能是黄精种苗根茎再分化的结果。

对不同生长时期黄精种苗根茎长的测定结果如图 9.18 所示，可以看出，2 年生、3 年生黄精种苗根茎长都随时间的变化而增大。2 年生黄精种苗根茎长在 9 月前一直呈增长趋势，9~11 月基本保持稳定；3 年生黄精种苗根茎长在 8 月之前增长迅速，8~9 月缓慢变化，10 月根茎长快速增加，这是由于 10 月根茎上长出了越冬芽，使得根茎长度增加。

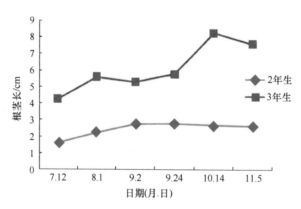

图 9.18 不同生长时期 2 年生、3 年生黄精种苗根茎长

对不同生长时期的黄精种苗根茎鲜重的测定结果如图 9.19 所示，9 月之前 2 年生、3 年生黄精种苗根茎鲜重均快速增加，说明 9 月之前是根茎生物量积累的关键时期；9 月后 2 年生、3 年生黄精种苗根茎鲜重不再变化；11 月 3 年生黄精种苗根茎鲜重突然上升可能是由于取样不均匀。结合田间观察到的地上部分生长情况，9 月 2 年生、3 年生黄精种苗地上部分已经全部枯萎，不再进行光合作用，有机物的积累完成，故根茎鲜重不再有变化。

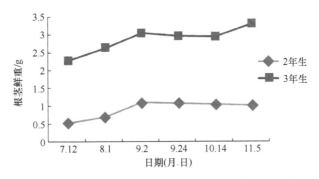

图 9.19　不同生长时期 2 年生、3 年黄精种苗根茎鲜重

9.4.2.3　不同生长年限黄精种苗根茎多糖含量

按照本节前文黄精多糖标准曲线的绘制方法测标准液吸光度和浓度之间的对应数据，以吸光度为纵坐标、葡萄糖浓度为横坐标作图，制得标准曲线，如图 9.20 所示，回归方程为 $y=3.743x+0.070$（$R^2=0.995$），葡萄糖在 0.034—0.204mg/mL 内与吸光度线性关系良好。

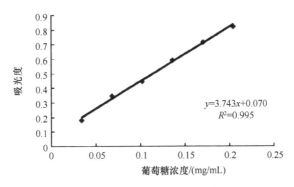

$$y=3.743x+0.070$$
$$R^2=0.995$$

图 9.20　黄精多糖标准曲线

由标准曲线计算得不同生长年限的黄精种苗根茎多糖含量，如图 9.21 所示，由图 9.21 可看出，随着种苗生长年限的增加，根茎中多糖含量也逐步增加。1 年生黄精种苗初生根茎中多糖含量较少，仅为 0.721%；2 年生黄精种苗根茎多糖含量为 1.701%；3 年生黄精种苗根茎含量增长为 5.121%。

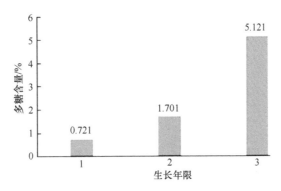

图 9.21　不同生长年限黄精种苗根茎多糖含量

9.4.2.4　不同生长年限黄精种苗根茎薯蓣皂苷元含量

薯蓣皂苷元标准品和样品的液相图谱如图 9.22 所示，标准品的保留时间为 14.87min。

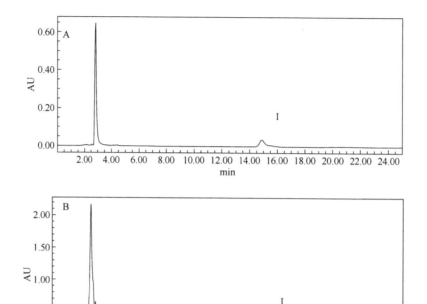

图 9.22　薯蓣皂苷元标准品（A）和样品（B）的液相图谱

I. 薯蓣皂苷元

按照本节前文薯蓣皂苷元标准曲线的绘制方法得峰面积和薯蓣皂苷元浓度之间的数据关系，以薯蓣皂苷元浓度为横坐标、峰面积为纵坐标作图，得薯蓣皂苷元标准曲线（图 9.23），得回归方程 $y=17\,261\,551.82x+118\,123.51$（$R^2=0.9994$），薯蓣皂苷元在 $0.016\sim0.647$mg/mL 与峰面积线性关系良好。

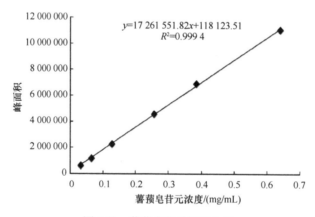

图 9.23　薯蓣皂苷元标准曲线

由图 9.23 所得薯蓣皂苷元回归方程计算出不同生长年限黄精种苗根茎薯蓣皂苷元含量，如图 9.24 所示，随着生长年限的增加，薯蓣皂苷元的含量快速上升。

9.4.3　小结与讨论

有性繁殖黄精生长周期长，在低龄生长缓慢。育苗当年不出苗，第二年长出一叶幼苗且紧贴地面，第三年长出三叶或四叶幼苗，出苗时间为 5 月初到 6 月中后期，8 月地上部分已经开始枯萎，生长时长仅

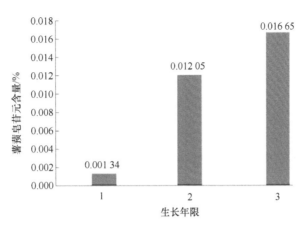

图 9.24　不同生长年限黄精种苗根茎薯蓣皂苷元含量

为 2～3 个月，这可能就是有性繁殖黄精种苗生长缓慢的原因之一。第二年根茎生长缓慢，第三年生长较快，9 月之前根茎长、根茎直径、根茎鲜重都呈快速增长状态，9 月之后鲜重不再变化，根茎长、根茎直径发生缓慢变化。根茎长和根茎直径的变化可能是 9 月后黄精种苗根茎再分化的结果。根茎鲜重不再变化可能是由于黄精根茎的积累是靠地上部分光合作用制造有机物，9 月后地上部分枯萎，不再进行光合作用，故生长停止。张恩汉和刘桂英（1984）研究指出黄精从种子到初生根茎的形成需要 120d 左右，之后胚芽点继续分化，第二年春长出次生根茎，长出一叶幼苗，8～9 月倒苗后根茎生长点已经分化形成第三年的根茎节和叶片，逐年交替直到 5～6 年时茎端开始分化花芽。因此，采用有性繁殖时应先育苗，后移栽以节约成本。

对育苗前 3 年幼苗根茎中多糖和薯蓣皂苷元含量的测定表明，育苗当年形成的初生小球茎中多糖和薯蓣皂苷元的含量都非常低，之后第二年、第三年积累较快，但总体都处于很低的水平，说明低龄黄精根茎的有效成分含量低。

9.5　有性繁殖黄精种苗春季移栽试验

黄精的生长周期长，有性繁殖一般多年后才能采收，投入大，浪费人力、物力，因此生产上采取先育苗后移栽的方法，而对于育苗后几年适合移栽，且移栽后的生物学特性及生长发育方面的研究还未见报道。本研究主要对不同育苗年限的黄精种苗进行移植试验，通过对移栽后种苗成活率及移栽后生长情况的观察，确定黄精有性繁殖种苗的最佳移栽年限，为黄精的种子育苗移栽技术提供理论支持。黄精为喜阴植物，野生，多生长于林下，有研究认为林下半野生条件更适于黄精的生长，因此，同时实施了黄精种苗的林下移栽试验，通过和大田研究的比较进一步确定环境对移栽后种苗生长的影响。

9.5.1　不同生长年限种苗在不同生境下出苗率的差异

由表 9.28 可以看出，1 年生有性繁殖黄精种苗大田的出苗率为 0，林下出苗率为 2%，说明 1 年生种苗不适宜移栽；2 年生种苗移栽后大田和林下的出苗率有较大差异，林下移栽种苗的出苗率为 33.3%，远远高于大田的 4%，说明林下环境更适于新移栽种苗的生长。以上数据说明有性繁殖黄精要生长到一定年限才能移栽；不同生境下 2 年生种苗各指标的差异表明生长环境对黄精种苗的移栽成活率起到了关键性的作用。大田移栽想要提高成活率，需创造适宜的环境，前期最好采用遮阴、适时浇水、加强田间管理等措施来提高幼苗移栽的成活率。

表 9.28　移栽后黄精种苗出苗率（%）

项目	样方 1	样方 2	样方 3	平均出苗率
1 年生种苗（大田）	0	0	0	0
1 年生种苗（林下）	2	1	3	2
2 年生种苗（大田）	3	5	4	4
2 年生种苗（林下）	35	39	26	33.3

9.5.2　移栽后不同生境下黄精种苗生长的差异

对移栽到大田和林下有性繁殖黄精种苗的各个生物学指标的测定结果如表 9.29 所示，可以看出移栽到林下和大田的 2 年生黄精种苗的各指标存在着比较明显的差异，林下生长的种苗在株高、叶长、叶宽、根茎直径、地上部分鲜重、地下部分鲜重方面均明显优于大田生长的种苗。这说明环境对黄精种苗生长影响很大，林下土壤肥沃、腐殖质含量高、土壤湿度大，更适于黄精种苗的生长。此外，黄精为半阴生植物，移栽到林下的种苗避免了阳光的直接照射，能更快地适应环境，而移栽到大田的幼苗由于早期遮阴的玉米还没有长出或长大，直接接受阳光的照射，土壤温度、湿度变化快而难以适应环境，故生长状况没有林下生长的种苗好。

表 9.29　不同生境下黄精种苗各指标差异

测定项目	株高/cm	叶长/cm	叶宽/cm	叶面积/cm²	根茎长/cm	根茎直径/cm	地上部分鲜重/g	地下部分鲜重/g
大田	6.1	4.6	1.2	3.1	2.7	0.60	0.36	1.60
林下	11.8	5.7	1.5	3.6	3.2	0.76	0.46	2.53

9.5.3　小结与讨论

从出苗的统计情况来看，有性繁殖 1 年生黄精种苗在大田的出苗率为 0，林下仅为 2%，说明 1 年生种苗不适合做移栽；2 年生种苗移栽到林下和大田的出苗率有很大差异，大田的出苗率很低，而林下的出苗率达到了 33.3%，说明生长环境对移栽成活率有很大影响，林下环境更适于黄精种苗的生长。总的来说，种子育苗低龄黄精种苗不适宜做移栽，因黄精种苗本身非常弱小，春季移栽时已经长出了芽和毛根，移栽过程中容易伤到胚根和芽，不容易成活。故应在黄精种苗生长到一定年限、对环境的适应能力增加的时候再做移栽。

野生黄精生于林下灌丛或山坡阴处（王强和徐国钧，2003）。从移栽到大田和林下黄精的各个生物学指标的对比可以看出，移栽到林下的黄精种苗的出苗率及各个生物学指标均优于大田，说明林下环境更适于黄精的生长。生长环境对种苗移栽的成活率及生长发育状况有较大影响，因此，做大田移栽时应尽量创造适宜黄精生长的条件，前期最好采取遮阴处理、及时浇水保持土壤湿度、施用有机肥等以提供黄精生长的良好条件，保证移栽后种苗的出苗率。

低龄黄精种苗春季移栽成活率低，而有报道秋季移栽黄精的出苗率高且生长状况好，且有人报道育苗一年后移栽即可，该研究结果表明黄精种苗适合秋季双苗移栽，可提高出苗率。

9.6　黄精根茎催芽实验

在黄精生长过程中，往往始终只有一个顶芽持续生长，而其他大部分的芽在该顶芽出土后失去萌发潜力，这对扩大黄精栽培很不利。化学物质在植物栽培中得到了广泛的应用，采用不同化学处理使不具有顶芽的黄精根茎萌发出不定芽，扩大黄精的种茎来源势在必行。

9.6.1　赤霉素对黄精根茎发生的影响

经过不同浓度赤霉素浸泡后的黄精根茎在适宜条件下保藏催芽，经过 200d，0.08mg/L 的赤霉素对黄精催芽效果最好，与对照组（0.00mg/L 赤霉素）有极显著差异（表 9.30）。0.40mg/L 赤霉素效果次之，而当浓度超过 10.00mg/L 时则表现为抑制作用，尤以高浓度最为明显，50.00 mg/L 赤霉素浸泡处理次年没有新生根茎和新生芽。

表 9.30　不同浓度赤霉素对黄精新生根茎发芽率、长度和新生须根长度的影响

赤霉素处理浓度/（mg/L）	新生根茎发芽率/%	新生根茎长度/cm	新生须根长度/cm
0.00	63.3	3.2	16.7
0.08	83.3	6.1	23.3
0.40	80.0	7.0	17.3
2.00	73.3	3.5	13.8
10.00	56.7	3.5	13.0
50.00	0.0	0.0	0.0

9.6.2　赤霉素对黄精须根生长的影响

新生须根对外源激素的反应与根茎有相似的趋势（图 9.25）。0.08mg/L 赤霉素能显著促进须根生长，0.40mg/L 赤霉素处理对其影响不大，高浓度反而明显抑制须根生长。赤霉素浓度达到 50.00mg/L 时，没有新的须根产生。

图 9.25　不同浓度赤霉素对黄精根茎及须根发生的影响

从左到右依次为：对照、0.08mg/L 赤霉素、0.40mg/L 赤霉素、2.00mg/L 赤霉素、10.00mg/L 赤霉素、50.00mg/L 赤霉素

9.6.3　硫脲对黄精根茎及须根发生的影响

硫脲对黄精新生根茎发芽率、长度和须根长度均表现出显著的抑制作用（图 9.26）。其中，在 1%硫脲浸泡处理的前 3h 内抑制作用较弱，浸泡 4h 抑制作用最为明显（表 9.31）。

9.6.4　讨论

近年来对黄精的研究不断深入，大田人工栽植不断推广。但是，自然条件下生长的黄精根茎发芽率很低，所以大规模应用于生产的时候，必须采用一定的方法处理，使黄精的根茎在必要的同一时段表现

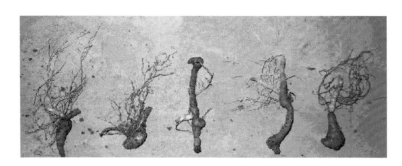

图 9.26　硫脲对黄精根茎及须根发生的影响

从左到右依次为：对照，1%硫脲浸泡 0h、1h、2h、3h、4h

表 9.31　1%硫脲处理不同时间对黄精新生根茎发芽率、长度和新生须根长度的影响

硫脲处理时间/h	新生根茎发芽率/%	新生根茎长度/cm	新生须根长度/cm
0	63.3	3.2	16.7
1	36.7	1.5	4.7
2	40.0	1.7	6.3
3	43.3	1.8	10.0
4	13.3	0.3	3.7

出高的发芽率。赤霉素和硫脲常常在生产上被用来打破根茎类作物的休眠，其中在马铃薯种薯催芽方面应用效果较好（张勇飞和谢庆华，2000；孙茂林等，2000）。张勇飞和谢庆华（2000）认为用赤霉素和硫脲来打破根茎类作物的休眠是最好的方法。

本实验表明，赤霉素在低浓度下可促进黄精不定芽的发生和须根的生长，高浓度下则作用相反，表明低浓度赤霉素可以使黄精根茎早一年长出比较苗壮的幼苗，为黄精育苗节省时间。

与赤霉素和硫脲对其他根茎植物催芽的效果相比，其对黄精的催芽还未实现当年出苗，黄精根茎催芽更有效的方法尚待研究。

硫脲明显抑制黄精不定芽的发生和须根生长。

9.7　黄精种子发芽技术研究

9.7.1　黄精果实及种子成熟动态研究

9.7.1.1　试验材料

试验于陕西省汉中市略阳县五龙洞镇步长集团黄精规范化生产基地进行，所选材料为 3 年生黄精当年生果实，果实采自同一生态条件下水肥、土壤及栽培管理方式均一致的同一试验田内黄精植株。

9.7.1.2　试验方法

自 2012 年 9 月下旬至 11 月上旬，每隔 20d 左右，对试验田内黄精果实进行调查采样一次，采样方式完全随机化。

1）随机选取 5 株健康植株数取总果实数，用均值法计算单株果实数，对比不同时期黄精果实数量变化情况。

2）随机选取 3 株健壮植株收取全部果实。观察并记录不同时期黄精果实颜色、硬度、百果重（将所取果实采用 4 分法分为 4 份，从每份中随机数取 100 颗用电子秤称重，4 次称量平均值即定为百果重）、果实体积（采用四分法将果实分为 4 份，从每份中随机数取 100 颗用排水法测量体积，4 次测量平均值即定为百果体积，再换算为单颗果实体积）、果形指数［采用四分法将果实分为 4 份，从每份中随机取 10 颗用游标卡尺分别测量其纵长（种脐方向，下同）及横长（垂直于种脐方向，下同），计算所取果实纵长与横长比，求平均值即视为果形指数］。

3）用发酵漂洗法获取种子：所得果实置于不透光密封塑料袋中，25℃发酵 7～10d，将发酵好的果实放在 12 目筛子上揉搓，清水冲洗，直到揉搓漂洗干净完全去掉果皮和果肉。处理完成后将种子摊开，阴干，置于干燥处贮藏。

4）种子千粒重：将种子采用四分法划分为 4 份，从每份中随机数取 500 粒用电子秤称重，4 次称量求平均值，再换算为千粒重。

5）单粒种子体积：采用四分法将种子划分为 4 份，从每份中随机数取 500 粒用排水法测量体积，4 次测量求平均值，再换算为单粒种子体积。

6）种形指数：采用四分法将种子划分为 4 份，从每份中随机取 10 粒用游标卡尺分别测量其纵长及横长，计算所取种子纵长与横长比，求平均值。

用 Excel 软件对所得数据进行作图分析。

9.7.1.3　试验结果

黄精果实及种子成熟动态结果如表 9.32 所示。黄精的传统采收期一般在 9 月中下旬，从表 9.32 可以看出，从 9 月初至 11 月初，植株逐渐枯萎，果实颜色越来越深，由最先的绿色至墨绿色最后趋于紫黑色。果实形态 9 月初为圆形且硬，之后逐渐变软，最终则变干变皱，体积缩小；在统计果实成熟的两个月内，随采收期延迟，剩余果实数逐日减少，9 月 25 日剩余果实数为 9 月初的 82%，10 月 14 日剩余果实数为 9 月初的 74%，至 11 月 5 日剩余果实数仅约为 9 月初的 33%，可见，随果实成熟度提高，黄精地上部分逐渐枯萎，能供给果实的养分越来越少，加上外界环境因素，如天气、动物采食等的影响，剩余果实越来越少，且减少速率逐渐加大。随着果实成熟，果实水分挥发，变干变皱，质量逐渐减小，至 10 月中旬后，变化速率开始降低，百果重趋于恒定，约 40g。果实遂变干变皱，体积亦逐渐减小，而 9 月下旬采摘的果实因变软易烂而体积不易测量，之后变干，体积均较 9 月初小，至 11 月初，黄精果实体积约 0.30cm^3/颗。黄精果形指数反映了果实形状，试验结果说明了黄精果实多为扁圆形，即纵长小于横长。至 10 月中旬后果实变皱，纵横不明显，测量误差较大，故未详细探究。

表 9.32　黄精果实及种子成熟动态

项目	9 月 2 日	9 月 25 日	10 月 14 日	11 月 5 日
植株及果实形态	叶绿，趋黄，少数枯萎；果实绿色，饱满且硬	植株渐枯萎，果实易掉落，墨绿色至紫黑色，变软易烂	植株多半枯萎，果实变皱变干	植株完全枯萎，果实紫黑色，完全变干变皱
单株果实数/颗	128	105	95	42
百果重/g	84.6	64.4	40.1	39.6
果实体积/（cm^3/颗）	0.35	0.35	0.32	0.30
果形指数	0.91	0.92	果实变皱，纵横不明显，误差较大	—
种子性状	种子漂洗不利，亮黄色或绿色，极硬	种子易漂洗，亮黄色，硬	果实发酵需时长，种子易漂洗，体积较大，颜色亮黄	籽粒饱满，易漂洗，种子亮黄，种脐明显
种子千粒重/g	38.2	39.7	41.5	49.5
种子体积/（cm^3/粒）	0.028	0.029	0.030	0.039
种形指数	1.15	1.11	1.08	1.04

果实经过发酵漂洗获得黄精种子，由表 9.32 可见，9 月初黄精种子尚未完全成熟，洗脱不利，故有很多绿皮种子，且种子极硬。9 月下旬开始种子趋于成熟，易漂洗，但因之后变干变皱缺少水分，故所需发酵时间延长，但所获种子体积较大，颜色亮黄，质量上乘。种子千粒重及体积明显逐渐增加，说明从 9 月上旬至 11 月上旬，黄精种子一直在发育成熟，且积累了养分、水分等。11 月上旬种子千粒重及体积最大，或说明此时种子质量最好。种形指数逐渐趋于 1，说明种子在成熟过程中起初形状为长圆形，后越来越趋于圆形。

9.7.1.4　试验小结

略阳地区黄精的传统采收期一般在 9 月中下旬，试验结果表明从 9 月初至 11 月初，植株逐渐枯萎，果实颜色变深，体积逐渐缩小。随采收期延迟果实成熟度提高，黄精地上部分逐渐枯萎，能供给果实的养分越来越少，加上外界环境因素，如天气、动物采食等的影响，果实剩余量越来越少。百果重至 10 月中旬后趋于恒定，约 40g。果实变干，体积减小，至 11 月初约为 0.30cm^3/颗。

9 月初黄精种子尚未完全成熟，9 月下旬开始种子趋于成熟，从 9 月上旬至 11 月上旬，颜色变得亮黄，质量上乘，种子千粒重及体积明显逐渐增加，种形越来越趋于圆形，说明在此期间黄精种子一直在发育成熟。综合比较说明 11 月上旬种子质量最好。然而在实际生产过程中，收获种子不仅要质量好还要产量高，11 月上旬种子质量虽然最好，但果实残存量过低，综合以上种种因素，作者认为 10 月中上旬为黄精果实最佳采收期，虽然此时果实收获量不是最高，但所获种子质量较前期优，因黄精种子本身存在较长的休眠期，且发芽率及出苗率极低，故选择合适的采收期，保证所收获的种子质量对黄精种子繁殖有着极其重要的意义。

试验中 4 个采样期内黄精果实及种子显示出了一定的差异性规律，然而，对黄精果实成熟动态还有待进一步数据分析，如从落花后开始跟踪其果实生长情况，直至全部果实掉落，采样间隔期进一步缩短，系统地记录其生长状况，并对不同时期果实及种子品质和内含物积累规律进行实验分析，对后期成熟期内果实进行发芽试验，综合果实残存量，科学、合理地确定略阳县黄精最佳采收期。

9.7.2　三种生境下黄精果实及种子差异

9.7.2.1　试验材料

试验所用大田黄精来自陕西省汉中市略阳县五龙洞镇步长集团黄精规范化生产基地，林下黄精来自同一地区山间林下，野生黄精来自同一地区较高山坡上，试验所用均为多年生黄精当年生果实。

9.7.2.2　试验方法

于 2012 年 9 月中下旬分别采取大田、林下、野生三种生境黄精果实进行以下试验统计。

1）于三种生境下分别随机选取 5 株健康植株数取总果实数，用均值法计算单株果实数，对比同一时期三种生境下黄精果实数量差异。

2）观察并记录同一时期三种生境下黄精果实颜色、硬度、百果重（将所取果实采用四分法分为 4 份，从每份中随机数取 100 颗用电子秤称重，4 次称量求平均值即定为百果重）、果实体积（采用四分法将果实分为 4 份，从每份中随机数取 100 颗用排水法测量体积，4 次测量平均值即定为百果体积，再换算为单颗果实体积）、果形指数（采用四分法将果实分为 4 份，从每份中随机取 10 颗用游标卡尺分别测量其纵长及横长，计算所取果实纵长与横长比，求平均值即视为果形指数）。

3）发酵漂洗法获取种子：将所得大田、林下、野生果实分别置于不透光密封塑料袋中，25℃发酵 7～10d，将发酵好的果实放在 12 目筛子上揉搓，清水冲洗，直到揉搓漂洗干净完全去掉果皮和果肉。处理完成后将种子摊开，阴干，置于干燥处贮藏。

4）对比大田、林下、野生黄精种子各项指标。

种子千粒重：将种子采用四分法划分为 4 份，从每份中随机数取 500 粒用电子秤称重，4 次称量求平均值，再换算为千粒重。

种子体积：采用四分法将种子划分为 4 份，从每份中随机数取 500 粒用排水法测量体积，4 次测量求平均值，再换算为单粒种子体积。

种形指数：采用四分法将种子划分为 4 份，从每份中随机取 10 粒用游标卡尺分别测量其纵长及横长，计算所取种子纵长与横长比，求平均值。

用 Excel 软件对所得数据进行作图分析。

9.7.2.3　试验结果

大田、林下、野生三种生境下黄精果实及种子对比结果如表 9.33 所示。由表 9.33 可知，大田、林下、野生三种生境下黄精果实及种子在某些方面表现出较大差异，而某些指标趋于相似。从单株果实数来看，野生黄精单株果实数明显多于大田及林下黄精，或许是因为试验所选的野生黄精生长年限较大田及林下黄精略长，大田黄精生长年限多为 3～5 年，而野生黄精有的为 7 年以上。果实性状三者大致相似，而野生黄精由于生长地点原因而差异较大。大田及林下黄精百果重大体相似，野生黄精较前两者小，或许是因为前两者人工培养条件较野生优越。野生黄精果实体积较大田黄精略大，这与生长环境有很大关系，虽为同时期采摘的黄精果实，但由于温度、湿度、海拔、光照等，不同生境黄精生长发育动态不尽相同，所处的生长发育时期及各项生理指标也就不尽相同。果形指数显示，此时期（9 月下旬）野生黄精果实最接近圆形，而林下黄精果实最为扁圆，大田黄精果实形状居于两者之间。

表 9.33　三种生境下黄精果实及种子对比

项目	大田	林下	野生
单株果实数/颗	105	114	165
果实性状	墨绿色至紫黑色，变软易烂，果肉溢出	与大田果实类似，果实较大田稍硬	果实与林下类似，较林下硬
百果重/g	64.4	64.2	62.5
果实体积/（cm³/颗）	0.35	0.40	0.42
果形指数	0.92	0.90	0.98
种子性状	亮黄色或暗黄色，硬，易漂洗	同大田	成熟度略低于大田种子，较难洗脱
种子千粒重/g	39.7	39.1	38.0
种子体积/（cm³/粒）	0.029	0.028	0.028
种形指数	1.11	1.11	1.13

经发酵漂洗所获种子各项指标显示，大田黄精与林下黄精相似，野生黄精生长期较前两者略微推后，成熟度不及前两者；大田黄精种子千粒重及体积均较林下黄精和野生黄精大，或说明大田黄精种子质量最好；种子形状三者均为长圆形，且三种生境下黄精种子形状基本相似。

9.7.2.4　试验小结

大田、林下、野生三种生境下黄精果实及种子在某些方面表现出较大差异，如大田及林下黄精百果重较野生黄精大，而某些指标趋于相似。大田黄精种子千粒重及体积均较林下黄精和野生黄精大，或说明大田黄精种子质量最好。

三种生境下黄精果实及种子对比试验虽然对同一时期黄精果实及种子做了详细对比，但生长环境差异导致生长期略不同步，在今后的试验中可延长调查时间段，并设计系统的发芽试验对其做进一步比对分析，争取筛选并培育出高品质、高产的黄精种子。

9.7.3 黄精种子质量差异对发芽的影响

9.7.3.1 试验材料

试验所用黄精种子为2012年10月14日于略阳县五龙洞镇黄精规范化生产基地所采果实发酵一周后漂洗所获种子。

9.7.3.2 试验方法

依千粒重将黄精种子分为Ⅰ、Ⅱ、Ⅲ级，通过发芽试验对比不同级别种子发芽率、初生根长、球状结构直径间的差异。

（1）分级方法

选取一批籽粒饱满、颜色亮黄、无霉变及疤痕的种子进行试验。依据眼观将所有供试种子根据体积大小分为三个级别。首先，靠眼观挑出体积最大、最饱满的一批种子定为Ⅰ级；其次，挑出体积最小的一批种子定为Ⅲ级；其余种子定为Ⅱ级。

（2）千粒重测定方法

将种子采用四分法划分为4份，从每份中随机数取500粒用电子秤称重，4次称量求平均值，再换算为千粒重。

（3）发芽试验

将种子置于25℃温水中浸泡24h，再用3%H_2O_2消毒15min，蒸馏水冲洗3～5遍，置于铺有两层滤纸的培养皿中，每等级三组平行，每平行组30粒种子进行发芽试验，在生化培养箱中25℃黑暗培养，每日观察种子发芽情况，隔天喷水，以突破种皮的下胚轴长度超过种子自身长度视为发芽（孙昌等，2000），发芽期限60d。结束后统计各级别种子发芽数，计算发芽率，测量初生根长及球状结构直径。用SPSS软件对所得数据进行统计分析。

9.7.3.3 试验结果

黄精种子质量差异对发芽的影响如表9.34所示。依千粒重将黄精种子分为三个等级：Ⅰ级49.6g，Ⅱ级40.3g，Ⅲ级33.0g。表9.34显示，随种子千粒重增加发芽率略有增加，但彼此之间无极显著差异，Ⅰ级种子和Ⅲ级种子发芽率有显著差异（$P<0.05$）；初生根长三者之间无极显著差异，且Ⅰ级、Ⅱ级种子之间无显著差异，但均与Ⅲ级种子之间有显著差异（$P<0.05$）；从球状结构直径来看，三者之间差异极显著（$P<0.01$），Ⅰ级种子球状结构直径最大，Ⅱ级种子次之，Ⅲ级种子球状结构直径最小。可见，种子质量差异对发芽率、初生根长及球状结构直径均有一定影响，其中对球状结构直径影响最大。

表9.34　黄精种子质量差异对发芽的影响

种子等级	千粒重/g	发芽率/%	初生根长/cm	球状结构直径/cm
Ⅰ	49.6	33.3±3.35aA	5.75±0.06aA	0.486±0.01C
Ⅱ	40.3	31.7±3.30abA	5.59±0.10aA	0.443±0.02B
Ⅲ	33.0	29.2±3.35bA	5.60±0.05bA	0.400±0.01A

注：表中同一列不同大写字母表示差异极显著（$P<0.01$），同一列不同小写字母表示差异显著（$P<0.05$）

9.7.3.4　试验小结

不同千粒重黄精种子发芽试验结果证明，种子千粒重增加，发芽率随之增加，但种子质量差异对千粒重的影响并不明显，对初生根长亦无显著影响，然而能明显影响种子萌发过程中所形成的球形茎的大小。可见，种子质量差异对发芽率、初生根长及球状结构直径均能产生影响，其中对球状结构直径影响最大，或许是因为种子质量越大，在发芽过程中所能供给的养分越多，以至于其生长体积越大，而球状结构直径对芽和根生长的影响还有待进一步研究。

种子质量是决定中药材质量的重要因素，是促进中药材生产发展的重要保证。监控种子质量，保证种子质量，是进行中药材标准化生产的重要措施（郭巧生等，2007）。黄精种子质量分级还有待系统全面，如测定其净度、含水量和生活力等各方面，对分级标准的制定还有待进一步研究总结。

9.7.4　黄皮种子与绿皮种子发芽对比

9.7.4.1　试验材料

试验所用黄精种子为 2012 年 10 月 14 日于略阳县五龙洞镇步长集团黄精规范化生产基地所采果实发酵一周后漂洗所获种子，依种皮颜色分为黄皮、绿皮种子两组，在各组中选取颜色及大小一致、籽粒饱满、无霉变和疤痕的种子进行试验。

9.7.4.2　试验方法

将两组种子分别置于 25℃温水中浸泡 24h，后用 3%H_2O_2 消毒 15min，蒸馏水冲洗 3～5 遍，置于铺有两层滤纸的培养皿中，每组三平行，每平行组 30 粒种子进行发芽试验，在生化培养箱中 25℃黑暗培养，每日观察种子发芽情况，隔天喷水，发芽期限 60d。结束后统计各组种子发芽数，计算发芽率，并用 SPSS软件对所得数据进行统计分析。

9.7.4.3　试验结果

黄皮种子与绿皮种子发芽对比结果如表 9.35 所示，结果表明，黄皮种子与绿皮种子发芽率有极显著差异（$P<0.01$），绿皮种子不易萌发，且极易发霉，或许是因为其未完全成熟且种皮上沾有果肉。绿皮种子即使能发芽，其发芽后生长极为缓慢，多数芽在生长过程中也容易霉变。

表 9.35　黄皮种子与绿皮种子发芽对比

种子类型	发芽率/%
黄皮种子	32.2±3.87A
绿皮种子	14.4±1.96B

注：表中同一列不同大写字母表示差异极显著（$P<0.01$）

9.7.4.4　试验小结

绿皮种子不易萌发，并且因其未完全成熟，种皮上沾有果肉难以洗脱而极易发霉。少数绿皮种子发芽后生长极为缓慢，且多数芽在生长过程中霉变。黄皮种子可正常萌发。这与张跃进等（2009）对黄精种子形态及发芽特性的研究结果存在一定出入，或许是试验选材、处理方式及种子个体差异等原因所致，试验操作过程的某些误差亦可对试验结果产生一定影响，但经过多次重复，绿皮种子依然不易萌发。

不同时期所采摘的黄精果实经洗脱所获得的黄精种子，黄皮与绿皮种子比例不尽相同，随采收期推后，绿皮种子逐渐减少，11月上旬所收获果实经漂洗获得的黄精种子几乎无绿皮种子存在，这更加说明绿皮种子为未成熟的黄精种子。本试验结果说明生产中宜选取种皮亮黄色的黄精种子进行种植培育。

9.7.5 外源生长调节物质对黄精种子萌发的影响

9.7.5.1 试验材料

试验所用黄精种子来自2012年10月14日于略阳县五龙洞镇步长集团黄精规范化生产基地所采果实。发芽试验采用生化培养箱。

9.7.5.2 试验方法

1）将所采黄精果实置于不透光密封塑料袋中，25℃发酵7～10d，将发酵好的果实放在12目筛子上揉搓，清水冲洗，直到揉搓漂洗干净完全去掉果皮和果肉。处理完成后将种子摊开，阴干。

2）选取颜色及大小一致、籽粒饱满、无霉变和疤痕的种子用于试验。

3）硝普钠（SNP）处理种子：分别用100mg/L、300mg/L、500mg/L SNP浸泡种子，以不加SNP作为对照，浸泡时间分为12h、24h，后用3%H_2O_2消毒15min，蒸馏水冲洗3～5遍。每个处理浓度三组平行，每平行组30粒种子，置于铺有两层滤纸的培养皿中进行发芽试验，25℃黑暗培养，每日观察种子发芽情况并记录发芽种子数，隔天喷水，发芽期限60d。

4）乙烯利（ETH）处理种子：分别用100mg/L、200mg/L、300mg/L ETH浸泡种子，以不加ETH作为对照，浸泡时间分为12h、24h，后用3%H_2O_2消毒15min，蒸馏水冲洗3～5遍。每个处理浓度三组平行，每平行组30粒种子，置于铺有两层滤纸的培养皿中进行发芽试验，25℃黑暗培养，每日观察种子发芽情况并记录发芽种子数，隔天喷水，发芽期限60d。

9.7.5.3 测定指标

发芽试验结束后，每组随机选取10粒发芽种子，测量初生根长（发芽种子数不足10粒者量取全部），求平均值。

种子发芽率的测定：统计60d内发芽种子的总数，计算公式如下。

$$发芽率（\%）=60d内发芽种子数/供试种子数×100$$

种子发芽势的测定：发芽势即种子处于发芽高峰期时发芽种子总数与供试种子总数的比值，试验选取发芽高峰期内25d的种子数进行统计，计算公式如下。

$$发芽势（\%）=种子发芽高峰期发芽种子数/供试种子数×100$$

种子发芽指数的测定：发芽指数即浸种后每日发芽种子数与发芽日数的比值求和，计算公式如下。

$$发芽指数（GI）=\sum（G_t/D_t）$$

式中，G_t为浸种后t天发芽数，D_t为发芽天数。

种子活力指数的测定：活力指数为发芽指数与种子某个生长量的乘积，本试验选取种子初生根长作为生长量指标进行统计，计算公式如下。

$$活力指数（VI）=发芽指数×初生根长$$

用SPSS软件对试验所得各个结果进行数据统计分析。

9.7.5.4 试验结果

用SNP处理黄精种子（表9.36），结果表明，100mg/L、300mg/L SNP处理12h，黄精种子发芽率、

表 9.36　不同浓度 SNP 对黄精种子萌发的影响

浓度/（mg/L）	时间/h	发芽率/%	发芽势/%	发芽指数	活力指数
0	12	30.0±0.00D	23.4±4.74D	0.23±0.03D	1.07±0.10D
	24	32.2±3.87C	27.8±1.91cB	0.26±0.03bB	1.30±0.13cB
100	12	23.3±3.35bB	14.4±1.96bB	0.17±0.02bB	0.70±0.07bB
	24	45.0±2.40B*	33.3±4.74bB	0.30±0.01bB	1.52±0.06bB
300	12	18.4±2.33bB	14.1±0.00bB	0.13±0.01bB	0.59±0.06bB
	24	42.2±1.91B*	33.3±3.00bB	0.29±0.03bB*	1.53±0.13bB
500	12	45.0±2.40A	33.3±0.00A	0.30±0.01A	1.68±0.09A
	24	60.0±4.67A*	51.7±2.33A*	0.39±0.01A*	2.34±0.03A*

注：表中同一列不同大写字母表示差异极显著（$P<0.01$），同一列不同小写字母表示差异显著（$P<0.05$），*表示处理 24h 组与对照组有极显著差异

发芽势、发芽指数、活力指数均较对照组有所降低，且 300mg/L SNP 较 100mg/L SNP 降低更为明显，提示在一定低浓度范围内，SNP 或对黄精种子萌发有抑制作用，且随浓度升高，抑制作用越强，而 500mg/L SNP 处理 12h，发芽率、发芽势、发芽指数、活力指数较对照组高，且与对照组差异极显著（$P<0.01$）；各个浓度 SNP 处理 24h 后，发芽率、发芽势、发芽指数、活力指数较对照组均有升高，且 100mg/L SNP 与 300mg/L SNP 处理后各个指标结果相近，500mg/L SNP 处理后发芽率、发芽势、发芽指数、活力指数与对照组及低浓度组均有极显著差异（$P<0.01$），由此可见，500mg/L SNP 在试验处理范围对促进黄精种子萌发效果最好。

如表 9.37 所示，同一 SNP 浓度，处理 24h，黄精种子发芽率、发芽势、发芽指数、活力指数均较处理 12h 高，各个浓度下不同处理时间之间指标差异均极显著（$P<0.01$），可见相同浓度的 SNP 处理 24h 较处理 12h 效果更好。

表 9.37　SNP 不同处理时间对黄精种子萌发的影响

浓度/（mg/L）	时间/h	发芽率/%	发芽势/%	发芽指数	活力指数
100	12	23.3±3.35B	14.4±1.96B	0.17±0.02B	0.70±0.07B
	24	45.0±2.40A*	33.3±4.74A*	0.30±0.01A*	1.52±0.06A*
300	12	18.4±2.33B	14.1±0.00B	0.13±0.01B	0.59±0.06B
	24	42.2±1.91A*	33.3±3.00A*	0.29±0.03A*	1.53±0.13A*
500	12	45.0±2.40B	33.3±0.00B	0.30±0.01B	1.68±0.09B
	24	60.0±4.67A*	51.7±2.33A*	0.39±0.01A*	2.34±0.03A*

注：表中同一列不同大写字母表示差异极显著（$P<0.01$）。*表示相同浓度下，24h 处理组与 12h 处理组有极显著差异

用 ETH 处理黄精种子（表 9.38），结果表明，随 ETH 浓度逐渐升高，黄精种子发芽率、发芽势、发芽指数、活力指数基本表现出升高的趋势，且一般处理时间越长，效果越好。200mg/L、300mg/L ETH 处理后发芽率、发芽势、发芽指数、活力指数与对照组均有极显著差异（$P<0.01$）（200mg/L 处理 12h 除外），其中 300mg/L ETH 处理 24h，黄精种子萌发效果最好，发芽率高达 78.9%；100mg/L ETH 处理后发芽势较对照组均有所降低，处理 24h 后，发芽率较对照组略微降低，但发芽指数和活力指数均较对照组高，或预示 100mg/L ETH 处理后种子发芽整齐度不高但发芽种子活力较强，另外，种子间个体差异或试验操作误差亦可能产生一定影响。

用相同浓度 ETH 处理黄精种子不同时间，如表 9.39 所示，200mg/L、300mg/L ETH 处理 24h 发芽率、发芽指数、活力指数均较处理 12h 高，且各指标结果差异均极显著（$P<0.01$），而 100mg/L ETH 处理 24h

表 9.38　不同浓度 ETH 对黄精种子萌发的影响

浓度/（mg/L）	时间/h	发芽率/%	发芽势/%	发芽指数	活力指数
0	12	30.0±0.00C	23.4±4.74BC	0.23±0.03C	1.07±0.10D
	24	32.2±3.87cC	27.8±1.91C	0.26±0.03D	1.30±0.13cC
100	12	43.3±0.00bB	20.0±0.00C	0.33±0.02bB	1.48±0.07C
	24	31.7±2.33cC	18.3±2.33B	0.33±0.01C*	1.47±0.05cC
200	12	46.7±4.74bB	28.3±2.33B	0.35±0.01bB	2.14±0.12B
	24	63.3±3.35B*	48.9±1.91aA*	0.57±0.02B*	3.77±0.13B*
300	12	60.0±3.30A	36.6±3.35A	0.63±0.01aA	4.78±0.05A
	24	78.9±3.81A*	50.0±3.81aA*	0.78±0.02A*	6.16±0.13A*

注：　表中同一列不同大写字母表示差异极显著（$P<0.01$），同一列不同小写字母表示差异显著（$P<0.05$），*表示处理 24h 组与对照组有极显著差异

表 9.39　ETH 不同处理时间对黄精种子萌发的影响

浓度/（mg/L）	时间/h	发芽率/%	发芽势/%	发芽指数	活力指数
100	12	43.3±0.00B	20.0±0.00aA	0.33±0.02aA	1.48±0.07aA
	24	31.7±2.33A	18.3±2.33aA	0.33±0.01aA	1.47±0.05aA
200	12	46.7±4.74B	28.3±2.33B	0.35±0.01B	2.14±0.12B
	24	63.3±3.35A*	48.9±1.91A*	0.57±0.02A*	3.77±0.13A*
300	12	60.0±3.30B	36.6±3.35bA	0.63±0.01B	4.78±0.05B
	24	78.9±3.81A*	50.0±3.81aA	0.78±0.02A*	6.16±0.13A*

注：　表中同一列不同大写字母表示差异极显著（$P<0.01$），同一列不同小写字母表示差异显著（$P<0.05$）。*表示相同浓度下，24h 处理组与 12h 处理组有极显著差异

发芽率、发芽势均较处理 12h 有所降低，或说明在低浓度范围下，短时间处理可达到促进作用，随处理时间延长可能会产生相反作用，而导致发芽率等降低。

9.7.5.5　试验小结

SNP 和 ETH 处理黄精种子结果显示，在试验处理范围内，500mg/L SNP 处理 24h 效果最好，发芽率、发芽势、发芽指数、活力指数分别为 60.0%、51.7%、0.39、2.34，与对照组 32.2%、27.8%、0.26、1.30 均有极显著差异；300mg/L ETH 处理种子 24h 效果最好，发芽率、发芽势、发芽指数、活力指数分别为 78.9%、50.0%、0.78、6.16，与对照组 32.2%、27.8%、0.26、1.30 均有极显著差异。说明 SNP 和 ETH 确有打破种子休眠促进种子萌发的作用，本试验中，ETH 对促进黄精种子萌发效果更明显，或说明其参与调节了黄精种子休眠过程中的某些激素水平或某些生理环节，打破了种子休眠，具体调节机制有待进一步试验研究。

试验中所设 SNP 和 ETH 浓度梯度有限，在以后的试验中可设置更多浓度梯度，以观察这两种外源生长调节物质的作用规律，以筛选出最佳处理浓度。

9.8　黄精种子处理技术和育苗技术研究

9.8.1　外源试剂处理黄精种子

实验表明，适宜浓度的 GA_3、6-BA、ABA、水杨酸等均能促进黄精种子萌发，显著缩短发芽时间，

其发芽率、发芽势、发芽指数和活力指数等指标明显升高。

（1）赤霉素（GA$_3$）处理

赤霉素可以促进种子萌发，在幼苗发育过程中促进茎及下胚轴的伸长，以及叶片的扩张。用 GA$_3$ 浸种可以明显提高黄精种子的发芽率，缩短发芽时间，提高发芽整齐度，以 150mg/L 的 GA$_3$ 浸种 24h 效果最好。

处理方法：选取籽粒饱满的黄精种子，用 150mg/L GA$_3$ 处理 24h，经 3%的 H$_2$O$_2$ 消毒 15min，25℃避光培养。

（2）6-BA 处理

6-BA 除了可以促进种子萌发，还可以打破黄精种子萌发过程中芽的休眠。与 GA$_3$ 相比，6-BA 处理的黄精种子发芽率偏低，但是用浓度为 100mg/L 的 6-BA 处理，能缩短黄精种子的出苗时间。

处理方法：选取籽粒饱满的黄精种子，用 100mg/L 6-BA 处理 24h，经 3%的 H$_2$O$_2$ 消毒 15min，25℃避光培养。

（3）水杨酸处理

采用水杨酸对黄精种子进行浸种处理，结果表明，在浓度为 13.8mg/L 时，水杨酸浸种对黄精种子萌发有明显的促进作用，并能显著提高种子的发芽势和发芽率，从而提高发芽的整齐度和种子的利用率。

处理方法：选取籽粒饱满的黄精种子，用 13.8mg/L 的水杨酸溶液浸泡 24h，经 3%的 H$_2$O$_2$ 消毒 15min，25℃避光培养。

（4）壳聚糖处理

用适当浓度的壳聚糖浸种可以促进黄精种子的萌发，提高种子的发芽整齐度。其中用 1.0g/L 壳聚糖溶液浸种后，黄精种子的发芽率、发芽势、发芽指数和活力指数有所提高。

处理方法：选取籽粒饱满的黄精种子，用 1.0g/L 的壳聚糖溶液浸种，经 3%的 H$_2$O$_2$ 消毒 15min，25℃避光培养。

（5）Ca^{2+}和 GA$_3$ 协同作用

Ca^{2+}影响与种子萌发有关的许多过程和酶活性，影响种子萌发的不同因素（如光照、激素）在很多情况下是通过 Ca^{2+}介导而起作用的。Ca^{2+}浓度对黄精种子萌发的影响有待进一步研究。

（6）一氧化氮（NO）供体硝普钠（SNP）作用

NO 是植物重要的信号分子，可以在植物体内合成，能够调控植物对各种刺激做出反应。硝普钠（SNP）等化合物作为 NO 直接供体，可在水溶液中释放 NO，在植物众多生理反应中起着重要作用。SNP 具体浓度及方法试验正在进行中。

（7）乙烯（ET）供体乙烯利（ETH）作用

乙烯参与种子休眠调控，与 GA 和脱落酸（ABA）相互作用共同调控种子休眠。其供体乙烯利可有效打破种子休眠，其具体浓度及方法试验正在进行中。

9.8.2　黄精种子沙藏技术

将黄精种子进行 0～4℃低温贮藏可明显打破芽休眠，有效提高种子成熟度，缩短出苗时间。研究结果表明：0℃低温沙藏 120d 最有利于种子的萌发，因种子经低温沙藏和冷冻沙藏处理后，内部水分得到有效的保留，利于种胚后熟发育，提高种子活力，缩短发芽时间，使种子发芽快而整齐。而室温处理使种子内部水分大量散失，后熟停滞，导致发芽率下降。另外，贮藏时间显著影响黄精种子的发芽率，对出苗率影响不明显。经 0～4℃低温贮藏 2 个月、3 个月、4 个月种子发芽率依次呈显著升高趋势。

种子培养长出芽后，还要经历一定时期的芽休眠，而 0～4℃低温处理能有效缩短芽休眠时间，提高出苗率。

9.8.3 黄精种子发酵漂洗

发酵漂洗法是将黄精果实处理成生产用种子可取的方法,即将黄精果实置于塑料袋中密封避光发酵 5～10d,再进行揉搓漂洗。经发酵漂洗得到的种子,成熟度好,千粒重和发芽率高,发芽时间较短。

9.8.4 不同颜色黄精种子的挑选

通过对黄精果实及种子发育过程观察分析得知,黄皮种子来自成熟的果实,呈不规则卵圆形,鲜种子表面为淡黄白色,有光泽,干燥后呈黄褐色,光泽消失,种子坚硬。绿皮种子来自未充分成熟的果实,表面粗糙,呈深绿色,中间布满了银白色星点。黑皮种子呈现透明紫黑色,表面光滑,有光泽,质地较软,胚乳疏松,与种皮颜色一致。通过对黄精种子形态研究分析认为,绿皮种子为未充分成熟的种子,有部分果肉黏附在种子上;黄皮种子为完全成熟的种子;黑皮种子为未成熟种子（发育不全）。故种子培养之前应将不具发芽能力的黑皮种子和未充分成熟的绿皮种子剔除。

9.8.5 黄精种子预处理和消毒

黄精种子的萌发须在黑暗条件下进行。种子萌发前经 40℃温水浸泡 24～30h,可有效促进黄精种子的萌发。3%的 H_2O_2 消毒 15min 较其他消毒试剂效果好,因为 H_2O_2 本身也有打破种子休眠的作用。

9.8.6 黄精种子育苗技术规程

1）果实采收及果实处理:于 9 月中下旬采收果实,将黄精果实拌 3 倍体积的湿沙,放在（5±2）℃的温控箱内贮藏,贮藏约 100d 取出。

2）育苗时间:2 月下旬至 3 月上旬开始育苗。

3）育苗方法:选用耙细均匀的砂质壤土铺垫发芽床,按行距 15cm 划深 2cm 细沟,将浸水吸胀 12h 的种子用清水冲洗后按 5cm×5cm 的规格均匀植入苗床细沟内,覆平细沟旁侧细土,用木耙轻拍压实,浇一次透水,覆盖一层薄薄的碎小秸秆后盖塑料棚。

4）育苗管理:在塑料棚环境下将温度控制在 20～25℃,白天可适当通风,保持充足光照,若逢阴雨天,可打开大棚内日光灯。约 20d 出苗,出苗后,小心揭去秸秆,锄草,待黄精苗高 5～8cm 间苗,去弱留强,按 10cm×10cm 的规格定株留用,适时移栽。

9.8.7 黄精组织培养

9.8.7.1 黄精种子培养无菌苗

可利用培养基将经外源试剂处理过的种子培养成无菌苗,具体方法如下。

1）将漂洗干净的种子晾干后在超净工作台上用 75%的乙醇浸泡 30s,无菌水冲洗 2～4 次后,再投入 0.1%的升汞中,不停摇晃,持续 15min 后取出,再用无菌水冲洗 5～8 次,接种至 MS+ 6-BA 0.2mg/L + NAA

0.2mg/L 的培养基中发芽。60d 后统计种子发芽率，并接入 MS + NAA 0.5mg/L +AC 0.3g/L + IBA 0.2mg/L 的培养基中生根，45d 后即可炼苗移栽。以上培养基均加入蔗糖 20g/L、琼脂 5g/L，pH 为 6.8，培养室温度（25±1）℃，光照强度 2000～3000lx，光照时间 10～12h/d。

2）炼苗移栽。生根培养 45d 后，敞开培养瓶炼苗 3d，选取具健壮根的小苗，用自来水冲去琼脂，栽种到基质（泥炭土：沙子 ＝2：1）中，每隔 7d 施用一次营养液。

9.8.7.2　黄精外植体培养无菌苗

在黄精组织培养方面，尹宏等（2009）研究了黄精萌幼芽为材料建立无性系，结果表明，1/2 MS + BA 0.1mg/L + NAA 0.1mg/L 培养基是黄精生长培养的理想培养基，MS +AgNO$_3$ 1.5mg/L + BA 0.6mg/L + IAA 0.1mg/L +NAA 0.1mg/L 培养基是黄精不定芽分化培养的理想培养基，1/3 MS + NAA 0.6mg/L 培养基是黄精试管苗生根培养和根茎生长的理想培养基。牟小翎等（2010）针对泰山野生黄精的根茎芽和茎尖建立了组培快繁技术，结果表明，MS＋6-BA 4.0mg/L 适宜诱导不定芽；增殖培养基为 MS +TDZ 1.5mg/L + 2,4 -D 1.0mg/L；生根培养基为改良 1/2 MS + NAA 0.5mg/L + 0.3～0.5g/L 活性炭，生根率可达 55%。试管苗在适宜的环境条件下驯化炼苗，移栽成活率达 90%。炉灰渣是黄精试管苗移栽和扦插的理想基质。移植到山坡林下的试管苗生长旺盛，根茎收获量增加 50%左右。

有关黄精组织培养方面的研究还不多，应加大采用组织培养、细胞培养、基因工程等生物技术进行黄精繁殖的力度。

9.9　黄精植物种质资源鉴定评价技术规范

9.9.1　范围

本标准规定了黄精种质资源鉴定评价的术语和定义、技术要求、鉴定方法和判定。

本标准适用于黄精种质资源植物学特征、生物学特征和生药学特性的鉴定及优异种质资源评价。

9.9.2　规范性引用文件

下列文件对于本文件的应用是必不可少的。凡是注日期的引用文件，仅注日期的版本适用于本文件。凡是不注日期的引用文件，其最新版本（包括所有的修改单）适用于本文件。

GB/T 10220　感官分析　方法学　总论

GB/T 12316　感官分析方法 "A"-非 "A" 检验

NY/T 2324　农作物种质资源鉴定评价技术规范　猕猴桃

中华人民共和国药典　2015 年版一部

9.9.3　术语和定义

下列术语和定义适用于本文件。

9.9.3.1　优良种质资源 elite germplasm resources

主要经济性状表现好且具有重要价值的种质资源。

9.9.3.2　特异种质资源 rare germplasm resources

性状表现特殊、稀有的种质资源。

9.9.3.3　优异种质资源 elite and rare germplasm resources

优良种质资源和特异种质资源的总称。

9.9.3.4　群体测量 collective measurement

对一批植株或植株的某器官或部位进行测量，获得一个群体记录。

9.9.3.5　个体测量 Individual measurement

对一批植株或植株的某器官或部位进行逐个测量，获得一组个体记录。

9.9.3.6　群体目测 group visual inspection

对一批植株或植株的某器官或部位进行目测，获得一个群体记录。

9.9.3.7　个体目测 Individual visual inspection

对一批植株或植株的某器官或部位进行逐个目测，获得一组个体记录。

9.9.3.8　下列符号适用于本标准

MG：群体测量
MS：个体测量
VG：群体目测
VS：个体目测
QL：质量性状
QN：数量性状
PQ：假质量性状

9.9.4　技术要求

9.9.4.1　试验地及种植要求

试验地前茬至少2年未种植黄精，前茬一致。除特殊说明外，应单畦种植，株行距为25cm×25cm，重复不少于3次，每重复不少于20株。

9.9.4.2　样本采集

每重复随机采样至少5株。

9.9.4.3　鉴定内容

黄精种质资源鉴定内容见表9.40。

表 9.40　黄精种质资源鉴定内容

性状类别	鉴定性状
植物学特征	①茎高、茎粗、茎秆颜色、茎秆状态；②叶片长、叶片宽、叶片形状、叶片数量、叶片先端状态、叶序、叶鞘颜色；③单株花序数量、单株小花数量、小花形状、小花颜色、总花梗长、小花梗长、花被筒长、花被筒宽、裂片状态、裂片长；④单株果实数量、果实形状、果实颜色、果实纵径、果实横径、百果重、果实成熟度；⑤单果种子数、种子纵径、种子横径、种子形状、种皮颜色、种子千粒重
生物学特征	生育期（播种期、幼苗期、开花期、盛果期、果实成熟期、收获期）、物候期（出苗期、现蕾期、始花期、盛花期、落花期、始果期、盛果期、果实成熟期、收获期）、耐阴性、抗寒性
主产品特征	新生根茎长、新生根茎粗、新生根茎结头直径、根茎形状、单株新生根茎重量、根茎中黄精多糖含量、根茎中水分含量、根茎中浸出物含量、根茎中总灰分含量

9.9.4.4　优异种质资源指标

9.9.4.4.1　优良种质资源指标

黄精优良种质资源指标见表 9.41。

表 9.41　黄精优良种质资源指标

序号	性状	指标
1	根茎形状	圆柱状、连珠状
2	新生根茎长	长（≥10cm） 较长（4~10cm） 短（≤4cm）
3	新生根茎粗	粗（直径≥3cm） 较粗（直径1~3cm） 细（直径≤1cm）
4	单株产量	高产（≥100g） 中产（40~100g） 低产（≤40g）
5	百果重	重（≥50g） 中（27~50g） 轻（≤27g）
6	根茎中黄精多糖含量	≥7%
7	根茎中水分含量	≤55%
8	根茎中浸出物含量	≥40%
9	根茎中总灰分含量	≤4%

9.9.4.4.2　特异种质资源指标

黄精特异种质资源指标见表 9.42。

表 9.42　黄精特异种质资源指标

序号	性状	指标
1	茎高	≥200cm
2	茎粗	≥9.00mm
3	叶片长	≥24.00cm
4	叶片宽	≥70.00mm
5	单株小花数量	极多
6	百果重	≥70g
7	生育期	完整的生育期 ≥400d
8	幼苗期	早于参照地区（陕西略阳）种质
9	盛花期	早于参照地区（陕西略阳）种质

续表

序号	性状	指标
10	盛果期	早于参照地区（陕西略阳）种质
11	单株产量	≥150g
12	根茎中黄精多糖含量	≥10%
13	根茎中水分含量	≤40%
14	根茎中浸出物含量	≥60%
15	根茎中总灰分含量	≤2.5%
16	耐阴性	强于参照地区（陕西略阳）种质
17	抗寒性	强于参照地区（陕西略阳）种质

注：参照种质信息是为了方便本标准的使用，不代表对该种质的认可和推荐，任何可以得到与参照种质结果相同的种质均可作为参照种质

9.9.5 鉴定方法

9.9.5.1 植物学特征

9.9.5.1.1 茎高

盛花期，选择生长状态良好、长势一致的植株 5 株，测量其茎高，结果用平均值表示，单位为厘米（cm）。

9.9.5.1.2 茎粗

用 9.9.5.1.1 的样本，测量其茎粗，结果用平均值表示，单位为毫米（mm），精确到 0.01mm。

9.9.5.1.3 茎秆颜色

用 9.9.5.1.1 的样本，观测其茎秆中部的颜色，按图 9.27 所示判断茎秆的颜色，分为绿色、紫红色和红色。

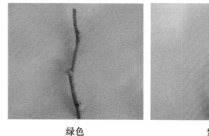 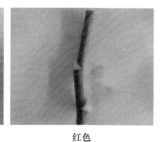

绿色　　　　　　　　　　紫红色　　　　　　　　　　红色

图 9.27 茎秆颜色观测

9.9.5.1.4 茎秆状态

用 9.9.5.1.1 的样本，观测其茎秆的生长状态，按图 9.28 所示判断茎秆的生长状态，分为直立、半直立和攀缘状。

9.9.5.1.5 叶片长

用 9.9.5.1.1 的样本，选取植株中部的叶片，测量其叶片长，结果用平均值表示，单位为厘米（cm），精确到 0.01cm。

直立　　　　　　　半直立　　　　　　　攀缘状

图 9.28　茎秆状态观测

9.9.5.1.6　叶片宽

用 9.9.5.1.1 的样本，选取植株中部的叶片，测量其叶片宽，结果用平均值表示，单位为毫米（mm），精确到 0.01mm。

9.9.5.1.7　叶片形状

用 9.9.5.1.1 的样本，选取植株中部的叶片，观测其叶片的形状。按图 9.29 所示判断叶片的形状，分为条状披针形、卵状披针形和卵圆形。

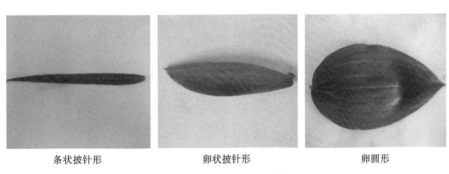

条状披针形　　　　　卵状披针形　　　　　卵圆形

图 9.29　叶片形状观测

9.9.5.1.8　叶片数量

用 9.9.5.1.1 的样本，观测植株的叶片数量，结果用平均值表示，单位为片，精确到 0.1 片。

9.9.5.1.9　叶片先端状态

用 9.9.5.1.1 的样本，观测叶片先端的状态。按图 9.30 所示判断叶片先端的状态，可分为拳卷、尖和钩状。

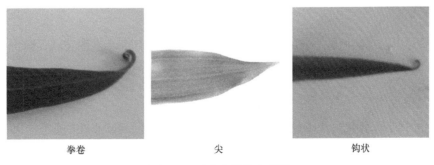

拳卷　　　　　　　尖　　　　　　　钩状

图 9.30　叶片先端状态观测

9.9.5.1.10　叶序

用 9.9.5.1.1 的样本，观测植株的叶片着生状态。按图 9.31 所示判断叶片着生状态，可分为轮生、互生和对生。

轮生　　　　　　　　　互生　　　　　　　　　对生

图 9.31　叶序观测

9.9.5.1.11　叶鞘颜色

用 9.9.5.1.1 的样本，观测植株的叶鞘颜色。按图 9.32 所示判断叶鞘颜色，可分为绿色和红色。

绿色　　　　　　　　　红色

图 9.32　叶鞘颜色观测

9.9.5.1.12　单株花序数量

用 9.9.5.1.1 的样本，观测单株植物上的花序数量，结果用平均值表示，单位为个，精确到 0.1 个。

9.9.5.1.13　单株小花数量

用 9.9.5.1.1 的样本，观测单株植物上的小花数量，结果用平均值表示，单位为朵，精确到 0.1 朵。

9.9.5.1.14　小花形状

用 9.9.5.1.1 的样本，观测植株小花的形状。依据图 9.33 所示判断小花的形状，可分为短筒状、长筒状和圆筒状。

9.9.5.1.15　小花颜色

用 9.9.5.1.13 的样本，观测植株小花的颜色。依据图 9.34 所示判断小花的颜色，可分为乳白色、淡黄色和黄绿色。

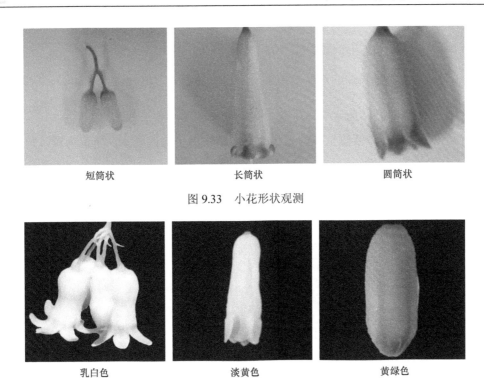

短筒状　　　　　　　长筒状　　　　　　　圆筒状

图 9.33　小花形状观测

乳白色　　　　　　　淡黄色　　　　　　　黄绿色

图 9.34　小花颜色观测

9.9.5.1.16　总花梗长

用 9.9.5.1.12 的样本，测量总花梗的长度，结果用平均值表示，单位为毫米（mm），精确到 0.01mm。

9.9.5.1.17　小花梗长

用 9.9.5.1.12 的样本，测量小花梗的长度，结果用平均值表示，单位为毫米（mm），精确到 0.01mm。

9.9.5.1.18　花被筒长

用 9.9.5.1.13 的样本，测量花被筒的长度，结果用平均值表示，单位为毫米（mm），精确到 0.01mm。

9.9.5.1.19　花被筒宽

用 9.9.5.1.13 的样本，测量花被筒的宽度，结果用平均值表示，单位为毫米（mm），精确到 0.01mm。

9.9.5.1.20　裂片状态

用 9.9.5.1.13 的样本，观测花被裂片的状态。依据图 9.35 所示判断裂片的状态，可分为反卷、直立和未展开。

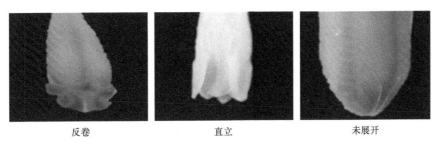

反卷　　　　　　　　直立　　　　　　　未展开

图 9.35　裂片状态观测

9.9.5.1.21 裂片长

用 9.9.5.1.20 的样本，测量裂片的长度，结果用平均值表示，单位为毫米（mm），精确到 0.01mm。

9.9.5.1.22 单株果实数量

盛果期，用 9.9.5.1.1 的样本观测植株的果实数量，结果用平均值表示，单位为颗，精确至 0.1 颗。

9.9.5.1.23 果实形状

用 9.9.5.1.22 的样本，观测果实的形状。依据图 9.36 所示来判断果实形状，可分为椭圆球体、圆球体和圆锥体。

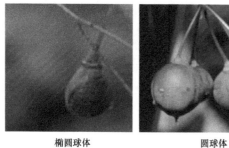 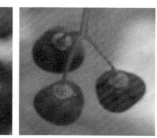

椭圆球体　　　　　　　　　圆球体　　　　　　　　　圆锥体

图 9.36　果实形状观测

9.9.5.1.24 果实颜色

用 9.9.5.1.22 的样本，观测果实的颜色。依据图 9.37 所示来判断果实颜色，可分为深绿色、草绿色和青绿色。

深绿色　　　　　　　　　草绿色　　　　　　　　　青绿色

图 9.37　果实颜色观测

9.9.5.1.25 果实纵径

用 9.9.5.1.22 的样本，测量果实的纵径，结果用平均值表示，单位为毫米（mm），精确到 0.01mm。

9.9.5.1.26 果实横径

用 9.9.5.1.22 的样本，测量果实的横径，结果用平均值表示，单位为毫米（mm），精确到 0.01mm。

9.9.5.1.27 百果重

用 9.9.5.1.22 的样本，测量 100 颗果实的重量，结果用平均值表示，单位为克（g）。

9.9.5.1.28　果实成熟度

果实成熟期，用 9.9.5.1.22 的样本，观测果实成熟度，可分为不成熟（绿色未瘪）和成熟（黑色变瘪）。

9.9.5.1.29　单果种子数

果实成熟后，采集种子，清洗干净，调查每个果实的种子数，结果用平均值表示，单位为颗，精确至 0.1 颗。

9.9.5.1.30　种子纵径

采用 9.9.5.1.29 的样本，测定种子纵径，结果用平均值表示，单位为毫米（mm），精确至 0.01mm。

9.9.5.1.31　种子横径

采用 9.9.5.1.29 的样本，测定种子横径，结果用平均值表示，单位为毫米（mm），精确至 0.01mm。

9.9.5.1.32　种子形状

采用 9.9.5.1.29 的样本，观测种子形状。依据图 9.38 所示判断种子形状，可分为椭圆球形和圆球形。

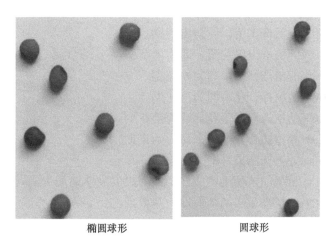

椭圆球形　　　　　　　圆球形

图 9.38　种子形状观测

9.9.5.1.33　种皮颜色

采用 9.9.5.1.29 的样本，观测种皮颜色。依据图 9.39 所示判断种皮颜色，可分为黄皮和绿皮。

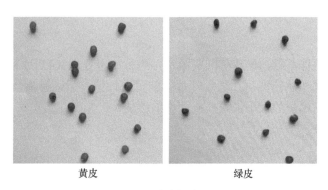

黄皮　　　　　　　绿皮

图 9.39　种皮颜色观测

9.9.5.1.34 种子千粒重

采用9.9.5.1.29的样本测定种子千粒重，结果用平均值表示，单位为克（g），精确至0.01g。

9.9.5.2 生物学特征

9.9.5.2.1 生育期

采用群体目测（VG）的方法，依据以下定义对生育期进行观测。

播种期：从播种到第一株植株出苗所需的天数。

幼苗期：从第一株幼苗至50%的植株出苗所需的天数。

开花期：从幼苗期至50%的植株开花所需的天数。

盛果期：从开花期至50%的植株结果所需的天数。

果实成熟期：从盛果期至50%的果实成熟所需的天数。

收获期：从果实成熟期至地上部分枯萎所需的天数。

9.9.5.2.2 物候期

采用群体目测（VG）的方法，依据以下定义对物候期进行观测。

出苗期：观察区内有50%的植株出苗，即为出苗期。

现蕾期：观察区内有50%的植株出现花蕾，即为现蕾期。

始花期：观察区内有20%的植株开花，即为始花期。

盛花期：观察区内有50%的植株开花，即为盛花期。

落花期：观察区内有20%的植株开始落花，即为落花期。

始果期：观察区内有20%的植株开始结果，即为始果期。

盛果期：观察区内有50%的植株结果，即为盛果期。

果实成熟期：观察区内有50%的植株果实成熟，即为果实成熟期。

落果期：观察区内有50%的植株果实凋落，即为落果期。

收获期：观察区内有50%的植株地上部分枯萎，即为收获期。

9.9.5.2.3 耐阴性

遮阴后，采集生长状态良好的植株中部叶片，迅速带回实验室，用蒸馏水和去离子水清洗后，测定叶片中的总叶绿素含量、叶绿素a和叶绿素b的含量，并计算叶绿素a/b值。以总叶绿素含量值的大小和叶绿素a/b值的大小来表征耐阴性的强弱。

9.9.5.2.4 抗寒性

采集生长状态良好的植株茎秆，迅速带回实验室，进行冷害处理（4℃冰箱处理12h），处理结束后，采集叶片，用蒸馏水和去离子水清洗后，测定叶片中的可溶性糖含量、游离蛋白质含量、脯氨酸含量和丙二醛含量。以上述4个指标值的大小来表征抗寒性的强弱。

9.9.5.3 主产品特征

9.9.5.3.1 新生根茎长

收获期，采挖9.9.5.1.1中样品的根茎，测量新生根茎的长度，结果用平均值表示，单位为厘米（cm）。

9.9.5.3.2 新生根茎粗

收获期，采挖 9.9.5.1.1 中样品的根茎，测量新生根茎的粗，结果用平均值表示，单位为厘米（cm）。

9.9.5.3.3 新生根茎结头直径

收获期，采挖 9.9.5.1.1 中样品的根茎，测量新生根茎的结头直径，结果用平均值表示，单位为毫米（mm），精确至 0.01mm。

9.9.5.3.4 根茎形状

采用 9.9.5.3.1 中的样品，观测植株根茎的形状。依据图 9.40 所示判断根茎形状，可分为圆柱状、连珠状和近连珠状。

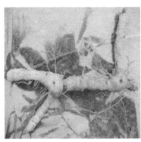  

圆柱状　　　　　　　　　　连珠状　　　　　　　　　　近连珠状

图 9.40　根茎形状观测

9.9.5.3.5 单株新生根茎重量

采用 9.9.5.3.1 中的样品，测量新生根茎的鲜重，结果用平均值表示，单位为克（g），精确至 0.01g。

9.9.5.3.6 根茎中黄精多糖含量

采用 9.9.5.3.1 中的样品，依据《中国药典》（2015 年版）中的方法测定。

9.9.5.3.7 根茎中水分含量

采用 9.9.5.3.1 中的样品，依据《中国药典》（2015 年版）中的方法测定。

9.9.5.3.8 根茎中浸出物含量

采用 9.9.5.3.1 中的样品，依据《中国药典》（2015 年版）中的方法测定。

9.9.5.3.9 根茎中总灰分含量

采用 9.9.5.3.1 中的样品，依据《中国药典》（2015 年版）中的方法测定。

9.9.6 判定

9.9.6.1 优良种质资源

除应符合表 9.41 中的单株产量、百果重、根茎中黄精多糖含量等指标外，还应至少符合其余 1 项指标。

9.9.6.2 特异种质资源

应符合表 9.42 中至少 1 项性状指标。

9.9.6.3 其他

具有除表 9.41、表 9.42 规定以外其他优良性状或特异性状指标的种质资源。

第 10 章　黄精炮制规范及炮制原理解析

10.1　黄精炮制规范研究

中药炮制产生的前提条件是中药的发现和应用，火、酒以及陶器的发明和应用，其历史可以追溯到原始社会。因此，中药炮制是在我国历代医药学家的长期医疗活动中逐步积累发展起来的一项独特的制药技术，有悠久的历史和丰富的内容，是中医用药特点所在，随着现代科学技术的发展，中药炮制也在不断摸索中前行。

中药炮制的发展大致分为 4 个时期：春秋战国至宋代（公元前 722 年至公元 1279 年）是中药炮制技术的初始和形成时期，元明时期（公元 1280～1644 年）是中药炮制理论的形成时期，清代（公元 1645～1911 年）是中药炮制品种和技术的扩大应用时期，现代（公元 1911 年以后）是中药炮制振兴、发展时期。中药炮制的历史文献比较分散，现代炮制经验多数是"师徒相传，口传心授"传承下来的，缺乏系统整理，以及科学的质量控制标准，严重影响了中医临床用药的安全和疗效。因此，对中药炮制文献的发掘整理，特别是传统炮制经验的历史沿革整理，有利于深入研究中药炮制方法的原始意图、作用目的、技术方法等一系列问题。

在我国，黄精药用历史已逾 2000 多年，始载于《名医别录》，为中医临床常用补虚药，味甘，性平，归脾、肺、胃经，有补气养阴、健脾、润肺、益肾的功效，用于治疗脾胃虚弱、体倦乏力、口干少食、脾虚燥咳、精血不足、内热消渴等。黄精用药是古代衍化而来，生用"刺人咽喉"，故多用蒸法炮制，历版《中国药典》及各省份制定的炮制规范中都制定了其炮制方法。

10.1.1　黄精炮制的历史沿革

黄精的炮制方法最早见于我国南北朝时期的《雷公炮炙论》："凡采得，以溪水洗净后蒸，从巳至子，刀薄切，曝干用。"

唐代孙思邈的《千金翼方》中记载黄精炮制法为"九月末掘取根。捡取肥大者，去目熟蒸，微暴干又蒸，暴干，食之如蜜，可停"，此即黄精的重蒸法。《食疗本草》中载有"九蒸九曝"法：所盛黄精，令满，密盖，蒸之，令气溜，即曝之第一遍，蒸之亦是如此，九蒸九曝。宋代《重修政和经史证类备用本草》中载有"细锉阴干捣末""单服九蒸九曝，入药生用"的应用方法。

元代《丹溪心法》中记载用黄精则"生捣汁"。明代仍以沿用唐宋时期"九蒸九曝"法为主，如明代《本草蒙筌》《景岳全书》《本草原始》等都有"九蒸九曝"的记载，另外，《本草蒙筌》中记载："入药疗病，生者亦宜。"《鲁府禁方》中首次提出了黄精与黑豆共煮的创新炮制方法。据统计，清代以前的 23 部本草著作中，要求蒸、晒 1 次有 4 部，蒸、晒 2 次者有 1 部，九蒸九晒者有 16 部，未注明者有 2 部。

清代黄精炮制方法主要是继承和沿袭，其中以"九蒸九曝"为主流，如汪昂的《本草备要》曰："九蒸九晒用。"张仲岩的《修事指南》中的方法继承了《雷公炮炙论》《本草蒙筌》中的方法，《本草图经》中有水煮取汁煎膏与炒黑豆末相合及水煮取汁煎膏焙法，《得配本草》中有"洗净砂泥，蒸晒九次用"。

10.1.2　黄精现代炮制概况

沿用至今的黄精炮制方法多是在前人净制、炮制经验的基础上发展和改进而成的。《中国药典》（2010年版）收载了照酒炖法和酒蒸法，"取净黄精，照酒炖法或酒蒸法炖透或蒸透，稍晾，切厚片，干燥。每100kg 黄精，用黄酒 20kg"。《全国中药炮制规范》依据炮制工艺不同，分为酒黄精和蒸黄精。酒黄精：取净黄精，用黄酒拌匀，置炖药罐内，密闭，隔水加热或用蒸汽加热，至酒被吸尽；或置适当容器内，蒸至内外滋润、色黑，取出，晒至外皮稍干时，切厚片，干燥。蒸黄精：取净黄精，洗净，蒸至棕黑色滋润取出，切厚片，干燥。《中药炮制大全》中亦分两类。一类是熟黄精：取原药材，洗净，蒸 4～6h（以上大气时），焖一夜，取出，切厚片、厚段，用蒸液拌匀，反复蒸晒 2～3 次，蒸至内外黑色滋润、味甜无麻味，晒干或烘干即得。另一类是酒黄精：取原药材，洗净，晾干，用黄酒拌匀，置炖药罐内，密闭，隔水加热，至酒吸尽；或置适当容器内，蒸至色黑、内滋润，取出，晒至外表稍干时，切厚片，干燥即得。每 100kg 黄精用黄酒 20kg 或白酒 10kg。《四川中药饮片炮制规范》中收载了黑豆制法，即每 100kg 黄精用黑豆 20kg。《山东省中药炮制规范》2005 年版中记载的黄精炮制方法为：黄精片吸尽 20%的黄酒后，蒸 8h，焖润 4h 至内外黑褐色，摊晒，外皮微干时再将原汁拌入，干燥；或将黄精与黄酒入蒸罐炖12h，焖 8h 至内外黑褐色，摊晒，外皮微干时再将原汁拌入，干燥。《北京市中药炮制规范》2008 年版中收录了酒黄精炮制方法：除去杂质，大小分开，加 20%黄酒拌匀，焖润 4～8h，装入蒸罐内，密闭，隔水加热或用蒸汽加热，蒸 24～32h 至黄酒被吸尽，以色泽黑润为度，取出，稍晾，切厚片（2～4mm），干燥。每 100kg 黄精用黄酒 20kg。

10.2　黄精炮制原理解析

中药炮制原理是指药物炮制的科学依据和药物炮制的作用，并探讨在一定工艺条件下，中药在炮制过程中产生的物理变化和化学变化以及因这些变化而产生的药理作用的改变和这些变化所产生的临床意义，从而对炮制方法做出一定的科学评估。炮制原理的研究是炮制学研究的关键。

10.2.1　黄精的炮制工艺

现代文献记载的黄精炮制方法有单蒸法、酒蒸法、黑豆煮蒸法、糖水蒸法、熟地膏蒸法等。20 世纪70 年代以后各专著及规范的蒸制次数趋于 1～3 次。

10.2.1.1　各省份黄精炮制法

部分省份有清蒸法。《浙江省中药炮制规范》2005 年版：原药材蒸 8h，焖过夜，再反复蒸焖至内外均滋润黑褐色或切片再蒸至内外均滋润黑褐色。《安徽省中药饮片炮制规范》2005 年版收载清蒸法：照蒸法，蒸至棕黑色、滋润时，取出，切厚片，干燥。《上海市炮制规范》2008 年版：净黄精蒸至内外滋润黑色，晒或晾至外干内润，切厚片，再将蒸时汁水拌入，均匀吸尽，干燥。《中国药典》1963 年版、1977年版均收载有清蒸法：净黄精蒸透；净黄精反复蒸至内外呈滋润黑色。

部分省份有酒蒸法。《北京市中药饮片炮制规范》2008 年版，酒蒸法为：黄精加 20%黄酒拌匀，焖润4～8h，装入蒸罐内，密封，隔水加热或用蒸汽加热，蒸 24～32h，至黄酒被吸尽，色泽黑润时取出，稍晾，切厚片，干燥。《山东省中药炮制规范》2005 年版收载黄精炮制方法为：黄精片吸尽 20%的黄酒后，蒸 8h，焖润 4h 至内外黑褐色，摊晒，外皮微干时再将原汁拌入，干燥；或将黄精与黄酒入蒸罐炖 12h，焖 8h 至内外黑褐色，摊晒，外皮微干时再将原汁拌入，干燥。

福建有制黄精和酒黄精。制黄精有清蒸法、煮法。清蒸法：原药材蒸 6～8h，第 2 天晒八成干后拌入余汁，反复蒸拌至色黑味甜不辣，再切片，晒干。煮法：黄精药材加入蒸熟的药汁淹没药面，文火煮至药汁被吸尽、内外均黑色质润，再切片，晒干。酒黄精加工法：净黄精清水浸泡 3h，武火蒸 6～8h，第 2 天晒至八成干，加入 20%的黄酒焖润 4～6h，如上法再蒸 1 次，切横片晒干。《陕西省中药炮制规范》规定：取黄精饮片或药材，加 20%黄酒，照酒蒸法或酒炖法蒸透或炖透。陕西省药品标准规定：黄精药材用 25%的黄酒炖至黑褐色，切厚片，晒干。陕西省内的三家饮片厂采用此法，蒸制时间长达 36h。《全国中药炮制规范》规定酒蒸法蒸至黑色、清蒸法蒸至棕黑色。崔於和吴建华（2012）选取润制时间、蒸制时间、焖制时间为考察因素，以减轻小鼠耳肿胀度为指标采用正交实验优化酒黄精的炮制工艺，最佳炮制工艺为每 100kg 黄精加黄酒 20kg 润制 18h 密闭，隔水加热蒸制 8h 关火后焖制 8h 取出，自然晾至八成干，切厚片，干燥。

还有使用其他辅料制的，如《四川中药饮片炮制规范》收载有黑（黄）豆制法。云南有黑豆、熟蜜、酒制法，亦有黑豆、生姜、蜜制法，熟地膏制法（黄精反复蒸晒露 3 次，再加熟地膏，润一夜，蒸至黑透，再晒露 1 次，晒干），蜜制法，熟地黄汁制法，米汤黑豆制法（黄精用米汤浸泡淘净后，加炒香之黑豆，再加水与药平，用微火煮干，去豆，蒸至上汽，取出，日晒夜露，隔天再蒸，再晒再露，且每次蒸前，加入前次的蒸出液，反复 5 次，晒干）。戴万生等（2015）应用紫外线（UV）优选滇黄精蒸制辅料，综合炮制品中还原糖、小分子总糖、多糖、总皂苷、浸出物含量的评判，确定了蒸制滇黄精时应最先考虑选用蜂蜜熟地黄汁和黄酒作为辅料。

综合各省份制定的炮制规范，制黄精的炮制方法有清蒸法、酒蒸法、酒炖法、煮法、熟地黄汁蒸法、黑豆汁拌蒸法等；有的蒸晒 1 次，有的蒸晒 2 次，有的蒸晒多次，还有的九蒸九晒；有的先蒸制后切制，也有先切片后蒸制；有的直接加入黄酒，也有蒸制之后再加入黄酒；蒸制时间多为 4～12h，也有 20h以上的。上述黄精的炮制是各地各法，黄精饮片质量很难统一。《中国药典》1985 年版、2000 年版、2005年版一部、2010 年版一部、2015 年版一部均收载有黄精和酒黄精 2 个饮片规格：酒黄精包括酒蒸法和酒炖法，均为先蒸后切。其他炮制品已基本不用。

10.2.1.2　各民族黄精用法及炮制法

蒸制法（傣族）：置蒸笼内蒸至油润状。奶制法（蒙古族）：净黄精置鲜牛奶或鲜羊奶中，文火加热至全部渗透。烫制法（蒙古族）：净黄精置沸水中，略烫或蒸至透心，边晒边揉至干。用水煎制法（土家族）或浸蒸制法（布依族）：糯米适量浸泡 1d，加 1kg 黄精、少许枸杞同蒸等。

10.2.2　现代改进的黄精炮制工艺

不少研究者在黄精古法炮制工艺的基础上进行了改进。朱卫平（1986）研究新法为：润、蒸、焖、拌汁的方法，即药材洗净堆垛，再淋水润透，蒸 6h（中间淋一次水），焖一夜，取出晾至半干，再将所剩药汁拌入，再晒，切片，干燥。此法与《江苏省中药饮片炮制规范》方法比较，制品光亮、为黑褐色，味甜无味，质量较好，炮制时间缩短了 2/3，并可防止有效成分丢失，保证了药效。林开中和熊慧林（1988）研究表明制黄精：原药材除去杂质，用水洗净、焖透，用大火蒸 12h 后停火，蒸笼内焖过夜，80℃烘干。此为蒸烘一次的样品。蒸、烘 1 次的黄精，外观性状可达传统质量要求，并且成品率高、节省药材、燃料、工时等；蒸、烘次数增加，反而会影响外观性状，并且导致成品率下降、费工费时，浸出物、总糖、还原糖含量均呈递减趋势、糖及游离氨基酸组分却无明显差异。因此提出制黄精以蒸烘一次为宜。刘超等（2000）对黄精炮制法提出改进即"润—蒸—焖"：将厚片水润透心，武火蒸 2h 后，再给所有黄精都均匀淋上水，再蒸 2h，熄火，焖制 1 夜，取出置烘箱 80℃烘干。也有研究人员采用以正交试验，以蒸制时间、焖制时间、蒸制次数、黄酒用量为因素，优选出酒黄精饮片最佳炮制工艺：20%黄酒焖润蒸制时间1h，焖制时间 1h，反复蒸制 4 次。吴远文（1992）在比较过 20%酒蒸黄精与"九蒸九晒"黄精后，认为黄精药材加 20%黄酒反复蒸、晒 5 次为好。冯英等（2010）以黄精中多糖、醇溶性浸出物和水溶性浸出物为指标，采用正交试验、综合评分法，优选出酒炖工艺为：加 20% 黄酒，炖 10h，再焖润 8h，70℃干燥。张英等（2011）以黄精中多糖、醇浸出物和水浸出物为指标，采用均匀试验设计及综合评分法优选清蒸黄精工艺。优选出工艺为：清蒸 6h，焖润 12h，70℃干燥。刘玲（2014）以水溶性浸出物、醇溶性浸出物、总多糖和总皂苷含量的综合评分为指标，通过析因试验优选 2005 年版《贵州省中药饮片炮制规范》中黄精的蒸制工艺，最佳炮制工艺为蒸制 8h，焖制 12h，且明显优于单蒸 6h 法和四蒸四制法。张婕等（2014）以外观性状和黄精多糖为指标，采用正交试验考察蒸制时间、蒸制温度、加酒量、蒸制次数4 个因素的最优炮制工艺。黄精加压酒蒸最佳工艺为 10%黄酒焖润，120℃高压蒸 60min，取出，切 3mm厚片，干燥。刘玲（2015）以色泽评分、水溶性浸出物、醇溶性浸出物、总多糖和总皂苷含量为综合评价指标，优化 2005 年版《贵州省中药饮片炮制规范》中酒黄精的炮制方法，并与其他炮制法进行比较。最佳炮制工艺为蒸制 3h，焖制 3h，反复 4 次。孙静（2016）以黄精多糖、水浸出物、醇浸出物和外观性状为指标，采用正交试验法优选鲜切太白黄精炮制工艺，最佳酒蒸工艺：加 30%黄酒，润制 6h，蒸制 14h，焖制 6h，取出，切 4mm 厚片，干燥。

黄精是常用中药，由于其产地分布较广，炮制品种较多，质量不易控制。黄精的炮制目前是一个地域一个方法，一个方法一个标准，使得制黄精饮片质量很难统一。

10.2.3 炮制对黄精有效成分含量的影响

黄精经炮制后，不仅刺激性消失，且水浸出物平均增加 29.03%（冷浸法）和 24.62%（热浸法），醇浸出物平均增加 32.54%，按碱性酒石酸铜法测定糖的含量，虽然总糖含量比生品平均减少 12.84%，但还原糖含量平均增加 82.00%。游离氨基酸组分由生品的 4 种增加到 10 种。说明制黄精中有效成分的物理、化学变化有利于有效成分的煎出及药效的充分发挥（林开中和熊慧林，1988）。魏征等（2012）检测到黄精炮制 5 个不同时间点（32h 内）共新产生了 20 种化合物，有些成分只在特定的炮制时间检测到。随着炮制时间的延长有 7 种化合物逐渐检测不到，至炮制 24h 全部消失。王进等（2011）提出引起黄精生品"久闻其生味，有刺目之感"的挥发性成分可能是正己醛和莰烯。吴毅等（2015a）以水解氨基酸为指标，考察了两种不同炮制方法对三种黄精中氨基酸含量的影响，三种黄精中总氨基酸含量差异显著，黄精＞多花黄精＞滇黄精。炮制后各品种黄精中总氨基酸含量都有相应的增加，且蒸制品＞炖制品。

10.2.3.1 黄精炮制对 5-羟甲基糠醛含量的影响

黄精炮制过程具有加热时间长、温度较高的特点，药材本身含有大量的糖类成分，在炮制过程中产生了还原糖类与氨基酸类的美拉德反应（Maillard reaction）。美拉德反应，又称为非酶褐变反应，它是指羰基化合物（主要为还原糖类）与氨基化合物（如氨基酸、蛋白质等）之间发生的反应（滕杉杉等，2022）。黄精炮制后主要通过以下三个途径产生 5-羟甲基糠醛（5-HMF）：①糖类脱水转化；②糖类与酸性物质反应；③美拉德反应。葡萄糖或果糖在高温或弱酸等条件下脱水生成醛类化合物。5-羟甲基糠醛既具有一定的刺激性和毒性作用，又具有药理活性，还具有抗氧化及改善血液流变学等作用。可见黄精通过炮制其功能性成分的含量增加了，生理作用增强了。

多糖是黄精中含量最多的成分，炮制过程中糖类脱水转化成 5-羟甲基糠醛。在黄精不同工艺炮制品中均能检测到 5-羟甲基糠醛，其在 HPLC 图谱中出峰比较明显，实验表明其含量与蒸制时间有密切的关系。魏征等（2012）检测到 5-羟甲基糠醛含量随着炮制时间的增加先升后降，并在 24h 处含量达到最大。杨云等（2008）检测到 5-羟甲基糠醛在炮制 50h 处含量达到最大。温远珍等（2010）检测了 11 批次黄精煎剂中 5-羟甲基糠醛含量差异可高达 30 倍，其认为可能是由炮制时间长短不一致所引起的。杨云等（2009）对黄精不同炮制品中的 5-羟甲基糠醛含量进行了测定，蒸制 30h 以内 5-羟甲基糠醛的含量基本稳定，蒸制时间在 30h 以上 5-羟甲基糠醛含量急剧上升，继续加热含量下降。曾林燕等（2013）发现炮制 32h 过程中新产生了 5-羟甲基麦芽酚（DDMP）和 5-羟甲基糠醛（5-HMF）（图 10.1）。多花黄精中 DDMP 的含量随着炮制时间的延长逐渐升高，至炮制 24h 达到最高，随后开始逐渐降低，5-HMF 的含量随着炮制时间的延长逐渐升高。常亮等（2015）采用两种检测方法（HPLC 法和 GC-MS 法）测定了 3 种黄精（大黄精、姜形黄精和鸡头黄精）在两种方式（炆制和蒸制）炮制 24h 期间 5-HMF 的含量，发现 5-HMF 含量均在 16h 出现峰值，且三种黄精中 5-HMF 含量差异显著，为大黄精＞姜形黄精＞鸡头黄精。吴毅等（2015b）用 HS-GC-MS 方法检测了 3 种黄精（多花黄精、滇黄精、黄精）两种炮制方法（蒸制和炆制）下 5-HMF 含量的变化，发现炮制 24h 后 5-HMF 含量均增加且 3 种黄精之间差异显著（多花黄精＞滇黄精＞黄精）。

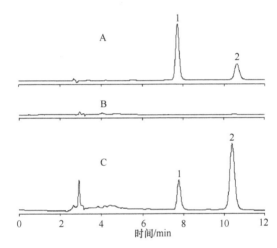

图 10.1　混合对照品（A）、黄精（B）及酒黄精（C）的 HPLC 色谱图（曾林燕等，2013）
1. DDMP；2. 5-HMF

10.2.3.2　黄精炮制对薯蓣皂苷元含量的影响

薯蓣皂苷元是黄精属植物主要成分之一，从黄精中已分离出黄精皂苷 A、黄精皂苷 B、新巴拉次薯蓣皂苷元 A-3-*O*-B-石蒜四糖苷（neoprazerigenin A-3-*O*-B-lycotctraoside）以及它的甲基原型同系物。薯蓣皂苷口服后经肠道菌群代谢产生的薯蓣皂苷元，具有降血脂、抗血小板聚集、促进胆汁分泌、抗肿瘤、诱导人红白血病（HEL）细胞和人早幼粒细胞白血病（HL260）细胞分化等作用，被认为是黄精发挥作用的真正有效成分。

到目前为止，国内外研究人员已经从黄精属植物中分离到 80 多种皂苷类化合物。中国科学院昆明植物研究所对 3 种黄精的化学成分进行了研究，结果表明，黄精中含有多种皂苷，以薯蓣皂苷为主，薯蓣皂苷具有防治心血管疾病、降低血脂的功能。有关黄精炮制前后皂苷变化的文献较少，钟凌云等（2009）采用薄层色谱法鉴定了炮制前后薯蓣皂苷元含量的变化，结果显示样品炮制前后均在薯蓣皂苷元对照品相应位置出现斑点，且斑点清晰、重现性好，用 HPLC 测定炮制前后薯蓣皂苷元的含量，结果表明炮制后黄精中薯蓣皂苷元含量下降。刘绍欢等（2010）利用 HPLC 测定黄精生品及不同炮制方法所得的黄精饮片中薯蓣皂苷元含量，结果表明炮制前后薯蓣皂苷元含量有明显变化，经炮制后黄精饮片中薯蓣皂苷元含量升高，不同炮制工艺所得的饮片中薯蓣皂苷元含量不同。刘绍欢等（2010）还采用 HPLC 测定了滇黄精生品及不同炮制品中薯蓣皂苷元的含量，结果发现各炮制品中薯蓣皂苷元含量较生品均有升高，且酒炖品＞清蒸品＞蜜炙品。杨圣贤等（2015）以葡萄糖和薯蓣皂苷元为指标成分，测定了黄精传统炮制工艺"九蒸九制"过程中多糖和皂苷含量的变化，发现随着蒸制次数的增加，多糖含量先减少后趋于稳定，皂苷含量先增加后趋于稳定，综合考虑多糖和皂苷含量，四蒸四制的黄精最好。但是四蒸黄精的药用效果和九蒸的是否一样，需要做进一步的研究。

10.2.3.3　黄精炮制对多糖含量的影响

《中国药典》以多糖作为黄精生品及其炮制品酒黄精质量测定的指标成分，直接烘干的黄精多糖含量最高，炮制过后多糖含量有明显的降低，这是因为多糖大量水解成低聚糖、单糖，炮制有利于有效成分的煎出及药效的充分发挥，药理实验结果显示，黄精炮制后其中的小分子糖类具有提高机体免疫功能的作用。徐世忱等（1993）报道炮制后黄精黏液质大量被除去，总多糖的平均含量下降。喻雄华和张大舜（2006）也报道了黄精生品中的多糖含量高于不同条件下的炮制品，是因为多糖在炮制过程中被大量水解成低聚糖和单糖。贺海花等（2009）发现不同蒸制方法和时间对黄精中多糖的含量有很大影响，以葡萄糖为指标成分采用 UV 检测，发现蒸制时间越长，高压与常压炮制品中多糖的含量均会降低。衣小凤和郭晏华（2010）考察不同产地与同一产地不同炮制品的黄精总多糖含量发现，10 个不同产地的黄精生品总多糖质量分数 1.09%～6.79%；在不同炮制品中，黑豆制的黄精总多糖含量最高，达 9.23%；蒸制法的总多糖含量最低为 1.19%。曾林燕（2012）研究多花黄精、黄精和滇黄精炮制前后小分子糖组成及含量变化。在 3 个品种黄精生品中检测到的小分子糖都为蔗糖和果糖，酒蒸 8h 或 16h 后，分别又检测到葡萄糖；3 种糖含量随炮制时间的延长而增加，然后在不同时间点又呈降低趋势；2 种还原糖葡萄糖和果糖之和，以及小分子糖总量都在炮制 16h 达到最高，为生品的 4～27 倍。杨圣贤等（2015）以葡萄糖为指标成分，测定黄精"九蒸九制"过程中多糖含量变化，结果表明随着蒸制次数的增加，多糖含量先减少后趋于稳定，直接烘干的 0 蒸黄精多糖含量为 12%，九蒸九制过程中，1 蒸黄精的多糖含量为 8.89%，1～3 蒸多糖含量明显减少，3～9 蒸多糖的含量趋于稳定，基本在 1%左右。

10.2.4　不同炮制工艺对黄精有效成分含量的影响

常亮等（2015）研究了采用两种方式（炆法和蒸法）炮制 24h 期间黄精中 5-羟甲基糠醛的含量变化，发现 5-HMF 含量均在 16h 出现峰值，炮制后各品种黄精中 5-羟甲基糠醛含量都有相应的增加，炆制品＞蒸制品。孙婷婷等（2016）研究了陕西产黄精经两种方式（清蒸和酒蒸）炮制后黄精多糖含量的变化，发现炮制后多糖含量下降，且生品＞酒蒸品＞清蒸品。有报道鲜品黄精中存在大量的黏液质，属于水溶性多糖，黄精在炮制过程中黏液质被大量除去，导致药材中多糖含量下降（张莹和钟凌云，2010）。因此推测黄精生品饮片在蒸制的过程中，由于饮片直接接触水蒸气，黏液质损失较多，故多糖损失较多，而在酒制的过程中因采用隔水加热的方式，黏液质损失较少，多糖损失也较少。另有文献报道黄精在炮制后多糖含量显著降低，与其水解成低聚糖和单糖有关（贺海花等，2009）。

杨云等（2008）考察了厚片（2～4mm）和单个两种形态黄精炮制后 5-羟甲基糠醛含量的变化，发现其含量与蒸制时间有密切关系，在 30h 之前该成分含量基本稳定，但受热 30h 以后含量急剧上升，片黄精清蒸 36h，个黄精酒炖 45h 达到最大，片黄精酒炖 50h 左右时 5-羟甲基糠醛含量又逐渐下降，究其原因可能是加热时间过长，高温对 5-羟甲基糠醛的破坏使其损失（李军等，2005）。瞿昊宇等（2015）比较了不同炮制方法对鸡头黄精和多花黄精多糖含量的影响，结果表明，炮制过程中蒸晒次数越多，黄精多糖含量越少。戴万生等（2015）研究了不同辅料蒸制（清蒸、酒蒸、黑豆蒸、熟地蒸、蜂蜜蒸、蔓荆蒸）

对滇黄精化学成分含量的影响，根据还原糖、小分子糖、多糖、总皂苷和浸出物含量的综合评分筛选出蜂蜜、熟地汁和黄酒为滇黄精蒸制的优选辅料。杨云等（2008）研究发现，黄精炮制品中还原糖含量随着蒸制时间的延长呈规律性变化，即酒炖样品中还原糖含量在蒸制 25h 时达到最大值，随后呈下降趋势。同时，对黄精中小分子糖的药理活性研究结果表明，黄精中小分子糖具有促进小鼠非特异性免疫的作用，可增强小鼠体液免疫功能，推断黄精的补肾益精、滋阴润燥等药效物质基础可能为黄精中的低聚糖、单糖等小分子糖类，具体结论还有待于进一步的研究。

10.2.5　黄精及其炮制品增效解毒作用研究

生黄精具有麻味，生品服用时，口舌麻木，刺激咽喉。接触过生黄精或其汁液的皮肤会产生瘙痒的感觉，久视有刺目感。经过炮制后，其刺激性及副作用被消除，糖性变浓烈，口感好，利于服用。黄精经炮制后转变药性，有利于有效成分的积累，其黏液质被破坏并去掉，使其滋而不腻，同时使黄精药效增强（庞玉新等，2006）。李迪民等（1997）研究发现，黄精炮制前后黄精多糖都有延长小鼠游泳时间、延长"阳虚"小鼠高温下游泳时间和延长小鼠常压耐缺氧存活时间的作用，说明其具有抗应激作用。黄精多糖可增加小鼠前列腺、贮精囊的重量，说明其具有壮阳雄激素样作用，但各种作用的强度似乎无明显差别。黄精炮制前后黄精多糖都能增加小鼠脾脏和胸腺的重量，提高血清中免疫球蛋白水平，提高血液中白细胞和血红蛋白的水平，说明其具有提高免疫功能和抗贫血的作用。张莹和钟凌云（2010）考察了黄精生品与炮制品对小鼠免疫功能的影响，结果发现黄精生品与炮制品均可提高小鼠的非特异性免疫功能，此外黄精在经过酒制后效果明显增强。

10.3　黄精生品及其炮制品的特征图谱

2015 年版《中国药典》中规定黄精检测方法为：黄精样品粉末 1g，用 70%乙醇 20mL，加热回流 1h，抽滤，滤液蒸干，残渣加水 10mL 使溶解，加正丁醇振荡提取 2 次，每次 20mL，合并正丁醇液，蒸干，残渣加甲醇 1mL 使溶解，作为供试品溶液。另取黄精对照药材 1g，同法制成对照药材溶液。照薄层色谱法《中国药典》2015 年版四部通则 0502）试验，吸取上述两种溶液各 10μL，分别点于同一硅胶 G 薄层板上，以石油醚（60～90℃）-乙酸乙酯-甲酸（5∶2∶0.1）为展开剂展开，取出，晾干，喷以 5%香草醛硫酸溶液，在 105℃加热至斑点显色清晰。供试品色谱中，在与对照药材色谱相应的位置上，显相同颜色的斑点。

刘建军等（2015）以薯蓣皂苷元为对照品，采用硅胶 G 高效预制板，以氯仿-乙酸乙酯（15∶1）为展开剂建立了黄精药材及其炮制品的薄层色谱鉴别方法，并用本方法对 10 批药材及其不同炮制品进行试验，得到了斑点清晰、分离度好的色谱图（图 10.2～图 10.4）。

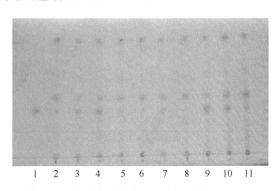

图 10.2　黄精药材的鉴定（刘建军等，2015）

1. 薯蓣皂苷元对照；2～11.10 批生黄精供试品

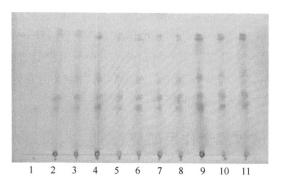

图 10.3　蒸黄精的鉴定（刘建军等，2015）

1. 薯蓣皂苷元对照；2～11.10 批蒸黄精供试品

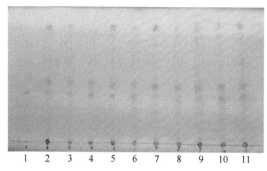

图 10.4　酒黄精的鉴定（刘建军等，2015）

1. 薯蓣皂苷元对照；2～11.10 批酒黄精供试品

刘振丽等（2009）以 5-羟甲基糠醛（5-HMF）为对照品，硅胶 G 薄层板层析，以石油醚（60～90℃）-乙酸乙酯（1∶1）为展开剂，在紫外光（254nm）下检视或喷以 15% α-萘酚乙醇溶液，在 90℃加热至斑点显色清晰，日光下检视。结果表明该方法可区别黄精生品与炮制品。赵欣等（2011）建立了陕西杨凌黄精的高效液相色谱（HPLC）指纹图谱（图 10.5），比较了 8 个不同产地黄精 HPLC 指纹图谱（图10.6）。结果表明该指纹图谱稳定性、重复性较好，能为陕西杨凌、汉中及其他各产地的黄精质量标准提供参考。

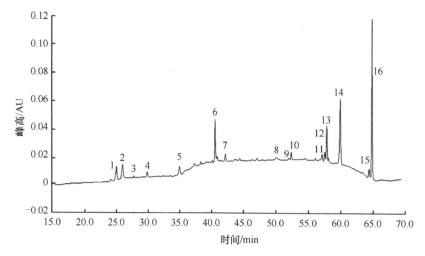

图 10.5　陕西杨凌黄精药材 HPLC 指纹图谱（赵欣等，2011）

15 号峰为薯蓣皂苷元，其余为未知物

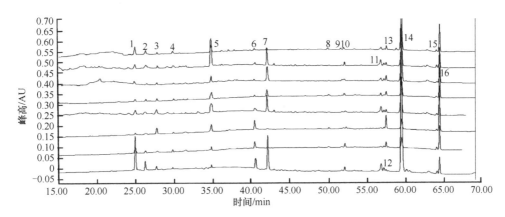

图 10.6　不同产地黄精的 HPLC 指纹图谱（赵欣等，2011）

图谱中从上到下产地依次为云南、湖南、四川、贵州、陕西汉中、河南、陕西杨凌、河北

15 号峰为薯蓣皂苷元，其余为未知物

第 11 章　黄精质量控制体系的建立

11.1　黄精生产基地的生态环境质量控制

11.1.1　黄精生产基地的自然环境

2013 年陕西略阳黄精生产基地委托汉中市环境监测中心站对黄精种植区域内的土壤、灌溉水、空气进行了检测。检测结果表明基地的土壤符合国家《土壤环境质量标准》（GB 15618—1995）二级标准，灌溉水符合《农田灌溉水质标准》（GB 5084—2005），空气质量符合《环境空气质量标准》（GB 3095—2012）二级标准。其中部分指标达到一级指标的要求。

11.1.1.1　黄精生产基地土壤质量检测结果

基地土壤质量检测结果见表 11.1。根据土壤环境质量分级标准（表 11.2）进行评价，黄精生产基地土壤的综合污染指数均≤0.7，表明土壤污染等级为安全（表 11.3），污染水平为清洁，达到一级土壤的要求。

表 11.1　土壤质量检测结果

检测点	pH	Hg/ (mg/kg)	Cd/ (mg/kg)	Pb/ (mg/kg)	As/ (mg/kg)	Cr/ (mg/kg)	Cu/ (mg/kg)	Zn/ (mg/kg)	Ni/ (mg/kg)	六六六/ (mg/kg)	DDT/ (mg/kg)	阳离子交换量/ (mg/kg)
五龙洞镇 中川坝村	7.02	0.089	0.28	32.5	9.7	31.3	35.1	106.8	34.4	0.005ND	0.005ND	24.3
西淮坝镇 西淮坝村	7.04	0.084	0.26	100.6	8.2	41.9	23.2	225.2	25.4	0.005ND	0.005ND	26.3
观音寺镇 观音寺村	6.95	0.105	0.23	27.9	6.8	39.2	44.4	105.0	46.4	0.005ND	0.005ND	19.3

注：ND 表示下限

表 11.2　土壤环境质量分级标准

等级划分	综合污染指数（P）	污染等级	污染水平
1	$P \leq 0.7$	安全	清洁
2	$0.7 < P \leq 1.0$	警戒级	尚清洁
3	$1.0 < P \leq 2.0$	轻污染	超过背景值视为轻污染
4	$2.0 < P \leq 3.0$	中污染	作物受到中度污染
5	$3.0 < P$	重污染	污染已相当严重

11.1.1.2　黄精生产基地灌溉水质量检测结果

基地灌溉水质量检测结果见表 11.4。根据灌溉水质量分级标准（表 11.5）进行评价，黄精生产基地灌溉水的主要污染物污染指数均小于 1，表明地表水无超标污染物；综合污染指数评价均小于 0.5（表 11.6），表明该区域污染水平为清洁，达到一级水质的要求。

表 11.3 土壤环境质量评价结果

| 检测点 | 单项污染指数 | | | | | | | | 综合污染指数 | 污染水平 |
	Hg	Cd	Pb	As	Cr	Cu	Zn	Ni		
五龙洞镇 中川坝村	0.18	0.47	0.11	0.33	0.16	0.36	0.43	0.69	0.56	清洁
西淮坝镇 西淮坝村	0.17	0.44	0.34	0.28	0.21	0.24	0.90	0.51	0.70	清洁
观音寺镇 观音寺村	0.21	0.39	0.10	0.23	0.20	0.44	0.16	0.93	0.70	清洁

表 11.4 灌溉水质量检测结果

检测项目	五龙洞镇中川坝村灌溉井	西汉水梁家河段	黑河观音寺断面
pH	7.02	7.17	7.21
水温/℃	10	9	12
生化需氧量/（mg/L）	1.1	1.0	2.5
化学需氧量/（mg/L）	10ND	10ND	10ND
悬浮物/（mg/L）	17	80	13.5
阴离子表面活性剂/（mg/L）	0.05ND	0.05ND	0.05ND
全盐量/（mg/L）	247	403	140
氯化物/（mg/L）	7.24	6.99	5.12
硫化物/（mg/L）	0.05ND	0.05ND	0.05ND
氟化物/（mg/L）	0.14	0.17	0.15
氰化物/（mg/L）	0.002ND	0.002ND	0.002ND
总汞/（mg/L）	0.000 01ND	0.000 01ND	0.000 01ND
镉/（mg/L）	0.001ND	0.001ND	0.001ND
总砷/（mg/L）	0.007ND	0.007ND	0.007ND
铅/（mg/L）	0.01ND	0.01ND	0.01ND
铜/（mg/L）	0.001ND	0.001ND	0.001ND
锌/（mg/L）	0.05ND	0.05ND	0.05ND
硒/（mg/L）	0.005ND	0.005ND	0.005ND
硼/（mg/L）	0.30	0.30	0.325
铬（六价）/（mg/L）	0.004ND	0.005	0.005
石油类/（mg/L）	0.03	0.04	0.03
挥发酚/（mg/L）	0.000 3ND	0.000 3ND	0.000 3ND
苯/（mg/L）	0.05ND	0.05ND	0.05ND
粪大肠菌群数/（个/L）	40	350	50

注：ND 表示下限

表 11.5 灌溉水质量分级标准

等级划分	综合污染指数（P）	污染等级	污染水平
1	$P \leq 0.5$	清洁	清洁
2	$0.5 < P < 1.0$	尚清洁	标准限量内
3	$1.0 \leq P$	污染	超出警戒水平

表 11.6 水质量评价结果

监测点	Pb	Cd	Hg	As	Cr⁶⁺	氯化物	氟化物	综合污染指数	污染程度
五龙洞镇中川坝村灌溉井	0.10	0.20	0.02	0.07	0.04	0.03	0.05	0.15	清洁
西汉水梁家河段	0.10	0.20	0.02	0.07	0.05	0.03	0.06	0.15	清洁
黑河观音寺断面	0.10	0.20	0.02	0.07	0.05	0.02	0.05	0.15	清洁

11.1.1.3　黄精生产基地空气质量检测结果

基地空气质量检测结果见表 11.7。根据空气环境质量分级标准（表 11.8），空气中 SO_2、NO_2、TSP、PM_{10} 和氟化物 5 项指标均符合《环境空气质量标准》（GB 3095—2012）二级标准。环境空气质量评价结果（表 11.9）表明，综合污染指数达到二级空气环境质量标准的要求。

表 11.7　空气主要检测成分分析结果

检测项目	五龙洞镇中川坝村		西淮坝镇西淮坝村		观音寺镇观音寺村	
	1h 平均	日平均	1h 平均	日平均	1h 平均	日平均
SO_2/（mg/m^3）	0.034	0.069	0.029	0.068	0.12	0.073
NO_2/（mg/m^3）	0.013	0.060	0.013	0.061	0.037	0.065
总悬浮物 TSP/（mg/m^3）	—	0.189	—	0.192	—	0.185
可吸入颗粒物 PM_{10}/（mg/m^3）	—	0.113	—	0.116	—	0.115
氟化物/（$\mu g/m^3$）	0.465	0.961	1.099	0.707	0.901	1.019
O_3/（mg/m^3）	0.013		0.012		0.012	
CO/（mg/m^3）	0.465	0.15	0.11	0.16	0.12	0.14
Pb/（mg/m^3）	—	2.5×10^{-4}ND	—	2.5×10^{-4}ND	—	2.5×10^{-4}ND

注：ND 表示下限

表 11.8　空气环境质量分级标准

等级	综合污染指数	污染等级	污染水平
1	≤0.6	清洁	清洁
2	0.7～1.0	尚清洁	大气质量标准
3	1.1～1.9	轻污染	警戒水平
4	2.0～2.7	中污染	警报水平
5	≥2.8	重污染	紧急水平

表 11.9　环境空气质量评价结果

采样地点		单项污染指数					综合污染指数	污染程度
		SO_2	NO_2	TSP	PM_{10}	氟化物		
五龙洞镇中川坝村	1h 均值	0.068	0.108	—	—	0.023	0.084	清洁
	日均值	0.460	0.750	0.630	0.753	0.137	0.641	大气质量标准
西淮坝镇西淮坝村	1h 均值	0.058	0.108	—	—	0.055	0.089	清洁
	日均值	0.453	0.763	0.640	0.773	0.101	0.650	大气质量标准
观音寺镇观音寺村	1h 均值	0.074	0.117	—	—	0.045	0.096	清洁
	日均值	0.487	0.813	0.617	0.767	0.146	0.678	大气质量标准

11.1.2　黄精环境质量标准

11.1.2.1　基地土壤达到国家土壤质量的二级标准

基地土壤属于砂质壤土，其土壤环境质量符合国家土壤环境质量二级标准，即 GB 15618—1995 二级标准，见表 11.10。

11.1.2.2　空气质量达到国家空气环境质量的二级标准

基地的空气符合环境空气质量二级标准，即执行 GB 3095—1996 二级标准，见表 11.11。

表 11.10　国家土壤环境质量二级标准（GB 15618—1995 二级标准）　　　（单位：mg/kg）

项目	二级标准		
土壤 pH	<6.5	6.5～7.5	>7.5
镉≤	0.30	0.60	1.0
汞≤	0.30	0.50	1.0
砷　水田≤	30	25	20
砷　旱地≤	40	30	25
铜　农田等≤	50	100	100
铜　果园≤	150	200	200
铅≤	250	300	350
铬　水田≤	250	300	350
铬　旱地≤	150	200	250
锌≤	200	250	300
镍≤	40	50	60
六六六≤		0.50	
滴滴涕≤		0.50	

注：①重金属（铬主要是三价）和砷均按元素量计，适用于阳离子交换量>5cmol（+）/kg 的土壤，若≤5cmol（+）/kg，其标准值为表内数值的半数。②六六六为 4 种异构体总量，滴滴涕为 4 种衍生物总量。③水旱轮作地的土壤环境质量标准，砷采用水田值，铬采用旱地值

表 11.11　环境空气质量二级标准（GB 3095—1996 二级标准）

污染物名称	取值时间	浓度限值	浓度单位
二氧化硫 SO₂	年平均	0.06	
	日平均	0.15	
	1h 平均	0.50	
总悬浮物 TSP	年平均	0.20	
	日平均	0.30	
可吸入颗粒物 PM₁₀	年平均	0.07	
	日平均	0.15	
氮氧化物 NOₓ	年平均	0.05	mg/m³（标准状态）
	日平均	0.10	
	1h 平均	0.15	
二氧化氮 NO₂	年平均	0.04	
	日平均	0.08	
	1h 平均	0.15	
一氧化碳 CO	日平均	0.04	
	1h 平均	0.01	
臭氧 O₃	1h 平均	0.20	
日最大	8h 平均	0.16	
铅 Pb	季平均	1.0	μg/m³（标准状态）
	年平均	0.5	
苯并[a]芘 B[a]P	24 小时平均	0.0025	
	年平均	0.001	

注：①适用于城市地区；②适用于牧业区和以牧业为主的半农半牧区、桑蚕区

11.1.2.3　灌溉水达到农田灌溉水质标准

基地的灌溉水符合国家《农田灌溉水质标准》（GB 5084—2005），见表 11.12。

11.1.2.4　药材品质稳定

黄精基地自规范化建设以来各环节的生产操作都严格按照标准操作规程执行，保证了操作环节的稳

221

表 11.12 国家农田灌溉水质标准（GB 5084—2005）旱作标准

序号	检验项目		旱作标准
1	五日生化需氧量/（mg/L）	≤	100
2	化学需氧量/（mg/L）	≤	200
3	悬浮物/（mg/L）	≤	100
4	阴离子表面活性剂/（mg/L）	≤	8
5	水温/℃	≤	35
6	pH		5.5～8.5
7	全盐量/（mg/L）	≤	1000（非盐碱土地区），2000（盐碱土地区）
8	氯化物/（mg/L）	≤	350
9	硫化物/（mg/L）	≤	1
10	总汞/（mg/L）	≤	0.001
11	镉/（mg/L）	≤	0.01
12	总砷/（mg/L）	≤	0.1
13	铬（六价）/（mg/L）	≤	0.1
14	铅/（mg/L）	≤	0.2
15	铜/（mg/L）	≤	1
16	锌/（mg/L）	≤	2
17	硒/（mg/L）	≤	0.02
18	氟化物/（mg/L）	≤	2（一般地区），3（高氟地区）
19	氰化物/（mg/L）	≤	0.5
20	石油类/（mg/L）	≤	10
21	挥发酚/（mg/L）	≤	1
22	苯/（mg/L）	≤	2.5
23	三氯乙醛/（mg/L）	≤	0.5
24	丙烯醛/（mg/L）	≤	0.5
25	硼/（mg/L）	≤	1[a]（对硼敏感作物），2[b]（对硼耐受性较强的作物），3[c]（对硼耐受性强的作物）
26	粪大肠菌群数/（个/100mL）	≤	4000
27	蛔虫卵数/（个/100mL）	≤	2

注：a.对硼敏感作物，如黄瓜、豆类、马铃薯、笋瓜、韭菜、洋葱、柑橘等；b. 对硼耐受性较强的作物，如小麦、玉米、青椒、小白菜、葱等；c. 对硼耐受性强的作物，如水稻、萝卜、油菜、甘蓝等

定性，这是生产质量均一、稳定的黄精药材的基础。基地技术人员每年对产出的黄精药材都与上一年同一片区生产的黄精药材进行含量比较，结果显示，黄精基地生产的黄精药材经过多年的实践生产对比其质量是均一可控的，证明略阳县适合黄精药材的人工种植（表 11.13）。

表 11.13 陕西步长制药有限公司黄精 GAP 基地 2009～2014 年生产的药材第三方检验

检测项目	2010 版药典标准	2009～2013 年			2010～2014 年		
		HJLY011310001	HJLY021310001	HJLY031310001	HJLA141011	HJLG141021	HJLL141022
性状	应符合规定	符合规定	符合规定	符合规定	符合规定	符合规定	符合规定
显微鉴别	应符合规定	符合规定	符合规定	符合规定	符合规定	符合规定	符合规定
薄层鉴别	应符合规定	符合规定	符合规定	符合规定	符合规定	符合规定	符合规定
水分（%）	≤18.0	11.9000	13.0000	14.0000	11.6000	9.3000	11.5000
总灰分（%）	≤4.0	2.2000	3.4000	2.1000	3.8000	3.3000	3.9000
浸出物（%）	≥45.0	78.2000	71.2000	66.4000	77.3000	67.6000	73.2000

检测项目	2010 版药典标准	2009～2013 年			2010～2014 年		
		HJLY011310001	HJLY021310001	HJLY031310001	HJLA141011	HJLG141021	HJLL141022
多糖含量（%）	≥7.0	16.6000	11.6000	13.1000	17.0000	17.6000	17.3000
辛硫磷含量（%）	未规定	低于检出限	未检测	未检测	未检测	未检测	未检测
六六六（mg/kg）	≤0.1	低于检出限	低于检出限	低于检出限	低于检出限	低于检出限	低于检出限
滴滴涕（mg/kg）	≤0.1	低于检出限	低于检出限	低于检出限	低于检出限	低于检出限	低于检出限
五氯硝基苯（µg/L）	≤0.1	低于检出限	低于检出限	低于检出限	低于检出限	低于检出限	低于检出限
铅（µg/L）	≤5000	低于检出限	0.0200	0.1500	0.1000	0.2000	0.1000
镉（mg/kg）	≤0.3	0.0300	0.1200	0.2900	低于检出限	低于检出限	低于检出限
铜（mg/kg）	≤20.0	4.3000	3.2000	4.3000	6.8000	9.0000	5.2000
汞（µg/L）	≤200	0.4400	低于检出限	低于检出限	低于检出限	低于检出限	低于检出限
砷（µg/L）	≤200	低于检出限	0.0160	低于检出限	0.0200	低于检出限	0.2000
黄曲霉毒素（µg/kg）	≤5.0	低于检出限	低于检出限	低于检出限	低于检出限	低于检出限	低于检出限

综合评价：各项指标均达到 2010 年版《中国药典》一部中黄精项下各项规定，农残、有害元素均符合《药用植物及制剂进出口绿色行业标准》

11.1.2.5　药材具有道地性

2015 年版《中国药典》规定黄精以百合科植物多花黄精、滇黄精、黄精的干燥根茎入药，黄精基地所用种质经西北农林科技大学张跃进、董娟娥教授鉴定为百合科植物黄精 *Polygonatum sibiricum* Red.。黄精 *Polygonatum sibiricum* Red. 是当地野生资源较为丰富的药材之一。自古就有药农采挖黄精加工出售或留作自用。据史料记载，汉相张良辟谷秦岭南麓一年之久，就是以当地的黄精和野果为食；唐代诗人杜甫为躲避安史之乱，带领家眷从长安辗转到四川，途经略阳，沿途均以黄精充饥，写下了《黄精》一诗："长镵长镵白木柄，我生托子以为命。黄精无苗山雪盛，短衣数挽不掩胫。"在秦岭山脉的终南山中黄精的种植也有 1000 多年的历史，早在唐代的民间和文人墨客就已盛行种植黄精，如唐代诗人张籍在《寄王侍御》诗中就写了："爱君紫阁峰前好，新作书堂药灶成。见欲移居相近住，有田多与种黄精。"诗中描写的"紫阁峰"是秦岭终南山山峰之一。1987 年完成的《陕西省略阳县农业资源调查和农业区划报告集》中，黄精 *Polygonatum sibiricum* Red. 列在略阳县药用动植物名录中。以上这些均可说明黄精 *Polygonatum sibiricum* Red. 是略阳县当地原有的道地药材，具有道地性。

11.1.2.6　基地远离城区，无工业污染及生活垃圾污染

略阳县地处秦岭南坡，森林覆盖率 60% 以上，全县以农业产业为主，环境优美无污染。黄精基地的生产加工区位于略阳县五龙洞镇中川坝村，离县区 30km，处于国家 4A 级风景区五龙洞森林公园风景区域内，当地四面环山，植被茂密，山清水秀，无任何工业三废①污染，是天然的药材产区。基地所在的流域是略阳县城居民饮用的水源地。

11.1.2.7　药材资源丰富，具有良好的中药材种植产业发展前景

略阳县森林覆盖率高，植被茂密，动植物资源丰富，野生药材种类较多，常见的有五味子、鱼腥草、夏枯草、柴胡、白附子、苦参、地榆、何首乌、通草、索骨丹、杜仲等。其丰富的林地资源也非常适合发展林下野生抚育。当地药材人工种植规模较大，品种也较多，最主要的药材栽培品有天麻、猪苓、银杏、杜仲、白及、五味子等，其中天麻和猪苓的种植面积最大，已经是当地居民主要的经济来源，因此略阳县具有良好的中药材人工种植基础和产业发展前景。此外，当地政府也非常重视中药材产业的发展，

---

① 工业三废是指工业生产过程中排出的废气、废水和废渣。

除了招商引资，还积极鼓励居民因地制宜地开展中药材种植。黄精是未来非常有市场潜力的药材品种，市场用量大，但供给明显不足，黄精基地的建设和黄精的大面积种植推广有望成为当地居民新的收入增长点。

11.1.2.8 前茬作物不为根茎类药材或植物

黄精为多年生根茎类药材，连续多年的重茬种植会严重影响黄精的质量和产量，在种植过程中同一块地种植黄精或黄精育苗1茬后，需与禾本科作物，如玉米、小麦、薏米、谷子等进行倒茬轮作。至少2茬后才能再次进行黄精的种植或种苗培育。在初次种植时其所选地块的前2茬作物也必须为非根茎类药材或植物。在换茬期间需对之前种过黄精的地块重施有机肥，并对土壤进行杀菌、杀虫处理，以方便下次种植。

规范化大田种植选址在中川河流域，该流域拥有耕地近4000亩，土地平整、肥沃，足够满足基地开展大田规范化种植所需的倒茬轮作面积。该区域长期以种植玉米、小麦为主，不会产生黄精病害交叉感染。

11.2 黄精繁殖材料的质量控制

11.2.1 黄精浆果和种子的质量标准

11.2.1.1 浆果质量标准

外观：球形，稍有皱缩，触之柔软，表皮墨绿色，果实完整，无机械损伤，无病虫害。
性状：果肉黑绿色，质地黏稠，草腥味，味酸甜略苦，含有6~8粒种子。
净度：净度≥90%。

11.2.1.2 种子质量标准

播种前应进行黄精种子外观质量及生活力、净度、含水量等的测定，其质量应符合表11.14中规定的二级以上标准。

表11.14 黄精种子分级标准

项目	一级种子	二级种子	三级种子
成熟度（%）不低于	90	85	80
净度（%）不低于	98	97	90
生活力（%）不低于	85	80	75
含水量（%）不低于	60	60	60
千粒重/g	大于33	28~33	23~28
外观形状	黄精种子扁圆形或不规则状，长3~3.5mm，宽2~2.5mm，厚约1.5mm，表面有不明显的皱纹，黄褐色；滇黄精种子圆形，略扁，直径约5mm；多花黄精种子圆球形		

11.2.2 黄精种苗的质量标准

种苗具3节；无机械损伤，无病虫害，无失水；须根系发达；从种子到成苗至少需三年时间。种苗分级标准见表11.15。

表 11.15　黄精种苗分级标准

分级	芽长/cm	外观形态
一级种苗	大于 3.1	休眠芽肥壮，根系生长良好，无病虫感染和机械损伤
二级种苗	0.5～3.1	休眠芽肥壮，根系生长良好，无病虫感染和机械损伤
三级种苗	小于 0.5	休眠芽生长一般，根系生长一般，无病虫感染和机械损伤

种苗在移栽前要进行检查，对烂根、色泽异常及有虫咬、伤及根结线虫瘤的苗要除去；对混有的杂草要进行清理。若必须从外地调运种苗，要经过种苗检疫部门的检疫，防止人为引入危险的病虫害和杂草。

11.2.3　黄精根茎的质量标准

播种前应进行黄精根茎外观质量及生活力、净度、含水量等的测定，其质量应符合表 11.15 中规定的二级以上标准（表 11.16）。

表 11.16　黄精根茎的分级标准

项目	一级根茎	二级根茎	三级根茎
成熟度（%）不低于	90	85	80
净度（%）不低于	98	97	90
生活力（%）不低于	85	80	75
含水量（%）不低于	60	60	60
节头直径/cm	大于 3.000	2.000～3.000	1.500～2.000
外观形状	黄精根茎结节状，一端粗，类圆盘状，一端渐细，圆柱形，全形略似鸡头，长 2.5～11cm，粗端直径 1～2cm，常有短分枝，上面茎痕明显，圆形，微凹，直径 2～3mm，周围隐约可见环节；滇黄精根茎呈不规则的圆锥状，形似鸡头（习称"鸡头黄精"），或呈结节块状似姜形（习称"姜形黄精"），分枝少而短粗，长 3～10cm，直径 1～3cm；多花黄精根茎连珠状或块状，稍带圆柱形，直径 2～3cm，每一结节上茎痕明显，圆盘状，直径约 1cm		

11.3　黄精生产过程中对肥料的控制

11.3.1　允许使用的肥料种类

黄精基地施肥以充分腐熟的农家肥和商品有机肥为主，农家肥在当地养殖场或农户家采购，多为猪粪、牛粪、鸡粪，在基地经与杂草、秸秆堆肥腐熟后，施入田间。商品有机肥以豆粕有机肥、生物有机肥为主。每年秋季，基地将粉碎后的玉米秸秆均匀地铺撒在黄精畦面，然后用土覆盖，经过一个冬天的腐解，玉米秸秆腐烂，起到增肥和改良土壤的效果。在黄精生长的不同阶段，根据生长需要在黄精叶面喷施叶肥，叶肥主要有微肥、尿素、钾肥等。

11.3.2　禁止使用的肥料种类

黄精基地禁止使用未经充分腐熟的农家肥，禁止使用城市生活垃圾、工业垃圾、医疗垃圾和粪便。基地所使用的商品有机肥和化肥需来自正规厂家，厂家需提供完整的检验报告和生产资质，禁止使用未经检验或检验不合格及检验报告、生产资质不完整的企业生产的肥料。

11.3.3 黄精生产中肥料的使用原则

黄精基地肥料的使用坚持以有机肥为主、化肥为辅的原则，重视优质有机肥的使用，合理配施化肥，用地与养地相结合。基地土壤本底肥力数据与黄精生长需肥规律相结合，按照平衡施肥的要求科学施肥。同时，根据黄精生长发育的营养特点和土壤、植株营养诊断进行追肥，以及时满足黄精对养分的需要。

11.4 黄精生产过程中对重金属及农药残留的控制

11.4.1 使用肥料的控制

为了确保黄精基地施肥过程安全可控，基地做了大量与施肥相关的基础研究，在此基础上基地制定了科学的标准操作规程（SOP）和相应的管理制度，以指导和规范黄精肥料的使用。对每个操作环节进行详细的记录，每个种植片区都配备一名技术指导人员，严格要求作业人员按照 SOP 的要求进行作业。同时质量管理人员全程跟踪监督，对不合规定的作业要求提出指正。

11.4.2 使用农药的控制

农药的使用也是影响药材质量的一个关键环节，基地十分重视农药的安全使用，且一直遵循"预防为主，综合防治"的原则，坚持"植物检疫、农业防治、生物防治、物理防治为主"的指导思想，坚持"狠抓前期防治，控制中后期危害"的防治策略，最大限度地减少农药的使用量。基地在每次农药使用前都对农户进行相关技术培训，不仅确保了农药的科学合理使用，同时也保护了施药人员的安全。黄精基地所使用的农药都是低毒、低残留的正规厂家生产的农药，对使用过程制定了相应的操作规程和管理规程。

11.4.3 采收加工及运输过程中对污染的控制

为了防止黄精药材在采收加工及运输过程中遭受污染和质量安全隐患，基地制定了《黄精药材采收标准操作规程》《黄精加工标准操作规程》《黄精药材运输管理规程》《黄精采收管理规程》《黄精加工、包装管理规程》《加工、包装场地管理规程》，在作业过程中全程都有技术人员指导作业，并对每个环节进行详细的记录，同时质量管理人员对作业质量进行监督和检查，对不符合规定的作业内容和行为进行指正。

11.5 黄精病虫害的无公害防治

陕西略阳黄精基地是我国黄精生产的主要基地。在基地建设过程中，科研人员对黄精主要病害发生及防治技术进行了研究，通过长期的病虫害观察和记录，发现黄精的主要病害为根腐病、叶斑病和黑斑病等，地下害虫为地老虎、蛴螬等。在对基地病虫害发生规律调查掌握的基础上，建立了黄精基地病虫害发生规律及防治机制。在病虫害发生的初期充分利用物理、生物手段进行防治，将化学农药的使用减少到最低限度。同时基地技术人员对黄精病虫害化学防治方法进行研究，力求找到最好、最安全的化学防治方法。

11.5.1 黄精病虫害调查

黄精病虫害田间调查采取随机取样，每个样方取 5 个点，每个点取一个平方进行调查；地下害虫调查深度为 0～25cm。

11.5.2　黄精病虫害防治中农药的安全使用原则

1）对症用药、合理用药、适时用药、合理药量和次数、轮换用药和合理混用。

2）优先选用植物源杀虫剂、杀菌剂、增效剂，释放寄生性、捕食性天敌动物或在害虫捕捉器中使用昆虫外激素。

3）允许有限度地使用活体微生物及农用抗生素。

4）如实属必须，允许有限度地使用本规程确定的农药，并严格按本规程规定的方法和用量使用；严禁使用本规程未确定的农药品种或超限度使用。

5）黄精生产全过程禁止使用除草剂。

6）严格禁止使用剧毒、高毒、高残留或者具有三致（致突变、致畸、致癌）的农药。

7）采收前一个月内不得使用任何农药。

8）基地技术人员应及时深入基地了解调查黄精病虫害情况，针对具体情况，制定统一的病虫害防治办法，筛选适宜的农药品种，并规定用药限量，严格按上述操作规范指导和监督药农安全使用。

9）基地管理人员必须对病虫害情况及农药使用情况做好详细记录。

11.5.3　黄精病虫害防治方法

11.5.3.1　农业防治

（1）认真选地，实行轮作

认真选地：为了让黄精植株在良好的土壤环境中生长，增强其抗病力，抵御各种病原菌的侵袭，用地应选择比较肥沃的腐殖土、壤土和沙质土。地势低洼、重黏土、盐碱地不宜采用。

实行轮作：黄精是多年生宿根植物，在地时间长，种植一茬后继续连作易导致根腐病等病害的发生与流行，必须实行轮作。生产上可采取与旱粮（小麦、陆稻、荞麦等）、蔬菜、花卉、经济作物等轮作的方式，以减轻病害的发生。轮作年限应在 8 年以上。

（2）选用和培育健壮无病的种子、种苗

生产用种子、种苗应符合黄精种子、种苗质量标准的要求。选留无病虫健康的种子、根茎或培育健壮无病虫的种苗，并经检测无农药或重金属残留后才可使用。

（3）做好黄精与玉米的套种，保证一定的遮阴度

黄精为阴生植物，须在遮光条件下栽培。所以生产上常和玉米套种，这样既有利于黄精的生长，又能有效地减少病害的发生，同时增加了土地的利用度，增加了农民的收入。

（4）保持黄精园清洁，清除病残植株

黄精生长期间要注意勤检查，田间生长有杂草时应及时人工清除，出现发病植株要及时处理掉，并用药物处理病塘。另外，还要对黄精的排水沟进行消毒处理。改善田间小气候条件，减少病原菌数量或病原菌再次侵染的机会。创造有利于黄精生长、不利于病虫害发生的环境条件，减少病虫害的发生。对拟种植黄精的地块，在秋末作物收获后，进行翻犁耙地以充分暴晒土壤，减少病原菌的数量；对已栽黄精的黄精园，结合冬季管理及时剪除地上部分茎叶，然后选用一些广谱性杀菌剂喷洒墙面，减少越冬病原菌数量。

（5）合理施肥，合理排灌

根据黄精生长的需肥规律及需肥特点，及时施予足够的肥料，这对促进黄精健壮生长、提高植株抗

病性具有重要作用。黄精生长需要适宜的土壤湿度，湿度过大或过小都将影响黄精正常生长；要及时清理排水沟，保持流水通畅。另外，田间湿度对黄精病虫害的发生影响也很大。湿度大，对大多数病虫害的发生有利，故遇到阴雨绵绵的天气或暴风雨过后应及时排涝，以减少病虫害的发生。

11.5.3.2　病害防治

（1）根腐病

一般在 5～11 月发生，植株发病初期，先由须根、支根变褐腐烂，逐渐向主根蔓延，最后导致全根腐烂，外皮变为黑色，随着根部腐烂程度的加剧，地上茎叶自下而上枯萎，最终全株枯死。多在高温多雨季节低洼积水处发生。

防治方法：①合理轮作，可抑制土壤中病原菌的积累，特别是与葱蒜类蔬菜轮作效果更好；②加强栽培管理，采用高畦深沟栽培，防止积水，避免漫灌，发现病株及时拔除；③发病期间用 50%多菌灵 800～1000 倍液，每亩 1.5～2.5kg 稀释成 1000 倍液浇灌病株，每周一次，连续 2～3 次。

（2）叶斑病

叶斑病为黄精主要病害，一般 4～5 月发病，危害叶片。叶斑病病原菌主要在植物病残组织和种子上越冬，成为下一代生长季的初侵染源。病原菌多数靠气流、风雨，有时也靠昆虫传播。通常在生长季节不断侵染。叶斑病的流行要求雨量较大、降雨次数较多、温度适宜的气候条件。

防治方法：①注意清园，减少病原菌；②增施磷钾肥，或于叶面上喷施 0.3%磷酸二氢钾，以提高黄精抵抗力；③发病前和发病初期喷 1∶1∶100 波尔多液，或 50%退菌特 1000 倍液，每 7～10d 喷 1 次，连喷 3～4 次。

（3）黑斑病

黄精黑斑病病原菌为真菌中的一种半知菌，危害叶片，发病初期，从叶尖出现不规则黄褐色斑，病健部交界处有紫红色边缘，以后病斑向下蔓延，雨季则更严重。病部叶片枯黄。

防治方法同叶斑病。

11.5.3.3　虫害防治

（1）物理机械防治

对地老虎、蛴螬等可采用人工捕杀的方法。

（2）生物防治

黄精害虫可用绿僵菌、苏云金杆菌、乳状芽孢杆菌等活体微生物农药，或鱼藤精、烟碱等植物源农药进行防治。也可充分利用害虫天敌控制害虫。

（3）化学防治

当黄精园普遍发生害虫及有害动物时，应分时段进行药剂防治。黄精上发生的害虫主要有蛴螬、地老虎等。应根据虫害发生的种类及为害特点，选用《三七农药使用准则》（DB53/T 055.8—2020）规定的农药和《三七立枯病诊断及防控》（DB53/T 987—2020）规定的方法进行防治。

（4）害虫防治

对地下害虫蛴螬、地老虎数量较多的地块，每亩可用 50%辛硫磷乳油 1000 倍液防治。

11.5.3.4　鼠害防治

对黄精药园害鼠以物理机械防治为主，可根据其昼伏夜出的生活习性，采取白天堵塞洞口、傍晚在害鼠经常出入的地方放置鼠夹、鼠笼、粘鼠胶、电猫等进行防治。对死鼠应及时收集深埋。

11.6　黄精的采收、产地初加工

11.6.1　黄精的采收

《中药材生产质量管理规范》中要求根据产品质量及单位面积产量，并参考传统采收经验等因素确定适宜的采收期。采收期包括采收年限和采收时间。

11.6.1.1　黄精的物候期

黄精为多年生草本植物，以干燥的根茎入药。其物候期随着生长环境、品种、气候变化、野生、家种等因素的变化而变化，经过多年的连续观察，现已确定了略阳黄精的物候期，在天气状况没有大的变化下，略阳黄精 3 月底到 4 月上旬出苗；4 月底到 5 月中旬为地上部分加速生长期；5 月上旬现蕾，6 月中上旬为花期，花蕾与花是从基部向上按顺序生出和开放的；6 月上旬开始结实到 6 月底结束，一直到 11 月上旬果实才成熟，浆果由基部向上陆续成熟，黄精的果实成熟期较长，将近 5 个月；10 月上中旬到 11 月中旬，地上部分茎叶进入始枯期，叶片开始变黄，到 11 月下旬地上部分开始大面积枯死；12 月上旬进入越冬期，并生出越冬芽。

11.6.1.2　黄精的采收年限

黄精出苗时，顶芽向上生长形成地上植株，并陆续现蕾、开花、结实。同时在老根茎先端及两侧形成新的顶芽和侧芽，并不断伸长形成新的根茎段。秋季地上茎叶枯萎，老茎倒落留下茎痕。以后各年以同样方式生长，并随年数增加，根茎节数增多，3 年后即形成一个由多节连接而成的头大尾小的串珠状或纵横交叉分枝状的根茎团。生长年限越长，地下根茎团越庞大。但人工种植受株行距、土壤肥力的限制，随着生长时间的增长，地下根系不断增大，小环境的水肥不能满足其生长的需要，同时病虫害开始滋生蔓延，反而抑制了黄精的生长，产量急剧降低。

经过多年的连续观察研究，并结合黄精生物学特性和生态学特性，同时开展不同采收年限黄精有效成分积累的试验研究，比较不同采收年限对黄精产量与质量的影响。最后，综合多方因素确定黄精最佳采收年限：根茎繁殖的为种植后生长 3～4 年、种子繁殖的为栽后 4～5 年。

11.6.1.3　黄精的采收时间

根和根茎类药材一般在地上部分枯萎后开始采挖。黄精的入药部位是根茎，因此，黄精的最佳采收时间是从地上部分枯萎后开始。根据物候期观察，采收时间为春、秋季，以秋末冬初为好，此时黄精根茎中多糖、皂苷等成分的含量最高。

11.6.1.4　黄精的采收和装运

（1）采收工具

常用采收工具有锄头、筐、编织袋、镰刀、人力车，采收工具要求保持清洁，不接触有害物质，避免污染黄精药材。

（2）清田

采收之前应先用镰刀或锄头除去地面 3cm 以上的黄精枯萎的地上部分，除掉的枯枝需清理出田间，以免妨碍采收。

（3）采收

待地上部分和杂草清理干净后，用锄头顺沟进行采挖，采挖时应尽量深挖，从厢头开始挖起，朝一个方向按顺序采挖，采挖时需细致地将边根须挖起，不要乱挖，以防根须折断漏收，保证黄精根茎完好无损，防止主根受伤影响产量和降低加工以后商品的质量。

（4）装运

将挖出的黄精先置于原地晒至根部泥土稍干燥，剪去残茎，剔除病根，除去泥土、杂草，然后装入筐或编织袋内。存放时间不得超过 24h，同时贴上标签，标签上应标明采挖地点、时间、品名等。装筐或袋后的药材要及时运到加工场地进行初加工，运送过程中不得遇水或淋雨。运输时不得与农药、化肥等其他有毒有害物质混装。

11.6.2 黄精的产地初加工

（1）加工场地和用具

黄精初加工必须有专门的加工场地，加工场地必须洁净卫生，并铺设混凝土地面，要有充足的日照；必要时配备红外线烤箱设备。加工场地周围不得有污染源。

（2）冲洗及分选

黄精采挖后将病黄精、黄精叶、杂草等杂质拣出，选出优质黄精。然后摘去黄精的残留茎秆等杂物，洗净泥土。清洗黄精用水要洁净，尽量采用自来水或山泉水等达到生活用水标准的水源进行清洗；清洗时可以用箩筐淘洗或将黄精放在水泥地上用水管冲洗，清洗时间 10min 左右，不要清洗过长时间，以防黄精有效成分流失；然后摘下须根。

（3）黄精蒸制及揉搓

剪去须根、清洗过后的黄精放在蒸笼内蒸 10～20min，蒸制透心后取出。之后边晒边揉搓，揉搓方法可分为手揉搓法和袋揉搓法。手揉搓法是将蒸后的黄精根茎在阳光下暴晒 5～10h，等水分变少后戴上手套边晒边搓，用力要轻，着力均匀，避免揉破表皮；揉搓过的黄精经暴晒后第二次揉搓，这样以后随着黄精含水量减少可适当加力揉搓，如此边晒边揉搓，反复 3～5 次。较大的黄精可增加揉搓次数、小的减少揉搓次数，并适当整形。袋揉搓法是将黄精晒 5～10h，后装入干净麻袋，摊在平滑木板或石板上，用手压麻袋内黄精来回揉搓，以后每晒 1d 揉搓 1 次，如此 3～5 次，直至干透。

（4）干燥

将蒸透心后的黄精根茎晾晒或在 40～50℃条件下烘烤干燥至含水量 18%以下。

11.6.3 黄精商品规格

黄精商品以味甜不苦、无白心、无须根、无霉变、无虫蛀、无农药、残留物不超标为合格。块大、肥润色黄、断面半透明者为佳品。

11.7 黄精基地产品的初包装和贮存

（1）黄精的初包装

产品经晾晒或烘干后，黄精根茎含水量在 18%以下，即可进行初包装，包装袋要干燥、洁净、无污染。包装规格为每袋 50～70kg，允许误差 1%。包装袋上注明产地、品名、等级、净重、毛重、生产者、生产日期及批号。

（2）包装材料

加工好的黄精先用聚乙烯塑料袋盛装并密封后，再放入适宜规格的木桶中，加盖严实保藏。

（3）贮存

加工好的黄精应有专门的仓库进行贮存，仓库应具备专门透风除湿设备，地面为混凝土，中间有专用货架，货架与墙壁的距离不得少于 1m，离地面距离 20～30cm。含水量超过 18%的黄精不得入库；入库黄精应有专人管理，每 15d 检查 1 次，必要时定期进行翻晒。

第12章 黄精规范化生产与质量标准

12.1 黄精规范化种植、加工流程

黄精规范化种植、加工流程如图12.1～图12.4所示。

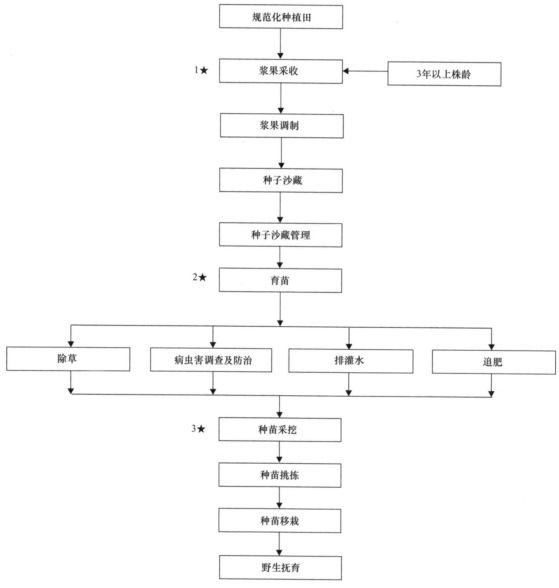

图 12.1 黄精种子育苗生产流程图

加星号处为关键控制点

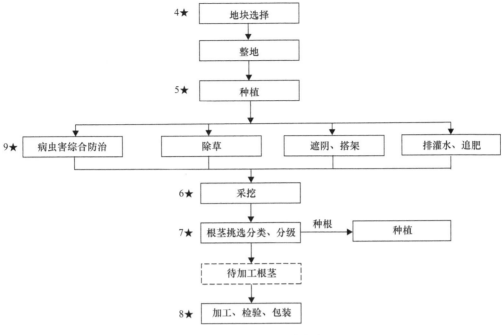

图 12.2　黄精规范化种植生产流程图

加星号处为关键控制点

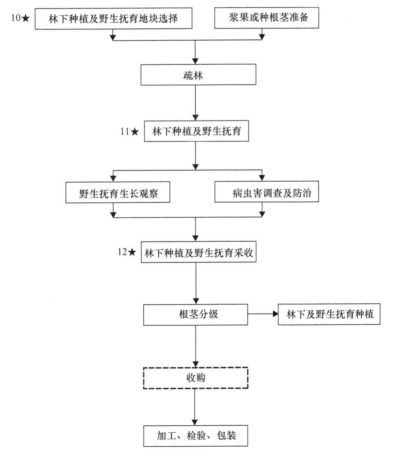

图 12.3　黄精野生抚育生产流程图

加星号处为关键控制点

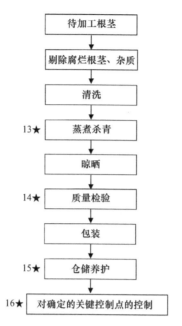

图 12.4　黄精药材加工生产流程图

加星号处为关键控制点

12.2　黄精规范化种植、加工关键控制点

通过分析、筛选，最终确定黄精规范化生产过程如下 15 个关键技术控制点。

1. 浆果采收

浆果必须来源于良种繁育田中的植株，且株龄达到 3 年以上。

2. 育苗

黄精种子出苗率低，苗床需施足基肥。苗期应根据生长情况及时补充所需养分和水分。

3. 种苗采挖

黄精种子育苗需经过 3 年的培育才能成苗，采挖时应避免伤害种苗。

4. 地块选择

由具有中国计量认证（China Metrology Accreditation，CMA）资质的环境监测单位进行土壤、灌溉水、空气环境质量监测，土壤符合《土壤环境质量　农用地土壤污染风险管控标准》（GB 15618—2018）二级标准，每 4 年监测一次。灌溉水质量符合《农田灌溉水质标准》（GB 5084—2021）二级标准，每年检测一次。大气质量符合《环境空气质量标准》（GB 3095—2012）二级标准。

同时，黄精为根茎类药材，根茎发达，应选择土层深厚疏松、土质肥沃、排水良好的砂质壤土栽种，黏土和盐碱地均不宜栽培。忌连作。可与小麦、玉米、葱头、大蒜、薏苡、蓖麻等作物或非根类中药材轮作，另外要求种植前 12 个月未使用过除草剂。

5. 种植

种植应严格按照规定的株行距种植，不能过密也不能过疏，种植过程中发现有不符合要求的种根茎应及时反映。

6. 采挖

黄精药材的质量和产量与根茎的发育程度密切相关，控制采收时间是决定黄精药材产量与质量的关键。在采收前要再次确认黄精各项成分含量达到采收指标。另外，采收时尽量把根茎全部挖出。

7. 根茎挑选分类、分级

将采收回来的黄精根茎按大小等级进行分级，分级标准见 12.5.1，避免种根茎级别和加工级别的混淆，挑选过程中还应剔除机械损伤严重和带病虫害的根茎。

8. 加工、检验、包装

加工过程中将非药用物质剔除，并且严格按照相关规程控制好蒸煮温度、蒸煮时间和晾晒时间，最终检验合格后贴上合格证。黄精药材包装见 15.8 所述。

9. 病虫害综合防治

综合防治以物理防治、农业防治、化学防治、生物防治相结合为主。在化学防治中，基于明确病虫害发生发展规律的基础上，在病虫害发生的关键期用药，且以限量使用高效、低毒、低残留的农药，禁止使用毒性强、高残留的农药为原则。

10. 林下种植及野生抚育地块选择

黄精适应性较差，林下种植及野生抚育时应选择土壤肥沃、腐殖质丰富、土层厚、表层水分充足、荫蔽但上层透光性充足的阴坡面。

11. 林下种植及野生抚育

林下种植及野生抚育时要防止破坏野生生境，种植过程中要严格控制密度，太密则对当地生态环境和物种群落造成破坏，太稀疏不利于管理。

12. 林下种植及野生抚育采收

林下种植及野生抚育的黄精在采收时要遵循采大留小的原则，将采挖出的小根茎原地种植，以保证可持续发展，此外还应防止乱采滥挖和过度采挖对野生环境造成破坏。

13. 蒸煮杀青

蒸煮杀青要严格按照标准操作规程执行，蒸煮时间不能超过 10min。

14. 质量检验

黄精药材质量是否合格是 GAP 实施的关键之一，在包装前必须进行药材质量检验。黄精药材质量检验项目包括：外观性状、水分、总灰分、醇溶性浸出物、有效成分含量、重金属、农残指标。检验合格方可进入下一个环节，如检验结果不合格，则继续进行初加工，不合格的中药材不得出厂和销售。

15. 仓储养护

2015 年版《中国药典》中规定，黄精药材要置通风干燥处，防霉，防蛀。仓储环境的光线和湿度对黄精药材质量的影响较大。若不避光保存，会使黄精药材有效成分加速流失，严重影响药材的质量。湿度过大，易造成黄精变质。因此，黄精储存时，要注意避光干燥保存，空气相对湿度不高于 70%，并要防雨、防鼠、防虫。

16. 对确定的关键控制点的控制

监督程序：关键点是决定质量的重要因素，对关键点的控制也直接决定着产品质量的好坏。基地对确定的关键控制点的控制，主要是针对关键限值，确定监控对象、监控方法、监控设备、监控频率和监控人员。监控通过以下两个方面实现。

一是日常监控：基地的工作人员依据制度、规定、程序，每天将生产情况、投入物资、作物的生长状况等记录在生产记录上，管理人员定期现场检查，确保监控的有效性。

二是内部审核、管理评审：质量管理员对各个控制点进行审核，生产技术部和质量部主持管理评审。

基地根据黄精的生长情况和当时的环境、条件对关键控制点进行监控，分析问题出现的原因，及时进行指导解决问题，确保当关键限值偏离时，能及时纠正。

12.3　黄精药材标准

12.3.1　外观性状

本品呈结节状弯柱形，长 3～10cm，直径 0.5～1.5cm，结节长 2～4cm，略呈圆锥形，常有分枝；表面黄白色或灰黄色，半透明，有纵皱纹，茎痕圆形，直径 5～8mm。

12.3.2　鉴别

1）显微鉴别：表皮细胞外壁较厚；薄壁组织间散有多数大的黏液细胞；内含草酸钙针晶束；维管束散列，多为外韧型。

2）薄层鉴别：与黄精对照药材色谱相应的位置上显现相同颜色的斑点。

12.3.3　杂质

杂质率≤6%。

12.3.4　水分

水分含量≤18.0%。

12.3.5　总灰分

总灰分含量≤4.0%。

12.3.6　醇溶性浸出物

醇溶性浸出物含量≥50.0%（2015 年版《中国药典》标准为≥45.0%）。

12.3.7　多糖

按干燥品计算，含黄精多糖以无水葡萄糖（$C_6H_{12}O_6$）计，黄精多糖含量≥7.0%。

12.3.8 重金属及砷盐限量质量标准

重金属总量≤20.0mg/kg。

铅（Pb）≤5.0mg/kg。

镉（Cd）≤0.3mg/kg。

汞（Hg）≤0.2mg/kg。

铜（Cu）≤20.0mg/kg。

砷（As）≤2.0mg/kg。

12.3.9 黄曲霉毒素限量质量标准

黄曲霉毒素 B_1（aflatoxin B_1）≤5μg/kg。

12.3.10 农药残留量

六六六（BHC）≤0.1mg/kg。

DDT≤0.1mg/kg。

五氯硝基苯（PCNB）≤0.1mg/kg。

艾氏剂（Aldrin）≤0.02mg/kg。

12.4 黄精浆果、种子、种苗质量标准

12.4.1 黄精浆果质量标准

详见 11.2.1.1。

12.4.2 黄精种子质量标准

详见 11.2.1.2。

12.4.3 黄精种苗质量标准

详见 11.2.2。

12.5 黄精其他相关标准

12.5.1 黄精分级质量标准

（1）待加工黄精分级质量标准

1 级：鲜根茎单节重量在 25g（含）以上，无腐烂，无霉变。

2 级：鲜根茎单节重量在 15（含）～25g，无腐烂，无霉变。

3 级：鲜根茎单节重量 15g（不含）以下，无腐烂，无霉变。

（2）黄精种根茎分级质量标准

1 级：具 2 节，重量在 50g（含）以上，无机械损伤、无病虫害、牙尖完整、根体呈嫩白色。

2 级：具 2 节，重量在 30～50g（不含），无机械损伤、无病虫害、牙尖完整、根体呈嫩白色。

3 级（无芽）：具 2 节，重量在 15～30g（不含），无机械损伤、无病虫害、根体呈嫩白色。

12.5.2　黄精饮片质量标准

1）外观性状：本品呈不规则的厚片，外表皮淡黄色至黄棕色。切面略呈角质样，淡黄色至黄棕色，可见多数淡黄色筋脉小点。质稍硬而韧。气微，味甜，嚼之有黏性。

2）水分：水分含量不得超过 15%。

3）显微鉴别：表皮细胞外壁较厚；薄壁组织间散有多数大的黏液细胞；内含草酸钙针晶束；维管束散列，多为外韧型。

4）总灰分：总灰分含量≤4.0%。

5）醇溶性浸出物：醇溶性浸出物含量≥50.0%（2015 年版《中国药典》标准为≥45.0%）。

6）多糖：按干燥品计算，含黄精多糖以无水葡萄糖（$C_6H_{12}O_6$）计，黄精多糖含量≥7.0%。

第 13 章　黄精规范化生产基地建设

13.1　略阳黄精规范化生产基地建设目的

黄精是步长制药集团主要产品稳心颗粒的主要原料之一,年需求量较大,而野生资源逐年减少。公司董事会从中药原料材使用的质量安全性和数量保障性考虑,自 2023 年开始进行黄精规范化生产基地的选址考察工作。先后调研了市场黄精药材的来源产地陕西、四川、贵州、安徽、云南、山西、河南等地,收集了这些产地的黄精药材样品,通过对样品含量检测和外观性状特点观察,对这些产地的黄精进行了质量评价。通过质量评价,结合黄精的人工种植历史、种植习惯、传统加工方法、交通运输、社会经济、环境状况、耕地面积、地形地貌等多种因素确定黄精基地的选址。经过综合分析和比较,最后将黄精基地建设确定在陕西省略阳县,以略阳县为中心辐射到周围陕西、甘肃两省黄精适生诸县。

2004 年春季,在略阳县调查发现九中金乡(现五龙洞镇)中川坝村野生黄精分布较为普遍,且有人工种植、加工、食用的传统。因此与西北农林科技大学开展技术合作,在中川坝村建立了黄精野生变家种和规范化种植研究基地,对黄精的野生变家种驯化、无性繁殖和有性繁殖、规范化田间管理、采收加工、质量控制等一系列过程进行了研究,同时还对黄精的半野生抚育技术进行了研究。经过十多年的研究和建设,基地目前已掌握了黄精的有性繁殖、无性繁殖、半野生抚育、规范化田间种植管理、采收加工等生产技术,解决了困扰黄精人工种植的技术制约,取得了许多原创性科技成果,形成了一套科学、规范的黄精生产质量管理规程和标准操作规程,建立了黄精的质量控制标准体系和质量保证体系,完成了黄精野生驯化与有性繁殖到人工生产的全过程关键技术体系的建立,成功建立了规范化生产基地,并于 2015 年 11 月通过了国家 GAP 认证。

13.2　黄精规范化生产基地建设过程

13.2.1　前期调研和评估

13.2.1.1　基地地理环境

黄精规范化种植基地位于陕西省汉中市略阳县。略阳县地处陕西西南部,东南与本省勉县、宁强县接壤,东北紧靠甘肃省两当县、徽县,西毗康县、成县。全县东西长约 75km,南北宽约 54km,总面积 2831km²,耕地 23.8 万亩。人口 14.06 万人,辖 2 个街道、15 个镇,共 145 个行政村。略阳县属秦岭西段南坡山区,东北高,南部低,由西北向东南倾斜,构成三个中山区和三个浅山区。县域内最高海拔 2425m,最低海拔 587m,平均海拔 1148m。本县处于北亚热带北缘山地暖温带湿润季风气候区,夏无酷暑,冬无严寒,雨量充沛,四季分明,年平均气温 13.2℃,无霜期 236d 左右。年平均日照 1558h。年降水量 860mm。县域的东部为汉江流域,西部为嘉陵江流域,境内河流沟壑纵横,水力资源非常丰富,森林覆盖率达 60%以上。优越的自然环境,有利于动植物生长、繁衍。湿润温暖的气候和多样的地形地貌孕育了丰富的生物资源,其中药材资源十分丰富,素有"天然中药材库"之称。已调查明确的药材资源 1611 种,其中药用植物 1325 种，药用动物 286 种。境内的杜仲、猪苓、天麻、银杏、柴胡驰名全国，其中天麻基地是全国第二批通过 GAP 认证的中药材基地。

13.2.1.2 基地自然环境适应性分析

黄精具喜阴、喜潮湿、怕旱、耐寒的特性，幼苗能在田间越冬。野生于土壤肥沃、表层水分充足、荫蔽但上层透光性充足的林缘、灌丛、草丛或林下开阔地带，是我国温带、亚热带北缘地区落叶林中较常见的伴生种。人工种植适宜阴湿气候条件，土壤以肥沃砂质壤土或黏壤土较好，在太黏或干旱瘠薄的土地不宜生长。

秦岭—淮河为我国北亚热带和暖温带气候的分界线。略阳县位于秦岭南麓，处于北亚热带北缘山地暖温带湿润季风气候区。夏无酷暑，冬无严寒，雨量充沛，四季分明，年平均气温 13.2℃，无霜期 236d 左右，年平均日照 1558h，年降水量 860mm。境内均属长江流域，分为嘉陵江水系和汉江水系，地貌以三个中山区和三个浅山区组成了 6 个不同的自然区域，植被以栎类、桦、华山松等乔木为主，土壤以砂质壤土为主，森林覆盖率达到了 60% 以上。这种环境非常适合黄精的生长，形成了略阳县丰富的黄精野生资源种群。

13.2.1.3 基地药材道地性

秦岭山区是文献记载最早的黄精产地，产于秦岭的黄精药材原植物主要是黄精 *Polygonatum sibiricum* Red.。相传西汉开国名相张良功成名就之后，辟谷于秦岭南麓山中长达一年之久，终日以黄精、山果为食。略阳黑河上游的紫柏山就是当年张良隐居之地，现有张良庙等遗址。唐代诗人张籍的《寄王侍御》诗："爱君紫阁峰前好，新作书堂药灶成。见欲移居相近住，有田多与种黄精。"诗中描写的"紫阁峰"是秦岭终南山山峰之一。1987 年出版的《陕西省略阳县农业资源调查和农业区划报告集》中，黄精 *Polygonatum sibiricum* Red.列在略阳县药用动植物名录中。该报告集是略阳县委、县政府于 1983～1985 年历时 3 年组织了大量的专业技术人员实地调查完成的，该调查距现在已有约 40 年历史了。步长制药在黄精基地选址调查中，正是看中了略阳县野生黄精资源储量、自然环境和已有的种植、加工基础及其产品的质量。略阳的黄精属于道地药材。

13.2.1.4 基地黄精药材质量

2015 年版《中国药典》规定黄精水分含量不得过 18.0%，总灰分含量不得过 4.0%，醇溶性浸出物含量不得少于 45.0%，黄精多糖以无水葡萄糖计不得少于 7.0%。步长制药公司内控质量标准为水分不得过 18%，灰分不得过 4.0%，醇溶性浸出物不得少于 50.0%，杂质不得过 6.0%。内控标准高于《中国药典》标准。

2008 年以前，步长制药公司为了解所种黄精的内在质量情况，每年进行质量检测。2008 年以后随着在全县适生村镇的推广种植，种植面积不断扩大，为了便于管理和质量监控，基地按流域划分了 3 个大的种植片区，每一片区生产的黄精药材设 1 个批次。基地对采挖的每批黄精药材都进行了质量检测，同时还对 2013 年、2014 年生产的黄精药材进行抽样报送到陕西省食品药品检验研究院进行验证检验，其检验结果都高于内控标准。

13.2.2 黄精基地筹建

13.2.2.1 基地环境监测

（1）基地土壤达到国家土壤质量的二级标准

黄精种植基地土壤属于砂质壤土，其土壤环境质量符合《土壤环境质量　农用地土壤污染风险管控标准》（GB 15618—2018）二级标准。

（2）空气质量达到国家空气环境质量的二级标准

黄精种植基地的空气符合《环境空气质量标准》（GB 3095—2012）二级标准。

（3）灌溉水达到农田灌溉水质标准

黄精种植基地的灌溉水符合《农田灌溉水质标准》（GB 5084—2021）二级标准。

13.2.2.2　基地种植品种来源及鉴定

（1）品种

基地目前种植的黄精为百合科植物黄精 *Polygonatum sibiricum* Red.。品种鉴定人：西北农林科技大学张跃进、董娟娥教授。

（2）品种来源

基地的黄精种质来源为略阳县当地野生资源黄精 *Polygonatum sibiricum* Red.，经西北农林科技大学张跃进、董娟娥教授鉴定后，用其根茎经过野生变家种驯化栽培而产生。

（3）物种鉴定

基地栽培黄精依据腊叶标本、药材外部形态鉴定，为百合科植物黄精 *Polygonatum sibiricum* Red.。

鉴定单位：西北农林科技大学。

鉴定人：董娟娥、张跃进。

鉴定依据：《中国植物志》、《秦岭植物志》、2010 年版《中国药典》。

鉴定意见：根据陕西步长制药有限公司提供的植物标本形态特征，经查阅《中国植物志》、《秦岭植物志》、2010 年版《中国药典》等有关资料并进行比较核对，确认该公司提供的标本为百合科植物黄精 *Polygonatum sibiricum* Red.。

植株形态特征：多年生草本。根茎横生，肉质，淡黄色，扁圆柱形，结节膨大，"节间"一头粗、一头细，在粗的一头有短分枝如鸡头状，其上生有零散的须根。茎直立，茎高 50～90cm，或可达 1m 以上，有时呈攀缘状，光滑无毛。叶轮生，每轮 4～6 枚，条状披针形，长 8～15cm，宽 6～16mm，先端卷曲或弯曲成钩，两面光滑，背面具灰粉，边缘无毛。花腋生，俯垂，总花梗长 1～2cm，先端分歧；花序通常具 2～4 朵花，似成伞形；小花梗坚硬，长 4～10mm，花梗基部分布膜质苞片，主要表现为披针形、条状或钻形，苞片长 3～5mm 并生 1 脉；花被乳白色至淡黄色，全长 9～12mm，花被筒中部稍缢缩，先端 6 裂，裂片长约 4mm；雄蕊 6 枚，着生花被中部，花丝具乳突状毛，长 0.5～1mm，花药长 2～3mm；雌蕊 1 枚，较雄蕊稍短；子房长 2～3mm，花柱光滑，细长，长 5～7mm，柱头具白毛。浆果球形，直径 7～10mm，成熟后黑色，具 4～7 颗种子。花期 5～6 月，果期 8～9 月。

13.2.2.3　种质资源圃的建立

为开展黄精良种选育，基地对云南、广西、甘肃、安徽、陕西、湖北等产区的黄精种质进行了调查、采集、迁地移栽，建立了黄精种质资源圃，开展了种质评价研究。

截至目前，收集到黄精属不同产地的种质共计 52 份，详见表 13.1。

13.2.2.4　基地良种繁育

黄精是多年生植物，种子繁殖从播种到地下根茎有产量需要 7～8 年时间，这就造成了良种选育时间长。目前，基地采用种子繁殖和根茎无性繁殖的方式，基地使用的种子由当地山中普遍生长的野生黄精（*Polygonatum sibiricum* Red.）经过种植驯化不断扩种繁殖而来。

表 13.1　黄精种质资源搜集信息表

序号	产地	繁殖材料	序号	产地	繁殖材料
1	浙江黄岩	根茎	27	广西崇左	根茎
2	浙江仙居	根茎	28	湖南娄底	根茎
3	安徽泾县	根茎	29	江西修水	根茎
4	广西贺州	根茎	30	贵州铜仁	根茎
5	安徽青阳	根茎	31	湖北咸宁	根茎
6	陕西安康	根茎	32	贵州贵阳	根茎
7	贵州德江	根茎	33	河南嵩县	根茎
8	四川南充	根茎	34	陕西略阳（节头直径 $1cm<r<2cm$）	根茎
9	浙江开化	根茎	35	安徽六安	根茎
10	陕西略阳（节头直径 $r<1cm$）	根茎	36	云南大理	根茎
11	湖北英山	根茎	37	陕西略阳（种子育苗 2 个芽）	根茎
12	广西宜州	根茎	38	陕西略阳（种子育苗 3 个芽）	根茎
13	陕西略阳（节头直径 $r>3cm$）	根茎	39	湖北英山	根茎
14	陕西略阳（节头直径 $2cm<r<3cm$）	根茎	40	甘肃陇南	根茎
15	陕西宁强	根茎	41	广东清远	根茎
16	广东韶关	根茎	42	陕西略阳（种子育苗 1 个芽）	根茎
17	浙江桐乡	根茎	43	河南灵宝	根茎
18	福建政和	根茎	44	陕西略阳（田间筛选异型株）	根茎
19	河南鲁山	根茎	45	甘肃陇南	根茎
20	陕西略阳	根茎	46	四川雅安	根茎
21	云南易门	根茎	47	重庆綦江	根茎
22	河南南诏	根茎	48	河南灵宝	根茎
23	云南红河	根茎	49	云南昭通	根茎
24	浙江丽水	根茎	50	江西信丰	根茎
25	浙江天台	根茎	51	贵州镇远	根茎
26	重庆武隆	根茎	52	安徽池州	根茎

（1）种子繁殖

良种选择：从长势良好、健康无病的种植园中挑选植株高大、茎秆粗壮、叶片厚实宽大的健康黄精为留种植株，并做好标记，精心管理，至 9 月中旬开始收集第一、二、三批果实。

良种贮藏：挑选出的黄精果实经过搓揉洗去外果皮后得到种子，所得种子还应通过沙藏的方法贮藏 45～60d，以促使种子通过休眠期完成其生理后熟作用。

制种环境：制种田的大气、水源、土壤环境符合黄精生产生态环境质量标准。此外，还要求在相对隔离的区域，与其他黄精园要间隔 500m 以上。

种子选择：黄精种子应进行优选和分级，种子质量必须达到"种子质量标准"（见 11.2.1.2 节）要求的一级、二级种子，然后根据种子质量分级播种。

选地和整地：选择比较湿润、肥沃的林间地或山地，林缘地最为合适，要求无积水、盐碱影响，以土质肥沃、疏松，富含腐殖质的砂质壤土为好，土壤深翻 30cm 以上，整平耙细后作畦，一般畦面宽 1.2m，畦长 10～15m，畦面高出地平面 10～15cm。在畦内施足优质腐熟农家肥 4000kg/亩作基肥，均匀施入畦床土壤内，再深翻 30cm，使肥土充分混合，整平耙细后待播。

播种时间和播种密度：3 月中下旬至 5 月中下旬播种，每亩播种量 20 万～25 万粒。

田间管理：黄精播后应视土壤墒情及时浇水 1 次，以后每隔 5～7d 浇 1 次，使土壤水分含量一直保持在 25%～30%。每 7～10d 除草 1 次，保证床面及作业道清洁无杂草。禁止使用化学除草剂。追肥以有机肥为主，辅以适量根外追肥。夏季应及时排涝。

（2）根茎繁殖

根茎选择：黄精根茎外观质量及生活力、净度、含水量等符合"黄精根茎的质量标准"（见 11.2.3 节）要求的二级以上标准。

选地和整地：同种子繁殖。

栽种时间及栽种量：3 月中下旬至 5 月中下旬栽种，每亩栽种量 1 万～2 万棵。

田间管理：同种子繁殖。

13.2.2.5　基地种植规模

基地运营模式是以大田规范化种植和林下半野生抚育种植相结合的两种发展模式。基地从 2004 年开始进行野生变家种的试验研究，2008 年开始大田推广，林下半野生抚育种植从 2010 年开始。基地现有黄精规范化种植面积 1000 亩（分布在五龙洞镇），林下野生抚育面积 1.5 万亩（分布在观音寺镇、五龙洞镇、西淮坝镇），其中规范化种植田：1 年生 450 亩、2 年生 300 亩、3 年生 200 亩、4 年生 50 亩；林下野生抚育，种根茎抚育的 1 年生 350 亩、2 年生 550 亩、3 年生 750 亩、4 年生 800 亩；种子撒播的 1 年生 3820 亩、2 年生 3610 亩、3 年生 3570 亩、4 年生 1550 亩。

13.2.2.6　基地的规划

为方便基地管理和达到分片区、分批次管理的目的，基地按流域划分了 3 个种植片区，分别为汉江流域种植片区、嘉陵江以东流域种植片区、嘉陵江以西流域种植片区（因嘉陵江流域面积较大，故以嘉陵江为界分为嘉陵江以东流域种植片区和嘉陵江以西流域种植片区）。

为了便于管理和辐射发展，黄精基地的野生抚育区域以汉江流域的观音寺镇、嘉陵江以东流域的五龙洞镇、嘉陵江以西流域的西淮坝镇为核心发展区域。规范化种植区域主要分布在嘉陵江以东流域的五龙洞镇。基地将每个流域生产的黄精药材设定为一个批次，再按要求将每个流域生产的黄精药材进行挑选分级，分成 3 个等级然后进行加工。

基地的核心区位于嘉陵江以东流域的五龙洞镇中川坝村，基地的种根茎繁育田、科研试验田、采种育苗田、初加工场所、办公区域都集中在该区域，以便于集中管理。

13.2.2.7　建立小气候观测站

在科研试验田建立了自动记录风向、风速、太阳辐射量、空气温度和湿度、降雨量、地面 5cm 以下的地温、土壤湿度 8 因素小气候观测站。该气象站的数据可直接与办公室的电脑连接，可以随时观察、监控和调取数据。

13.2.3　建立黄精规范化质量控制体系

从保证黄精药材质量出发，对影响药材质量的各种因素、关键环节乃至全过程进行系统研究，特别是黄精规范化种植技术、黄精质量控制技术，使黄精的生产实现优质、安全、稳定、可控。

（1）黄精规范化种植技术的建立

对基地选址、品种选择、品种繁殖、施肥技术、病虫害控制、田间管理等方面都进行了一系列研究，分别建立了相应的标准操作规程（SOP），如黄精药源基地选择标准操作规程、黄精良种生产标准操作规程、黄精种子质量检验标准操作规程、黄精栽种技术及管理标准操作规程、黄精施肥标准操作规程、黄精病虫害防治标准操作规程等。

（2）黄精采收、加工、存储、包装等环节标准操作规程的建立

通过严格的科学实验，在对多年生黄精的物候期、不同龄节有效成分积累动态和黄精生长动态了解的基础上，结合产量和质量，明确黄精的采收期。

通过在严格控制蒸、煮时间和直接干燥温度下，对黄精加工过程中多糖含量、颜色、品味的变化过程进行记录和比较分析，确定黄精最佳产地加工方法，并制定出黄精初加工的标准操作规程。

黄精产品经晾晒或烘干后，含水量在18%以下即可进行初包装。

一般用聚乙烯塑料袋密封，再放入适宜规格的木桶中，加盖严实保存。

13.2.4　建立黄精规范化生产质量保证体系

黄精基地一直致力于黄精规范化生产技术的研究，以优质、安全、稳定、可控为目标，建立了完善的质量控制体系，同时建立了黄精生产质量保证体系：成立了质量管理部门，研究并制定了一套科学的、完整的质量管理规程及标准操作规程，配备了与企业生产规模、质量检测相适应的、高素质的质量管理及质量控制人员，配置了生物显微镜、电子天平、电热恒温干燥箱、电子水分测定仪、紫外可见分光光度计等质量检测的仪器设备，从硬件和软件方面对黄精的种植、田间管理、采收、加工、包装和运输等全过程实现了严格的质量管理和质量控制。

13.2.4.1　分片区多批次生产管理

黄精规范化种植基地大规模推广从2008年开始，为方便基地管理，实现黄精药材的质量稳定、可控，基地实行片区管理，按地形、地貌、流域、生态环境将种植区域分为3个种植区，每个种植区生产的药材作为一个批次，每个种植区都配备专业的生产技术员和当地联络员，由生产技术员负责该种植区的具体生产、田间指导和操作记录。各生产环节由质量部门进行监督检查并填写监控记录。实现生产每个环节有记录可查，每批产品具有可追溯性。

13.2.4.2　建立、健全质量控制体系，确保产品质量

为了确保黄精生产质量，建立了完善的质量管理体系，对选种、栽培、田间管理、采收、加工、仓储、包装、运输等各个环节制定了一系列严格的管理标准、操作标准和技术标准，并按照操作标准、管理标准、技术标准要求进行规范化种植、科学管理。配备了专职的质量管理人员，对黄精生产的全过程进行现场监督，如对黄精的生产环境实行严格监控，按照种子生产标准操作规程、育苗标准操作规程、规范化栽培标准操作规程等一系列生产标准操作规程，对黄精种子、种苗生产过程进行严格监控，对黄精种植生产过程进行质量监控；对黄精的采收、加工、仓储、运输过程进行质量监控等。配备了专职的质量控制人员，对种子、种苗的质量进行检验，对药材的质量进行常规检验及重金属农残检验，对农药、肥料及包装材料等生产资料分别按照各自的质量标准进行质量检验，各样品经检验合格后方可用于生产。完善的质量管理体系，为黄精的生产质量提供了有效的保障。

13.2.4.3　加强科研不断提升技术水平

基地与西北农林科技大学建立了良好的科研合作关系，积极开展了黄精种植、加工相关的技术研究，现已开展了包括野生抚育、种子育苗、质量标准、病虫害防治、良种选育、施肥、半野生抚育、最佳采收期、初加工方法等在内的十余项基础研究工作，部分试验结果已经投入生产应用，取得了良好的效果。

13.2.4.4　加强技术培训，提高种植水平

为提高基地建设人员业务水平和专业技能，基地相关人员参加全国医药技术市场协会等行业机构和专家举办的 GAP 培训班，随时了解和掌握行业动态。同时对黄精种植农户也参加种植技术和相关 GAP 知识的培训，从思想上提高农户的黄精规范化管理意识，从而有效控制了黄精在种植过程中可能出现的质量问题。

13.2.4.5　制定企业内控质量标准，跟踪检验每批样品

根据《中国药典》标准和国家关于中药材质量的相关要求制定了黄精内控标准，包装前对每批药材按照《黄精药材检验标准操作规程》对药材水分、灰分、醇溶性浸出物、有效成分、重金属、农残及微生物限度等进行全项检验，并经复核、审核合格后下发检验报告书，经检验合格的药材方可安排包装，确保了产品的质量。

13.2.5　基地生产人员的技术培训和管理

在黄精 GAP 实施过程中，人员的配置与黄精良种繁育、栽培技术、科学研究相结合。基地配备了学历和素质较高的专业人员担任大田生产、种子繁育和质量管理方面的负责人，同时与西北农林科技大学合作，加强基地的技术和科研水平。按国家食品药品监督管理总局 GAP 认证的条件，在人员配备和结构方面能够满足生产需要。生产技术部负责人和质量管理部门负责人都具有农学和中药学专业大专以上学历，并有中药材生产实践和质量管理经验。

从事中药材生产人员具有基本的中药学、农学常识，并进行了生产技术、安全及卫生学知识培训。从事田间工作的人员熟悉栽培技术，能准确掌握农药的使用及防护技术。从事加工、包装、检验及仓储管理的人员，每年进行 1 次健康检查，对新录用人员进行了岗前培训及健康检查。对患有传染病、皮肤病或外伤性疾病的人员调离直接接触中药材的工作岗位。配有专人负责环境卫生及个人卫生检查。

基地制定了培训管理规程，规定了各级人员的培训与考核管理，编印了培训手册，制定了详细的培训计划。规定综合办公室为员工培训的职能部门，按规定对参加培训人员进行考试、考核，并存档备查。

13.2.6　基地建设硬件设施

13.2.6.1　初加工场地

黄精的产地加工采用传统的清洗、蒸煮、晾晒干燥方式进行初加工。加工场地设立于陕西汉王略阳中药科技有限公司，该公司是较早通过天麻 GAP 认证的企业，加工场地和生产技术人员均符合 GAP 要求。黄精的产地加工流程与天麻的产地加工流程非常相似，其清洗、蒸煮、干燥设备，晾晒场地及包装车间、仓库均共用。

13.2.6.2　药材仓储库房

加工合格的药材达到批量运输时就运往公司标准化仓库储存。

13.2.6.3　化验室

在黄精规范化大田种植区域新建了 $2000m^2$ 的基地现场办公区。拥有 600 多平方米的办公面积，除了日常的基地管理办公室，还建立了化验室，可以满足基地黄精药材的质量控制需要。

化验室配备了与黄精药材检验相适应的全套检验仪器与设备，主要包括紫外可见分光光度计、生物显微镜、电子天平、恒温干燥箱、电阻炉、马弗炉、水分仪等常规检验设备，满足了黄精药材全项检验和基地简单检验的需要。重金属、农残的检验则委托有资质的单位进行检测。

生产和检验用的仪器、仪表、量具、衡器等其适用范围和精密度符合黄精生产和检验的要求。检验用的仪器、仪表、量具、衡器等有明显的状态标志，并定期进行校验。

13.2.6.4　标本室、展厅

建有 600 余平方米的办公场所中建有标本室、展厅，可以保存黄精植物的腊叶标本、浸制标本、药材标本等。将原保存的黄精植物不同栽培品种不同生长阶段的腊叶标本 50 份、药材标本 10 份、浸制标本 20 份、照片 50 份，移至其内。

13.2.6.5　办公场所及档案室

新建的办公场所配备了计算机、打印机、复印机、传真机、投影仪等办公仪器，开通了宽带网络，满足了现代快速、高效办公的需要。

设有档案室，对各类档案、文件、合同进行分类归档，有专人保管。

13.2.7　基地建设软件情况

制定了 GAP 系统文件共计 127 个，其中包括：技术标准 10 个，生产操作类文件 23 个，生产管理类文件 26 个，质量操作文件 22 个，质量管理文件 23 个，人员管理类文件 23 个。

第14章　黄精规范化生产基地的运营管理

14.1　中药材规范化生产运营管理模式

《中药材生产质量管理规范（试行）》于 2002 年 3 月 18 日经国家药品监督管理局局务会审议通过，自 2002 年 6 月 1 日起施行。2003 年 11 月 1 日至 2016 年 1 月，约有 66 批中药材 196 个基地通过国家食品药品监督管理总局 GAP 认证，如同仁堂、云南白药、丽珠、白云山、天士力、华润、中国中药、东阿阿胶等过半 A 股中药上市公司都建有中药材 GAP 生产基地。黄精规范化生产基地 2002 年开始筹建，截至 2015 年底国家食品药品监督管理总局 GAP 认证。

中药材规范化种植涉及政府、科研单位、企业、农户，他们在基地建设中起着不同的作用。基地建设对调整农业经济结构和改善农村劳动力结构、促进区域经济发展有积极的推动作用，政府在基地建设中应大力扶持，发挥其宏观调控职能，为基地发展提供良好的环境。

省厅级政府部门主要负责全省中药材的科学种植及基地发展的规划、组织、协调和指导工作，为全省发展中药材提供组织保证。各级政府及相关部门应相应制定中药材种植的扶持政策，如设立专项资金，用于引导、扶持中药生产企业、科研院所、高等院校参与到中药材基地建设中来；设立中药材发展基金，引导社会基金向中药领域流动；利用网络技术，逐步整合科技资源，充分发挥网络信息平台作用，展示当地的资源优势，吸引各方投资，为企业和科技人员的研发、劳务交易提供服务。同时，政府职能部门应制定有效的约束政策，维护企业和农民的各方利益，解决企业、农民在合同及其经济利益上的矛盾，保证中药产业健康发展。在基地建设过程中，地方政府的支持是基地建设的有力保证。地方政府应协助公司建立基地，通过宣传国家和地方对中药材种植的政策，介绍各地好的典型和做法，使基地周边的农民了解建立规范化种植基地的意义，获得广大农民的支持和积极配合。

科研是基地建设的技术支撑，科研院所的参与，不仅能解决中药材栽培中的技术问题，同时也为企业培养或输送了一批技术人才。中药材生产不同于普通农作物生产，质量要求严格，基础研究薄弱，技术空白较多，涉及学科交叉。从中药材品种鉴定到优良品种选育、种子种苗标准、病虫害发生规律及防治、药材生育期有效成分积累动态规律研究，到采收加工、包装储运技术，以及质量评价方法的建立等都有很多技术难点。这些问题的解决需要依靠高水平的科学研究和大量的新技术。只有解决了技术难关，才能实现中药材生产的规模化、标准化。

企业是基地建设的主体，同时企业也是通过向社会提供产品和服务而盈利的组织，不能盈利的企业就不能生存和发展，也无法开展基地建设。企业是投资主体，是建立生产基地的主体，企业为生产基地提供市场、技术、资金支持，具有引导和扶持生产的功能。在基地建设中，企业作为运作主体主要负责种植基地的规划布局、种植技术指导、质量控制和监督、人员培训和原料回收、加工销售等业务，以及基地的基础设施建设等。目前，中药材生产基地主要由大型企业投资组建，其目的是解决本企业原料供应问题，为企业的终端产品服务，提高终端产品的质量以达到国家标准要求，提高产品的市场竞争力。企业的独立性强，资金、技术、人才力量丰富，运作比较规范，能确保药材质量稳定可控，已达到 GAP 标准实现药材质量稳定、可控并可追溯。

农民是基地建设的具体实施者。农民通过直接参与种植或转让土地使用权方式，把农户小规模经营的分散土地转变成大规模的药材基地,农民的支持至关重要。农民是目前我国中药材种植基地的劳动主体,主要从事体力劳动。我国农民的经营管理能力、信息接受能力和反馈能力、市场经济的适应能力和参与能力都较弱,这给规范化基地建设带来了一定的困难。农民主要从事农业生产,在生产中他们具有能动性、创新意识。在基地建设中应充分发挥农民的优点,加强对基地农民的培训,使其尽快达到中药现代基地建设要求。

在十余年的发展中,各生产基地大胆探索既适应市场又符合中药现代化的基地组织运营模式,各生产基地结合各自的组建形式,形成了多样化的基地运营模式。

在中药材规范化种植发展中,步长制药与其他中药材种植公司一样,在中药材规范化生产运营管理过程中都经历了不断摸索、探讨、总结,最后形成了符合自身发展的运营管理模式。在运营管理模式方面,各公司因处的条件、情况不同,形成的运营管理模式也不同,有的公司在不同的地区建立的基地运营管理模式也不同,如步长制药红花、丹参基地的运营管理模式与黄精基地的运营管理模式就不一样。

14.1.1 中药材规范化生产运营管理模式的几种形式

14.1.1.1 自建基地

自建基地模式是采用农场式管理模式,公司直接租用土地,自建管理队伍,雇佣农民进行田间劳作,按照"五统一"原则进行药材质量控制。这种模式的优点是:易于统一管理,药材的质量易于控制,易于建立药材的质量追溯体系。缺点是:公司的土地流转费或土地租赁成本较高、生产管理成本也较高。

采用这种模式的基地有:天津天士力中药资源科技发展有限公司在云南的三七基地,化州市绿色生命有限公司的化橘红基地,新疆康隆农业科技发展有限公司(现为新疆康隆科技股份有限公司)的甘草基地,永宁县本草苁蓉种植基地,内蒙古王爷地苁蓉生物有限公司,山西振东道地药材开发有限公司的连翘基地和苦参基地的部分运行模式,石家庄以岭药业股份有限公司在河北涉县的连翘基地,四川逢春制药有限公司在陕西白水的连翘基地,宁夏泰杰农业科技有限公司的银柴胡基地,大兴安岭北天原生物科技有限责任公司在加格达奇的黄芪基地,盛实百草药业有限公司的人参基地的部分运行模式,广州白云山中一药业有限公司的天花粉基地和黄芪基地的部分运行模式,四川逢春制药有限公司的丹参、白芍、柴胡的部分运行模式,内蒙古日出东方药业有限公司的防风、苦参、桔梗、黄芪、黄芩等基地的部分运行模式,神威药业集团有限公司在江西湖口的栀子基地的部分运行模式,中国药材集团承德药材有限责任公司的黄芩基地的部分运行模式,湖南补天药业股份有限公司的茯苓基地的部分运行模式。

14.1.1.2 公司+农户(包括种植大户、专业合作社、种植协会、散户等形式)

由公司直接与种植大户、专业合作社、种植协会签订种植合同或间接与农户签订种植合同,实行"订单农业经营"。此模式有多种表现形式,如公司+专业合作社、公司+大户、公司+散户等。有的基地是其中的单一模式,有的基地这几种模式共存。

这种模式的优点是:由于农民的自发组织程度低,企业与小规模、分散化的农户建立一体化经营关系的谈判、监督等交易成本较高,规模难以扩大,市场竞争力不强,通过与种植大户、专业合作社和种植协会合作,由他们组织、管理分散的农户,公司可以降低成本,扩大规模,将基地做大做强。公司与分散的农户直接签订收购订单的模式普及面积较小。缺点是:增加了收购环节,药材成本也增加了。

采用这种模式的基地有:天津天士力中药资源科技发展有限公司的丹参、川芎、麦冬、当归、黄芪、决明子、夏枯草、半夏、五味子基地,保和堂(焦作)制药有限公司的山药、地黄基地,四川新荷花中药饮片股份有限公司的川芎、半夏基地,上海华宇药业有限公司的丹参基地,黄冈金贵中药产业发展有限公司的苍术、茯苓基地，昌昊金煌（贵州）中药有限公司（现为贵州培力农本方中药有限公司）的何首乌基地，恩施九州通中药发展有限公司（现为恩施九信中药有限公司）的厚朴基地，赤峰地道中药材种植科技有限公司的基地，麻城九州中药发展有限公司的基地，广州白云山和记黄埔中药有限公司的穿心莲基地，盛实百草药业有限公司的人参基地的部分运行模式，广州白云山中一药业有限公司的天花粉基地和黄芪基地的部分运行模式，四川逢春制药有限公司的丹参、白芍、柴胡的部分运行模式，内蒙古日出东方药业有限公司的防风、苦参、桔梗、黄芪、黄芩等基地的部分运行模式，湖南补天药业股份有限公司的茯苓基地的部分运行模式，神威药业集团有限公司在江西湖口的栀子基地的部分运行模式，中国药材集团承德药材有限责任公司的黄芩基地的部分运行模式。

14.1.1.3　公司+科研单位+基地+农户

公司为基地产业化的实施主体，全面负责基地建设的总体规划、组织协调、产业化实施、质量控制及技术规范的培训推广等工作，公司聘请高等院校或科研院所等科研单位为项目的技术依托，利用其科研优势提供种植指导、质量控制等技术支持，基地负责人由当地镇或村领导担任，或公司派人，负责辖区基地的生产管理、日常运作，并协调土地、基础设施、劳动用工等资源的综合调配。

这种模式的优点是：基地在运行中，由于科研单位的参与，除了开展日常科研工作外，基地运行中出现的管理问题、出现的病虫害发展趋势能够及时纠正和解决。

采用这种模式的基地有：广西梧州制药（集团）股份有限公司的三七、苦玄参基地，南阳张仲景中药材发展有限责任公司的山茱萸、牡丹皮基地，广州白云山和记黄埔中药有限公司在安徽阜阳和黑龙江大庆的板蓝根基地，陕西天士力植物药业有限责任公司的丹参基地，云南特安呐三七产业有限责任公司的三七基地，上海华宇药业有限公司的西红花基地。

14.1.1.4　公司+公司+基地+农户

一般大型制药企业采用这种模式。由总公司出资成立中药材原料专业生产公司，或者与中药材种植专业公司合作建立种植基地。

这种模式的优点：大型制药企业既抢占了中药资源，又减少了基地建设中遇到的种种麻烦。

采用这种模式的基地：云南白药集团文山七花有限责任公司的三七基地，北京同仁堂吉林人参有限责任公司长白山人参基地。

总的来说，中药材基地建设以国内外市场为导向，以企业为主体，以科技为动力，以高等院校和科研机构为依托，以政策为保障，充分利用地区资源优势培育新的经济增长点，使资源优势转化为经济优势。中药材规范化种植是提高中药材质量、保护野生中药资源的有效举措，也是拯救中医药这一中华民族瑰宝的重要环节。自 2015 年以来，国家相关部委就鼓励发展中药材规范化种植出台或颁布了发展纲要、通知等法规文件十余个，资金扶持的力度也在进一步加大。中共中央办公厅、国务院办公厅印发的《关于完善农村土地所有权承包权经营权分置办法的意见》将土地承包经营权分为承包权和经营权，实行所有权、承包权、经营权分置并行。尤其是国家政策要求、市场要求、终端消费者要求的药品质量追溯体系的建立，将进一步促进中药制药企业参与到规范化基地建设中来，农户通过出租、出让、入股等方式将耕地的使用权转让给企业，将小规模的家庭经营转变为可以大面积耕作的药材种植基地，通过乡镇、村行政机构把农户组织起来，以"公司+科研单位+基地"为基础的生产运营模式将成为中药材基地运行模式的基本模式。

14.1.2　步长制药的中药材规范化生产运营管理模式

步长制药自 2002 年开始，结合自身的用药需求和响应陕西省政府关于中药材基地建设的号召，在陕西省和省外道地产区先后建立了10个药源基地，对基地的组织管理和中药材规范化生产运营管理模式进行了探讨和尝试，结合步长制药多年来形成的稳定的原料药材采购管理模式形成了具有步长特色的中药材基地生产运营管理模式。

14.1.2.1　步长制药新疆红花基地

步长制药新疆红花基地的管理模式是公司+公司+供应商+农户。红花是丹红注射液的原料之一。为了保证丹红原料药材的质量安全，由山东丹红制药有限公司出资在新疆注册了新疆步长药业有限公司，专门开展红花药材的科研、质量控制及其规范化种植管理。步长制药的供应商是伴随着步长制药的快速发展而发展起来的，与步长制药有共命运的关系，在药材的产地收购、质量把关及对种植农户的管控方面，经过长期的锻炼，已经形成了独特的经验和技能。供应商的参与，大大降低了步长制药的基地管理成本，也规避了产地药材收购质量验收由人手和经验不足而造成的质量和经济风险。供应商按照步长前一年末与其签订的供货合同与农户签订种植订单，负责推广及生产管理、组织培训农户和药材收购。种子繁育和种子统一发放由供应商负责。公司与供应商签订供货合同时充分考虑到了其利润空间。基地和公司的管理人员负责组织、配合科研技术支撑单位开展科研（包括良种选育的研究）、编写质量管理文件和标准操作规程（SOP）、技术培训、生产过程质量监督管理、申报相关项目、建立药材质量追溯体系并指导供应商实施等工作。由公司负责开展GAP认证或备案工作。农户包括种植大户按照供应商签订的种植合同按要求种植，并服从供应商的生产管理人员和公司的质量管理人员的技术指导。

步长制药新疆红花基地的这种生产管理模式经过近十年的发展，平稳顺利，实现了公司、供应商、农户三赢的目的。

14.1.2.2　步长制药山东丹参基地

步长制药山东丹参基地的管理模式是公司+供应商+基地+农户。

丹参是山东丹红制药有限公司的主要原料。同样，丹参的供应商也是伴随着步长制药的快速发展而发展起来的，与步长制药有共命运的关系，在药材的产地收购、质量把关及对种植农户的管控方面，经过长期的锻炼，已经形成了独特的经验和技能。供应商按照步长前一年末与其签订的供货合同与农户签订种植订单，负责推广及生产管理、组织培训农户和药材收购。种子繁育和种子统一发放由供应商负责。公司与供应商签订供货合同时充分考虑到了其利润空间。由于山东是丹参的道地产区，公司地处山东菏泽，因此由公司成立基地部负责组织、配合科研技术支撑单位开展科研（包括良种选育的研究）、编写质量管理文件和标准操作规程（SOP）、技术培训、生产过程质量监督管理、申报相关项目、建立药材质量追溯体系并指导供应商实施等工作。由公司负责开展GAP认证或备案工作。农户包括种植大户按照供应商签订的种植合同按要求种植，并服从供应商的生产管理人员和公司基地部的质量管理人员的技术指导。村委会协助供应商协调、组织农户推广种植。

丹参基地的这种生产管理模式经过近十年的发展，也平稳顺利。

14.2　黄精规范化生产运营管理模式

黄精是多年生植物。以前以采挖野生药材为主，随着社会对黄精药材的需求加大，连年采挖，野生资源得不到休养生息，其自然生长速度已经满足不了社会对黄精药材的需求。黄精药材是稳心颗粒的主要原料之一。步长制药自2002年开始以西北农林科技大学为技术依托单位，开展了黄精的野生变家种研究、规范化种植研究和野生抚育及林下种植研究，经过十多年的持续种植、科研，基地的管理已经成熟。黄精基地的规范化生产运营管理模式有以下两种。

14.2.1　农场式管理模式（公司+基地+科研）

由公司成立基地部负责与当地政府协调租赁土地、基地规划、组织农民田间生产、落实科研单位的试验种植、配合科研技术支撑单位开展科研、编写质量管理文件和标准操作规程（SOP）、申报相关项目及其落实、建立药材质量追溯体系等工作。由公司负责开展 GAP 认证或备案工作。科研技术支撑单位负责科研、技术指导、对公司基地管理人员进行培训等工作。农民按天计酬，足月发薪。

黄精基地的科研田、种子种苗繁育田、大田规范化种植示范田、林下种植及野生抚育示范园的生产运行模式采用的就是这种农场式管理模式。

14.2.2　公司+基地+政府+农户的管理模式

黄精的规范化种植由政府负责推广，大田种植和林下种植及野生抚育采用公司+基地+政府+农户的管理模式。

由公司基地部负责与当地政府协调、基地规划、对政府相关人员及农户开展培训、编写质量管理文件和标准操作规程（SOP）、申报项目、质量跟踪、监督、建立药材质量追溯体系等工作。由公司负责药材收购工作。政府负责推广、组织种植农户进行培训、协助药材收购等工作。农户负责按照技术要求在大田或林下种植。

第15章　黄精规范化生产操作规程

15.1　黄精药源基地选择标准操作规程

1.0　目的：为建立规范化、规模化的优质黄精生产基地、为黄精的质量达到优质可控及安全有效奠定良好的环境基础和人员条件。

2.0　范围：地形、气候、土壤、空气、水质、交通、通信、组织管理、人员条件及基地确定的程序。

3.0　职责：基地领导、生产部、质量监控部专人对本规程的实施负责。

4.0　选择中川坝村作为黄精生产基地的理由

4.1　环境因素

中川坝村位于略阳县五龙洞镇。五龙洞镇位于八渡河上游，略阳县城以北38km处，1996年撤区并乡由九股树、中川、金池院三川合并而成，2017年改九中金乡为五龙洞镇。总面积247.5km²，海拔1500～2214m，属北亚热带北缘山地暖温带湿润季风气候，年平均气温13.2℃，年平均降水量860mm。气候适宜黄精的生产，该地的山上均有野生黄精生长。

4.2　经济因素

全镇结合实际，确立"123"产业发展思路（即中药材产业主导，突出养殖业和干杂果业两个特色，狠抓天麻、猪苓、食用菌三个骨干项目）。全镇建成中药材示范园三个（天麻、黄精和丹参），全镇退耕还林10 494亩，人均享受政策性收入400元以上，全镇中药材种植面积达35 018亩，累计地存天麻30万窝，天麻年产量达到210t，猪苓地存15万窝，年产量达到16t，发展食用菌40万菌。

4.3　交通因素

镇境内交通较为便利，达到村村通公路，并有略徽路、中五路、侯金路三条主干线贯穿全镇。近年来，陆续建成红酒路、侯金路、三水路三条通村水泥路，极大地改善了交通问题。

5.0　黄精生产基地的自然条件

5.1　地形环境

基地海拔1500～2214m，宜选坡度在5°～15°的排水良好的缓坡地，富含有机质的腐殖土或砂壤土，灌水条件良好，距公路30m以上，周边50m以内不种同属植物。

5.2　气候条件

黄精喜温暖湿润的气候和阴湿的环境，耐寒，对气候适应性较强。

基地主要分布在海拔1500～2214m的温凉山区或半山区，该地区昼夜温差较大，气温较低，空气湿度大，有利于黄精干物质的积累，是以生产地下块根部分为主要目标的理想地带。

5.3　土壤条件

可选择半高山或平地栽培，以土层深厚、肥沃、疏松、湿润的土壤为宜。

基地的土壤为砂壤土，土层深厚、疏松。

6.0　黄精基地环境条件及质量要求

6.1　基地土质质量要求

6.1.1　黄精生长适应性较强，最理想的土质为砂壤土，要求pH在6.0～7.5，土层厚40cm以上。

6.1.2 土壤环境质量符合《土壤环境质量 农用地土壤污染风险管控标准（试行）》（GB 15618—2018）一级或二级标准。土壤中有害物质、重金属及残留农药含量不超过表 15.1 限值。

表 15.1 土壤污染风险筛选值 （单位：mg/kg）

污染物项目①	风险筛选值			
	PH≤5.5	5.5<pH≤6.5	6.5<pH≤7.5	pH>7.5
镉 Cd	0.3	0.30	0.30	0.6
汞 Hg	1.3	1.8	2.4	3.4
砷 As	40	40	30	25
铅 Pb	70	90	120	170
铬 Cr	150	150	200	250
铜 Cu	50	50	100	100
镍 Ni	60	70	100	190
锌 Zn	200	200	250	300
六六六总量②		0.10		
滴滴涕总量③		0.10		
苯并[a]芘		0.55		

注：①重金属和类金属砷均按元素总量计；②六六六总量为 α-六六六、β-六六六、γ-六六六、δ-六六六四种异构体的含量总和；③滴滴涕总量为 p,p'-滴滴伊、p,p'-滴滴滴、o,p'滴滴涕、p,p'-滴滴涕四种衍生物的含量总和

6.2 基地空气环境质量要求

空气无污染，符合《环境空气质量标准》（GB 3095－2012）一级或二级标准。具体要求见表 15.2。

表 15.2 空气中各项污染物含量不应超过的浓度值（标准状态） （单位：mg/m³）

项目	浓度限值	
	日平均	1h 平均
总悬浮物（TSP）	0.30	—
二氧化硫（SO₂）	0.15	0.50
氮氧化物（NOₓ）	0.10	0.15
氟化物	7μg/（dm²·d）	20（μg/m³）

注：日平均指任何一日的平均浓度；1h 平均指任何一小时的平均浓度；连续采样三天，一日三次，晨、中和夕各一次；氟化物采样可用动力采样滤膜法或用石灰滤纸挂片法，分别按各自规定的浓度限值执行，石灰滤纸挂片法挂置 7d

6.3 基地水质要求

有可供灌溉的水源及设施、水质无污染，灌溉水质达到国家标准《农田灌溉水质标准》（GB 5084—2021）；水中重金属及有害物质含量不超过表 15.3 中的标准。

表 15.3 水中各项污染物的含量限值

项目	标准/（mg/L）
pH	5.5～8.5
总汞≤	0.001
总镉≤	0.005
总砷≤	0.05
总铅≤	0.1
铬（六价）≤	0.1
氯化物≤	250
氟化物≤	0.20

6.3.1 在黄精基地周围 1km 以内无产生污染的工矿企业，无"三废"污染，无垃圾场。

6.3.2 交通方便，有公路（包括乡村公路）可到田边，田间道路能通过耕作机械。

6.3.3 基地应集中连片，种植面积不小于 100 亩，逐步向专业村、镇发展，形成规模化、产业化生产。

6.3.4 药材基地实行"不连作"管理。

7.0 组织及人员条件

7.1 基地所在的县、乡（镇）政府重视中药产业的发展，有主管产业发展的机构和人员，对基地发展有优惠政策和条件。

7.2 基地所在乡（镇）必须配备一名技术专干，具体负责基地的技术指导；每个基地必须配备经过专业培训的技术人员 1～2 名。

7.3 基地内操作者必须是经过药材栽培基础知识，GAP 基本知识，黄精生产标准操作规程（SOP），土壤、化肥及农药基础知识培训的技术员，并经考试合格取得上岗合格证后，持证上岗。

7.4 基地必须严格按照黄精生产标准操作规程进行黄精栽种、田间管理和采收加工。

8.0 基地的确定

8.1 有意建立基地的地方，先由乡（镇）或村（专业户）提出申请，公司派生产质控技术人员深入现场对基地环境、灌溉条件、土质情况、交通条件进行现场勘察，并做好勘察记录（附件 1），绘制基地的规划简图（附件 2）。

8.2 土质、灌溉条件，交通条件、土地面积符合本章 5.0 和 6.0 要求后，再按规定的方法采取土样和水样，并做好记录（附件 6），采样编号为土（水）+年月日+流水号。

8.3 采集的土样按规定进行初处理后，将土样和水样送往有检测能力的单位进行 6.1 项和 6.3 项检测。

8.4 当土壤、水质检测结果符合本章 6.0 项规定，其组织人员均符合 7.0 项规定后，方可以初步确定为药源基地。

8.5 对初步确定为基地的乡（镇）、村（专业户）操作人员进行集中培训，合格后发放公司统一印制的上岗证。

8.6 基地经过三次验收，即栽种后、出苗后、开花前三次验收符合本章有关规定的，与基地乡（镇）或村（专业户）签订《黄精基地建设与产品交购合同》后，正式按步长制药药源基地进行管理。

8.7 基地现场勘察记录，土壤、水质取样记录，土壤、水质检测报告书归档保存 5 年。

9.0 土壤取样方法

见附件 6《土壤样品采集与处理标准操作规程（SOP）》，灌溉水取样执行中华人民共和国水利部《水质采样技术规程》。

10.0 附件

10.1 基地现场勘察记录表（一）

10.2 基地现场勘察记录表（二）

10.3 基地土壤、灌溉水、空气取样记录

10.4 药源基地基本情况登记表

10.5 生产技术人员培训记录

10.6 土壤样品采集与处理标准操作规程（SOP）

11.0 修改状态

序号	版号	修改说明	修改人	生效日期

附件 1

基地现场勘察记录表（一）

基地名称			勘察人	
自然环境	海　拔		坡　度	
	年积温		年辐射量	
	最大温差		年无霜期	
	年降水量			
	其他环境			
	灌溉条件			
	土壤条件			
	交通条件			
	组织情况			
	初步结论			
签名			日　期	

说明：自然环境通过资料查询和实际勘察确定；其他环境条件包括有无"三废"污染、工矿企业、垃圾，离主干公路距离；土壤条件包括土质、土层厚度等。

附件 2

基地现场勘察记录表（二）

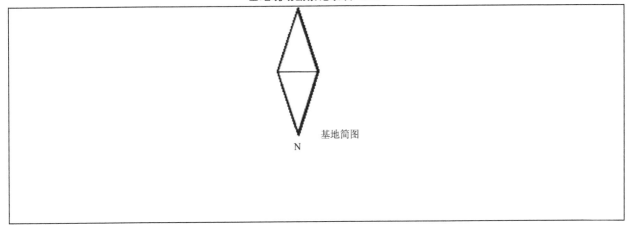

基地简图

N

说明：必须标出公路、田间道路、灌溉水渠（河流）、田块及周围情况。

附件3

基地土壤、灌溉水、空气取样记录

样品编号：

基地名称		地 址	
种植品种		负 责 人	
海 拔		坡 度	
土 质		耕作层深	
灌溉条件		交通条件	
基地周围环境			
取样项目			
取样目的			
取样依据			
取样方法			
取样数量			
取样时间	年 月 日 取样人：		
送检时间	年 月 日		
检验单位			

附件 4

药源基地基本情况登记表

名　　称			
地　　址			
品　　种		面　　积	
负责单位		负 责 人	
坡　　度		海　　拔	
土　　质		耕作层深	
灌溉条件		排涝条件	
水质			
土壤			
空气			
备注			

附件 5

生产技术人员培训记录

时　　间		地　　点	
培训对象			
培训目标			
培训方式		参加人数	
培 训 人			
培训内容			
培训效果			
备注			

附件 6　土壤样品采集与处理标准操作规程（SOP）

1. 土壤样品的采集

1.1　采集的时间和工具

1.1.1　采集的时间

土壤中有效养分的含量随季节的改变而有很大变化。分析土壤养分供应情况时，一般都在晚秋和早春采样。同一时间内采取的土壤样品分析结果才能相互比较。

1.1.2 采集的工具

常用的采样工具有小土铲、管形土钻和普通土钻、米尺、布袋、标签、铅笔、土筛、广口瓶、天平、胶塞（或用木棍）、木板（或胶板）等。

1.1.2.1 小土铲

在任何情况下都应用，但比较费工，不适用多点混合采样。

1.1.2.2 管形土钻

取样速度快，又少混杂，特别适于大面积多点混合样品的采取。

1.1.2.3 普通土钻

使用起来比较方便。

1.2 采集方法

1.2.1 选点与布点

一般应根据不同的土壤类型、地形、前茬以及肥力状况，分别选择典型地块采取混合土壤样品，切不可在肥料堆或路边选点，以保证取样的代表性。

1.2.1.1 混合样品的点数

一般小区试验选择3～5点混合。以大田合理施肥为目的的采样，地块面积小于10亩时，可取5点；面积10～40亩，取5～15点；面积大于40亩，取15～20点混合构成混合样品。

1.2.1.2 布点方法

采用如下所示的蛇形取样法进行采样。

1.2.2 采集土壤样品

1.2.2.1 采集要求

1）采集混合样品时，每一点采取的土壤样品，深度要一致，上下土体要一致。采集时应除去地面落叶杂物。采集深度一般取耕作层土壤20cm左右，最多采到犁底层的土壤。对耕作层较深的土壤，可适当增加采集深度。

2）如果采集的土壤样品数量太多，可用四分法将多余的土壤弃去，一般1kg左右的土壤样品即够化学、物理分析之用。四分法：将采集的土壤样品弄碎混合并铺成四方形，划分对角线分成四等份，取其对角的两份，其余两份弃去，如果所得的样品依然很多，可再用四分法处理，直至所需数量为止。

1.2.2.2 采集方法

采集可用土钻或小土铲进行。打土钻时一定要垂直插入土内。如用小土铲取样，可用小土铲斜着向下切取一薄片的土壤样品，然后将样品集中起来混合均匀。

1.2.2.3 采集数量及装袋

一般取混合土壤样品1～1.5kg，装袋，袋内外各放一标签，上面用铅笔写明编号、采集地点、地形、土壤名称、采集时间、采集深度、作物、采集人等。采完后将坑或钻眼填平。

2. 土壤样品的处理

2.1 处理的目的

1）当采集样品中存在杂物时，要挑出植物残茬、石块、砖块等，以除去非土壤样品的组成部分。

2）适当磨细，充分混匀，使分析时所称取的少量样品具有较高的代表性，以减小称样误差。

3）全量分析项目，样品需要磨细，以使分析样品的反应能够完全一致。

4）使样品可以长期保存，不致因微生物活动而霉变。

2.2　风干和去杂

2.2.1　风干： 从田间采回的土壤样品，应及时进行风干。其方法是将土壤样品放在阴凉、干燥、通风，又无特殊的气体（如氯气、氨气、二氧化硫等）、无灰尘污染的室内风干，把样品全部倒在干净的木板或塑料布、纸上，摊成薄薄一层，经常翻动，加速干燥。切忌阳光直接暴晒或烘烤。在土壤样品半干时，须将大土块捏碎（尤其是黏性土壤），以免完全干燥后结成硬块，难以磨细。

2.2.2　去杂： 样品风干后，应拣出枯枝落叶、植物根、残茬等。若土壤中有铁锰结核、石灰结核，或石子过多，应细心拣出称量，记下所占的百分数。

2.3　磨细、过筛和保存

2.3.1　磨细与过筛

1）进行物理分析时，取干土壤样品 100～200g，放在木板或胶板上用胶塞或圆木棍碾碎，放在有盖底的 18 号筛（孔径 1mm）中，使之通过 1mm 的筛孔，留在筛上的土块再倒在木板（胶板）上重新碾碎，如此反复多次，直到全部通过为止。不得抛弃或遗漏，但石砾切勿压碎。留在筛上的石砾称重后须保存，以备石砾称重计算之用。同时将过筛的土壤样品称重，以计算石砾质量百分数，然后将土壤样品充分混合均匀后盛于广口瓶中，作为土壤分析及其他物理性质测定之用。

2）化学分析时，取风干土壤样品 100～200g，用胶塞或圆木棍将其碾碎，使全部通过 18 号筛。这样的土壤样品可供速效性养分、pH 等项目的测定。分析水解性氮、全氮和有机质项目时，可取通过 18 号筛的样品 20g，进一步研磨，使其全部通过 60 号筛（孔径 0.25mm）。如需测定全磷、全钾，还应全部通过 100 号筛（孔径 0.149mm）。研磨、过筛后的土壤样品混匀后，装入广口瓶中。

2.3.2　保存

样品装入广口瓶后，应贴上标签，记明土壤样品号码、土壤种类、名称、采集地点、深度、日期、孔径、采集人等。

瓶内的样品应保存在样品架上，尽量避免日光、高温、潮湿或酸碱气体等的影响，否则影响分析结果的准确性。

15.2　黄精良种生产标准操作规程

1.0　目的：确保生产基地的黄精品种优良纯正。

2.0　范围：种质质量标准、繁殖材料标准、良种生产、种子田建立及种质保存。

3.0　职责：生产部负责本规程的实施，质量监控部负责种质鉴定、种苗检验及本规程实施的监督检查。

4.0　黄精种质质量标准

4.1　品种

《中国药典》2015 年版规定，入药的黄精为百合科（Liliaceae）黄精属（*Polygonatum*）黄精（*Polygonatum sibiricum* Red.）、多花黄精（*Polygonatum cyrtonema* Hua）或滇黄精（*Polygonatum kingianum* Coll. et Hemsl.）的干燥根茎。

4.2　黄精种源的种质鉴定

4.2.1　植株形态

黄精：多年生草本。根茎圆柱状，由于结节膨大，因此节间一头粗、一头细，在粗的一头有短分枝（《中药志》称这种根茎类型所制成的药材为鸡头黄精），直径 1～2cm。茎高 50～90cm，或可达 1m 以上，有时呈攀缘状。叶轮生，每轮 4～6 枚，条状披针形，长 8～15cm，宽（4～）6～16mm，先端拳卷或弯曲成钩。花序通常具 2～4 朵花，似呈伞形状；总花梗长 1～2cm，花梗长（2.5～）4～10mm，俯垂；苞片位于花梗基部，膜质，钻形或条状披针形，长 3～5mm，具 1 脉；花被乳白色至淡黄色，全长 9～12mm，花被筒中部稍缢缩，裂片长约 4mm；花丝长 0.5～1mm，花药长 2～3mm；子房长约 3mm，花柱长 5～7mm。浆果直径 7～10mm，黑色，具 4～7 颗种子。花期 5～6 月，果期 8～9 月。

滇黄精：多年生草本。根茎近圆柱形或近连珠状，结节有时不规则菱状，肥厚，直径 1～3cm。茎高 1～3m，顶端作攀缘状。叶轮生，每轮 3～10 枚，条形、条状披针形或披针形，长 6～20（～25）cm，宽 3～30mm，先端拳卷。花序具（1～）2～4（～6）朵花；总花梗下垂，长 1～2cm，花梗长 0.5～1.5cm；苞片膜质，微小，通常位于花梗下部；花被粉红色，长 18～25mm，裂片长 3～5mm；花丝长 3～5mm，丝状或两侧扁，花药长 4～6mm；子房长 4～6mm，花柱长（8～）10～14mm。浆果红色，直径 1～1.5cm，具 7～12 颗种子。花期 3～5 月，果期 9～10 月。

多花黄精：多年生草本。根茎肥厚，通常连珠状或结节成块，少有近圆柱形，直径 1～2cm。茎高 50～100cm，通常具 10～15 枚叶。叶互生，椭圆形、卵状披针形至矩圆状披针形，少有稍作镰状弯曲，长 10～18cm，宽 2～7cm，先端尖至渐尖。花序具（1～）2～7（～14）朵花，伞形；总花梗长 1～4（～6）cm；花梗长 0.5～1.5（～3）cm；苞片微小，位于花梗中部以下，或不存在；花被黄绿色，全长 18～25mm，裂片长约 3mm；花丝长 3～4mm，两侧扁或稍扁，具乳头状突起至具短绵毛，顶端稍膨大乃至具囊状突起，花药长 3.5～4mm；子房长 3～6mm，花柱长 12～15mm。浆果黑色，直径约 1cm，具 3～9 颗种子。花期 5～6 月，果期 8～10 月。

4.2.2 药用部位形态

黄精：根茎结节状。一端粗，类圆盘状，一端渐细，圆柱状，全形略似鸡头，长 2.5～11cm，粗端直径 1～2cm，常有短分枝，上面茎痕明显，圆形，微凹，直径 2～3mm，周围隐约可见环节；细端长 2.5～4cm，直径 5～10mm，环节明显，节间距离 5～15mm，有较多须根或须根痕，直径约 1mm。表面黄棕色，有的半透明，具皱纹；圆柱形处有纵行纹理。质硬脆或稍柔韧，易折断，断面黄白色，颗粒状，有众多黄棕色维管束小点。气微，味微甜。

滇黄精：干燥根茎，呈不规则的圆锥状，形似鸡头（习称"鸡头黄精"），或呈结节块状似姜形（习称"姜形黄精"）。分枝少而短粗，长 3～10cm，直径 1～3cm。表面黄白色至黄棕色，半透明，全体有细皱纹及稍隆起呈波状的环节，地上茎痕呈圆盘状，中心常凹陷，根痕多呈点状突起，分布于全体或多集生于膨大部分。干燥者质硬，易折断，未完全干燥者质柔韧；断面淡棕色，呈半透明角质样或蜡质状，并有多数黄白色小点。无臭，味微甜而有黏性。以块大、色黄、断面透明、质润泽、习称"冰糖渣"者为佳。

多花黄精：根茎连珠状或块状，稍带圆柱形，直径 2～3cm。每一结节上茎痕明显，圆盘状，直径约 1cm。圆柱形处环节明显，有众多须根痕，直径约 1mm。表面黄棕色，有细皱纹。质坚实，稍带柔韧，折断面颗粒状，有众多黄棕色维管束小点散列。气微，味微甜。

4.2.3 种子形态

黄精：种子扁圆形或不规则状，长 3～3.5mm，宽 2～2.5mm，厚约 1.5mm。表面有不明显的皱纹，黄褐色。一端略尖，另一端具直径 1mm 的深褐色斑。种皮薄，和胚乳紧贴不能分离。胚乳黄白色，占种子的大部分。胚小，直立棒状，略偏于胚乳的一侧，其长度约为种子长度的 1/3。种子成熟期 8～9 月。

滇黄精：种子圆形，略扁，直径约 5mm。一端具 1 小尖，另一端有褐色圆形区域。表面黄色，光亮。种皮薄，胚乳丰富，成熟后坚实，胚棒状，位于小尖的一端，长约为种子直径的一半。种子成熟期 8～9 月。

多花黄精：种子圆球形。

4.2.4 果实形态

黄精：浆果球形，直径 5～6mm。基部具果柄，顶端有白色花柱裂痕。表面蓝黑色。干时具皱褶。含种子 1～3 颗。

滇黄精：浆果近球形，直径 1～1.5cm。成熟时橙红色或黑色，种子多数。

多花黄精：浆果近球形，成熟时暗紫色，直径 1～1.5cm。

5.0　黄精繁殖材料质量标准

5.1　黄精种子的播种质量

播种前应进行黄精种子外观质量及生活力、净度、含水量等的测定，其质量应符合表 11.13 中规定的二级以上标准。

5.2　黄精根茎的播种质量

播种前应进行黄精根茎外观质量及生活力、净度、含水量等的测定，其质量应符合表 11.15 规定的二级以上标准。

5.3　种苗质量标准

5.3.1　种苗分级标准

黄精种苗分级标准详见表 11.14。

5.3.2　种苗检验：种苗在移栽前要进行检查，对烂根、色泽异常及有虫咬、伤及根结线虫瘤的苗要除去；对混有的杂草要进行清理。若必须从外地调运种苗，要经过种苗检疫部门的检疫，防止人为引入危险的病虫害和杂草。

6.0　黄精良种的生产

6.1　黄精良种的选择

由于目前黄精没有品种，黄精生产用良种应采用"集团选择"的方法对黄精种子进行选择。

从长势良好、健康无病的种植园中挑选植株高大、茎秆粗壮、叶片厚实宽大的健康黄精为留种植株，并做好标记，精心管理，至 9 月中旬开始收集第一、二、三批果实。

6.2　良种贮藏

挑选出的黄精果实经过搓揉洗去外果皮后得到种子，所得种子还应通过沙藏的方法贮藏 45～60d，以促使黄精种子通过休眠期完成其生理后熟。方法：准备含水量为 20%～30%的细河沙，将洗去果皮的黄精种子与河沙分层放置于竹制容器中，并贮藏于洁净、通风的环境，保持河沙的含水量为 20%～30%。注意：每间隔 15d 检查一次，以清除腐烂、霉变的黄精种子或观察湿度以控制种子发芽。种子经过后熟作用后至次年 3 月中旬即可播种。

6.3　良种的大田生产

6.3.1　分级、播种

良种田用种按黄精种子质量标准（表 11.13），选择达到一、二级种子质量标准要求的种子播种。良种田播种方法按良种繁育（见 13.2.2.4 节）操作。

6.3.2　制种

6.3.2.1　制种田的环境

1）制种田的大气、水源、土壤环境符合黄精药源基地选择标准操作规程（见 15.1 节）中对环境的要求。

2）制种田要求在相对隔离的区域，至少与其他黄精园间隔 500m。

6.3.2.2　制种田的大田管理

制种田黄精的管理见 13.2.2.4 节。

6.4　果实采收

黄精果实于 11 月中旬开始陆续成熟.应对色泽鲜红有光泽的成熟果实分批采收，并分批贮藏供生产使用。

7.0　附件

7.1　种子田繁殖材料。

7.2 留种田管理记录。

7.3 种子田田间管理记录。

7.4 种子采收加工记录。

7.5 种子田气象记录。

7.6 种子田施肥记录。

8.0 修改状态

序号	版号	修改说明	修改人	生效日期

附件1

种子田繁殖材料

名称		品　种	
产地		数　量	
时间		供种人	
种源外观质量			

种子	质量等级		千粒重		出芽率	
种苗	质量等级		移栽成活率			
种根	质量等级		出苗率			
质控结论						
备注						

记录人：　　　　　　　　　　　　　　　　记录时间：

附件2

留种田管理记录

时间	管理内容及操作方法	操作人	备注

附件3

种子田田间管理记录

时间	管理内容及操作方法	操作人	备注

附件 4

种子采收加工记录

名称					
地址					
品种		采收天气			
负责人		采收面积			
采收时间		采收数量			
采收方法					
种子熟度					
果穗晾晒	晾晒时间	晾晒地点		晾晒的环境条件	
种子清选	清选时间	清选地点		清选方法及数量	
种子包装	包装时间	包装地点	包装材料	包装方式	负责人
种子贮藏	贮藏地点	贮藏条件		贮藏时间	负责人

附件 5

种子田气象记录

_____基地_____月份气象记录

日期	天气状况	温度（　）		风		空气（%）		日照时数（h）	备注
		最高	最低	风向	风力	干度	湿度		
月积温（℃）						记录人			

附件 6

种子田施肥记录

项目\类别	基肥	追肥		
		第一次	第二次	第三次
时间及天气				
生长时期				
肥料种类				
面积（亩）				
数量（kg）				
操作方法				
备注				

记录人：

15.3　黄精种子质量检验标准操作规程

1.0　目的：通过对种子进行检验、定级，确保基地黄精种子优质、无病虫害、无霉变等，播种后出苗整齐一致并无检疫的病、虫、杂草。

2.0　范围：种子的等级评定和质量检验。

3.0　职责：质量监控部负责种子检验、定级；生产部负责种子的供应、调运。

4.0　黄精种子质量标准

4.1　种子形态：黄精种子由种皮、胚乳和胚三部分组成。种子扁圆形或不规则状，长 3～3.5mm，宽 2～2.5mm，厚约 1.5mm。表面有不明显的皱纹，黄褐色。一端略尖，另一端具直径 1mm 的深褐色斑。种皮薄，和胚乳紧贴不能分离。胚乳黄白色，占种子的大部分。胚小，直立棒状，略偏于胚乳的一侧，其长度约为种子长度的 1/3。种子成熟期 8～9 月。

4.2　黄精种子等级标准：种子检验内容应包括：成熟度、含水量、千粒重、净度、生活力等。

黄精种子暂定为三个等级，其标准参考表 11.13。

5.0　种子检验

室内检验项目和程序如下。

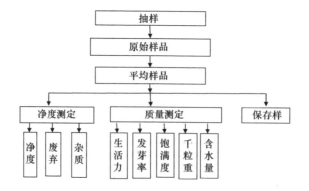

通过上述检验，合格者由检验部门填写"种子检验结果报告单"（附件 1），签发检验合格证，一式三份，分送受检部门和生产部。对不合格的种子，检验单位根据检验结果，提出"使用、停用或精选"等

建议，送受检单位、检验部门和生产部门。

6.0 抽样

6.1 抽样原则

6.1.1 抽样前应先了解所要检验的种子来源、产地、数量、贮藏方法、贮藏条件、贮藏时间和贮藏期间发生的情况、处理方法等，以供分批抽样时参考。

6.1.2 根据种子的质量和数量进行分批。凡同一来源、同季收获，经初步观察品质基本一致的作为一批。同一批种子，包装方法、堆放形式、贮藏条件等不同，应另划一个检验单元，每个检验单元抽取一个样品。

6.1.3 抽取小样的部位，要上下（垂直平分）、左右（水平分布）均匀设抽样点，各点抽样要一致。

6.2 抽样方法

6.2.1 抽样袋数：同一批袋装种子的抽样袋数，应根据总袋数多少而定。少于 5 袋每袋皆抽取样品，5 袋以上 10 袋以下（包括 10 袋）抽取 5 袋，10 袋以上每增加 5 袋抽取 1 袋。

6.2.2 样点分布：按上中下和左中右原则，平均确定样袋，每个样袋按上中下取三点。

6.2.3 抽样方法：用抽样器拨开袋子的线孔，由袋子的一角向对角线方向，将抽样器插入，插入时槽口向下，当插到适宜深度后，将槽旋转向上，敲动抽样器木柄，使种子从抽样器的柄孔中漏入容器，当种子数量符合要求时，拔出抽样器，闭合袋子上的抽样孔。

6.3 原始样品和平均样品的配制

混合前，先把各小样摊在平坦洁净的纸上或盘内，加以仔细观察，比较各小样品的净度、颜色、光泽、水分等有无显著的差别。如无显著差别的，即可混在一起，成为原始样品，如发现有些小样质量上有显著差异，则应将该小样及其代表的种子量做一个检验单位，单独取原始样品。如原始样品数量少，经充分混合就可直接作为平均样品。如原始样品数量多，经充分混合后，用四分法按平均样品重量（一般为千粒重的 40 倍）要求分出，做各项检验，可保证检验结果的准确性。

7.0 种子净度测定

7.1 测定项目：①健粒；②废粒（包括秕粒、碎粒、病粒）；③杂质（杂草种子、土粒、砂子、石块、碎果壳、果柄及其他）。

7.2 净度的计算

取两份平均样品，按测定项目将样品分成健粒、废粒和杂质，分别称重，按下列公式计算。

7.2.1 杂质率

$$杂质率（\%）=杂质重量/试样重量×100$$

7.2.2 平均杂质含量

$$平均杂质含量（\%）=［第一份试样杂质率（\%）+第二份试样杂质率（\%）］/2$$

7.2.3 废种子率

$$废种子率（\%）=废种子重量/试样重量×100$$

7.2.4 平均废种子含量

$$平均废种子含量（\%）=［第一份试样废种子率（\%）+第二份试样废种子率（\%）］/2$$

7.2.5 种子净度

$$种子净度（\%）=100\%-［废种子含量（\%）+杂质含量（\%）］$$

7.2.6 平均种子净度

$$平均种子净度（\%）=［第一份试样净度（\%）+第二份试样净度（\%）］/2$$

测定两份试样种子净度时，允许有一定的差距（见本节附件 2 净度检验中两份试样分析结果差距允许幅度），如两份试样分析结果超过允许差距，则需分析第三份试样，取三份试样的平均值（以下同）。

8.0 种子千粒重测定

8.1 千粒重测定方法

8.1.1 仪器设备：电子天平，精度可达 0.001g。

8.1.2 操作程序：取经去除废种子和杂质后的好种子，将样品充分混合，随机从中取两份试样，每份 1000 粒。放入电子天平上称重，精确到 0.001g。

8.1.3 计算：两份试样平均值的误差允许范围为 5%，不超过 5% 的，则其平均值就是该样品的千粒重；超过 5% 的，则如数取第三份试样称重，取平均值作为该样的千粒重。

种子千粒重因含水量不同而有差异。检验计算时应将检样的实测水分按种子分级标准规定的水分折成规定水分的千粒重。

8.2 种子绝对千粒重的计算

种子绝对千粒重是指含水量等于零时种子的千粒重。只有它才能衡量种子千粒重的真实情况。其计算公式是

种子绝对千粒重（g）=某含水量种子的千粒重×（100%–该种子含水量）

例：一批黄精种子在含水量为 60% 时，千粒重为 100g，求这批种子的绝对千粒重。

种子绝对千粒重=100g×（100%–60%）=40g

8.3 规定含水量种子千粒重的折算

同一批种子，由于含水量不同，所测得的千粒重也不同。因此，在含水量不同的情况下很难进行种子千粒重的正确比较。此时，必须将它们含水量都折合成同一规定水分。其折算公式为

规定含水量种子千粒重（g）=实际含水量种子千粒重（g）×重量折算系数

重量折算系数=（100%–实际含水量）/（100%–规定含水量）

9.0 种子饱满度测定

从平均样品中随机取样 2 份，每份 100 粒，干籽用 40～50℃ 水浸泡 24h，使胚基本恢复到鲜籽状态，取出，沿果皮结合痕用刀片切成两瓣，观察胚占果核容积的比率。胚充满果核者为饱满，占果核 4/5 以下为不饱满，介于两者之间者为较饱满种子，以其占测定粒数的百分数表示。计算公式为

饱满度（%）=（饱满粒数/试样粒数）×100

10.0 种子水分测定

10.1 仪器设备：①恒温烘箱：最高温度可达 200℃，并配有可测到 0.5℃ 的温度计。②样品盒，干燥器，干燥剂。③电子天平，感应量可达 0.001g；普通天平，感应量达 0.1g。

10.2 操作程序：将样品盒（2 个）在 105℃ 左右烘干，干燥器中冷却，用电子天平称重，精确到 0.001g，记为 $W_{盒1}$、$W_{盒2}$；取黄精种子样品两份，每份 20～25g（普通天平称量），分别放入样品盒内，用电子天平称重，精确到 0.001g，记为 $W_{总1}$、$W_{总2}$；将烘箱温度升为 140～150℃，打开箱门 5～10min 后，烘箱温度必须保持在 130～135℃；将样品盒放入烘箱中，在 145℃ 保持 1h；取出样品盒，盖好盖子放入干燥器中冷却，约 30s 后取出，用电子天平称重，记下重量，精确到 0.001g。接着再放入烘箱中，在 145℃ 保持 1h，冷却后称重，直到后次称重和前次称重的差距不超过 0.2%，记下最后一次重量作为烘干后重量 $W_{烘1}$、$W_{烘2}$。

10.3 计算：种子水分（%）=（烘前试样重–烘后试样重）/烘前试样重×100。

10.4 测定中要求称量准确度为 0.001g；两份试样测定结果差距不得超过 0.4%，否则重新测定。

11.0 种子活力测定（TTC 法）

11.1 仪器设备：解剖镜、刀片、培养皿、恒温箱、水浴锅。

11.2 试剂：0.1%～1% 2,3,5-氯化三苯基四氮唑（TTC）。

11.3 操作程序：取黄精种子 300 粒，平均分为三组，分别置培养皿中，加入 20mL 蒸馏水，于 40～

50℃水浴浸泡 8h，使种子充分吸胀。将处理好的种子，捞出，置滤纸上吸湿，然后将种子夹在两层滤纸间擦去黏液，再在解剖镜下用刀片均匀纵切成两瓣，选取其中有胚的一瓣放入培养皿中。将配制的 TTC 溶液小心倒入培养皿内，使种子浸入药液中，于 35～45℃恒温箱中放置 1～1.5h 充分着色。倒出药液，在衬有滤纸的培养皿内观察显色种子数，计算种子活力。凡胚着色者为有生活力的种子，不着色者为无生活力的种子。

11.4　计算：根据着色百分率，取两者平均值代表所测种子活力。

12.0　种子发芽率测定

12.1　仪器设备：培养皿、滤纸、培养箱。

12.2　操作程序：从平均样品中随机取样 2 份，每份 100 粒，分别均匀铺入已垫有滤纸的培养皿中，加水使之充分湿润；盖上盖，置于培养箱或适宜发芽的地方，温度保持在 20～30℃；观察，使培养皿保持湿润；经过 7～8d，当胚根伸长到不短于种子长度的 1/2 时，即为正常发芽的种子。

备注：黄精种子要经过长时间休眠，本部分测定要在种子休眠期过后进行。

12.3　计算：种子发芽率的计算公式为

种子发芽率（%）＝（种子发芽的总数/供试验种子总数）×100

13.0　种子病害检验

13.1　肉眼检验法

13.1.1　仪器设备：放大镜（5～10 倍）、玻璃纸。

13.1.2　操作程序：从平均样品中取试样 100 粒，分散放在玻璃纸上。用放大镜检验，挑出病种后数清粒数。

13.1.3　计算：病粒率（%）＝（病粒数/试样粒数）×100。

13.2　剖粒检查法

13.2.1　仪器设备：刀片、放大镜（5～10 倍）、培养皿。

13.2.2　操作程序：取平均样品 2 份，每份 100 粒。逐粒用刀片沿种皮结合痕将种子切开，用放大镜检验，观察病害粒数。

13.2.3　计算：感病率（%）＝（感病粒数/试样粒数）×100。

14.0　附件

14.1　种子检验结果报告单。

14.2　净度检验中两份试样分析结果差距允许幅度。

14.3　种子检验记录。

14.4　药源基地种源调运记录。

15.0　修改状态

序号	版号	修改说明	修改人	生效日期

附件 1

种子检验结果报告单

送检单位		产　地	
作物名称		数　量	
品种名称		代表数量	
性状			

净度	净种子/%		其他植物种子/%		杂质/%	

发芽试验	正常幼苗/%	硬实/%	新鲜不发芽种子/%		不正常幼苗/%	死种子/%
	发芽床_____；温度_____；试验持续时间_____；发芽前处理和方法_____					
水分	水分_____%					
其他测定项目	生活力_____%　　饱满度_____% 千粒重_____g 健粒_____%　病粒_____%					
检验结论						
处理意见						
检验单位（章）			检验人（章）			
检验日期	年　　月　　日					

附件 2

净度检验中两份试样分析结果差距允许幅度

允许差距幅度/%	两份试样净度平均/%	两份试样杂质平均/%
±0.2	99.6	0～0.5
±0.4	99.1～99.5	0.6～1.0
±0.6	98.1～99.0	1.1～2.0
±0.8	97.1～98.0	2.1～3.0
±1.0	96.1～97.0	3.1～4.0
±1.2	95.1～96.0	4.1～5.0
±1.4	94.1～95.0	5.1～6.0
±1.6	93.1～94.0	6.1～7.0
±1.8	92.1～93.0	7.1～8.0
±2.0	91.1～92.0	8.1～9.0
±2.2	90.1～91.0	9.1～10.0
±3.0	85.1～90.0	10.1～15.0

说明：净度检验和计算结束后，将结果填写在"种子检验结果报告单"的"净度"栏内。

附件 3

种子检验记录

品名		规格（等级）		数量	
货物来源		供货单位		交货人	
包装情况		合同号		抽样人	
检验依据					
检验项目					

1. 种子净度：按照"黄精种子质量检验标准操作规程"之"种子净度测定"项下的规定操作。	
2. 种子千粒重：按"黄精种子质量检验标准操作规程"之"种子千粒重测定"项下的规定操作，计算出规定含水量种子千粒重，其结果是，第一份千粒重为 g，第二份千粒重为 g，第三粒千粒重为 g，平均千粒重为 g。	
3. 饱满度：按照按"黄精种子质量检验标准操作规程"之"种子饱满度测定"项下的规定操作，其中饱满种子占 %，较饱满种子占 %。	
4. 水分含量：按"黄精种子质量检验标准操作规程"之"种子水分测定"项下的规定操作，其第一份样品水分含量为 %，第二份样品水分含量为 %，平均水分含量为 %。	
5. 种子活力：按"黄精种子质量检验标准操作规程"之"种子活力测定（TTC 法）"项下的规定操作，其第一份样品种子活力为 %，第二份样品种子活力为 %，平均种子活力为 %。	
6. 种子发芽率：按"黄精种子质量检验标准操作规程"之"种子发芽率测定"项下的规定操作，经 3 天后发芽率为 %，经 5 天后发芽率为 %，经 10 天后发芽率为 %，15 天后发芽率为 %，最终发芽率为 %。	
7. 病害检验：按"黄精种子质量检验标准操作规程"之"种子病害检验"项下的规定操作。检验结果：依据天士力商洛植物药业有限公司种子标准检验，该种子（不）符合 种子标准。	
检验人： 复核人： 年 月 日 检验人： 复核人： 年 月 日	

附件 4

药源基地种源调运记录

名称			品种		
产地			数量		
时间			供种人		
种源外观质量					
种子	质量等级		千粒重		出芽率
种苗	质量等级			移栽成活率	
种根	质量等级			出苗率	
质控结论					
备注					

记录人： 记录时间：

15.4 黄精栽种技术及管理标准操作规程

1.0 目的：建立黄精育苗、移栽、田间管理的标准操作规程，规范黄精种植及田间管理过程。

2.0 范围：种子育苗、种苗、整地、移栽、株距、行距、覆土厚度、除草、灌溉排水、摘蕾壮苗。

3.0 职责：操作工人负责按本规程执行；基地管理员、技术员负责本规程实施的技术指导；生产部负责本规程实施情况的检查管理；质量监控部负责基地验收和对本规程实施的监督。

4.0 种子育苗及移栽

4.1 种子育苗

4.1.1 选地

选择比较湿润肥沃的林间地或山地，林缘地最为合适，要求无积水、盐碱影响，以土质肥沃、疏松，富含腐殖质的沙质土壤为好，土薄、干旱和砂土地不适宜种植。

4.1.2 整地

进行土壤深翻 30cm 以上，整平耙细后作畦。一般畦面宽 1.2m，畦长 10～15m，畦面高出地平面 10～15cm。在畦内施足优质腐熟农家肥 4000kg/亩作底肥，均匀施入畦床土壤内。再深翻 30cm，使肥土充分混合，整平耙细后待播。

4.1.3 土壤处理

为预防根部病害，当土壤 pH 在 5.5～7.0 时，播种前，可结合倒土，每平方米施用 75～100g 生石灰或本标准操作规程中允许使用的农药进行土壤处理。

4.1.4 作床

4.1.4.1 规格：平地、缓坡地床高 20～25cm，坡地床高 15～20cm；床宽 120～140cm。

4.1.4.2 方法：床面做成板瓦形，床土做到下松上实，以提高土壤通透性。

4.1.5 播种

4.1.5.1 播种时间：3 月中下旬至 5 月中下旬。

4.1.5.2 种子选择与分级：黄精种子应进行优选和分级，种子质量必须符合"黄精种子分级标准"（表 11.13）的要求。然后根据种子质量分级播种。

4.1.5.3 种子处理或包衣处理：在播种时，可选用《三七农药使用准则》（DB53/T 055.8—2020）中规定的 1～2 种杀菌剂进行浸种处理，或采用黄精专用包衣剂进行包衣后再播种。

4.1.5.4 播种密度：采用 4cm×5cm 或 5cm×5cm，每亩播种量 20 万～25 万粒。

4.1.5.5 播种方法：在整好的苗床上按行距 5cm 开沟深 3～5cm，将种子均匀播入沟内。覆土 2.5～3cm，稍加踩压，保持土壤湿润。

4.1.5.6 施肥或覆土：每亩用腐熟的农家肥 4000kg，并用细土将黄精种子覆盖，以见不到种子为宜。

4.1.6 浇水

黄精播种后应视土壤墒情及时浇水 1 次，以后每隔 5～7d 浇 1 次，使土壤水分一直保持在 25%～30%，直至雨季来临。

4.1.7 田间管理

4.1.7.1 除草：用人工每 7～10d 除草 1 次，保证床面及作业道清洁无杂草。禁止使用化学除草剂。

4.1.7.2 病虫害：一般叶部产生褐色圆斑，边缘紫红色，为叶斑病。叶斑病多发生在夏秋季，病原菌为真菌中的半知菌。防治方法：以预防为主。入夏时可用 1∶1∶100 波尔多液或 65%代森锌可湿性粉剂 500～600 倍喷洒，每隔 5～7d 1 次，连续 2～3 次。

4.1.7.3 追肥：黄精育苗的肥料施用应以有机肥为主。有机肥包括家畜粪便、灶灰、油枯、骨粉，不包括人粪尿。有机肥在施用前拌磷肥堆沤 100d 以上，待充分腐熟。追肥时用有机肥 1000kg/亩。另外．还可以辅以适量根外追肥。

4.1.7.4 防涝：雨季来临应随时检查苗床，出现水分过多应及时排涝。

4.2 起挖

4.2.1 时间

可根据移栽时间而定，一般为 3 月中下旬至 5 月中下旬。

4.2.2 方法

用自制竹条或木棍削尖后从床面一边向另一边顺序采挖。如土壤过于干燥板结，应浇一次透水后隔 3d 再挖。起挖时应避免损伤种苗。受损伤的种苗和受病虫危害的种苗在采挖时应清除并单独存放。

4.3　移栽

4.3.1　大田准备、土壤处理及大田清理同育苗。

4.3.2　移栽时间：3 月中下旬至 5 月中下旬。

4.3.3　种苗分级：移栽时应对种苗分级移栽，种苗的分级按表 11.14 执行。

4.3.4　种植密度：按（20cm×15cm）～（30cm×15cm），种植密度为 1.5 万～2.0 万株/亩。根据种苗大小、气候条件、土壤质地等不同情况可做相应调整。

4.3.5　种苗处理：移栽时，用 58%瑞毒霉锰锌 500～800 倍液，或 1.5%多抗霉素 200ppm①，允许使用的农药浸种 30～50min，取出带药液移栽。

4.3.6　种植方法：在整好的种植地块上按行距 30cm、株距 15cm 挖穴，穴深 15cm，穴底挖松整平，施入基肥 3000kg/亩。然后将育成苗栽入穴内，每穴 2 株，覆土压紧。

4.3.7　施肥和覆土：用充分腐熟的农家肥 1200kg/亩或细土将黄精种苗覆盖，以将整个种苗盖完，根、芽不外露为宜。

4.3.8　浇水：栽种结束后，应立即浇 1 次透水再次进行封穴，确保成活率。

4.4　田间管理

4.4.1　防涝：雨季来临应随时检查黄精园，出现水分过多应及时排涝。

4.4.2　抗旱浇水与防涝排湿：在干旱、半干旱地区，黄精移栽后每 7～10d 应及时浇水 1 次，使土壤水分一直保持在 25%左右，直至雨季来临。雨季来临应随时检查黄精地，出现水分过多应及时排涝。

4.4.3　摘蕾：黄精的花果期持续时间较长，并且每一茎枝节腋生多朵伞形花序和果实，致使消耗大量的营养成分，影响根茎生长，为此，要在花蕾形成前及时将花芽摘去，以促进养分集中转移到收获物根茎部，利于产量提高。

5.0　根茎育苗及移栽

5.1　根茎育苗

5.1.1　选地

选择比较湿润肥沃的林间地或山地，林缘地最为合适，要求无积水、盐碱影响，以土质肥沃、疏松，富含腐殖质的沙质土壤为好，土薄、干旱和砂土地不适宜种植。

5.1.2　整地

进行土壤深翻 30cm 以上，整平耙细后作畦。一般畦面宽 1.2m，畦长 10～15m，畦面高出地平面 10～15cm。在畦内施足优质腐熟农家肥 4000kg/亩作基肥，均匀施入畦床土壤内。再深翻 30cm，使肥土充分混合，整平耙细后待播。

5.1.3　土壤处理

为预防根部病害，当土壤 pH 在 5.5～7.0 时，在播种前，可结合倒土，每平方米施用 75～100g 生石灰或本标准操作规程中允许使用的农药进行土壤处理。

5.1.4　作床

5.1.4.1　规格：平地、缓坡地床高 20～25cm，坡地床高 15～20cm；床宽 120～140cm。

5.1.4.2　方法：床面做成板瓦形，床土做到下松上实，以提高土壤通透性。

5.1.5　播种

5.1.5.1　播种时间：3 月中下旬或 10 月下旬至 11 月上旬。

5.1.5.2　根茎选择与分级　黄精根茎应进行优选和分级，根茎质量必须符合"黄精根茎分级标准"（表 11.15）的要求。然后根据种茎质量分级播种。

---

① 1ppm=1×10⁻⁶。

5.1.5.3 根茎处理：在播种时，可选用《三七农药使用准则》（DB53/T 055.8—2020）中规定的 1～2 种杀菌剂进行处理。

5.1.5.4 播种密度：采用 20cm×25cm 或 25cm×25cm，播种量 1 万～2 万棵/亩。

5.1.5.5 播种方法：在整好的苗床上按行距 25cm 开沟深 10cm，将根茎芽向上均匀放入沟内。覆土 5cm，稍加踩压，栽后浇 1 次透水，保持土壤湿润。

5.1.5.6 施肥或覆土：用腐熟的农家肥 4000kg/亩，并用细土将黄精根茎覆盖，以见不到根茎为宜。

5.1.6 浇水

黄精播种后应视土壤墒情及时浇水 1 次，以后每隔 5～7d 浇 1 次，使土壤水分一直保持在 25%～30%，直至雨季来临。

5.1.7 田间管理

5.1.7.1 除草：用人工每 7～10d 除草 1 次，保证床面及作业道清洁无杂草。禁止使用化学除草剂。

5.1.7.2 病虫害：一般叶部产生褐色圆斑，边缘紫红色，为叶斑病。叶斑病多发生在夏秋季，病原菌为真菌中的半知菌。防治方法：以预防为主。入夏时可用 1∶1∶100 波尔多液或 65%代森锌可湿性粉剂 500～600 倍喷洒，每隔 5～7d 1 次，连续 2～3 次。

5.1.7.3 追肥：黄精育苗的肥料施用应以有机肥为主。有机肥包括家畜粪便、灶灰、油枯、骨粉，不包括人粪尿。有机肥在施用前拌磷肥堆沤 100d 以上，以充分腐熟。追肥时用有机肥 1000kg/亩。另外，还可以辅以适量根外追肥。

5.1.7.4 防涝：雨季来临应随时检查苗床，出现水分过多应及时排涝。

5.2 起挖

5.2.1 时间

可根据移栽时间而定，一般为 12 月中下旬至 3 月上旬。

5.2.2 方法

用自制竹条或木棍削尖后从床面一边向另一边顺序采挖。如土壤过于干燥板结，应浇 1 次透水后隔 3d 再挖。起挖时应避免损伤种苗。受损伤的种苗和受病虫危害的种苗在采挖时应清除并单独存放。

5.3 移栽

5.3.1 大田准备、土壤处理及大田清理同育苗。

5.3.2 移栽时间：12 月中下旬至 3 月上旬。

5.3.3 种苗分级：移栽时应对种苗分级移栽，种苗的分级按表 11.14 执行。

5.3.4 种植密度：按（30cm×40cm）～（30cm×60cm），种植密度为 4500 株/亩。根据种苗大小、气候条件、土壤质地等不同情况可做相应调整。

5.3.5 种苗处理：移栽时，用 58%瑞毒霉锰锌 500～800 倍液，或 1.5%多抗霉素 200ppm 或《三七农药使用准则》（DB53/T 055.8—2020）中允许使用的农药浸种 30～50min，取出带药液移栽。

5.3.6 种植方法：在整好的种植地块上按行距 30cm、株距 15cm 挖穴，穴深 15cm，穴底挖松整平，施入基肥 3000kg/亩。然后将育成苗栽入穴内，每穴 1 株，覆土压紧。

5.3.7 施肥和覆土：用充分腐熟的农家肥 250g/亩或细土将黄精种苗覆盖，以将整个种苗盖完，根、芽不外露为宜。

5.3.8 浇水：栽种结束后，应立即浇 1 次透水再次进行封穴，确保成活率。

5.4 田间管理

5.4.1 锄草松土：在黄精植株完全定根并开始生长后，要经常进行中耕锄草，每次浅锄，以免伤茎、伤根，促使壮株。

5.4.2 合理追肥：每年结合锄草进行追肥，每年 1～2 次，根据情况而定。每次每亩沟施优质农家肥

1200kg，并混入过磷酸钙 20kg，或饼肥 50kg。

5.4.3　适时排灌：黄精喜湿怕旱，土壤要经常保持湿润状态，遇干旱应及时浇水，雨季要防止积水，及时排涝，以免烂根腐茎。

5.4.4　摘除花朵：黄精的花果期持续时间较长，并且每一茎枝节腋生多个伞形花序和果实，要消耗大量的营养成分，影响根茎生长，因此，在黄精花蕾形成前，及时摘去花芽，促进养分集中转移到黄精根茎部，有利于提高产量。

5.4.5　防强光照：黄精喜阴，在黄精种植地周围或中间，间种玉米、高粱等高秆作物，既可以起到遮阴作用，又能使农作物与黄精双丰收。

6.0　采挖方法

用自制竹条或小棍撬挖。从床头开始，朝另一方向按顺序挖取。挖时应防止伤及根茎，保证黄精块根的完好无损。机械损伤或病的黄精需单独存放。

7.0　包装和运输

7.1　包装

采挖的鲜黄精用清水洗净后用洁净、无污染的竹制品或麻袋等硬包装物或软包装物装载，并单独存放。存放时间不得超过 24h，同时贴上标签，标签上应标明采挖地点、时间、品名等。

7.2　运输

采挖的鲜黄精及时运往加工场所，运输时不得与农药、化肥等其他有毒有害物质混装。

8.0　附件

8.1　基地育苗情况记录。

8.2　基地苗田管理记录。

8.3　基地种苗移栽记录。

8.4　基地田间管理记录。

9.0　修改状态

序号	版号	修改说明	修改人	生效日期

附件 1

基地育苗情况记录

名称			
地址			
品种		育苗面积	
种子来源		数量	
调运人		技术指导	
播种时间		发芽率	
成苗率		移栽时间	
播种方法			
生长情况			
备注			

附件 2

基地苗田管理记录

时间	管理内容	存在问题	采取措施	管理人	备注

附件 3

基地种苗移栽记录

名　称				
地　址				
品　种		移栽面积		
负责人		技术指导		
种苗来源		调运人		
质量情况				
移栽时间		成活率		
移栽方法				
生长情况观察				
备注				

附件 4

基地田间管理记录

名称			
地址			
品种		面积	

时间	管理内容	操作人	备注

15.5　黄精施肥标准操作规程

1.0　目的：建立黄精田间施肥标准操作规程，规范黄精种植的施肥过程。

2.0　范围：黄精种肥、黄精基肥、黄精追肥。

3.0　职责：操作工人负责按本规程执行；基地管理员、技术员负责本规程实施的技术指导；生产部负责本规程实施情况的检查管理；质量监控部负责基地验收和对本规程实施的监督。

4.0　黄精农家肥料制备

在 10 月中旬于黄精地附近收集杂草、秸秆，晒 7d 左右至干或半干，架火，将收集的杂草、秸秆拌土覆盖于火上，并拍打严实，使之不见明火，每 2m² 为一堆，经 4～5d 后即可烧透，再浇水充分淋湿火土。此土遇水不板结，天旱不开裂，且富含钾肥，是黄精施肥中常用的基质。黄精农家肥有以下三种制备方法。

4.1　将火土过筛得细火土，于黄精栽种前半个月按 1000kg 细火土加入钙镁磷肥 50kg 的比例充分混匀，备用。（火土：土块与杂草、秸秆等物混合经火烧后制成的一种农家肥料。）

4.2　按细火土 1000kg 加入人畜粪尿 400kg 及钙镁磷肥或普钙 50kg 的比例充分混匀，堆沤 3 个月即可充分腐熟、备用。

4.3　将油枯用水充分淋湿，用塑料布盖严堆沤 7d 即可部分分解，并分散不成硬块，此时按 400kg 与细火土 1000kg 的比例混合再加入钙镁磷肥或普钙 50kg，充分混匀，堆沤 3 个月，备用。

5.0　黄精基肥的使用

5.1　黄精种子基肥使用

黄精种子点播于打穴器打出的土穴中，此时即用细火土拌有机肥 20kg/亩覆盖整个床面，以看不到黄精种子为宜。也可用本节 4.2 或 4.3 项下肥料 1500kg/亩覆盖整个床面，以看不见种子为宜。

5.2　移栽黄精基肥使用

黄精移栽完毕后，立即用细火土 2500kg/亩拌有机肥 20kg/亩作基肥将其覆盖，以看不见主根和须根为宜。也可用本节 4.1、4.2、4.3 项下肥料 2500kg/亩拌硫酸钾 10kg/亩作基肥将其覆盖，以看不到黄精主根和须根外露为宜，其中本节 4.1 项下肥料适用于土壤含氮量高的地块。

6.0　黄精的追肥

每年结合中耕进行追肥，每次施入优质肥 1000～1500kg/亩。每年冬前再次施入优质农家肥 1200～1500kg/亩，并混入过磷酸 50kg/亩、饼肥 50kg/亩、混合均匀后沟施，然后浇水，加速根的形成与成长。

7.0　配方施肥

在有条件的黄精生产基地可使用配方施肥的方法对黄精进行施肥，即产前确定黄精目标产量，根据黄精吸收氮、磷、钾规律的数学模型及土壤养分测试值，确定氮、磷、钾肥的适宜用量，配方施肥必须包含一定数量的有机肥，以保持地力。

8.0 附件

8.1 有机肥无害化处理及制作方法。

8.2 EM生物有机肥和防虫液的制作方法。

8.3 基地施肥记录。

9.0 修改状态

序号	版号	修改说明	修改人	生效日期

附件 1

有机肥无害化处理及制作方法

天然有机肥原料（如秸秆、杂草、各种饼渣、酒糟、醋糟、食用菌下脚料、禽畜粪尿等）中往往存在着大量的人畜传染病病原菌、虫卵和杂草种子等有害成分，如果不进行无害化处理，新鲜的有机肥将变成病原菌、害虫和杂草的传播中心。因此有机肥的无害化处理不仅符合环境卫生观点，同时也可以变废为宝，使其完全满足药用植物对有机肥利用的要求。目前采用的有机肥无害化处理技术主要包括高温堆肥去害法、窒息去害法、药物去害法及现代生物技术去害等。

一、高温堆肥去害法

这种方法经济、简便、有效。其去害原理是利用堆肥时微生物分解有机物，释放出生物热，使堆肥产生的高温，将病原菌、虫卵和杂草种子杀死，以达到无害化的目的。一般采用高温堆肥时温度最高可达 60～70℃，在这种温度下持续 1～2d，可以杀死绝大多数的病原菌、虫卵和杂草种子。马粪中的马流产副伤寒杆菌在该温度下存在 21d 也可以被杀死。

高温堆肥可分为半坑式和平地式两种。北方冬、春季节气温较低，一般采用半坑式，夏季则可以选用平地式。

（一）半坑式

（1）建坑方法

选择背风向阳处建坑，大小和深度一般为（2.0～2.5）m×1.5m×0.8m，坑的底部挖 20～30cm 的 "井" 字形通气沟，在沟的交叉处立一根聚乙烯管作通气塔。

（2）堆制配料方法

先加入 50%左右粉碎的秸秆、饼肥、糟渣等干料，其次加入 30%～40%畜禽粪、10%～20%青草等含水量较高的原料，最后加入高温纤维素分解菌和水。菌液用量为 1%，用水量可根据材料的干湿度而定，控制含水量在 50%～60%（手捏成团，触之可散，能挤出少量水分为度）。肥堆可高出地面 0.8m 左右，表面用塑料薄膜或泥土封严。一般每坑可堆制 1.5～2.0t 有机肥。

（3）高温纤维素分解菌的制作方法

将 100g 马粪加水 10～15kg，在塑料桶内搅拌均匀后加盖，于 60℃下培养 5～6d 即可使用。使用时，可将培养好的菌液从肥堆顶部均匀灌入，或在堆肥时均匀搅拌在原料中。

（4）堆肥管理

高温堆肥一般经过发热、高温、降温和腐熟 4 个阶段。上堆后 7～10d 开始检查堆肥温度，当温度上升到 60～70℃高温期 3～4d 后，应翻捣 1 次，让所有的材料堆沤均匀，以充分腐熟。若堆肥期间管理不当，则容易造成过劲，使肥效大大降低。管理过程中还应注意通气和酸碱度的变化，可用石灰、草木灰、醋糟等使 pH 保持在 6.5～7.5。

（5）有机肥腐熟程度的鉴别

有机肥的腐熟过程就是粗有机肥材料在微生物作用下进行矿化和腐殖化的过程。因此，速效养分的释放和腐殖质的生成是有机肥熟化的标志。可从以下几个方面进行鉴定。

1）堆肥体积变化：肥堆高度降低 1/3～1/2，或体积减小 1/2 左右。

2）颜色变化：腐熟有机肥含黑腐酸、黄腐酸和棕腐酸，因此颜色呈棕黄色至棕黑色；如果用 1 份有机肥加 5 份水浸提 15min，则滤液呈浅黄色或无色。

3）气味：无恶臭，并略带氨气味。

4）原料组织结构的变化：用手触之，粗的有机物柔软易碎，组织难以辨认。

5）腐殖化系数达到 30%左右。

备注：腐殖化系数是指形成腐殖质的数量占堆肥材料中有机物含量的百分比。

（二）平地式

平地式堆肥是指将有机肥原料在平地上分层堆沤的堆肥方法。适用于高温、多雨、湿度大的夏季。它与半坑式方法相似，堆肥前应选择地势较高的平坦地面，并将地面夯实，底层先铺垫粉碎的干草或秸秆，以吸收下渗的汁液。每层厚度 20cm 左右，堆高 1.0～1.5m，共分 5～6 层，各层之间加适量的高温纤维素分解菌和水，顶部用塑料薄膜或泥土封严。

平地堆肥保水性差，在堆制过程中应注意保持肥堆的含水量，15～20d 翻捣 1 次，酌情补加水分，按时检查温度、酸碱度和通气状况。

二、窒息去害法

窒息去害法的基本特点是：利用嫌气、绝氧的环境，改变各种病原菌、虫卵和杂草种子的生存条件，使其强烈地窒息而死亡。最常用的窒息去害法是沼气发酵和沤肥。沼气发酵需要配套的发酵池和适宜的发酵原料，工序比较复杂，使用此方法可参考有关的专业技术资料。沤肥适于南方水稻田使用，在此不做详细介绍。

三、药物去害法

药物去害是指在有机肥原料中加入对农作物无害、价格低廉的中草药或化学药品，达到杀灭病原菌和虫卵的目的。常用的中草药有苦楝、毛茛、辣蓼、烟草梗、蓖麻叶、油桐叶和茶子饼等。常用的化学药品有氨水、尿素和漂白粉。在堆沤肥料时，可将草药切碎拌入原料中，也可以将其熬水拌入。然后采用以上半坑式或平地式方法进行堆沤。

四、现代生物技术去害

利用生物方法也可对有机肥进行无害化处理。由于使用的微生物不同，生物有机肥无害化处理的堆沤方法也有很多，如"301"菌剂堆肥、催腐剂堆肥和酵素菌堆肥等。

附件 2

EM 生物有机肥和防虫液的制作方法

一、EM 发酵料的制作方法

（一）配料及发酵

1）取有效微生物群（EM）和红糖各 1 份，加水 100 份，制成 EM 稀释液备用。

2）将米糠 20%、麸皮 30%、豆饼 20%、谷壳或锯末 30%粉碎混合成基质备用。

3）在 100kg 基质中加入 40kg EM 稀释液，搅拌均匀后装入密封袋或密闭的容器中 30℃左右发酵 6～7d，若温度在 25℃以下，可适当延长发酵时间。

（二）使用方法

1）采用以上方法制作的 EM 发酵料，可作为有机堆肥的母料或直接用于追肥。

2）使用时注意不得与农药和抗生素混合，分开使用时，至少间隔 5d；制作时包装不宜过大，开封后应在 2～3d 内尽快用完。

二、EM 稀释液的制备方法

（一）配制方法

将上述制作好的 EM 发酵料（EM 活化液）稀释 300～400 倍使用。

（二）使用方法

1）EM 稀释液可作为叶面肥直接喷洒叶面，每亩 300～400kg，每周 1 次，连喷 3 次。

2）灌根，用 EM 稀释液灌根，可改善植物根际微生态环境，促进土壤养分的释放，促进根系吸收，防治根系病害，直接促进根系生长。灌根用量一般每亩 600～800kg。

3）用作 EM 生物堆肥的母液，每吨有机肥原料中加入 350～400kg EM 稀释液，搅拌均匀后，密封发酵即可。

4）EM 稀释液随配随用，不可久置。稀释用的水源最好是未加漂白粉的井水或河水，如果是自来水，可将生水放置 24h 后再使用。

三、EM 生物有机堆肥制作方法

（一）配料与堆制

1）将秸秆、枯叶、杂草、酒糟、醋糟、食用菌基质残渣等有机物切碎，与畜禽粪尿混合后制成基础原料备用。

2）在 1000kg 基质中加入 30～40kg EM 发酵料和 300～400kg 水（也可以用 350～400kg EM 稀释液），搅拌均匀后按照半坑式堆制方法堆料，堆料前，在坑的底部和四周喷洒 EM 稀释液，堆完后，在最上层喷洒一遍 EM 稀释液，压实后加盖塑料薄膜密封，最后用泥土将顶部和四周封严。注意堆高不得超过 0.8m，避光，最高堆温不得高于 50℃。一般在 30℃左右发酵 10～15d，若温度在 25℃以下，可适当延长至 20～30d。

（二）使用方法

1）最好用作基肥，每亩 1.0～1.5t。

2）使用时注意不得与农药和抗生素混合。

四、EM 防虫液的制作方法

（一）配料与发酵

1）将 EM 发酵料、红糖、白酒（30 度以上）、醋和水按 1∶1∶1∶1∶10 的比例混合，制成 EM 稀释基料。

2）将适量的辣椒、花椒、大蒜、烟草梗、鱼藤等能防虫的植物性原料粉碎备用。

3）根据防虫原料中含水量的多少，将稀释基料和防虫植物原料按 7∶3 或 6∶4 的比例混合，装入结实的塑料容器中（不得使用玻璃容器或没有弹性的容器），30℃下发酵 20d 左右。

4）发酵 3～4d 后，由于发酵液产生气体，容器会鼓起来，此时应及时松动盖子放气，并立即盖严继续发酵。2～3d 后再放气 1 次，并经常摇动容器，促进发酵。如果气体不再产生，则表明发酵完成。制好的 EM 防虫液在开盖后会闻到酸甜带刺激性的酯味。

（二）使用方法

1）根据黄精的生长情况，将制作好的 EM 防虫液稀释 500～800 倍，过滤后喷洒植株或灌根。植株幼嫩时稀释倍数高一些，相反则可以提高使用浓度。

2）EM 防虫液之所以能防治植物病害，是由于它可以促进植物的新陈代谢，强化叶片表面的角质层，防止病原菌的侵入；而 EM 防虫液杀灭害虫的原理是其中含有酯成分，酯成分在草食害虫体内不分解，使它们产生生理障碍而死亡。因此应注意以预防为主，在病虫害大量发生前及时使用。

3）开盖后的 EM 防虫液应及时用完，如果刺激性酯味消失，则表明已经失效。

4）使用 EM 防虫液期间不得使用农药和抗生素。

附件 3

基地施肥记录

项目\类别	基肥	追肥		
		第一次	第二次	第三次
时间及天气				
生长时期				
肥料种类				
面积/亩				
数量/kg				
操作方法				
备注				

记录人：

15.6　黄精病虫害防治标准操作规程

1.0　目的：合理运用生态防治方法包括农业、生物、化学、物理方法及其他有效手段，综合防治黄精病虫害；通过选择高效低毒、低残留农药品种，合理使用农药，把农药使用量压到最低水平，使产品的农药残留量符合联合国粮食及农业组织（FAO）、世界卫生组织（WHO）和我国的允许标准。

2.0　范围：病虫害防治、农药使用规范及安全使用准则。

3.0　职责：基地主管、生产操作者负责本规程的实施；质量监控部负责本规程实施的监督检查。

4.0　黄精病虫害调查

4.1　调查取样方法：黄精病虫害田间分布型为随机分布型，在取样时采用五点取样法。

4.2　调查统计单位：黄精病害如根腐病、立枯病、圆斑病等，地下害虫如地老虎、蛴螬、金针虫等，以 $1m^2$ 为统计单位，调查 $0\sim25cm$ 深度地下害虫，病害及地上害虫以 $1m^2$ 为统计单位。

4.3　调查时间：调查从 4 月开始到来年 1 月结束，每 2 周进行 1 次调查。

4.4　认真填写"病虫害田间发生程度调查表"。

5.0　病虫害防治原则

5.1　黄精生产应从作物-病虫草害等整个生态系统出发，综合运用各种防治措施，创造不利于病虫草滋生和有利于各类天敌繁衍的环境条件，保持农业生态系统的平衡和生物多样化，减少各类病虫草害所造成的损失。

5.2　在病虫害防治措施中，优先采用农业措施，通过选用抗病和抗虫品种、用非化学药剂处理种子、培育壮苗、加强栽培管理、中耕除草、处理病塘、排水沟消毒、清洁田园、轮作倒茬等一系列措施起到防治病虫害的作用。

还应尽量利用灯光或色彩诱杀害虫、机械捕捉害虫、机械和人工除草等措施防治病虫草害。尽量利用农业、生物、物理的方法防治黄精病虫害，不用或少用农药防治法。

5.3　特殊情况下，必须使用农药时，应遵守以下准则。

5.3.1　使用农药防治病虫鼠害，必须做到安全、经济、有效、方便。具体原则是：对症用药、合理用药、适时用药、合理药量和次数、轮换用药和合理混用。

5.3.2　优先选用植物源杀虫剂、杀菌剂、增效剂和释放寄生性、捕食性天敌或在害虫捕捉器中使用昆虫外激素。

5.3.3　允许有限度地使用活体微生物及农用抗生素。

5.3.4　如实属必须，允许有限度地使用本规程确定的农药，并严格按本规程规定的方法和用量使用；严禁使用本规程未确定的农药品种或超限度使用。

5.3.5　黄精生产全过程禁止使用除草剂。

5.3.6　严厉禁止使用剧毒、高毒、高残留或者具有三致（致突变、致畸、致癌）的农药。

5.3.7　采收前一个月内不得使用任何农药。

5.4　基地技术人员应及时深入基地了解调查黄精病虫害情况，针对具体情况，制定统一的病虫害防治办法，筛选适宜的农药品种，并规定用药限量，严格按上述操作规范指导和监督药农安全使用。

5.5　基地管理人员必须对病虫害情况及农药使用情况做好详细记录。

6.0　防治方法

6.1　农业防治

6.1.1　认真选地，实行轮作

认真选地：为了让黄精植株在良好的土壤环境中生长，增强其抗病力，抵御各种病原菌的侵袭，用地应选择比较肥沃的腐殖土、壤土和沙质土。地势低洼、重黏土、盐碱地不宜采用。

实行轮作：黄精是多年生宿根植物，在地时间长，种植一茬后继续连作易导致根腐病等病害的发生与流行，必须实行轮作。生产上可采取与旱粮（小麦、陆稻、荞麦等）、蔬菜、花卉、经济作物等轮作的方式，以减轻病害的发生。轮作年限应在 8 年以上。

6.1.2　选用和培育健壮无病的种子、种苗

生产用种子、种苗应符合表 11.13 和表 11.14 中的种子、种苗质量标准。应选留无病虫健康的种子、根茎或培育健壮无病虫的种苗，经检测无农残或重金属残留后方可使用。

6.1.3　做好黄精与玉米的套种，保证一定的遮阴度

黄精为阴生植物，须在遮光条件下栽培。所以生产上常和玉米套种，这样既有利于黄精的生长，又能有效地减少病害的发生，同时增加了土地的利用度，增加了农民的收入。

6.1.4　保持黄精园清洁，清除病残植株

黄精生长期间要注意勤检查，田间生长有杂草时应及时人工清除，出现发病植株要及时处理掉，并用药物处理病塘。另外还要对黄精的排水沟进行消毒处理。可改善田间小气候条件，减少病原菌数量或病原菌再次侵染的机会。创造有利于黄精生长、不利于病虫发生的环境条件，减少病虫害的发生。对拟种植黄精的地块，在秋末作物收获后，进行翻犁耙地以充分暴晒土壤，减少病菌原的数量；对已栽黄精的黄精园，结合冬管（冬季管理）及时剪除地上部分茎叶，然后选用一些广谱性杀菌剂喷洒塭

面，减少越冬菌源数量。

6.1.5　合理施肥，合理排灌

根据黄精生长的需肥规律及需肥特点，及时施予足够的肥料，对促进黄精健壮生长、提高植株抗病性具有重要作用。黄精生长需要适宜的土壤湿度，湿度过大或过小都将影响黄精正常生长。要及时清理排水沟，保持流水通畅。另外，田间湿度对黄精病虫害的发生影响也很大。湿度大，对大多数病虫害的发生有利，故遇到阴雨绵绵天气或暴风雨过后应及时排涝，以减轻病虫害的发生。

6.2　病害防治

6.2.1　预防、保护

黄精病害主要是叶斑病，该病一般 4～5 月发病，为害叶片。叶斑病病原菌主要在植物病残组织和种子上越冬，成为下一代生长季的初侵染源。病原菌多数靠气流、风雨，有时也靠昆虫传播。通常在生长季节不断侵染。叶斑病的流行要求雨量较大、降雨次数较多、温度适宜的气候条件。

防治方法：一是注意清园，减少病源；二是发病前和发病初期喷 1∶1∶100 波尔多液，或 50%退菌特 1000 倍液，每 7～10d 喷 1 次，连喷 3～4 次。

6.2.2　生物防治

可用植物源生物防治进行病害的防治。

6.2.3　化学防治

6.2.3.1　技术要点

根据天气预报及病害发生趋势确定防治时期；根据防治对象选用适当的农药品种、剂型；根据黄精生长状况和农药性质，确定施药维度和方法。在黄精病害发生时，应选用《三七农药使用准则》（DB53/T 055.8—2020）规定的农药，按《三七病、虫、草、鼠害综合防治技术规程》（DB53/T 055.11—1999）规定的方法进行防治。

6.2.3.2　施药方法

1）土壤处理：土壤处理是有效控制黄精根部病害的一项重要措施。可于播种或移栽时，结合倒土和理厢，每平方米用 50%多菌灵可湿性粉剂或 65%敌克松可湿性粉剂 10～15g，也可用生石灰 75～100g 处理厢床。

2）种子、根茎、种苗处理：为预防种子、根茎、种苗和土壤带菌而引起苗期病害，应在播种或移栽前，用 58%瑞毒霉锰锌 500～800 倍液，或 1.5%多抗霉素 200ppm 浸种 30～50min，捞出晾干后进行播种或移栽。

3）大田药剂防治：黄精生长期间要勤检查，随时监测病害发生趋势。若气候条件已满足病害发生需求，且已出现零星病斑，应及时施药防治。一般每周用 1 次药，每种农药在 1 年内使用次数不得超过 5 次；最后一次施药应距离黄精采挖期 20d 以上。

4）越冬前厢面处理：冬季黄精地上部分剪除后，应将墒面残株、残叶清除干净，然后用 70%敌克松可湿性粉剂 500 倍液或 50%多菌灵 500 倍液喷施厢面、沟渠，减少越冬菌源。

6.3　虫害防治

6.3.1　物理机械防治

对地老虎、蛴螬等可采用人工捕杀的方法。

6.3.2　生物防治

黄精害虫可用绿僵菌、苏云金杆菌、乳状芽孢杆菌等活体微生物农药或鱼藤精、烟碱等植物源农药进行防治。也可充分利用害虫天敌控制害虫。

6.3.3　化学防治

当黄精园普遍发生害虫及有害动物时，应分时段进行药剂防治。黄精上发生的害虫主要有蛴螬、地老虎、蚜虫、介壳虫等。根据虫害发生的种类及为害特点,选用 DB53/T 055.8—2020 规定的农药,按 DB53/T 055.1l—1999 规定的方法进行防治。对地下害虫蛴螬、地老虎数量较多的地块,每亩可用 90%晶体敌百虫 50~75g 拌 20kg 细潮土撒施,或与 50kg 剁碎的新鲜菜叶拌匀后于傍晚进行墙面撒施处理。黄精生长期间,易遭受蚜虫、介壳虫等地上害虫的危害,可用 40%乐果乳油 1500 倍液、80%敌敌畏乳油 1000 倍液、50%辛硫磷乳油 1000 倍液、50%抗蚜威可湿性粉剂 3000 倍液等,任选其中一种药剂进行喷雾防治。

6.4　鼠害防治

对黄精园害鼠以物理机械防治为主,可根据其昼伏夜出的生活习性,采取白天堵塞洞口、傍晚在害鼠经常出入的地方放置鼠夹、鼠笼、粘鼠胶、电猫等方法进行防治。对死鼠应及时收集深埋。

7.0　附件

7.1　病虫害田间发生程度调查表。

7.2　中药材病虫害防治记录。

8.0　修改状态

序号	版号	修改说明	修改人	生效日期

附件 1

病虫害田间发生程度调查表

编号:　　　　地点:　　　　天气:　　　　调查人:

时间	寄主生长期	病虫害种类	样点	取样面积/(m²/株)	有病株	虫数	病害分级						备注
							0	1	3	5	7	9	

附件 2

中药材病虫害防治记录

编号：

药材名				防治时间					
病虫害名称	学名		寄主植物		病害虫态				
	中文名		发生时间		危害程度	+		++	+++
具体危害症状									
采取措施及防治结果									
备注									

记录人：

15.7　黄精收获及初加工技术标准操作规程

1.0　目的：建立黄精收获及产地加工的标准操作规程。

2.0　范围：包括确定采收时间、收获方法及运送、清洁处理及干燥过程。

3.0　职责：基地生产操作人员负责本规程的实施；生产部负责指导、检查；质量监控部负责监督抽查。

4.0　收获操作规程

4.1　黄精根茎的采收

4.1.1　收获时间：黄精根茎繁殖于栽后 2～3 年、种子繁殖于栽后 3～4 年采挖，采收期为春、秋季，以秋末冬初采收为好。此时黄精中多糖、皂苷等成分的含量最高。采收时，把全株挖起，抖去泥土，除去地上茎和根茎上的须根，运回加工。

4.1.2　收获工具：采挖用钉耙挖刨，采挖时尽量避免损伤到黄精根茎。采挖时从厢头开始挖起，朝一个方向按顺序采挖，采挖时需细致地将边根须挖起，不要乱挖，以防根须折断漏收，保证黄精根茎的完好无损，防止主根受伤影响产量和降低加工以后商品的质量。要保持清洁，不接触有害物质，避免污染用具。

4.1.3　收获方法：采挖前一般剪去苗棵，留桩 5cm 左右作为标记，以免收获时漏挖，然后用锄头顺垄沟进行采挖；或者不剪去苗棵，边挖边摘棵，抖去泥土，装箩筐或麻袋运回。

4.1.4　采挖时从边连须根挖起（撬起）；装运过程中不挤压、踩踏，以免药材受损伤。

4.1.5　装筐后的药材及时运到加工场，运送过程中不得遇水或淋雨。

4.1.6　作种子的黄精采集时间、方法、要求按种子的 SOP 操作。

4.2　黄精果实、种子的采收

4.2.1　采收时间：黄精果实的采收应该在 9 月下旬进行。当浆果的果皮变为暗绿色或紫黑色，果肉变软时应及时采收。由于同一株上的果实成熟度不一致，并且浆果容易脱落，应随熟随采。

4.2.2　采收方法：黄精果实用手直接摘取，把摘后的果实放在竹筐里，及时运回初加工地进行处理。

5.0　初加工

5.1　黄精地下部分的加工

5.1.1　冲洗及分选：黄精采挖后将病黄精、黄精叶、杂草等杂质拣出，选出优质黄精。然后摘去黄精的残留茎秆和须根等杂物，洗净泥土。清洗黄精用水要洁净，尽量采用自来水或山泉水等达到生活用水标准的水源，清洗时可以用箩筐淘洗或将黄精放在水泥地上用水管冲洗，清洗时间 10min 左右，以防黄精有效成分流失。

5.1.2 黄精蒸制及揉搓：剪去须根、清洗过后的黄精放在蒸笼内蒸 10～20min，蒸至透心后取出。之后边晒边揉搓，揉搓方法可分为手揉搓法和袋揉搓法。手揉搓法是将蒸后的黄精根茎在阳光下暴晒 5～10h，等水分变少后戴上手套边晒边搓，用力要轻，着力均匀，避免揉破表皮。揉搓过的黄精经暴晒后第二次揉搓，这样以后随着含水量减少可适当加力揉搓，如此边晒边揉搓，反复 3～5 次。较大的黄精可增加揉搓次数、小的减少揉搓次数，并适当整形。袋揉搓法是将黄精晒 5～10h，后装入干净麻袋，摊在平滑木板或石板上，用手压麻袋内黄精来回揉搓，以后每晒 1 天揉搓 1 次，如此 3～5 次，直至干透。

5.1.3 干燥：将蒸透心的黄精根茎晒至或在 40～50℃条件下烘烤干燥至含水量 18%以下。

5.2 黄精种子的加工

5.2.1 清洗：将摘下的果实反复揉搓漂洗，去掉果皮和果肉后，种子再用清水清洗。

5.2.2 干燥：将清洗干净的果实摊开阴干，干燥后的种子置于干燥处密封保存，之后再做沙藏处理。

5.3 场所和用具：黄精初加工必须有专门的加工场地，加工场地必须洁净卫生，并铺设混凝土地面，要有充足的日照；必要时配备红外线烤箱设备。加工场地周围不得有污染源。

5.4 公司直接经营的基地产品采用水泥场晾晒。

6.0 分级

6.1 黄精根茎的分级

黄精商品以味甜不苦、无白心、无须根、无霉变、无虫蛀、无农药、残留物不超标为合格。块大、肥润色黄、断面半透明者为佳品。

6.2 黄精种子的分级

播种前应进行黄精种子外观质量及生活力、净度、含水量等检验。其质量应符合表 11.13 中规定的二级以上标准。

7.0 基地产品的初包装

7.1 产品经晾晒或烘干后，含水量在 18%以下，然后即可进行初包装，包装袋要干燥、洁净、无污染。包装规格为每袋 50～70kg，允许误差 1%。包装袋上注明产地、品名、等级、净重、毛重、生产者、生产日期及批号。

7.2 包装材料：加工好的黄精先用聚乙烯塑料袋盛装并密封后，再放入适宜规格的木桶中，加盖严实保藏。

7.3 贮存：加工好的黄精应有专门的仓库进行贮藏，仓库应具备专门透风除湿设备，地面为混凝土，中间有专用货架，货架与墙壁的距离不得少于 1m，离地面距离不得少于 20cm。含水量超过 18%的黄精不得入库；入库黄精应有专人管理，每 15d 检查 1 次，必要时应定期进行翻晒。

7.4 采挖、干燥人员都必须身体健康，无传染病和外伤。

7.5 黄精的收获和干燥应做好批记录。

8.0 附件

8.1 基地产品采收记录。

8.2 基地产品干燥记录。

9.0 修改状态

序号	版号	修改说明	修改人	生效日期

附件 1

基地产品采收记录

药材名称		基地地址	
地块名		收获面积	
采挖时间		天气情况	
采收药材数量		采挖人	
记录人签名		记录时间	

附件 2

基地产品干燥记录

药材名称		干燥时间		
干燥前重量		干燥后重量		
干燥方法				
管理人		记录人		记录时间	

15.8　黄精包装储运标准操作规程

1.0　目的：建立黄精药材包装、储存和运输的标准操作程序。

2.0　范围：包装材料、包装方法、运输方法、仓库条件、出入库管理及上述各项的记录。

3.0　职责：加工人员、仓库管理人员应负责按本规程操作；市场营销部负责本规程实施的监督管理；质量监控部负责指导和监督本规程的实施。

4.0　黄精的收购

4.1　收购范围：生产基地在黄精药材生产过程中，按公司制定的 SOP 进行种植和管理，未使用禁用的农药和肥料，若其产品经质量监控部检验，符合公司的药材质量标准要求，即可对其产品实行基准保护价政策，按基准价进行收购。

4.2　收购条件：对产品合格的基地实行收购卡制度，即由基地或产业社如实将基地范围内的生产者种植面积造册登记，报公司生产部，生产部对册子的面积与《基地建设及产品缴购合同》中的面积进行核对，核对无误后，根据黄精田间保产情况，签写并发放"步长集团药源基地产品交售卡"，凭卡收购。

4.3　收购方法：黄精采收加工季节，公司在基地比较集中的乡镇设立黄精收购点。收购人员必须严格按照公司制定的药材等级标准和收购价格以及药农交售卡限收数量进行收购，不得降级压价或提价抬价，不准超卡数量进行收购。

4.4　药农将非基地产品掺入基地产品或将受污染的产品掺入正品中，一经发现，其全部产品则不予收购。

5.0　黄精的包装

5.1　黄精药材包装材料必须符合国家标准，如《中药材包装技术规范》（SB/T 11182—2017），所用材料为麻袋、无毒聚丙烯袋、纸箱等。

5.2　黄精包装前应进行外观质量检查。药材性状、干度、杂质等项目符合所规定的质量标准方可进行包装。

5.3 积极改进包装材料和包装方法，逐步实现纸箱（盒）定量包装和小包装。外包装正面必须印有产品名称、重量、产地、有效成分含量、生产单位、生产批号、生产日期等。封（缝）口应严密。

6.0 黄精运输

6.1 运输工具：黄精从收购点至本公司库房，以汽车运输为主，向客户供货车采用专用汽车或火车发运。运输工具必须备有防雨设施，必须清洁卫生。近期装运过农药、化肥、水泥、煤炭、矿物、禽兽及有毒物品等的运输工具，未经清洁消毒不得装运黄精。

6.2 装运要求：发运黄精应整车或专车装运，禁止与有毒、有害物品以及易串味、易混淆、易污染的物品同车混装。药材装车前市场营销部要有专人对车辆的卫生状况及设施情况进行检查，符合本节6.1项规定后，方可装车，并做好记录。

6.3 黄精发运时，承运人必须当面查清数量，填写送货单，承运人、发货人均必须在送货单上签名。

6.4 不能及时运出的药材，包装后应及时入库保存，不能露天堆放。

7.0 验收入库

7.1 黄精入库时，保管员根据送货单及原始收购凭证对品名、规格等级、数量、件数进行核对，同时检查包装有无破损、受潮、水渍、霉变、虫蛀、鼠咬等，符合包装有关规定及药材符合质量标准者方可入库。凡不符合要求者应拒绝入库。

7.2 入库编号：各基地黄精分别堆放，并按规定统一编号，编号的方法一般为：黄精代号-进货年月-当年进货次数的流水号，如S-20011218，表示该批黄精是2001年12月第18次进货。

7.3 入库的黄精应填写库存货位卡和分类台账，记录出入及结存情况。

7.4 验收入库后，应及时做好入库验收记录，内容包括品名、规格等级、数量、交货单位、质量情况、检验单号、入库编号、验收人签名等。

7.5 仓库及设施要求

7.5.1 应具备与生产经营规模相适应的仓储条件。库区环境整洁、排水通畅、地面平整、无杂草、无污染源。

7.5.2 库房内地面、墙壁和顶棚应平整、光洁，门窗结构严密。主仓单房面积应大于 $500m^2$，仓室内高度应大于4m。

7.5.3 库内实行色标管理：黄色——待验库区、绿色——合格品库区备货区、红色——不合格品库区。

7.5.4 仓库应有以下设施：防火、防潮、防虫鼠、通风、避光等设施；符合要求的照明条件；货架、隔板（托盘）、干湿温度计及必要的衡量器具等。

7.6 仓储养护

7.6.1 黄精实行单独储存。凡药性相互影响及容易串味和外观性状容易混淆的品种应分库存放，不得与黄精混存。

7.6.2 仓库堆垛应规范、整洁，垛与垛的间距不小于100cm，垛与墙的间距不小于50cm，库房水暖散热器、供暖管道与储存物品的距离不小于30cm，垛与梁的间距（下弦）不小于30cm，垛与柱的间距不小于30cm，地架（枕木）的高度不低于10cm，库房内主要通道宽度不小于200cm，照明灯具的垂直下方与货垛的水平间距不小于50cm。

7.6.3 入库黄精应有专人管理，每15d检查1次，必要时应定期进行翻晒。并做好检查养护记录。

7.6.4 保管员每天应检查两次仓库内外的干湿温度。若温度超过15℃，要打开电风扇及排风窗进行降温；若温度低于0℃，要关上排风窗。若湿度低于70%，要采取地面洒水、装水喷雾、在库区设置储水池等方法提高湿度；若湿度高于75%，要采取通风降潮、密封防潮、吸湿降潮等方法降低湿度，并做好记录。

7.6.5　黄精储存养护工作职责包括：①对黄精进行合理储存；②检查库存黄精的储存条件是否符合质量要求，并根据不同情况，采取必要保管措施；③对库存黄精定期进行质量抽查，库内相对湿度控制在 70%～75%，发现问题，及时处理；④建立仓储档案；⑤定期对各种仓储设备和监控仪器进行检查、校正。

7.7　出库销售

7.7.1　出库坚持"先产先出""先进先出"的原则。

7.7.2　出库必须由质检人员进行质量检验，合格后发给出库质量检验合格证。

7.7.3　销售黄精必须有完整的包装，外包装上必须印有品名、规格等级、数量、有效成分含量、产地、生产日期等，并附有质量合格证，包装破损的药材不得发运。

7.7.4　销售黄精应做好记录，内容包括：购货单位、品名、规格、数量、交货单位、生产批号等，并有发货人签名。

7.8　验收记录、仓储表记录、销售记录的要求

7.8.1　各种记录用黑色钢笔填写，字迹清楚，内容真实完整。

7.8.2　不得撕毁或任意涂改记录，确需更改时，应划去后在旁边重写，在更改处盖本人图章、注明日期。签名盖章应签全名，不得简写。

7.8.3　表格内容填写齐全，不得空格、漏项，如无内容填写一律用"—"表示。

7.8.4　各种记录归档备查，保存时间为 5 年。

8.0　附件

8.1　药材包装记录。

8.2　公司送货单。

8.3　黄精入库初验记录。

8.4　公司请验单。

8.5　中药材检验报告书。

8.6　库存商品货位卡。

8.7　药品退货记录。

8.8　中药材入库记录。

8.9　库存药材定期检查养护记录。

8.10　库房温湿度记录。

8.11　中药材出库记录。

8.12　中药材运输记录。

8.13　中药材销售记录。

9.0　修改状态

序号	版号	修改说明	修改人	生效日期

附件 1

药材包装记录

日期	品名	规格	产地	批号	重量	包装工号	备注

附件 2

公司运送货单

日期：　　　　　　承运车牌号：　　　　　　承运司机：

品名	规格	收货单位	件数	数量	订单号码	检验单号码	备注
合计							
保管员签名：　　　　　　司机签名：							

附件 3

黄精入库初验记录

品名	到货日期	规格	件数	数量	来源	供货单位/人	合同编号	外包装情况	初验结论	验收人

附件 4

公司请验单

编号：

到货日期		供样单位	
品名		规格	
产地		件数	
总数量			
请验项目			
请验部门		检验部门	
请验者		请验时间	

备注：请验单一式两份，请验部门、检验部门各一份。

附件 5

中药材检验报告书

编号：

检品名称		规格	
生产单位/产地		包装	
供样单位		样品编号	
入库编号		检品数量	
检验目的		剩余数量	
检验项目		收检日期	
检验依据		报告日期	
检验项目		标准规定	检验结果
[性状]			
[鉴别]			
结论：			

附件 6

库存商品货位卡

日期	品名	规格	编号	检验单号	来源	去向	数量			备注
							收入	发出	储存	

附件 7

药品退货记录

序号	退货品名	规格	数量	编号	退货日期	退货原因	处理意见	备注

附件 8

中药材入库记录

日期	品名	规格	数量	交货单位	质量情况	检验单号	入库编号	经手人

附件 9

库存药材定期检查养护记录

部门名称			
仓储营业面积		负责人	
现场情况			
存在问题			
改进措施			
改进结果			
	部门负责人签名:		
检查人:	检查时间:		

附件 10

库房温湿度记录

年　月　日

序号:	适宜温度范围: ～ ℃					适宜相对湿度范围: ～ %				
日期	上午					下午				
	温度/℃	相对湿度/%	如超标: ～ : 采取何种养护措施	采取措施后		温度/℃	相对湿度/%	如超标: ～ : 采取何种养护措施	采取措施后	
				温度/℃	相对湿度/%				温度/℃	相对湿度/%
1										

2										
3										
4										
5 ⋮ 28										
29										
30										
31										

月平均温度/℃	月最高温度/℃	月最低温度/℃	月平均相对湿度/%	月最高相对湿度/%	月最低相对湿度/%

记录人：

附件 11

中药材出库记录

日期	品名	规格	数量	发货单位	质量情况	检验单号	经手人

附件 12

中药材运输记录

日期	品名	规格	发货数量	每件重量/kg	承运人	车号	收货单位	车辆状况	记录人	备注

附件 13

中药材销售记录

时间	品名	规格	发货数量/件	检验单号	交货单号	收货数量/件	增值票号	购货单位	采购单号	生产批号	原供货商	经办人	备注

15.9　黄精质量保证标准操作规程

1.0　目的：建立黄精生产全过程质量监控及药材质量检测的标准操作规程。

2.0　范围：机构设置及人员要求，药材检验，报告、记录的填写，黄精生产过程中的质量监控。

3.0　职责：生产部、加工人员、仓储管理人员配合，质量监控部专人对本规程实施负责，质量监控部部长负责本规程实施的监督检查。

4.0　机构及职能

4.1　公司设立质量监控部，负责黄精生产全过程的监督管理和质量控制，并配备质管员 1 名，质量验收、检验人员共 3 名。

4.2　质量监控部直属公司总经理领导，依照职责行使质量管理职能，在公司内部具有质量否决权。

4.3　质量监控部配备符合 GAP 及《人员与设备管理规程》资格要求的人员，从事药材生产监督管理、质量验收检验及药材养护工作。

4.4　质量监控部下设检验室，检验室配备高效液相色谱仪、显微镜、解剖镜、pH 计、紫外可见分光光度计、精密电子天平、三用紫外分析仪、快速水分测定仪、冰箱、恒温干燥箱等必要的设备，以及对照品、试剂等，保证黄精药材的质量检测顺利进行。

4.5　质量监控部必须严格贯彻实施有关药品管理、质量管理的法律法规和 GAP 条例，制定公司质量管理制度及管理程序，组织对中药材进行质量检验，对中药材生产的全过程进行质量监控，对药材质量全面负责。

5.0　黄精生产过程的质量监控

5.1　确定基地的监控

确定黄精种植基地之前，由生产部对地块进行初步勘察。凡自然条件、交通条件、组织及人员条件、空气、水源、土质等符合《步长集团黄精种植基地基本条件与要求》者，质量监控部将土壤及水样品送已取得国家计量认证的监测部门进行重金属和农药残留检测，对符合《黄精药源基地选择标准操作规程》的基地，书面通知生产部并附检测报告复印件。

5.2　基地使用的种子、根茎、种苗全部由生产部供应；原种田的种子、种苗必须经质量监控部进行检验，符合黄精种质质量标准、黄精种子质量标准、黄精繁殖材料质量标准者，方可供基地使用；对从原种田外调入的种子、根茎、种苗，必须由质量监控部进行品种鉴定和质量检验，符合以上标准者方可使用。

5.3　基地验收：公司根据相关文件对每块基地进行 3 次验收，总评合格者方可签订合同，凡不合格的地块不予签订合同，其产品不予收购。

5.3.1　验收时间：每年春季或夏季对每个基地进行验收，连续 3 年。

5.3.2　验收方法：由公司组织验收小组（3 人以上），深入田间逐块验收，按表逐项记录填写，3 次验收的分数比例为 40∶30∶30。如果前两次评估发现能够补救的问题，可令其补救，补救后下一次继续评估，否则淘汰该基地。

5.3.3　验收结果处理：凡 3 次验收总分达 60 分以上者可签订合同，60 分以下者淘汰；总分在 85 分以上的为优秀，75~84 分为良好，60~74 分为合格，按优秀、良好、合格 3 个等级分别确定收购价格。

5.4　田间管理监控

5.4.1　质量监控部要制定文件《黄精生产肥料使用原则》和《黄精病虫害防治中农药的安全使用准则》，审定基地肥料和农药种类，并监督生产部和操作人员执行；对基地肥料、农药使用情况进行现场抽查，确保基地严格按照公司选定的肥料、农药品种和限量、使用方法进行操作。必要时可抽取植株、土壤等进行检测，不符合以上标准要求的产品不予收购。

5.4.2　生产部负责指导和督促基地操作人员严格按《步长制药集团黄精种植基地黄精生产标准操作规程（SOP）》的要求进行育苗、土壤处理、大田移栽、防涝、田间管理、防治病虫害和采收加工，不按SOP操作的基地，应报告公司取消其基础地资格，质量监控部要对SOP执行情况进行监督。

5.4.3　对于灌溉用水和除草方式随时进行监控，禁止使用非标准灌溉水和除草剂。

5.5　对收购药材质量的监控

5.5.1　在黄精采挖前20d，质量监控部会同生产部人员对基地每片地块按《黄精收获时田间测产标准操作规程》进行产量估算，并按地块大小抽取一定量的样品进行有效成分含量检测，质量符合标准要求后，方可进行采挖。

5.5.2　对合格的基地产品实行收购卡制度，即由基地如实将基地范围内的种植面积及预估产量造册登记，一式两份，报公司生产部，生产部对基地验收亩数、等级和《基地建设及产品缴购合同》进行审核；质量监控部根据检测结果，对交售卡进行审查，符合规定的发放"步长集团药源基地产品交售卡"，基地凭卡交售，公司凭卡收购。

6.0　对黄精贮藏运输过程的监控

6.1　对库存黄精进行定期质量检查，发现问题及时提出改进意见和措施，并监督仓储养护人员严格按《黄精包装储运标准操作规程》进行包装、保管、养护和运输。

6.2　黄精药材在运输过程中，必须用清洁卫生的车辆装运，装车前市场营销部必须进行车辆卫生清洁度检查，质量监控部要定期抽查，并对市场营销部的运输记录进行检查。

6.3　黄精生产全过程的质量监控必须按规定做好记录，主要包括：基地验收记录、药材基地生产质量监控记录、在库商品定期质量检查记录。

7.0　药材检验

7.1　取样

7.1.1　质量监控部取样人员收到仓库取样通知后，依据请验单和初验记录表的品名、规格、数量等计算取样量如下：n（药材总包件数）<5件，逐件取样；5件<n<100件，取5件；n为100～1000件，按5%取样；n>1000件，超过部分按1%取样。

7.1.2　由取样人员准备好清洁卫生的取样器（钳子和镊子）。样品盛装容器为可封口的无毒塑料袋，辅助工具为样品盒、剪刀、刀子、手套，以及记录本、笔、取样证。

7.1.3　取样前，应核对品名、产地、规格、包件式样，检查包装的完整性、清洁程度，以及有无水迹、霉变或其他物质污染等情况，详细记录。凡有异常情况的包件，要逐包件检查，单独取样，单独检验，并拍照。

7.1.4　取样方法

7.1.4.1　按照《中国药典》2010年版一部附录规定的药材和饮片取样法先从货垛中不同层次（上、中、下）和不同部位（左、中、右）抽取大于本节7.1.1项计算出的取样件数。

7.1.4.2　用不锈钢钳子或镊子从抽取的包件的不同部位抽取有不同代表性的样品，必要时可以打开包装或用刀子划开进行检查，然后进行抽样。

7.1.4.3　每一包件至少3个不同部位各取1份样品。包件少的，抽取总量不得少于实验用量的3倍；包件多的，每一包件的取样量为100～500g（之前是200g）。

7.1.4.4　将抽取的样品混合，即为抽取样品总量。将总供试品充分搅拌混合均匀后，能完全代表药材的大样，即为平均样品；平均样品的量不得少于实验所用量的3倍，即1/3供检验室分析用，1/3供复核用，其余1/3留样保存；平均样品装入3个同等大小的可封口的无毒乙烯袋中，封好后，加贴封口标记和取样证，填写取样记录。

7.1.4.5　检验用样（分析用、复核用）贴上白纸黑字标签，留样贴上白纸红字标签贮存于留样室。标签上应填写品名、规格、批号、取样人姓名、日期。

7.1.5 质量检验人员接到送检（抽检）报告单和样品时首先应复核项目是否填写齐全、送检目的是否明确、样品与所附送检单是否相符，经检查无误后在送检单上签字，填写收样记录。

7.1.6 取样要求：取样应有代表性，取样后应及时做好记录（包括包装材料、药材外观检查等）。

7.2 检验

7.2.1 按黄精质量标准所规定的检验项目准备好检验所需要的仪器、试液、标准液及其他必需品等。

7.2.2 严格按黄精质量标准及检验操作规程进行操作，不得修改检验方法。

7.2.3 需较长时间使用仪器（如紫外可见分光光度计和高效液相色谱仪等）时，应将签有使用者姓名的"仪器正在使用"的标签挂在仪器上。仪器使用完毕后，及时取下，并填写使用记录（天平及精密仪器使用记录）。如果仪器不正常，使用人应及时挂上"请勿使用"的标签，并申报校验，直至问题得到解决。

7.2.4 所有检测项目通常做一次即可。如果抽取的样品中有检验数据超出规定的合格限度，应通知质量监控部负责人，一般情况下超出规定限度的样品应再做一次检验。

7.2.5 检验完毕后应及时清洗使用过的仪器、玻璃器皿以便下一次使用。

7.2.6 黄精样品检验完毕后，检验员应填写检验报告，交质量监控部负责人审核。如遇不合格黄精样品，检验人员应复验原样品，并通知质量监控部负责人。质量监控部重新取样，并指定另一人对原样品与新样品同时进行检验。

7.2.7 检验员对检验质量及检验中的错误负责（包括计算错误），复审人员对检验数据的计算错误负责。

7.2.8 检验结束后，要签写"药检室检品登记表"（附件 8）。

7.3 检验记录、报告

样品分析测试的全过程应填写原始记录，记录应准确、完整、及时。具体要求如下。

7.3.1 记录应字迹清晰，工整，遇有数据或文字写错之处不得涂改，不准用涂改液。应在写错之处划"—"，并在上面填写更正数据，然后签上姓名或盖章、日期，备查。

7.3.2 原始记录应包括样品名称和种类（批号）、样品外观性状、样品数量、计算公式，如果采用黄精对照品（或中药化学对照品），则应注明对照品的来源、批号、纯度、数量，单项检验结果，并出具检验结论，报告应由检验员和计算审核人签名。

7.3.3 检验记录应包括分析图谱及其他记录，这些都应同检验报告附在一起。图谱上应注明品名、批号、项目、日期及操作者的签名。

7.3.4 各种数据的准确度：①样品称量的有效数字应与所用天平的精度保持一致；②标准溶液消耗的毫升数应读到 0.01mL；③在数据处理过程中，对有效位数之后数字的修约采用"四舍六入五留双"的规则；④最后报告的检测结果有效位数应与标准规定一致，在运算过程中，其有效位数可适当保留，而后根据有效数字的修约规则修约，再将修约的数值与标准规定的限度数值进行比较，以判定实际指标或参数是否符合标准要求。

7.3.5 药材成分含量分析的相对标准偏差（RSD）的要求

紫外可见分光光度计法：RSD≤2.0%。

7.3.6 检验报告单编号为 8 位数字，前 4 位为年号，后 4 位为流水号，并可在年号后加检品的分类代号，如 2000SQ0001 号表示 2000 年黄精第一号。

7.3.7 检验报告单的存档与分发

原始记录由检验室保存，检验报告单一式 3 份，一份交贮存保管部门，作为出入库依据，一份由检验室存档，一份交销售部门。开具出的检验报告单，应逐项登记入账，确定计算结果是否可靠，每半年复核一次储存的药材质量。原始检验记录年终装订成册，与报告书一起归档至少保存 5 年。如需要将检验报告单从档案中取出，取出人员须在检验报告记录本上签字，并注明取出日期和归还日期。复印报告，需经质量监控部负责人允许，而且复印件上应加盖"COPY"字样。

8.0 黄精的质量标准及检验操作规程

8.1 来源

本品为百合科植物黄精（*Polygonatum sibiricum* Red.）的干燥根茎，习称"鸡头黄精"。

8.2 性状鉴定

黄精根茎结节状。一端粗，类圆盘状，一端渐细，圆柱状，全形略似鸡头，长 2.5～11cm，粗端直径 1～2cm，常有短分枝，上面茎痕明显，圆形，微凹，直径 2～3mm，周围隐约可见环节；细端长 2.5～4cm，直径 5～10mm，环节明显，节间距离 5～15mm，有较多须根或须根痕，直径约 1mm。表面黄棕色，有的半透明，具皱纹；圆柱形处有纵行纹理。质硬脆或稍柔韧，易折断，断面黄白色，颗粒状，有众多黄棕色维管束小点。气微，味微甜。

8.3 等级标准

黄精商品以味甜不苦、无白心、无须根、无霉变、无虫蛀、无农药、残留物不超标为合格。块大、肥润色黄、断面半透明者为佳品。

8.4 鉴别

8.4.1 根茎横切面

黄精表皮细胞 1 列，外被角质层；有的部位可见 4～5 列木栓化细胞。皮层较窄，内皮层不明显。中柱维管束散列，近内皮层处维管束较小，略排列成环状，向内则渐大，多外韧型，偶有周木型。薄壁组织中分布有较多的黏液细胞，黏液细胞长径 50～140μm、短径 20～50μm，细胞内含草酸钙针晶束。

8.4.2 理化鉴别

取本品粉末 1g，加 70%乙醇 20mL，密塞，加热回流 1h，抽滤，滤液蒸干，残渣加水 10mL 使溶解，加正丁醇振摇提取两次，每次 20mL，合并正丁醇液，蒸干，残渣加甲醇 1mL 使溶解，作为供试品溶液。另取黄精对照药材 1g，同法制成对照品药材溶液。照薄层色谱法（《中国药典》2020 年版附录Ⅵ B），吸取上述两种溶液各 10μL，分别点于同一硅胶 G 薄层板上，以石油醚（60～90℃）-乙酸乙酯-甲酸（5：2：0.1）为展开剂，展开，取出，晾干，喷以 5%香草醛硫酸溶液，在 105℃加热至斑点显色清晰。供试品色谱中，在与对照品色谱相应的位置上，显相同颜色的斑点。

8.5 检查

8.5.1 杂质

按照杂质检查法（《中国药典》2020 年版一部附录Ⅸ A）检查，杂质含量在 1%以内。

8.5.1.1 药材中混有的杂质

来源与规定相同，但其性状或部位与规定不符，或来源与规定不同的有机质，或无机杂质，如沙土、泥块、尘土等。

8.5.1.2 检查方法

取规定量的供试品，摊开，用肉眼或放大镜（5～10 倍）观察，将杂质拣出，如其中有可以筛分的杂质，则通过适当的筛子，将杂质分出。将各类杂质分别称重计算，计算其在供试品中的含量。

8.5.2 水分

按照水分测定法（《中国药典》2020 年版一部附录Ⅸ H 第二法"甲苯法"）测定，不得过 18.0%。

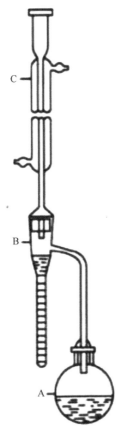

A 为 500mL 的短颈圆底烧瓶；B 为水分测定管；C 为直形冷凝管，外管长 40cm。使用前，全部仪器应清洁，并置烘箱中烘干

取供试品适量（相当于含水量 1～4mL），精密称定，置 A 瓶中，加甲苯约 200mL，必要时加入干燥、洁净的沸石或玻璃珠数粒，将仪器各部分连接，自 C 管顶端加入甲苯，至充满 B 管的狭细部分。将 A 瓶置于电热套中或用其他适宜方法缓缓加热，待甲苯开始沸腾时，调节温度，使每秒钟馏出 2 滴。待水分完全馏出，即测定管刻度部分的水量不再增加时，将 C 管内部先用甲苯冲洗，再用饱蘸甲苯的长刷或其他适宜的方法，将管壁上附着的甲苯推下，继续蒸馏 5min，放冷至室温，拆卸装置，如有水黏附在 B 管的管壁上，可用蘸甲苯的铜丝推下，放置，使水分与甲苯完全分离（可加亚甲蓝粉末少量，使水染成蓝色，以便分离观察）。检读水量，并计算供试品中的含水量（%）。

8.5.3　灰分

按照灰分测定法（《中国药典》2020 年版一部附录Ⅸ K）测定，不得超过 4.0%。

测定用的供试品须粉碎，使其能通过二号筛，混合均匀后，取供试品 2～3g，置炽灼至恒重的坩埚中，称定重量（准确至 0.01g），缓缓炽热，注意避免燃烧，至完全炭化时，逐渐升高温度至 500～600℃，使完全灰化并至恒重。根据残渣重量，计算供试品中总灰分的含量（%）。

8.5.4　重金属、砷和农药残留

限量标准及检测方法见表 15.4。

8.6　多糖含量的测定

参照《中国药典》2015 年版一部的方法（附录Ⅴ A 紫外-可见分光光度法测定）进行测定。以无水葡萄糖作为对照品。

8.6.1　对照品溶液的制备：取经 105℃干燥至恒重的无水葡萄糖对照品 33mg，精密称定，置 100mL 量瓶中，加水溶解并稀释至刻度，摇匀，即得（1mL 中含无水葡萄糖 0.33mg）。

表 15.4　重金属、砷和农药残留限量及检测方法

项　目			指标	检测方法
农药残留量	六六六/（mg/kg）	≤	0.1	1
	滴滴涕/（mg/kg）	≤	0.1	1
重金属含量	铅［以 Pb 计/（mg/kg）］	≤	5.0	2
	镉［以 Cd 计/（mg/kg）］	≤	0.5	3
	汞［以 Hg 计/（mg/kg）］	≤	0.1	4
	砷［以 As 计/（mg/kg）］	≤	2.0	5

注：1. 农药残留量按《食品中六六六、滴滴涕残留量的测定》（GB/T 5009.19—2008）规定。2. 铅按《食品中铅的测定》（GB/T 5009.12—2017）的规定。3. 镉按《食品中镉的测定》（GB/T 5009.15—2014）的规定。4. 汞按《食品中总汞及有机汞的测定》（GB/T 5009.17—2021）的规定。5. 砷按《食品中总砷及无机砷的测定》（GB/T 5009.11—2014）的规定

8.6.2　标准曲线的制备：精密量取对照品溶液 0.1mL、0.2mL、0.3mL、0.4mL、0.5mL、0.6mL，分别置 10mL 具塞刻度试管中，各加水至 2.0mL，摇匀，在冰水浴中缓缓滴加 0.2%蒽酮硫酸溶液至刻度，混匀，放冷后置水浴中保温 10min，取出，立即置冰水浴中冷却 10min，取出，以相应试剂为空白。照紫外-可见分光光度法，在 582nm 波长处测定吸光度。以吸光度为纵坐标、葡萄糖浓度为横坐标，绘制标准曲线。

8.6.3　测定法：取 60℃干燥至恒重的本品细粉约 0.25g，精密称定，置圆底烧瓶中，加 80%乙醇 150mL，置水浴中加热回流 1h，趁热滤过，残渣用 80%热乙醇洗涤 3 次，每次 10mL，将残渣及滤纸置烧瓶中，加水 150mL，置沸水浴中加热回流 1h，趁热滤过，残渣及烧瓶用热水洗涤 4 次，每次 10mL，合并滤液与洗液，放冷，转移至 250mL 量瓶中，加水至刻度，摇匀，精密量取 1mL，置 10mL 具塞干燥试管中，照标准曲线的制备项下的方法，自"加水至 2.0mL"起，依法测定吸光度，从标准曲线上读出供试品溶液中含无水葡萄糖的量（mg），计算，即得。

本品按干燥品计算，含黄精多糖以无水葡萄糖（$C_6H_{12}O_6$）计，不得少于 7.0%。

9.0　相关支持文件

9.1　《步长集团黄精种植有限公司人员与设备配置管理规程》。

9.2　《步长集团黄精种植基地基本条件与要求》。

9.3　《黄精药源基地选择标准操作规程》。

9.4　《黄精种质质量标准》。

9.5　《黄精繁殖材料质量》。

9.6　《黄精种子质量标准及检验标准操作规程》。

9.7　《黄精基地验收评估体系》。

9.8　《黄精生产肥料使用原则》。

9.9　《黄精病虫害防治中农药安全使用准则》。

9.10　《黄精收获时田间测产标准操作规程》。

9.11　《黄精包装储运标准操作规程》。

9.12　《中国药典》2010 年版一部。

9.13　《中国药典》2010 年版一部。

9.14　《药用植物及制剂进出口绿色行业标准》。

9.15　《步长制药集团黄精质量标准及检验标准操作规程》。

10.0　附件

10.1 基地验收检查记录。

10.2 质量管理监督检查记录。

10.3 库存药品定期质量监督检查记录。

10.4 药材取样记录。

10.5 药品检验记录。

10.6 送抽检单

10.7 天平及精密仪器使用记录。

10.8 药检室检品登记表。

11.0 修改状态

序号	版号	修改说明	修改人	生效日期

附件 1

基地验收检查记录

基地名称		地 址			
品 种		面 积		负责人	
灌溉条件		土壤情况			
环境情况					
检查项目					
检查目的					
现场记录					
存在问题					
改进意见					
验收结论					

验收组长: 验收人: 年 月 日

附件 2

质量管理监督检查记录

部门名称		负责人	
检查目的			
检查项目			
现实情况记录			

存在问题	
改进意见	
检查人：	年　月　日

附件 3

库存药品定期质量监督检查记录

部门名称			
仓储营业面积		负责人	
经营品种			
现场情况			
存在问题			
改进意见			
检查人：		检查时间：	

附件 4

药材取样记录

时间	样品名称	编号	供货单位/人	总件数	数量	取样数	取样量	请验单号	取样人	备注

附件 5

药品检验记录

共　　页

检品名称			
生产单位/产地		规　格	
供样单位		包　装	
入库编号		样品编号	
检验目的		检品数量	
检验项目		剩余数量	
检验依据			
收检日期		报告日期	

附件 6

送抽检单

编号：

品　名		规格/等级	
供货单位		包装规格	
送货日期		数　量	
抽（送）验目的		抽（送）验数量	
在库编号		抽（送）验人	
抽（送）验理由			

年　月　日

附件 7

天平及精密仪器使用记录

器具名称：　　　　　　型号及规格：　　　　　　生产日期：

使用日期	检品名称	使用时间、情况	使用人	备注

附件 8

药检室检品登记表

序号	收样日期	品名	规格	供货单位	批号	送样部门	检验项目	检验结果	报告书编号	报告日期	检验人

15.10　人员与设备配置管理规程

1.0　目的：通过配置符合 GAP 要求的人员和设备、仪器，以保障黄精生产全过程严格按照 GAP 及黄精规范化生产标准操作规程实施，确保黄精生产质量，为黄精生产和质量检验提供人员及设备保障。

2.0　范围：技术岗位人员编制及条件要求、人员培训、卫生管理、人员管理、设备的配置与管理。

3.0　职责：总经理负责公司机构设置和人员配备聘任；各部门提出设备、仪器购置计划，并对使用的设备、仪器进行管理。

4.0　人员

4.1　技术人员编制及要求

4.1.1　公司设技术总监 1 名，由具有高级农学或药学技术职务的人员担任。

4.1.2　生产部设部长 1 名，副部长 1 名，由具有药学或农学本科学历者担任。

4.1.3　质量监控部设部长 1 名，由具有执业药师资格或中药学本科学历者担任。

4.1.4　质量检验人员由具有药学或检验专业大专以上学历者担任。

4.1.5　科研实验室实验员及管理人员由具有药学或农学大专以上学历者担任。

4.1.6　科研试验田实验员及管理人员由具有农学专业大专以上学历者担任。

4.1.7　基地管理员由具有中专以上药学或农学学历的人员担任。

4.1.8　保管养护员由具有中专以上药学学历的人员担任。

4.1.9　基地技术员由具有高中以上学历者，并经农学、中药学、GAP 基础知识等专业培训的人员担任。

4.1.10　基地操作人员必须具有初中以上文化程度，并经公司专业培训。

4.1.11　以上人员必须具有所在岗位要求的技术（管理）水平和实践经验，能独立地处理工作中的突发事件。

4.2　人员培训

4.2.1　生产部、质量监控部副部长以上人员，必须经国家或省级的 GAP 知识培训，并取得培训合格证。

4.2.2　质量检验人员必须经过检验专业和 GAP 的技术培训，并取得培训合格证。

4.2.3　实验员、基地管理员必须经过市级以上 GAP 专业培训，并取得培训合格证。

4.2.4　基地技术员、生产操作者必须经过公司的专业培训，并取得培训合格证，持证上岗。

4.3　卫生管理

4.3.1　健康检查：对从事加工、包装、检验、贮存、养护等直接接触药材的人员，由综合管理部负责组织每年进行一次健康检查。对患有传染病、皮肤病、外伤性疾病、色盲等人员，调离工作岗位，不得从事直接接触药材的工作；直接接触药材的人员应建立健康档案，健康档案包括体检表、体检汇总表、健康证等。

4.3.2　卫生检查：各部门要经常对环境卫生和个人卫生进行检查，综合管理部每周对环境卫生和个人卫生进行监督检查，监督检查要做好记录。

4.4　人员管理

公司按照人事管理制度和考核制度每年对 4.1 项的所有人员的工作态度、业务能力、业绩进行一次考核。考核合格者留岗，不合格者调整工作岗位或辞退。

5.0　设备及其管理

5.1　设备配置

5.1.1　公司设立实验室，用于种质的保存和优良新品系的快繁及其优良品种培育工作。实验室配备超净工作台、恒温培养室、无菌接种室、实验台、冰箱、解剖镜等设备。

5.1.2　科研试验田配备土温测定仪、海拔仪、拖拉机、旋耕机、黄精起垄机等。

5.1.3　公司建立检验室，配备能够检测土壤、灌溉水、黄精中重金属和农药残留，以及黄精外观质量和内在成分含量的仪器和设备，如高效液相色谱仪、气相色谱仪、原子吸收分光光度计、紫外可见分光光度计、显微镜、三用紫外分析仪、旋转蒸发仪、冰箱、恒温干燥箱、快速水分测定仪等。

5.1.4　公司建成 1000m^2 的库房两幢，其中高架仓库一幢，配备叉车一辆，打包机一台，并配备必要的防潮、防虫、防鼠设施。

5.1.5　公司为加工场配备大型烘干机 1 台，建立中药材晾晒场 5000m^2，用于基地黄精的加工、干燥。

5.1.6　黄精基地设有厕所及盥洗室，排出物进入封闭池内；手纸等杂物进入专用桶具，排出物定期运出基地。

5.2　设备管理

按照"谁使用、谁维护、谁管理"的原则，对设备、设施进行维护和管理，出现问题及时检修，对自己不能检修的故障要向部门负责人汇报，部门负责人要联系专业维修部门或人员进行修理。

6.0　修改状态

序号	版号	修改说明	修改人	生效日期

15.11 文件管理标准操作规程

1.0 目的：建立黄精基地生产管理和质量管理文件的形成、审核批准、印发、修订和撤销的程序。

2.0 范围：所有用于公司生产管理及质量管理的文件，包括记录、表格、状态标志等。主要用于黄精生产过程质量控制及原材料生产的可追溯性记录。

3.0 职责

3.1 质量监控部负责组织 GAP 管理体系文件和资料的编写、评审工作。

3.2 综合管理部负责组织环境管理体系（EMS）、OHS（职业健康与安全）管理体系文件和资料的编写、评审工作。

3.3 各部门负责全面管理体系（GMS）中相关管理文件的制定、修改工作。

3.4 市场营销部负责设备，以及基本建设的图纸、说明书、设备操作规程的收集和编写工作。

4.0 术语

4.1 受控文件指公司必须严格控制的文件和资料。一般包括 GAP 管理体系、EMS 管理体系、OHS 管理体系中的一至四级文件，GMS 管理体系中的一至二级文件。

5.0 工作程序

5.1 文件分类。公司文件分为以下几部分。

GAP 管理体系文件：涉及生产质量管理规范的文件和资料。

EMS 管理体系文件：涉及环境管理标准的文件和资料。

OHS 管理体系文件：涉及职业健康和安全标准的文件和资料。

GMS 管理体系文件：规范公司综合管理活动的文件和资料，包括财务、人事、行政、生产、销售等方面的管理制度等。

技术性文件：包括设计图样、技术规范、检验和试验文件、设备文件、采购规范等。

外部文件：包括国际标准、国家标准、行业标准、法律法规、顾客提供资料等。

5.2 文件分级。公司文件分为四级。

第一级：管理政策。阐述公司一个管理体系的总体管理方针、政策、目标、要素的文件，如公司理念价值观念、质量管理手册、环境管理手册、职业健康和安全管理手册、纪律手册、基本会计政策等。

第二级：工作程序。描述为实施一个管理体系要素所涉及的各职能部门的活动的工作程序和制度。

第三级：操作规程。详细的作业文件。

第四级：记录表单。记录各种管理活动的表格、单据、报告等。

5.3 文件的编写按管理标准编制规程和技术标准文件编制规程的有关要求进行。

5.4 文件的编写

5.4.1 由拟文部门或制定部门提出申请，填写"受控文件编写/修改申请表"报主管经理签字确认。

5.4.2 主管经理确认后，拟文部门要按计划完成初稿。

5.4.3 初稿由拟文部门交相关部门审阅，相关部门要在规定的时间内及时审阅，如有不同意见应向拟文部门提出。

5.4.4 拟文部门召集相关部门确定最终方案，并按公司文件的标准格式完成文件定稿。

5.4.5 定稿文件由拟文部门组织责任部门和主管经理会签。

5.5 文件的批准

5.5.1 文件会签后，由拟文部门报公司领导批准。

5.5.2 文件批准权限

一级文件：由总经理签字后，报董事长批准。

二级文件：报总经理批准。

三级和四级文件：由主管经理批准。

5.5.3　对三级文件可以编制试行文件，但应在文件名称后注册"试行"字样。同时要注明试行时间，试行期满，拟文部门要根据运行情况进行修改，并形成正式文件。

5.5.4　短期使用的临时文件，应在文件名称后注册"临时"字样。

5.6　文件编码举例

GAP—M201001 文件和资料编写和修改程序：表示 GAP 管理体系文件，M 表示管理文件，2 表示二级文件，01001 表示综合管理部的第 001 号文件。

GAP—M201001.1 受控文件编写/修改申请表：表示文件和资料编写和修改程序的第 1 张表单。

GAP—0103001 表示 2001 年度质量监控部 GAP 体系第 001 号外部文件。

6.1　文件的发放

6.1.1　综合管理部的文件管理人员，在接到已经批准的受控文件后，应要求送件人在"受控文件和资料交接表"上签字。文件管理员同时在受控文件上登记。

6.1.2　文件管理员填写"文件发放/领用审批表"，经综合管理部负责人批准后，按发放范围发放文件。

6.1.3　文件管理员按文件发放范围进行复制。

6.1.4　将复制好的文件，在封皮"文件控制标识"外加盖红色有效印章。存档文件（手签稿）加盖"文件资料专用章"和"受控文件专用章"。需要发放的部门文件要加盖"文件资料专用章""受控文件专用章"和文件使用部门"**部文件专用章"。

6.1.5　文件管理员根据发放范围进行发放。文件接受部门要在"受控文件和资料发放/回收表"上签字。

6.1.6　公司新设部门或公司有关员工需要使用受控文件，应填写"文件发放/领用审批表"，经综合管理部负责人批准后，由文件管理员按本节 7.1.4、7.1.5 项规定向其发放文件。

6.1.7　文件使用人将文件丢失后，应按本节 7.1.6 项办理申请领用手续，并在申请中作出说明（重要文件丢失要作出检讨）。

6.1.8　当使用人的文件破损严重，影响使用时，应到文件管理员处办理更换手续，交回破损文件，补发新文件。文件管理员将破损文件销毁。

6.1.9　文件管理员要在文件发放后，及时登记"受控文件和资料发放登记表"，以方便查阅。

6.2　文件的复制

6.2.1　受控文件的复制需要填写"受控文件和资料复制申请表"，经使用部门负责人签字同意，由文件管理员加盖"非受控文件专用章"。非受控文件由申请部门负责控制和管理。

6.2.2　对非受控文件的使用，申请部门要做好记录。对公司外部发放的文件必须有收文单位的签收记录。为保证收文单位使用公司文件为最新的有效版本。当收文单位收到公司新版本文件后，由发放部门负责通知其新版文件的生效日期。

6.3　文件的版本控制和作废。

6.3.1　文件的版本，采用两位阿拉伯数字表示，前一位表示文件进行换版的次数，后一位表示文件的文字或附表单修改次数，如 2.5 表示该文件为第二版，且经过 5 次修改。

6.3.2　文件经过多次修改（修改状态从 0 到 9 时），或文件需进行大幅度修改时应进行换版。原版次文件作废，换发新版本。

6.3.3　文件管理员在发放新版文件的同时，收回旧版文件，并加盖红色的"作废"印章。文件管理员要在"受控文件和资料发放/回收表"相应的位置签收。

6.3.4　作废文件由文件管理员填写"文件销毁申请表"，经综合管理部负责人批准后统一销毁。手签的文件原件应作为历史资料保留，由文件管理员加盖红色"保留资料"印章后方可留用。

6.3.5　文件管理员要对所有作废的受控文件进行记录，登记"受控文件和资料作废一览表"。

6.3.6　其他非受控文件废止后，由使用部门负责收集、清点，经部门负责人批准，由专人负责销毁。

6.4　文件的归档

6.4.1　文件管理员将所有的受控文件的原件及时归档，并按档案管理制度的规定，及时填写"归档记录表"。

6.4.2　需要借阅文件，要填写"档案借阅申请表"，经综合管理部负责人批准后方可借阅。借阅者应在指定日期归还，到期不还，文件管理员要负责收回。

6.4.3　原版文件一律不外借，防止原版文件丢失或损坏。

6.5　外部文件的控制

6.5.1　各部门在接到外部文件后，应编制外来文件封面，参照《文件编码管理规程》的编号规定，编号后，交综合管理部文件管理员。由文件管理员按本节 7.1~7.4 项规定负责登记存档，发放。

6.5.2　各部门每季度负责向有关部门核查外部文件的最新版本，并及时向文件管理员报告。综合管理部文件管理员在每季度初向各部门确认外部文件的收集情况，并填写"外部文件信息动态表"。

7.0　GAP 记录的管理

7.1　GAP 记录的印制

7.1.1　印制申请：由使用部门填写"GAP 记录印制申请表"，并提供需印制的 GAP 记录样张，交质量监控部审核。

7.1.2　印制审核：质量监控部对 GAP 记录样张进行审核：是否为有效版本，其内容是否与现行 GAP 文件规定的内容一致。确认无误后，在"GAP 记录印制申请表"和 GAP 记录样张上签署审核人姓名、日期，并加盖质量监控部章，同时，根据申请印制的数量决定复印或铅印。

7.1.3　印制实施

1）需复印的 GAP 记录：由申请部门根据批准的样张和数量进行复印。

2）需铅印的 GAP 记录：由申请部门填写"事项、购置申请单或者报告书"，连同质量监控部批准的 GAP 记录样张一同交综合管理部，纳入采购计划。由综合管理部根据采购计划和质量监控部批准的 GAP 记录样张联系印刷。

7.1.4　"GAP 记录印制申请表"由质量监控部归档保管。

7.2　GAP 记录的保管

7.2.1　空白 GAP 记录，各部门必须由专人妥善保管，不得随便作为他用，如作为草稿等。

7.2.2　使用后的 GAP 记录，各部门由专人妥善保管，依据"GAP 记录保存效期表"中的规定执行。

7.3　GAP 记录的发放

7.3.1　各部门由专人负责空白 GAP 记录的发放。发放时应计数，并填写"GAP 记录发放记录"。

7.3.2　药材加工使用的空白批生产记录，批包装记录由质量监控部计数发放。

7.3.3　GAP 记录版本升级时，由文件起草部负责统一将空白旧版本表单全部收回，销毁，同时下发新版本表单，以确保现行使用的表单为有效版本。

7.4　GAP 记录的填写要求

7.4.1　内容真实，记录及时，不得提前或延后填写。

7.4.2　字迹清楚，不得用铅笔、圆珠笔、红色笔填写，应使用碳素笔或签字笔填写。

7.4.3　GAP 记录不得随意撕毁或任意涂改。不得使用修正液、修正带。需要更改时，应在原错误的地方画"—"（使原字迹可以辨认），在旁边填写正确的内容，并注明修改人和修改日期。

7.4.4　GAP 记录填写不得有空项。如无内容可填写时，应用"—"填充，以证明不是填写者疏忽遗漏。

7.4.5　不能省略填写或简写。签名时不得只写姓或名；品名应按标准名称写全称；当内容与上项相同时应重复抄写，不得用"…"或"同上"表示。

7.4.6　GAP 记录的签名必须亲笔签名，不得代笔或盖印章。

7.5　GAP 记录的撤销

7.5.1　GAP 记录超过"GAP 记录保存效期表"中规定的保存期后，不得随意丢弃或私自销毁。

7.5.2　标签性 GAP 记录在超过保存期后，由各部门负责人进行确认，当场销毁。

7.5.3　记录性 GAP 记录在超过保存期后，由保管部门填写"GAP 记录处理申请单"提出申请（申请销毁或继续归档），由部门负责人确认后，再与记录相关部门负责人进行确认，最后由部门负责人批准才能进行处理。

第16章 我国不同产区黄精产业发展

16.1 陕西省略阳县黄精产业发展

陕西省略阳县为鸡头黄精的核心产区。自2002年开始，该县与陕西省步长制药集团、西北农林科技大学和浙江理工大学合作开展黄精种质资源调查，攻克了野生黄精家种驯化、根茎繁殖和种子繁殖、栽培、病虫害防治、仿野生抚育和初加工等一系列黄精规范化栽培相关技术。经过10多年的建设，在略阳县五龙洞镇建立的黄精基地于2015年顺利通过国家GAP现场认证。目前，略阳县在五龙洞、观音寺、西淮坝三镇有黄精规范化种植面积1.5万亩，林下种植和野生抚育4.5万亩。黄精规范化基地建设过程中探索的"公司+基地+农户"经营模式创新助力中药材产业带动乡村振兴。2017年12月29日，国家质量监督检验检疫总局批准对"略阳黄精"实施地理标志产品保护。

略阳县黄精规范化生产基地的建设为全国各地黄精栽培种植奠定了基础。为进一步提升中药材产业价值，助力乡村振兴，2021年略阳以道地中药材等为重点，按照供给侧和需求侧双方发力的思路，加大产品多元化开发力度，加速产业化进程，通过政府搭建平台，企业与高校、科研单位合作，构建"科研+基地+农户+企业+市场"的全产业链、全生产周期的发展模式，大幅提升品种、品质、品牌影响力，开发一批有影响力的特色农产品。药食同源食品（黄精）加工项目是陕西亿超能生物科技有限公司的重点建设项目之一，项目总投资5000万元。公司与农户及合作社签订保底收购协议、提供免费的种植技术，新增120余个就业岗位，带动1.3万黄精种植户，采用产业化帮扶方式助推农民增收，同时为乡村振兴有效衔接奠定坚实基础。公司还与高校和科研院所合作开发黄精啤酒、黄精果脯、黄精口服液（胶原蛋白饮品）、黄精茶等系列产品，实现产值2000余万元。

16.2 安徽省青阳县九华黄精产业发展

相较于人参、铁皮石斛等成熟产业，黄精产业起步较晚，是一个新兴产业。随着药食同源、中医药膳等医疗保健理念不断被大众认可，黄精药食两用的特性更符合现代人的健康需求，展现了更大的市场潜力。

黄精产品开发主要分为食品、药品、保健品三大类。目前市场上的黄精产品以食品为主，约占60%，但随着对黄精药理研究的不断深入，黄精在调节免疫力、调节血脂血糖、改善记忆力等方面的药用、保健价值被不断地发掘，研究人员相继开发研制了各类疗效确切的药品、保健品、食品，为黄精产业的发展提供了更多的空间和机会。

我国黄精产业在2014～2018年处于高速发展的阶段，规模、需求量、价格等涉及黄精产业发展的几个关键指标都呈单一的增长趋势。据成都天地网信息科技有限公司专业数据统计，2014～2018年，全国黄精需求量由14 594t提升至23 658t，提升了62.1%（图16.1）；黄精产量由12 294t提升至19 971t，提升了62.4%（图16.2）；黄精产业市场规模提升了80%，黄精统货价格提升了40%，且增长幅度呈不断扩大趋势。目前，全国黄精市场供应能力还远无法满足市场需求，随着黄精的药物、保健品及化妆品等市场的不断开发，黄精的市场需求、价格仍有很大的提升空间，黄精产业仍然大有可为。

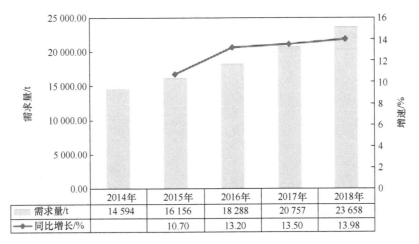

图 16.1　2014～2018 年黄精行业需求量及增速

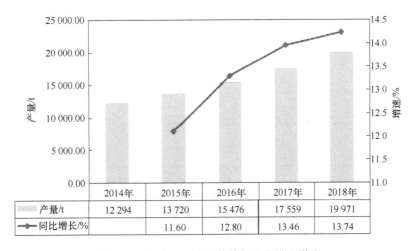

图 16.2　2014～2018 年黄精行业产量及增速

16.2.1　青阳县九华黄精产业现状

九华黄精产业是青阳县传统产业，已有 1500 多年的历史。青阳县黄精产业从传统农业向现代农业转变、从最初的作坊式加工向现代流水线式生产转变经历了一个漫长的过程。青阳县委、县政府立足本县特色与优势，提出以九华黄精产业发展为重点，深入贯彻乡村振兴战略，大力推进农业供给侧结构性改革。2016 年，县委、县政府出台《关于加快发展九华黄精产业的实施意见》，在各部门的积极引导和龙头企业的有效带动下，开展了九华黄精产业发展"九大行动"，九华黄精产业化水平得到了明显的提升。2019 年底，九华黄精人工种植面积 10 000 余亩。2016～2019 年累计新增 7800 亩，以林下种植、田间套种为主的种植模式基本成熟。百亩以上种植基地 18 个，建有"十大皖药"标准化种植基地 1 个。建有育苗基地 320 亩，其中块茎育苗 260 亩、种子育苗 60 亩，选育"九臻 1 号""九臻 2 号"优良品种2 个。培育黄精产业龙头企业 10 家，其中省级龙头企业 1 家、市级龙头企业 5 家，培育黄精种植专业合作社 3 个。开发九制黄精、黄精酒、黄精茶等黄精系列产品共计 30 个，其中食品类 28 个、药品类 2个（表 16.1）。

近年青阳县黄精产业发展迅速，确立了九华黄精农业主导产业的地位，却也存在着很多问题亟待研究和解决。为进一步推动九华黄精产业发展壮大，突破产业升级瓶颈，县黄精办组织相关人员对青阳县九华黄精产业现状、生产技术水平、产业存在问题等进行了广泛、深入的调研和分析，提出工作思路。

表 16.1　青阳县黄精加工产品

类型	名称
茶类	炭烤黄精茶
	枸杞黄精茶
	黄精银杏茶
	九制黄精茶
	黄精米茶
	黄精速溶茶
	黄精干
小吃	九制黄精
	黄精粉
	黄精蜜饯
	黄精养元膏
	即食黄精片
	黄精素饼
	黄精薄饼
	黄精酥
	黄精坚果
丸	黄精丸
	辟谷丹
膏	黄精膏
	黄精桑葚膏
酒	黄精米酒
	黄精酒
饮品	黄精口服液
	黄精枸杞原浆口服液
主食	黄精粉丝
	黄精米面
	黄精能量餐
药品	酒黄精
	黄精饮片

16.2.2　青阳县九华黄精产业优势与问题

16.2.2.1　青阳县九华黄精产业优势

1. 政策优势

青阳县委、县政府围绕现代农业发展建设，大力发展九华黄精产业，每年投入 200 万元作为产业发展专项补助资金，推动黄精产业发展。不断围绕九华黄精产业，开展政策争取与项目对接，申报获评"九华黄精产业+金融+科技"试点县，获得省级财政资金 1000 万元，用于集中解决产业发展过程中金融和科技的瓶颈问题。成功创建九华黄精省级特色农产品优势区，丰富和优化了安徽省农业结构，确立了青阳县黄精产业的优势地位。规划建设九华黄精现代农业产业园，加快推进生产要素在园区聚集，产业链条在园区延伸，进一步推进青阳县黄精产业融合，优化青阳县黄精产业布局。

2. 历史与文化优势

早在唐代，青阳县就有了种植黄精的记载，并掌握了"九蒸九晒"的技艺，九华山历代高僧也常以黄精为食，据《九华山志》记载，唐代开元年间，朝鲜王子金乔觉来青阳九华山开辟佛教道场，平日即以黄精为食，寿99岁圆寂，留下"而今飧食黄精饭，腹饱忘思前日饥"这样的诗句。诗人杜甫曾两次来到池州，他对黄精更是情有独钟，留下"三春湿黄精，一食生毛羽。""扫除白发黄精在，君看他时冰雪容"这样的诗句。

明清时期，九华黄精已经颇有名气，光绪年间《九华山志》曾记载，黄精是池州市的特色产品，载入史册已有几百年的历史，被列为安徽省三珍（冰姜、毛峰茶、黄精）之一。《青阳县志》中也有明确的记载，黄精"虽处处有之，唯以九华山者为上"，说明清代安徽人已经认识到九华黄精的独特和珍贵，将其作为当地的特色珍品。

3. 自然条件优势

青阳县气候温和，空气湿润，雨量充沛，四季分明，日照充足，土质以砂壤土为主、黏土为辅，耕作层深厚疏松，有机质丰富，适合黄精种植。青阳县地处国家级生态示范区内，境内植被茂密，生态环境优美，天然水系发达，饮用水等级达到国家一级标准，土壤中硒元素含量丰富，为高品质的黄精生长提供了良好的生态条件。全县共有林地面积85万亩，为黄精林下种植提供了林地资源优势及立体小气候资源优势。

4. 品质优势

九华黄精为多花黄精的一种，其药材质量要远高于云南、浙江、山东等地所产的黄精。据《安徽大辞典》所载："九华黄精根茎肥满，断面角质光亮，并以传统加工方法加以精制，质居前茅。"安徽医科大学黄赵刚教授曾比较了安徽九华山、贵州、湖南、云南等地所产黄精多糖的含量，得出以九华黄精中黄精多糖的含量最高的结论。重庆食品工业研究所祝义伟教授在《第六届全国中西医结合营养学术会议论文资料汇编》中也提到，安徽九华黄精多糖含量高达17.79%，贵州产为13.19%，湖南产为8.25%。

5. 品牌优势

九华黄精作为黄精中高档次产品的意识已深入人心，民间常有"北有长白山人参，南有九华山黄精"的说法。青阳县委、县政府高度重视九华黄精的品牌建设，相继申报认证九华黄精国家森林生态产品、国家地理标志证明商标、国家地理标志保护产品、农产品地理标志保护产品；认定省级著名商标1个（吴振东），池州市知名商标3个（祥悦林、九华地藏、御九华）；获绿色食品认证4个，有机农产品认证1个。

16.2.2.2　青阳县九华黄精产业发展存在的主要问题

1. 育苗难度较大

黄精育苗技术起步较晚，种子萌发率低、出苗不整齐、休眠期长等技术性问题尚无有效解决方法，块茎繁殖法繁殖系数低、用种量大、生产成本高等问题也制约着产业的发展；良种选育工作进展缓慢，种质退化，抗逆性差，植株病毒化等较为严重，部分区域出现减产现象。

2. 种植成本较高

黄精种植投资大、投资周期长。从种植到采收一般需要4年以上，其间平均每亩约需投入14 000元（种苗4500元，肥料3500元，田间管理4200元，租赁1800元）。持续不断地投入需要稳定的资金支持，给企业、农户造成了一定压力，甚至使得一些有种植意愿的农户望而却步。

3. 精深加工不足

虽然青阳县黄精产品种类较多，但总体的产品开发还处于初级阶段，产品存在"短、小、乱"的现象。产品研发加工存在一定的自发性，缺乏科技含量高、附加值高、竞争力强的拳头产品，低水平重复现象严重，造成资金、资源的浪费，产品的深加工还有很大的开发空间。

4. 伪品冲击市场

黄精属植物有 79 种之多，其分类鉴定较为困难，一般人难以辨识，经过炮制以后的黄精产品更加难以分辨。青阳县九华黄精品质卓越，常有外地黄精经销商以黄精伪品如熟地黄、玄参，或以其他黄精属植物如玉竹、湖北黄精等冒充九华黄精，长此以往会破坏九华黄精的品质形象。

16.2.3　青阳县九华黄精产业发展思路

1. 加大政策扶持

一是加大对九华黄精产业投入力度，积极争取国家和省级财政扶持及相关产业化建设项目支持，按照"渠道不乱、用途不变、各记其功、形成合力"的原则，对各部门用于推进农业产业化发展的项目资金进行有效整合，推进黄精产业的发展。二是搭建产业发展平台，通过产业交流会等方式，促进产业健康协调发展，共建健康和谐的发展环境。支持和扶持企业之间的联系、沟通、合作，共同研发解决产业发展的关键技术，攻坚克难开拓市场。

2. 坚持龙头带动

一是加强招商引资。围绕九华黄精产业，谋划招商项目，制定招商政策，引进有经济实力、有相关经验的企业入驻本县从事黄精产业。二是加强企业培育。培育以九华黄精为主的生产、加工、贸易领域的龙头企业。鼓励优势企业采用联合、兼并、参股、控股等方式，加大对现有九华黄精产业资源的整合力度，形成有规模、有影响的龙头企业，发挥其示范带动作用，促进我县九华黄精产业发展壮大。

3. 强化科技支撑

发挥九华黄精产业有关企业、科研院校和创新平台作用，加大科研投入，加强关键技术攻关，引导新兴技术应用。综合运用传统繁育方法与现代生物技术，突破黄精良种的繁育瓶颈，推进黄精良种扩繁推广工作，增强种源保障。加强已上市产品的二次开发，鼓励黄精系列新产品研发。开展黄精全株各部位功效的科学内涵研究，提升黄精全株综合利用能力，进一步增强九华黄精精深加工水平。

4. 加强宣传推介

一是加大宣传推介力度。充分利用广播、电视、报刊、网络和新媒体等宣传手段，定期组织开展展销会、博览会、洽谈会等经贸活动，扩大九华黄精品牌影响力。二是做好宣传文章。推进九华黄精产业与旅游、养生、饮食、文化等行业有机融合，丰富产品文化内涵，扩大消费者对九华黄精的认知范围，努力把九华黄精打造成为首屈一指的地方特色产品。

5. 加强品牌建设

打造涵盖九华黄精全系列产品品牌体系，充分发挥九华黄精地理标志产品标识、地理标志证明商标以及农产品地理标志的优势，构建以名医、名药、名方、名企、名店为支撑的品牌体系，全面提升九华黄精系列产品的总体形象。

6. 发挥协会作用

充分发挥九华黄精产业协会在行业咨询、标准制定、行业自律、行业统计、人才培养和第三方评价等方面的重要作用，定期发布黄精原料供求信息、产品研发动态，引导企业错位发展，建立高层次黄精产业政企对话咨询机制，定期评估政策执行情况，提出完善政策建议。

16.3　湖南省新化县黄精产业发展

《神农本草经》称黄精为上品，诗圣杜甫诗云：扫除白发黄精在，君看他时冰雪容。南宋丞相李纲称：太阳之草名黄精，养性独冠神农经；扫除白发有奇效，采食既久通仙灵……历代医家名著无不赞誉黄精味甘性平，补气养阴、健脾、润肺、益肾，又是道家辟谷的"仙粮"，老幼皆宜，无毒性作用，属健康养生佳品，也是入三经、安五脏的道地良药。据《新化县志》记载，新化县黄精种植始于明代，列中药材之首；据1989年第三次全国自然资源普查结果，本县野生黄精分布面积达110万亩；据了解，目前全国在市场流通的黄精品种有47个，但被收录入《中国药典》的只有淮河以北的鸡头黄精、云南一带的滇黄精和新化县的多花黄精三个品种；据权威部门检测，新化县所产的多花黄精品质优良，属于药典正品。

16.3.1　新化县黄精种质资源情况

新化县属于多花黄精产区的几何中心，温暖湿润的山区气候造就了新化黄精的优越品质，新化县生产的黄精根茎肥厚、黄精多糖含量达16%～19.3%，远高于《中国药典》黄精多糖含量7%的标准，是多花黄精的道地产区。全县境内野生资源丰富，大部分乡镇都有分布，但主要集中在雪峰山片区，且多生长在海拔400m以上的林下、溪边、灌木丛中，2017年在大熊山发现的一株野生黄精鲜重达60多公斤，为野生黄精之最。

16.3.2　新化县黄精种植情况

2009年，新化县颐朴源黄精科技有限公司在槎溪镇油坪溪村开展了黄精林下仿野生栽培，取得成功后，种植面积逐年扩大，并向周边村和全县其他乡镇辐射，带动了全县黄精的种植，重点集中在雪峰山脉的高寒山区乡镇。

初步统计，2019年上半年新化县黄精种植面积达2.4万亩，主要在杉木林、竹林、药材林、经果林等林下套种，仿野生栽培，至2023年黄精种植总面积到9.2万亩，形成了以槎溪镇为核心的六大黄精种植片区，全县种植面积100亩以上的基地有62个，500亩以上的基地15个。2018年因黄精产业入选科技部100个科技示范村，分别在新化县颐朴源黄精科技有限公司油坪溪村、新化县绿源农林科技有限公司万宝山、新化县天龙山农林科技开发有限公司石冲口镇尧岭寨村、天门乡麦坳村、金凤乡岩山湾村等有一定规模的基地。全县大部分乡镇海拔400m以上的村都有农户种植黄精，种源少部分为种子，大多为采挖的野生多花黄精小块茎。根据目前部分投产情况来看，一般产3000～4000kg/亩，高产者达6000kg/亩，以杉木林下种植最好。由于生态条件好，仿野生栽培，颐朴源、天龙峰两个品牌黄精已获得有机食品认证。颐朴源黄精科技有限公司2012年开始黄精种子育苗技术研究，通过多年的摸索，已经对黄精种苗繁育积累了丰富的经验，2018年全县种子育苗面积210亩，年产黄精种苗3000万株左右。目前全县从事黄精产业的中药材种植专业合作社和企业达80多家，从业人员达6万余人，2018年全县黄精综合产值突破3.2亿元，2018年5月中国林学会授予新化县"中国黄精之乡"称号。

16.3.3 新化县黄精产品加工和开发情况

黄精为药食同源品种，在功能性食品开发方面有优势，目前，获得生产许可证加工黄精的企业有新化县绿源农林科技有限公司、新化县颐朴源黄精科技有限公司、新化县天龙山农林科技开发有限公司、新化县壹捌柒食品有限公司、新化县唐奇中药材种植专业合作社等，已开发成九制黄精、黄精干、黄精代饮茶、黄精超微粉、黄精酒、黄精糕点、黄精面条、黄精速溶饮料等系列产品。年生产加工黄精及其产品 560 余吨，初步形成了产品多元化、生产组织化、产业链条化、营销品牌化的发展格局。其系列产品已走出湖南、走向全国，并开始向国际市场进军。2019 年 6 月，新化颐朴源黄精荣登中国皇家菜博物馆，世界领袖访华代表团品尝了新化黄精养生药膳，并给予高度评价，颐朴源黄精得到第八任联合国秘书长、博鳌亚洲论坛理事长潘基文先生品鉴与高度认可。

16.3.4 新化县黄精品牌建设情况

2018 年 9 月"新化黄精"荣获国家地理标志证明商标，"湘惠""绿源"获绿色食品认证，"颐朴源黄精""天龙峰黄精"获中国有机产品认证，"奉家山"九蒸九晒黄精获 2014 年中国中部农博会金奖，"颐朴源黄精"获 2017 年中国中部农博会金奖。2016 年湖南省中央财政林业科技推广资金项目技术培训班在新化县召开，使得新化县林下种植黄精的影响力进一步扩大；2018 年 12 月"新化黄精"荣获首届金芒果地理标志产品国际博览会十大品鉴地标之一的称誉，新化黄精已经走向全国，品牌影响力不断提高。

2018 年 8 月和 2019 年 7 月新化县成功举办了第一届和第二届湖南黄精高峰论坛，来自 14 个省市的国内知名学者、行业精英等 800 多人云集新化，共商黄精产业发展大计，让广大从业者了解黄精药理药性、应用前景、最新科技动态、产业发展存在的瓶颈问题等相关情况，与会者对新化县黄精产业发展提出了很好的建议。目前，来自全国各地学习参观黄精种植，要求供应黄精种苗、商品的团队络绎不绝，黄精供不应求。

2019 年，新化县将黄精作为"一县一特"中药材品种，加大了对黄精品牌的建设力度。一是在鑫泰农贸市场建设新化县中药材集散中心，第一期入驻的有 30 家企业、50 个门店，着力打造新化黄精集散中心，树立新化黄精品牌形象。二是建立新化黄精展览馆，集中展示新化黄精的功效、历史、文化、产业政策、产业规划、产品开发、品牌推广、产品体验等，宣传和推广新化黄精，让广大消费者了解黄精产品、加大对黄精的认识。为加快和维护新化黄精品牌与推广，新化县成立了新化黄精地理标志管理办公室，制订了新化黄精产品质量标准和管理办法，着力将新化黄精打造成全国有影响力的品牌。

16.3.5 新化县黄精产业致富情况

黄精适宜生长在海拔 400m 以上的山区，且大多在林下种植，不与粮食和其他经济作物争耕地，也有利于林木、经果林和木本药材林的抚育和生长，一举两得。高寒山区产业发展瓶颈大，但林木资源丰富，特别适合黄精种植，种植的黄精产量高、品质优，虽然投产周期较长，但价格稳定，目前黄精鲜品 22 元/kg，亩产值达到 6 万元以上，效益好。同时黄精产业与一二三产业融合度高，也有利于药旅融合。近两年来，各大小公司、合作社以带动和扶助农户种植黄精为己任，为农户组织技术培训，提供信息服务，廉价供应种苗，签署产品保回收协议，为山区居民开辟了致富之路。

16.3.6 新化县黄精龙头企业发展

新化县颐朴源黄精科技有限公司属于龙头企业，自 2009 年起，该公司在新化县槎溪镇油坪溪村海拔

400~800m 的杉木林下仿野生种植多花黄精，黄精种植与加工通过了中国有机产品认证，成为同行业中首家获得单位。目前该公司已发展仿野生有机黄精种植示范基地1100亩，建设了有机黄精食品加工生产线，生产的产品有"有机九制黄精""有机黄精茶""有机黄精超微粉"。公司带动油坪溪村大力发展黄精产业，并于2018年入选全国100个科技示范村典型案例。

16.4　泰山黄精产业发展

泰山黄精（*Polygonatum sibiricum* Red.）是泰山四大名药之一，是著名道地药材，2017年被评为国家地理标志产品。黄精产业是泰安市委、市政府高度重视和乡村振兴重点发展的产业之一。在"打响泰山名药品牌，助力乡村产业振兴"政策号召下，市委、市政府强力推动产业发展，2017年，泰安市岱岳区结合生态资源优势，在泰山西麓的九女峰片区大力推广发展黄精产业，引入泰安市仙露食品有限责任公司，率先建立泰山黄精产业园。研发出了传统工艺与现代工艺相结合的具有自主知识产权的原创产品黄精丝，实现了泰山黄精产业化发展突破！

通过仙露公司龙头企业的带动，创新了"公司+基地+合作社+专业村+农户"的模式，通过二产带一产融合三产的方式，促进了泰山黄精三产融合全产业链发展。仙露公司自建泰山黄精种植基地1200亩，已带动合作社、专业村、农户发展种植泰山黄精10 000亩。2019年泰安市岱岳区人民政府通过加大政府扶持引导力度、积极鼓励社会资本参与、强力推动企业示范引领，不断促进产业融合发展，揭开了泰山黄精产业发展的新篇章。

16.4.1　泰安市泰山黄精产业发展的现状

泰山黄精作为泰山道地药材，在业内药用价值传承度高，食用市场的认知度低。在泰安市委、市政府多年的号召下，2017年之前一直发展缓慢，原料主要为野生泰山黄精，加工方式粗放，产品单一，技术含量不高，产品附加值低。随着大健康产业的兴起、《"健康中国2030"规划纲要》的发布及中医中药的振兴，药食同源、中医药膳的需求越来越大。泰山黄精自古被认作药食兼用之佳品，性平、味甘、无毒，医用是良药，入馔是美食，是名副其实的"长命百岁草"。无论在古代中医还是现代养生中都是不可多得的药食同源佳品。李时珍曾誉黄精是"服食要药"，黄精有着非常大的发展潜力！

泰山黄精产业起步虽晚，但起点高。黄精属于多年生草本，生长周期需要4年以上，人工驯化不足、原材料供应不足是制约整个产业发展的首要因素。泰山黄精产业发展遵循市场规律，坚持龙头带动，技术先行。在产业发展初期，仙露公司在市委、市政府的号召下制定了"三产三年三步走"的发展策略；成立了泰山黄精产业技术研究院，聚集了中华中医药协会黄精专家、美国梅哈里医学院新药集群专家作为产业发展特聘顾问，邀请到浙江理工大学梁宗锁教授、天津大学高文远教授、泰山文化专家周郢教授等行业技术领军专家；进行泰山黄精文化特色和功效特色的挖掘；研发泰山黄精特色产品，传播泰山黄精特色文化，建立泰山黄精标准种植体系。同时仙露公司充分利用当地资源，与泰安市林业局、泰安市林业科学研究院、山东农业大学、山东第一医科大学、山东中医药技师学院等开展横向合作，产学研一体化发展，为整个产业的发展奠定了雄厚的科研基础。

16.4.2　泰安市岱岳区泰山黄精产业发展的现状

自2017年以来，泰安市仙露食品有限责任公司黄精丝产品的上市，实现了泰山黄精产业化发展的零突破。到2019年底，在政府引导、村企共建、百姓参与的情况下，黄精种植规模过万亩，产业规划确定，实现了跨越式发展。

在一产种植上,仙露公司采取"公司+基地+合作社+专业村+农户"的创新模式,实施"五服务一保底"的立体保障。仙露公司自建泰山仙草谷种植基地 1200 亩,统一输出种芽、技术、培训、肥料、机械,带动居民种植,签订回收协议。4 年后收获的黄精公司统一保底价回收(品质达标的保底价 40 元/kg,由仙露公司回收)。结合泰安市岱岳区九女峰片区的地理条件,主要采取林下套种模式,实现了生态保护、果树收益、黄精增收,一举三得。到 2023 年,泰安市岱岳区九女峰片区已经发展种植黄精 2 万亩。

在二产加工上,药食同源的黄精可以加工成食品、药品、保健品。黄精药品、保健品研发周期较长,食品已经实现工业化、产业化生产,最具代表性的就是黄精丝,黄精丝结合了传统工艺和现代工艺,已申请国家发明专利和实用新型专利,该产品口感好、效果佳、市场认可度高,同品牌的黄精丝酒、黄精核桃糕、黄精复合茶、黄精面条、黄精粉、黄精膏等产品也很畅销,黄精丝先后两次获得"中国林产品交易会金奖",是业内唯一获得该荣誉的产品。但随着市场的拓展和泰山黄精知名度的提升,2019 年泰山黄精的经销商多次出现断货退款的情况,生产加工能力严重不足,亟须扩大生产能力。

在三产上,泰山仙草谷黄精文化产业园实现了优化提升,建立了泰山黄精大田种植模式、泰山黄精板栗林下套种模式、泰山黄精山楂林下种植模式、泰山黄精梨树林下种植模式,泰山黄精荒山种植模式等多种模式的立体种植方案,建立了标准化种植样板。泰仙草谷园区内将泰山黄精文化、典故进行展现,并建立了古法黄精炮制房,设计了黄精御宴体验。宣传泰山黄精文化,形成种黄精、赏黄精、赞黄精、购黄精的医康养+农文旅新体验。

在研发上,建立了泰山黄精专家研究团队。建立了省级泰山黄精标准化种植示范基地,目前已经进入验收阶段;通过体外细胞实验发现泰山黄精丝茶抑制癌细胞干细胞生长,增加了泰山黄精的知名度,为泰山黄精的精深加工、开发高附加值产品奠定了基础。

16.4.3 泰山黄精产业发展优势

16.4.3.1 泰山黄精产业的自然优势

(1)独特的地理位置

泰山黄精主要分布在泰山、徂徕山和沂蒙山区的周边地区。其区域分布为北纬 35°50′~36°24′,东经 116°50′~117°36′,在海拔 100~1200m 的地区均有发现,但集中分布在海拔 200~500m 的区域。泰山黄精野生资源很少成片出现,多呈现零星分布,在泰山后石坞、三岔、药乡林场、中天门以上林边及石隙阴湿处有时可见。

(2)良好的气候条件

泰山黄精分布区气候属暖温带季风型,夏季多雨,冬季少雨,年平均气温 13.3℃,极端最高气温 42.1℃,极端最低气温 -20.7℃,无霜期 186d,年平均降雨量 685.6mm。

(3)适合生长的土壤

泰山黄精野生资源在海拔 100~1200m 的地区均有发现,分布区一般为落叶阔叶和针叶混交林带,土壤以山地棕壤为主,质地为砂质壤土,微酸性至中性。泰山黄精喜肥趋湿,忌阳光直射,适宜在偏酸性土壤上生长。

(4)良好的空气环境

泰山空气清新,在空气环境评价因子中,基本无氮氧化物污染,根据监测结果,泰山主景区主要大气污染物——总悬浮粒(TSP),在 5 个监测点(玉皇顶、天街、中天门、竹林寺、建岱桥)测得的平均值分别是 0.230mg/m³、0.033mg/m³、0.015mg/m³、0.0413mg/m³、0.022mg/m³,达到《环境空气质量标准》

（GB 3095—2012）环境空气二级标准。悬浮微粒主要来自游人造成的扬尘，而泰山黄精产地远离主景区，远离游人，因此悬浮微粒污染很少，空气基本无污染，具有良好的空气环境。

16.4.3.2　泰山黄精产业的历史和文化优势

黄精（*Polygonatum sibiricum* Red.）隶属于百合科黄精属，为多年生草本，以根茎入药，性平而润，味甘而淡，无毒而杀虫。其可补中益气，定肝胆，润心肺，益脾胃，升清气，降浊气，填精髓，壮筋骨，降风湿，下三火，润大便，利小便，使人目明耳聪。《图经本草》曰："黄精是芝草之精也。"《本草纲目》曰："服（黄精）亦不论多少，一日不隔即去老还少。"清版《泰安县志》引陶弘景语谓之"仙人遗粮"，故事虽然夸张离奇，但足见对黄精的药效功能评价之高。

在泰山文化学者周郢教授的支持下，找到了泰山黄精文化记载的原文，如明弘治年间（1488～1505年）《泰安州志》、清乾隆二十五年（1760 年）《泰安县志》、1937 年《泰山药物志》。

16.4.3.3　泰山黄精的特殊优良品质

泰山黄精 5 月上中旬出土，6 月初完全展叶，6 月中下旬开花，7 月上中旬结果，8 月中下旬成熟，10 月下旬地上部分枯萎，越冬芽形成后随之进入冬季休眠。

黄精根茎含有烟酸、醌类、多糖、生物碱、黏液质、强心苷等成分，Mg、Zn、Cr、Mn、Ca、Fe 含量丰富。所含天然苷类化合物能够有效抑制癌细胞的生长，具有良好的抗肿瘤活性。

16.4.3.4　泰山黄精产业的政策优势

"泰山黄精"地理标志，由泰安市政府主导，泰安市林业科学研究院牵头制定，统一管理，统一授权，确保泰山黄精区域公共品牌的美誉度。为保护、挽救珍贵野生泰山四大名药资源，合理有序地开发利用泰山中药材，加快中药材产业发展，泰安市委、市政府把以"泰山四大名药"为主的中药材作为新兴特色产业进行重点扶持。

2017 年，泰安市委、市政府邀请中华中医药学会的国家级专家来泰组织咨询论证会，以加强人才培养、产业培育、学术交流、成果转化；要引进一批具有示范带动能力的知名企业，形成基地与加工相配套的生产链，推动泰山中药材产业快速健康发展。

泰安市岱岳区政府颁发了《岱岳区泰山黄精产业发展实施意见》，各部门联合，强力推进，政府拿出2000 万元补助资金，支持泰山黄精产业的发展。政府更设定各项人才补助政策，吸引国内外人才的加入。

16.4.3.5　泰山黄精产业的人才优势

在产业发展初期，从政府到企业，均将人才和技术放在第一位，泰山黄精产业对标"片仔癀"。2019年举办了泰山黄精产业发展国际论坛，聚集了国内外数十位专家探讨泰山黄精产业的发展路径，明晰了泰山黄精的特色优势。

16.4.4　泰山黄精产业发展存在的问题

1）黄精生长周期长。黄精属于多年生草本，若生长周期不到 4 年，则黄精中的有效成分含量达不到标准要求。对于企业来说，发展初期受到原料和市场的双重制约，短期内产业很难取得成效。

2）种质资源不足。泰山黄精产业发展晚，种质资源不足，为了保证种质资源的纯性，一般对野生泰山黄精进行人工驯化，目前主要通过根茎进行无性繁殖，但黄精根茎少，短时间内不能提高产量。种子繁殖要 5～7 年才能采收。

3）精深加工不足。泰山黄精产品开发还处于初级阶段，泰安市仙露食品有限责任公司的"仙余粮泰尚黄"黄精丝产品以品质和创新打开了市场的大门，由于纯正泰山黄精的不足，该产品产量低，断货现象严重。高端产品研发成本高，投资大。放眼全国，整个黄精行业都处于粗加工阶段。

4）劣币驱逐良币，伪品冲击市场。黄精属植物有 79 种之多，其分类鉴定较为困难，消费者难以辨认。经过三年的品牌打造，泰山黄精的价格处于高位，野生泰山鲜黄精的价格在 40～80 元/kg，甚至更高，增加了加工企业的成本，同时有些厂家用同属植物如玉竹、黄精、多花黄精等作为原材料冒充泰山黄精进行深加工，长此以往会破坏泰山黄精的品质和品牌形象，不利于泰山黄精区域品牌的打造。

16.4.5　泰山黄精产业下一步发展措施

1）加大泰山黄精产业扶持政策落地。随着《岱岳区泰山黄精产业发展实施意见》的出台，各部门联合发力，促进了泰山黄精产业的发展。泰安市岱岳区下一步要更加积极地争取市、省、国家的对口财政支持及相关产业化建设项目支持，整合相关资金，加大原料种植，加快泰山黄精产业园区建设，支持泰山黄精技术攻关。促进泰山黄精产业发展上规模化、品牌化的台阶，发挥支柱产业的作用。

2）加大龙头企业的扶持，建立产业发展规则，防止产业发展乱象的产生。龙头企业作为第一个吃螃蟹的人，承担了前期市场开拓、技术研发的风险，泰山黄精产业发展已经迈开了第一步，以后还要建立黄精种植标准、泰山黄精加工标准、泰山黄精品牌使用标准，形成泰山黄精原产地追溯体系，使得泰山黄精产品就是品质黄精的象征。

在培育龙头企业的同时，还要加强招商引资，吸引有资本实力和渠道的各种形式的资本进入，可以采取联合、兼并、参股、控股等方式促进泰山黄精产业的快速健康发展；同时培育种植龙头、加工企业龙头、贸易企业的龙头。错位发展、相互配合，加大对现有泰山黄精产业资源的整合力度，发挥其示范带动作用，促进泰山黄精产业发展壮大。

3）加大科研投入，加强关键技术攻关，引导新兴技术应用。突破泰山黄精繁育技术，保证泰山黄精种源纯正。促进泰山黄精的提质增产，结合传统育种和现代生物技术，建立泰山黄精种质资源中心，培育高产高效的泰山黄精新品种。建立泰山黄精机理和产品研发中心，开发高附加值、高品质泰山黄精大健康产品。

4）加强宣传推介。推进泰山黄精产业与泰山全域旅游相结合，整合宣传资源，加大泰山黄精品牌整体包装，有序宣传，开发泰山黄精伴手礼，努力把泰山黄精打造成为首屈一指的地方特色产品，来泰安必选品质黄精，泰山文化、泰山黄精、泰山品质有机结合。

5）加大品牌建设。建立泰山黄精全系列产品品牌体系，充分发挥泰山黄精地理标志产品标识优势，扶持地方知名商标品牌、打造全国驰名品牌，全面提升泰山黄精系列产品的总体形象。

16.5　贵州省黄精产业发展

黄精作为首批被列入国家卫生健康委员会公布的"药食同源"名单的中药，既有药品的治疗作用又有食品的安全性、稳定性，可当作饮食之用，味甘性平，久服既补脾气又补脾阴。

药材黄精基源植物来源有黄精、多花黄精、滇黄精，以干燥的根茎入药。《中国道地药材》《中药商品学》皆将黄精列为"贵药"。王永炎院士主审的《中华道地药材》明确指出多花黄精以贵州遵义、安顺最适宜，滇黄精以贵州罗甸最适宜。黄精的资源调查发现贵州黄精属植物资源较为丰富，《贵州植物志》收载黄精属植物 7 种。《中国药典》收载的 3 个植物来源均在贵州有分布。《贵州省中药材产业发展扶贫规划（2012—2015 年）》《贵州省新医药产业发展规划（2014—2017 年）》《贵州省人民政府办公厅关于促进医药产业健康发展的实施意见》（黔府办发〔2016〕39 号）等文件将黄精列为鼓励发展品种，在贵州适宜产区大力推广发展。《贵州省发展中药材产业助推脱贫攻坚三年行动方案（2017—2019 年）》将黄精作为 18 个重点培育品种之一来发展，贵州省委、省政府在农村产业革命工作部署中，将黄精作为中药材产业 7 个重点发展的品种之一。截至 2020 年底，贵州发展黄精种植面积达 16.36 万亩。为进一步推动贵州黄精产业发展，贵州省黄精产业革命小组对贵州黄精产业进行了调研和分析，提出了发展思路。

16.5.1　贵州省黄精产业现状

以企查查软件搜索结果为例，以贵州黄精为关键词，搜索到注册企业 117 家。从调研情况来看，贵州百灵、贵州信邦、贵州同德饮片厂对黄精的需求量较大。贵州百灵在镇宁布依族苗族自治县大寨百灵生态园建了年产黄精种苗 1000 万株的育苗大棚基地。江苏中医院指定贵州同德饮片厂生产的黄精饮片作为自己饮片来源，每年需求 2000t。贵州和自然农业开发有限公司是盛实百草药业有限公司最大的黄精原料供应商，在印江县刀坝镇海拔 1100m 的玉龙山上规划种植黄精 10 000 亩，已建 4000 亩黄精种植基地，惠及玉岩、白金 300 多户农户，带动两村 165 户 478 人就近就业务工，并带动周边 8 个村集体经济发展，实现 568 户 2013 人入股分红。石阡县龙腾农牧农民专业合作社有社员 160 户 520 余人，已投入资金 1000 余万元，建成黄精中药材示范基地 2000 亩，种苗基地 50 余亩，已流转土地 200 余亩，初加工厂 1 个，带动全村发展黄精产业。另外，六盘水市水城区"水城黄精"获得国家地理标志保护产品，铜仁市中药材正在积极申报"铜仁黄精"国家地理标志保护产品，黔东南苗族侗族自治州中药材专班正在积极申报黄精森林生态标志产品。

16.5.2　贵州省黄精产业发展优势与问题

16.5.2.1　贵州省黄精产业发展优势

1）贵州黄精资源丰富，适宜种植区域较广。黄精在贵州全省均有分布，共有多花黄精、滇黄精、黄精、湖北黄精等 7 种，主要为多花黄精、滇黄精。黄精主要分布于黔北、黔西北、黔中、黔东南、黔南、黔西南、黔西等地；如遵义市的凤冈县、湄潭县、播州区、务川仡佬族苗族自治县等，毕节市的大方县、黔西市、金沙县等，安顺市的普定县、紫云苗族布依族自治县等，贵阳市的开阳县、息烽县等，黔东南苗族侗族自治州的雷山县（雷公山）、榕江县（月亮山）等，黔南布依族苗族自治州的贵定县、长顺县等，黔西南布依族苗族自治州的安龙县、册亨县等。滇黄精主要分布于黔西南、黔西、黔南、黔中等地，如黔西南布依族苗族自治州的望谟县、兴义市、贞丰县、兴仁市等，六盘水市的水城区、盘州市、六枝特区等，黔南布依族苗族州的罗甸县、独山县等，安顺市的关岭布依族苗族自治县、紫云苗族布依族自治县等。黄精主要分布于黔北、黔西北、黔西南等地，如遵义市的凤冈县、湄潭县、道真仡佬族苗族自治县、务川仡佬族苗族自治县等，毕节市的威宁彝族回族苗族自治县、赫章县等，六盘水市的水城区等。上述各区域均为黄精种植的最适宜区。

2）黄精产业可持续发展，维持生态平衡。贵州山地居多、林木丰富这一特点，适宜发展黄精产业，发展林下经济，不使用贵州良好的农田地块，可有效开发利用现有林地资源，增强林下土地的利用率，既响应了"绿水青山就是金山银山"这一保护生态环境的口号，又促进了贵州经济良好发展，实现保护生态环境和经济发展的双赢。

3）黄精产业可助力贵州森林康养大健康产业发展。黄精是药食同源植物，既可作药材，又可作食材，还可林下种植。随着"大健康""大数据""大农业"时代的来临，民众乃至国家层面对于健康的需求日益加剧，预防大于治疗的意识也慢慢从国家层面向下普及，"森林康养"与"休闲农业"概念逐渐流行。贵州山区具有喀斯特地貌，山地、林地较多，风景优美，空气质量好，是森林康养产业发展的首选之地。该项目以药膳及食疗养生为导向，以大健康口号为背景，致力于黄精产品的加工及开发应用，发挥贵州特色，助力贵州森林康养大健康产业发展。

4）黄精用途广，市场前景好。黄精是药食同源植物，现已开发出药品、食品、保健品、护肤品、饲料添加剂等一系列产品。据中药材天地网调查，黄精在 20 世纪 90 年代的需求量为 800t 左右，随着人们保健意识的增强，目前年需求量为 10 000t。目前市场价格稳定上涨，鲜品已达到约 25 元/kg。

5）贵州黄精种植生产和研究早，技术体系成熟，可实现全产业链发展。据史料记载贵州在民国时期已开始种植黄精。贵州大学赵致教授团队于 1999 年开始在贵州省遵义市的凤冈县、湄潭县等进行国家中药现代化科技产业贵州道地药材黄精 GAP 试验示范研究，对黄精的生态环境、种质资源、繁殖材料、栽培管理、采收加工等多个方面进行了田间调查研究工作。2012 年，该团队获得贵州省关于黄精种苗繁育研究的重大专项项目，开展了黄精良种生产技术体系研究，建立了黄精良种生产技术体系。2017 年，获得国家自然科学基金项目"多花黄精种子发芽过程转录组分析及 ABA 合成关键基因功能验证"，积累了一批技术成果。2019 年，获得贵州省农业重大产业科学研究攻关项目"黄精快速育苗技术集成示范与应用"。发表论文 30 篇，见表 16.2；申请专利 10 项，见表 16.3，培养研究生 10 名。研究成果在贵州百灵企业集团制药股份有限公司、贵州信邦药业有限公司、贵州大禹王农业发展有限公司、道真自治县林达生态农业开发有限公司等的黄精种植基地开展了多区域、多地点、多年份的示范，技术成熟度高，示范成效显著，黄精种植周期为 3～5 年，亩产 1500～4000kg，按目前市场价 25 元/kg 计算，亩产值为 3.75 万～10 万元，年均产值为 1.2 万～2 万元。贵州黄精种植和研究的前期积累较多，可实现贵州黄精的全产业链发展，促进贵州山区农民增收致富。

表 16.2 贵州大学发表的研究论文

1. 刘思睿, 宋莉莎, 任静, 李忠. 2019. 黄精褐斑病的病原生物学特性[J]. 菌物学报, 38(6): 768-777.
2. 陈松树, 张雪, 赵致, 刘红昌, 王华磊, 李金玲. 2018. 以叶片为外植体的多花黄精组织培养[J]. 北方园艺, (14): 136-142.
3. 陈松树, 赵致, 王华磊, 刘红昌, 张俊. 2017. 不同采果期多花黄精的果实成熟度及种子调制研究[J]. 种子, 36(9): 30-34.
4. 陈松树, 赵致, 王华磊, 刘红昌, 李金玲. 2017. 多花黄精初生根茎破除休眠及其成苗的条件研究[J]. 时珍国医国药, 28(7): 1748-1750.
5. 陈松树, 赵致, 刘红昌, 王华磊, 何军. 2017. 多花黄精种子育苗技术研究[J]. 中药材, 40(5): 1035-1038.
6. 杨顺龙, 周英, 赵致, 林冰. 2016. 黄精产地加工工艺研究[J]. 山地农业生物学报, 35(3): 49-52.
7. 陈松树. 2016. 不同处理对多花黄精种子产量和质量的影响及播种技术研究[D]. 贵阳: 贵州大学硕士学位论文.
8. 田启建, 赵致, 谷甫刚. 2011. 黄精栽培技术研究[J]. 湖北农业科学, 50(4): 772-776.
9. 田启建, 赵致, 谷甫刚. 2010. 栽培黄精种苗的分级及移栽时期的选择[J]. 贵州农业科学, 38(6): 93-94, 95.
10. 田启建, 赵致, 谷甫刚. 2010. 栽培黄精物候期研究[J]. 中药材, 33(2): 168-170.
11. 邵红燕, 赵致, 庞玉新, 冼富荣. 2009. 贵州产黄精适宜采收期研究[J]. 安徽农业科学, 37(28): 13591-13592.
12. 田启建, 赵致, 谷甫刚. 2009. 栽培黄精开花结实习性研究[J]. 种子, 28(1): 29-31.
13. 田启建, 赵致, 谷甫刚. 2008. 贵州黄精病害种类及发生情况研究初报[J]. 安徽农业科学, 36(17): 7301-7303.

14. 杨汝. 2008. 贵州省黄精病害发生情况调查及叶斑病的初步研究[D]. 贵阳: 贵州大学硕士学位论文.
15. 龚军. 2008. 黄精与玉米间作的规范化栽培技术研究[D]. 贵阳: 贵州大学硕士学位论文.
16. 田启建, 赵致, 谷甫刚. 2008. 栽培黄精的植物学形态特征[J]. 山地农业生物学报, 27（1）: 72-75.
17. 田启建, 赵致, 谷甫刚, 冼富荣. 2008. 栽培黄精越冬芽萌发研究初报[J]. 中药材, 31（1）: 7-8.
18. 田启建, 赵致, 谷甫刚. 2007. 中药黄精套作玉米立体栽培模式研究初报[J]. 安徽农业科学, 35（36）: 11881-11882.
19. 田启建, 赵致. 2007. 黄精栽培技术研究进展[J]. 中国现代中药, 9（8）: 32-33, 38.
20. 田启建, 赵致. 2007. 黄精属植物种类识别及资源分布研究[J]. 现代中药研究与实践, 27（1）: 18-21.
21. 谷甫刚. 2006. 中药材黄精种植技术研究[D]. 贵阳: 贵州大学硕士学位论文.
22. 田启建, 赵致. 2006. 贵州黄精GAP试验示范基地病虫害防治策略[C]//中国植物保护学会. 科技创新与绿色植保——中国植物保护学会2006学术年会论文集. 中国植物保护学会: 中国植物保护学会: 692-696.
23. 庞玉新, 赵致, 冼富荣. 2006. 黄精的炮制研究[J]. 时珍国医国药, 17（6）: 920-921.
24. 桑维钧, 宋宝安, 练启仙, 李小霞, 熊继文, 曾令祥. 2006. 黄精炭疽病病原鉴定及药剂筛选[J]. 植物保护, 32（3）: 91-93.
25. 徐渭沅. 2006. 黄精多糖的提取工艺及其纯化、分离[D]. 贵阳: 贵州大学硕士学位论文.
26. 田启建. 2006. 贵州黄精规范化种植关键技术研究[D]. 贵阳: 贵州大学硕士学位论文.
27. 赵致, 庞玉新, 袁媛, 付民学, 刘顺桥, 曹定涛, 冼富荣. 2005. 药用作物黄精种子繁殖技术研究[J]. 种子, 24（3）: 11-13.
28. 赵致, 庞玉新, 袁媛, 付民学, 刘顺桥, 曹定涛, 冼富荣. 2005. 药用作物黄精栽培研究进展及栽培的几个关键问题[J]. 贵州农业科学, 33（1）: 85-86.
29. 庞玉新, 赵致, 袁媛. 2004. 贵州产黄精生产操作规程初步研究[J]. 现代中药研究与实践, 18（3）: 16-19.
30. 庞玉新, 赵致, 袁媛, 付明学, 曹定涛. 2003. 黄精的化学成分及药理作用[J]. 山地农业生物学报, 22（6）: 547-550.

表16.3　贵州大学申请的专利

1. 王华磊, 龙建吕, 陈松树, 李金玲, 黄明进, 罗夫来, 罗春丽, 刘红昌. 2019-11-12. 一种多花黄精种茎催芽方法[P]. CN110431953A.
2. 陈松树, 赵致, 田惠, 王华磊, 刘红昌, 唐成林, 杭烨, 魏光钰, 姜春芽. 2018-06-08. 野生黄精药材采收钉耙[P]. CN207460809U.
3. 林冰, 孙悦, 刘雄利, 俸婷婷, 张敏, 卢凤羽, 刘翰飞. 2018-05-29. 清蒸黄精的炮制方法[P]. CN108079186A.
4. 林冰, 杨顺龙, 孙悦, 周英, 赵致, 王慧娟, 路希. 2018-05-29. 黄精的产地一体化加工炮制方法[P]. CN108079187A.
5. 林冰, 孙悦, 周英, 刘雄利, 田民义, 卢凤羽, 刘婷婷. 2018-04-27. 酒黄精的炮制方法[P]. CN107961318A.
6. 赵致, 陈松树, 田惠, 王华磊, 刘红昌, 唐成林, 杭烨, 魏光钰, 姜春芽. 2020-07-17. 一种野生黄精药材采收器[P]. CN107950167A..
7. 王华磊, 赵致, 刘红昌, 罗春丽, 李金玲, 罗夫来, 黄明进, 张雪. 2017-09-01. 一种黄精的组织培养方法[P]. CN107114242A.
8. 赵致, 陈松树, 王华磊, 刘红昌, 余炎炎, 李金玲, 罗春丽, 罗夫来, 黄明进, 张俊, 何军. 2020-04-24. 多花黄精种子快速出苗方法[P]. CN105660219A.
9. 刘红昌, 陈松树, 王华磊, 刘红昌, 李金玲, 罗春丽, 罗夫来, 黄明进. 2018-01-19. 一种多花黄精种子的育苗方法[P]. CN104838862A.
10. 赵致, 陈松树, 陈科, 朱力, 彭方亮, 熊鹏飞. 2017-10-10. 一种多花黄精种子的快速育苗方法[P]. CN104813840B.

16.5.2.2　贵州省黄精产业发展存在的问题

1）种植物种混乱，种源混杂。《中国药典》收载的黄精基源植物只有三个物种，但实际生产中种植的黄精物种多达 10 余种，而且就《中国药典》收载的三个物种而言，不同基地种植的物种也不相同，有的基地具有多个物种。

2）生产过程有待标准化、规范化，种植技术需要提升。种植过程中种子、种苗、肥料、农药等投入品的使用不规范，采收及产地加工等生产过程缺少标准，生产地选择、栽种期、种植模式、田间管理、采收期及采收方法等需要统一、普及和推广。

3）种植规模较小，药材产品市场占有额少，缺少市场话语权。与其他产地黄精相比，虽然贵州黄精的质量上乘，但市场货源少，在市场上的影响力较小。

4）缺少高附加值产品，缺少贵州黄精品牌。黄精作为药食两用的中药材，本应成为大健康康养产品的重要原料，但贵州从事黄精深加工和康养产品生产的企业较少，没有充分发挥黄精的康养功能。

5）从事黄精产业的人才短缺，没有形成紧密的合作。从事黄精生产、加工、产品研发、销售、使用等各产业段的人才较少，而且各产业段之间没有建立紧密的联系。

16.5.3　贵州省黄精产业发展思路

聚焦产业革命"八要素"，践行"五步工作法"，深入开展中药材种植行动，扎实推进乡村振兴。立足黄精是贵州省适生道地、全国大宗、药食两用的优势，以经济效益好、市场需求大、生态有利为导向，坚持"绿色化、生态化、优质化、品牌化"发展路径，解决黄精产业规模化发展当前面临的难题及长期发展的标准化、产业化和品牌化的战略问题。着力优化黄精产业布局，建设一批黄精良种繁育保障基地，打造一批黄精规模化、标准化生产基地，培育一批带动能力强的黄精产业经营主体，建立有效的利益联结机制，着力推动黄精产业提质增效，把黄精产业打造成为贵州省乡村振兴的重要产业。

16.5.4　贵州省黄精产业发展目标

（1）近期发展目标

建立种茎和种子种苗繁育基地 4～6 个，满足年产种苗 2 亿株的生产能力。建设黄精规模化、标准化种植基地 1 万亩，实现全省新增黄精 4 万亩。制定实施黄精种子、根茎育苗和栽培技术标准，黄精产地加工标准；示范推广黄精种子和根茎的快速发芽出苗技术。开展技术培训，培训企业技术骨干 100 人，培训药农 5000 人次，印发黄精种植技术资料 5000 份。促进农户每亩增收 3000 元。研制黄精种衣剂 1 种、专用肥 1 种，黄精食品 2 种。培育黄精产业龙头企业 3～5 家，建成贵州黄精产业创新联盟。

（2）长期发展目标

选育推广黄精优良栽培品种，研究开发黄精高附加值产品，建成黄精产品质量全程追溯系统，延长黄精产业链，增加黄精及产品销售渠道，培育从事黄精产业的龙头企业，打造贵州黄精知名区域公共品牌，把贵州建成全国最大道地主产区，使黄精产业成为贵州省乡村振兴的重要产业。

16.5.5　贵州省黄精产业重点任务

（1）建设黄精规模化、标准化种苗生产基地

根据全省黄精种植区域生产规划布局，综合考察生态环境、社会劳动力、技术接受水平、设施成本等多因素，整合各方面资金，就近建立种苗繁育基地 4～6 个，满足年产种苗 2 亿株的生产能力。

（2）建设黄精规模化、标准化种植基地

依托企业、专业合作社等，通过政产学研用发挥各自优势，通过实施黄精绿色生产技术规程，建设黄精规模化、标准化种植基地 1 万亩，辐射 4 万亩。

（3）开展黄精产业从业人员技术培训

依托高校、科研院所等企事业单位的教师和研究人员，通过理论知识讲授、实践技能操作示范、生产现场指导、生长田间诊断、场景模拟等形式，对从业技术人员开展系统全面的技术培训，通过综合考核的发放结业证书，提升从业技术人员的技术水平和能力。

（4）开展黄精提质增效生产技术研究和高附加值产品研发

通过收集全国黄精种质资源，进行资源评价，筛选适宜在贵州栽培的优良品种并使用，配制、筛选专用种衣剂对根茎和种子进行播种前处理，优化种植模式，配制专用肥，综合攻关和集成病虫草等有害生物绿色防控、机械采挖等技术，实现黄精生产的提质增效。通过康养产品的研发，延长黄精产业链，提高产品附加值。

（5）培育龙头企业，打造贵州黄精品牌

通过政策扶持、引入竞争机制，培育黄精生产、销售和使用的龙头企业，利用电视、网络、报刊等媒体加强宣传，通过博览会、展销会、中医药论坛和学术交流活动等，打造贵州黄精品牌。

（6）建立贵州黄精产业创新联盟

建立贵州黄精产业创新联盟，引导产业链各环节人员、企事业单位、用户紧密合作，抱团发展，建立行业规范，开展质量全程追溯体系建设，心朝一处想，力往一处使，共同提高贵州黄精产业的影响力。

16.5.6　贵州省黄精产业发展保障措施

（1）领导保障

成立以贵州省农业农村厅领导为召集人、有关部门和单位负责人为成员的黄精产业发展工作领导小组，加强工作部署、组织协调和考核检查。不定期召开工作会议，协调黄精产业发展工作中的重大问题，统筹推进黄精产业发展工作组织实施。相关部门要结合各自职能，从不同的环节提供支持和保障。

（2）政策保障

明确扶持政策，加大扶持力度。要健全、完善扶持政策落实保障措施，对基地建设主要采取种苗肥料补助、以奖代补、先种后补等方式给予扶持；对科研成果转化、技术推广等给予财政补助扶持。

（3）资金保障

省级财政要通过预算安排和整合相关资金，安排专项资金支持黄精种苗繁育工作，同时积极争取中央财政资金支持。省、市、县三级要统筹安排好财政专项资金，整合财政涉农资金，积极支持生产经营主体申报产业项目，引导金融和社会资本投入，落实好农户联保、信用贷款、小额特惠贷等政策，农村信用合作社要加大对黄精生产、销售、购买的信贷力度，切实为黄精产业发展工作提供资金保障。

（4）加强科技服务支持

将黄精生产技术研究、成果转化推广、科技示范、科技培训等列入科技项目优先支持领域，以专项方式给予科研经费支持。省内各高校、科研院所应把与黄精产业发展相关的研究工作列为重点工作内容之一，支持和发展与黄精产业发展相关的人才培养、科学研究和社会服务，积极为黄精生产、销售、使用单位和个人提供技术支持。

16.6　浙江省江山市黄精产业发展

黄精是江山市中药材产业首推的重点栽培品种，也是"衢六味"之一。江山市由于地理位置的优越特性，很早以前就盛产黄精。为了更好地推进江山黄精产业的健康发展、解决产业升级瓶颈问题，江山市中药产业服务小组组织相关人员对江山市黄精产业现状、生产技术水平、产业发展存在困难等方面进行了广泛、深入的调研和分析，并提出了工作思路。

16.6.1　江山市黄精食用、栽培历史

江山市当地人使用黄精时遵循古法炮制"九蒸九晒"，所以黄精也叫作"九精"或"九经"，并有用黄精佐以江山特产白毛乌骨鸡制作药膳的习惯。

长期以来，当地农民就有在田间地头零星种植黄精的习惯。在"十二五"规划初期，国家提出发展林下经济时，江山市就作为了省院合作试点县，中国林业科学研究院亚热带林业研究所在江山市保安乡仙霞山脉坡地开展林药——"毛竹+黄精"套种模式研究，并在保安乡、峡口镇、廿八都镇等乡镇进行推广。2015 年在江山市实施的"毛竹材用林下多花黄精复合经营技术"获梁希林业科学技术奖三等奖。多年来，江山市大部分黄精仍处在野生状态或于毛竹、杉木等林下仿野生种植，虽然亩产量较低，但品质好，黄精多糖含量普遍在 14%以上，甚至高达 27%。

16.6.2　江山市黄精野生资源

江山市属亚热带季风气候，气候宜人、宜物，热量充足，降水充沛，温暖湿润，冬夏略长，春秋略短，四季分明。年平均气温 17.0℃，年降水量 1650～2200mm，年日照 1800h，无霜期 250d，以山地丘陵为主，素有"七山一水两分田"之称，是多数中药材的适生区。

据调查，江山市植物种类繁多，有 1600 多种，中药材野生种尤为丰富。其中黄精在江山市各乡镇均有广泛分布，特别是保安乡、峡口镇、廿八都镇、塘源口乡、张村乡、坛石镇等乡镇。江山市野生黄精现存状况存在以下特点：一是在较为便利的山地，由于多花黄精块头较大，遭到大量采挖，现今分布在高山竹林的多为长梗黄精（浙黄精），而较为偏僻处则多花黄精与长梗黄精均有分布；二是林下黄精多分布于毛竹林与杉木林下。

16.6.3　江山市黄精产业发展现状

经过近几年的发展，江山市黄精产业已初步形成"培育+种植+加工+销售"比较完善的产业链发展导向。

（1）种苗繁育基地

目前主要的育苗基地有两个：以利用新技术组培育苗为主、传统育苗为辅的浙江御园珍稀植物开发有限公司和以利用块茎及种子进行传统育苗为主的江山市展飞家庭农场。其中浙江御园珍稀植物开发有限公司是浙江大学、浙江中医药大学等高校濒危植物快繁产业基地，专门从事珍稀名贵植物及名贵药材开发与利用。长期的生产实践使得研究人员在中药材苗木培育和栽培上积累了丰富经验，该公司通过建立浙西南产业科技服务平台，利用组织培养在 2015 年就实现了黄精种芽的快速繁殖（图 16.3），利用新技术推动了植物资源的开发与应用，全面提高了中药材的质量和产量。

图 16.3　黄精种芽快速繁殖（浙江御园）

（2）黄精种植基地

江山市黄精种植面积为 3200 亩，其中高标准、集约化示范种植基地 1205 亩（主要有坛石镇定家坞村大田种植 105 亩、保安乡化龙溪村竹林下种植 400 亩、塘源口乡前墩村猕猴桃林下种植 200 亩及凤林镇中岗光伏板下种植 500 亩），保安乡、廿八都镇、峡口镇仿野生栽培基地 2000 亩。另外还有可改造野生黄精基地 4 万余亩，主要为各种林下野生黄精成片生长点。

（3）黄精加工基地

江山市黄精加工环节从小作坊到初加工、饮片生产三个梯队均有所发展。一是小作坊有 4 家：江山市李记康养黄精小作坊、江山市展飞家庭农场、江山市竹海家庭农场、江山市白芨家庭农场，他们均以生产九制黄精为主。其中江山市李记康养黄精小作坊开发了九制黄精、黄精糕、黄精芝麻丸、黄精茶等数种新产品，试生产时受到广泛欢迎。二是初加工企业 1 家，为 2019 年新建成的江山市六禾中药材有限公司，该公司主要开展白及、黄精初加工生产。三是饮片厂 1 家，为江山市万里中药材有限公司，该公司年产 120t 酒制黄精，产品有效成分含量高、质量可控，主要供应无限极（中国）有限公司等。

（4）黄精产品开发

江山黄精产品主要有：九制黄精、黄精糕、黄精芝麻丸、黄精茶、黄精酒等。江山市一直注重黄精产品的开发，2019 年，由黄精、乌鸡等食材做成的"江山乌鸡煲"（黄精乌鸡煲）被评为浙江省"十大药膳"，因其营养丰富、富含多种氨基酸和微量元素，成为一些酒店的特供菜肴，吸引了众多本地人甚至外地人慕名而来一品之味。

16.6.4　江山市黄精产业发展困境与优势分析

（1）起步虽晚但近年发展快

江山市黄精历史悠久，但产业化发展起步较晚，近几年方有规模化发展，并迅速以质优、有效成分含量高的特点在黄精市场上占据一席之地。江山市地理、气候、土壤、水源等条件均适宜黄精生长，又有数万亩野生黄精可供改造利用，契合走绿色、高质量发展道路。

（2）规模虽小但种植大户多

江山市黄精种植，总体规模不大，但均以种植大户、企业为主，如江山市竹海家庭农场、江山市众鑫毛竹专业合作社、江山市隆泰农业开发有限公司等，黄精种植基地均在 200 亩以上。这些大户均有多年种植经验，这对推行规范化、标准化种植有奠基作用，可在全市推广绿色、无公害等技术标准，为下一步品牌建设夯实了基础。

（3）三产俱全但龙头企业少

江山市黄精产业"一产种植、二产加工、三产旅游"俱全，但缺少龙头企业的带动，还处于各自发展局面。2019年市财政拨出中药材产业发展资金100万元，用于扶持主推品种规模化和标准化栽培、三产融合发展、品牌创建提升、特色创新示范、产业链延伸等。但总体上，江山市黄精种植、加工企业在业内影响力较小，示范带动能力不足。

（4）政府重视但品牌未打响

江山市委、市政府高度重视中药材产业发展。2016年4月江山市委、市政府成立了江山市中药材产业发展领导小组，并积极促成中药材产业发展专家组成立，特聘浙江大学教授为首席专家，还有江山市中医名家参加，充分发挥了中医名家在推动产业发展中的独特作用。2018年4月，在全面实施乡村振兴战略的大背景下，江山市成立市乡村振兴领导小组，将中药材产业列为江山市农业五大产业之一，同时专门成立以市政协副主席任组长，财政、经信、市场监管等13个部门负责人为成员的中药材产业发展服务小组，形成了更加完备的中药材产业组织领导体系和服务体系。在他们的大力引导和推动下，江山市在品牌打造方面已有起步，黄精入选"衢六味"，但总体上未形成道地特色，品牌不够响亮。

16.6.5　江山市黄精产业发展思路

（1）持续扩大种植规模

江山市黄精种植面积与其他县市区相比还太少，在浙江省黄精总种植面积、总产量中只占据极少一部分，需要继续扩大种植规模。要充分用好、整合好现代农业产业发展资金、山区经济发展资金等，以项目为抓手，尽可能对规模基地建设给予最大财政支持，把发展资金用到最需要的地方，进一步促进江山市黄精产业的健康、快速、可持续发展。

（2）坚持绿色发展原则

国家药品监督管理局、农业农村部、国家林业和草原局、国家中医药管理局出台的《中药材生产质量管理规范》（以下简称《规范》）对土壤水质提出了严格要求，《规范》中对农药使用进行了较详细的规定，包括禁止使用的农药等，提出：农药使用应当符合国家有关规定；优先选用高效、低毒生物农药；尽量减少或避免使用除草剂、杀虫剂和杀菌剂等化学农药。很多产地土壤的农残已无法满足此要求，这对于江山市来说是好机遇，江山市境内水、土、空气等生态环境优良，是少有的最适合种植药材的县市之一。峡口镇的浙江卿枫峡中药材有限公司培育的传统"浙八味"浙贝、元胡等，经中国医学科学院药用植物研究所检测，药用成分含量均明显高于其原产地，农残远低于国家标准。要立足江山市黄精高品质这一点，坚持绿色、高质量发展，发挥后发优势，力争在黄精市场上以质取胜。

（3）加快产业链条延伸

积极推广建设标准化种植示范基地，培育加工或初加工企业，培育观光科普园及工业旅游、养生、食疗等三产融合发展企业，打造集中药材种苗培育、种植、加工、销售、观光旅游和养生保健于一体的全产业链休闲康养胜地，打响"多娇江山产好药""全面实行中药材绿色标准化栽培"的品牌。以中药材一二三产为基础，通过要素集聚、技术渗透和制度创新，逐渐探索更多的产业融合渠道，拓展多种功能，培育新型业态，在黄精产业上实现中药材一二三产业交叉融合和外部跨界融合，从而达到增加附加值和提升价值链，立足市内药材资源特色，集中力量，发挥后发优势，凸显黄精作为药食两用中药材的特色，抓住"江山乌鸡煲"（黄精乌鸡煲）入选浙江省十大药膳的契机，做好"江山药膳"文章，提升"江山药膳"知名度。大力发展中医药文化传播、旅游观光、养生保健和药膳体验等产业，打造药食、药旅和药养等深度融合的全新产业，建设一批中医药文化养生旅游示范基地。

（4）推进品牌建设工作

品牌打造有助于推动产业转型升级，创建地方特色品牌，有利于增强产品竞争力。继续深入挖掘江山黄精文化历史，积极申报"江山黄精"地理标志证明商标、地理标志保护产品、农产品地理标志并力争早日获批。鼓励企业积极申报无公害、绿色和有机食品认证，积极申报著名商标、名牌产品等。深度发掘黄精文化内涵，结合特有的传说寄语，加大品牌策划宣传力度，撰好讲好黄精故事，弘扬中药文化。结合农民丰收节开展中药材展示、展销、药膳大赛，推进江山黄精公共品牌传播。

第17章　黄精药食兼用产品的开发研究

17.1　黄精药食同源的历史考证

17.1.1　黄精的药用历史

　　"黄精"一名最早见于《文选》所收录的嵇康《与山巨源绝交书》："又闻道士遗言，饵术黄精，令人久寿，意其信之。"稍后张华的《博物志》对黄精也有记载。黄精在我国的药用历史已逾 2000 年，具滋阴补肾、生津养胃之药效。历代医家对黄精的记载如下。

　　《神农本草经》将黄精列为上品。

　　《名医别录》记载：黄精味甘，平，无毒。主补中益气，除风湿，安五脏。

　　《神仙芝草经》记载：黄精宽中益气，使五脏调良，肌肉充盛，骨髓坚强，其力倍增，多年不老，颜色鲜明，发白更黑，齿落更生。

　　《圣惠方》记载：用黄精根茎不限多少，细锉阴干捣末。每日水调服，任多少。一年内变老为少，久久成地仙。

　　《圣济总录》记载：常服助气固精、补填丹田、活血驻颜、长生不老。

　　《本草纲目》记载：【气味】甘、平、无毒。【主治】补气益肾，除风湿，安五脏。久服轻身延年不饥。补五劳七伤，助筋骨、耐寒暑、润心肺。

　　《本草正义》记载：黄精……蒸之极熟，随时可食，味甘而厚腻……补气补阴。

　　此外，《普济方》和《千金翼方》均有记载黄精能延年益寿。

　　唐代诗人杜甫对黄精"益寿延年、长生不老"的功效，吟诗赞美："扫除白发黄精在，君看他时冰雪容。"

　　现今，黄精被《中国药典》收录，为百合科黄精属多年生草本黄精（*Polygonatum sibiricum* Red.）、滇黄精（*Polygonatum kingianum* Coll. et Hemsl.）、多花黄精（*Polygonatum cyrtonema* Hua）的干燥根茎。中医认为黄精性平、味甘；归脾、肺、肾经。功能：补气养阴、健脾、润肺、益肾。主治：脾胃虚弱、体倦乏力、口干食少、肺虚燥咳、精血不足、内热消渴。

17.1.2　黄精的食用历史

　　黄精最早作为食材出现在《诗经》中。西晋张华《博物志》中说："昔黄帝问天老曰：天地所生，岂有食之令人不死者乎？天老曰：太阳之草，名曰黄精，饵而食之，可以长生。"《抱朴子》中说，"黄精甘美易食，凶年可与老少代粮，谓之米铺"，易称作"余粮""救穷""救荒草"。早在东晋人们就已经知道黄精具有延年益寿的功效，上流社会也都以服用黄精为风尚，并记载黄精"久服轻身、延年、不饥……生山谷，二月采根，阴干"。梁代陶弘景在《名医别录》中称黄精的根、叶、花、果实皆可饵服，酒散随宜。到唐代，服用黄精之风更加盛行，《全唐诗》中提到黄精的诗就有 25 首，如王昌龄的《赵十四兄见访》和李颀的《题卢道士房》。这证明食用黄精的风气在文人中很兴盛。《四时类要》记载：精天草黄精

"其叶甚姜，入菜用"。《食疗本草》中记载：凡生时有一硕，熟有三、四斗，蒸之若生，则刺咽喉。暴使干，不尔朽坏……根、叶、花、实，皆可食之，但相对者是，不对者名偏精。宋代的《本草图经》记载：二月采根，蒸过曝干用。今通八月采，山中人九蒸九曝，作果卖，甚甘美，而黄黑色。江南人说黄精苗叶，稍类钩吻，但钩吻叶头极尖，而根细。苏恭注云，钩吻蔓生，殊非此类，恐南北所产之异耳。初生苗时，人多采为菜茹，谓之笔菜，味极美，采取尤宜辨之。《本草求原》记载黄精消黄气，黄精叶，煲鱼肉食。

黄精，又名"仙人余粮"，被道教圣人奉为"仙品"。在道教经典《道藏》中，最早记载道门中人服食黄精的是东汉时期，如汉灵帝时淳于斟"服食胡麻黄精饵"，陶弘景撰的《洞玄灵宝真灵位业图》也记载："张礼正，衡山，汉末服黄精。"汉末至北魏时期，道士张礼正"服黄精，颜色丁壮"，隋末道士岑道原"常食黄精，时百余岁，肤若冰雪"，元道士罗霆震撰《武当纪胜集》认为黄精"苗带纯阳伴鹿眠，根头充实几经年"，历代道士服食黄精蔚然成风，不胜枚举。

修道之人服食黄精经久不衰，《续仙传》云："朱孺子……深慕仙道，常登山岭采黄精服饵，历十余年。"这些道士不仅亲自去野外采食，而且留种栽培蔚然成风，如魏国道士王晖"常种黄精于溪侧，则虎为之耕，豹为之耘"。武当山道士戴孟"服白术、黄精，兼能种植"。唐睿宗时道士许宣平在墙壁上题诗："一池荷叶衣无尽，两亩黄精食有余。"种植黄精达两亩规模。

现在，很多修道者以黄精为养生之食，许多高僧辟谷（即不食五谷）后专以黄精为食。据文献记载，西汉开国名相张良功成名就之后，辟谷于秦岭南麓山中长达一年之久，终日以黄精、山药、山果为食。

赵文莉等（2018）通过研究认为，黄精味甘甜，食用爽口。根茎肥厚，含有大量淀粉、糖分、脂肪、蛋白质、胡萝卜素、维生素和多种其他营养成分，煮食、炖服既能充饥，又有健身之用，可令人力气倍增、肌肉充盈、骨髓坚强，对身体十分有益。也可将黄精烹调成药膳，如"黄精饭""黄精膏""黄精饼""黄精粥""黄精粉""黄精糖稀"等。每日用黄精少许煎汁代茶饮，有强健身体之功效，尤其对于病后恢复体力最好。用黄精一两煲鸡汤饮用，可以滋润骨骼、治疗骨质疏松症。黄精根茎中含有 K、Fe、Mg、Ba、Cu、Mn、Bi、Na、Al、Ca、Ce、P、Zn、Sr、As、Hg、Pb、Cd 等元素，以及 17 种氨基酸，可以加工成保健品。此外，黄精果实中含有丰富的维生素 B_1，可以酿造果酒和饮料，如"黄精蜜饯""黄精饮料""黄精保健酒"等。

黄精产地很广，唯产于九华山者最佳，有"北有长白山人参，南有九华山黄精"的说法。九华山黄精历史悠久，金地藏在九华山时，以黄精饭充饥，他在《酬惠米》中说："而今飡食黄精饭，腹饱忘思前日饥。"相传明代高僧海玉大师在九华山百岁宫山洞内苦修，不进米饭，也以食黄精为生，终年 110 岁。武汉医学院（现为华中科技大学同济医学院）曾对广西都安、巴马等县的 292 例百岁老人进行调查，发现他们都居住在高山上，因条件的许可，常服黄精。

略阳山区居民食用黄精的历史悠久，方法多样：将黄精洗净，晒干，磨粉，掺入玉米面或麦面中蒸馒头食用；选用生长 4 年以内的白嫩黄精根茎炒菜食用；炖汤食用；泡酒饮用；煮熟后直接食用。尤其在过去食物短少、食材稀缺年代，用黄精搭配粮食食用很普遍。

17.1.3　药食同源的黄精

中国中医学自古以来就有"药食同源"（又称为"医食同源"）理论。这一理论认为：许多食物既是食物也是药物，食物和药物一样能够防治疾病。《本草纲目》中黄精被喻为服食要药。《名医别录》中将黄精列为草部之首，修行之人当它为芝草，用于辟谷养生。《五符经》中也提到，黄精获天地淳精，故名戊己芝，是此义也；余粮、救穷，以功名也；鹿竹、菟竹，因叶似竹，而鹿兔食之也；垂珠，以子形也。可见黄精自古以来都是养生保健的佳品，获得了许多美名。

《九华山志》记载了唐代新罗王子终日以黄精为食，九十九岁而坐化成佛，人称地藏菩萨的故事。历史经验证明黄精无毒性作用。《道藏》也记载了饥荒年代民众以黄精为食的历史。民间用新鲜黄精炒菜、煎汤炖肉，用熟黄精泡茶泡酒等，以期达到延年益寿、美容养颜、补益气血的功效。

《卫生部关于进一步规范保健食品原料管理的通知》（卫法监发〔2002〕51 号）公布黄精为药食两用资源。当今生活中人们非常重视养生保健，各种食疗方层出不穷，黄精具有极高的食疗与药疗价值，是市场需求量很大的食材和药材。

17.2　黄精的药用价值

《名医别录》记载，黄精有"补中益气，除风湿，安五脏。久服轻身，延年，不饥"的功效。黄精自南北朝以来，一直被认为是补脾益肺、养阴生津、强筋壮骨之佳品，被列为服食要药，是"草芝之精"，故《名医别录》将它列于草部之首。《日华子本草》记载，黄精"补五劳七伤，助筋骨，止饥，耐寒暑，益脾胃，润心肺。单服九蒸九曝，食之驻颜"。《神仙芝草经》记载："黄精宽中益气，使五脏调良，肌肉充盛，骨髓坚强，其力倍增，多年不老，颜色鲜明，发白更黑，齿落更生。"张华《博物志》还借黄帝与天姥的问答称"黄精，食之可长生"。李时珍在《本草纲目》中除引用前人有关黄精的功效外，还补充了"补诸虚、止寒热、填精髓、下三尸虫"等功效。

17.2.1　黄精的药理作用

（1）抗肿瘤作用

张峰等（2007）研究了黄精多糖对 H22 实体瘤、S180 腹水瘤的抑制作用和对荷瘤小鼠的调节作用，结果表明，低、中、高剂量的黄精多糖对 H22 实体瘤的抑瘤率分别是 34.93%、43.44%、56.25%，中、高剂量的黄精多糖可以显著延长 S180 腹水型荷瘤小鼠的存活时间，用黄精多糖灌胃的荷瘤小鼠脾脏指数和胸腺指数显著增加。

Wang 等（2001）和 Cai 等（2002）观察了从湖北黄精根茎中分离的薯蓣皂苷和甲基原薯蓣皂苷体外对肿瘤细胞的抑制作用，实验结果表明，薯蓣皂苷具有显著抑制人白血病 HL-60 细胞、人宫颈癌 HeLa 细胞、人乳腺癌 MDA-MB-435 细胞及人肺癌 H14 细胞增殖的作用，并具有良好的剂量依赖关系。薯蓣皂苷在 15～25μmol/L 浓度下可以诱导 HL-60 细胞的分化和凋亡。薯蓣皂苷在 1～8μmol/L 浓度下还可诱导 HeLa 细胞的凋亡。薯蓣皂苷可以下调存活蛋白 BCl-2 的表达，增强 caspase-9 的酶活性，但对 caspase-8 的酶活性影响不明显，说明薯蓣皂苷通过线粒体途径诱导了 HeLa 细胞的凋亡。

朱瑾波等（1994）研究发现黄精具有调节免疫及防治肿瘤作用。研究者还证实了玉竹提取物 B 通过诱导人结肠癌 CL-187、人白血病 CEM、人宫颈癌 HeLa 细胞的凋亡而抑制肿瘤细胞生长的作用（潘兴瑜等，2000；李尘远等，2003；吕雪荣等，2004）。黄精口服液灌胃，能促进正常小鼠及 S180 荷瘤小鼠、NMNG 诱癌大鼠脾组织产生 IL-2，增强正常小鼠及 S180 荷瘤小鼠杀伤细胞及细胞毒 T 淋巴细胞的活性；而且对 S180 瘤重抑制率为 28%～40%，使 NMNG 诱导的大鼠消化肿瘤发生率由对照组的 85%降低到 45%（朱瑾波等，1994）。江华（2010）在黄精多糖动物移植性肿瘤(Heps、Eca)的活性研究中发现黄精多糖对 Heps、Eca 瘤株有显著抗肿瘤作用。文珠等（2011）探讨了黄精多糖(PSP)促进骨髓基质细胞(BMSC)生长及干预长春新碱(VCR)对小鼠 BMSC 增殖的抑制。

（2）对心血管系统的作用

黄精的水浸出液、乙醇—水浸出液和 30%乙醇浸出液对麻醉动物的血压均有降低作用。研究发现，黄精能抑制血管紧张素转换酶（angiotensin converting enzyme，ACE）的活性，抑制率为 30%～40%。0.15%

的黄精醇制剂可使离体蟾蜍心脏收缩力增强,但对心率无明显影响。而 0.4%的黄精醇液或水液则使离体兔心率加快。以大鼠心房肌肉为标本,使用四氯化铂法测定黄精甲醇提取物的强心作用,结果表明,黄精 50%甲醇洗脱部分具有较强的磷酸二酯酶及钠钾 ATP 酶活性抑制作用。0.2g/kg 的黄精醇制剂与 0.75mg/kg 的氨茶碱增加冠脉流量的效果相当。用黄精 0.35%水浸膏洛氏溶液给离体兔心脏灌流,可极明显地增加冠脉流量。给家兔静脉注射黄精溶液 1.5g/kg,可对抗垂体后叶激素所致急性心肌缺血。给小鼠腹腔注射黄精溶液 12g/kg,其耐缺氧能力明显提高。1%的黄精赤芍注射液可显著增加豚鼠离体心脏冠脉流量,使心率减慢,对心肌收缩仅有轻度抑制作用。向麻醉狗冠状动脉插管内恒速注入黄精赤芍注射液 1.5mL,也可显著增加冠脉流量。

(3)对血脂及动脉粥样硬化的影响

黄精水煎剂和醇提取物无论是复方还是单味药都能降低高脂血症大鼠血清总胆固醇(TC)、高密度脂蛋白胆固醇(HDL-C)及三酰甘油(TG)水平。给实验性高血脂兔灌服 100%黄精煎剂每次 5mL,一天 2 次,共 30d。与对照组相比,实验动物三酰甘油、β-脂蛋白、胆固醇水平在给药后第 10、20、30 天均有明显下降。给实验性动脉粥样硬化兔每日肌内注射黄精赤芍注射液 2mL,连给药 6d,停药 1d,共给药 14 周,结果给药组动物主动脉壁内膜上的斑块及冠状动脉粥样硬化程度均较对照组减轻。

(4)对超氧化物歧化酶(SOD)和心肌脂褐素的影响

用黄精煎液每天给小鼠灌胃,连续 27d,能明显降低心肌脂褐素的含量和提高肝脏中 SOD 活性。研究表明,生物体内产生的自由基可促进细胞衰老和死亡,主要是通过脂质过氧化而造成细胞膜损伤;另一重要途径是使蛋白质、核酸等大分子交联或氧化,使脂褐素在细胞中积累。随年龄增长,这种细胞垃圾积累得越多,细胞的整合性和功能的丧失就越严重。提高体内 SOD 的活性,能防止自由基损伤。

(5)对血糖的作用

黄精浸膏能显著对抗肾上腺素引起的血糖升高。腹腔注射黄精甲醇提取物(OM)4h 后能使正常及链佐星诱发糖尿病小鼠的血糖水平下降。对其作用机制研究时发现,OM 对肾上腺素引起的血糖过高有显著的抑制作用,认为 OM 具有抑制肝糖酵解的作用。经薄层色谱法(TLC)对 OM 的活性成分与标准品进行比较研究,发现糖苷(PO-2)是其活性成分之一。给兔灌服黄精浸膏,其血糖含量先升后降。血糖含量暂时升高可能是黄精浸膏中含有碳水化合物所致。

(6)对肾上腺皮质功能的作用

黄精具有抑制肾上腺皮质功能亢进的作用。临床应用黄精煎剂、黄精片(含黄精、当归)和大承气汤加味治疗皮质醇增多症有良好效果,表明黄精对肾上腺皮质功能亢进而引起的脂肪、糖代谢紊乱有一定改善作用。

(7)对免疫系统的影响

黄精对动物细胞免疫有促进作用,体外实验观察到黄精多糖提取物有促进淋巴细胞增殖的作用,可提高免疫功能低下患者 ERFC(E 花环形成细胞)百分率,增加蛋白激酶活性,提高心肌 cAMP 水平,并能增加心肌、肝、脾组织 DNA 对 H3-TdR(氚标记胸腺嘧啶核苷)的掺入率。

黄精能提高机体免疫功能,促进 DNA、RNA 和蛋白质的合成。口服黄精可拮抗环磷酰胺引起的白细胞减少,同时使中性粒细胞吞噬作用增强,溶血空斑计数升高。10mg 黄精多糖对正常人外周血淋巴细胞有中度激发作用,对免疫功能低下患者的淋巴细胞有高度激发作用,但剂量超过 20mg 时作用反而下降。黄精、人参、淫羊藿复方制剂能提高动物脾 T 细胞总数和外源胸腺依赖抗原的体液免疫水平,具有增强细胞免疫的作用。以黄精为主要成分的滋肾蓉精丸能使小鼠胸腺重量显著增加。

(8)对环核苷酸含量的影响

用黄精 0.5g/0.6mL 每天给小鼠灌胃,连续 10d,实验结果表明黄精能显著降低小鼠血浆 cAMP 和 cGMP 的含量。黄精能增加脾 cGMP 的含量。

（9）对钠钾 ATP 酶的影响

每天给小鼠灌胃黄精 6g/kg，连续 10d，可提高小鼠红细胞膜钠钾 ATP 酶的活性。

（10）抗疲劳、抗衰老作用

黄精总皂苷可使小鼠皮肤羟脯氨酸含量增加 6.0%，并能延长小鼠游泳时间。黄精有抗 CCl_4 肝中过氧化脂质作用。每天服用黄精地黄丸 9.4g/kg，连续 40d，发现其与维生素 E 有相似的功效。黄精能延长果蝇的平均寿命。此外，黄精能减少家蚕食桑量和减轻家兔体重，并有延长家蚕幼虫期和延长家蚕寿命的作用。给实验小鼠 20% 浓度黄精煎液 13mL/（kg·d），27d 后处死，取心脏、肝供试，结果表明，黄精能提高肝中 SOD 活性，降低心肌中脂褐素的含量，对减少自由基及其代谢产物对机体的损害、延缓衰老有意义。

（11）抗病原微生物作用

1）抗细菌作用：黄精在试管内对抗酸杆菌有抑制作用，对实验性结核病的豚鼠，用煎剂分别在感染结核菌的同时给药与感染后淋巴肿大再给药，均有显著的抑菌效果，且能改善健康状况，其疗效与异烟肼接近。对伤寒杆菌仅有微弱的抑制作用（最低抑菌浓度为 0.5%～1%），对金黄色葡萄球菌无抑制作用（最低抑菌浓度＞1%）。但也有报道黄精粗制品及水提液对上述两种细菌均有抑制作用。

2）抗真菌作用：黄精醇提溶液 2% 以上浓度便开始对多种真菌有抑制作用，如堇色毛癣菌、红色表皮癣菌等，其水提物对石膏样毛癣菌及考夫曼-沃尔夫氏表皮癣菌有抑制作用。但有报道其 10% 煎剂仅对羊毛样小孢子菌有轻度的抑制作用，而对其他多种真菌无效。

（12）对角膜炎的治疗作用

对于家兔实验性单纯性病毒性角膜炎，用 0.2% 黄精多糖滴眼液配合 0.5% 黄精多糖口服或 2mg/mL 黄精多糖注射液结膜下注射，疗效明确，推测黄精通过促进免疫功能这一途径发挥作用。而对细菌性（绿脓杆菌、金黄色葡萄球菌）角膜炎和霉菌性（茄病镰刀菌）角膜溃疡，用三黄（黄精、黄芩、黄柏）针剂结膜下注射，每周 2 次，每次 0.5mL，亦有明显疗效。

（13）毒性作用

对以黄精为主要成分的中药复方"益心液"进行毒理学研究，通过急性、亚急性毒性实验，研究其对大鼠血红蛋白水平、白细胞数、白细胞分类、肝肾功能、脏器病理形态学的影响。结果表明，"益心液"对实验动物无毒性作用。

（14）其他作用

黄精对放射性 ^{60}Co 照射的动物有明显保护造血功能的作用。临床初步观察黄精糖浆对白细胞减少也有较显著的抑制作用。实验小鼠按 6g/kg 灌胃，每天一次，连续 10d，其红细胞膜钠钾 ATP 酶活性提高。每天喂饲小鼠黄精 0.5g，连续 10d，能降低小鼠血浆 cAMP 和 cGMP 含量，使 cAMP/cGMP 比值略升高。

17.2.2　黄精的临床应用

（1）治疗慢性迁延性肝炎及肝硬化

慢性迁延性肝炎，用丹鸡黄精汤（黄精、丹参、鸡血藤、田基黄、生地、女贞子、沙参、川楝子、当归、郁金）治疗 80 例，痊愈 72 例，好转 3 例；亦有用丹参黄精汤（黄精、丹参、当归、泽泻、茯苓、黄柏、郁金、白术、虎杖、甘草）治疗 112 例，有效率 89.3%。以黄芪、丹参、黄精汤（丸）治疗早期肝硬化 105 例，治愈 45 例，显效 31 例，有效 19 例，无效 10 例，疗效较好。

（2）治疗血液系统疾病

用黄精糖浆（黄精洗净加水煎去渣，制成 1g/mL 糖浆溶液，成人每次 100mL，每日 3 次，4 周为一疗程，连续两个月）治疗 40 例，患者多为肝炎后、药物因素及原因不明的白细胞减少者，绝大多数以神经衰弱为主要表现，如乏力、头晕、耳鸣、心悸、食欲不振等。经治疗后疗效显著者 11 例（27.5%），有效 18 例（45%），无效 11 例（27.5%），总有效率为 72.5%，尤以药物引起者疗效明显。用宁血煎（含黄精）治疗血小板减少性紫癜 7 例，基本治愈 2 例，显效 2 例，有效 3 例。

（3）治疗癣菌病

黄精粗制液（取黄精捣碎，以 95%乙醇溶液浸 1～2d，蒸馏去大部分乙醇，浓缩后加 3 倍水，沉淀，取其滤液，蒸去其余乙醇，浓缩至稀糊状，即为黄精粗制液）直接搽涂患处，每日 2 次，一般对足癣、体癣都有一定疗效，尤以对足癣的水疱型和糜烂型疗效最佳。对足癣角化型疗效较差，可能是因为霉菌处在角化型较厚的表皮内，而黄精无剥脱或渗透表皮的能力。黄精粗制液搽用时无痛苦，亦未见不良反应，缺点是容易污染衣物。另有报道黄精、冰醋酸各 500g，浸泡 7d，加蒸馏水 1500g（糜烂型可适当增加以降低浓度），每晚睡前洗脚拭干，搽药 1～2 次。治疗 200 例，有效率为 99%。

（4）治疗流行性出血热

用黄白煎剂（黄精、黄芪各 30g，白茅根 30～125g，白术 15g）每日 1 剂，水煎，分 2～3 次服用。治疗 46 例，用药后平均少尿持续时间较对照组明显缩短，并有 19.4%的病例越过多尿期，血压大多在 24h 内恢复正常，尿蛋白平均 6.3d 消失。黄精能明显提高机体免疫促进抗体形成提前，从而阻断病情发展。

（5）治疗肺结核

以黄精浸膏 10mL，每日 4 次，疗程 2 个月。治疗 19 例，病灶完全吸收 4 例，吸收好转 12 例，无变化 3 例。6 例空洞，2 例闭合，4 例有不同程度缩小。痰菌多数转阴，血沉大部分恢复正常。以黄及散（黄精、白及、百部、夏枯草、麦冬、杏仁、玄参、沙参、甘草）为主，配合穴位敷贴中药，治疗硅沉着病合并结核 41 例，有效率 96%。

（6）治疗蛲虫病

黄精、冰糖各 60g（小儿减半），将黄精水煎 2 次。各得药液约 100mL，两次药液混合后加冰糖搅拌溶化，分 3 次服用，每日 1 剂，连服 2d。治疗百余例均显效。

（7）治疗缺血性中风

本病气虚血瘀型发病率较高，以益气活血法获效明显。有用加减补阳还五汤（黄精、生黄芪、葛根、丹参、桑寄生各 30g，当归尾 15g，赤芍、地龙、川芎各 12g，红花、羌活各 9g，炙甘草 6g）治疗 30 例，痊愈、显效各 12 例，好转 5 例。亦有用黄精、黄芪、知母、鸡血藤、制首乌、丹参、川芎、僵蚕、赤芍、当归、甘草为主方，随症加减，配合西药治疗 100 例，痊愈 60%，显效 30%，好转 10%。

（8）治疗自主神经功能失调

用宁神酊（黄精 180g，枸杞子、生地、白芍、首乌藤各 90g，黄芪、党参、当归、炒枣仁各 60g，麦冬、红花、菊花、佩兰、菖蒲、远志各 30g，以白酒 6000mL 浸 2～4 周）5～15mL/次，每日 3 次，或每晚服 10～20mL，治疗 175 例，94.9%的病例自觉症状减轻或消失，睡眠改善，多梦减轻或消除。用补脑汤（制黄精、玉竹各 30g，决明子 9g，川芎 3g）治疗脑力不足、头痛、眩晕、失眠、健忘等症，每能获效。尚有用黄精补脑剂（制黄精、首乌、玉竹、沙参、白芍、郁金、山楂、泽泻、茯苓、当归、大枣）治疗虚损（主要症状为精神不振、反应迟钝、记忆力减退等）36 例，有效率 97.2%。

（9）治疗头痛

以黄精为主药（制黄精、生龙骨、生牡蛎、炒党参、当归、山药、细辛、白芷、淮牛膝、麦冬、桑叶）随症加减，治疗内伤头痛，不论新旧，均获良效。

（10）治疗心绞痛和心肌梗死

用心脉宁注射液（黄精、丹参、生首乌、葛根）静滴，每天 250mL，一个疗程 20d。治疗 42 例，治疗心绞痛有效率 86.7%，改善心电图有效率 64.3%。河南医学院（现为郑州大学河南医学院）以黄精、赤芍制剂治疗 100 例，其中有心绞痛者 17 例，用药后均有不同程度的缓解，心电图多数有所改善。中国中医科学院广安门医院等将黄精、黄芪、党参、丹参、赤芍、郁金制成益气活血合剂和注射液，治疗急性心肌梗死 215 例，疗效满意。

（11）治疗病态窦房结综合征（迟脉症）

以通阳复脉汤（黄精 50g，黄芪、淫羊藿、麦冬、五味子各 20g，人参、甘草、麻草、附子、鹿胶、升麻各 10g，细辛 5g）为基本方，治疗 20 例，心率均恢复至 60～70 次/min 甚至以上，临床症状均有明显改善。

（12）治疗高脂血症

用黄精煎剂（黄精、生山楂、桑寄生）治疗 18 例，降胆固醇、三酰甘油、β-脂蛋白的有效率分别为 83.3%、72.2%、64.2%。用降脂片（黄精、何首乌、桑寄生）治疗 86 例，效果良好。

（13）治疗低血压

黄精、党参各 30g，炙甘草 10g，每日 1 剂。治疗贫血性、感染性、直立性、原因不明性低血压 10 例，均愈。

（14）治疗慢性肾小球肾炎

黄精改善肾功能作用较好。有以黄精、紫草根、旱莲草各 50g，生地、黄芪各 25g，丹皮、知母、泽泻、萆薢、鸡内金各 15g，治疗尿中红细胞多的阴虚证 14 例，完全、基本、部分缓解各 3 例；以黄精、紫草根、黄芪、旱莲草各 50g，生地 25g，附子、肉桂、丹皮、泽泻各 15g，茯苓 20g，治疗无水肿的阴阳两虚证 10 例，完全缓解 1 例，部分缓解 7 例。

（15）治疗慢性支气管炎

用黄精、百部各 10g，冬虫夏草、贝母、白及 5g，用白酒 1 斤①浸泡 1 周，去渣，5～10mL/次，每日 3 次，连续 20d，治疗 134 例，有效率 90.2%。另报道，用黄精、黄芪、陈皮、沙苑子、补骨脂、百部、赤芍，治疗 1018 例，有效率 82.9%。

（16）治疗阳痿

黄精、肉苁蓉各 30g，鳝鱼 250g，炖服。

（17）治疗糖尿病

用降糖丸（黄精 10 份，红参、茯苓、白术、黄芪、葛根各 5 份，大黄、黄连、五味子、甘草各 1 份，制成水丸）15g，1 日 3 次，治疗 20 例，效果佳。以三黄消渴汤（黄精、黄芪、生地黄、生石膏、天花粉）随症加减，治疗 40 例，有效率 85%。用降糖甲片（由黄精、黄芪、生地、太子参、天花粉组成，每片含生药 2.3g）6 片/次，每日 3 次，治疗 405 例，效果较好，尤以治疗气阴两虚型为佳。

（18）治疗先兆流产、风湿腰痛和胃寒痛

用安胎消痛丸（黄精、紫花前胡、异叶茴芹各等份，制蜜丸，每丸 9g）1～2 丸，每日 2 次，共治疗 122 例，有效率 91.8%。

（19）治疗阴道瘘

药用黄精、杜仲各 30g，白及 24g，益智仁 12g，生地炭 15g，蚕茧 18g，炙升麻 6g，共装入猪脬内用文火久煎，冲入烊化阿胶 12g，分 6 次服用，日服 3 次。连服 20～30 剂，待小便基本控制后，再用墨鱼、炒黑芝麻、炒黑豆、当归、川芎和猪肚 1 只，炖服 2 剂以巩固疗效。治疗 7 例，均未经手术获愈。

（20）治疗百日咳

黄精补肺，且能抑制百日咳杆菌，为治疗百日咳理想药物。用黄精、百部、射干、天冬、麦冬、百合、紫菀、枳实组方治疗 73 例，有效率 90.4%。

（21）治疗药物中毒性耳聋

每日肌内注射 100% 黄精 2～4mL 及维生素 B_1 100mg，口服维生素 A 每次 25 000 单位，每日 3 次，

---

① 1 斤=0.5kg。

部分患者服用黄精片或煎剂，治疗 100 例，效果满意。

（22）治疗近视

黄精 90 斤，黑豆 10 斤，白糖 15 斤，制成每毫升含 1g 黄精的糖浆，20mL/次，每日 2 次。初中学生有效率 81.57%，高中学生有效率 38.68%。

（23）不良反应

少数患者服用黄精糖浆后轻度腹胀，饭后服用可避免。黄精粗制液局部擦用时，未见不良反应。

17.3　黄精的食用价值

17.3.1　黄精的营养成分

黄精性味甘甜，食用爽口，其根茎含有大量淀粉、糖分、脂肪、蛋白质、胡萝卜素、维生素和 Cu、Zn、Fe 等人体必需的微量元素，以及天冬氨酸、高丝氨酸、毛地黄糖苷等。据专家测定，每千克黄精含蛋白质 70.2g、脂肪 6.5g、淀粉 25.1g。研究还报道了河南省伏牛山区所产的黄精，其 100g 鲜品含有蛋白质 1.3g、糖 12.8g、粗纤维 3.6g，还含有一些维生素和微量元素（胡宜亮等，1994）。此外，测定黄精中的游离氨基酸和水解氨基酸，发现其含有常见的 17 种氨基酸，其中人体必需氨基酸有 7 种（表 17.1）。王曙东等（1995）研究表明，黄精根茎中游离氨基酸与水解氨基酸的含量分别是 1199.66μg/g 和 74.5980mg/g，须根中游离氨基酸与水解氨基酸的含量分别是 4119.86μg/g 和 101.074mg/g，须根中游离氨基酸和水解氨基酸分别是根茎中的 3.4 倍和 1.4 倍。王曙东等（2001）还测定了黄精根茎及须根中微量元素及氨基酸含量，结果表明，黄精根茎及须根中均含有 Fe、Zn、Sr、Ba、Ce、Mn、Bi 等 18 种微量元素和 K、Mg、Ca、P 等含量丰富的常量元素。因此黄精生食、炖服既能充饥，又有健身之用，可令人气力倍增、肌肉充盈、骨髓坚强，对身体十分有益。

表 17.1　黄精中游离氨基酸和水解氨基酸含量（mg/100g）（胡宜亮等，1994）

氨基酸	鲜黄精	水解黄精
天冬氨酸	8.53	34.87
谷氨酸	3.17	41.38
丝氨酸	1.67	5.52
甘氨酸	1.40	20.63
组氨酸	—	81.25
精氨酸	1.87	2.35
苏氨酸	—	17.75
丙氨酸	2.10	7.00
脯氨酸	17.63	47.75
酪氨酸	1.47	8.75
缬氨酸	2.02	6.00
甲硫氨酸	2.67	30.25
胱氨酸	—	2.75
异亮氨酸	0.57	33.75
亮氨酸	2.03	12.12
苯丙氨酸	0.30	10.63
赖氨酸	0.60	7.50
总氨基酸	46.03	370.25

17.3.2　黄精的保健功效成分

（1）糖类

糖类是黄精中含量最多的化学成分，主要有多糖、低聚糖和淀粉。其中黄精多糖是黄精化学组成中的一种重要成分。黄精多糖分为甲、乙、丙 3 种类型，由葡萄糖、甘露糖和半乳糖醛酸（6∶26∶1）组成，分子量均大于 20 万。黄精中还有多种低聚糖，如低聚糖甲（分子量为 1630，含 8 分子果糖和 1 分子葡萄糖）、低聚糖乙（分子量为 862，含 4 分子果糖和 1 分子葡萄糖）、低聚糖丙（分子量为 474，含 2 分子果糖和 1 分子葡萄糖）。目前从黄精中分离得到的多糖见前文表 6.2。

黄精多糖的制备和含量测定已有不少报道，不同产地的黄精多糖含量差异显著，广东省韶关市多花黄精的黄精多糖含量最高，为 14.094%；含量最低的为江西省信丰县的多花黄精，为 2.234%。不同种间黄精多糖含量为多花黄精＞黄精＞滇黄精，浙江省的多花黄精中黄精多糖含量明显相对较高，达到了 9.47%（焦劼等，2016a）。而陈菁瑛等（2012）报道黄精的多糖含量最高，多花黄精次之，而滇黄精最低。钱枫等（2011）对安徽主要黄精品种的比较表明，产于皖南的多花黄精多糖含量最高。不同种植年限的多花黄精中多糖含量变化较大，且随种植年限的增加呈升高趋势，其中 1 年生含量最少（13.02%），9 年生达最大（18.44%），而 10 年生开始下降（15.64%）。多花黄精根茎不同龄节多糖含量亦存在明显差异，2～4 年龄节积累较快，3～4 年龄节相对稳定，之后随生长明显下降。采用传统方法、酶法、超声以及酶法辅助超声等多种手段提取多花黄精多糖，以超声辅助纤维素酶为最佳提取法，粗多糖得率达 20.6%；纯化的最佳方法为葡聚糖 G-50 的凝胶过滤法，纯度达 96.80%（张庭廷等，2011）。纯化分离得到 5 种多糖，分别是阿拉伯糖、半乳糖、葡萄糖、甘露糖和半乳糖醛酸，还有少量的木糖和葡糖醛酸（王坤等，2014）；其糖苷键为 β 构型，采用高效凝胶渗透色谱法可测出其数均分子量和重均分子量。

（2）甾体皂苷类化合物

甾体皂苷是中药黄精中的另一类主要药理活性物质，目前，从黄精、滇黄精和多花黄精中共分离得到 67 种甾体皂苷类化合物，分为呋喃甾烷型皂苷[黄精皂苷 A（sibiricoside A）]和螺旋甾烷型皂苷[黄精皂苷 B（sibiricode B）]两类（杨崇仁等，2007）。糖基种类很多，常见的有葡萄糖、半乳糖、鼠李糖、阿拉伯糖、木糖和岩藻糖，苷元主要为薯蓣皂苷元。Li 和 Yang（1992）在多花黄精和滇黄精中，除得到一些以薯蓣皂苷元为主的皂苷外，还发现了 4 种新的甾体皂苷。张洁（2006）从滇黄精新鲜根茎中分离得到了 15 种甾体皂苷，其中 9 种为新化合物。此外，在滇黄精中还分离到了 β-谷甾醇、胡萝卜苷、滇黄精皂苷 I（kingianoside I）和滇黄精皂苷 K（kingianoside K），其中，后 2 种也是新发现的甾体皂苷（Yu et al.，2010）。除甾体皂苷外，黄精中还含有多种三萜皂苷，如乌苏酸型五环三萜皂苷（积雪草苷、羟基积雪草苷）（徐德平等，2006）、齐墩果烷型五环三萜皂苷（Hu et al.，2010）。马百平等（2007）从滇黄精新鲜根茎中首次分离得到一种达玛烷型四环三萜皂苷［拟人参皂苷 F11（pseudo-ginsenoside F11）］。目前对多花黄精中皂苷的研究主要集中于薯蓣皂苷元。郑春艳等（2010）采用正交实验筛选出超声提取和纯化多花黄精皂苷的最佳条件，并发现先提皂苷后提多糖的方法可行，皂苷和多糖提取顺序不影响提取得率；从每 100g 多花黄精干粉中能够提取约 702mg 总皂苷（范书珍等，2005）。毕研文等（2010）采用 HPLC 法测定多花黄精薯蓣皂苷元的含量，水解后其含量为 0.18mg/g。焦劼等（2016a）比较了 33 个产地黄精的化学成分，发现不同产地间薯蓣皂苷元含量差异显著，不同产地黄精的薯蓣皂苷元含量呈正态分布，均值为 2.275mg/g 时达到最高峰。不同产地不同种间黄精中薯蓣皂苷元含量存在显著差异，湖北省咸宁市的多花黄精中含量最高，为 8.920mg/g；浙江省仙居县的多花黄精中含量最低，为 0.030mg/g。不同种间黄精中薯蓣皂苷元含量为：多花黄精＞滇黄精＞黄精。建议将其与多糖一起作为黄精质量的评价指标。

（3）黄酮类及黄酮苷类化合物

黄酮类成分主要是从黄精属植物的茎和叶中分离得到的。目前从黄精属植物中共发现 26 种黄酮及其苷类化合物（表 17.2，图 17.1）。母核主要为黄酮、高异黄酮、异黄酮、二氢黄酮等 6 种。Jean 等（1977）

表 17.2　黄精属植物中黄酮类及黄酮苷类成分（汪娟等，2016）

序号	化合物名称	母核及取代基	植物来源	参考文献
1	甘草素 Liquiritigenin	F_1，4',7-二羟基 F_1，4',7-OH	滇黄精（*Polygonatum kingianum*）	王易芬等，2003
2	牡荆素木糖苷 I Vitexinxyloside I	F_1，4',5,7-二羟基，8-*C*-β-D-木吡喃酮 F_1，4',5,7-OH，8-*C*-β-D-xylopyranoxyl	*Polygonatum multiflorum*	Skrzypczakowa，1969
3	牡荆素木糖苷 II Vitexinxyloside II	F_1，4',5,-二羟基，7-*O*-吡喃葡萄糖基，8-*C*-β-葡萄糖基，6-*O*-β-D-葡萄糖基 F_1，4',5,-OH，7-*O*-glucopyranosyl，8-*C*-β-glycosyl，6-*O*-β-D-glycosyl	*Polygonatum multiflorum*	Skrzypczakowa，1969
4	—	F_1，4',5,7-三羟基，8-*C*-β-糖基，6-*O*-β-D-糖基 F_1，4',5,7-OH，8-*C*-β-glycosyl，6-*O*-β-D-glycosyl	*Polygonatum multiflorum*	Morita et al.，1976
5	—	F_1，4',5-二羟基，6-*O*-β-D-糖基，7-*O*-糖基 F_1，4',5-OH，6-*O*-β-D-glycosyl，7-*O*-glycosyl	*Polygonatum multiflorum*	Morita et al.，1976
6	8-C-半乳糖苷元 8-C-galacto-sylapigenin	F_1，4',5,7-三羟基，8-*C*-吡喃半乳糖基 F_1，4',5,7-OH，8-*C*-galactopyranosyl	玉竹（*Polygonatum odoratum*）、*Polygonatum multiflorum*	Chopin et al.，1977
7	6-C-半乳糖基-8-C-半乳糖基芹菜素 6-C-galac-tosyl-8-C-galactosylapigenin	F_1，4',5,7-三羟基，6-*C*-吡喃半乳糖基，8-*C*-吡喃半乳糖基 F_1，4',5,7-OH，6-*C*-galactopyranosyl，8-*C*-galactopyranosyl	玉竹（*Polygonatum odoratum*）、*Polygonatum multiflorum*	Chopin et al.，1977
8	6-C-糖基木犀草素 6-C-glycosyl luteolin	F_1，3',4',5,7-四羟基，6-*C*-糖基 F_1，3',4',5,7-OH，6-*C*-glycosyl	镰叶黄精（*Polygonatum falcatum*）	Kaneta et al.，1980
9	槲皮素 3-*O*-鼠李糖基葡萄糖苷 quercetin 3-*O*-rhamnosyl-glucoside	F_1，3',4',3,5,7-五羟基，3-*O*-鼠李糖基-葡萄糖苷 F_1，3',4',3,5,7-OH，3-*O*-rhamnosyl-glucoside	波叶黄精（*Polygonatum latifolium*）	Kaneta et al.，1980
10	异甘草素 Isoliquiritigenin	F_2	滇黄精（*Polygonatum kingianum*）	王易芬等，2003
11	—	F_3，4',7-二羟基，3'-甲氧基异黄酮 F_3，4',7-OH，3'-methoxyl	滇黄精（*Polygonatum kingianum*）	王易芬等，2003
12	牡荆素	F_3，4',5,7-三羟基，8-β-D-葡萄糖 F_3，4',5,7-OH，8-β-D-Glc	滇黄精（*Polygonatum kingianum*）	Lutoslawa，1969
13	2'-*O*-槐糖苷牡荆素	F_3，4',5,7-三羟基，8-*O*-β-D-葡萄糖-(1→2)-β-D-葡萄糖-(1→2)-β-D-葡萄糖 F_3，4',5,7-OH，8-*O*-β-D-Glc-(1→2)-β-D-Glc-(1→2)-β-D-Glc	玉竹（*Polygonatum odoratum*）	Lutoslawa，1969
14	大波斯菊苷	F_3，4',5-二羟基，7-*O*-β-D-葡萄糖 F_3，4',5-OH，7-*O*-β-D-Glc	玉竹（*Polygonatum odoratum*）	Lutoslawa，1969
15	皂草黄苷	F_3，4',5-二羟基，6-β-D-葡萄糖，7-*O*-β-D-葡萄糖 F_3，4',5-OH，6-β-D-Glc，7-*O*-β-D-Glc	玉竹（*Polygonatum odoratum*）	Lutoslawa，1969
16	异黄酮类鸢尾苷	F_3，4',5-二羟基，6-甲氧基，7-*O*-β-D-葡萄糖 F_3，4',5-OH，6-methoxyl，7-*O*-β-D-Glc	鸡头黄精（*Polygonatum sibiricum*）	张普照，2006
17	—	F_4，(6a *R*,11a *R*)，10-羟基,3,9-二甲氧基紫檀烷 F_4，(6a *R*,11a *R*)，10-OH,3,9-methoxyl	滇黄精（*Polygonatum kingianum*）	王易芬等，2003
18	黄芪异黄烷 Isomucronulatol	F_5	滇黄精（*Polygonatum kingianum*）	Wang et al.，2003
19	麦冬黄烷酮 B	H_1，6,8-二甲基，4'-甲氧基 H_1，6,8-methyl，4'-methoxyl	玉竹（*Polygonatum odoratum*）	王冬梅等，2008
20		H_1，6,8-二甲基，4'-羟基 H_1，6,8-methyl，4'-OH	玉竹（*Polygonatum odoratum*）、短筒黄精（*Polygonatum altelobatum*）、鸡头黄精（*Polygonatum sibiricum*）	Huang et al.，1997；孙隆儒，1999；钱勇等，2010
21	—	H_1，6-甲基，8-甲氧基，4'-羟基 H_1，6-methyl，8-methoxyl，4'-OH	玉竹（*Polygonatum odoratum*）	钱勇等，2010

续表

序号	化合物名称	母核及取代基	植物来源	参考文献
22	—	H_1，6-甲基，4'-羟基 H_1，6-methyl，4'-OH	玉竹（*Polygonatum odoratum*）	钱勇等，2010
23	—	H_1，8-甲基，2',4'-二羟基，6-甲氧基 H_1，8-methyl，2',4'-OH，6-methoxyl	玉竹（*Polygonatum odoratum*）	李丽红等，2010
24	—	H_1，6-甲基，2',4'-二羟基 H_1，6-methyl，2',4'-OH	玉竹（*Polygonatum odoratum*）	李丽红等，2010
25	—	H_1，8-甲基,4'，6-二甲氧基 H_1，8-methyl,4'，6-methoxyl	玉竹（*Polygonatum odoratum*）	李丽红等，2010
26	—	H_1，6,8-二甲基，2'-羟基，4'-甲氧基 H_1，6,8-methyl，2'-OH，4'-methoxyl	玉竹（*Polygonatum odoratum*）	李丽红等，2010

注：F_1～F_5、H_1 见图17.1

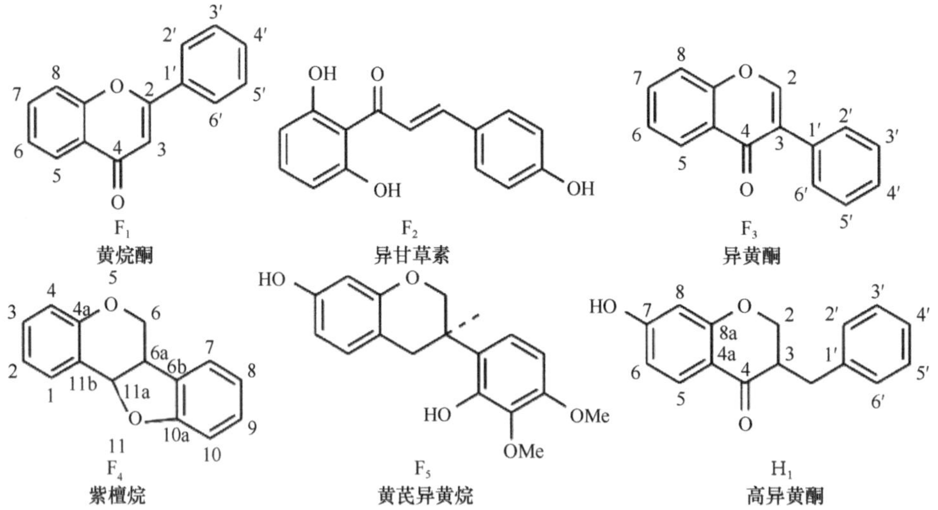

图17.1　黄精属植物中黄酮及黄酮苷类化合物的母核结构

从多花黄精新鲜叶子中首次分离得到两种碳苷类黄酮，即 8-C-芹菜素吡喃半乳糖苷及 6-C-吡喃半乳糖8-C-芹菜素吡喃阿拉伯糖苷。孙隆儒和李铣（2001）从黄精中分离获得了 4',5,7-三羟基-6,8-二甲基高异黄酮。张洁（2006）从滇黄精中分离得到了 2',4',5,7-四羟基高异黄酮。Gan 等（2013）从多花黄精中也分离得到了高异黄酮。表明黄精类植物中高异黄酮成分普遍存在。Wang 等（2003）从滇黄精根茎中分离得到4 种黄酮类化合物，即异甘草素、甘草素、4',7-二羟基-3'-甲氧基异黄酮和（6aR，11aR）-10-羟基-3,9-二甲氧基紫檀烷。此外，有研究报道从黄精新鲜根茎中还分离得到了芹菜素-7-O-β-D-葡萄糖苷、山奈酚和杨梅素（高颖等，2015），以及鸢尾苷（张普照，2006），这些都是从黄精类植物中新得到的黄酮类化合物。

（4）木脂素类

孙隆儒和李铣（2001）首次发现并从黄精中分离出木脂素类成分，得到 4 种木脂素类成分，6 种化合物为：化合物 I——（+）-丁香树脂醇、化合物 II——（+）-丁香树脂醇-O-β-D-吡喃葡萄糖苷、化合物 III——鹅掌楸苦素、化合物IV——（+）-松脂醇-O-β-D-吡喃葡萄糖基（1→6）-β-D-吡喃葡萄糖苷。

木脂素类化学结构式中酚羟基的存在将很有可能证明黄精中的木脂素类成分具有更强的生物活性，而从其他属植物中分离得到的木脂素类化合物多具有强毒性，不能内服。

（5）生物碱

早在 1943 年，楼之芩等就从黄精中发现了一种针状生物碱，但化学结构未确定；Crum 等（1965）

和 Rastit 等（1982）后来也从同属植物 *P. fiflorum*、*P. canaliculatum* 和 *P. odorutum* 中检测出了生物碱类成分。Lin 等（1997）从黄精属植物中分离得到了 *N-p*-香豆酰酪胺、2-L-吡咯烷酮-5-羧酸及一种具有新骨架的生物碱多边形阿尔法碱（polygonapholine）。

孙隆儒等（1997）从黄精乙醇提取物中，经硅胶柱层析和薄层层析分离得到了一新生物碱 3-乙氧基-5,6,7,8-四氢-8-吲哚里嗪酮。2005 年，孙隆儒等再次从黄精中得到 2 种吡咯生物碱——黄精碱A（polygonatine A）和黄精碱 B（polygonatine B），王易芬等（2003）则从该种植物中得到了滇黄精酮。

（6）蒽醌类化合物

黄精中含有多种蒽醌类化合物（王裕生，1988），Nakata 等（1964）从植物镰叶黄精（*P. falcatum*）中分离得到了一种金黄色的色素，将其命名为黄精醌（polygonaquinone）。Huang 等（1997）从短筒黄精（*P. alte-lobatum*）的根茎中分离到了 2 种新的 1,4-苯醌同系物，将其分别命名为黄精醌 A 和黄精醌 B。

（7）挥发油

多花黄精中挥发油含量虽然不高，但采用气相色谱-质谱（GC-MS）联用技术从安徽九华山地区多花黄精根茎精油中鉴定出的 16 种化合物（占总挥发油的 95.97%）均具有较强的生物活性（余红等，2008）。黎勇等（1996）采用气相色谱-质谱联用的方法对玉竹挥发油的化学成分进行了分析，并确定了 32 种化合物，其中主要为不饱和烯烃。王冬梅等（2010）从秦岭产玉竹根茎的石油醚萃取物中分离纯化得到 8 种化合物，其中有 5 种化合物为首次得到，分别为 α-棕榈酸甘油酯、(24*R/S*)-9,19-环阿尔廷-25-烯-3β,24-二醇、二十八碳酸、棕榈酸甲酯和(*Z*)-6-十九碳烯酸。

17.4　黄精产品开发

17.4.1　黄精产品构成

黄精是一味常用的抗衰老、养生与美容中药，所以一般可以直接食用、药用、保健用，也可以用于观赏等。黄精食品类占比 60%，药材类占比 20%，保健品类占比 15%（图 17.2）。

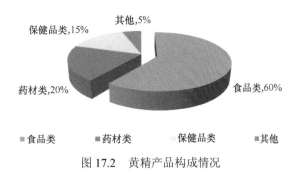

图 17.2　黄精产品构成情况

17.4.2　黄精食品类

黄精味甘，性平，作用缓慢，可作久服滋补之品。主要用于终端消费者的饮食方面。

17.4.2.1　常见的黄精养生食疗方

1）黄精炖瘦肉：黄精 30g，瘦猪肉 50g。加水炖熟，加适量盐，饮汤食肉吃黄精。可治疗病后体虚、四肢软弱无力。

2）黄精玉竹猪胰汤：黄精 24g，玉竹 30g，猪胰 1 具。共入砂锅内加水慢火煮熟，加酱油和盐适量即可。有滋养胃阴、润肺止咳之功，适宜糖尿病属肺胃阴虚者食用。

3）黄精枸杞炖白鸽：黄精 50g，枸杞子 50g，白鸽 1 只，细盐、料酒、味精各适量。白鸽去毛、去内脏，洗净，与枸杞子、黄精共置砂锅中，旺火煮开，撇去浮沫，改文火煨 60min，加料酒、精盐、味精，再煮片刻，起锅，趁热吃鸽肉，喝汤。能补肝肾，益精。适用于性冷淡等肝肾不足症状者。

4）黄精蒸鸡：黄精、党参、怀山药各 30g，仔母鸡 1 只（约 1kg）。先将鸡肉切成 1 寸见方小块，入沸水中烫 3min 捞出，装入汽锅内，加葱、姜、花椒、食盐等调料，再将以上三药放入，加盖蒸烂即食。对缓解冬季体倦乏力、腰膝酸软、怕冷等有效。

5）黄精黑豆汤：把洗净的黄精、黑豆各 30g 煮熟，黄精与黑豆同食，每日两次。黄精有降血压作用，并可使三酰甘油、β-脂蛋白、胆固醇水平均明显降低。黑豆每百克含镁 157.3mg，与黄精有协同作用。高血压、高血糖、高血脂患者，用此方调养最相宜。

6）黄精当归鸡蛋汤：黄精 20g，当归 12g。水煎，再将两个煮熟鸡蛋去壳，放入药汤再煮，饮汤吃蛋。对血虚、面色萎黄无光泽者有较好作用。

7）黄精莲子薏米粥：黄精 25g，莲子 30g，薏米 50g。先将黄精煮汁去渣，再入莲子薏米同煮成粥，调味服食。能补中益气、清心健脾，对脾胃虚弱、神疲气短、咳嗽气促有效。

8）养生黄精粥：黄精 20g，粳米 100g，共煮食用。长期食用可增强体质。也可加肉苁蓉与黄精相配增强效果。

9）黄精冰糖煎：鲜黄精、冰糖各 30g，两味一同入锅，水煎 30min 即可。每日 1 剂，分 2 次温服。主治阴虚发热、咳嗽、咯血、妇女白带过多。

10）黄精枸杞汤：黄精、枸杞子各 12g，将两味放入砂锅中，加水煎煮 30min，取汁即可。每日 1 剂，分 2 次温服。主治病后和术后身体虚弱、神经衰弱、贫血等。

11）黄精汤：黄精 15g，水煎 30min，取汁，一日内分 2 次温服。主治脾胃虚弱、精血不足引起的食欲不振、大便溏薄、咳嗽少痰、头晕目眩等。这款黄精汤有补气血的作用，对于缓解食欲不振有好处，还可以提高免疫力。

12）黄精煲鸡汤：黄精 30g，煲鸡汤食用，用于缓解骨质疏松症。

13）山药黄精鸡汤：鲜山药 180g、黄精 10g、鸡腿 1 只、盐 2 小匙、米酒水 3 瓶。适用于脾胃虚弱者食用。

14）黄精炖鳝汤：黄精 15g、白鳝 400g、补骨脂 12g、五味子 6g、黄芪 10g、金狗脊 15g、陈皮 3g、瘦肉 120g，炖两碗汤，早晚各服一碗，连服 3 天。可治肾虚腰痛、腰膝酸软。

15）通乳花生炖猪脚：黄精 15g、王不留行 10g、黄芪 10g、当归 10g，放入纱布袋中，再加上 2 两花生米、数朵香菇、适量猪脚、少许米酒。用于产后乳汁不通或少。

16）黄精红枣汤：黄精 15～30g，加红枣（去核）10 粒。加水煮熟长期服食。防治骨骼退化。

17）乌发养血汤：黄精 15g、制首乌 12g、川芎 6g、黑豆 30g、大鱼头一个、生姜 3 片、酒适量炖汤。用于治疗须发早白。

18）坐骨神经痛：黄精 10g、当归 10g、杜仲 10g、龟板 10g、枸杞 10g、黄芪 10g、黑豆 120g、猪尾巴一个。炖汤。

19）改善脱发药酒：黄精 30g、制首乌 30g、熟地 30g、女贞子 30g、当归 15g、天冬 15g、山萸肉 15g、防风 15g、枸杞子 18g。将材料搅碎，用三斤白酒浸泡半个月，每日服用。可防脱生发。

20）增强记忆汤：人参 10g、黄精 10g、川芎 3g、当归 3g、谷精子 10g、枸杞子 15g，加鸡肉或排骨炖汤，一次食完。能增加脑部的供氧量，益气健脑，增强记忆力。

21）癌症患者放疗、化疗后食补方：黄精 60g，大枣（去核）30g，加粳米适量熬粥，每日服用三次。

22）老人冬补汤：黄精 30g，瘦猪肉 50g。加水炖熟，适量加盐，饮汤食肉吃黄精。适用于年老体虚、四肢软弱无力者。

23）黄精牛肉：牛肉 250g、胡桃肉 50g、黄精 50g、生姜 4 片，全部用料一起放入锅内，加清水适量，大火煮沸后，小火煮 1～2h，调味即可食用。

24）黄精酒：黄精 200g、苍术 200g、枸杞根 250g、柏叶 250g、天门冬 150g、糯米酒 5L。先用水 500mL 煮上述诸药，煎煮 2～3h 后，去渣取液，将药液和在酒中，再上锅煮，约 30min 后，用纱布过滤，装入器皿中密封备用。每日饮 2 次，每次 10～30mL。能益血养脾，乌头发、胡须，养心气，减烦躁。适用于虚劳羸瘦、面色萎黄、食欲不振、心烦气急、失眠多梦、心悸怔忡，以及糖尿病和更年期综合征等。

17.4.2.2　常见的黄精食品

黄精自古以来为药食兼用，具有"宽中益气，使五脏调和；肌肉充盈，骨髓坚强，其力倍增；多年不老，颜色鲜明；发白更黑，齿落更生"之功效，被称为"仙人余粮""救命草"等。作为黄精主要活性成分的黄精多糖对多种形式的氧化损伤和细胞衰老具有抑制作用，为功能食品的开发研制奠定了理论基础和应用基础。目前，市场上广受欢迎的主要有九蒸九制黄精、黄精茶等。

1. 九蒸九制黄精（黄精果脯）

九蒸九制是最传统的黄精加工方法。

晾晒：鲜黄精清洗之前，晾晒 10d 左右，晒至七八成干。

清洗：泥沙、杂质的清理。结节处最易藏纳沙泥，需耐心刮掉，并去除根须。然后用清水清洗泥沙，全部挨着用刷子刷洗一遍，最后用高压水枪再细致地冲洗一遍。

拌黄酒：用适量（10%用量）黄酒与净生地黄拌匀，并焖润至酒吸尽。

第一次蒸制、晒干：要求第一次蒸至黄精中央发虚（蒸制过程注意收集黄精汁），取出，晒至外皮微干，然后向黄精中拌入黄精汁和适量黄酒，并焖润至辅料吸尽。

反复蒸制、晒干：按第一次蒸制、晒干方法。再蒸、再晒至外皮微干，再拌入黄精汁、适量黄精，如此反复，蒸至晒 8 次。第二次至第八次蒸制需要使用黄酒的 70%用量。

第九次蒸制、晒干：最后将剩余（20%用量）黄酒及黄精汁一起拌入，蒸至外表棕黑色、有光泽，中心深褐色，质柔软，味甜。将蒸制合格的制黄精，晒至八成干，然后转后切制工序。

包装：肉脯较大的，去除边角料，做成辟谷黄精。根据龄节大小分级包装，250g/罐。

食用方式：九制黄精可以直接吃，每人每次一块（10～15g）（儿童减半），可直接食用，也可开水冲泡 20min 左右后服用，不拘时间，饭前饭后都可以，还可以泡酒、煲汤、煮粥。

保存：保质期 1 年。置通风、阴凉、干燥处，密封保存，防霉，防蛀，防潮。天气潮湿时尽量放到冰箱冷藏保存，以保证品质。

功效：养阴润肺，补脾益气，滋肾填精。生黄精或干黄精偏润肺，通过九蒸九制之后，药性大大改变，偏滋补，滋肾阴，补气血，其补益作用要远高于生干黄精。九制黄精主治阴虚肺燥、干咳少痰、肺肾阴虚导致的劳嗽久咳、脾胃气虚而倦怠乏力、食欲不振、口感食少、饮食无味，以及肾虚精亏导致的头晕、腰膝酸软、须发早白及消渴。

2. 九蒸九制黄精其他产品

（1）黄精芝麻丸

九蒸九制黄精+九蒸九制黑芝麻，配以黑豆和枸杞，用蜂蜜调制，精制成丸。以蜡纸包装，并用药壳保护。

补气养血。用于治疗气血两亏、身体虚弱、腰腿无力、倦怠少食。

每丸 9g，口服，一次 1 丸，一日 2 次。

（2）黄精膏

九蒸九晒熟黄精洗净，加一定量的清水煮沸，软了之后，捣烂，再熬制数小时，去渣取汁，再小火熬制数小时浓缩成稀流膏状，加入高浓度蜂蜜烧开，稍后装瓶。

每次吃 1～2 匙。用于治疗老人身体虚弱、精血不足、早衰白发。

（3）黄精蜜饯

黄精经过 5 次蒸晒后。切成颗粒，配以麦芽糖熬制。

香甜可口，对身体好。开罐即食，可当作零食吃。当零食吃，口感好，又养身延年。规格为 25g/袋或 250g/袋。一天控制在 50g 以内。

3. 黄精茶

饮茶是中国人的传统习惯。日常生活中，注重养生保健的人群会选择一些中药茶泡水喝来达到养生的目的。黄精茶是众多茶饮中的一种，具有养阴补肺、补脾益气的作用。

（1）三蒸三制黄精茶

先将黄精洗净放入锅中，加入适量黄酒；武火烧至黄精横断面呈玻璃色，然后捞起晒至八成干，再清洗干净外皮；然后将清洗干净的黄精放入蒸锅内，加热蒸煮；同样反复蒸晒三次，使黄精由淡黄色渐变至深黄褐色，切薄片，最后将烘干薄片用 60～70℃文火炒透，取出，摊晾至室温。

独立小袋包装或罐装。

食用方便，冲泡即可饮用，茶色淡黄透亮，香甜甘醇，可长期饮用，无副作用，具有滋肾润肺、补脾益气、益肾强筋、抗氧化、抗疲劳、抗衰老、降血糖和强心的作用，可增强免疫力，促进新陈代谢，长期饮用，对亚健康人群具有很好的保健疗效。

（2）黄精配伍茶

查阅古方，根据不同药材的配伍功效配制。或根据不同亚健康人群的体质进行个性化定制。

黄精枸杞茶：黄精 15g，枸杞 10g，绿茶 3g，温开水冲泡代茶饮。该方对于糖尿病有一定辅助治疗作用。同时也适用于病后虚弱、贫血、神经衰弱、精神萎靡者饮用。

黄精山楂茶：黄精 15g，山楂肉 10g，何首乌 6g，绿茶 3g，温开水冲泡代茶饮。可防治动脉粥样硬化。

黄精山药茶：黄精、怀山药各 15g，椴木根皮 12g。健脾，益肺，补肾，降糖，利尿。

此外，用黄精制成的食品还有当归黄精糕、黄精芝麻饼、黄精蜜丸、黄精芝麻丸、黄精挂面、黄精片（压片糖果）、黄精米酒、黄精保健酒等。

17.4.2.3 黄精养生食品的开发现状

随着人们对功能食品需求的日益旺盛，研究者对以黄精为主的抗衰老、强身健体、补肾养生的功能性食品进行了一些有益探索，如"一种含黄精、积雪草的增强免疫力的功能性食品"（公开号：CN102613570A），具有补气益肾、增强免疫力、抗疲劳、抗衰老的作用。利用"制作黄精露酒的方法"（公开号：CN103205351A）制作的食品中包含黄精、枸杞子、覆盆子、甘草和酒，具有滋补肝肾、温肾助阳、补脾益气、润肺明目的功能，非常适于体虚、生理疲劳的人饮用。"黄精桑果酒"由桑果汁 50 份、黄精 10 份、蜜糖 5 份、白酒 35 份制备而成，具有补脾润肺、益气养阴、降血压、降血糖、降血脂、提高免疫力等保健功能。"富硒黄精果脯加工工艺"（公开号：CN103931861A），既改善了传统炮制工艺制备黄精的外观色泽和口感，又最大限度地保留了黄精的药用成分。"一种黄精保健锅巴"（公开号：CN103609975A）采用米饭、黄精和具有滋阴润燥、益胃生津功效的麦冬为主料，经烘烤等工艺，制成淡黄色的锅巴成品，具补气养阴、润燥生津、开胃消食的保健功效。此外，还有黄精营养粉［一种黄精营养粉及其制备方法（CN103155985A）]、黄精火腿肠［一种黄精火腿肠及其制作方法（CN102302190A）]、黄精浆王［黄精浆王的制备方法（CN104432045A）] 以及多种黄精饮料等［一种黄精饮料及其生产新方法（CN104432045A）、一种人参黄精复合运动保健饮料（CN104187952A）]。也有将黄精做成食品添加剂的［黄精食品添加剂及其保健品的生产工艺（CN1552248A）]，这为黄精的食用带来了极大便捷。

现代社会人口的增长、环境的污染、竞争的加剧给人们带来了种种的压力和担忧，很多人出现了免疫力下降、未老先衰等亚健康现象，健康和长寿成为人们追求的目标，维持健康和延缓衰老的功能食品成为城市时尚需求。黄精多糖集植物性、功能性、天然性于一体，符合人体健康追求，具有很大的应用潜力。食品开发必须密切关注黄精化学成分及药理学方面的研究成果，目前黄精多糖抗衰老作用机理的研究，佐证了黄精多糖在强身健体、延年益寿上的功效，使其具有科学性，也为黄精或黄精多糖在食品领域中的应用提供了理论依据。当然，黄精和黄精多糖的理论和应用研究还不完善，同时还缺乏黄精中其他活性成分的理论研究及应用研究。因此未来黄精食品开发需建立在黄精药理特性、理化特性和加工适应性的基础上，利用现代食品加工技术，根据食品消费变化趋势，既要延续黄精使用的传统方式，又要开发新形势的食品，从而满足现代消费者的市场需求。

17.4.3　黄精药材类

黄精主要以 4 种形式发挥药用：一是黄精干药材；二是黄精饮片；三是以黄精为主的中成药；四是黄精多糖。

17.4.3.1　黄精干药材

清洗及分选：黄精采挖后将病黄精、黄精叶和茎秆、杂草等杂质拣出，根据大小分为一、二、三等级，进行分级加工。然后摘去黄精的残留茎秆等杂物，洗去泥土。清洗黄精用水要洁净，尽量采用自来水或山泉水等达到生活用水标准的水源；清洗时可以用箩筐淘洗或将黄精放在水泥地上用水管冲洗，清洗时间 10min 左右，不要清洗时间过长，以防黄精有效成分流失。然后摘下须根。

黄精蒸制及揉搓：剪去须根、清洗过后的黄精放在蒸笼内蒸 10～20min，蒸制透心后取出。之后边晒边揉搓，揉搓方法可分为手揉搓法和袋揉搓法。手揉搓法是将蒸后的黄精根茎在阳光下暴晒 5～10h，等水分变少后戴上手套边晒边搓，用力要轻，着力均匀，避免揉破表皮；揉搓过的黄精经暴晒后第二次揉搓，这样以后随着含水量减少可适当加力揉搓，如此边晒边揉搓，要反复 3～5 次。较大的黄精可增加揉搓次数、小的减少揉搓次数，并适当整形。袋揉搓法是将黄精晒 5～10h，后装入干净麻袋，摊在平滑木板或石板上，用手压麻袋内黄精来回揉搓，以后每晒 1 天揉搓 1 次，如此 3～5 次，直至干透。

干燥：将蒸透心的黄精根茎晒至或在 40～50℃条件下烘烤干燥至含水量 18%以下。

黄精药材市场需求量较大，可在收获季节根据加工容量加工，或在收购黄精后在当地完成初加工。黄精加工的折干率约为 20%。

17.4.3.2　黄精饮片

黄精药材经初加工并干燥至含水量 15%左右，采用转盘式的切片机，把已经预干燥完成的黄精切成厚度为 2～4mm 的薄片，放入烘箱干燥至含水量 12%以下，制作成饮片。

采用真空包装，在通风良好的干燥环境中贮存。

用于治疗脾胃气虚、体倦乏力、胃阴不足、口干食少、肺虚燥咳、劳嗽咯血、精血不足、腰膝酸软、须发早白、内热消渴。

每日食用量 9～15g。

17.4.3.3 以黄精为主的中成药

1）黄精片（《全国中成药产品集》）：由黄精、当归组成。具有补气养血、强身、健胃、固精的作用。用于治疗气血不足、气短心悸、精神倦怠。

2）黄精糖浆（《全国中成药产品集》）：由制黄精、薏苡仁、南沙参组成。具有滋养脾肺、益胃生津的作用。用于治疗阴虚咳嗽、咽干神疲、食欲不振。

3）稳心颗粒：由党参、黄精、三七、琥珀、甘松组成。具有益气养阴、定悸复脉、活血化瘀的作用。主治气阴两虚兼心脉瘀阻所致的心悸不宁、气短乏力、头晕、胸闷胸痛，适用于心律失常、室性早搏、房性早搏等属上述症候者。

4）九转黄精丹（蜜丸，9g/粒）：用当归1000g、黄精1000g制蜜丸。具有补气、补血的作用。用于治疗气血两亏、面黄肌瘦、腰腿无力、津液不足、饮食减少、精神倦怠。

5）九转黄精膏：黄精、当归各等份，水煎取浓汁，加蜂蜜适量，混匀，煎沸。每次吃1~2匙。用于治疗老人身体虚弱、精血不足、早衰白发。

6）黄精赤芍注射液：对心脑血管病有较好的治疗作用。

7）十一味黄精颗粒：滋补肾精，益气补血。

8）黄精丸：补气养血。用于治疗气血两亏、身体虚弱、腰腿无力、倦怠少食。

17.4.3.4 黄精多糖成分药

1）黄精多糖滴眼液：由黄精多糖提取液配制而成。该滴眼液体外对单纯疱疹病毒Ⅰ型、金色葡萄球菌和绿脓杆菌等有抑制作用，且有抗急性炎症、抗渗出和增生、抗全身迟发型变态反应及治疗结膜角膜炎的作用。

2）奥得福尔霜剂和喷剂：预防及治疗生殖器疱疹。

3）黄精多糖口服液：具有抗衰老、防痴呆的作用。

4）黄精糖浆：补肾养血。用于治疗肾虚血亏所致神疲乏力、纳食减少、腰酸腿软。

17.4.4 黄精保健品

17.4.4.1 黄精保健品的发展概况

黄精具有抗衰老、抗肿瘤、抗辐射、提高和改善记忆力、降血糖、降血脂、预防动脉粥样硬化、抗炎、抗病原微生物、免疫调节等药理作用，自古以来，人们就将其用于防病治病、营养保健和美容。黄精作为药食兼用的良材，一直备受人们的关注。

医学研究者认为，黄精性平、味甘，入脾、肾、肺经，具有补肾益精、滋阴润燥的功效，长期用于治疗肾虚亏损、脾胃虚弱、肺虚燥咳、体倦乏力等症。现代医学通过药理实验证实了黄精多糖具有降血糖、降血脂、保护心血管系统、调节和增强免疫功能、延缓衰老、抗炎、抗病毒等重要药理作用。此外，黄精中的其他化学成分种类丰富，且有明显药理作用，如甾体皂苷具有抗炎、抗肿瘤、抗真菌等作用，蒽醌类化合物与木脂素类成分对 cAMP 磷酸二酯酶有抑制活性，还有增强免疫、抗病毒、抗肿瘤等生物活性。

随着人们生活品质的提高，市场对于健康食品的需求也越来越大，而黄精具有的抗衰老、抗氧化、提高免疫力等功效与人们的生活紧密联系，让一些保健行业窥得商机，相继开发出一系列以黄精为主的抗衰老、强身健体、补肾养生的保健品。目前市场上常见的黄精保健品主要是以黄精为原材料直接制作成的饮片，或是将黄精与其他药材或食品混合制成的保健品，或是利用黄精粗提物与其他药材制成的保健品。黄精保健品的开发还处于初级阶段，产品存在"短、小、乱"的现象，即只是原植物简单加工的短线产品，没有市场主导产品，生产工艺及制剂技术水平较低，研究开发技术平台不完善，创新能力较弱。

17.4.4.2　黄精保健品的种类

1）黄精浸膏片：为黄精多糖浸膏片，具有较好的增强人体免疫力的功能。

2）黄精酒（配制酒）：以纯粮为原料酿造的白酒为基质，加入黄精、枸杞子、桂圆、蛹虫草、甘草，经浸泡、过滤、调配加工制成。

3）黄精片（压片糖果）：以黄精、枸杞、覆盆子、葛根、牡蛎为主要原料，经干燥、粉碎、混合，添加食品添加剂，制粒、压片、包装制成。

17.5　黄精的美容价值

黄精属植物含有多种天然美容活性成分，具有抗衰老、防辐射、抗炎、抗菌、生发乌发等美容功能。唐代诗人杜甫诗云："扫除白发黄精在，君看他时冰雪容。"说明长期服食黄精有延年益寿、葆精养颜的作用，并且可令皮肤光滑、肤色红润、须发黑亮。黄精属植物具有养颜美容的功效，可以开发成纯天然的中草药保健化妆品，如可利用其抗衰老功能开发研制面膜、洗面奶、护肤霜等护肤产品；利用其防辐射功能开发研制防晒霜；利用其抗炎、抗菌功能开发研制沐浴露、香皂、脚气露、药膏等；利用其生发乌发功能开发研制乌发液、洗发香波、护发素等护发产品；利用其固齿功能开发研制牙膏等护齿产品。

17.6　黄精的观赏价值

黄精是多年生阴生植物，根茎肥厚，易栽培，易成活。早春出苗，翠绿或淡红如笋，长高后翠绿鲜明，观后赏心悦目。黄精花期长达 20d，花朵造型独特，似悬挂的风铃，花瓣白绿色，浆果球形或椭圆形，由绿渐转墨绿色，十分美丽，花果观赏性均强。由于根茎贮存养分，植株易保存，也很适宜盆栽。在略阳城镇居民家和乡村农户家的绿地、花坛、花台被广泛栽植观赏。黄精属多种植物的茎长而柔软，有的花朵密集，可以用于生产鲜切花，也可编成花篮、花环，风铃般的白花和翠竹般的绿叶甚是美丽。

参 考 文 献

安晏, 李雨枞, 颜晓静. 2021. 黄精多糖对急性心肌梗死模型大鼠心肌损伤的改善作用[J]. 中国药房, 32(13): 1572-1577.

柏晓辉, 刘孝莲, 刘娣, 等. 2018. 一株黄精内生菌的分离鉴定及抑菌活性研究[J]. 天然产物研究与开发, 30(5): 777-782.

鲍锦库, 曾仲奎, 周红. 1996. 黄精凝集素Ⅱ分子稳定性与生物学活性研究[J]. 生物化学杂志, 12(6): 747-749.

毕胜, 张含波, 李桂兰. 2003. 黄精的栽培[J]. 特种经济动植物, 6(11): 30-31.

毕研文, 杨永恒, 宫俊华, 等. 2008. 光照强度对泰山黄精生长特性及产量的影响[J]. 中国农学通报, 24(9): 315-319.

毕研文, 杨永恒, 宫俊华, 等. 2010. 黄精和多花黄精中多糖及薯蓣皂苷元的含量测定[J]. 长春中医药大学学报, 26(5): 649-650.

蔡达夫, 周忠清. 1983. 自然科学和社会科学的桥梁——热力学第四定律[J]. 科学学与科学技术管理, 4(12): 20-21.

蔡青, 范源洪. 2006. 甘蔗种质资源描述规范和数据标准[M]. 北京: 中国农业出版社.

蔡友林, 樊亚鸣. 1991. 黄精中氨基酸和微量元素的测定[J]. 贵阳医学院学报, 16(4): 376-377.

曹冠华, 李泽东, 赵荣华, 等. 2017. 生黄精多糖与制黄精多糖抑菌效果比较研究[J]. 食品科技, 42(9): 202-206.

曹生奎, 冯起, 司建华, 等. 2009. 植物叶片水分利用效率研究综述[J]. 生态学报, 29(7): 3882-3892.

常亮, 陈珍珍, 王栋, 等. 2015. HPLC 和 GC-MS 法测定三种黄精炮制过程中 5-羟甲基糠醛的含量[J]. 中国药师, 18(3): 387-390.

陈辰. 2009. 黄精多糖对慢性应激抑郁小鼠模型行为学的影响及其可能机制[D]. 合肥: 安徽医科大学硕士学位论文.

陈辰, 徐维平, 魏伟, 等. 2009. 黄精多糖对慢性应激抑郁小鼠模型行为学及脑内 5-HT 的影响[J]. 山东医药, 49(4): 39-41.

陈翠, 郭承刚, 徐中志, 等. 2012. 胡黄连规范化生产标准操作规程(SOP)研究[J]. 世界科学技术(中医药现代化), 14(2): 1519-1523.

陈存武, 李耀亭, 周守标. 2006. 大别山 5 种黄精属植物叶表皮的初步比较研究[J]. 安徽农业大学学报, 33(1): 108-112.

陈存武, 周守标. 2006. 大别山区六种黄精属植物的五种同工酶分析[J]. 广西植物, 26(4): 395-399.

陈芳软. 2013. 不同生境条件下多花黄精生长特征及光合特性研究[D]. 福州: 福建农林大学硕士学位论文.

陈昊, 李兵, 刘常昱. 2015. 一种无确定度的逆向云算法[J]. 小型微型计算机系统, 36(3): 544-549.

陈吉飞. 2002. 滋阴润肺食黄精[J]. 烹调知识, (12): 45.

陈金水, 吴天敏, 王华军. 2003. 复方黄精口服液对实验性大鼠心肌细胞自由基代谢及血清心肌酶的影响[J]. 中西医结合心脑血管病杂志, 1(3): 134-136.

陈菁瑛, 黄颖桢, 赵云青. 2012. 福建野生多花黄精与长梗黄精多糖含量与物质积累比较研究[C]. 中药与天然药高峰论坛暨第十二届全国中药和天然药物学术研讨会论文集: 109-112.

陈立娜, 都述虎, 高艳坤, 等. 2006b. RP-HPLC 法测定黄精中薯蓣皂苷元含量[J]. 现代中药研究与实践, 20(4): 32-34.

陈立娜, 高艳坤, 都述虎. 2006a. 黄精质量标准的研究[J]. 中药材, 29(12): 1367-1369.

陈丽娜, 方沩, 司海平, 等. 2016. 农作物种质资源本体构建研究[J]. 作物学报, 42(3): 407-414.

陈利军, 尹健, 熊建伟, 等. 2006. 7 种药用植物提取物抑菌活性测定[J]. 安徽农业科学, 34(21): 5562, 5571.

陈少风. 1989. 黄精属八种植物的染色体研究[J]. 植物分类学报, 27(1): 39-48.

陈松树, 张雪, 赵致, 等. 2018. 以叶片为外植体的多花黄精组织培养[J]. 北方园艺, (14): 136-142.

陈松树, 赵致, 刘红昌, 等. 2017. 多花黄精种子育苗技术研究[J]. 中药材, 40(5): 1035-1038.

陈婷婷, 王国贤, 付婷婷, 等. 2015. 黄精多糖对Ⅰ型糖尿病大鼠心肌炎症的保护作用[J]. 中药药理与临床, 31(4): 86-90.

陈晔, 孙晓生. 2010. 黄精的药理研究进展[J]. 中药新药与临床药理, 21(3): 328-330.

程金生, 林晓明. 2011. 黄精汤及制剂治疗肺结核和耐药性肺结核临床研究[J]. 中国当代医药, 18(18): 58-60.

程铭恩, 王德群. 2012. 黄精属 5 种药用植物根状茎的结构及其组织化学定位[C]. 中国生态学学会中药资源生态专业委员会第 4 次全国学术研讨会暨中华中医药学会中药鉴定分会第 11 次全国学术研讨会论文集: 209-213.

程强强, 罗嗣义, 刘相凤, 等. 2018. 多花黄精不定芽诱导及植株再生[J]. 南方林业科学, 46(6): 47-50.

程秋香. 2016. 黄精种子胚乳弱化机制的研究[D]. 杨凌: 西北农林科技大学硕士学位论文.

程志红, 吴弢, 李林洲, 等. 2005. 中药麦冬脂溶性化学成分的研究[J]. 中国药学杂志, 40(5): 337-341.

崔於, 吴建华. 2012. 正交试验法优选酒黄精的炮制工艺[J]. 北方药学, 9(4): 25.

戴万生, 赵声兰, 朱智芸, 等. 2015. 不同辅料蒸制对滇黄精化学成分含量的影响[J]. 云南中医中药杂志, 36(7): 70-72.

党康. 2006. 黄精的种质资源和生物学特性研究[D]. 杨凌: 西北农林科技大学硕士学位论文.

邓建良, 刘红彦, 刘玉霞, 等. 2010. 解淀粉芽孢杆菌 YN-1 抑制植物病原真菌活性物质鉴定[J]. 植物病理学报, 40(2): 202-209.

邓少华, 刘娟娟, 陈丹凤, 等. 2023. 黄精组织培养与快速繁殖技术研究[J]. 绿色科技, 25(1): 132-134, 138.

邓小燕, 周颂东, 何兴金. 2007. 中国黄精属 13 种植物花粉形态及系统学研究[J]. 武汉植物学研究, 25(1): 11-18.

邓颖连. 2011. 黄精引种驯化栽培研究[J]. 中国野生植物资源, 30(2): 57-59.

丁安荣, 李淑莉. 1990. 黄精等六种补益药对小鼠红细胞膜 Na^+K^+-ATP 酶活性的影响[J]. 中成药, 12(9): 28.

丁安伟. 2004. 中药现代化发展历程的回顾与思考[J]. 江苏中医药, 36(10): 1-4.

丁万隆, 杨春清, 张泽印, 等. 2006. 金莲花生产标准操作规程(SOP)[J]. 现代中药研究与实践, 20(5): 12-15.

丁喜贵, 米成瑞, 张润芬. 1993. 自拟"黄精山楂茵陈汤"对肝功能 ALT(GPT)和 TTT 异常 52 例疗效观察[J]. 中医药研究, (6): 19-20.

丁永辉, 赵汝能. 1991. 西北地区黄精属药用植物的调查[J]. 中国中药杂志, 16(4): 202-204, 253.

东秀珠, 蔡妙英. 2001. 常见细菌系统鉴定手册[M]. 北京: 科学出版社.

董琦, 董凯, 张春军. 2012. 黄精对 2 型糖尿病胰岛素抵抗大鼠葡萄糖转运蛋白-4 基因表达的影响[J]. 新乡医学院学报, 29(7): 493-495.

董玉琛, 曹永生, 张学勇, 等. 2003. 中国普通小麦初选核心种质的产生[J]. 植物遗传资源学报, 4(1): 1-8.

董治程. 2012. 不同产地黄精的资源现状调查与质量分析[D]. 长沙: 湖南中医药大学硕士学位论文.

段光明. 1992. 叶绿素含量测定中 Arnon 公式的推导[J]. 植物生理学通讯, 28(3): 221.

段华, 王保奇, 张跃文. 2014. 黄精多糖对肝癌 H_{22} 移植瘤小鼠的抑制作用及机制研究[J]. 中药新药与临床药理, 25(1): 5-7.

樊新亚, 王正中, 陈谨. 1985. 中药治疗糖尿病 Ⅱ 型临床疗效观察(附 40 例报告)[J]. 河北中医, 7(6): 8-9.

范继美, 庞小峰, 周凌云. 1990. 论生命系统的信息熵流及热力学定律[J]. 云南师范大学学报(自然科学版), 10(S2): 46-51.

范书珍, 陈存武, 王林. 2005. 多花黄精总皂甙的提取研究[J]. 皖西学院学报, 21(5): 39-41.

方永鑫, 杨斌生, 欧善华. 1984. 黄精属几个种的染色体研究[J]. 上海师范学院学报(自然科学版), 13(1): 67-76.

方中达. 1979. 植病研究方法[M]. 北京: 农业出版社.

方中达. 1998. 植病研究方法[M]. 3 版. 北京: 中国农业出版社.

冯春梅, 王娇阳, 赵永彬, 等. 2015. 丝瓜种质资源鉴定评价技术与应用[J]. 植物学研究, 4(3): 33-38.

冯娟. 2014. 拟南芥己糖激酶的结构与功能研究[D]. 北京: 中国科学院大学博士学位论文.

冯英, 田源红, 汪毅, 等. 2010. 酒炖黄精工艺研究[J]. 四川中医, 28(3): 35-37.

付罗成. 2008. 野生黄精人工栽培技术[J]. 河南农业, (1): 34.

傅利民, 杨艳平, 鞠远荣, 等. 1998. 黄精治疗呼吸道继发霉菌感染 40 例[J]. 山东中医杂志, 17(2): 60.

傅晓骏, 傅志慧. 2012. 中药制黄精对慢性肾衰大鼠血液动力学的影响[J]. 中华中医药学刊, 30(10): 2161-2163.

高厚强. 2003. 皇甫山黄精属几种植物花粉粒的研究[J]. 安徽农学通报, 9(3): 74-75.

高锦明. 2001. 云南高等真菌中鞘脂类生物活性成分[D]. 昆明: 中国科学院昆明植物研究所博士学位论文.

高秋美, 董秋颖, 任丽华, 等. 2020. 猪牙皂林下套种多花黄精栽培技术[J]. 农业科技通讯, (8): 300-301.

高英, 叶小利, 李学刚, 等. 2010. 黄精多糖的提取及其对 α-葡萄糖苷酶抑制作用[J]. 中成药, 32(12): 2133-2137.

高颖, 戚楚露, 张磊, 等. 2015. 黄精新鲜药材的化学成分[J]. 药学与临床研究, 23(4): 365-367.

高志红, 章镇, 韩振海, 等. 2005. 中国果梅核心种质的构建与检测[J]. 中国农业科学, 38(2): 363-368.

耿甄彦, 徐维平, 魏伟, 等. 2009. 黄精皂苷对抑郁模型小鼠行为及脑内单胺类神经递质的影响[J]. 中国新药杂志, 18(11): 1023-1026.

耿志国. 2008. 滋阴益气话黄精[J]. 实用医学进修杂志, (2): 109.

公惠玲, 李卫平, 尹艳艳, 等. 2009. 黄精多糖对链脲菌素糖尿病大鼠降血糖作用及其机制探讨[J]. 中国中药杂志, 34(9): 1149-1154.

公惠玲, 尹艳艳, 李卫平, 等. 2008. 黄精多糖对四氧嘧啶诱导的糖尿病小鼠血糖和抗氧化作用的影响[J]. 安徽医科大学学报, 43(5): 538-540.

龚莉, 向大雄, 隋艳华. 2007. 黄精醇提物对心肌缺血大鼠心脏组织中 AST、CK、LDH 等活性及心肌坏死病理变化的影响[J]. 中医药导报, 13(6): 99-101.

龚莉. 2003. 黄精心血管活性部位的提取与筛选及对实验性心肌缺血的影响[D]. 贵阳: 贵阳中医学院硕士学位论文.

辜红梅, 蒙义文, 蒲蕾. 2003. 黄精多糖的抗单纯疱疹病毒作用[J]. 应用与环境生物学报, 9(1): 21-23.

管欣, 卢曦, 张友民. 2016. 黄精属两种植物叶的解剖学研究[J]. 农业与技术, 36(5): 45-47, 51.

郭妮. 2019. 栽培措施对林下多花黄精产量和品质的影响[D]. 重庆: 西南大学硕士学位论文.

郭巧生, 厉彦森, 王长林. 2007. 明党参种子品质检验及质量标准研究[J]. 中国中药杂志, 32(6): 478-481.

郭莹, 李瑾, 许健, 等. 2018. 望江南子总蒽醌提取工艺优化及 DPPH·自由基清除实验研究[J]. 中华中医药学刊, 36(2): 428-431.

国家药典委员会. 2010. 中华人民共和国药典(2010 年版一部)[M]. 北京: 中国医药科技出版社.

国家药典委员会. 2015. 中华人民共和国药典(2015 年版一部)[M]. 北京: 中国医药科技出版社.

国家中医药管理局《中华本草》编委会. 1999. 中华本草[M]. 上海: 上海科学技术出版社.

韩玺, 李月贵. 1982. 锦州地区产东北黄精(*Polygonatum sibiricum* Redoute)的药理观察[J]. 锦州医学院学报, 3(3): 1-8.

何新荣, 刘萍. 2009. 黄精药理研究进展[J]. 中国医业, 18(2): 63-64.

贺海花, 杨云, 王爽, 等. 2009. 不同蒸制方法和时间对黄精中多糖含量的影响[J]. 中药材, 32(6): 861-862.

衡银雪, 刘丹丹, 边凤霞, 等. 2017. 黄精多糖抗衰老作用及其食品应用研究进展[J]. 重庆工商大学学报(自然科学版), 34(6): 119-125.

胡国柱, 聂荣庆, 肖移生, 等. 2005. 黄精多糖对新生大鼠大脑皮层神经细胞缺氧性凋亡的影响[J]. 中药药理与临床, 21(4): 37-39.

胡国柱, 张进, 唐宁, 等. 2006. 黄精多糖抗新生大鼠大脑神经细胞缺氧性凋亡和坏死的研究[C]. 第八届全国中西医结合实验医学研讨会论文汇编: 219-223.

胡海翔, 刘保兴. 2007. 黄精赞育胶囊治疗男性不育症 65 例临床报告[C]. 首届全国生殖医学论坛暨生殖相关疾病诊疗技术学术研讨会论文集: 135-139.

胡娇阳, 汤锋, 操海群, 等. 2012. 多花黄精提取物对水果采后病原菌的抑菌活性研究[J]. 植物保护, 38(6): 31-34.

胡敏, 王琴, 周晓东, 等. 2005. 黄精药理作用研究进展及其临床应用[J]. 广东药学, 15(5): 68-71.

胡微煦, 文珠, 戎吉平, 等. 2012. 黄精多糖干预长春新碱诱导的骨髓基质细胞生长抑制及凋亡[J]. 中药药理与临床, 28(6): 79-82.

胡宜亮, 郑新荣, 刘凤梅, 等. 1994. 鸡头参开发技术研究[J]. 河南科学, 12(1): 70-74.

胡轶娟, 竺佳佳. 2011. 浙江多花黄精及长梗黄精的鉴定研究[J]. 浙江中医杂志, 46(8): 612-613.

胡忠荣, 陈伟, 李坤明. 2006. 猕猴桃种质资源描述规范和数据标准[M]. 北京: 中国农业出版社.

黄碧华. 2022. 多花黄精组培快繁技术优化[J]. 福建林业科技, 49(4): 69-73.

黄芳, 陈桃林, 蒙义文. 1999. 黄精多糖对老龄大鼠记忆获得和记忆再现的影响[J]. 应用与环境生物学报, (1): 37-40.

黄申, 刘京晶, 张新凤, 等. 2020. 多花黄精嫩芽主要营养与功效成分研究[J]. 中国中药杂志, 45(5): 1053-1058.

黄胜白, 陈重明. 1988. 本草学[M]. 南京: 南京工学院出版社.

黄赵刚, 刘志荣, 夏泉, 等. 2003. 不同产地黄精中多糖含量的比较[J]. 时珍国医国药, 14(9): 526-527.

贾向荣, 焦劼, 马存德, 等. 2017. 不同土壤水分含量对黄精生长及多糖含量影响[J]. 中药材, 40(9): 2007-2012.

江华. 2010. 黄精多糖的抗肿瘤活性研究[J]. 南京中医药大学学报, 26(6): 479-480.

姜程曦, 张铁军, 陈常青, 等. 2017. 黄精的研究进展及其质量标志物的预测分析[J]. 中草药, 48(1): 1-16.

蒋黎. 2013. 枇杷己糖激酶调控糖积累的分子机制研究[D]. 杭州: 浙江农林大学硕士学位论文.

蒋燕锋, 谢建秋, 潘心禾. 2021. 黄精常见病虫害的发生与防治[J]. 农业科技通讯, (11): 279-282.

蒋运生, 韦记青, 梁惠凌, 等. 2008. 黄花蒿规范化生产标准操作规程(SOP)[J]. 广西植物, 28(3): 363-366.

焦劼, 陈黎明, 孙瑞泽, 等. 2016a. 不同产地黄精主要化学成分比较及主成分分析[J]. 中药材, 39(3): 519-522.

焦劼, 陈黎明, 张巧媚, 等. 2016b. 黄精种子质量与外源生长调节物质 SNP、ETH 对种子萌芽的影响[J]. 时珍国医国药, 27(5): 1211-1213.

金久宁. 2006. 佛道有关的植物小考——黄精[C]. 第三届中国民族植物学学术研讨会暨第二届亚太地区民族植物学论坛论文集: 323-329.

金孝锋, 邱英雄, 丁炳扬. 2002. 古田山黄精——多花黄精一新变种及其与近似种的比较研究[J]. 浙江大学学报(农业与生命科学版), 28(5): 537-541.

金长娟, 徐振晔, 廖美琳. 1993. 黄精五味方升高白细胞作用临床初步观察[J]. 上海中医药杂志, 27(1): 30-31.

康利平, 张洁, 余和水, 等. 2008. 滇黄精化学成分的研究[C]. 第七届全国天然有机化学学术研讨会论文集.

孔德政, 李文玲, 王鹏飞, 等. 2005. 城市落叶经济与绿地的可持续利用[J]. 河南科学, 23(6): 823-825.

孔瑕, 刘娇娇, 李慧, 等. 2018. 黄精多糖对高脂血症小鼠脂代谢相关基因 mRNA 及蛋白表达的影响[J]. 中国中药杂志,

43(18): 3740-3747.

雷乔波. 2007. 梅花鹿的养殖现状和发展前景[J]. 经济动物学报, 11(1): 61-62.

雷升萍, 龙子江, 施慧, 等. 2017. 黄精多糖对缺氧复氧诱导 H9c2 心肌细胞损伤的保护作用[J]. 中药药理与临床, 33(1): 102-106.

黎勇, 孙志忠, 郝文辉, 等. 1996. 玉竹挥发油化学成分的研究[J]. 黑龙江大学自然科学学报, 13(4): 92-94.

李超彦, 周媛媛, 王福青, 等. 2013. 黄精多糖对顺铂致肝损害大鼠肝功能的保护及抗氧化指标的影响[J]. 中国实验方剂学杂志, 19(16): 229-231.

李尘远, 刘艳华, 李淑华, 等. 2003. 玉竹提取物 B 诱导人结肠癌 CL-187 细胞凋亡的实验研究[J]. 锦州医学院学报, 24(2): 26-29.

李迪民, 符波, 施杰, 等. 1997. 黄精炮制前后黄精多糖药理作用的研究[J]. 新疆医学院学报, 20(3): 18-20.

李福安, 李建民, 魏全嘉, 等. 2007. 秦艽生产操作规程(SOP)(Ⅰ)[J]. 青海医学院学报, 28(1): 41-44.

李洪果, 杜红岩, 贾宏炎, 等. 2018. 利用表型数据构建杜仲雌株核心种质[J]. 分子植物育种, 16(2): 5197-5209.

李建友, 高兆波, 兰红玲, 等. 2005. 西葫芦主要产量相关性状的灰色系统分析[J]. 中国蔬菜, (2): 24-25.

李金花. 2006. 安徽黄精属植物叶片和花的解剖发育研究[D]. 芜湖: 安徽师范大学硕士学位论文.

李金花, 周守标. 2005. 安徽黄精属植物的研究现状[J]. 中国野生植物资源, 24(5): 17-19.

李金花, 周守标, 王影, 等. 2007. 多花黄精五个居群叶片的比较解剖学研究[J]. 广西植物, 27(6): 826-831.

李敬林, 梁国卿, 李成利. 1983. "降糖丸"治疗气阴两虚非胰岛素依赖型糖尿病 20 例疗效观察[J]. 中医杂志, 24(10): 32-35.

李军, 张丽萍, 刘伟, 等. 2005. 地黄清蒸不同时间 5-羟甲基糠醛含量变化研究[J]. 中国中药杂志, 30(18): 1438-1440.

李峻安, 刘玉民, 邓远苇, 等. 2022. 多花黄精高效栽培肥料减施潜力分析[J]. 西北农林科技大学学报(自然科学版), 50(1): 137-145.

李凯. 2003. 黄精多糖滴眼液治疗单纯疱疹性角膜炎的临床研究[D]. 南京: 南京中医药大学硕士学位论文.

李丽, 龙子江, 高华武, 等. 2016. 黄精多糖对急性心肌梗死模型大鼠炎症及氧化应激反应的影响[J]. 实验动物科学, 33(5): 33-38.

李丽, 龙子江, 黄静, 等. 2015. 黄精多糖对急性心肌梗死模型大鼠 NF-κB 介导的炎症反应及心肌组织形态的影响[J]. 中草药, 46(18): 2750-2754.

李丽红, 任凤芝, 陈书红, 等. 2009. 玉竹中新的双氢高异黄酮[J]. 药学学报, 44(7): 764-767.

李明. 2014. 黄精多糖对运动疲劳大鼠抗氧化及神经递质的影响[J]. 食品科技, 39(9): 227-230.

李世, 郭学鉴, 苏淑欣, 等. 1997. 黄精野生变家种高产高效栽培技术研究[J]. 中国中药杂志, 22(7): 398-401.

李水福, 陈锦石. 1992. 黄精混淆品长梗黄精的生药学鉴别[J]. 现代应用药学, 9(3): 114-115.

李文金, 毕研文, 陈建生, 等. 2010. 泰山多花黄精试管苗生根技术研究[J]. 中国现代中药, 12(1): 19-20.

李文武, 丁立生, 李伯刚. 1996. 苎麻根化学成分的初步研究[J]. 中国中药杂志, 21(7): 427-428.

李兴玉, 毛自朝, 吴毅歆, 等. 2014. 芽孢杆菌环脂肽类次生代谢产物的快速检测[J]. 植物病理学报, 44(6): 718-722.

李岩, 孙文娟, 曲绍春, 等. 1996. 黄精粗多糖对环磷酰胺所致小鼠白细胞减少的对抗作用[J]. 吉林中医药, (2): 38.

李艳玲, 王德才, 史仁玖, 等. 2013. 泰山黄精内生真菌的分离鉴定及抑菌活性研究[J]. 中草药, 44(11): 1490-1494.

李莺, 罗明志, 罗雯, 等. 2011. 黄精的组织培养与植株再生[J]. 西北农业学报, 20(8): 159-162.

李迎春, 杨清平, 陈双林, 等. 2014. 光照对多花黄精生长、光合和叶绿素荧光参数特征的影响[J]. 植物研究, 34(6): 776-781, 786.

李勇刚. 2009. 黄精生物学特性及种子休眠特性的研究[D]. 杨凌: 西北农林科技大学硕士学位论文.

李尤佳. 2015. 黄精药酒助男性补益脾肾[J]. 家庭医药(快乐养生), (8): 42.

李友元, 成威, 邓洪波, 等. 2008. 黄精多糖对 App 转基因小鼠大脑及性腺组织端粒酶活性的影响[J]. 中国新药与临床杂志, 27(11): 844-846.

李友元, 邓洪波, 王蓉, 等. 2005a. 衰老小鼠组织端粒酶活性变化及黄精多糖的干预作用[J]. 医学临床研究, 22(7): 894-895.

李友元, 邓洪波, 张萍, 等. 2005b. 黄精多糖对糖尿病模型小鼠糖代谢的影响[J]. 中国临床康复, 9(27): 90-91.

李友元, 杨宇, 邓红波, 等. 2002. 黄精煎液对衰老小鼠组织端粒酶活性的影响[J]. 中国药学杂志, 26(4): 225-226.

李友元, 张萍, 邓洪波, 等. 2005c. 动脉粥样硬化家兔 VCAM-1 表达及黄精多糖对其表达的影响[J]. 医学临床研究, 22(9): 1287-1288.

李泽, 潘登, 沈建利, 等. 2013. 黄精多糖对免疫抑制小鼠免疫功能影响的实验研究[J]. 药物生物技术, 20(3): 241-244.

李长涛, 石春海, 吴建国, 等. 2004. 利用基因型值构建水稻核心种质的方法研究[J]. 中国水稻科学, 18(3): 218-222.

李自超, 张洪亮, 孙传清, 等. 1999. 植物遗传资源核心种质研究现状与展望[J]. 中国农业大学学报, 4(5): 51-62.

李文金, 毕研文, 陈建生, 等. 2010. 泰山多花黄精试管苗生根技术研究[J]. 中国现代中药, 12(1): 19-20.

梁引库, 吴三桥, 李新生. 2013. 硫酸酯化黄精多糖抗氧化活性研究[J]. 江苏农业科学, 41(2): 254-256.

梁志卿, 赵瑞, 孙吉娜, 等. 2011. 基质中不同比例珍珠岩的添加对番茄穴盘苗的矮化效应[J]. 东北农业大学学报, 42(4): 72-76.

梁宗锁, 董娟娥, 蒋传中. 2014. 丹参规范化生产[M]. 北京: 科学出版社.

梁宗锁, 舒志明, 高文. 2013. 秦岭药用植物资源及利用[M]. 杨凌: 西北农林科技大学出版社.

林海, 郝慧敏. 2011. 黄精愈伤组织诱导条件研究[J]. 江苏农业科学, 39(5): 44-46.

林厚文, 韩公羽, 廖时萱. 1994. 中药玉竹有效成分研究[J]. 药学学报, 29(3): 215-222.

林开中, 熊慧林. 1988. 黄精炮制前后某些化学成分的变化[J]. 中国药学杂志, 23(1): 47.

林兰, 张鸿恩, 高齐健, 等. 1987. 降糖甲片治疗糖尿病 38 例的左心功能测定初步观察[J]. 中西医结合杂志, 7(3): 148-150, 132.

林琳, 林寿. 1994. 全黄精属药用植物聚类分析[J]. 中药材, 17(6): 12-18, 54.

刘朝禄, 袁亚夫. 2000. 新问世的瓦屋山异黄精[J]. 植物杂志, (3): 6.

刘超, 李纪真, 贾会刚, 等. 2000. 改进黄精炮制方法[J]. 时珍国医国药, 11: 991.

刘代明, 曾万章. 1986. 四川黄精属二新种[J]. 植物研究, 6(2): 91-96.

刘殿辉, 姜殿勤, 冯文. 2004. 东北黄精药用价值与栽培技术[J]. 防护林科技, (6): 73-74.

刘芳源, 王钰, 开桂青, 等. 2017. 多花黄精组培体系建立及薯蓣皂苷等含量测定[J]. 生物学杂志, 34(6): 93-96.

刘芳源. 2017. 多花黄精组培体系建立及甾体皂苷成分提取[D]. 合肥: 安徽大学硕士学位论文.

刘红美, 方小波, 夏开德, 等. 2010. 多花黄精组织培养快繁技术的研究[J]. 种子, 29(12): 13-17.

刘建党, 张今今. 2003. 我国西部发展药用植物种植的机遇与对策[J]. 西北农林科技大学学报(社会科学版), 3(1): 69-71.

刘建军, 刘玲, 夏浇, 等. 2015. 黄精及其炮制品的薄层鉴别研究[J]. 中国民族民间医药, 24(5): 14-16.

刘京晶, 斯金平. 2018. 黄精本草考证与启迪[J]. 中国中药杂志, 43(3): 631-636.

刘玲, 鲍家科, 刘建军, 等. 2014. 蒸黄精的不同炮制方法比较[J]. 中国实验方剂学杂志, 20(24): 14-17.

刘玲, 鲍家科, 刘建军, 等. 2015. 酒黄精的不同炮制方法比较[J]. 中国实验方剂学杂志, 21(10): 26-29.

刘柳, 郑芸, 董群, 等. 2006. 黄精中的多糖组分及其免疫活性[J]. 中草药, 37(8): 1132-1134.

刘录祥, 孙其信, 王士芸. 1989. 灰色系统理论应用于作物新品种综合评估初探[J]. 中国农业科学, 22(3): 22-27.

刘娜. 2017. 黄精多糖的分离、鉴定及免疫调节功效研究[D]. 济南: 山东大学硕士学位论文.

刘绍欢, 洪迪清, 王世清. 2010. 黔产栽培黄精的薯蓣皂苷元含量测定[J]. 中国民族民间医药, 19(5): 44-45.

刘诗琼, 秦晓群, 李世胜. 2009. 黄精多糖对小鼠抗疲劳作用的实验研究[J]. 中国当代医药, 16(10): 31-32, 35.

刘喜才, 张丽娟, 等. 2006. 马铃薯种质资源描述规范和数据标准[M]. 北京: 中国农业出版社.

刘校, 王德群, 杨俊. 2017. 黄精根状茎形态与内部构造相关性初探[J]. 皖西学院学报, 33(5): 109-112.

刘艳, 罗敏, 秦民坚, 等. 2017. 多花黄精生殖生物学特性研究[J]. 中国中医药信息杂志, 24(11): 71-74.

刘义. 2009. 水稻己糖激酶 6(OsHXK6)糖感应机制及其互作蛋白(OsAGAP)的筛选[D]. 北京: 北京师范大学硕士学位论文.

刘勇, 孙中海, 刘德春, 等. 2006. 利用分子标记技术选择柚类核心种质资源[J]. 果树学报, 23(3): 339-345.

刘玉萍, 付桂芳, 曹晖. 1998. 黄精及其制剂在抗糖尿病方面的药理学研究及临床应用[J]. 中国中药杂志, 23(7): 438-439.

刘振丽, 宋志前, 巢志茂, 等. 2009. 何首乌生品与炮制品薄层层析鉴别方法研究[J]. 中国中医药信息杂志, 16(3): 41-42.

刘振兴, 程须珍, 周桂梅, 等. 2011. 多目标决策在小豆种质资源评价中的应用[J]. 植物遗传资源学报, 12(1): 54-58.

楼枝春. 2002. 黄精[J]. 国土绿化, (8): 47.

卢云继. 1993. 灰色系统理论在作物育种中的应用初探[J]. 农业系统科学与综合研究, 9(4): 293-296.

陆静, 张赤红, 吴瑜. 2019. 四川大叶黄精组培快繁技术[J]. 应用与环境生物学报, 25(5): 1222-1227.

陆丽华, 张欣, 梁宗锁, 等. 2010. 黄精生殖生物学特性研究[J]. 安徽农业科学, 38(25): 13687-13688.

陆善旦, 黄辉, 赵胜德, 等. 2000. 野生中药材栽培技术[M]. 上海: 上海科学普及出版社.

罗长浩. 2017. 不同施肥条件对黄精花椒林下栽培品质及产量的影响[D]. 杨凌: 西北农林科技大学硕士学位论文.

骆绪美, 郭婉琳, 韩文妍. 2012a. 安徽 3 种黄精植物光合生理生态特性分析[J]. 安徽农业大学学报, 39(5): 821-824.

骆绪美, 余国清, 郭婉琳, 等. 2012b. 安徽 4 种黄精属植物光合生理特性的研究[J]. 安徽林业科技, 38(4): 3-5, 12.

吕海亮, 饶广远. 2000. 叶表皮及种皮特征在黄精族系统学研究中的应用[J]. 植物分类学报, 38(1): 30-42.

吕倩, 胡江春, 王楠, 等. 2014. 南海深海甲基营养型芽孢杆菌 SHB114 抗真菌脂肽活性产物的研究[J]. 中国生物防治学报, 30(1): 113-120.

吕小迅, 周玉珍, 方丹云, 等. 1996. 黄芩黄精联合应用的抗真菌实验研究[J]. 中国皮肤性病学杂志, 10(2): 80.

吕雪荣, 潘兴瑜, 陈莹, 等. 2004. 玉竹提取物 B 对 CEM 的抑制作用[J]. 锦州医学院学报, 25(5): 35-38.

吕煜梦, 徐小萍, 张舒婷, 等. 2019. 三明野生黄精无菌体系的建立[J]. 热带作物学报, 40(8): 1559-1564.

略阳县志编纂委员会. 1992. 略阳县志[M]. 西安: 陕西人民出版社.

马百平, 张洁, 康利平, 等. 2007. 滇黄精中一个三萜皂苷的 NMR 研究[J]. 天然产物研究与开发, 19(1): 7-10.

马春辉, 黄田芳, 戚华溢, 等. 2005. 马莲鞍的化学成分研究[J]. 应用与环境生物学报, 11(3): 265-270.

马从容. 2010. 黄精属互生叶系五种药用植物分类鉴定研究[D]. 北京: 北京中医药大学硕士学位论文.

马怀芬, 方欢乐, 师西兰, 等. 2018. 黄精多糖对心脏重塑小鼠心脏组织中 ICAM-1、VCAM-1 蛋白表达的影响[J]. 环球中医药, 11(1): 25-29.

马云翔, 田福利, 王静媛, 等. 2006. 蒙椴树叶及木质部成分的研究[J]. 中国药学杂志, 41(20): 1533-1535.

毛兵兵. 1993. 丁黄洗剂治疗足癣感染 45 例[J]. 湖南中医药院学报, 13(1): 36.

门桂荣. 2018. 黄精林下栽培技术[J]. 现代农业科技, (12): 89-90.

蒙义文, 秦强, 蒲蔷, 等. 1999-4-14. 黄精果聚糖同系混合物药物的制作方法: CN97107702.9[P].

孟祥勋. 2002. 生物科学中的种质资源学[J]. 生物学通报, 37(6): 22-24.

苗明三. 2001. 食疗中药药物学[M]. 北京: 科学出版社.

明军, 张启翔, 兰彦平. 2005. 梅花品种资源核心种质构建[J]. 北京林业大学学报, 27(2): 65-69.

莫勇生, 卢拓方, 邱展鸿, 等. 2018. 多花黄精组培苗快速繁殖体系建立研究[J]. 中国现代中药, 20(4): 445-449.

牟小翎, 张利民, 杨圣祥, 等. 2010. 泰山野生黄精的组培快繁技术研究[J]. 山东农业科学, 42(1): 12-13, 17.

聂刘旺, 张定成, 张海军, 等. 1999. 安徽黄精属五种植物的同工酶分析[J]. 安徽师范大学学报(自然科学版), 22(1): 29-31.

欧亚丽, 李磊. 2008. 遮阴对黄精光合特性和蒸腾速率的影响[J]. 安徽农业科学, 36(24): 10326-10327.

潘兴瑜, 张明策, 李宏伟, 等. 2000. 玉竹提取物 B 对肿瘤的抑制作用[J]. 中国免疫学杂志, 16(7): 376-377.

潘德芳. 2011. 九华黄精活性成分多糖及挥发性组分研究[D]. 长沙: 中南大学博士学位论文

庞小峰. 1992. 关于生命系统的生物熵和热力学第四定律研究[J]. 西南民族大学学报(自然科学版), 18(4): 397-402.

庞小峰. 1998. "以负熵为生"的生物自组织及生命系统的热力学定律[J]. 商丘师范学院学报, 14(S1): 26-33.

庞玉新, 赵致, 冼富荣. 2006. 黄精的炮制研究[J]. 时珍国医国药, 17(6): 920-921.

庞玉新, 赵致, 袁媛, 等. 2003. 黄精的化学成分及药理作用[J]. 山地农业生物学报, 22(6): 547-550.

庞玉新, 赵致, 袁媛. 2004. 贵州产黄精生产操作规程初步研究[J]. 现代中药研究与实践, 18(3): 16-19.

彭定求, 等. 1960. 全唐诗[M]. 北京: 中华书局.

彭秧锡, 刘士军, 郭军, 等. 2005. 玉竹的研究开发现状与展望[J]. 食品研究与开发, 26(6): 120-122.

齐冰, 丁涛, 常正尧, 等. 2010. 泰山黄精对 D-半乳糖所致衰老小鼠的抗衰老作用研究[J]. 时珍国医国药, 21(7): 1811-1812.

钱超尘, 温长路, 赵怀舟. 2008. 金陵本《本草纲目》新校正[M]. 上海: 上海科学技术出版社.

钱枫, 左坚, 潘国石, 等. 2011. 安徽产主要黄精品种的多糖含量测定和比较[J]. 甘肃中医学院学报, 28(1): 61-63.

钱勇, 曲玮, 梁敬钰, 等. 2010. 玉竹中的四个高异黄酮(英文)[J]. 中国天然药物, 8(3): 189-191

秦海林, 李志宏, 王鹏, 等. 2004. 中药玉竹中新的次生代谢产物[J]. 中国中药杂志, 29(1): 42-44.

秦巧平, 张上隆, 徐昌杰. 2003. 己糖激酶与植物生长发育[J]. 植物生理学通讯, 39(1): 1-8.

邱丽娟, 李英慧, 关荣霞, 等. 2009. 大豆核心种质和微核心种质的构建、验证与研究进展[J]. 作物学报, 35(4): 571-579.

瞿昊宇, 冯楚雄, 谢梦洲, 等. 2015. 不同炮制方法对黄精多糖含量的影响[J]. 湖南中医药大学学报, 35(12): 53-55.

曲秀春, 于爽, 张晓君, 等. 2005. 黑龙江省黄精属植物物种生物学的初步研究[J]. 中国林副特产, (6): 15-17.

阙灵, 杨光, 李颖, 等. 2017. 《既是食品又是药品的物品名单》修订概况[J]. 中国药学杂志, 52(7): 521-524.

冉懋雄. 2004. 中药组织培养实用技术[M]. 北京: 科学技术文献出版社: 411-414.

饶宝蓉, 谢东奇, 陈泳和, 等. 2018. 多花黄精实生苗组培快繁技术研究[J]. 江西农业学报, 30(2): 46-49.

任汉阳, 薛春苗, 张瑜, 等. 2004. 黄精粗多糖对温热药致阴虚模型小鼠免疫器官重量及血清中 IL-2 含量的影响[J]. 河南中医学院学报, 19(3): 12-13.

荣小娟, 张园, 文相华. 2020. 多花黄精鲜品对小鼠抗疲劳作用的实验研究[J]. 饮食保健, (37): 17-18.

尚虎山, 刘伟江, 李亚杰, 等. 2019. 漳县多花黄精与山茶树间作技术[J]. 农业科技与信息, 16(23): 70-71.

邵建章, 张定成, 孙叶根. 1999. 安徽黄精属植物生物学特性和资源评估[J]. 安徽师范大学学报(自然科学版), 22(2): 138-141.

邵建章, 张定成, 杨积高, 等. 1993. 黄精属 5 种植物的核型研究[J]. 中国科学院大学学报, 31(4): 353.

邵建章, 张定成, 钱枫. 1994. 安徽黄精属的细胞分类学研究[J]. 广西植物, 14(4): 361-368.

邵建章, 张定成. 1992. 安徽黄精属二新种[J]. 广西植物, 12(2): 99-102.

沈宝明, 杨硕知, 谭著明, 等. 2018. 中药多花黄精组培快繁技术体系研究[J]. 湖南林业科技, 45(5): 27-31.

沈进昌, 杜树新, 罗祎, 等. 2012. 基于云模型的模糊综合评价方法及应用[J]. 模糊系统与数学, 26(6): 115-123.

师文贵, 李志勇, 钱永忠, 等. 2007. 豆科牧草种质资源鉴定技术规程的制定[J]. 草业科学, 24(12): 40-43.

施大文, 王志伟, 李自力, 等. 1993. 中药黄精的性状和显微鉴别[J]. 上海医科大学学报, 20(3): 213-219.

石达理, 许亮, 谢明, 等. 2018. 乌头属六种有毒中药的本草考证[J]. 中华中医药学刊, 36(1): 158-162.

石娟, 赵煜, 雷杨, 等. 2011. 黄精粗多糖抗疲劳抗氧化作用的研究[J]. 时珍国医国药, 22(6): 1409-1410.

时永杰, 杨志强, 田福平, 等. 2011. 冷地早熟禾种质资源描述规范和数据标准[M]. 北京: 中国农业科学技术出版社.

斯金平, 朱玉贤. 2021. 黄精——一种潜力巨大且不占农田的新兴优质杂粮[J]. 中国科学: 生命科学, 51(11): 1477-1484.

宋东平, 吴维春, 丁志国, 等. 2004. 东北黄精栽培技术[J]. 特种经济动植物, 7(9): 21-22.

宋荣, 严蓓, 易自力, 等. 2018. 湖南多花黄精栽培技术[J]. 湖南农业科学, (8): 21-23.

苏伟, 赵利, 刘建涛, 等. 2007. 黄精多糖抑菌及抗氧化性能研究[J]. 食品科学, 28(8): 55-57.

睢大员, 于晓凤, 吕忠智, 等. 1996. 枸杞子、北五味子和黄精三种粗多糖的增强免疫与抗脂质过氧化作用[J]. 白求恩医科大学学报, (6): 606-607.

孙昌, 高方坚, 徐秀瑛. 2000. 百合科药用植物种子发芽的研究[J]. 中草药, 31(2): 127-129.

孙桂芳. 2003. 氮、磷、钾营养对优质玉米籽粒产量及品质的影响[D]. 海口: 华南热带农业大学硕士学位论文.

孙化萍, 于晓林, 罗旭升, 等. 2005. 黄精多糖滴眼液对实验性干眼症结膜的影响[J]. 中国中医眼科杂志, 15(2): 80-82.

孙剑秋, 郭良栋, 臧威, 等. 2006. 药用植物内生真菌及活性物质多样性研究进展[J]. 西北植物学报, 26(7): 1505-1519.

孙静, 宋艺君, 王昌利, 等. 2016. 正交试验法优选鲜切太白黄精酒蒸炮制工艺[J]. 中国现代中药, 18(4): 493-496.

孙骏威, 赵进, 周荣鑫. 2017. 不同植物生长调节剂对多花黄精组织培养的效果[J]. 贵州农业科学, 45(3): 97-100.

孙隆孺. 1999. 黄精的化学成分及生物活性的研究[D]. 沈阳: 沈阳药科大学博士学位论文.

孙隆儒, 李铣. 2001. 黄精化学成分的研究(Ⅱ)[J]. 中草药, 32(7): 586-588.

孙隆儒, 李铣, 郭月英, 等. 2001. 黄精改善小鼠学习记忆障碍等作用的研究[J]. 沈阳药科大学学报, 18(4): 286-289.

孙隆儒, 王素贤. 1997. 中药黄精化学成分的研究(I)[J]. 中草药, 28(A10): 47-48.

孙隆儒, 王素贤, 李铣. 1997. 中药黄精中的新生物碱[J]. 中国药物化学杂志, 7(2): 129.

孙茂林, 杨万林, 李树莲, 等. 2004. 马铃薯的休眠特性及其生理调控研究[J]. 中国农学通报, (6): 81-84, 188.

孙婷婷, 张红, 刘建峰, 等. 2016. 陕西产黄精不同炮制品中多糖含量分析[J]. 中国药师, 19(2): 232-234.

孙晓娟. 2012. 黄精、巴戟天、白芷有效成分体外抗肿瘤作用的研究[D]. 郑州: 郑州大学硕士学位论文.

孙学文, 刘艳芳. 2006. 用甲苯萃取与未经萃取测定脯氨酸含量的比较——磺基水杨酸法[J]. 河北科技师范学院学报, 20(4): 26-28.

孙亚林, 黄新芳, 何燕红, 等. 2015. 运用层次分析法评价多子芋种质资源[J]. 华中农业大学学报, 34(1): 16-22.

孙叶根. 1996. 安徽黄精和琅琊黄精核型初步研究[J]. 安徽师大学报(自然科学版), 19(2): 144-150.

孙哲. 2009. 三种黄精资源调查及卷叶黄精质量评价[D]. 北京: 北京中医药大学硕士学位论文.

谭小明, 周雅琴, 陈娟, 等. 2015. 药用植物内生真菌多样性研究进展[J]. 中国药学杂志, 50(18): 1563-1580.

汤泽光. 1958. 黄精治疗癣菌病初次试用的效果[J]. 上海中医药杂志, (7): 432-433.

唐翩翩, 徐德平. 2008. 黄精中甾体皂苷的分离与结构鉴定[J]. 食品与生物技术学报, 27(4): 34-37.

唐伟, 王威, 谭丽阳, 等. 2017. 黄精多糖对慢性脑缺血大鼠学习记忆能力及脑组织超微结构影响[J]. 中国中医药科技, 24(2): 173-176.

唐永金, 董玉飞. 2000. 北川山区海拔和坡向对杂交玉米的影响[J]. 应用与环境生物学报, 6(5): 428-431.

滕杉杉, 孙震, 邱野, 等. 2022. 中药炮制传统工艺九蒸九晒的调研、优化及评价[J]. 长春中医药大学学报, 38(1): 109-113.

滕雪梅. 2008. 黄精栽培新技术[J]. 吉林农业, (9): 26-27.

田怀, 侯娜. 2020. 黄精组织培养快繁技术体系建立的研究[J]. 南京师大学报(自然科学版), 43(3): 129-135.

田启建, 赵致, 谷甫刚, 等. 2008. 栽培黄精的植物学形态特征[J]. 山地农业生物学报, 27(1): 72-75.

田启建, 赵致, 谷甫刚. 2007. 中药黄精套作玉米立体栽培模式研究初报[J]. 安徽农业科学, 35(36): 11881-11882.

田启建, 赵致, 谷甫刚. 2010a. 栽培黄精物候期研究[J]. 中药材, 33(2): 168-170.

田启建, 赵致, 谷甫刚. 2010b. 栽培黄精种苗的分级及移栽时期的选择[J]. 贵州农业科学, 38(6): 93-94.

田启建, 赵致, 谷甫刚. 2011. 黄精栽培技术研究[J]. 湖北农业科学, 50(4): 772-776.

田伟. 2007. 黄精多糖对 APP 转基因小鼠学习记忆能力的影响及作用机制的研究[D]. 长沙: 中南大学硕士学位论文.

童红, 申刚. 2007. 黄精药材中黄精多糖的含量测定[J]. 中国药业, 16(9): 20-21.

童冉, 姜丽娜, 吴小龙, 等. 2016. 野生玫瑰种质资源鉴定评价技术规范的研制[J]. 山东林业科技, 46(4): 20-24.

万学锋, 陈菁瑛. 2013. 多花黄精组培快繁技术初探[J]. 中国现代中药, 15(10): 850-852.

汪宝根, 阮晓亮, 吴伟, 等. 2015. 瓠瓜种质资源鉴定评价技术及其应用[J]. 浙江农业科学, 56(5): 738-740.

汪劲武, 李懋学, 杨继. 1991. 玉竹和多花黄精的变异及其亲缘关系初探[J]. 植物分类学报, 29(6): 511-516.

汪娟, 梁爽, 陈应鹏, 等. 2016. 黄精属植物非皂苷类化学成分研究进展[J]. 辽宁中医药大学学报, 18(1): 74-78.

汪滢, 王国平, 王丽薇, 等. 2010. 一株多花黄精内生真菌的鉴别及其抗菌代谢产物[J]. 微生物学报, 50(8): 1036-1043.

王爱梅, 周建辉, 欧阳静萍. 2008. 黄精对 D-半乳糖所致衰老小鼠的抗衰老作用研究[J]. 长春中医药大学学报, 24(2): 137-138.

王彩霞, 徐德平. 2008. 黄精中乌苏酸型皂苷的分离与结构鉴定[J]. 食品与生物技术学报, 27(3): 33-36.

王承楠. 2016. 黄精复方抗氧化抗衰老作用研究[D]. 西安: 陕西师范大学硕士学位论文.

王传辉. 2005. 复方黄精口服液对阿霉素致心衰大鼠心肌保护作用研究[D]. 福州: 福建医科大学硕士学位论文.

王丹. 2016. 玉竹与黄精繁殖生物学研究[D]. 沈阳: 沈阳农业大学硕士学位论文.

王冬梅, 张京芳, 李登武. 2008. 秦岭地区玉竹根茎的高异黄烷酮化学成分[J]. 林业科学, 44(9): 125-129.

王冬梅, 张京芳, 李登武. 2010. 秦岭地区玉竹根茎的脂溶性成分及其抑菌活性研究[J]. 武汉植物学研究, 28(5): 644-647.

王冬梅, 朱玮, 张存莉, 等. 2006. 黄精化学成分及其生物活性[J]. 西北林学院学报, 21(2): 142-145.

王海洋, 龙飞, 沈伟祥, 等. 2022. 滇黄精离体快繁体系建立及优化[J]. 黑龙江农业科学, (5): 85-90.

王红玲, 熊顺军, 洪艳, 等. 2000. 黄精多糖对全身 ^{60}Coγ 射线照射小鼠外周血细胞数量及功能的影响[J]. 数理医药学杂志, 13(6): 493-494.

王红玲, 张渝侯, 洪艳, 等. 2002a. 黄精多糖对小鼠血糖水平的影响及机理初探[J]. 儿科药学杂志, 8(1): 14-15.

王红玲, 张渝侯, 洪艳, 等. 2002b. 黄精多糖对哮喘患儿红细胞免疫功能影响的体外实验研究[J]. 中国当代儿科杂志, 4(3): 233-235.

王建新. 2009. 黄精降糖降脂作用的实验研究[J]. 中国中医药现代远程教育, 7(1): 93-94.

王剑龙, 常晖, 周仔莉, 等. 2013. 黄精种子萌发过程发育解剖学研究[J]. 西北植物学报, 33(8): 1584-1588.

王进, 岳永德, 汤锋, 等. 2011. 气质联用法对黄精炮制前后挥发性成分的分析[J]. 中国中药杂志, 36(16): 2187-2191.

王坤, 岳永德, 汤锋, 等. 2014. 多花黄精多糖的分级提取及结构初步分析[J]. 天然产物研究与开发, 6(3): 364-369.

王路. 2008. 论"是"与"存在"[J]. 云南大学学报(社会科学版), 7(6): 16-28.

王强, 徐国钧. 2003. 道地药材图典(三北卷)[M]. 福州: 福建科学技术出版社.

王声淼, 刘小琴, 王梦萍. 2019. 林下规范化套种多花黄精关键技术[J]. 农业科技通讯, (8): 275-277.

王世清, 洪迪清, 高晨曦. 2009. 黔产黄精的资源调查与品种鉴定[J]. 中国当代医药, 16(8): 50-51.

王曙东, 宋炳生, 金亚丽, 等. 2001. 黄精根茎及须根中微量元素及氨基酸的分析[J]. 中成药, 23(5): 369-370.

王曙东, 吴晴斋, 李汉保. 1995. 黄精根茎、须根中营养成分的研究[J]. 时珍国药研究, 6(4): 14-15.

王涛涛, 程娟, 姚余有. 2013. 黄精水煎剂对 β-淀粉样蛋白诱导的大鼠学习记忆能力下降的保护作用研究[J]. 安徽农业大学学报, 40(1): 95-99.

王孝平, 邢树礼. 2009. 考马斯亮蓝法测定蛋白含量的研究[J]. 天津化工, 23(3): 40-42.

王新力. 2004. 语言分类系统、真值间隔和不可通约性——对库恩关于不可通约性的分类学解释之重建[J]. 世界哲学, (5): 41-57.

王艳芳. 2017. 滇黄精多糖改善大鼠脂代谢紊乱的作用研究[D]. 昆明: 云南中医学院硕士学位论文.

王艺. 2019. 黄精、滇黄精多糖的结构表征与降血糖活性分析[D]. 西安: 陕西师范大学硕士学位论文.

王易芬, 穆天慧, 陈纪军, 等. 2003. 滇黄精化学成分研究[J]. 中国中药杂志, 28(6): 524-526.

王永康. 2014. 枣种质资源鉴定评价技术规范及遗传多样性研究[D]. 太原: 山西农业大学博士学位论文.

王玉华, 杨清, 陈敏. 2004. 植物糖感知和糖信号传导[J]. 植物学通报, 39(3): 273-279.

王玉勤, 吴晓岚, 张广新, 等. 2011. 黄精多糖对大鼠抗氧化作用的实验研究[J]. 中国现代医生, 49(5): 6.

王裕生. 1988. 重要药理与应用[M]. 2 版. 北京: 人民卫生出版社.

王占红. 2012. 黄精营养特性及配方施肥技术研究[D]. 杨凌: 西北农林科技大学硕士学位论文.

韦素珍, 黄艳莲, 陆贻逊, 等. 2010. 黄精提取液对老龄小鼠心、脑 SOD 和 MDA 含量的影响[J]. 中国医药导报, 7(9): 31-32.

魏新燕, 黄媛媛, 黄亚丽, 等. 2018. 甲基营养型芽孢杆菌 BH21 对葡萄灰霉病菌的拮抗作用[J]. 中国农业科学, 51(5):

883-892.

魏征, 曾林燕, 宋志前, 等. 2012. 顶空-气相色谱-质谱联用分析黄精炮制过程化学成分的变化[J]. 中国实验方剂学杂志, 18(20): 115-118.

温远珍, 马兰, 黄素芳, 等. 2010. 黄精煎剂中 5-羟甲基糠醛的含量测定[J]. 广州中医药大学学报, 27(5): 507-509.

文珠, 胡国柱, 俞火, 等. 2011. 黄精多糖干预长春新碱抑制骨髓基质细胞增殖的研究[J]. 中华中医药杂志, 26(7): 1630-1632.

文珠, 肖移生, 唐宁, 等. 2006. 黄精多糖对神经细胞的毒性及抗缺氧性坏死和凋亡作用研究[J]. 中药药理与临床, 22(2): 29-31.

吴刚, 黄文娟, 姚江河. 2013. 塔里木盆地野生植物种质资源共享信息库构建[J]. 塔里木大学学报, 25(2): 70-75.

吴李芳. 2017. 西红花球茎腐烂病的致病菌鉴定及其生防菌解淀粉芽孢杆菌 C612 的筛选和应用[D]. 杭州: 浙江大学硕士学位论文.

吴立宏, 胡海燕, 黄世亮, 等. 2002. 连翘与贯叶连翘的本草考证[J]. 中国中药杂志, 27(8): 612-616.

吴丽群, 林菁, 张增弟. 2016. 不同产地黄精中挥发性成分分析与比较[J]. 药学研究, 35(12): 693-696.

吴群绒, 胡盛, 杨光忠, 等. 2005. 滇黄精多糖 I 的分离纯化及结构研究[J]. 林产化学与工业, 25(2): 80-82.

吴燊荣, 李友元, 邓洪波, 等. 2004. 黄精多糖对老年糖尿病小鼠脑组织糖基化终产物受体 mRNA 表达的影响[J]. 中华老年医学杂志, 23(11): 817-819.

吴燊荣, 李友元, 肖洒. 2003. 黄精多糖调脂作用的实验研究[J]. 中国新药杂志, 12(2): 108-110.

吴石星. 2009. 黄精多糖对 AD 大鼠学习记忆能力和海马细胞凋亡的影响[D]. 长沙: 中南大学硕士学位论文.

吴世安, 吕海亮, 杨继, 等. 2000. 叶绿体 DNA 片段的 RFLP 分析在黄精族系统学研究中的应用[J]. 植物分类学报, 38(2): 97-110.

吴仕九, 孟庆棣, 方建志, 等. 1990. 滋肾蓉精丸治疗肾虚型糖尿病 170 例临床疗效观察及实验研究[J]. 中医杂志, 31(4): 31-33.

吴维春, 罗海潮. 1995. 温度与黄精种子萌发试验[J]. 中药材, 18(12): 597-598.

吴毅, 姜军华, 许妍, 等. 2015a. 黄精炮制前后氨基酸含量的柱前衍生化高效液相色谱法测定[J]. 时珍国医国药, 26(4): 884-886.

吴毅, 王栋, 郭磊, 等. 2015b. 三种黄精炮制前后呋喃类化学成分的变化[J]. 中药材, 38(6): 1172-1176.

吴宇函, 俞涵曦, 韩晓文, 等. 2019. 多花黄精植株再生及繁殖研究[J]. 种子, 38(7): 90-95.

伍贤进, 李胜华, 贺安娜, 等. 2021. 多花黄精林下轻简化生态种植技术[J]. 湖南林业科技, 48(4): 128-130.

夏晓凯, 张庭廷, 陈传平. 2006. 黄精多糖的体外抗氧化作用研究[J]. 湖南中医杂志, 22(4): 90-96.

肖倩, 姜程曦. 2017. 安徽省黄精产业经济发展分析[J]. 安徽农业科学, 45(31): 216-218.

肖移生. 2017. 黄精地龙提取液对老年痴呆大鼠脑内 M 胆碱能受体影响的研究[J]. 中药药理与临床, 33(4): 110-114.

谢凤勋. 2001. 中草药栽培实用技术[M]. 北京: 中国农业出版社.

谢敏, 李伟, 李佳欣, 等. 2019. 多花黄精组织培养快速繁殖技术组培研究[J]. 安徽农学通报, 25(5): 20-21.

谢鸣, 陈俊伟, 秦巧平, 等. 2007. 转化酶和己糖激酶调控草莓聚合果内糖积累[J]. 植物生理与分子生物学学报, 33(3): 213-218.

谢宗万. 1964. 中药材品种论述[M]. 上海: 上海科学技术出版社.

谢宗万. 1984. 中药材品种本草考证的思路与方法(一)[J]. 中药材科技, 7(4): 29-30.

徐德平, 孙婧, 齐斌, 等. 2006. 黄精中三萜皂苷的提取分离与结构鉴定[J]. 中草药, 37(10): 1470-1472.

徐福桥. 2008. 水稻己糖激酶家族的分析及对花药开裂和花粉萌发的影响[D]. 北京: 中国科学院研究生院博士学位论文.

徐红梅, 赵东利. 2003. 植物生长调节剂对多花黄精芽体外发生过程中性状的影响[J]. 中草药, 34(9): 855-858.

徐鸿华, 刘军民, 钟小清. 1999. 谈中药材生产质量管理规范(GAP)的实施[J]. 中药材, 22(11): 594-596.

徐任生. 1993. 天然产物化学[M]. 北京: 科学出版社.

徐如松. 2001. 安徽皇甫山五种黄精属植物叶表皮气孔研究[J]. 安徽农业技术师范学院学报, 15(2): 31-32.

徐世忱, 李淑惠, 纪耀华, 等. 1993. 黄精炮制前后总多糖含量的比较分析[J]. 中国中药杂志, 18(10): 600-601.

徐维平, 祝凌丽, 魏伟, 等. 2011. 黄精总皂苷对慢性应激抑郁模型大鼠免疫功能的影响[J]. 中国临床保健杂志, 14(1): 50-61.

徐哲, 徐道田. 2004-09-15. 一种具有免疫调节、抗辐射功能的保健食品及其制备方法: CN1528209A[P].

徐忠传, 何俊蓉, 郁达, 等. 2006a. 多花黄精的组织培养与快速繁殖[J]. 植物生理学通讯, 42(1): 78-79.

徐忠传, 何俊蓉, 周静亚, 等. 2006b. 6-BA 浓度对离体多花黄精不定芽增殖的影响[J]. 安徽农业大学学报, 33(1): 105-107.

许金波, 陈正玉. 1996. 玉竹多糖抗肿瘤作用及其对免疫功能影响的实验研究[J]. 深圳中西医结合杂志, 6(1): 13-15.

许丽萍, 唐红燕, 贾平, 等. 2018. 滇黄精根茎芽组织培养技术研究[J]. 南方林业科学, 46(1): 33-37.

许苏旸. 2012. 黄精多糖对大强度运动后人体心肌微损伤及心脏内分泌功能的影响[D]. 成都: 成都体育学院硕士学位论文.

薛春苗, 任汉阳, 薛润苗, 等. 2006. 黄精粗多糖对温热药致阴虚模型小鼠抗氧化作用的实验研究[J]. 河南中医, 26(3): 24-26.

闫鸿丽, 陆建美, 王艳芳, 等. 2015. 黄精调节糖代谢的活性及作用机理研究进展[J]. 中国现代中药, 17(1): 82-85.

闫永庆, 张艳艳, 刘威, 等. 2013. 不同栽培基质对二苞黄精植株生长发育的影响[J]. 东北农业大学学报, 44(10): 93-96.

严芳娜, 曾高峰, 宗少晖, 等. 2017. 黄精多糖对去卵巢大鼠骨质疏松模型中 OPG 和 RANKL 蛋白表达的影响[J]. 实用医学杂志, 33(8): 1243-1246.

杨冰峰, 胥峰, 李淑立, 等. 2021. 黄精化学成分·生理功能及产业发展研究进展[J]. 安徽农业科学, 49(11): 8-12.

杨崇仁, 张影, 王东, 等. 2007. 黄精属植物甾体皂苷的分子进化及其化学分类学意义[J]. 云南植物研究, 29(5): 591-600.

杨发建. 2016. 黄精属 6 种药用植物生药学的初步研究[D]. 昆明: 云南中医学院硕士学位论文.

杨华, 宋绪忠, 陈磊. 2010. 运用层次分析法对三叶崖爬藤种质评价与选择的研究[J]. 安徽林业科技, 36(2): 11-13.

杨继, 汪劲武, 李懋学. 1988. 黄精属细胞分类学研究——Ⅱ.四川金佛山地区黄精属植物核型[J]. 植物科学学报, 6(4): 311-314, 411-412.

杨剑萍, 徐石海, 郭书好. 2005. 长枝沙菜 Hypnea charoides 次级代谢物的分离与结构鉴定[J]. 光谱实验室, 22(2): 440-442.

杨李, 唐瑛, 左娟, 等. 2004. 硫代巴比妥酸法测定血清脂质过氧化物方法的改进[J]. 华南国防医学杂志, 18(1): 30-32.

杨明河, 于德泉. 1980. 黄精多糖和低聚糖的研究[J]. 中国药学杂志, 15(7): 24.

杨清平, 陈双林, 郭子武, 等. 2021. 摘花和打顶措施对毛竹林下多花黄精块茎生物量积累特征的影响[J]. 南京林业大学学报(自然科学版), 45(2): 165-170.

杨圣贤, 杨正明, 陈奕军, 等. 2015. 黄精"九蒸九制"炮制过程中多糖及皂苷的含量变化[J]. 湖南师范大学学报(医学版), 12(5): 141-144.

杨文远, 郭辉, 王天勇. 1997. 宁夏黄精中黄精多糖的提取、分离和测定[J]. 宁夏大学学报(自然科学版), 18(2): 60-62.

杨寻. 2021. 多花黄精组培再生体系构建及驯化研究[J]. 农业与技术, 41(7): 18-20.

杨玉红. 2011. 植物生长调节剂对黄精愈伤组织诱导的影响[J]. 北方园艺, (1): 156-158.

杨育霞. 2016. 农作物种质资源本体构建研究[J]. 工程技术(文摘版), (3): 285-285.

杨云, 王爽, 冯云霞, 等. 2009. 黄精中小分子糖对小鼠免疫功能的影响[J]. 中国组织工程研究与临床康复, 13(18): 3447-3450.

杨云, 许闽, 冯云霞, 等. 2008. 黄精不同炮制品中 5-羟甲基糠醛的含量测定[J]. 中药材, 31(1): 17-19.

杨子龙, 王世清, 左敏. 2002. 黄精高产栽培技术[J]. 安徽技术师范学院学报, 16(1): 51-52.

杨紫玉, 杨科, 朱晓新, 等. 2020. 黄精保健食品的开发现状及产业发展分析[J]. 湖南中医药大学学报, 40(7): 853-859.

杨庆雄. 1999. 五种百合科药用植物的甾体皂甙[D]. 昆明: 中国科学院昆明植物研究所博士论文.

叶红翠, 张小平, 余红, 等. 2008. 多花黄精粗多糖抗肿瘤活性研究[J]. 中国实验方剂学杂志, 14(6): 34-36.

叶云, 邓洪波, 李友元. 2006. 黄精多糖对大鼠脑缺血再灌注损伤的保护作用[J]. 医学临床研究, 23(3): 292-293.

衣小凤, 郭晏华. 2010. 黄精总多糖含量分析[J]. 辽宁中医药大学学报, 12(9): 190-191.

易玉新, 吴石星, 叶茂盛, 等. 2015. $A\beta_{1-42}$ 海马注射致大鼠海马细胞凋亡作用及黄精多糖干预的作用[J]. 中国老年学杂志, 35(4): 1044-1045.

尹宏, 韩娇, 袁新普, 等. 2009. 黄精无性系建立的研究[J]. 西南农业学报, 22(4): 1065-1068.

雍潘. 2019. 多花黄精的多糖提取、纯化、结构解析及活性研究[D]. 成都: 西南民族大学硕士学位论文.

于纯淼, 刘宁, 宫铭海, 等. 2019. 黄精药理作用研究进展及在保健食品领域的应用开发[J]. 黑龙江科学, 10(18): 66-68.

于德泉, 杨峻山, 谢晶曦, 等. 1989. 分析化学手册 第五分册 核磁共振波谱分析[M]. 北京: 化学工业出版社.

余红, 张小平, 邓明强, 等. 2008. 多花黄精挥发油 GC-MS 分析及其生物活性研究[J]. 中国实验方剂学杂志, 5: 4-6.

余宏亮, 薄立伟, 曹恒海, 等. 2012. 黄精赞育胶囊对弱精症患者精子活动率、精浆果糖、精浆 α-糖苷酶的影响[C]. 中华医学会生殖医学分会人类精子库管理学组第三届年会暨全国男性生殖医学和精子库管理新进展第四次研讨会论文集: 417.

喻江, 于镇华, 刘晓冰, 等. 2015. 植物根组织内生细菌多样性及其促生作用[J]. 中国农学通报, 31(13): 169-175.

喻雄华, 张大舜. 2006. 不同方法炮制的黄精中多糖含量的比较[J]. 中国医院药学杂志, 26(10): 1306-1307.

袁海涛, 董玉芝, 王肇延. 2012. 用最小距离逐步取样法构建野核桃核心种质[J]. 浙江农业科学, 53(7): 972-974.

袁名安, 孔向军, 陈玉华, 等. 2012. 不同种植密度甜玉米与黄精套种栽培研究[J]. 园艺与种苗, 32(12): 3-5.

袁亚菲, 董婷, 王剑文. 2011. 内生青霉菌对黄花蒿组培苗生长和青蒿素合成的影响[J]. 氨基酸和生物资源, 33(4): 1-4.

宰青青, 秦臻, 叶兰. 2016. 黄精对自然衰老大鼠内皮祖细胞功能及端粒酶活性的影响[J]. 中国中西医结合杂志, 36(12): 1480-1485.

曾高峰, 张志勇, 鲁力, 等. 2011. 黄精多糖对骨质疏松性骨折大鼠骨代谢因子的影响[J]. 中国组织工程研究与临床康复, 15(33): 6199-6202.

曾林燕, 宋志前, 魏征, 等. 2013. 黄精炮制过程中新产生成分分离及含量变化[J]. 中草药, 44(12): 1584-1588.

曾林燕, 魏征, 曹玉娜, 等. 2012. 3 个品种黄精炮制前后小分子糖含量变化[J]. 中国实验方剂学杂志, 18(11): 69-72.

曾庆华, 余晓琳, 廖品正, 等. 1988. 黄精多糖制剂治疗家兔单纯疱疹病毒性角膜炎的实验观察[J]. 成都中医学院学报, 11(1): 30-33.

曾再新. 1996. 九华山黄精[J]. 中国土特产, (5): 32-33.

张超. 2014. 葡萄糖调控牡丹切花花青素苷合成的分子机理[D]. 北京: 北京林业大学博士学位论文.

张超, 王彦杰, 付建新, 等. 2012. 高等植物己糖激酶基因研究进展[J]. 生物技术通报, 8(4): 19-26.

张东冉. 2016. 东北六种黄精属植物基源研究[D]. 沈阳: 沈阳农业大学硕士学位论文.

张恩汉, 刘桂英. 1984. 黄精根茎的形成与发育[J]. 中药材科技, 7(3): 1-2.

张峰, 高群, 孔令雷, 等. 2007. 黄精多糖抗肿瘤作用的实验研究[J]. 中国实用医药, 2(21): 95-96.

张峰, 张继国, 王丽华, 等. 2007. 黄精多糖对东莨菪碱致小鼠记忆获得障碍的改善作用[J]. 现代中西医结合杂志, 16(36): 5410-5412.

张贵君. 2000. 现代实用中药鉴别技术[M]. 北京: 人民卫生出版社: 697.

张海君. 2010. 水稻己糖激酶 7 与 Arf-GTPase 激活蛋白的相互作用机理研究[D]. 北京: 北京师范大学硕士学位论文.

张恒庆, 贾鑫, 刘华健, 等. 2018. 大连地区黄精与多花黄精遗传多样性的 ISSR 比较分析[J]. 辽宁师范大学学报(自然科学版), 41(2): 233-238.

张鸿恩, 林兰, 李宝珠, 等. 1986. 降糖甲片治疗成人糖尿病的临床报告[J]. 中医杂志, 27(4): 37-39.

张洁. 2006. 滇黄精化学成分的研究[D]. 郑州: 河南中医学院硕士学位论文.

张洁, 马百平, 杨云. 2006. 黄精属植物甾体皂苷类成分及药理活性研究进展[J]. 中国药学杂志, 41(5): 330-332.

张洁, 马百平, 康利平, 等. 2006a. 滇黄精中两个呋甾皂苷的 NMR 研究[J]. 波谱学杂志, 23(1): 31-40.

张洁, 马百平, 余河水, 等. 2006b. 滇黄精化学成分的研究[C]. 中国化学会第二十五届学术年会论文摘要集（下册）.

张捷, 张萍, 李勤霞. 2018. 新疆野核桃核心种质的构建[J]. 果树学报, 35(2): 168-176.

张婕, 金传山, 吴德玲, 等. 2014. 正交试验法优选黄精加压酒蒸工艺研究[J]. 安徽中医药大学学报, 33(1): 72-74.

张凯, 高珊, 朱树华. 2017. 肥城桃果实己糖激酶 II 基因克隆、生物信息学分析及原核表达[J]. 华北农学报, 32(6): 85-91.

张丽萍, 赵祺, 崔友, 等. 2019. 黄精多糖生物活性及功能性食品开发[J]. 热带农业工程, 43(5): 207-210.

张玲, 夏作理. 2007. 泰山黄精中微量元素含量的分析测定[J]. 中国医药导报, 4(26): 105-106.

张沐新, 杨晓虹. 2007. 黄精属植物甾体皂苷类化学成分研究进展[C]. 第九届全国中药和天然药物学术研讨会论文集: 315-355.

张平. 2002. 泰山黄精的人工栽培技术[J]. 山东林业科技, 32(5): 28-29.

张萍, 刘丹, 李友元. 2006. 黄精多糖对动脉粥样硬化家兔血清 IL-6 及 CRP 的影响[J]. 医学临床研究, (7): 1100-1101.

张普照. 2006. 黄精采收加工技术及其化学成分研究[D]. 杨凌: 西北农林科技大学硕士学位论文.

张庆红, 马梅芳. 2008. 硫酸-蒽酮法测定天冬中多糖含量[J]. 中国现代中药, 10(8): 18-19.

张融瑞, 华一瑚, 陈文恺, 等. 1988. 黄精的几种不同溶剂提取物对大鼠的高脂血症的作用[J]. 江苏中医, 20(7): 41-42.

张顺仓. 2014. 丹参酚酸类成分生源合成调控相关基因的克隆与功能研究[D]. 杨凌: 西北农林科技大学博士学位论文.

张廷红. 1998. 甘肃高寒阴湿区黄精属植物资源分布与开发利用对策[J]. 甘肃农业科技, (5): 45-46.

张庭廷, 胡威, 汪好芬, 等. 2011. 九华山黄精多糖的分离纯化及化学表征[J]. 食品科学, 32(10): 48-51.

张庭廷, 夏晓凯, 陈传平, 等. 2006. 黄精多糖的生物活性研究[J]. 中国实验方剂学杂志, 12(7): 42-45.

张旺凡. 2008. 不同植物生长调节剂打破多花黄精种子休眠试验[J]. 中医药学报, 36(6): 43-44.

张为民, 张钧, 邢智峰, 等. 1998. 5 种黄精属植物的蛋白指纹分析[J]. 河南师范大学学报(自然科学版), 26(3): 70-73.

张曦曦. 2008-12-17. 一种治疗上呼吸道感染的中药组合物: CN101322810[P].

张欣, 李修炼, 梁宗锁, 等. 2012. 不同环境温度下大草蛉对黄精主要害虫二斑叶螨的控害潜能评估[J]. 环境昆虫学报, 34(2): 214-219.

张秀兰, 蒋玲. 2007. 本体概念研究综述[J]. 情报学报, 26(4): 527-531.

张亚惠. 2016. 铁皮石斛抗炭疽病种质资源筛选及抗性株系制种和应用[D]. 杭州: 浙江大学硕士学位论文.

张英, 田源红, 王建科, 等. 2011. 均匀设计优化清蒸黄精的炮制工艺[J]. 中华中医药杂志, 26(8): 862-864.

张莹, 钟凌云. 2010. 炮制对黄精化学成分和药理作用影响研究[J]. 江西中医学院学报, 22(4): 77-79.

张勇飞, 谢庆华. 2000. 几种主要的马铃薯种薯催芽方法及其操作要点[J]. 种子, 19(3): 46-47.

张玉翠. 2011. 黄精种子的萌发特性及生理研究[D]. 杨凌: 西北农林科技大学硕士学位论文.

张玉翠, 李勇刚, 王占红, 等. 2011. 黄精种子休眠原因的研究[J]. 种子, 30(4): 58-61.

张跃进, 李永刚, 王维, 等. 2009. 黄精种子形态及发芽特性研究[J]. 种子, 28(12): 28-30.

张跃进, 张玉翠, 李勇刚, 等. 2010. 药用植物黄精种子休眠特性研究[J]. 植物研究, 30(6): 753-757.

张跃进, 张玉翠, 王占红, 等. 2011. 黄精种子内源抑制物质的初步研究[J]. 西北农业学报, 20(7): 50-55.

张泽玫, 陈镇奇, 眭道顺, 等. 2006. 健脾饮对学龄前儿童反复呼吸道感染的治疗作用[J]. 广州中医药大学学报, 23(4): 298-301.

张泽锐, 黄申, 刘京晶, 等. 2020. 多花黄精和长梗黄精花主要营养功效成分[J]. 中国中药杂志, 45(6): 1329-1333.

张昭, 程惠珍, 张本刚, 等. 2003. 黄精属药材结实特性的研究[J]. 中药研究与信息, 5(9): 19-20.

张征, 姚卫平. 2021. 池州市九华黄精主要病虫害类型及绿色防控技术[J]. 安徽农学通报, 27(16): 120-121.

张智慧, 马聪吉, 王丽, 等. 2018. 滇黄精组织培养及快繁技术研究[J]. 时珍国医国药, 29(10): 2525-2527.

张子惠. 1977. 黄精醋治疗手足癣[J]. 新中医, 9(2): 8.

赵碧英. 2014. 梨果实己糖激酶基因 *PbHXK1* 和 *PbFRK1* 的克隆、表达分析及初步的功能研究[D]. 南京: 南京农业大学硕士学位论文.

赵红霞, 蒙义文, 蒲蔷. 1995. 黄精多糖对果蝇寿命的影响[J]. 应用与环境生物学报, 1(1): 74-77.

赵宁, 杨孟莉, 李继东, 等. 2017. 基于 ISSR 标记的山茱萸核心种质构建[J]. 农业生物技术学报, 25(4): 579-587.

赵文莉, 赵晔, Tseng Y. 2018. 黄精药理作用研究进展[J]. 中草药, 49(18): 4439-4445.

赵欣, 刘晓蕾, 兰晓继, 等. 2011. 黄精的高效液相色谱指纹图谱[J]. 西北农业学报, 20(2): 114-119.

赵致, 庞玉新, 袁媛, 等. 2005a. 药用作物黄精栽培研究进展及栽培的几个关键问题[J]. 贵州农业科学, 33(1): 85-86.

赵致, 庞玉新, 袁媛, 等. 2005b. 药用作物黄精种子繁殖技术研究[J]. 种子, 24(3): 11-13.

郑春艳, 汪好芬, 张庭廷. 2010. 黄精多糖的抑菌和抗炎作用研究[J]. 安徽师范大学学报(自然科学版), 33(3): 272-275.

郑虎占, 董泽宏, 佘靖. 1998. 中药现代研究与应用·第五卷[M]. 北京: 学苑出版社.

郑小江, 陈晓春, 滕树锐, 等. 2018. 湖北省恩施州三种黄精主要有效成分及硒含量对比[J]. 湖北民族学院学报(自然科学版), 36(1): 12-14.

郑艳, 孙叶根, 王洋, 等. 1998. 安徽黄精属植物花粉形态的研究[J]. 植物研究, 18(4): 414-417.

郑艳, 王洋. 1999. 安徽黄精属(*Polygonatum*)植物叶表皮研究[J]. 广西植物, 19(3): 263-266.

郑云峰, 李松涛. 2002. 黄精的应用与栽培[J]. 特种经济动植物, 5(5): 25.

中国科学院中国植物志编辑委员会. 1978. 中国植物志·第十五卷[M]. 北京: 科学出版社: 52-80.

钟灿, 劳嘉, 金剑, 等. 2020. 基于激素及其配比探讨多花黄精种子组培体系的建立[J]. 北方园艺, 460(13): 118-123.

钟凌云, 周烨, 龚千锋. 2009. 炮制对黄精薯蓣皂苷元影响的研究[J]. 中华中医药学刊, 27(3): 538-540.

周垂玉. 2012. 林麝养殖管理经验概述[J]. 中国动物保健, 14(12): 63-65.

周建刚. 2012. 中药对小儿反复呼吸道感染免疫干预的研究[J]. 中外健康文摘, 9(9): 66-67.

周建金, 罗晓锋, 叶炜, 等. 2013. 多花黄精种子繁殖技术的研究[J]. 种子, 32(1): 111-113.

周建金, 罗晓锋, 叶炜, 等. 2012. 多花黄精组培快繁技术研究[J]. 福建农业科技, (9): 59-61.

周培军, 李学芳, 符德欢, 等. 2017. 滇黄精与易混品轮叶黄精的比较鉴别[J]. 广州中医药大学学报, 34(4): 587-591.

周培军, 应拉娜, 李学芳, 等. 2011. 垂叶黄精的生药学研究[J]. 云南中医中药杂志, 32(8): 63-65.

周守标, 李金花, 罗琦, 等. 2006. 多花黄精叶表皮的发育[J]. 西北植物学报, 26(3): 551-557.

周先治, 苏海兰, 陈阳, 等. 2017. 多花黄精主要病害发生规律调查[J]. 福建农业科技, (10): 25-27.

周新华, 桂尚上, 肖智勇, 等. 2016a. 温度和光照对多花黄精种子萌发的影响[J]. 南方林业科学, 44(6): 1-4.

周新华, 厉月桥, 王丽云, 等. 2016b. 多花黄精根茎芽高效组培增殖和生根体系研究[J]. 经济林研究, 34(1): 51-56.

周新华, 朱宜春, 桂尚上, 等. 2015. 多花黄精组培生根技术研究[J]. 经济林研究, 33(4): 102-105.

周繇. 2002. 长白山区黄精属植物的种质资源及其开发利用[J]. 中国野生植物资源, 21(2): 34-35.

周晖, 唐铖, 高翔, 等. 2005. 中药玉竹的研究进展[J]. 天津医科大学学报, 11(2): 328-330.

周永林, 王磊. 2016. 基于云模型理论的多层次模糊综合评价法[J]. 计算机仿真, 33(12): 390-395.

朱红艳, 许金俊. 1999. 黄精延缓衰老研究进展[J]. 中草药, 30(10): 795-797.

朱瑾波, 王慧贤, 焦炳忠, 等. 1994. 黄精调节免疫及防治肿瘤作用的实验研究[J]. 中国中医药科技, 1(6): 31-33.

朱强, 岑旺, 余信, 等. 2020. 黄精组培技术研究[J]. 种子科技, 38(5): 8-9.

朱巧, 邓欣, 张树冰, 等. 2018. 黄精属 6 种植物的 SSR 遗传差异分析[J]. 中国中药杂志, 43(14): 2935-2943.

朱文. 2015. 100 例呼吸道感染临床疗效分析[J]. 健康前沿, (10): 64.

朱伍凤, 王剑龙, 常辉, 等. 2013. 黄精种子破眠技术研究[J]. 种子, 32(4): 13-16.

朱艳, 孙伟, 秦民坚, 等. 2011. 基于 RAPD 技术探讨黄精属部分药用植物系统位置[J]. 中国野生植物资源, 30(6): 34-37.

朱烨丰, 刘季春, 何明. 2010. 黄精多糖预处理对乳鼠心肌细胞缺氧/复氧损伤的保护作用[J]. 南昌大学学报(医学版), 50(3): 29-32.

朱宜章, 王建清. 1995. 应用气相色谱仪测定主要油料作物的脂肪酸组分[J]. 浙江农业学报, 4: 79-81.

祝凌丽, 徐维平. 2009. 黄精总皂苷和多糖的药理作用及其提取方法的研究进展[J]. 安徽医药, 13(7): 719-722.

祝凌丽, 徐维平, 魏伟, 等. 2010. 黄精总皂苷对慢性应激模型大鼠的行为学以及对海马的 BDNF 和 TrkB 表达的影响[J]. 中国新药杂志, 19(6): 517-525.

祝正银. 1992. 峨眉山黄精属一新种[J]. 植物研究, 12(3): 267-269.

邹建华. 1994. 黄精属植物的生药学研究(2): 朝鲜黄精的植物来源[J]. 国外医学(中医中药分册), 16(4): 25-26.

Ahmad F, Ahmad I, Khan M S. 2008. Screening of free-living rhizospheric bacteria for their multiple plant growth promoting activities[J]. Microbiol. Res., 163(2): 173-181.

Ahn M J, Cho H Y, Lee M K, et al. 2011. A bisdesmosidic cholestane glycoside from the rhizomes of *Polygonatum sibiricum*[J]. Natural Product Sciences, 17(3): 183-188.

Ahn M J, Kim C Y, Yoon K D, et al. 2006. Steroidal saponins from the rhizomes of *Polygonatum sibiricum*[J]. J. Nat. Prod., 69(3): 360-364.

Akbari M, Salehi H, Niazi A. 2018. Evaluation of diversity based on morphological variabilities and ISSR molecular markers in Iranian *Cynodon dactylon* (L.) Pers. accessions to select and introduce cold-tolerant genotypes[J]. Mol. Biotechnol., 60(4): 259-270.

Alfonse S, Bonaventure T N, Berhanu M A. 1999. Homoisoflavonoids and stilbenes from the bulbs of *Scilla nervosa* subsp. *rigidifolia*[J]. Phytochemistry, 52(5): 947-955.

Arif khodzhaev A O, Rakhimov D A. 1980. Polysaccharides of *Polygonatum*. Ⅲ Isolation and characteristics of *Polygonatum roseum* polysaccharides[J]. Khim. Prir. Soedin, (2): 246-247.

Bangani V, Mulholland D A, Crouch N R. 1999. Homoisoflavanones and stilbenoids from *Scilla nervosa*[J]. Phytochemistry, 51(7): 947-951.

Barbakadze V V, Kemertelidze E P, Dekanosidze H E, et al. Structure of a glucomannan from rhizomes of Polygonatum glaberrimum C. Koch (Liliaceae)[J]. Bioorg. Khim., 19(8): 805-810.

Bartley G E, Scolnik P A. 1995. Plant carotenoids: pigments for photoprotection, visual attraction, and human health. The Plant Cell, 7(7): 1027-1038.

Cai J, Li U M, Wang Z, et al. 2002. Apoptosis induced by dioscin in Hela cells[J]. Biol. Pharm. Bull., 25(2): 193-196.

Camrada L, Merlini L, Nasini G. 1983. Dragon's blood from *Dracaena draco*, structure of novel honoisoflavonoids[J]. Heterocycles, 20: 39-43.

Chase M W, Reveal J L, Fay M F. 2009. A subfamilial classification for the expanded asparagalean families Amaryllidaceae, Asparagaceae and Xanthorrhoeaceae[J]. Bot. J. Linn. Soc., 161(2): 132-136.

Chen C W, Cao K, Wang L R, et al. 2011. Molecular ID establishment of main China peach varieties and peach related species[J]. Sci. China-Chem, 44(10): 115-127.

Chen Q, Li Y, Rong L, et al. 2018. Genetic diversity analysis of *Toona sinensis* germplasms based on SRAP and EST-SSR markers[J]. Acta. Horticult. Sin., 45(5): 967-976.

Chen X H, Koumoutsi A, Scholz R, et al. 2009. More than anticipated–production of antibiotics and other secondary metabolites by *Bacillus amyloliquefaciens* FZB42[J]. Microbiol. Physiol., 16(1-2): 14-24.

Choi S B, Park S. 2002. A steroidal glycoside from *Polygonatum odoratum* (Mill.) Druce. improves insulin resistance but does not alter insulin secretion in 90% pancreatectomized rats[J]. Biosci. Biotechnol. Biochem., 66(10): 2036-2043.

Chopin J, Dellamonica G, Besson E, et al. 1977. C-galactosylflavones from Polygonatum multiflorum[J]. Phytochemistry, 16(12): 1999-2001.

Coll F, Preiss A, Padron G, et al. 1983. Bahamgenin—a steroidal sapogenin from *Solanum bahamense*[J]. Phytochemistry, 22(3): 787-788.

Crouch N R, Bangani V, Mulholland D A. 1999. Homoisoflavanones from three South African: *Scilla* species[J]. Phytochemistry,

51(7): 943-946.

Crum J D, Cassady J M, Olmstead P M, et al. 1965. The chemistry of alkaloids. I. The screening of some native Ohio plants[J]. Proc. West Va. Acad. Sci., 37: 143-147.

Dai N, Schaffer A, Petreikov M, et al. 1999. Overexpression of *Arabidopsis* hexokinase in tomato plants inhibits growth, reduces photosynthesis, and induces rapid senescence[J]. Plant Cell, 11(7): 1253-1266.

Darlington C D, Wylie A P. 1955. Chromosome Atlas of Flowering Plants. London: George Allen and Unwin Ltd.

Dawson G F, Probert E J. 2007. A sustainable product needing a sustainable procurement commitment: the case of green waste in Wales[J]. Sustainable Development, 15(2): 69-82.

Debnath T, Park S R, Jo J E, et al. 2013. Antioxidant and anti-inflammatory activity of *Polygonatum sibiricum* rhizome extracts[J]. Asian Pacific Journal of Tropical Disease, 3(4): 308-313.

Ding J J, Bao J K, Zhu D Y, et al. 2008. Crystallization and preliminary X-Ray diffraction analysis of a novel mannose-binding lectin with antiretroviral properties from *Polygonatum cyrtonema* Hua[J]. Protein Peptide Lett., 15(4): 411-414.

Ding J J, Bao J K, Zhu D Y, et al. 2010. Crystal structures of a novel anti-HIV mannose-binding lectin from *Polygonatum cyrtonema* Hua with unique ligand-binding property and super-structure[J]. J. Struct. Biol., 171(3): 309-317.

Du L, Nong M N, Zhao J M, et al. 2016. *Polygonatum sibiricum* polysaccharide inhibits osteoporosis by promoting osteoblast formation and blocking osteoclastogenesis through Wnt/β-catenin signalling pathway[J]. Sci. Rep., 6: 32261.

Egamberdieva D, Wirth S J, Shurigin V V, et al. 2017. Endophytic bacteria improve plant growth, symbiotic performance of chickpea (*Cicer arietinum* L.) and induce suppression of root rot caused by *Fusarium solani* under salt stress[J]. Front. Microbiol., 8: 1887.

Faheem M, Raza W, Zhong W, et al. 2015. Evaluation of the biocontrol potential of *Streptomyces goshikiensis* YCXU against *Fusarium oxysporum* f. sp. *niveum*[J]. Biol. Control, 81: 101-110.

Floden A J. 2012. Reinstatement of *Polygonatum yunnanense* (Asparagaceae)[J]. Phytotaxa, 58(1): 59-64.

Gan L S, Chen J J, Shi M F, et al. 2013. A new homoisoflavanone from the rhizomes of *Polygonatum cyrtonema*[J]. Nat. Prod. Commun., 8(5): 597-598.

Godbole A, Dubey A K, Reddy P S, et al. 2013. Mitochondrial VDAC and hexokinase together modulate plant programmed cell death[J]. Protoplasma, 250(4): 875-884.

Granot D, Kelly G, Stein O, et al. 2014. Substantial roles of hexokinase and fructokinase in the effects of sugars on plant physiology and development[J]. J. Exp. Bot., 65(3): 809-819.

Hallmann J, Quadt-Hallmann A, Mahaffee W F, et al. 1997. Bacterial endophytes in agricultural crops[J]. Can. J. Microbiol., 43(10): 895-914.

Han Q, Wu F, Wang X, et al. 2015. The bacterial lipopeptide iturins induce *Verticillium dahliae* cell death by affecting fungal signalling pathways and mediate plant defence responses involved in pathogen-associated molecular pattern-triggered immunity[J]. Environ. Microbiol, 17(4): 1166-1188.

Hasanova S, Akparov Z, Mammadov A, et al. 2017. Genetic diversity of chickpea genotypes as revealed by ISSR and RAPD markers[J]. Genetika-Belgrade, 49(2): 415-423.

Hassan S E D. 2017. Plant growth-promoting activities for bacterial and fungal endophytes isolated from medicinal plant of *Teucrium polium* L.[J]. J. Adv. Res., 8(6): 687-695.

Hawksworth E L, Andrews P C, Lie W, et al. 2014. Biological evaluation of bismuth non-steroidal anti-inflammatory drugs (BiNSAIDs): Stability, toxicity and uptake in HCT-8 colon cancer cells[J]. J. Inorg. Biochem., 135: 28-39.

Hoflacher H, Bauer H. 1982. Light acclimation in leaves of the juvenile and adult life phases of ivy (*Hedera helix*)[J]. Physiol. Plant., 56(2): 177-182.

Hu C Y, Xu D P, Wu Y M, et aL. 2010. Triterpenoidsaponins from the rhizome of *Polygonatum sibiricum*[J]. J. Asian Nat. Prod. Res., 12(9): 801-808.

Huang P L, Gan K H, Wu R R, et al. 1997. Benzoquinones, a homoisoflavanone and other constituents from *Polygonatum alte-lobatum*[J]. Phytochemistry, 44(7): 1369-1373.

Janeczko Z. 1980. Elucidation of the structure of the sugar components of the steroid saponosides from *Polygonatum multiflorum* roots[J]. Acta. Pol. Pharm., 37(5): 559-565.

Janeczko Z, Jansson P E, Sendra J. 1987. A new steroidal saponin from *Polygonatum officinale*[J]. Planta Med., 53(1): 52-54.

Janeczko Z, Sibiga A. 1982. Steroidal saponosides in *Polygonatum verticillatum* All[J]. Herba Pol., 28(3): 115-122.

Jiang Q, Lv Y, Dai W, et al. 2013. Extraction and bioactivity of *polygonatum* polysaccharides[J]. Int. J. Biol. Macromol., 54: 131-135.

Jiao J, Huang W L, Bai Z Q, et al. 2018a. DNA barcoding for the efficient and accurate identification of medicinal polygonati rhizoma in China[L]. PLoS One, 13(7): e0201015.

Jiao J, Jiaa X R, Liu P, et al. 2018b. Species identification of polygonati rhizoma in China by both morphological and molecular marker methods[J]. C. R. Biol., 341(2): 102-110.

Jin J M, Zhang Y J, Li H Z , et al. 2004. Cytotoxic steroidal saponins from *Polygonatum zanlanscianense*[J]. J. Nat. Prod., 67(12): 1992-1995.

Jung B G, Lee J A, Lee B J. 2013. Antiviral effect of dietary germanium biotite supplementation in pigs experimentally infected with porcine reproductive and respiratory syndrome virus[J]. J. Vet. Sci., 14(2): 135-141.

Kaneta M, Hikichi H, Endo S, et al. 1980. Identification of flavones in thirteen *Liliaceae* species[J]. Agric. Biol. Chem., 44(6): 1405-1406.

Karve A, Moore B D. 2009. Function of Arabidopsis hexokinase-like1 as a negative regulator of plant growth[J]. J. Exp. Bot., 60(14): 4137-4149.

Kato A, Miura T, Yano H, et al. 1994. Suppressive effects of polygonati rhizoma on hepatic glucose output, GLUT2 messenger-RNA expression and its protein-content in rat-liver[J]. Endocrine J., 41(2): 139-144.

Kelly G, Sade N, Attia Z, et al. 2014. Relationship between hexokinase and the aquaporin PIP$_1$ in the regulation of photosynthesis and plant growth[J]. PLoS One, 9(2): e87888.

Kintya P K, Stamova A I. 1978. Steroidal glycosides XXI. Structure of polygonatoside E′ and protopolygonatoside E′ from *Polygonatum latifolium* leaves[J]. Khim. Prir. Soedin, (3): 350-354.

Kumar V. 1959. Karyotype in two Himalayan species of *Polygonatum*[J]. Experientia, 15(11): 419-420.

Kun H S, Jae C D, Sam S K. 1991. Isolation of adenosine from the rhizomes of *Polygonatum sibiricum*[J]. Arch. Pharm. Res., 14(2): 193-194.

Lattoo S K, Dhar A K, Jasrotia A. 2001. Epicotyl seed dormancy and phenology of germination in *Polygonatum cirrhifolium* Royle[J]. Curr. Sci., 81(11): 1414-1417.

Li G, Quiros C F. 2001. Sequence-related amplified polymorphism (SRAP), a new marker system based on a simple PCR reaction: its application to mapping and gene tagging in *Brassica*[J]. Theor. Appl. Genet., 103(2-3): 455-461.

Li L, Thakur K, Liao B Y, et al. 2018. Antioxidant and antimicrobial potential of polysaccharides sequentially extracted from *Polygonatum cyrtonema* Hua[J]. Int. J. Biol. Macromol., 114: 317-323.

Li X C, Yang C R. 1992. Steroid saponins from *Polygonatum kingianum*[J]. Phytochemistry, 3(10): 3559-3563.

Li X C, Yang C R, Matsuura H, et al. 1993. Steroid glycosides from *Polygonatum prattii*[J]. Phytochenmistry, 33(2): 465-470.

Li X Y, Mao Z C, Wang Y H, et al. 2013. Diversity and active mechanism of fengycin-type cyclopeptides from Bacillus subtilis XF-1 against *Plasmodiophora brassicae*[J]. J. Microbiol. Biotechnol., 23(3): 313-321.

Lichtenthaler H K, Buschmann C, Döll M, et al. 1981. Photosynthetic activity, chloroplast ultrastructure, and leaf characteristics of high-light and low-light plants and of sun and shade leaves[J]. Photosynth. Res., 2(2): 115-141.

Lin C N, Huang P L, Lu C M, et al. 1997. Polygonapholine, an alkaloid with a novel skeleton, isolated from *Polygonatum alte-lobatum*[J]. Tetrahedron, 53(6): 2025-2028.

Liu B, Cheng Y, Zhang B, et al. 2008. *Polygonatum cyrtonema* lectin induces apoptosis and autophagy in human melanoma A375 cells through a mitochondria-mediated ROS–p38–p53 pathway[J]. Cancer Lett., 275(1): 54-60.

Liu B, Cheng Y, Bian H J, et al. 2009. Molecular mechanisms of *Polygonatum cyrtonema* lectin-induced apoptosis and autophagy in cancer cells[J]. Autophagy, 5(2): 253-255.

Liu F, Liu Y H, Meng Y W, et al. 2004. Structure of polysaccharide from *Polygonatum cyrtonema* Hua and the antiherpetic activity of its hydrolyzed fragments[J]. Antivir. Res., 63(3): 183-189.

Liu L, Dong Q, Dong X T, et al. 2007. Structural investigation of two neutral polysaccharides isolated from rhizome of *Polygonatum sibiricum*[J]. Carbohyd. Polym., 70(3): 304-309.

Liu N, Dong Z H, Zhu X S, et al. 2018. Characterization and protective effect of *Polygonatum sibiricum* polysaccharide against cyclophosphamide-induced immunosuppression in Balb/c mice[J]. Int. J. Biol. Macromol., 107: 796-802.

Liu X X, Wan Z J, Shi L, et al. 2011. Preparation and antiherpetic activities of chemically modified polysaccharides from *Polygonatum cyrtonema* Hua[J]. Carbohyd. Polym., 83(2): 737-742.

Liu Y, Hou L Y, Li Q M, et al. 2016. The effects of exogenous antioxidant germanium (Ge) on seed germination and growth of *Lycium ruthenicum* Murr subjected to NaCl stress[J]. Environ. Technol., 37(8): 909-919.

Long T, Liu Z, Shang J, et al. 2018. *Polygonatum sibiricum* polysaccharides play anti-cancer effect through TLR4-MAPK/NF-κB signaling pathways[J]. Int. J. Biol. Macromol., 111: 813-821.

Lu H, Zou W X, Meng J C, et al. 2000. New bioactive metabolites produced by *Colletotrichum* sp., an endophytic fungus in *Artemisia annua*[J]. Plant Sci., 151(1): 67-73.

Lutoslawa S. 1969. Flavonoids of family Liliaceae part IV.C-Glycosyls in *Polygonatum multiflorum* (L.)[J]. Dissert Pharm pharmacol, 21: 261-263.

Meng Y, Nie Z L, Deng T, et al. 2014. Phylogenetics and evolution of phyllotaxy in the Solomon's seal genus *Polygonatum* (Asparagaceae: Polygonateae)[J]. Bot. J. Linn. Soc., 176(4): 435-451.

Miura T, Kato A. 1995. The difference in hypoglycemic action between polygonati rhizoma and polygonati officinalis rhizoma[J]. Biol. Pharm. Bull., 18(11): 1605-1606.

Mnasri N, Chennaoui C, Gargouri S, et al. 2017. Efficacy of some rhizospheric and endophytic bacteria *in vitro* and as seed coating for the control of *Fusarium culmorum* infecting durum wheat in Tunisia[J]. Eur. J. Plant Pathol., 147(3): 501-515.

Morita N, Arisawa M, Yoshikawa A. 1976. Studies on medicinal resources. ⅩⅩⅩⅧ. Studies constituents of *Polygonatum* plants (Liliaceae).(1). The constituents in the leaves of *Polygonatum odoratum* (Mill.) Druce var. *pluriflorum* (Mig.) Ohwi[J]. Yakugaku Zasshi, 96(10): 1180-1183.

Nakamura T, Hanada K, Tamura M, et al. 1995. Stimulation of endosteal bone formation by systemic injections of recombinant basic fibroblast growth factor in rats[J]. Endocrinology, 136(3): 1276-1284.

Nakata H, Sasaki K, Morimoto I, et al. 1964. The structure of polygonaquinone[J]. Tetrahedron, 20(10): 2319-2323.

Nei M, Li W H. 1979. Mathematical model for studying genetic variation in terms of restriction endonucleases[J]. PNAS, 76(10): 5269-5273.

Nestor M, Carballei R A, Jaime R. 1991. Two novel phospholipid fatty acids from the Caribbean sponge *Geodia gibberosa*[J]. Lipids, 26(4): 324-326.

Nguyen A T, Fontaine J, Malonne H, et al. 2006. Homoisoflavanones from *Disporopsis aspera*[J]. Phytochemistry, 67(19): 2159-2163.

Ongena M, Jacques P. 2008. *Bacillus* lipopeptides: versatile weapons for plant disease biocontrol[J]. Trends Microbiol., 16(3): 115-125.

Oh S A, Park J H, Lee G I, et al. 1997. Identification of three genetic loci controlling leaf senescence in Arabidopsis thaliana. Plant J., 12: 527-535.

Peng X M, He J C, Zhao J M, et al. 2018. *Polygonatum sibiricum* polysaccharide promotes osteoblastic differentiation through the ERK/GSK-3β/β-catenin signaling pathway in vitro[J]. Rejuv. Res., 21(1): 44-52.

Pi J, Zeng J, Luo J J, et al. 2013. Synthesis and biological evaluation of Germanium(IV)-polyphenol complexes as potential anti-cancer agents[J]. Bioorg. Med. Chem. Lett., 23(10): 2902-2908.

Qin H L,Li Z H, Wang P. 2003. A new furostanol glycoside from *Polygonatum odoratum*[J]. Chinese Chem. Lett., 14(12): 1259-1260.

Rakhimov D A .1978. Polysaccharides of *Polygonatum*. Ⅰ. Isolation and characteristics of polysaccharides from *Polygonatum sewerzowii*[J]. Khim. Prir. Soedin., (5): 555-559.

Rakhmanberdyeva R K, Rakhimov D A. 1986. Polysaccharides of *Polygonatum*. XI. Glucomannan of *Polygonatum roseum*[J]. Khim. Prir. Soedin, (1): 15-21.

Rakhmanberdyeva R K, Rakhimov D A. 1987. Glucofructan of *Polygonatum roseum*. X [J]. Khim. Prir. Soedin, (2): 292-293.

Rakhmanberdyeva R K. 1982a. *Polygonatum* polysaccharides. V. Isolation and characterization of glucomannans from *Polygonatum polyanthemum*[J]. Khim. Prir. Soedin., (3): 393-394.

Rakhmanberdyeva R K. 1982b. *Polygonatum* polysaccharides. IV. Study of the structure of glucomannan from *Polygonatum sewerzowii*[J]. Khim. Prir. Soedin., (5): 576-578.

Rakhmanberdyeva R K. 1986. Polysaccharides of *Polygonatum*. VII. Glucofructan of *P. sewerzowii*[J]. Khim. Prir. Soedin., (1): 15-21.

Rhie Y H, Lee S Y, Park J H, et al. 2014. Scarification and gibberellic acid affecting to dormancy breaking of Variegated Solomon's Seal (*Polygonatum odoratum* var. *pluriflorum* 'Variegatum')[J]. Korean Journal of Horticultural Science & Technology, 32(3): 296-302.

Roessner-Tunali U, Hegemann B, Lytovchenko A, et al. 2003. Metabolic profiling of transgenic tomato plants overexpressing hexokinase reveals that the influence of hexose phosphorylation diminishes during fruit development[J]. Plant Physiol., 133(1): 84-99.

Shu X S, Lv J H, Chen D M, et al. 2012. Anti-diabetic effects of total flavonoids from *Polygonatum sibiricum* Red in induced diabetic mice and induced diabetic rats[J]. Journal of Ethnopharmacology, 2(1): 014-019

Skrzypczakowa L. 1969. C-glycosyls in *Polygonatum multiflorum*[J]. Diss. Pharm. Pharmacol., 21(3): 261-266

Son K H, Do J C. 1990. Steroidal saponins from the rhizomes of *Polygonatum sibiricum*[J]. J. Nat. Prod., 53(2): 333-339.

Sorkheh K, Amirbakhtiar N, Ercisli S. 2017. Potential start codon targeted (SCoT) and inter-retrotransposon amplified polymorphism (IRAP) markers for evaluation of genetic diversity and conservation of wild pistacia species population[J]. Biochem. Genet., 55(5-6): 421-422.

Strigina L I. 1983. Structure of polygonatoside B3 from *Polygonatum stenophyllum* roots[J]. Khim. Prir. Soedin, (5): 654.

Strigina L I, Isakov V V. 1980a. Determination of the structure of progenins II and III products of the enzymic hydrolysis of polygonatosides Cl and C2 from *Polygonatum stenophyllum* by carbon-13 NMR spectroscopy[J]. Khim. Prir. Soedin, (6): 847-848.

Strigina L I, Isakov V V. 1980b. Determination of the structure of polygonatosides C1 and C2 from *Polygonatum stenophyllum* roots by carbon-13 NMR spectroscopy[J]. Khim. Prir. Soedin, (6): 848-849.

Strigina L I, Pilipenko E P, Kolchuk E V. 1977. Steroidal glycosides from *Polygonatum stenophyllum* roots. Polygonatosides C1 and C2[J]. Khim. Prir. Soedin, (1): 121-122.

Studer R, Benjamins V R, Fensel D. 1998. Knowledge engineering: principles and methods[J]. Data Knowl. Eng., 25(1–2): 161-197.

Sun L R, Li X, Wang S X. 2005. Two new alkaloids from the rhizome of *Polygonatum sibiricum*[J]. J. Asian Nat. Prod. Res., 7(2): 127-130.

Sup S J, Hee K J, Jiyong L, et al. 2004. Anti-angiogenic activity of a homoisoflavanone from *Cremastra appenndiculata*[J]. Planta Med., 70(2): 171-173.

Surabhi G K, Reddy K R, Singh S K. 2009. Photosynthesis, fluorescence, shoot biomass and seed weight responses of three cowpea (*Vigna unguiculata* (L.) Walp.) cultivars with contrasting sensitivity to UV-B radiation[J]. Environ. Exp. Bot., 66(2): 160-171.

Tada A, Kasai R, Saitoh T, et al. 1980a. Studies on the constituents of ophiopogonis tuber. VI. Structure of homoisoflavonoids. (2)[J]. Chem. Pharm. Bull., 28(7): 2039-2044.

Tada A, Saitoh T, Shoji J. 1980b. Studies on the constituents of ophiopogonis tuber. VII. Synthetic studies of homoisoflavonoids. (3)[J]. Chem. Pharm. Bull., 28(8): 2487-2493.

Takagi H. 2001. Breaking of two types of dormancy in seeds of edible *Polygonatum macranthum*[J]. Journal of the Japanese Society for Horticultural Science, 70(4): 424-430.

Tang Y P, Yu B, Hu J, et al. 2002. Three new homoisoflavanone glycosides from the bulbs of *Ornithogalum caudatum*[J]. J. Nat. Prod., 65(2): 218-220.

Therman E. 1953. Chromosomal evolution in the genus *Polygonatum*[J]. Hereditas, 39: 277-288.

Ulrich A, Ohki K, Fong K H. 1972. A method for growing potatoes by combining water culture and pot culture techniques[J]. American Potato Journal, (49): 35-39.

Wang B B, Shen Z Z, Zhang F G, et al. 2016a. *Bacillus amyloliquefaciens* strain W19 can promote growth and yield and suppress *Fusarium* wilt in banana under greenhouse and field conditions[J]. Pedosphere, 26(5): 733-744.

Wang J J, Yang Y P, Sun H, et al. 2016b. The biogeographic south-north divide of *Polygonatum* (Asparagaceae Tribe Polygonateae) within eastern Asia and its recent dispersals in the northern hemisphere[J]. PLoS One, 11(11): e0166134.

Wang S Q, Wang L R, Liu S, et al. 2018. Construction of DNA fingerprint database based on SSR marker for *Polygonatum varieties* (Lines)[J]. Mol. Plant Breeding, 16(6): 1878-1887.

Wang S Y, Yu Q J, Bao J K, et al. 2011. *Polygonatum cyrtonema* lectin, a potential antineoplastic drug targeting programmed cell death pathways[J]. Biochem. Biophys. Res. Commun., 406(4): 497-500.

Wang Y F, Lu C H, Lai G F, et al. 2003. A new indolizinone from *Polygonatum kingianum*[J]. Planta Med., 69(11): 1066-1068.

Wang Y, Qin S C, Pen G Q, et al. 2017. Potential ocular protection and dynamic observation of *Polygonatum sibiricum* polysaccharide against streptozocin-induced diabetic rats' model[J]. Experimental Biology and Medicine, 242(1): 92-101.

Wang Z, Zhou J B, Ju Y, et al. 2001. Effects of two saponins extracted from the *Polygonatum zanlanscianense* Pamp on the human leukemia (HL-60) cells[J]. Biol. Pharm. Bull., 24(2): 159-162 .

Wei Y C, Lin P L, Chen Y, et al. 2014. Analysis on DNA fingerprints of *Sarcandra glabra* and correlation with its quality using ISSR molecular markers[J]. Chin. Tradit. Herb. Drugs, 45(11): 1620-1624.

Wen C Y, Yin Z H, Wang K X, et al. 2011. Purification and structural analysis of surfactin produced by endophytic *Bacillus subtilis* EBS05 and its antagonistic activity against *Rhizoctonia cerealis*[J]. Plant Pathol. J., 27(4): 342-348.

Wookjin K, Yun-Ui J, Youngmin K. 2014. Evaluation of genetic diversity of *Polygonatum* spp. by the analysis of simple sequence repeat[J]. Korean Herb. Med. Inf., 2(2): e41.

Wu L R, Huang L Y, Lin Z H. 2014. Study on the synthesis and *in vitro* photodynamic anti-cancer activity of tetra (trifluoroethoxy) germanium phthalocyanine[J]. Chinese J. Struc. Chem., 33(7): 1081-1090.

Wujisguleng W, Liu Y J, Long C L. 2012. Ethnobotanical review of food uses of *Polygonatum* (Convallariaceae) in China[J]. Acta Soc. Bot. Pol., 81(4): 239-244.

Xiao W Y, Sheen J, Jang J C. 2000. The role of hexokinase in plant sugar signal transduction and growth and development[J]. Plant Mol. Biol., 44(4): 451-461.

Xie W, Du L. 2011. Diabetes is an inflammatory disease: evidence from traditional Chinese medicines[J]. Diabetes Obes. Metab., 13(4): 289-301.

Xing P Y, Liu T, Song Z Q, et al. 2016. Genetic diversity of *Toona sinensis* Roem in China revealed by ISSR and SRAP markers[J]. Genet. Mole. Res., 15(3): gmr.15038387.

Xiong H, Shi A, Mou B, et al. 2016. Genetic diversity and population structure of cowpea (*Vigna unguiculata* L.Walp)[J]. PLoS One, 11(8): e0160941.

Xu D S, Kong T Q, Ma J Q. 1996. The inhibitory effect of extracts from *Fructus lycii* and *Rhizoma polygonati* on *in vitro* DNA breakage by alternariol[J]. Biomed. Environ. Sci., 9(1): 67-70.

Xue J F, Tan M L, Yan M F, et al. 2015. Genetic diversity and DNA fingerprints of castor bean cultivars based on SSR markers[J]. Chin. J. Oil. Crop Sci., 37(1): 48-54.

Yamamoto S, Harayama S. 1995. PCR amplification and direct sequencing of *gyrB* genes with universal primers and their application to the detection and taxonomic analysis of *Pseudomonas putida* strains[J]. Appl. Environ. Microb., 61(3): 1104-1109.

Yan H L, Lu J M, Wang Y F, et al. 2017. Intake of total saponins and polysaccharides from *Polygonatum kingianum* affects the gut microbiota in diabetic rats[J]. Phytomedicine, 26: 45-54.

Yang J X, Wu S, Huang X L, et al. 2015. Hypolipidemic activity and antiatherosclerotic effect of polysaccharide of *Polygonatum sibiricum* in rabbit model and related cellular mechanisms[J]. Evid.-Based Compl. Alt., 2015: 391065.

Yelithao K, Surayot U, Park W, et al. 2019. Effect of sulfation and partial hydrolysis of polysaccharides from *Polygonatum sibiricum* on immune-enhancement[J]. Int. J. Biol. Macromol., 122: 10-18.

Yestlada E, Peter J. 1991. Houghton. Steroidal Saponins from the Rhizomes of *Polygonatum orientale*[J]. Phytochenmistry, 30(10): 3405-3409.

Yoshihira K, Natori S. 1996. Synthesis of polygonaquinone[J]. Chem. Pharm. Bull., 14(9): 1052-1053.

Yu H S, Ma B P, Kang L P, et al. 2009. Saponins from the processed rhizomes of *Polygonatum kingianum*[J]. Chem. Pharm. Bull., 57(9): 1011-1014.

Yu H S, Ma B P, Song X B, et al. 2010. Two new steroidal saponins from the processed *Polygonatum kingianum*[J]. Helvetica Chimica Acta, 93(6): 1086-1092.

Zeng G F, Zhang Z Y, Lu L, et al. 2011a. Protective effects of *Polygonatum sibiricum* polysaccharide on ovariectomy-induced bone loss in rats[J]. J. Ethnopharmacol., 136(1): 224-229.

Zeng G F, Zhang Z Y, Lu L, et al. 2011b. Effect of *Polygonatum* polysaccharide on bone metabolism cytokines in osteoporotic fracture rats[J]. Journal of Clinical Rehabilitative Tissue Engineering Research, 15(33): 6199-6202.

Zeng G F, Zhang Z Y, Lu L, et al. 2012. Effects of *Polygonatum* polysaccharide on the expression of interleukin-1 and 6 in rats with osteoporotic fracture[J]. Chinese Journal of Tissue Engineering Research, 16(2): 220.

Zhang F, Zhang J G, Wang L H, et al. 2008. Effects of *Polygonatum sibiricum* polysaccharide on learning and memory in a scopolamine-induced mouse model of dementia[J]. Neural Regen. Res., 3(1): 33-36.

Zhang H X, Cao Y Z, Chen L X, et al. 2015. A polysaccharide from *Polygonatum sibiricum* attenuates amyloid-beta-induced neurotoxicity in PC12 cells[J]. Carbohyd. Polym., 117: 879-886.

Zhao D L, Wang X Y, Liu W, et al. 2003. Plant regeneration via organogenesis from adventitious bud explants of a medicinal Herb species, *Polygonatum cyrtonema*[J]. In Vitro Cell. Dev. Biol.-Plant., 39: 24-27.

Zhao Q, Wu C F, Wang W G, et al. 2009. In vitro plantlet regeneration system from rhizomes and mannose-binding lectin analysis of *Polygonatum cyrtonema* Hua[J]. Plant Cell Tiss. Organ Cult., 99(3): 269-275.

Zhou Q, Luo D, Ma L C, et al. 2016. Development and cross-species transferability of EST-SSR markers in Siberian wildrye (*Elymus sibiricus* L.) using Illumina sequencing[J]. Sci. Rep., 6: 20549.

Zhu Q, Deng X, Zhang S B, et al. 2018. Genetic diversity of 6 species in *Polygonatum* by SSR marker[J]. China J. Chin. Mater Med., 43(14): 2935-2943.

附　表

附表1　黄精的本草考证

书名	年代	作者	版本	名称	记载
《神农本草经》	东汉末年	集体	孙星衍撰本	白及	案隋羊公服黄精法云：黄精一名白及，亦为黄精别名，今《名医》别出黄精条。
《名医别录》	东汉末年	陶氏	尚志钧辑校本	重楼、菟竹、鸡格、救穷、鹿竹	味甘，平，无毒。主补中益气，除风湿，安五脏。久服轻身，延年，不饥。
《本草经集注》	南朝梁	陶弘景	尚志钧、尚元胜辑校本	同上	同《名医别录》。 今处处有。二月始生。一枝多叶，叶状似竹而短，根似葳蕤。葳蕤根如荻根及菖蒲，概节而平直；黄精根如鬼臼、黄连，大节而不平。虽燥，并柔软有脂润。世方无用此，而为仙经茎不紫、花不黄为异，而人多惑之。其类乃殊，遂致死生之反，亦为奇事。
《雷公炮炙论》	南北朝	刘宋、雷敩	尚志钧辑校本	黄精	雷公云：凡使，勿用钩吻，真似黄精，只是叶有毛钩子二个，是别认处。误服害人。黄精叶似竹叶。 凡采得，以溪水洗净后，蒸，从巳至子，刀薄切，曝干用。
《新修本草》	唐	李勣、苏敬等	尚志钧辑校本	同《名医别录》	同《本草经集注》。 黄精，肥地生者，即大如拳；薄地生者，犹如拇指。葳蕤肥根，颇类其小者，肌理形色，都大相似。今以鬼臼、黄连为比，殊无仿佛。又黄精叶似柳叶及龙胆、徐长卿辈而坚。其钩吻蔓生，殊非此类。
《食疗本草》	唐	孟诜	人民卫生出版社	黄精	（一）饵黄精，能老不饥。其法：可取瓮子去底，釜上安置令得，所盛黄精令满。密盖，蒸之。令气溜，即曝。第二遍蒸之亦如此。九蒸九曝。凡生时有一硕，熟有三、四斗。蒸之若生……则刺人咽喉。曝使干，不尔朽坏。〔证〕 （二）其生者，若初服，只可一寸半，渐渐增之。十日不食，能长服之，止三尺五寸。服三百日后，尽见鬼神。饵必升天。〔证〕 （三）根、叶、花、实，皆可食。但相对者是，不对者名偏精。〔证〕
《千金翼方》	唐	孙思邈	李景荣等校释	同《名医别录》	同《名医别录》。
《药性论》	唐	甄权	尚志钧辑释	黄精	黄精，君。
《日华子本草》	五代	日华子	尚志钧辑释	黄精	补五劳七伤，助筋骨，止饥，耐寒暑，益脾胃，润心肺。单服九蒸九曝，食之驻颜。入药生用。
《本草拾遗》	唐	陈藏器	尚志钧辑释	救穷草	食之可绝谷，长生。生地肺山大松树下。如竹。出新道书，地肺山高六千丈，其下有之，应可求也。
《蜀本草》	后蜀	韩保升等	尚志钧辑释	同《名医别录》	同《新修本草》。 《蜀本注》云：今人服用，以九蒸九曝为胜，而云阴干者恐为烂坏。
《开宝本草》	宋	刘翰、马志等	尚志钧辑释	同《名医别录》	味甘，平，无毒。主补中益气，除风湿，安五脏。
《本草图经》	宋	苏颂	尚志钧辑释	同《名医别录》	旧不载所出州郡，但云生山谷，今南北皆有之。以嵩山、茅山者为佳。三月生苗，高一、二尺以来；叶如竹叶而短，两两相对；茎梗柔脆，颇似桃枝，本黄末赤；四月开细青白花，如小豆花状；子白如黍，亦有无子者。根如嫩生姜，黄色；二月采根，蒸过曝干用。今通八月采，山中人九蒸九曝，作果卖，甚甘美，而黄黑色。江南人说黄精苗叶，稍类钩吻，但钩吻叶头极尖，而根细。苏恭注云：钩吻蔓生，殊非此类，恐南北所产之异耳。初生苗时，人多采为菜茹，谓之笔菜，味极美，采取尤宜辨之。隋·羊公服黄精法云：黄精是芝草之精也。一名葳蕤，一名仙人余粮，一名苟格，一名菟竹，一名垂珠，一名马箭，一名白芨。二月、三月采根，入地八、九寸为上。细切一石，以水二石五斗，煮去苦味，漉出，囊中压取汁，澄清，再煎如膏乃止。以炒黑豆黄末相和，令得所，捏作饼子如钱许大。初服二枚，日益之，百日知。亦焙干筛末，水服，功与上等。《抱朴子》云：服黄精花胜其实。花，生十斛，干之可得五、六斗，服之十年，乃可得益。又《博物志》云：天老曰：太阳之草，名曰黄精，饵而食之，可以长生。世传华佗漆叶青粘散云：青粘是黄精之正叶者，书传不载，未审的否。

续附表

书名	年代	作者	版本	名称	记载
《太平御览》	宋	李昉、李穆、徐铉、	中华书局1999年	黄精	《广雅》云：黄精，龙衔也。又云：黄精，叶似小黄也。《抱朴子》云：黄精，一名菟竹，一名鸡格，一名岳珠。服其花，胜其实。花，生十斛，干之，则可得五六升。服之十年，乃可得益。《列仙传》云：修羊公，魏人也，止华阴山石室中。中有悬石塌，卧其上，塌尽穿陷。略不食时，取黄精服之。《神仙传》云：王烈，字长能，邯郸人也，常服黄精。又云：白菟公，服黄精而得仙。《永嘉记》云：黄精，出松阳永宁县。《游名山志》云：名室药多黄精。《博物志》云：黄帝问天老曰：天地所生，岂有食之令人不死者乎？天老曰：太阳之草，名曰黄精，饵而食之，可以长生。
《经史证类备急本草》	宋	唐慎微	曹孝忠校勘	黄精	同《图经本草》。 陶隐居云：今处处有。二月始生，一枝多叶，叶状似竹而短，根似萎蕤。萎蕤根如荻根及菖蒲，概节而平直；黄精根如鬼臼、黄连，大节而不平。虽燥，并柔软有脂润。俗方无用此，而为《仙经》所贵。根、叶、花、实皆可饵服，酒散随宜，具在断谷方中。黄精叶乃与钩吻相似，唯茎不紫、花不黄为异，而人多惑之。其类乃殊，遂致死生之反，亦为奇事。唐本注云：黄精肥地生者，即大如拳。薄地生者，犹如拇指。萎蕤肥根颇类其小者，肌理形色都大相似。今以鬼臼、黄连为比，殊无仿佛。又黄精叶似柳及龙胆、徐长卿辈而坚。其钩吻蔓生，殊非比类。今按别本注：今人服用，以九蒸九曝为胜，而云阴干者恐为烂坏。臣禹锡等谨按抱朴子云：一名垂珠。服其花，胜其实，其实胜其根。但花难得，得其生花十斛，干之才可得五、六斗耳。而服之日可三合，非大有役力者，不可办也。服黄精花仅十年，乃可得其益耳，且以断谷不及术，术饵使人肥健，能够负重涉险，但不及黄精甘美易食。凶年之时，可以与老小代粮，人食之谓为米脯也。广雅云：黄精，龙衔也。永嘉记云：黄精，出嵩阳永宁县。《药性论》云：黄精，君。陈藏器云：黄精，陶云钩吻类似，但一善一恶耳。按：钩吻即野葛之别名。若将野葛比黄精，则二物殊不类似，不知陶公凭何此说。其叶偏生，不对者为偏精，功用不如正精。萧炳云：黄精，寒。日华子云：补五劳七伤，助筋骨，止饥，耐寒暑，益脾胃，润心肺。单服九蒸九曝，食之驻颜，入药生用。圣惠方神仙：服黄精成地仙，根茎不限多少。细锉阴干捣末，每日净水调服，任意多少。一年之周，变老为少。《稽神录》云：临川有士人虐所使婢，婢乃逃入山中，久之见野草枝叶可爱，即拔取根食之甚美，自是常食，久而遂不饥，轻健。夜息大树下，闻草中动，以为虎，惧而上树避之。及晓下平地，其身欻凌空而去。或自一峰之顶，若飞鸟焉。数岁，其家人采薪见之，告其主，使捕之不得，一日遇绝壁下，以网三面围之，俄而腾上山顶。其主异之，或曰此婢安有仙骨，不过灵药服食。遂以酒馔五味香美，置往来之路，观其食否，果来食，食讫遂不能远去，擒之，具述其故。指所食之草，即黄精也。《神仙芝草经》云：黄精，宽中益气，五脏调良，肌肉充盛，骨体坚强，其力倍，多年不老，颜色鲜明，发白更黑，齿落更生。先下三尸虫：上尸，好宝货，百日下；中尸，好五味，六十日下；下尸，好五色，三十日下，烂出。花、实、根三等，花为飞英，根为气精。《博物志》云：昔黄帝问天老曰：天地所生，岂有食之令人不死者乎？天老曰：太阳之草，名曰黄精，饵而食之，可以长生；太阴之草，名曰钩吻，不可食之，入口立死。人信钩吻之杀人，不信黄精之益寿，不亦惑乎。《灵芝瑞草经》：黄芝即黄精也。
《珍珠囊补遗药性赋》	元	李杲	黄雪梅、伍一文、编著	山姜	久服延年不老。味甘平无毒，然与钩吻相似。但一善一恶，要仔细辨认，切勿误用钩吻，则伤人至死。
《增广和剂局方药性总论》	元	佚名	郝近大点校	黄精	味甘，平，无毒。主补中益气，除风湿，安五脏，久服轻身。《药性论》云：君。日华子云：补五劳七伤，助筋骨，止饥，耐寒暑，益脾胃，润心肺。《神仙芝草经》云：宽中益气，使五脏调良，肌肉充盛，骨体坚强，其力倍。二月采，阴干。所在皆有，唯茅山生者最佳。
《饮食须知》	元	贾铭	中国商业出版社	黄精	味甘微苦，性平。忌水萝卜。太阳之草名黄精，食之益人。太阴之草名钩吻，食之即死。勿同梅子食。
《饮膳正要》	元	忽思慧	明景泰七年内府刻本	黄精	神仙服黄精成地仙：同《经史证类备急本草》与《稽神录》所记。谨按：黄精宽中益气，补五藏，调良肌肉，充实骨髓，坚强筋骨，延年不老，颜色鲜明，发白再黑，齿落更生。
《医学入门》	明	李梴	田代华、金丽、何永点校	黄精	无毒味甘平，大补劳伤心肺清，除风湿益脾胃气，十年专服可长生。得太阳之精也。补五劳七伤，润心肺，除风湿，益脾胃，补中益气，安五脏，耐寒暑，服十年乃可延年不饥。其花胜其实，但难得耳。二月采正精，阴干入药，生用。若单服之，先用滚水焯去苦汁，九蒸九晒。但此物与钩吻相似，误用杀人。钩吻即野葛，蔓生，叶头尖处有两毛钩子。黄精如竹叶相对，根如嫩姜，黄色。又偏精不用。仙人饭，即黄精。先取瓮去底，釜上安顿，以黄精纳入令满，密盖蒸之，候气溜取出曝干。如此九蒸九曝，凡生时有一石，熟有三斗方好，蒸之不熟，则刺人喉咙，既熟曝干，不干则易坏，食之甘美，补中益气，耐老不饥。
《本草蒙筌》	明	陈嘉谟	周超凡、陈湘萍、王淑民点校	野生姜	味甘，气平。无毒。山谷土肥俱出，茅山嵩山独良。茎类桃枝脆柔，一枝单长；叶如竹叶略短，两叶对生。花开似赤豆花，实结若白黍米。（亦有不结实者。）并堪服饵，勿厌采收。冬月挖根，嫩姜仿佛。仙家称名黄精，俗呼为野生姜也。洗净九蒸九曝代粮，可过凶年。因味甘甜，又名米铺。入药疗病，生者亦宜。安五脏六腑，补五劳七伤。除风湿，壮元阳，健脾胃，润心肺。旋服年久，方获奇功。耐老不饥，轻身延寿。小儿羸瘦，多啖弥佳。

书名	年代	作者	版本	名称	记载
《本草品汇精要》	明	刘文泰、施钦等	善本	重楼、菟竹、鸡格、救穷、鹿竹、葳蕤、垂珠、马箭、白芨、黄芝、仙人余粮、太阳之草	【苗】（图经曰）苗高一二。尺叶如竹叶而短，两两相对。茎梗柔脆，颇似桃枝，本黄末赤。四月开细青白花，如小豆花。子白如黍，亦有无子者。根如嫩生姜黄色。肥地生者大如拳，薄地生者如拇指。山人蒸曝作果，食之甚甘美。【地】（图经曰）生山谷今处处有之。（永嘉记云）出嵚阳永宁县（道地）嵩山茅山【时】（生）三月生苗（采）二月取根【收】曝干【用】根肥而脂润者佳【质】类嫩生姜【色】生黄熟黑【味】甘【性】平缓【气】气之薄者阳中之阴【臭】腥【主】补中益气【制】（日华子云）九蒸九曝。（雷公云）以溪水洗净后，蒸从己至子，薄切曝干。【治】（补）（日华子云）五劳七伤，助筋骨，止饥耐寒暑，益脾胃，润心肺，驻颜；【赝】钩吻为伪。
《救荒本草》	明	朱橚	四库全书	笔管菜、重楼、菟竹、鸡格、救穷、鹿竹、葳蕤、垂珠、马箭、白芨	黄精苗一名重楼，一名救穷，一名仙余粮。生山谷，南北皆有之，嵩山、茅山者佳。根生肥地者大如拳，薄地犹如拇指。叶似竹叶，或两叶或三叶四叶五叶，俱皆对节而生。味甘性平无毒。又云茎光泽者谓之太阳之草，名曰黄精，饵而食之，可以长生。其叶不对节，茎叶毛钩子者谓之太阴之草，名曰钩吻，食之入口立死。又云茎不紫、花不黄为异也。【救饥】采嫩叶炸熟，换水浸去苦味，淘洗净。油盐调食。山中人采根九蒸九曝，食甚甘美。其蒸曝用瓮去底，安釜上，装满黄精令满密，盖瓮之令气溜，即曝之。如此九蒸九曝，令极熟，若不熟则刺人喉咽。久食长生，辟谷。其生者，若初服之，只可一寸半，渐渐增之，十日不食他食，能长服之，止三尺。服三百日后尽见鬼神，饵必升天。又云花实极可食之，罕得见至难得，根据法食之。【治病】具见本草。
《雷公炮制药性解》	明	李中梓	金芷君校注，包来发审阅	黄精	味甘，性平，无毒，入脾肺二经。补中益气，除风湿，安五脏，驻颜色，久服延年。 按：黄精甘宜入脾，润宜入肺，久服方得其益，实胜于根，花胜于实，但难辨尔，与钩吻相似，然钩吻有毛钩二个，误服杀人。 雷公云：凡使，勿用钩吻，真似黄精，只是叶有毛钩子二个，是别认处，误服害人。黄精叶似竹叶。凡采得，以溪水洗净后蒸，从巳至午，刀薄切，晒干用。
《滇南本草》	明	兰茂	于乃用、于兰馥整理	鹿竹、兔竹、生姜、黄精、滇黄精、救穷草、节节高、老虎姜	味甘，性平，无毒。根如嫩生姜色，俗呼生姜，药名黄精，洗净，九蒸，九晒，服之甘美。俗亦能救荒，故名救穷草。主补中益气，除风湿，安五脏。久服轻身延年。治五劳七伤。助筋骨，耐寒暑，益脾胃，开心肺。能辟谷、补虚、添精，服之效矣。
《本草纲目》	明	李时珍	校点本	黄芝、戊己芝、菟竹、鹿竹、仙人余粮、救穷草、米铺、野生姜、重楼、鸡格、龙衔、垂珠	时珍曰：黄精为服食要药，故《别录》列于草部之首，仙家以为芝草之类，以其得坤土之精粹，故谓之黄精。《五符经》云：黄精获天地之淳精，故名为戊己芝，是此义也。余粮、救穷，以功名也；鹿竹、菟竹，因叶似竹，而鹿兔食之也。垂珠，以子形也。陈氏《拾遗》救荒草即此也，今并为一。嘉谟曰：根如嫩姜，俗名野生姜。九蒸九曝，可以代粮，又名米铺。 时珍曰：黄精野生山中，亦可劈根长二寸，稀种之，一年后极稠，子亦可种。其叶似竹而不尖，或两叶、三叶、四叶、五叶，俱对节而生。其根横生，状如葳蕤，俗采其苗爆熟，淘去苦味食之，名笔管菜。《陈藏器本草》言青粘是葳蕤，见葳蕤发明下。又黄精之说，陶弘景、雷、韩保升皆言二物相似。苏恭、陈藏器皆言不相似。苏颂复设两可之辞。今考《神农本草》《吴普本草》，并言钩吻是野葛，蔓生，其茎如箭，与苏恭之说相合。张华《博物志》云：昔黄帝问天老曰：天地所生，有食之令人不死者乎？天老曰：太阳之草，名曰黄精，饵而食之，可以长生；太阴之草，名曰钩吻，不可食之，入口立死。人信钩吻之杀人，不信黄精之益寿，不亦惑乎？按：此但以黄精、钩吻相对待而言，不言其相似也。陶氏因此遂谓二物相似，与神农所说钩吻不合。恐当以苏恭所说为是，而陶、雷所说别一毒物，非钩吻也。历代本草惟陈藏器辨物最精审，尤当信之。余见钩吻条。 时珍曰：黄精受戊己之淳气，故为补黄宫之胜品。土者万物之母，母得其养，则水火既济，木金交合，而诸邪自去，百病不生矣。
《本草集要》	明	王纶	朱毓梅校注	仙遗粮	味甘气平，无毒。（二月采，阴干，单服，九蒸九曝，入药生用。）主补中益气，安五脏，益脾胃。润心肺，除风湿，补五劳七伤。久服轻身延年，不饥耐寒暑。《博物志》曰：太阳之草，名曰黄精。饵而食之，可以长生。
《万病回春》	明	龚廷贤	人民卫生出版社	黄精	黄精味甘，能安脏腑，五劳七伤，此药大补。（洗净，九蒸九晒用之，钩吻略同，切勿误用。）
《本草正》	明	张景岳	人民卫生出版社	救穷草	味甘微辛，性温。能补中益气，安五脏，疗五劳七伤，助筋骨，益脾胃，润心肺，填精髓，耐寒暑，下三虫，久服延年不饥，发白更黑，齿落更生。张华《博物志》云：天姥曰：太阳之草，名曰黄精，饵而食之，可以长生。太阴之草名钩吻，不可食之，入口立死。此但以黄精、钩吻对言善恶，原非谓其相似也。而陶弘景谓黄精之叶与钩吻相似，误服之害人。苏恭：黄精叶似柳，钩吻蔓生，叶如柿叶，殊非比类。陈藏器曰：钩吻乃野葛之别名，二物全不相似，不知陶公凭何说此？是可见黄精之内本无钩吻，不必疑也。
《本草乘雅半偈》	明	卢之颐	四库全书	戊己芝	充九土之精，以御八风之侮。【气味】甘平，无毒。【主治】主补中益气，除风湿，安五脏。久服轻身，延年不饥。同《救荒本草》。或曰：无缘自生，独得土大之体用，故名戊己芝也。土位乎中，故补中而益中气。为风所侵而土体失，濡湿泥泞而土用废者，黄精补土之体，充土之用，即居中府藏，亦借以咸安矣。形骸躯壳，悉土所摄，轻身延年不饥，总属土事耳。

书名	年代	作者	版本	名称	记载
《太乙仙制本草药性大全》	明	王文洁	陈氏积善堂刊本	同《名医别录》	同《本草图经》。
《本草原始》	明	李中立	郑金生校注	鹿竹、兔竹、野生姜、救穷草、米铺	出茅山嵩山者良。二月始生。一枝多叶。叶状似竹。而鹿兔食之。故《别录》名鹿竹、兔竹。根如嫩生姜黄色。故俗呼为野生姜。洗净九蒸九晒。味甚甘美。代粮可过凶年。故救荒本草。名救穷草。《蒙筌本草》名米精。仙家以为芝草之类。以其得坤土之精粹。故谓之黄精。气味甘平无毒。主治补中益气，除风湿，安五脏。久服轻身延年不饥。补五劳七伤，助筋骨，耐寒暑，益脾胃，润心肺。单服九蒸九曝食之，驻颜断谷。补诸虚，止寒热，填精髓，下三尸虫。
《本草汇言》	明	倪朱谟	郑金生校注	黄精	味甘，气平，无毒。黄精除风湿，补五藏，益中气之药也。《别录》方称为可代谷，食之不饥，有延年之功。医方虽未尝用，久为仙经所贵。根叶花实皆可饵食，汤酒丸散，随病制宜。其性味甘温而和，独得戊己之淳气，故曰黄精。能补中健力，气血精三者咸益，则水火既济，金木交合，而诸邪自去，百病不生矣。集方《圣惠方》治精神不足，肝虚目暗，毛发憔枯，足膝乏力，并大风癞疮，一切顽疾，偏痹不愈，总能治之。用黄精五十斤，枸杞子、怀熟地、天门冬各十斤，与白术、萆薢、何首乌、石斛各八斤，用水二石煮之，自旦至夕，候冷，入布袋榨取汁，渣再用水一石五斗，再如发煮，如法榨取汁，总和一处，文火熬之。其清汁十存其二，加怡糖，以炼蜜十斤收之。每早晚各服十大茶匙，汤酒皆可调下。此药须冬月制方妙。
《本草备要》	清	汪昂	谢观、董丰培评校	黄精	平补而润。甘平。补中益气，安五脏，益脾胃，润心肺，填精髓，助筋骨，除风湿，下三虫。以其得坤土之精粹，久服不饥（同《稽神录》所载）。俗名山生姜，九蒸九晒用（仙家以为芝草之类，服之长生）。
《本草从新》	清	吴仪洛	卖钦鸿、曲京峰点校	玉竹黄精、白芨黄精、山生姜	同《本草备要》。却病延年。似玉竹而稍大，黄白多须，故俗呼为玉竹黄精。又一种似白芨，俗呼为白芨黄精，又名山生姜，恐非真者。去须，九蒸九晒用。（每蒸一次、必半日方透。）
《本草崇原》	清	张志聪、高世栻	孙多善校注	黄精	葳蕤叶密者，似乎对生，而实不相对。或云：其叶对生者，即是黄精矣。今浙中采药拣根之细长者为玉竹，根之圆而大者为黄精，其实只是一种年末久者，故根细而长。年久者，其根大而圆。
《本草求真》	清	黄宫绣	扫描版	山生姜、黄精	黄精（专入脾，兼入肺肾）。书极称羡，谓其气平味甘，治能补中益五脏、补脾胃、润心肺、填精髓、助筋骨、除风湿、下三虫，且得坤土之精粹，久服不饥，其言极是。（时珍曰：黄精受戊己之淳气，故为补黄宫之胜品。土者万物之母，土得其养，则水火既济，木金交合，而诸邪自去。百病不生矣。）但其所述逃婢一事，云其服此能飞，不无可疑。究其黄精气味。止是入脾补阴。若使挟有痰湿。则食反更助痰，况此未经火，食则喉舌皆痹，何至服能成仙。若使事果属实。则人参便得天地中和之粹，又曷云不克成仙耶？细绎是情，殊觉谎谬，因并记之。根紫花黄，叶如竹叶者是，俗名山生姜，九蒸九晒用。
《得配本草》	清	严洁、施雯、洪炜	扫描版	仙人余粮、龙衔、救穷草	忌梅实。甘，平。入足太阴经。补中气，润心肺，安五脏，填精髓，助筋骨，下三虫。得蔓菁，养肝血。配杞子，补精气。洗净砂泥，蒸晒九次用。阴盛者服之，致泄泻痞满。气滞者禁用。
《本草分经》	清	姚澜	中国中医药出版社	救穷草、黄精	救穷草，即黄精似玉竹者，俗呼玉竹黄精，又一种似白芨，俗呼白芨黄精，又呼山生姜。
《植物名实图考》《植物名实图考长编》	清	吴其濬	商务印书馆	黄精	与《证类本草》所载相同，却辑补了一些地方志中相关的记载，并增加了图谱解说。
《本草择要纲目》	清	蒋介繁	蒋介繁辑校	黄精	【气味】甘平无毒。【主治】补中益气、除风湿、安五脏、久服轻身，延年不饥。补五劳七伤、助筋骨、耐寒暑、益脾胃。润心肺，单服，九蒸九曝，食之驻颜断谷。补诸虚、止寒热、填精髓、下三尸虫。时珍曰：黄精受戊己之淳气，故为补黄宫之胜品者。万物之母，母得其养，则水火既济，木金交合，而诸邪自去，百病不生矣。
《本经逢原》	清	张璐	赵小青、裴晓峰、杜亚伟校注	黄精	甘平，无毒。勿误用钩吻，钩吻即野葛，叶头尖有毛钩子，又名断肠草，误服杀人。黄精则茎紫花黄，叶似竹叶也。发明：黄精为补中宫之胜品，宽中益气，使五脏调和，肌肉充盛，骨髓坚强，皆是补阴之功。但阳衰阴盛人服之，每致泄泻痞满。不可不知。
《冯氏锦囊秘录》	清	冯兆张	王新华点校	黄精	得土之冲气，禀乎季春之令，故味甘平，气和无毒。其色正黄，味浓气薄。以溪水洗净后蒸，从巳至子，竹刀薄切晒干用。黄精，安五脏六腑，补五劳七伤，除风湿，壮元阳，健脾胃，润心肺，旋服年久，方获奇功。耐老不饥，轻身延寿，小儿羸瘦，多嗽弥佳。天老曰：太阳之草，名曰黄精，饵而食之，可以长生，味甘而浓，气薄而平，能益脾阴、填精髓也。
《本草易读》	清	汪切庵	吕广振、陶振岗、王海亭等校注	黄精	蒸过晒干用。甘，平，无毒。补中气而安五脏，益脾胃而润心肺，填精髓而助筋骨，除风湿而下三虫。南北皆有，以茅山、嵩山者良。苗高一二尺。叶如竹而短，两两相对。茎梗柔脆，颇似桃枝，本黄末赤。四月开青白花，状如小豆花。结子白如黍粒，亦有无子者。根如嫩生姜而黄。二、八月采根。亦可劈根稀种之，一年后极稠，子亦可种。以所来多伪，近世稀用矣。

书名	年代	作者	版本	名称	记载
《玉楸药解》	清	黄元御	民间中医网黄元御医书整理小组校编	黄精	味甘，入足太阳脾、足阳明胃经。补脾胃之精，润心肺之燥。 黄精滋润醇浓，善补脾精，不生胃气，未能益燥，但可助湿。上动胃逆，浊气充塞，故多服头痛，湿旺者不宜。《本草》轻身延年之论，未可尽信也。 砂锅蒸，晒用。 钩吻即野葛，形似黄精，杀人！
《本草求原》	清	赵其光	广东科技出版社	黄精	消黄气，黄精叶，煲鱼肉食。
《药笼小品》	清	黄凯钧	曹赤电、炳章圈校注	黄精	天生此味以供山僧服食。凡深山皆产，鲜者如葳蕤，须蒸透作黑色，能补脾益肾，其功胜于大枣。 一僧患便血，久而不愈，有道友馈数斤，食尽而痊，亦补脾益肾之功也。
《本草害利》	清	凌奂	中医古籍出版社	黄精	〔害〕生用，则刺人咽喉。 〔利〕甘平，入脾，补中益气，安五脏，润心肺，填精髓，助筋骨，除风湿，杀下三尸虫。似玉竹而稍大，故俗呼玉竹黄精。又一种似白芨，俗呼白芨黄精，又名山生姜，则恐非真者。溪水洗净，九蒸九晒用。
《本草撮要》	清	陈其瑞	扫描版	黄精	味甘。入足太阴阳明经。功专补诸虚，安五脏，得枸杞补精益气，得蔓菁养肝明目，久服不饥。俗名山姜。九蒸九晒用。
《药性切用》	清	徐大椿	扫描版	黄精	性味甘平，补益中气，润养精血，功力轻缓，稍逊玉竹一等。
《本草便读》	清	张秉成	世界书局出版社	黄精	甘可益脾，使五脏丰盈，精完神固，润能养血，从后天平补，辟谷充饥。（黄精得土之精气而生，甘平之性，故为补益脾胃之胜品。土者万物之母，母得其养，则水火既济，金木调平，诸邪自去，百病不生矣。然滋腻之品，久服令人不饥，若脾虚有湿者，不宜服之，恐其腻膈也。此药味甘如饴，性平质润，为补养脾阴之正品，可供无病患服食，古今方中不见用之。）
《晶珠本草》	清	帝玛尔·丹增彭措	罗达尚等译注	黄精	延年益寿，治黄水病。其性凉能清热。用于寒症时要温泡后入药，用于滋补时亦要炮制。
《野菜赞》	清	顾景星	世楷堂藏版	黄精	＜三月生，苗高二三尺。柔茎竹叶，大约似姜根。生食戟喉。叶对生者曰正精，偏生者曰偏精。苗炸作菜，根阴干，九蒸九晒，忌铁器，可充粮。含一枚咽津，不饥。盖仙药也。兴国土人制而货之，多杂萝卜＞戊已秉气，太阳含精。充粮益脏，久服轻身。黄精悦性，茈姜健神。品编食料，功载仙经。
《质问本草》	清	吴继志	中医古籍出版社	黄精	同《新修本草》。
《本草再新》	清	叶桂	上海群学书社	黄精	入心、脾、肺、肾。
《本草正义》	民国	张山雷	程东奇点校	黄精	黄精不载于《本经》，今产于徽州，徽人常以为馈赠之品。蒸之极熟，随时可食。味甘而厚腻，颇类熟地黄，古今医方极少用此。盖平居服食之品，非去病之药物也。按其功力，亦大类熟地，补血补阴而养脾胃是其专长。但腻滞之物，有湿痰者弗服。胃纳不旺者，亦必避之。
《如意宝树》	民国	—	—	黄精	提升胃温，干脓，舒身，开胃，治培根、赤巴合并症，为滋补上品。
《味气铁鬘》	—	—	—	黄精	性凉，效温。
《形态比喻》	—	—	—	黄精	有八效，生于树林中；根白色，生满地表层；叶青色，状如剑，花白色，罩在叶面；果实红色，内白色，状如猞猁。味甘、苦、涩，功效滋补，延年抗老，又名达吉嘎尔保，为五根药的主药之一。
《现代实用中药》	1956年	叶橘泉	上海科学技术出版社	黄精	用于间歇热、痛风、骨膜炎、蛔虫、高血压。
《四川中药志》	1979年	四川中药志协作编写组	四川人民出版社	黄精	补肾润肺，益气滋阴。治脾虚面黄、肺虚咳嗽、筋骨酸痹无力及产后气血衰弱。
《湖南农村常用中草药手册》	1970年	湖南中医学院、湖南省中药研究所	湖南人民出版社	黄精	补肾健脾，强筋壮骨，润肺生津。
《中华本草》	1999年	国家中医药管理局《中华本草》编委会	上海科学技术出版社	黄精	药材基源：为百合科植物黄精、多花黄精和滇黄精的根茎。

附表 2　黄精种质资源 DNA 条形码遗传距离

	S1	S2	S3	S4	S5	S6	S7	S8	S9	S10	S11	S12	S13	S14	S15	S16	S17	S18	S19	S20	S21	S22	S23	S25	S32	S33	S34	S36	S37	S38	S39	S40	S41	S42	S43	S44	S45	S46	S47	P.cy	P.k	P.ca	P.f	P.o	P.f	P.p	D.l	P.s
S1	0.000																																															
S2	0.000	0.000																																														
S3	0.000	0.000	0.000																																													
S4	0.000	0.000	0.000	0.000																																												
S5	0.019	0.019	0.019	0.019	0.000																																											
S6	0.019	0.019	0.019	0.019	0.019	0.000																																										
S7	0.019	0.019	0.019	0.019	0.019	0.017	0.000																																									
S8	0.008	0.008	0.008	0.008	0.008	0.017	0.015	0.000																																								
S9	0.010	0.010	0.010	0.010	0.008	0.017	0.015	0.002	0.000																																							

附 图

1 黄精生物学特性

1.1 黄精种子发芽与成苗

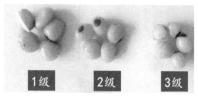

黄精种子分级

不同颜色黄精种子

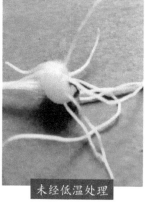

未经低温处理　　　　低温处理30d　　　　低温处理后培养

破休眠种子发芽

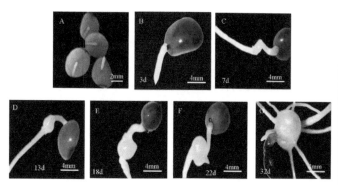

黄精种子发育动态

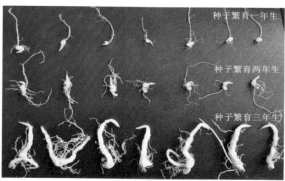

不同年份黄精种苗的形态

育苗田中两年生苗　　　　　　　　　　育苗田中三年生苗

常温培养的黄精种子上胚轴萌发动态

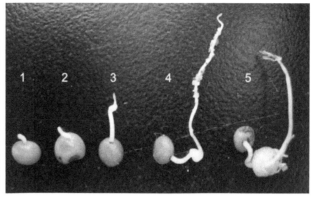

低温保湿层积后转入常温保湿培养的黄精种子下胚轴
萌发动态

1.2　黄精出土过程

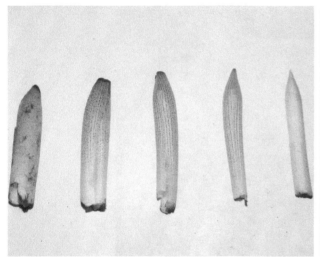

黄精胚芽

黄精顶土

黄精胚芽

黄精出土

1.3 黄精开花过程

黄精花期

黄精花蕾

黄精盛花期

1.4 黄精浆果发育与成熟

黄精浆果

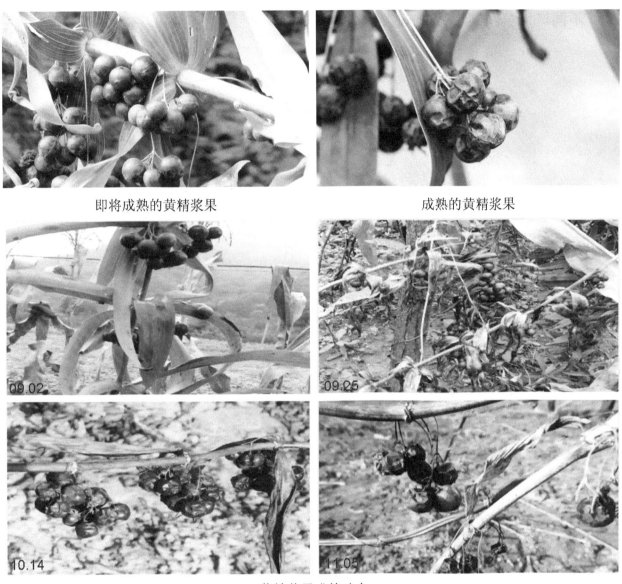

即将成熟的黄精浆果　　　　　　　　　成熟的黄精浆果

黄精浆果成熟动态

1.5 黄精根茎形态及块根发育与形成过程

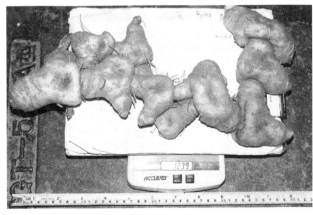

黄精鲜根茎

黄精干根茎

1.6 不同产地黄精的根茎形态

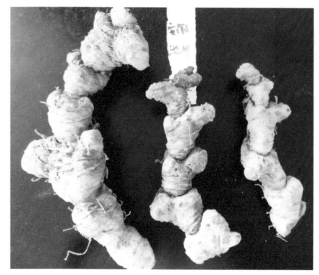

安徽省池州市

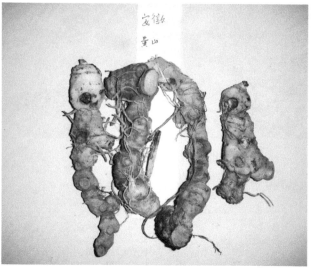

安徽省黄山市

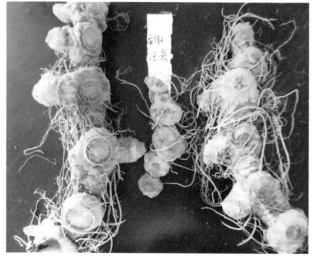

安徽省泾县

安徽省六安市

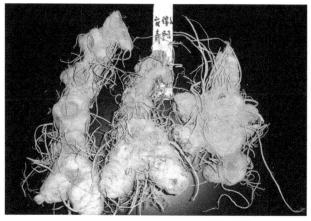

安徽省青阳县

广西壮族自治区百色市

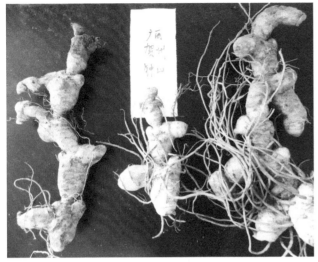
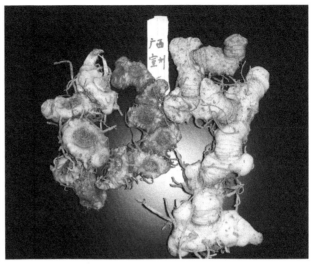

广西壮族自治区钟山县　　　　　　　　广西壮族自治区宣城市宣州区

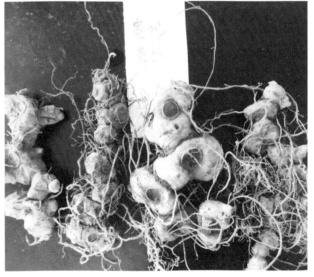

广东省清远市　　　　　　　　　　　贵州省贵阳市

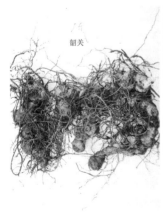

广东省韶关市　　　　　　贵州省德江县　　　　　　贵州省铜仁市

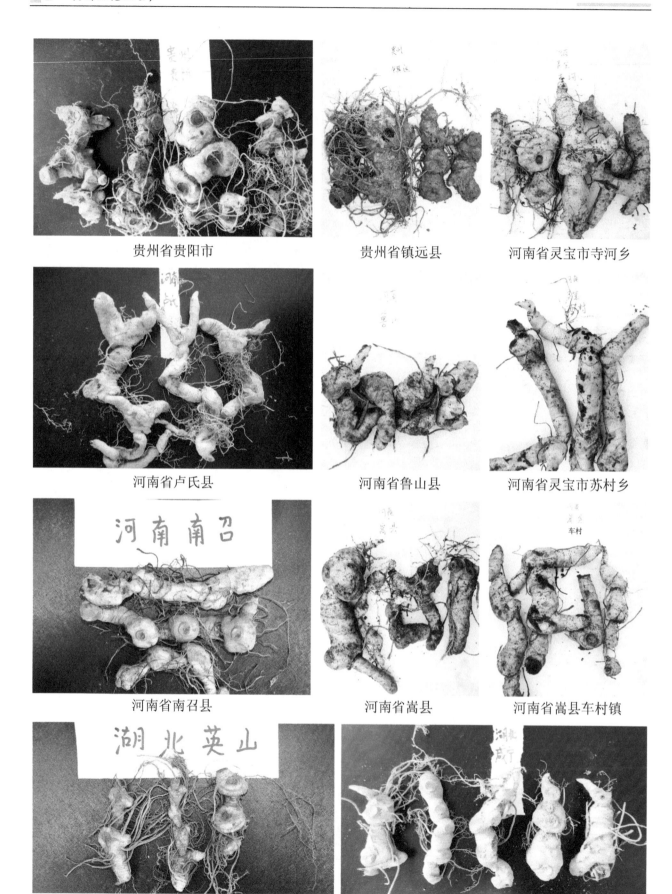

贵州省贵阳市　　　　　　　　贵州省镇远县　　　　　　河南省灵宝市寺河乡

河南省卢氏县　　　　　　　　河南省鲁山县　　　　　　河南省灵宝市苏村乡

河南南召

河南省南召县　　　　　　　　河南省嵩县　　　　　　河南省嵩县车村镇

湖北英山

湖北省英山县　　　　　　　　　　　湖北省咸宁市

湖南省娄底市　　　　　　　　江西省信丰县　　　　　　　　江西省修水县

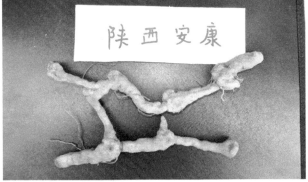

陕西省安康市　　　　　　　　陕西省略阳县　　　　　　　　四川省南充市

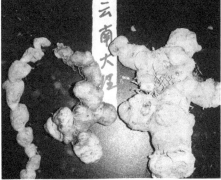

四川省雅安市　　　　　　　　云南省大理市　　　　　云南省红河哈尼族彝族自治州

云南省保山市　　　　　　　　　　　　云南省蒙自市

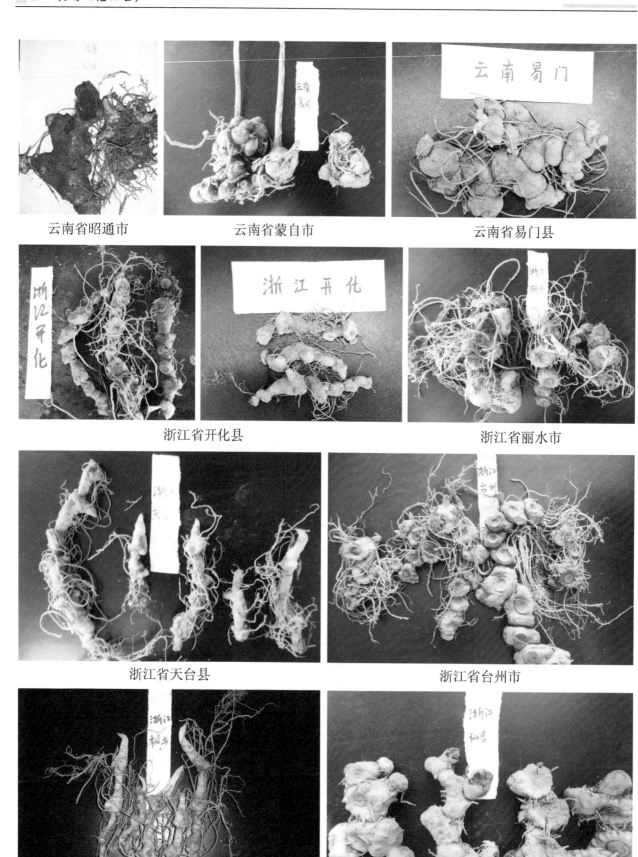

云南省昭通市　　　　　云南省蒙自市　　　　　云南省易门县

浙江省开化县　　　　　　　　　　浙江省丽水市

浙江省天台县　　　　　　　　　　浙江省台州市

浙江省桐乡市　　　　　　　　　　浙江省仙居县

福建省政和县　　　　　　　　重庆市綦江区　　　　　　　　重庆市武隆区

2　黄精规范化生产与关键技术

2.1　黄精大田规范化种植管理

施底肥　　　　　　　　　　　　辛硫磷处理土壤

整地犁地　　　　　　　　　　　　整地旋地

种子领用

开沟

起垄

开沟下种

收垄整地

搭架（防倒伏）

覆土

种植结束后的垄

田间管理——除草

遮阴   去遮阴

遮阴作物秸秆还田   田间管理——冬季保温

黄精采挖   黄精去泥

采挖出的新鲜黄精根茎

新鲜黄精根茎

2.2 黄精林下规范化种植管理

疏林

疏林后

林下种植

清除杂草与杂灌木

黄精出苗

第一年黄精幼苗长势

第二年黄精幼苗长势　　　　　　　　　　第三年黄精幼苗长势

2.3　黄精规范化育苗生产管理

准备采收的浆果　　　　　　　　　　　林下黄精浆果采收

大田黄精浆果采收　　　　　　　　　　　采收的浆果

浆果沙藏床准备　　　　　　　　　　　浆果沙藏床整理

浆果沙藏床平底

浆果沙藏床铺底沙

浆果拌沙所用沙子

浆果拌沙

浆果沙藏前拌药

浆果沙藏前拌匀

浆果沙藏拌匀后标准

浆果沙藏

浆果沙藏后透气深度

浆果沙藏后透气间距

浆果沙藏——覆盖细沙

浆果沙藏——遮阴保湿

种子育苗施肥和撒种

种子育苗覆土

种子育苗修正垄面

种子育苗保湿

种子育苗搭棚遮阴

种子育苗遮阴棚

种子育苗两年生苗

种子育苗三年生苗

2.4 黄精产地加工管理

采挖的新鲜黄精根茎

挑选分级

挑选分级质量监督

挑选分级现场指导　　　　　　　　　剔除腐烂部分

黄精清洗　　　　　　　　　黄精焖润

黄精淋洗　　　　　　　　　黄精杀青

黄精根茎杀青

黄精鲜根茎（左）与杀青后根茎（右）

黄精摊晾

黄精烘干

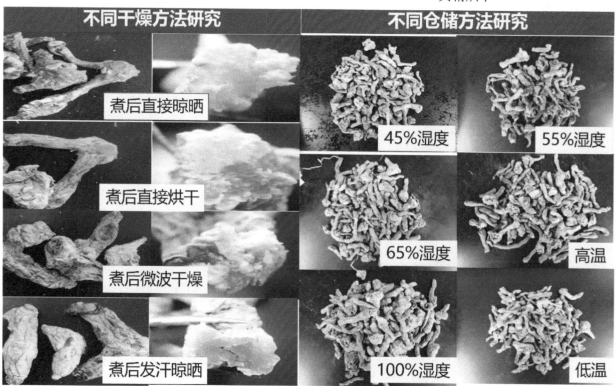

不同干燥方法和不同仓储方法对黄精品质的影响

2.5　黄精病虫害

百合甲虫危害　　　　　　　　　　　　　　　　根腐病

蛴螬危害

2.6　黄精药材

杀青后黄精根茎

3　步长制药黄精 GAP 基地生态环境

3.1　步长制药黄精 GAP 基地发展历程

2003 年黄精基地

2005 年黄精基地

2010 年黄精基地

2013 年黄精基地

2013 年 9 月 23 日云南昭通盐津、大关二县领导考察指导黄精基地建设

黄精规范化种植基地

黄精规范化种植示范区

黄精试验区

黄精种质资源圃

黄精种子田

黄精良种选育繁育区

公司领导检查指导工作

略阳县中药局等单位来黄精基地考察

略阳县林业局参观黄精基地

略阳县组织发展部参观黄精基地

3.2 黄精规范化生产基地生态环境